Nitroglycerin und Nitroglycerinsprengstoffe

(Dynamite)

mit besonderer Berücksichtigung der dem Nitroglycerin verwandten und homologen Salpetersäureester

von

Dr. phil. Phokion Naoúm

Leiter des wissenschaftlichen Laboratoriums der Dynamit-Aktiengesellschaft vorm. Alfred Nobel & Co., Hamburg

Mit 36 Abbildungen und 3 Tafeln im Text

Springer-Verlag Berlin Heidelberg GmbH 1924

Ursprünglich erschienen bei Julius Springer in Berlin 1924
Softcover reprint of the hardcover 1st edition 1924

ISBN 978-3-662-26898-8 ISBN 978-3-662-28367-7 (eBook)
DOI 10.1007/ 978-3-662-28367-7

Vorwort.

Die vorliegende Einzeldarstellung des wichtigsten Gebietes der Sprengstoff-Industrie verdankt ihr Entstehen dem Plane einiger Gelehrter, ein groß angelegtes Handbuch der gesamten Technik der Explosivstoffe herauszugeben. Die Widrigkeit der Zeitumstände hat diesen Plan bislang nicht zur Ausführung kommen lassen, so daß sich der Verfasser, dem die Bearbeitung des Abschnittes über Nitroglycerin und Dynamit übertragen war, entschloß, seine Arbeit als Einzelschrift herauszugeben. Dieser Zusammenhang mag einerseits die Breite der Darstellung, die alles Wissenswerte über den Gegenstand bringen sollte, andererseits eine gewisse Beschränkung des Stoffes erklären. So wurde die Theorie der Sprengstoffe im allgemeinen als bekannt vorausgesetzt. Ihre Erörterung erschien auch besonders im Hinblick auf das erst kürzlich (1921) erschienene klassische Werk über Spreng- und Zündstoffe von Kast entbehrlich. Als bekannt vorausgesetzt wurden auch die landläufigen Methoden für die Wertbestimmung der Explosiv- und Sprengstoffe.

Eingehendste Behandlung erfuhr dagegen die technische Seite der Nitroglycerin-Fabrikation unter Berücksichtigung ihrer jüngsten Fortschritte und Vervollkommnungen, ebenso wie eine möglichst vollkommene Charakterisierung des Sprengöles unter kritischer Verwertung der bisherigen Veröffentlichungen, Berücksichtigung der neuesten Forschungsergebnisse und auf Grund eigener experimenteller Arbeit des Verfassers versucht wurde.

Ein besonderer Abschnitt wurde den dem Nitroglycerin verwandten und homologen Salpetersäureestern gewidmet, wobei sowohl die theoretisch interessanten Vertreter dieser Gruppe als auch diejenigen Sprengöle ihre Würdigung erfuhren, die zu technischer Bedeutung gelangt sind oder deren praktische Anwendung doch im Rahmen technischer Entwicklungsmöglichkeiten liegt.

Im 3. Abschnitt, der die einzelnen Nitroglycerinsprengstoffe behandelt, hat sich der Verfasser weniger bemüht, ein vollständiges Bild aller dagewesenen Mischungen und aller Vorschläge der Patent-Literatur zu geben. Das Hauptgewicht wurde vielmehr auf die Darstellung des gegenwärtigen Standes der Technik gelegt.

Mit einer auf 20jährige praktische Erfahrung und reichhaltiges eigenes Versuchsmaterial gestützten Arbeit hofft der Verfasser, zur Kenntnis eines wichtigen Zweiges der Technik einen willkommenen Beitrag geliefert zu haben, der allen denen von Nutzen sein möge, die Sprengstoffe herzustellen, zu prüfen und zu gebrauchen haben.

Schlebusch-Manfort, im Oktober 1923.

Dr. Naoúm.

Inhaltsverzeichnis.

Seite

Einleitung . . . 1
Entdeckung. Geschichtlicher Überblick . . . 2—22

Erster Abschnitt.

Nitroglycerin.

Bildungsweisen und Darstellung . . . 23
Herstellung kleinerer Mengen von Nitroglycerin im Laboratorium . 25
Die fabrikmäßige Herstellung des Nitroglycerins . . . 27
I. Die Ausgangsstoffe und Endstoffe.
Qualitätsanforderungen an die Rohstoffe:
a) Glycerin (Dynamitglycerin), Beschaffenheit . . . 28
Probenitrierung und genaue Ausbeutebestimmung . . . 30—36
Lagerung von Glycerin . . . 36
b) Salpetersäure. Konzentration . . . 37
Bedeutung der Untersalpetersäure . . . 37
c) Schwefelsäure und Oleum . . . 37
d) Nitriersäure und ihre Herstellung. Mischungsverhältnisse . . . 38
Mengenverhältnisse zwischen Säure und Glycerin. Analyse der Mischsäure.
1. Nitrometermethode . . . 42
2. Abrauchmethode . . . 44
II. Die Nitrierung . . . 44
Ältere Verfahren. Nitrierverfahren von Boutmy-Faucher . . . 46
Neuzeitliche Apparatur und Verfahren . . . 47
1. Blei als Konstruktionsmetall . . . 47
2. Nitrierapparat . . . 48
3. Nitriervorgang . . . 49
a) Glycerinzufluß. b) Vorbereitungen. c) Rührung durch Preßluft. d) Nitriertemperatur. e) Nitrierdauer.
4. Größe der Charge . . . 53
5. Zersetzungen. Sicherheitsmaßnahmen. Sicherheitsbottich. Selbsttätiges Ablassen der Chargen. Notsignal . . . 53
6. Beendigung der Nitrierung. Ablassen der Charge . . . 56
III. Die Scheidung . . . 57
a) indirekte Scheidung. b) direkte Scheidung . . . 58
Allgemeines. Verfahren zur Abkürzung der Scheidungsdauer 58—61
Apparatur. Vorgang. Scheidungsverfahren durch Verdrängung 61—63
Kombiniertes Nitrier- und Scheideverfahren nach Nathan, Thomson und Rintoul . . . 64
IV. Die Reinigung des Nitroglycerins . . . 65
Filtration des Sprengöles . . . 69
V. Klärung der Abwässer (Abfallwasserstation) . . . 71
Verwertung der sauren Waschwässer . . . 73

Seite
VI. Die Nachscheidung 74
Extraktion der Abfallsäure 77
VII. Die Denitrierung der Abfallsäure 78
Anderweitige Verwendung der Nitroglycerinabfallsäure 80
Betriebsergebnisse 81
Löslichkeit von Nitroglycerin in Abfallsäuren verschiedener Zusammensetzung. Auswertung des Glycerins . . . . 83—84
Künstliche Kühlung 85
Allgemeines über die Fabrikanlage 87
Massive Bauweise mit Kiesbeton-Schwemmsteingewölben mit Erddeckung 92
Eigenschaften des Nitroglycerins 95
Physikalische Eigenschaften . . . . 95—104
Löslichkeitsverhältnisse . . . . 104—108
Chemische Eigenschaften. Chemische Untersuchung 108
Bestimmung der Feuchtigkeit, Acidität, Alkalinität, Analyse . . . 110—113
Chemische Stabilität. Stabilitätsprüfungen. Zersetzung 113
Abel-Test. Abnormale Erscheinungen hierbei . . . . 115—118
Hitzebeständigkeit nach der Eisenbahnverkehrsordnung 119
Zersetzung bei höherer Temperatur 121
Physiologische Eigenschaften 122
Nitroglycerin als Explosivstoff . . . . 124—139
Detonationsfähigkeit, Sensibilität, Energieinhalt. Brisanz, Detonation durch Erhitzen (124). Detonation durch mechanische Einflüsse (125). Detonation durch Initialzündung (127). Sensibilität gegen Detonationserregung (127). Fortpflanzung der Detonation. Detonationsgeschwindigkeit (129). Die Explosionsprodukte (130). Explosionswärme (132). Explosionstemperatur (133). Explosionsdruck (134). Energieinhalt, Arbeitsleistung (135). Praktische Arbeitsleistung, Sprengwirkung (137). Trauzlsche Bleiblockprobe (137). Bleiblockstauchprobe (139).

Zweiter Abschnitt.

Die mit Nitroglycerin verwandten und homologen Salpetersäureester.

A. Die niederen Glycerinnitrate 142
I. Glycerindinitrat (Dinitroglycerin) . . . . 142—159
Geschichtliches (142). Bildungsweisen (144). Herstellungsverfahren (145). Betriebsergebnisse (148). Herstellung verschiedener Estergemische (149). Herstellung von fast reinem Dinitroglycerin (150). Gefährlichkeit der Fabrikation 152
Darstellung von reinem Dinitroglycerin. Physikalische und chemische Eigenschaften 153
Die isomeren Formen des Dinitroglycerins 155
Chemisches Verhalten 156
Charakter als Explosivstoff 157
II. Glycerinmononitrat (Mononitroglycerin) . . . . . . 159—163
Konstitutionsbeweis und Ortsbestimmung der isomeren Glycerinmononitrate und Dinitrate 163
III. Nitroglycid 163
B. Gemichte explosive Glycerinester 166
1. Die Nitrate der Chlorhydrine . . . . 166—179
a) Monochlorhydrindinitrat (Dinitrochlorhydrin) 166

Seite

Allgemeines und Geschichtliches (166). Bildungsweisen, Herstellungsweise und Fabrikation (167). Monochlorhydrin (168). Fabrikation, Eigenschaften (169). Physikalische und chemische Eigenschaften des Dinitrochlorhydrins 171
Gelatinierbarkeit 172
Charakter als Explosivstoff, Sprengwirkung 173
b) Monochlorhydrinmononitrat (Mononitromonochlorhydrin) . . 176
c) Dichlorhydrinnitrat (Nitrodichlorhydrin) 177
2. Acetyldinitroglycerin (Dinitroacetin) 179
Charakter als Explosivstoff. Sprengwirkung 181
3. Formyldinitroglycerin (Dinitroformin) 182

C. Salpetersäureester von polymerisiertem Glycerin 183
Tetranitrodiglycerin . . . . 183—186
Allgemeines (183). Diglycerin (184). Herstellung von Tetranitrodiglycerin (184). Eigenschaften, Gelatinierfähigkeit, Charakter als Explosivstoff (185). Praktische Bedeutung (186).

D. Die homologen Salpetersäureester . . . . 186—236
1. Methylnitrat 186
Darstellung. Eigenschaften (187). Charakter als Explosivstoff, Sprengwirkung (187—189).
2. Äthylnitrat 189
Darstellung. Eigenschaften. Charakter als Explosivstoff, Sensibilität (190).
3a. n-Propylnitrat 191
Explosionsfähigkeit (192).
3b. Isopropylnitrat 192
4a. Nitroglykol (Äthylenglykoldinitrat) . . . . 192—208
Allgemeines. Ähnlichkeit mit Nitroglycerin. Nachteil der Flüchtigkeit. Vorzüge (192). Praktische Anwendung (194).
Glykol 194
1. Herstellung. a) Gewinnung von Äthylen (194). b) Darstellung von Äthylenchlorid (195). c) Verseifung von Äthylenchlorid zu Glykol (196). d) Reingewinnung des Glykoles (198). Andere Verfahren (199). 2. Eigenschaften des Glykoles (199). 3. Untersuchung des Glykoles (199).
Fabrikation von Nitroglykol 200
Direkte Gewinnung von Nitroglykol aus Äthylen 202
Eigenschaften des Nitroglykoles 205
Charakter als Explosivstoff 206
4b. Glykolmononitrat 208
Herstellung, Eigenschaften, Charakter als Explosivstoff . . . . 208—210
5. Trimethylenglykoldinitrat . . . . 210—216
a) Trimethylenglykol 210
Vorkommen im Gärungsglycerin (210). Eigenschaften (211). Bestimmung des Gehaltes im Glycerin (212).
b) Trimethylenglykoldinitrat 212
Nitrierung von Trimethylenglykol (212). Allgemeines über die Nitrierung ein- und mehrwertiger Alkohole (212). Verhalten der Abfallsäure (213). Nitrierung von Gemischen aus Glycerin und Trimethylenglykol (214). Eigenschaften von Trimethylenglykoldinitrat (215). Sprengkraft (216).

Seite

5a. Propylenglykoldinitrat. Methylglykoldinitrat 216
6. Nitroerythrit 217
7. Butylenglykoldinitrat 218
Darstellung von 1-3-Butylenglykol aus Acetaldehyd und Acetaldol. Nitrierung. Eigenschaften und Sprengkraft des Dinitrates (218—219).
8. Nitroisobutylglycerintrinitrat 219
Herstellung von Nitroisobutylglycerin aus Nitromethan und Formaldehyd, Nitrierung (220). Eigenschaften des Trinitrates, Stabilität, Sprengkraft (221).
9. Nitropentaerythrit (Pentaerythrittetranitrat) . . . . 221—226
Allgemeines über Anwendung (221). Synthese von Pentaerythrit aus Acetaldehyd und Formaldehyd (222). Nitrierung (223). Eigenschaften (224). Stabilität. Stabilität der höherwertigen Salpetersäureester (224). Sprengkraft (225).
10. Nitromannit (Mannithexanitrat) 226
11. Nitrozuckeröl (Glycerin-Zucker-Nitrat) 229
Praktische Anwendung (230). Herstellung von Glycerin-Zuckerlösung (230). Nitrierung, Waschprozeß, Nitrierungsstufe des Nitrozuckers (231). Sprengkraft (232). Stabilität (232). Diphenylamin als Stabilisator (233). Nitrierung von Glykol-Zuckerlösung (235). Nitrierung von Glucose-Glycerinlösungen und Lactose-Glycerinlösungen (236).

Tabellarische Übersicht der Eigenschaften von Nitroglycerin und verwandten und homologen Salpetersäureestern 234

Dritter Abschnitt.

Die Nitroglycerinsprengstoffe.

Anwendung des Nitroglycerines 237
Einteilung der Nitroglycerinsprengstoffe 239
I. Pulverförmige Dynamite . . . . 239—261
a) Dynamite mit chemisch inaktiver Basis . . . . 239—257
Gurdynamit.
Kieselgur (240). Herstellung des Gurdynamites (241). Patronierung (243). Verpackung (247). Chemische und physikalische Eigenschaften von Gurdynamit (248). Rückgewinnung von Nitroglycerin aus Gurdynamit (249). Charakter als Sprengstoff, Stabilität und Stabilitätsprüfung (250). Empfindlichkeit gegen Schlag und Reibung (251). Entzündung, Verpuffungspunkt, Detonation ducrh Initialimpuls (252), Detonationsgeschwindigkeit, Energieinhalt (253). Sprengkraft und Brisanz (253). Auskochen oder Abbrennen von Dynamit (254). Gefrorenes Dynamit (255).
b) Dynamite mit chemisch wirksamer Basis . . . . 257—261
Zusammensetzungen (258—261). Kraftleistung, Sicherheit der Wirkung (259).
II. Sprenggelatine . . . . 261—292
Erfindung der S. durch Nobel (261). Fabrikation der Sprenggelatine, Kollodiumwolle (262). Anforderungen an Kollodiumwolle, Stabilitätsprobe (263). Löslichkeit (267). Viscosität (267). Gelatinierfähigkeit, Gelatinierprobe (268). Verbesserung der Gelatinierfähigkeit (269). Trocknung der Kollodiumwolle (270).

Seite

Vorgelatinierung, Gelatinierhaus 271
Ferstigstellung in der Knetmaschine 272
Patronierung gelatinöser Sprengstoffe 276
Mischungsverhältnis der Sprenggelatine (279). Sprenggelatine mit Kampferzusatz (279). Eigenschaften der Sprenggelatine (280). Empfindlichkeit gegen Schlag (281). Stabilität, Testprobe (282). Ausschwitzung, Verflüssigungsprobe (283). Entzündung, Explosionspunkt (284). Explosionspunkt von Kampfer-Sprenggelatine (284). Detonation, Übertragung (285). Abnahme der Detonationsfähigkeit gelatinöser Sprengstoffe (285). Einfluß des Luftgehaltes (287). Nachgelatinierung (288). Detonationsgeschwindigkeit (288). Explosionsgase (289). Explosionswärme, Explosionstemperatur, Kraftleistung (290).

III. Gelatine-Dynamite . . . . 292—320
Allgemeine Eigenschaften. Typische Zusammensetzung (292). Verschiedene Zusammensetzungen (294). Niedrigprozentige Gelatine-Dynamite (297). Verwendung von Nitrokörpern und Perchlorat (299). Dynamitsorten der neuen preußischen Liste der Bergbausprengstoffe (300).
Fabrikation der Gelatine-Dynamite 301
a) Vorbereitung des Zumischpulvers (301). b) Herstellung der Dynamite (304). Knetanlage der Draiswerke (305). Herstellung kleiner Proben im Laboratorium (307).
Eigenschaften und Kraftleistung der Gelatine-Dynamite 308
1. Plastizität. 2. Dichte. 3. Haltbarkeit (308). Chemische Stabiltät (309). Empfindlichkeit gegen Schlag (309). Gefrierbarkeit (310). Entzündung, Explosion (310). Übertragung (310). Detonationsgeschwindigkeit (312). Explosionsprodukte (313). Explosionswärme, Explosionstemperatur, Kraftleistung (315). Sprengtechnische Vergleichsdaten für Sprenggelatine und Gelatine-Dynamite (315). Anderweitige Herstellungsverfahren für Gelatine-Dynamite (316). Gelatinöse Sprengstoffe ohne Nitroglycerin (318).

IV. Schwergefrierbare und ungefrierbare Nitroglycerinsprengstoffe (Dinitrochlorhydrin- und Nitroglykolsprengstoffe) . . . . 320—341
Theoretisches (320—322).
1. Nitroglycerinsprengstoffe mit aromatischen Nitrokörpern . . . . 323—329
Sprengtechnische Daten (328). Schwergefrierbare Sprenggelatine (329).
2. Nitroglycerinsprengstoffe mit Zusatz verwandter Salpetersäureester . . . . 329—337
a) Dinitroglycerin (330). b) Dinitrochlorhydrin (332). c) Tetranitrodiglycerin (334). d) Gemischte Glycerinester (Dinitroacetin und Dinitroformin (336). e) Butylenglykoldinitrat (336). f) Nitroglykol und Methylglykoldinitrat (337).
3. Dinitrochlorhydrin- und Nitroglykolsprengstoffe . 337—341
a) Dinitrochlorhydrinsprengstoffe (337). Vergleich von Gelatine-Astralit mit Gelatine-Dynamit (339). b. Nitroglykolsprengstoffe (340).

V. Schlagwettersichere und kohlenstaubsichere Nitroglycerin-Sprengstoffe . . . . 341—379

Seite

Entwicklung der Wettersprengstoffe (341). Chemische Treibverfahren, Maßnahmen zur Sicherung der Schießarbeit gegen Schlagwetterzündung (342). Theorie der Sicherheitssprengstoffe (343). Grenzladung, Flammentemperatur (344), Flammenlänge, Flammendauer (345). Einfluß der Wirkungsgröße des Sprengstoffs (346). Versuchsstrecken (346). Begriffsbestimmung (347). Sicherheitsgrenzen (348). Prüfungsmethoden (349). Grubengasbeschaffung (354). Kohlenstaubprüfung (355).

Einteilung der Wetter-Sprengstoffe 356

Zusammensetzung der wettersicheren Nitroglycerinsprengstoffe . 357—376

1. Wetter-Dynamite (357). 2. Carbonite (359). 3. Wettersichere Gelatine-Dynamite (361). Verwendung von Ammonsalpeter, Grisoutinen (362). Bedeutung der Chloride (363). Oxalate (364). Anpassung in Form und Dichte an die Gelatine-Dynamite (364). Verlängerung der Gelatine durch Zusätze (365). Ältere englische Wettersprengstoffe (367). Wettersichere Gelatine-Dynamite von 1908 bis 1914 (368). Sicherheitssprengstoffe während des Weltkrieges (370). Neue Sicherheitssprengstoffe seit 1919 (370). Neue gelatinöse Wetter-Sprengstoffe der preußischen Bergbauliste (372). Ungefrierbare schlagwettersichere Nitroglycerinsprengstoffe (374). Flammenbilder verschiedener Sprengstoffe (377).

VI. Sprengstoffe mit niedrigem Nitroglyceringehalt . . . . 380—399

Bedeutung eines geringen Zusatzes von Nitroglycerin in pulverförmigen Sprengstoffen (380).

a) Gesteins-Sprengstoffe mit geringem Nitroglycerinzusatz . . . 381—388

1. Ammonsalpetersprengstoffe (381). Donarit, Astralit, Gesteins-Westfalit (382). Ammonite (383). 2. Chlorat- und Perchloratsprengstoffe (385). Chloratite (387). Perchloratite (388).

b) Wettersichere Sprengstoffe mit geringem Nitroglyceringehalt. 389—399

1. Wettersichere Ammonsalpetersprengstoffe mit 4% Nitroglycerinzusatz (389—396). 2. Die sogenannten halbplastischen wettersicheren Ammonsalpetersprengstoffe mit 10 bis 12% Nitroglycerin (396—399).

VII. Nitroglycerinpulver und Pulverrohmasse als Sprengstoffe (Extraktion von Nitroglycerinpulver) . . . . 399—405

1. Gewinnung von Nitroglycerin aus Nitroglycerinpulver (400).
2. Nitroglycerinpulver als Sprengstoff (402). Zerkleinerung der Pulveraggregate, Tri-Westfalit P. N. und Energit (402). 3. Pulverrohmasse als Sprengstoff, Pyrolit (404).

Anhang. Chemische Analyse nitroglycerinhaltiger Sprengstoffe . . . . 405—409

A. Qualitative Untersuchung (405). B. Quantitative Analyse (406).

Autoren- und Namenregister . . . . 410—411

Sachregister . . . . 412—416

Einleitung.

Nitroglycerin (Nobels Sprengöl), richtig Glycerintrinitrat, ist der 3fache Salpetersäureester des 3wertigen Alkohols: Glycerin. Obgleich die Bezeichnung: Nitroglycerin nicht richtig ist, da die Verbindung keine Nitrogruppen enthält, bzw. keine Bindung zwischen Kohlenstoff und Stickstoff vorliegt, hat sie sich doch eingebürgert und ist aus Gewohnheit, wohl auch der Kürze halber, bis heute von der Technik beibehalten worden.

Nitroglycerin entsteht durch Verbindung von einem Molekül Glycerin mit 3 Molekülen Salpetersäure unter Austritt von 3 Molekülen Wasser nach der Formel:

$$\begin{array}{lcl} & CH_2OH & & & CH_2ONO_2 & \\ (C_3H_8O_3) & CHOH & + 3\,HNO_3 = 3\,H_2O + & CHONO_2 & (C_3H_5N_3O_9) \\ & CH_2OH & & & CH_2ONO_2 & \end{array}$$

Unter besonderen Bedingungen, d. h. bei Anwendung von besonderen Säurekonzentrationen, vermag das Glycerin auch einfache und zweifache beständige Salpetersäureester zu bilden, gewöhnlich Mononitroglycerin und Dinitroglycerin genannt[1]), die bei der Herstellung von Nitroglycerin immer in kleinen Mengen mit entstehen. Jeder dieser Ester existiert in 2 Isomeren: α- und β-Glycerinmononitrat und $\alpha\alpha$- sowie $\alpha\beta$-Glycerindinitrat. Während das Nitroglycerin die Grundsubstanz des Dynamits und als solche der wichtigste Explosivstoff der Technik ist, ist Mononitroglycerin kein Sprengstoff, und das Dinitroglycerin, obwohl ein kräftiges Sprengöl, hat nur eine untergeordnete und vorübergehende technische Bedeutung erlangen können und wird heute kaum noch fabriziert.

---

[1]) Näheres s. zweiter Abschnitt.

Entdeckung. Geschichtlicher Überblick [1]).

Das Nitroglycerin wurde im Anfang des Jahres 1847 von Ascanio Sobrero (geb. 1812, gest. 1888), einem Schüler des berühmten Pelouze, in Turin entdeckt, der es Pyroglycerin nannte und darüber im Februar 1847 vor der Akademie der Wissenschaften in Turin berichtete. Die erste gedruckte Mitteilung findet sich in der Zeitschrift „L'Institut" (XV, 53), Nummer vom 15. Februar 1847, und lautet in ihrem ersten die Herstellung betreffenden Teile, wie folgt:

„Mr. Ascagne Sobrero, professeur de chimie industrielle à Turin, affirme dans une lettre communiquée par M. Pelouze, que depuis longtemps il était arrivé de son côté à produire des composés fulminants par l'action de l'acide nitrique sur diverses substances organiques, notamment sur le sucre de cannes, la mannite, la dextrine, le sucre de lait etc. etc.

Mr. Sobrero a étudié aussi l'action de l'acide nitrique sur la glycérine. L'expérience lui a prouvé qu'un mélange d'acides nitrique et sulfurique est capable de donner un corps analogue au coton fulminant. Quand on verse un mélange de 2 vol. d'acide sulfurique à 66° et 1 vol. d'acide nitrique à 43° dans de la glycerine syrupeuse, la réaction est trés vive, mais c'est une réaction d'oxydation. Si on tient le mélange des deux acides dans un milieu frigorifique et si on y verse la glycérine en agitant pour empêcher l'élévation de température, la glycérine s'y dissout promptement sans réaction sensible; si alors on verse le mélange dans l'eau, on en précipite une matière huileuse plus lourde que l'eau, qui se réunit au fond du vase et qu'on peut laver à grande eau pour la débarasser complètement des acides sans en perdre vu qu'elle est insoluble dans ce véhicule."

Im folgenden wird dann noch die Löslichkeit des Öles in Äther und Alkohol und seine Ausfällbarkeit aus alkoholischer Lösung mit Wasser erwähnt, die Farbe als gelb gleich dem Olivenöl bezeichnet[2]). Geruchlosigkeit und brennender aromatischer Geschmack angeführt. Auch die Fähigkeit, in geringsten Mengen anhaltenden Kopfschmerz zu erzeugen, die heftigen toxischen Eigenschaften und die Detonierbarkeit beim Erhitzen wurden zugleich entdeckt.

Die von Wöhler u. Liebig herausgegebenen „Annalen der Chemie und Pharmazie" referieren im Jahrgang 1848, Bd. 64, S. 398 über vorstehende Veröffentlichung.

---

[1]) Vgl. Guttmann: Die Industrie der Explosivstoffe. S. 17. Braunschweig: Vieweg & Sohn 1895. — Escales: Nitroglycerin und Dynamit. S. 1 ff. Leipzig: Veit & Co.

[2]) Chemisch reines Nitroglycerin ist völlig farblos und wasserhell.

Etwa 200 g des ersten von Sobrero erzeugten Nitroglycerins sollen noch heute in der Nobelschen Dynamitfabrik in Avigliana bei Turin, woselbst auch dem Entdecker desselben ein Denkmal errichtet worden ist, aufbewahrt und alljährlich geprüft werden. Obwohl schon dieser auf die explosiven Eigenschaften der Verbindung und ihre Verwertbarkeit für die Sprengtechnik hinwies, müssen doch damals die Schwierigkeiten und Gefahren der Herstellung und Anwendung als Sprengmittel so groß erschienen sein, daß die Technik sich der Erfindung nicht bemächtigte, dieselbe vielmehr fast in Vergessenheit geriet. (Nur als Heilmittel in sehr verdünnter alkoholischer Lösung wurde das Nitroglycerin unter der Bezeichnung „Glonoin" in gewissem Umfange angewendet.)

Erst dem weitschauenden Erfindungsgeiste, der unermüdlichen Tatkraft und vor keiner Schwierigkeit und Gefahr zurückschreckenden, zähen Energie des genialen schwedischen Ingenieurs Alfed Nobel blieb es vorbehalten, beinahe 20 Jahre nach der Entdeckung durch Sobrero das Nitroglycerin mit größtem Erfolg in die Sprengstofftechnik einzuführen und damit den Grund zu einer ungeahnten Entwicklung der letzteren zu legen. Die Geschichte des Nitroglycerins und der aus ihm hergestellten Dynamite ist aufs engste verknüpft mit der bahnbrechenden Tätigkeit Nobels. Unter Überwindung größter Hemmnisse gelang es ihm, Herstellung und Anwendung der Verbindung technisch zu vervollkommnen und die mit beiden verbundenen Gefahren bis zu einem den Umständen nach möglichen Grade zu bannen.

Die Überführung der schwer, unbequem und nicht ohne Gefahr anwendbaren flüssigen Form des Nitroglycerins in eine feste, sei es durch Aufsaugung mittels poröser Stoffe, wie Kieselgur (Gur-Dynamit oder Dynamit schlechtweg) oder durch Herstellung eines Kolloides mittels Nitrocellulose (Gelatine-Dynamit und Sprenggelatine), ferner die sichere und zuverlässige Herbeiführung der Detonation durch Ausbildung des Knallquecksilberzündhütchens zur Sprengkapsel, Errungenschaften, die ihren Wert und ihre Bedeutung bis heute behalten haben, sind Ergebnisse der genialen Forschertätigkeit dieses Mannes.

Alfred Nobel[1]) wurde am 21. Oktober 1833 in Stockholm als dritter Sohn des schwedischen Schiffskonstrukteurs Emanuel Nobel geboren. Schon sein Vater, der sich u. a. mit der Konstruktion von Land- und Seeminen beschäftigte, war erfinderisch, besonders auch auf dem Gebiete der Explosivstoffe tätig. Vom Jahre 1859 an beschäftigten sich Vater und Sohn vorwiegend mit dem Studium von Explosivstoffen und wandten ihre Aufmerksamkeit besonders dem von Sobrero entdeckten Nitroglycerin zu, dessen hervorragende Eigenschaften als

[1]) Genaueres über seine Familiengeschichte und seinen Lebensgang Escales: Nitroglycerin und Dynamit. S. 4 ff.

Sprengstoff und dessen Zukunftsbedeutung sie voll erkannten. Nachdem Alfred Nobel Interessenten für seine Pläne gefunden und sich die nötigen Mittel hatte beschaffen können, errichtete er in Heleneborg bei Stockholm eine kleine Fabrik, wo im Jahre 1862 zum ersten Male Nitroglycerin in größerem Maßstabe hergestellt wurde.

In der Regel diente zur Nitrierung eine vorgekühlte Mischung von starker Schwefelsäure vom spez. Gewicht 1,83 und Salpetersäure vom spez. Gew. 1,3, in die man das Glycerin einfließen ließ. Bei Anwendung stärkster Salpetersäure vom spez. Gew. 1,52 zog es Nobel vor, letztere, um die erhebliche Reaktionswärme zu verteilen, für deren sofortige Ableitung ihm damals noch (er nitrierte in offenen Töpfen) die technischen Mittel fehlten, in mehreren Portionen der Schwefelsäure zuzusetzen, wobei er jedesmal nach entsprechendem Glycerinzusatz erkalten ließ (bayr. Patent vom 1. VIII. 1866). Die gleichfalls von Nobel angegebene Methode der Bereitung konz. Mischsäuren durch Lösung von Salpeter in Schwefelsäure und Abscheidung der sauren Sulfate hat sich wegen ihrer Umständlichkeit weniger eingeführt. Das Nitroglycerin gewann man damals und noch längere Zeit, indem man das Nitriergut in kaltes Wasser eingoß, wobei sich das schwere Sprengöl am Boden abschied, während die Säuren stark verdünnt und im Gegensatz zu der späteren Vervollkommnung des Prozesses, die die direkte Abscheidung von der Oberfläche und die Regenerierung der konz. Säuren brachte, verloren gegeben wurden.

Nachdem in den nun folgenden beiden Jahren Nobels Bemühungen zur Einführung seines Sprengöles in die Sprengtechnik, die hauptsächlich auf die geeignetste Art der Anwendung des flüssigen Nitroglycerins beim Sprengen und die Mittel, es mit Sicherheit zur Explosion zu bringen, gerichtet waren, die günstigsten Aussichten eröffneten, traf das junge Unternehmen ein schwerer Schicksalsschlag, indem die kleine Fabrik Heleneborg am 3. Sept. 1864 durch eine Explosion vollständig zerstört wurde. Dieselbe kostete Nobels jüngstem Bruder, Oscar Emil, und dem Chemiker Carl Erik Hertzmann das Leben, während der Vater Emanuel Nobel, aufs schwerste ergriffen von der Katastrophe, einen Schlaganfall erlitt, von dem er sich bis zu seinem Tode, 1872, nicht mehr erholte. Das Unglück, das einen tiefen Eindruck in der Öffentlichkeit machte und ein Verbot der Regierung, das Nitroglycerin in der Nähe menschlicher Wohnungen zu fabrizieren, veranlaßte, konnte Alfred Nobel nicht entmutigen. Trotz allem Mißgeschick hielt er in zäher Ausdauer an der Überzeugung fest, daß es gelingen würde, durch geeignete Vorkehrungen die dem jungen Gewerbezweige innewohnenden Gefahren zu meistern und dem Nitroglycerin den seinen hohen Vorzügen entsprechenden Platz in der Technik zu verschaffen. Er mietete ein Schiff, verankerte es im Mälarsee und setzte dort weit entfernt von menschlichen Wohnstätten seine Versuche fort. Finanzielle Unterstützung fand er alsbald in Hamburg, wo er die Firma „Alfred Nobel & Co.", die Vorgängerin der heutigen größten Sprengstofferzeugerin Deutschlands, der Dynamit-Aktien-Gesellschaft vormals Alfred Nobel & Co., gründete. Zu gleicher Zeit errichtete er oberhalb Hamburgs im Krümmel bei Geesthacht a. d. Elbe die erste deutsche Nitroglycerin- bzw. Dynamitfabrik, die allmählich zur größten Explosivstoffabrik des Kontinentes heranwuchs und die Nobelschen Sprengstoffe nach allen Ländern der Erde ausführte. Etwa um dieselbe Zeit wurde in Winterwicken bei Stockholm eine Fabrik errichtet, und nunmehr verbreitete sich nach und nach die Verwendung des Nitroglycerins als Sprengstoff in Deutschland und Schweden, und auch der Export nach anderen Ländern setzte ein.

Von größtem geschichtlichen Interesse für die Entwicklung der Sprengtechnik ist der von der Firma Alfred Nobel & Co., Hamburg, im Februar 1866 herausgegebene Prospekt über die Vorzüge des Sprengöles, da er den sprunghaften Fortschritt gegenüber dem Schwarzpulver, das Jahrhunderte lang allein zum Sprengen gedient hatte, grell beleuchtet und seine Angaben sich als völlig richtig und nicht übertrieben erwiesen haben. Alle Vorzüge des neuen Sprengstoffes wurden trotz der für den heutigen Stand der Technik noch recht primitiven Anwendungsform schon damals richtig erkannt, wenn auch gewisse Mängel bei der Verwendung nicht mit einem Schlage beseitigt werden konnten. Die Hauptpunkte jenes Prospektes mögen deshalb nach den Angaben von Escales (Nitroglycerin und Dynamit, S. 18—20) hier Platz finden:

„Die Hauptvorzüge des Sprengöles beruhen auf folgendem:

1. Auf einer großen Arbeitsersparnis beim Bohren der Sprenglöcher. Das hohe spezifische Gewicht, die vollständige Verbrennung und die außerordentliche Schnelligkeit der Explosion des Patentsprengöles machen dasselbe zum kräftigsten der bisher bekannten Sprengmittel. Die Arbeitskosten für das Bohren sind bei allen Sprengarbeiten vielfach teurer als das Pulver; folglich ist die Ersparnis an Arbeitslohn wichtiger als die Kostenersparnis für das Pulver.

2. Auf der Möglichkeit, Sprengarbeiten in kürzerer Zeit zu bewerkstelligen.

3. Auf der Eigenschaft des Patentsprengöls, bei der Explosion keinen Rückstand zu hinterlassen.

4. Auf der großen Explosionsschnelligkeit. Die Explosionsschnelligkeit des Patentsprengöls ist so bedeutend, daß der Effekt desselben durch Risse im Gestein nicht vermindert wird, was sich auch schon daraus ergibt, daß mittels losen Sandes, ja selbst durch Wasser genügender Besatz für Sprengöl gebildet wird. Da das Pulver viel

langsamer verbrennt, so ist es erklärlich, auch praktisch nachgewiesen, daß ein Bohrloch mit Sprengöl in rissigem Gestein mehr leistet als 20 bis 30 Bohrlöcher gleicher Dimension, mit Pulver geladen. Aus derselben Ursache ist das Patentsprengöl auch zum Sprengen von lockerem Kalkstein, Steingerölle, Kreide, Tonerde, Holz usw. zu verwenden, wo das Pulver beinahe ohne Wirkung ist.

5. Auf der geringeren Gefahr beim Transport und bei der Aufbewahrung. Die große Gefahr beim gewöhnlichen Pulver, durch einen einzigen Funken zu explodieren, existiert beim Sprengöl nicht, dagegen muß es sorgfältig gegen Erhitzung oder starken Stoß im geschlossenen Raume geschützt werden.

6. Auf dem Umstand, die Sprenglöcher ohne festen Besatz laden zu können. Da das Besetzen der Bohrlöcher nur mit losem Sande oder Wasser geschieht, so ist einesteils jede Gefahr beim Laden unmöglich, andernteils ist es zeitsparender und billiger.

7. Auf der Ersparnis an Schärfen und Verstählen der Bohrer. In demselben Verhältnis, wie beim Sprengöl weniger Bohrlöcher gebraucht werden als beim Pulver, in demselben Verhältnis werden auch die Kosten für das Schärfen und Verstählen der Bohrer verringert; bei Sprengarbeiten in besonders zähem Gestein ist dies ein Umstand von hervorragender Wichtigkeit.

8. Auf der Ersparnis an Zündschnur. Der Verbrauch von Zündschnüren (Sicherheitszündern) verringert sich in demselben Verhältnis, als weniger Bohrlöcher mit Sprengöl gegen Bohrlöcher mit Pulver zu laden sind.

9. Auf der Erleichterung des Ladens bei wassersüchtigen Bohrlöchern. Da das Sprengöl im Wasser unlöslich ist und zufolge seiner größeren spezifischen Schwere sich rasch zu Boden setzt, so können wassersüchtige Bohrlöcher ohne Ausletten oder Patronen einfach durch Hineingießen des Sprengöls in das Bohrloch geladen werden, wogegen bei Anwendung von Pulver das Ausletten schwierig und kostspielig ist.

10. Auf dem einfachen Verfahren, mit demselben Unterwassersprengungen auszuführen.

11. Auf der Möglichkeit, Metallstücke usw. zu zersprengen. Es lassen sich mit dem Sprengöl Metallstücke aller Art, als Stahlblöcke, Eisenhaue, alte Kanonen usw. in jeder Größe mit verhältnismäßig kleinen Bohrlöchern und geringem Kostenaufwande zerteilen, wo mittels Pulvers solches unausführbar ist."

Es folgen dann Vorsichtsmaßregeln für den Gebrauch und Instruktionen über die Anwendung des Sprengöles.

Die Hauptschwierigkeit verursachte es zunächst, das Nitroglycerin zuverlässig zur Detonation zu bringen, da es im Gegensatz zum Schwarzpulver, bei dem durch direkte Funken- oder Flammenzündung die explosionsartige Verbrennung eingeleitet wird, durch eine Flamme wohl zum langsamen Abbrennen, nicht aber zur Detonation gebracht wird. Nobel verwendete es daher anfangs als Zusatz zu Schwarzpulver und Schießbaumwolle, um deren Sprengkraft zu erhöhen (schwedisches Patent v. 14. Okt. 1863, englisches Patent 2359 v. 24. Sept. 1863), brachte mit Nitroglycerin getränktes Schwarzpulver durch umgebende oder Aufsatzladungen von letzterem zur Explosion, oder er goß das Sprengöl direkt in das Bohrloch und brachte es durch aufgesetzte Patronen von Pulver oder mit Pulver gefüllte Patentzünder zur Explosion. Bei horizontalen und ansteigenden Bohrlöchern füllte er es zunächst in Blechhülsen.

Verschiedenster Art waren die Konstruktionen, mit denen er sich bemühte, die Anwendung sicher und zweckmäßig zu gestalten. Den endgültigen Erfolg brachte erst die Ausbildung des Knallquecksilberzündhütchens zur Sprengkapsel und damit die große Erfindung der Initialzündung, d. h. die Erregung der Detonation des durch Flammenzündung nicht detonierbaren Sprengstoffes durch die Detonationswelle des durch Flammenzündung unmittelbar detonierenden Initialzünders, der damals mit reinem Knallquecksilber gefüllt war, und zwar mit einer wesentlich größeren Menge, als die nur zur Zündung von Treibmitteln bestimmten Gewehrzündhütchen.

Während Nobel die Zündhütchen bereits in seinen Patenten vom Jahre 1864 erwähnt und in seinen Patentzündern Schwarzpulver zusammen mit Knallquecksilber und schließlich letzteres allein verwendet, findet sich die Beschreibung der Knallquecksilbersprengkapsel erstmalig in seinem englischen Patente 1345 vom 7. Mai 1867 (schwed. Patent v. 13. Sept. 1867).

Rudberg (schwed. Patent vom 31. V. 1865) suchte das Nitroglycerin auf andere als die von Nobel angegebene Weise, nämlich durch einen von außen bewirkten genügend starken Schlag zur Detonation zu bringen, konnte aber naturgemäß der unfehlbaren Sicherheit der Nobelschen Initialzündung keine Konkurrenz bieten.

Die Erkenntnis, daß mit Hilfe von Knallquecksilber als Zündladung die Detonation von Nitroglycerin, Schießbaumwolle und vielen anderen Verbindungen und Mischungen, die einer inneren Verbrennung unter Gasentwickelung fähig sind, beliebig ausgelöst werden kann, hat erst die Anwendung der brisanten Sprengstoffe ermöglicht und die Sprengstoffnatur solcher Verbindungen und Mischungen aufgedeckt.

Diese Entdeckung bedeutet somit einen Markstein in der Entwickelung der gesamten Technik.

Die flüssige Form, in der das Sprengöl in den ersten Jahren zur Anwendung kam, schloß, abgesehen von der vielfach umständlichen Form des Gebrauches, manche Gefahren und Nachteile in sich ein und führte bald zu Unfällen beim Transport und bei der Verwendung. Auslaufen aus den Blechkannen, die zu Transport und Lagerung dienten, konnte bei der Stoßempfindlichkeit des Öles gefährlich werden. Nitroglycerin, welches sich in rissigem Gestein durch Versickern der Detonation entzog, führte beim Aufräumen mit der Hacke zu Unfällen.

Diesen Gefahren suchte Nobel anfangs dadurch zu begegnen, daß er das Sprengöl in Methylalkohol auflöste, wodurch die Detonierbarkeit aufgehoben wurde. An Ort und Stelle wurde es dann durch Durchschütteln mit einem Überschuß von Wasser abgeschieden und abgezapft[1]). Diese etwas umständliche Hantierung mit dem Sprengöl am Sprengort sowie die Feuergefährlichkeit der Lösung, ließen aber auch diese Methode als unbefriedigend erscheinen und Nobel sann nunmehr darauf, dem Sprengöl eine handlichere und handhabungssichere Form zu geben. Ein Zufall führte zu der wichtigen Entdeckung der Aufsaugbarkeit durch Infusorienerde. Die Blechflaschen wurden, um sie gegen Stoß und Verletzung zu schützen, in den Transportkisten mit Kieselgur, die in der Nähe der Fabrik Krümmel im Hannoverschen gewonnen wird, umgeben. Beim Undichtwerden einer solchen Flasche verschwand ein Teil des Öles scheinbar völlig, und so entdeckte Nobel die ausgezeichnete Absorptionsfähigkeit der Kieselgur für Nitroglycerin, die auf einer Capillarwirkung der winzigen Diatomeenpanzer der Gur beruht. Es zeigte sich, daß 25 Teile der letzteren 75 Teile Sprengöl zu einer käsigen, plastischen, wenig feuchten Masse banden, die dasselbe nicht abtropfen ließ. Nobel nannte die neue Mischung, die weniger schlagempfindlich war, als reines Nitroglycerin, Dynamit und später zum Unterschied von andersartigen Präparaten Gurdynamit (englisches Patent Nr. 1345 v. 7. Mai 1867, schwedisches Patent v. 19. Sept. 1867, bayrisches Patent v. 14. Jan. 1868). Die neue Form gestattete, den Sprengstoff in Patronen zu füllen, die leichtem Druck nachgebend sich an die Wandungen des Bohrloches andrücken ließen, und verbürgte so eine große Handlichkeit seiner Anwendung, die ihm rasch den Weg in die Praxis öffnete. Bis Mitte 1868 waren schon 50000 Kilo des neuen Sprengmittels verkauft. In einem Vortrage gab Nobel folgende Statistik über die in den Jahren 1867 bis 1874 verkauften Mengen Dynamits: Dieselben betrugen sukzessive 11, 78, 185, 424, 785, 1350, 2050 und 3120 Tonnen im Jahre 1874.

---

[1]) Etwa zu gleicher Zeit wie Nobel erzeugte in Massachusetts (Vereinigte Staaten) Mowbray Nitroglycerin und transportierte es in gefrorenem Zustande in Blechflaschen in die Gruben, wo es vermutlich mit warmem Wasser aufgetaut wurde. Er hatte die geringere Empfindlichkeit des Öles in gefrorenem Zustande erkannt und benutzte seine leichte Gefrierbarkeit zur Verminderung der Transportgefahr. Nach Guttmann wurde es in dieser Form seit dem Bau des Hoosactunnels lange Jahre in Amerika verwendet.

Die Entdeckung der Initialzündung und der Absorption des Sprengöles durch Kieselgur waren es, die in hervorragendem Maße dem neuen Gewerbezweige den Weg ebneten, so daß Nobel nunmehr mit Energie daran gehen konnte, allenthalben Gesellschaften und Fabriken zur Verwertung seiner Patente zu gründen. Die folgenden Jahre sahen folgende Fabrikgründungen: 1866 Fabrik in Norwegen, 1868 Fabrik in Kalifornien und in Zamky bei Prag, 1870 in Hangö (Finnland), 1871 in Ardeer bei Glasgow (Schottland) und in Paulilles (Frankreich), 1872 in Schlebusch bei Köln und in Galdacano bei Bilbao (Spanien), 1873 in New York, in Isleten (Schweiz), in Avigliana bei Turin, in Trafalda bei Lissabon und Preßburg (Ungarn).

Trotz der jetzt überwundenen Hauptschwierigkeiten war die Einführung des Dynamits in die Praxis keine leichte Aufgabe. Es galt vor allem, auch den Widerstand der Bergleute zu überwinden, die in ihrem bekannten konservativen Sinne sich gegen den Gebrauch des neuen Sprengmittels sträubten, nachdem sie jahrhundertelang nur mit Schwarzpulver geschossen hatten. Auch für Schießbaumwolle wurde Propaganda gemacht.

Warum er so zähe am Nitroglycerin festhielt, legte Nobel in einem am 21. Mai 1875 in der Society of Arts gehaltenen Vortrage dar: Konzentration der Kraft, Explosionsgeschwindigkeit und Gefahrlosigkeit sind die drei Punkte, von denen hauptsächlich der Erfolg oder Mißerfolg eines Explosivstoffes abhängt. Nitroglycerin mit seiner Dichte von 1,6 ist an Energiedichte der leichteren Schießwolle überlegen. Es enthält in sich allen Sauerstoff, der zur völligen Verbrennung von Kohlenstoff und Wasserstoff nötig ist, sowie noch einen kleinen Überschuß an ersterem, während Schießwolle einen erheblichen Sauerstoffmangel aufweist, der bei der Explosion die Bildung von Kohlenoxyd bedingt.

Das Gurdynamit wies noch 2 Unvollkommenheiten auf. Das Nitroglycerin wird von Wasser leicht aus der Gur verdrängt, so daß die Patronen vor Nässe geschützt werden mußten, und in nassen Bohrlöchern die Gefahr bestand, daß Nitroglycerin in Gesteinsklüfte eindrang. Es war daher in den gewöhnlichen Papierhüllen für Unterwassersprengungen nicht geeignet. Ferner enthielt es 25% eines unwirksamen Ballastes, der nicht mit vergaste, sondern bei der Explosion durch Zerstäubung und Wärmeaufnahme Energie verschluckte. Dies ist einer der Hauptgründe, warum z. B. bei der Brisanzmessung im Bleiblock 10 g Gurdynamit nicht etwa 75% der Ausbauchung von 10 g flüssigem Nitroglycerin ergeben, sondern erheblich weniger (10 g Ngc. geben etwa 580 ccm, 75% davon sind 435 ccm, 10 g Gurdynamit geben aber nur etwa 325 ccm).

Vielfache Bemühungen waren darauf gerichtet, die Gur durch vergasbare Aufsaugstoffe, die inaktive unwirksame durch eine aktive wirksame Basis zu ersetzen. Als solche kamen feine poröse Holzkohle, die zur Verbesserung der Verbrennung mit Salpeter imprägniert wurde, Holzmehl, nitriertes Holzmehl, ebenfalls mit Salpeter- oder Chloratzusätzen, und auch gepülpte Schießwolle (Schießwolldynamite) in Betracht. Während sich in einigen Ländern (Ver. Staaten, Österreich und Frankreich) Dynamite mit aktiver Basis lange hielten, und in Amerika z. B. Sprengstoffe mit flüssigem Nitroglycerin und Aufsaugstoffen noch jetzt fabriziert werden, wurden sie, die bei höherem Nitroglyceringehalt mit dem Nachteil behaftet sind, das Sprengöl nicht genügend festzuhalten, bald von einer neuen bahnbrechenden Erfindung Nobels überflügelt.

Ein Zufall, eine kleine Wunde, soll ihn auf Kollodiumlösung (Lösung niedrig nitrierter Cellulose in Ätheralkohol) aufmerksam gemacht haben. Durch Verdunstenlassen einer Mischung von Nitroglycerin mit dieser Lösung erhielt er eine gummiähnliche elastische Masse, die er dann durch direkte Vermischung von 7—8 Teilen Kollodiumwolle mit 93—92 Teilen Nitroglycerin herstellte. Die Kollodiumwolle löst sich zunächst zu einer dicklichen Flüssigkeit, die beim Erwärmen auf 60 bis 70° in 15—20 Min. bei gewöhnlicher Temperatur in einigen Stunden zu einem festen Kolloid gesteht, einer zähen, plastischen und elastischen durchscheinenden Gelatine von bräunlicher Farbe, der sog. „Sprenggelatine", die alle Eigenschaften eines idealen hochbrisanten Sprengstoffes in sich vereinigte: völlige rückstandslose Vergasung zu Kohlensäure, Stickstoff und Wasserdampf (der überschüssige Sauerstoff des Nitroglycerins reicht gerade etwa aus, um den Sauerstoffmangel der Nitrocellulose auszugleichen), hohe Dichte und völlige Unempfindlichkeit gegen Feuchtigkeit, die den Stoff für Unterwassersprengungen besonders geeignet machte.

Wir haben hier ein Sprengmittel von höchstem Energiegehalt und höchster Energiedichte vor uns, das berufen war, beim Sprengen des festesten Urgesteins hervorragende Dienste zu leisten (beim Bau des Gotthardtunnels wurde es zuerst in größeren Mengen mit bestem Erfolg verwendet) und die Basis der gelatinösen Sprengstoffe bildete, die alsbald vermöge ihrer ausgezeichneten Eigenschaften, hohe Dichte, Unempfindlichkeit gegen Feuchtigkeit und hohe, das alte Gurdynamit wesentlich übertreffende Kraftleistung, weiteste Verbreitung fanden.

Bei Verminderung der Menge an Kollodiumwolle erhält man dünnere, weichere Gelatinen, welche nicht die nötige Formfestigkeit haben, um für sich als Sprengstoff zu dienen, die sich aber leicht mit Holzmehl und Salpeter zu einer plastischen Masse zusammenkneten lassen, die ein Dynamit mit aktiver Basis darstellt, das Nitroglycerin völlig festhält und es auch bei Wasserzutritt nicht austreten läßt.

Nobel nannte diese Mischungen: Gelatine-Dynamite. In gewisser Hinsicht stellt das Gelatine-Dynamit eine abgeschwächte Sprenggelatine dar. Es ist weniger brisant und wohlfeiler als diese. Typisch und meist gebraucht ist folgende Zusammensetzung: 62,5% Sprengöl, 2,5% Kollodiumwolle, 8% Holzmehl, 27% Natronsalpeter.

Die neue Erfindung wurde von Nobel bzw. seinen Gesellschaften in allen Staaten patentiert (deutsches Patent Nr. 4829 v. 28. Febr. 1878, engl. Patent Nr. 4179 v. 2. Dez. 1875 usw.). Das deutsche Patent lautet auf ein Verfahren zur Herstellung eines Sprengstoffes aus Nitroglycerin und löslicher nitrierter Baumwolle unter Zusatz von die Wirkung des Sprengstoffes verstärkenden oder abschwächenden Mitteln. In der Beschreibung heißt es:

„Beim Erkalten der Gelatine erhält man je nach dem stattgefundenen Prozentzusatz an nitrierter Baumwolle eine halbfeste bis druckfeste Gelatine, vom Erfinder ‚Sprenggelatine' genannt, aus welcher entweder ohne weiteren Zusatz Patronen angefertigt werden, oder unter Beimengung von Stoffen, welche

a) teils die Explosibilität des Präparates bis zur Schußsicherheit vermindern sollen, als Methylalkohol, Essigäther, Aceton, Acetin, Nitrobenzol, Campher usw.,

b) teils als Sauerstoffzuträger die Verbrennung der durch die Explosion entstandenen Zersetzungsprodukte zu einer vollkommenen machen sollen, als Natronsalpeter, Kalisalpeter usw.,

c) teils die brisante Wirkung des Sprengstoffes in eine mehr nachwirkende verwandeln sollen, als Minenpulver u. dgl.

Sowohl was Wirkung als Gefahrlosigkeit anbelangt, übertreffen diese Patronen die aus den bisherigen Nitroglycerinpulvern bestehenden bedeutend."

Der Patentanspruch lautet:

„Das Verfahren, das Nitroglycerin bzw. Methyl- oder Äthylnitrat durch Gelatinierung mit schwach nitrierter Baumwolle in feste Form überzuführen und die Masse durch Zusätze minder gefährlich zu machen."

Versuche, die Sprenggelatine für Kriegszwecke brauchbar zu machen, fanden besondere Förderung in Österreich durch die Chemiker Siersch und Roth und den Hauptmann Heß. Durch Einkneten von Campher gelingt es, die Sprenggelatine verhältnismäßig handhabungssicher zu gestalten (D.R.P. 5528 v. 2. Juli 1878). Solche gecampherte Sprenggelatine war in verschiedenen Armeen längere Zeit in Gebrauch. Die russische Armee verwendete sie noch im Weltkriege. Im übrigen haben die Nitroglycerinsprengstoffe als Kriegsmittel wegen ihrer zu geringen Handhabungssicherheit, vor allem Beschußunsicherheit, wenig Bedeutung erlangen können.

Etwa um dieselbe Zeit führte Nobel den Ammonsalpeter in seine

Nitroglycerinsprengstoffe ein und nahm (22. Juli 1879) ein schwedisches Patent auf Extradynamit (Ammon-Gelatine-Dynamit), ein verstärktes Gelatine-Dynamit von der Zusammensetzung: 71 % Nitroglycerin, 4 % Kollodiumwolle, 2 % Kohle, 23 % Ammonsalpeter. Aus der im gleichen Patente angegebenen nitroglycerinarmen Zusammensetzung: 25 % Nitroglycerin, 1 % Kollodiumwolle, 12 % Kohle, 63 % Ammonsalpeter, die einen nicht mehr gelatinösen, sondern krümelig-plastischen Sprengstoff betrifft, geht hervor, daß Nobel mit sicherem Blick die Bedeutung des Ammonsalpeters für die Sprengstoffindustrie erkannte. Der Urtyp für die späteren handhabungssicheren Ammonsalpetersprengstoffe war schon von den beiden Schweden Ohlssen und Norrbin geschaffen worden, die 1867 unter dem Namen „Ammoniakkrut“ sich ein Gemisch aus Ammonsalpeter und Kohle (sowie anderen Kohlenstoffträgern) patentieren ließen. Nobel, die Zukunftsbedeutung der Idee erkennend, kaufte seinen Landsleuten ihre Schutzrechte ab.

Ein anschauliches Schema des bisherigen Entwicklungsganges der Nitroglycerinsprengstoffe sei dem Werk: „Nitroglycerin und Dynamit“ von Escales (S. 33) entnommen:

Sprengöl

Gurdynamit	Dynamite mit aktiver Basis
75 % Sprengöl	25—50 % Sprengöl
25 % Kieselgur	75—50 % Zumischpulver

Sprengöl + Kollodiumwolle

Sprenggelatine	Gelatiniertes Sprengöl
92 % Sprengöl	97 % Sprengöl
8 % Kollodiumwolle	3 % Kollodiumwolle

Gelatine-Dynamit	Ammongelatine Dynamite
45—65 % gelat. Sprengöl	Mischungen von gelatiniert.
55—35 % Zumischpulver	Sprengöl mit Ammon-
Natron-Kali-Barytsalpeter-	salpeter
Holzmehl	

Wenn auch, wie erwähnt, das Nitroglycerin als Grundstoff der hochbrisanten Nitroglycerinsprengstoffe in der Kriegführung eine nur untergeordnete Rolle spielen konnte, so gelangte es doch als Kriegsmittel zu ungeahnter Bedeutung durch die letzte große Erfindung Nobels, das rauchlose Nitroglycerinpulver, welches, zuerst Ballistit genannt, als Geschützpulver eine völlige Umwälzung in der Waffentechnik hervorrief und im Weltkrieg das Nitroglycerin zum unentbehrlichsten Bestandteil der Munition machte. Weitaus die größten Mengen der Weltproduktion an Glycerin wanderten während der Jahre des Weltkrieges als Nitroglycerin bzw. Pulverrohmasse in die Pulverfabriken. Von der Sprenggelatine ausgehend, gelangte Nobel durch Vermehrung des Gehaltes an Nitrocellulose zu einem steifen, schließlich hornartigen Kolloid, welches mit der Sprengkapsel nicht mehr detonierte, sich aber infolge seiner langsamen Verbrennung als vorzüglich geeignetes energiereiches Treibmittel erwies.

Lange gründliche Forschungen führten schließlich zum Ballistit, einer Mischung von 40% Nitroglycerin und 60% teils Kollodiumwolle, teils Schießbaumwolle, welches im Jahre 1888 patentiert wurde (engl. Patent 1491 v. 3. Jan. 1888 und D.R.P. 51471 v. 3. Juli 1889). Etwa ein Jahr später haben die Mitglieder der englischen Explosivstoffkommission, Abel und Dewar, nach ähnlichem Verfahren ein rauchloses Pulver aus Nitroglycerin und Nitrocellulose patentiert, welches unter der Bezeichnung Cordit in die englische Armee eingeführt wurde und noch mehr Nitroglycerin enthielt, als das Ballistit (engl. Patent 5614 v. 2. April 1889 und 11664 v. 22. Juli 1889).

Diese für die damaligen Kenntnisse erstaunliche Entdeckung, daß zwei der brisantesten und leichtest detonierbaren Explosivstoffe, in bestimmtem Verhältnis in einen gewissen physikalischen Zustand gebracht, ein kaum noch explosionsfähiges, langsam brennendes Treibmittel ergeben, war Nobels letzte geniale Erfindertat und bildete gewissermaßen den Schlußstein seines Werkes. Die ungeheure Verwendung, die diese seine letzte Erfindung 25 Jahre später im Weltkrieg finden sollte, hat er, der Friedenspreisstifter, wohl kaum vorausgesehen und sicher nicht gewünscht. Nach 18jährigem Aufenthalt in Paris siedelte er 1891 nach San Remo über, wo er, immer noch mit Forschungen und neuen Problemen beschäftigt, am 10. Dezember 1896 einem Herzleiden erlag. Von dem hohen Sinne dieses Mannes, der nicht nur ein kluger Erfinder und tatkräftiger Industrieller, sondern ein Förderer der menschlichen Kultur genannt zu werden verdient, zeugt sein weltbekanntes Vermächtnis.

An der Zusammensetzung der von Nobel geschaffenen Haupttypen der brisanten Nitroglycerinsprengstoffe hat sich inzwischen bis auf den heutigen Tag nichts geändert. Ihre Leistung und ihre Eigenschaften sind in fast einem halben Jahrhundert durch keine neuen Erfindungen überboten worden, wenn sich ihnen auch für gewisse Zwecke der Sprengarbeit Mitbewerber in Gestalt der handhabungssicheren Ammonsalpetersprengstoffe und der beschränkt handhabungssicheren Chlorat- und Perchloratsprengstoffe an die Seite stellten, zu denen sich schließlich in neuester Zeit die recht wirksamen Gemische von flüssigem Sauerstoff mit Kohlenstoffträgern gesellten. Die Ausbreitung der letzteren nahm in Deutschland erst infolge der Absperrung durch den Weltkrieg und die dadurch bedingte Rohstoffknappheit für die Sprengstofferzeugung einen beträchtlichen Umfang an.

Bald nach Nobels Erfindungen klar erkannte Erfordernisse des Kohlenbergbaues machten eine Abschwächung der brisanten Eigenschaften der Dynamite, eine Herabsetzung vor allem ihrer Explosionstemperatur, Detonationsgeschwindigkeit und ihres Explosionsdruckes nötig. Es galt, die Sprengstoffe so aufzubauen, daß sie beim Sprengen in der Kohle oder im Nebengestein Gemische von Luft mit Grubengas oder Kohlenstaub nicht zündeten, was schon geringe Ladungen von Schwarzpulver oder Dynamit bewirken, d. h. sie „schlagwettersicher" und „kohlenstaubsicher" zu machen. Staatliche sogenannte „Schlagwetterkommissionen" wurden in Frankreich 1877, in England und Belgien 1879, in Deutschland 1880 berufen, die die einschlägigen Verhältnisse praktisch und theoretisch erforschten und auf Grund von Versuchsergebnissen bestimmte Normen für die Wettersicherheit der Sprengstoffe aufstellten.

Während es sich im Laufe der Jahre und Jahrzehnte zeigte, daß man jeden Sprengstofftyp durch Zusatz gewisser und Vermeidung anderer Komponenten wettersicher und kohlenstaubsicher gestalten kann (in Deutschland lehrte der Weltkrieg auch wettersichere Chlorat- und Perchloratsprengstoffe aufbauen), waren es zunächst und auch weiterhin in weitestem Umfange die Nitroglycerinsprengstoffe, die die Basis für die „Sicherheitssprengstoffe" des Bergbaues hergaben. Nobels Extradynamit (Typus II), ein Gemenge von 70—80% Ammonsalpeter und 20—30% gelatiniertem Sprengöl, war einer ihrer ersten Vertreter. In Frankreich und Belgien fand die ähnlich zusammengesetzte Grisoutine Verbreitung.

Die eigentliche Pionierarbeit auf diesem Gebiete leisteten in Deutschland E. Müller[1]) und G. Aufschläger[2]), die den ältesten Typ der deutschen „Wetter-Dynamite" schufen, indem sie den Dynamiten beträchtliche Mengen krystallwasserhaltiger Salze, wie Krystallsoda, Alaun, Magnesiumsulfat, Borate, Phosphate, zusetzten, um durch die Verdampfung des Krystallwassers die Explosionsgase abzukühlen bzw. die Explosionstemperatur herabzusetzen[3]). An dem weiteren Ausbau der neuen Sprengstoffgattung hatte ferner die von C. E. Bichel gegründete Sprengstoff-A.-G. Carbonit großen Anteil, die ebenfalls im Jahre 1887 in den Carboniten einen erfolgreichen Typ schuf. Die Carbonite enthielten neben 25—30% flüssigem Nitroglycerin 25—40% Mehle und im übrigen Kali- oder Natronsalpeter.

[1]) Generaldirektor der Rheinisch-Westfälischen Sprengstoff-A.-G. †.

[2]) Heute Generaldirektor der Dynamit-A.-G. vorm. Alfred Nobel & Co., Hamburg.

[3]) Brit. Patent 12424 (1887), frz. Patent 185809 (1887).

Einige Zeit später ging man dazu über, auch derartige Sprengstoffe plastisch bzw. gelatinös zu gestalten, indem man das Nitroglycerin mit etwas Kollodiumwolle gelatinierte. Es entstanden die Gelatine-Carbonite, Nobelite und wettersicheren Gelatine-Dynamite mit 25—40 % gelatiniertem Nitroglycerin (Nobelitpatent D.R.P. 182030 v. 21. Juni 1903 der Dynamit-A.-G. vorm. Alfred Nobel & Co.). Ammonsalpeter und Kochsalz spielen nunmehr eine wichtige Rolle bei der Zusammensetzung dieser Sprengstoffe. Gründliche Forschungen Beylings, des Leiters der Berggewerkschaftlichen Versuchsstrecke Gelsenkirchen (näheres im 3. Abschnitt-Kapitel 5 über wettersichere Nitroglycerinsprengstoffe), führten in den Jahren 1908/1909 zu Verschärfungen der Anforderungen an die Wettersicherheit der Sprengstoffe und im Zusammenhang damit zu einer weiteren Brisanzverminderung derselben. Eine ähnliche Erweiterung der Anforderungen trat bald darauf auch in England ein. Indessen spielen auch heute noch gelatinöse Nitroglycerinsprengstoffe mit 25—30 % gel. Sprengöl eine wesentliche Rolle im Kohlenbergbau und sind von demselben sehr begehrt.

Eine gewisse Verbreitung fand im letzten Jahrzehnt ein besonderer wiederum von der Carbonitfabrik Schlebusch geschaffener Typ, der sowohl den Ammonsalpeter- als den Nitroglycerinsprengstoffen zuzurechnen ist und etwa 12 % Nitroglycerin mit ganz geringer Beigabe von Nitrocellulose enthält (Gelatine-Carbonit C. Neu-Nobelite). Von den reinen Ammonsalpetersprengstoffen unterscheidet er sich durch eine größere Dichte und geringere Handhabungssicherheit, von den Nobeliten usw. durch seine pulverförmige Beschaffenheit.

Nach dieser Schilderung des Entwicklungsganges der Dynamite und dynamitähnlichen Sprengstoffe, die bei allen Verbesserungen und Abschwächungen (z. B. für den Kohlenbergbau) immer als relativ handhabungsgefährlich anzusehen bleiben und daher nur unter bestimmten Bedingungen versandt werden dürfen, darf die wichtige Rolle nicht unerwähnt bleiben, die das Nitroglycerin in kleiner Beimengung in den handhabungssicheren Ammonsalpetersprengstoffen und den bedingt handhabungssicheren Chlorat- und Perchloratsprengstoffen seit längerer Zeit spielt. Ein Zusatz von nur 4 % Nitroglycerin hat sich besonders bei den Ammonsalpetersprengstoffen eingebürgert, und zwar zunächst bei denjenigen, die zu Gesteinssprengungen dienten, alsdann auch bei den schlagwettersicheren Sorten. Der erste derartige Sprengstoff war das von der Carbonitfabrik herausgebrachte Donarit aus Ammonsalpeter, Trinitrotoluol, Getreidemehl und 4 % Nitroglycerin, dem das ähnlich zusammengesetzte Astralit der Dynamitfabrik Schlebusch folgte. Der Nitroglycerinzusatz erhöht ein wenig die Dichte dieser pulverförmigen Mischungen und verbessert in erheblichem Maße die Detonationsfähigkeit, Denationsübertragung und Explosionsgeschwindigkeit. Auf der anderen Seite ist die kleine Menge fein verteilten Nitroglycerins nicht imstande, die Handhabungssicherheit ungünstig zu beeinflussen, so daß solche Sprengstoffe auf den deutschen Eisenbahnen zum unbeschränkten Stückgutverkehr zugelassen sind.

Am Schlusse dieser geschichtlichen Betrachtung mögen die Bemühungen kurz geschildert werden, die darauf gerichtet waren, eine der Hauptunvollkommenheiten des Nitroglycerins und der Nitroglycerinsprengstoffe zu beseitigen, nämlich ihre leichte Gefrierbarkeit. Diese Bemühungen waren zahllos und sind so alt wie der Gebrauch des Sprengöles. Die Lösung des Problems, die Nitroglycerinsprengstoffe ungefrierbar zu machen, gelang erst um die Mitte des ersten Jahrzehntes dieses Jahrhunderts, und obwohl diese Lösung entgegen der Auffassung mancher Autoren eine in technischer Hinsicht vollkommene war (wenigstens für das europäische Winterklima, mit einer geringen Einschränkung vielleicht für den hohen Norden), ist merkwürdigerweise von dieser wichtigen praktischen Errungenschaft hinterher nur in relativ geringem Umfange Gebrauch gemacht worden. Der Grund hierzu war kein technischer, sondern ein rein wirtschaftlicher. Mit Rücksicht auf die neuen, die Gefrierbarkeit herabsetzenden Zusätze, die den Einstandspreis der Ware erhöhten, sahen sich die Fabrikanten veranlaßt, für die ungefrierbaren Dynamite einen kleinen Preisaufschlag zu fordern, und nun zogen es viele Verbraucher vor, nachdem sie vorher wiederholt nach ungefrierbarer Ware verlangt hatten, wie bisher die gefrorenen Patronen in Warmwasserkästen aufzutauen, statt die kleine Preiserhöhung zu bezahlen. Der erstere Weg erschien ihnen vorteilhafter, und die Unbequemlichkeit, über die vorher so viel geklagt worden war, wurde nun gering geachtet. So scheiterte der durchgreifende Erfolg einer praktischen Verbesserung, deren Ausarbeitung erfinderisches Genie, Scharfsinn und sehr viel mühevolle experimentelle Arbeit erfordert hatte, an einer kleinen finanziellen Unvollkommenheit. Immerhin, das Problem, das schon Nobel und nach ihm viele Chemiker beschäftigt hatte, ist heute gelöst, und es stehen für den Bedarfsfall ungefrierbare Dynamite zur Verfügung, die den Dynamiten aus reinem gefrierbaren Nitroglycerin an Wirksamkeit nichts nachgeben.

Nitroglycerin gefriert schon bei $+ 13^0$. Seine Krystallisationsgeschwindigkeit ist zwar eine relativ langsame, besonders in Form gelatinöser Sprengstoffe; bei längerer Lagerung aber bei kühlerer Witterung, nicht nur im kalten Winter, gefrieren sämtliche Nitroglycerinpräparate bzw. die Patronen zu steinharten Massen, die nur langsam auftauen, und wegen ihrer Starrheit und schweren Detonierbarkeit sich nicht zum Sprengen eignen. Obwohl die theoretische Überlegung und das Experiment im Laboratorium die geringere Empfindlichkeit und Detonationsfähigkeit des gefrorenen gegenüber dem flüssigen Nitroglycerin ergeben, lehrt die Unfallstatistik das Gegenteil. Eine engl. Unfallstatistik z. B. erwies 87% aller Unfälle mit Nitroglycerinsprengstoffen als in der kalten Jahreszeit entstanden[1]). Eine Hauptschuld an diesem eigentümlichen Zwiespalt mag die Anwendung unzweckmäßiger Auftaumethoden, überhaupt unvorsichtiges Hantieren mit gefrorenem Dynamit, treffen. Möglicherweise erhöht auch der Umstand, daß beim Auftauen etwas flüssiges Nitroglycerin aus den Patronen austritt, die Gefährlichkeit des Hantierens mit letzteren.

Der erste Versuch, die Gefrierbarkeit des Sprengöles herabzusetzen, dürfte von Rudberg stammen, der demselben Fremdstoffe wie Benzol oder Nitrobenzol beimischte (schwed. Patent v. 30. April 1866). Später war Nobel in derselben Richtung bemüht und schlug Zusätze von Methyl-Äthylnitrat, Nitrobenzol oder Acetinen vor (schwed. Patent v. 8. Juli 1876). Andere schlugen Zusätze von Ortho-Nitrotoluol, Amylnitrat und Isoamylnitrat vor. Während Methyl- und Äthylnitrat aus chemischen Gründen sich geeignet hätten, verhinderte deren leichte Verdampfbarkeit ihre Anwendung. Die übrigen vorgeschlagenen Zusätze verfehlten in geringer Beimengung ihren Zweck. In größeren Mengen zugesetzt, die tatsächlich die Gefrierbarkeit des Nitroglycerins wesentlich verminderten, phlegmatisierten sie dasselbe derartig, daß Detonationsfähigkeit und Brisanz in unannehmbarer Weise herabgesetzt wurden.

Einen Fingerzeig, wie dem Problem beizukommen war, hätte das D.R.P. 58947 v. 17. Aug. 1890 von Wohl geben können, der Glycerin polymerisierte und dann nitrierte. So hergestellte Sprengöle sind, wie wir gleich sehen werden, schwer gefrierbar, doch fand das Verfahren damals keine Beachtung.

Sigurd Nauckhoff hat die Frage der Gefrierpunktsherabsetzung des Nitroglycerins und der Dynamite einer gründlichen wissenschaftlichen Bearbeitung unterzogen[2]), dieselbe weitgehend geklärt und gezeigt, daß und warum alle bis damals vorgeschlagenen Mittel ihren Zweck nicht völlig erreichen konnten; auf den richtigen Weg, der schließlich zum Ziele führte, wiesen aber seine Untersuchungen noch nicht. Er bestätigte, was eigentlich zu erwarten war, daß jeder im Nitroglycerin gelöste Stoff eine Senkung von dessen Gefrierpunkt hervorruft, die der Konzentration direkt und dem Molekulargewicht des Stoffes umgekehrt proportional ist, vorausgesetzt, daß der gelöste Stoff sich weder dissoziiert noch komplexe Moleküle bildet. Dieses Gesetz gilt aber nur für verdünnte Lösungen. Die von Nauckhoff

[1]) Denker: Unfallstatistik von Sprengarbeiten. Internationaler Kongreß 1903, Sektion 3b. Vortrag.

[2]) Z. angew. Chem. 1905, S. 11 u. 53.

für gefrierverhindernde Zusätze mit Recht aufgestellten fünf Forderungen:

1. Löslichkeit in Nitroglycerin,
2. möglichst geringe Abschwächung von dessen Sprengkraft,
3. geringe Flüchtigkeit,
4. keine ungünstige Wirkung auf die Gelatinierbarkeit der Nitrocellulose,
5. keine ungünstige Wirkung auf die chemische Stabilität des Sprengstoffes

lassen erkennen, warum Zusätze wie Nitrobenzol oder Äthylnitrat nicht zum Ziele führen konnten.

Es sind zwar zeitweise unter Verwendung von Nitrobenzol und Nitrotoluol dynamitartige plastische und schwer gefrierbare Sprengstoffe hergestellt worden, deren Sprengölbasis aus etwa 70% Nitroglycerin und 30% Mononitrokörpern bestand. Doch mußten solche Mischungen infolge des hohen Sauerstoffverbrauchs der letzteren naturgemäß weniger Sprengöl und mehr Salpeter enthalten und konnten aus verschiedenen Gründen keinen vollwertigen Ersatz für hochprozentige Dynamite darstellen.

Schon näher kam man der Lösung des Problems durch Anwendung höher nitrierter aromatischer Kohlenwasserstoffe, besonders der niedrigschmelzenden eutektischen Gemische der isomeren Di- und Trinitrotoluole, die sich auch bei relativ niedriger Temperatur reichlich in Nitroglycerin lösen und dasselbe weniger phlegmatisieren, als die Monoderivate. Aber auch mit ihnen ließen sich völlig ungefrierbare und dem hochprozentigen Dynamit in jeder Beziehung sprengtechnisch ebenbürtige Sprengstoffe kaum herstellen.

Inzwischen wies Dr. Anton Mikolajczak mit seiner Patentanmeldung vom 15. Aug. 1903, betr. die Herstellung von Dinitroglycerin, den richtigen Weg, der alsbald von verschiedenen Sprengstoffabriken eifrig verfolgt wurde. In seinem Aufsatze im Glückauf[1]) über „Neue Sprengstoffe" bespricht er das Dinitroglycerin als Sprengstoff und erwähnt seine Eigenschaft, das Gefrieren von Nitroglycerin zu verhindern. Die Möglichkeit, den zweifachen Salpetersäureester des Glycerins herzustellen, war schon früher erkannt worden, doch enthielt die Literatur keine genauen Angaben über die Herstellungsweise, und es herrschten unklare Vorstellungen über seine Eigenschaften. Erst Mikolajczak gab eine einfache Methode an, Dinitroglycerin in guter Ausbeute und ziemlich frei von Trinitroglycerin herzustellen, und eifriges Studium auch von anderer Seite (D.R.P. 181385 und 175751) brachte bald völlige Klarheit über den Gegenstand. Die nun einsetzende intensive Forschungsarbeit auf diesem Gebiete ergab, daß

[1]) Glückauf 1904, S. 629.

die mit Nitroglycerin homologen oder naheverwandten Salpetersäureester, wie Dinitroglycerin, Dinitrochlorhydrin, Acetyldinitroglycerin, Tetranitrodiglycerin (bzw. Nitrate polymerisierter Glycerine), Dinitroglykol, vermöge ihrer Eigenschaft, sich in allen Verhältnissen mit Nitroglycerin zu mischen, und ihrer dem letzteren nahekommenden Sprengkraft sich in passenden Mischungsverhältnissen zur Herstellung schwer gefrierbarer bzw. praktisch ungefrierbarer Sprengöle und Dynamite eigneten. Diese Ester erstarren sämtlich weit schwerer und bei tieferer Temperatur als Nitroglycerin, und trotz ihres hohen Molekulargewichtes, das sie nach dem oben zitierten Gesetz als weniger geeignet erscheinen lassen mußte, geben sie mit Nitroglycerin eutektische Gemische von sehr tiefem Erstarrungspunkt bzw. einer so außerordentlich geringen Krystallisationsgeschwindigkeit, daß sie praktisch ungefrierbar sind oder doch, wo die Menge ihres Zusatzes nicht genügt, völlige Ungefrierbarkeit zu erreichen, im Gegensatz zu Nitroglycerin, bei Erhöhung der Temperatur sehr leicht wieder auftauen. Offenbar spielt der Grad der chemischen Verwandtschaft für den Erstarrungspunkt sog. eutektischer Gemische neben dem Gesetz der molekularen Gefrierpunktserniedrigung eine wesentliche Rolle.

So ist z. B. ein Gemisch von 25—30 Teilen Dinitroglycerin mit 75—70 Teilen Nitroglycerin sehr schwer, ein Gemisch von 40—60 praktisch ungefrierbar. Ebenso sind Gemische von 30 Teilen Dinitrochlorhydrin oder Nitroglykol mit 70 Teilen Nitroglycerin praktisch ungefrierbar. Was für die Öle gilt, gilt ebenso für die aus ihnen hergestellten Sprengstoffe. Da jene Ester selbst recht sprengkräftige Substanzen sind, ergeben ihre Mischungen mit Nitroglycerin im Verhältnis von etwa 30:70 Sprengöle, deren Sprengkraft von der des reinen Nitroglycerins kaum zu unterscheiden ist.

Während das Dinitroglycerin, dessen Erforschung den Anstoß zu diesen Entdeckungen gegeben hatte, wegen der durch seine Wasserlöslichkeit bedingten etwas umständlichen Herstellung weniger in Aufnahme kam und nur von der Sprengstoff-Gesellschaft Castrop in Westfalen, später den Westdeutschen Sprengstoffwerken auf der Fabrik Rummenohl i. W. einige Jahre für die Herstellung schwer gefrierbarer Dynamite und schlagwettersicherer Sprengstoffe erzeugt wurde, dient das Dinitrochlorhydrin, dessen Verwendung der Dynamit-Aktien-Gesellschaft vorm. Nobel & Co. patentiert wurde, noch heute zur Herstellung ungefrierbarer Dynamite, soweit solche begehrt werden (vgl. die einleitenden Bemerkungen über diesen Gegenstand). Dinitrochlorhydrin wird durch Nitrierung des Monochlorhydrins erhalten, welches vordem nur als teures Präparat bekannt war. Nachdem aber seine technische Wichtigkeit erkannt war, fanden sich auch bald Verfahren, es in wirtschaftlicher Weise fabrikmäßig herzustellen. Tetranitrodiglycerin, dessen Herstellung der Zentralstelle für wissenschaftlich-technische Untersuchungen in Neubabelsberg bei Potsdam patentiert wurde, fand wegen gewisser technischer Schwierigkeiten der Fabrikation, die dem Dinitrochlorhydrin den Vorrang verschafften, bislang in Deutschland keinen Eingang in die Praxis. (Näheres über diese Gegenstände mit Angaben der Patente und Literatur s. die Abschnitte: „Die Homologen des Nitroglycerins“ und „Ungefrierbare Dynamite“.)

Nitroglykol (Glykoldinitrat), welches neben obigen Zusätzen in sprengtechnischer Hinsicht den hervorragendsten Platz einzunehmen berufen gewesen wäre, kam wegen der umständlichen synthetischen Gewinnung seines Ausgangsstoffes, des Äthylenglykols, damals nicht zur Geltung, obwohl es als Mittel, die Gefrierbarkeit des Nitroglycerins aufzuheben, bereits 1904 (D.R.P. 179879) dem Nobel-Konzern patentiert wurde.

Erst der Weltkrieg und die Beschlagnahme des Glycerins für Heereszwecke rückte in Deutschland seine Bedeutung als die des einzigen vollgültigen Ersatzes, wenn nicht Konkurrenten des Nitroglycerins ins rechte Licht.

Der Umstand, daß Glycerin aus billigen Naturprodukten, zum großen Teil sogar als industrielles Abfallprodukt, in größten Mengen billig erzeugt wurde, mußte im Verein mit der nahezu idealen Sprengstofformel des Nitroglycerins diesem jede Konkurrenz der chemisch ähnlichen Explosivstoffe, die gleich ihm spezifisch schwere plastische Sprengmittel ergeben konnten, fernhalten. In der Tat sind es von flüssigen Salpetersäureestern auch nur zwei, die bei ähnlich günstiger Sprengstofformel ihm sprengtechnisch ebenbürtig sind, und zwar das Methylnitrat und das Nitroglykol. Während das Methylnitrat wegen seines niedrigen Siedepunktes (65^0) und seiner starken Flüchtigkeit als Konkurrent nicht in Betracht kam, mußte Nitroglykol, dessen ideale Sprengstofformel (es zerfällt bei der Explosion glattauf in Kohlensäure, Wasser und Stickstoff nach der Formel: $\begin{array}{l}CH_2ONO_2\\CH_2ONO_2\end{array} = 2CO_2 + 2H_2O + N_2$) es zum Sprengöl prädestinierte, angesichts des hohen Preises und der umständlichen Synthese seines in der Natur nicht in größeren Mengen vorkommenden Ausgangsstoffes, des Glykols, neben dem billigen Nitroglycerin unbeachtet bleiben. Der ungeheure Bedarf an letzterem im Kriege und der durch die Blockade der Mittelmächte bei diesen entstandene Fettmangel, veranlaßte die Ausschau nach Ersatzstoffen, und man bemühte sich nun, die Synthese des Glykoles durchzuarbeiten und sie für den Fabrikationsprozeß reif zu machen. Die Firma Th. Goldschmidt A.-G., Essen, errichtete eine umfangreiche Anlage, in der sie vom Alkohol ausgehend auf dem Wege über Äthylen und Äthylenchlorid, das im Autoklaven verseift wurde, das Glykol in ansehnlichem Umfange erzeugte und in den Handel brachte. Wenn sich das Nitroglykol auch infolge seiner gegenüber dem Nitroglycerin beträchtlichen Flüchtigkeit bei gelinder Wärme nicht zur Herstellung von rauchlosem Pulver verwenden ließ, so bildete es doch für die gelatinösen Bergwerkssprengstoffe einen vollgültigen Ersatz des Nitroglycerins, und viele Tonnen davon wurden während der letzten Kriegsjahre in den inländischen Sprengstoffabriken erzeugt. Mit der Freigabe der großen Glycerinbestände nach Kriegsende für den Bergbau wurde die Erzeugung von Glykol, die zudem durch Alkohol- und Chlorknappheit beschränkt war, wieder eingestellt. Bei einer reichlichen und billigen Glycerinversorgung dürfte das Nitroglykol wieder völlig in den Hintergrund gedrängt werden, falls nicht vielleicht die Auffindung einer sehr billigen Äthylenquelle, die vom Alkohol unabhängig macht, und ein niedriger Chlorpreis das Bild wiederum ändert.

Es kommt noch hinzu, daß der Wert des Nitroglykols, das an Brisanz und Detonationsgeschwindigkeit dem Nitroglycerin sogar um ein weniges überlegen ist, durch seine größere Handhabungssicherheit erhöht wird. So ist es in letzter Zeit der Dynamit-Aktien-Gesellschaft gelungen, auf Basis von gelatiniertem Nitroglykol und Ammonsalpeter völlig handhabungssichere gelatinöse Sprengstoffe herzustellen, die auf der Eisenbahn unter dem Namen Gelatine-Astralit zum unbeschränkten Stückgutverkehr zugelassen sind, dem Gelatine-Dynamit an Sprengwirkung kaum nachstehen und außerdem den Vorzug der Ungefrierbarkeit haben.

Nach diesem geschichtlichen Überblick über die Entdeckung und Einführung des Nitroglycerins in die Technik sowie seine Anwendung in den verschiedensten Sprengstoffen bliebe noch ein Wort über die Entwicklung des Herstellungsprozesses selbst zu sagen übrig. Da aber bei der Beschreibung der Fabrikation auf die verschiedenen Methoden und ihre Verbesserungen näher einzugehen der geeignetere Ort sein dürfte, sollen, um Wiederholungen zu vermeiden, die Hauptstufen der Entwicklung hier nur eben gestreift werden.

Von den anfänglich zur Nitrierung verwendeten zahlreicheren kleineren Steinzeugtöpfen oder Porzellankübeln mit primitiver Rührung von Hand war der Übergang zu gußeisernen, verbleiten und schließlich den heute im Inlande ausschließlich gebrauchten großen zylinderförmigen Bleigefäßen ein ganz allmählicher. Der Rührung von Hand folgte mit der Vergrößerung der Charge die mechanische Rührung, die wiederum von der Rührung mittels komprimierter Luft vollständig verdrängt wurde. Die letztere wurde in Amerika schon Ende der 60er Jahre von Mowbray benutzt. Verhältnismäßig spät, etwa um 1877, gelangte allgemein die direkte Scheidung des Sprengöles von den konz. Säuren und damit die Wiederverwertung der letzteren in Aufnahme, was einen bedeutenden wirtschaftlich-technischen Fortschritt darstellte, während man bis dahin das Nitroglycerin durch Ersäufen der Gesamtcharge in einem großen Wasserüberschuß unter völligem Verlust der Abfallsäure abgetrennt hatte. Das bekannte Nitrierverfahren der Franzosen Boutmy und Faucher, das die Reaktionswärme, um die Zersetzungsgefahr zu vermindern, dadurch verteilen sollte, daß zunächst Glycerin mit Schwefelsäure gemischt und diese Mischung erst mit der Salpeter-Schwefelsäure vereinigt wurde, erkaufte einen überschätzten Vorteil durch so schwerwiegende anderweitige Nachteile, daß es nur an wenigen Orten in Aufnahme kam und sich auf die Dauer nicht halten konnte.

Einen wichtigen wirtschaftlichen Fortschritt der Fabrikation bedeutete um die Wende des Jahrhunderts der Übergang der großen deutschen und englischen Fabriken zur Erzeugung von rauchender Schwefelsäure und damit höchstkonzentrierten fast wasserfreien Nitriersäuren, wodurch sich die Nitroglycerinausbeute um 10—15% von etwa 210—215 Teilen bis auf 225 Teile des angewendeten Glycerins steigern ließ. Etwa 10 Jahre später trieb man in einigen derselben Fabriken die Ausbeute bis auf 230% durch Einführung der sog. künstlichen Kühlung, d. h. der Kühlung mittels auf —12° abgekühlter Solen, wodurch sich die Nitriertemperatur von 25—30° auf 12—15° herabdrücken ließ.

Von nicht zu unterschätzender Bedeutung für die Kapazität einer Anlage und die Verringerung des Gefahrenmomentes war es schließlich, daß man lernte, durch gewisse geringfügige Zusätze zur Nitriercharge, wie Paraffinöl, Vaselin oder Fluornatrium, evtl. in Mischung mit Kieselsäure, die Dauer der Abtrennung des Nitroglycerins von der Abfallsäure willkürlich zu beeinflussen und erheblich abzukürzen (D.R.P. 171106 v. 21. Mai 1904, 181489 v. 2. Okt. 1905 und 283330 v. 10. Okt. 1912).

Erster Abschnitt.

Nitroglycerin.

Bildungsweisen und Darstellung des Nitroglycerins.

Nitroglycerin entsteht durch Einwirkung von Salpetersäure auf Glycerin, und zwar sind zur Bildung von einem Molekül Nitroglycerin 1 Molekül Glycerin und 3 Moleküle Salpetersäure erforderlich, während sich 3 Moleküle Wasser bilden, oder ausgedrückt in Grammolekülen: 92 g Glycerin + 189 g Salpetersäure = 227 g Nitroglycerin + 54 g Wasser.

100 Teile Glycerin liefern also theoretisch 246,7 Teile Nitroglycerin, wozu 205,4 Teile Salpetersäure nötig sind, während sich 58,7 Teile Wasser bilden. Wollte man aber Glycerin der so berechneten Menge selbst völlig wasserfreier Salpetersäure zusetzen, so würde sehr bald die Bildung von Nitroglycerin aufhören und die durch das gebildete Wasser verdünnte Salpetersäure würde nach einiger Zeit einen Oxydationsprozeß einleiten. Zur völligen Umwandlung des Glycerins in Glycerintrinitrat gehört neben einem Überschuß an HNO_3-Molekülen ein wasserbindendes Mittel, das die Konzentration der veresternden Salpetersäure aufrecht erhält. Wenn auch aus weiter unten dargelegten Gründen als solches für die technische Darstellung nur Schwefelsäure in Betracht kommt, so ist rein theoretisch genommen jedes wasserentziehende Mittel zur Umwandlung von Glycerin in Nitroglycerin geeignet, das weder mit Glycerin noch mit Salpetersäure anderweitig reagiert, oder doch mit Glycerin nur solche Verbindungen eingeht, aus denen es durch Salpetersäure wieder verdrängt wird, wie z. B. Schwefelsäure aus der sich vorübergehend bildenden Glycerinschwefelsäure bei geeigneter Konzentration der HNO_3 durch letztere verdrängt wird.

Als wasserbindendes Mittel käme zunächst Salpetersäure selbst in Frage. Folgende Versuche, die rein theoretisch interessant sind, illustrieren die Möglichkeit, auch ohne Schwefelsäure Glycerin fast vollständig in Nitroglycerin überzuführen:

1. Mit Salpetersäure allein.

Ein gehöriger Überschuß von Salpetersäure verwandelt Glycerin nahezu vollkommen in Nitroglycerin.

Beispiel: 100 g Glycerin werden in 1000 g 99proz. Salpetersäure eingetragen, wobei mäßige Erwärmung eintritt, die man durch Kühlung mit Eiswasser ableitet.

Man läßt eine Stunde im Eiswasser stehen, um die Reaktion, deren Geschwindigkeit mit der Verdünnung der Salpetersäure abklingt, bis zum Gleichgewichtszustand gelangen zu lassen, und gießt in 3 l Eiswasser ein, wobei sich der größte Teil des Nitroglycerins ölig abscheidet. Gewaschen und neutralisiert ergeben sich 176,5 g Sprengöl. Die verdünnte Säure wird mit Chloroform ausgeschüttelt. Nach Neutralisation der Chloroformlösung mit Sodalösung und Abdestillieren erhält man weitere 30,7 g Öl, im ganzen also: 207,2 g Nitroglycerin bzw. Prozente des angewandten Glycerins, entsprechend 84% der theoretischen Ausbeute. Das Nitroglycerin ergibt 18,16% N (ber. 18,50%), enthält also noch etwas Glycerindinitrat. Nimmt man weniger Salpetersäure, z. B. nur die 5fache Menge, so erhält man Gemenge von Trinitrat und Dinitrat.

Ein derartiges Verfahren muß natürlich unwirtschaftlich sein, da man den großen Überschuß der teuren konzentrierten Salpetersäure nur in sehr verdünnter Form bzw. nach dem Neutralisieren und Eindampfen als Salpeter zurückgewinnt.

2. Mit Salpetersäure und Phosphorpentoxyd.

Stellt man unter Kühlung eine Mischung von 400 g stärkster Salpetersäure und 150 g Phosphorpentoxyd her und trägt in die dickliche Flüssigkeit unter guter Kühlung 100 g Glycerin ein, so scheidet sich die Phosphorsäure als dicker Sirup am Boden ab und das gebildete Nitroglycerin bleibt in der starken Salpetersäure gelöst. Durch Trennen der dünnflüssigen Lösung von dem Sirup und Ausfällen der ersteren mit Eiswasser erhält man ca. 200 g reines Nitroglycerin. Löst man zuerst 100 g Glycerin in 400 g Salpetersäure und trägt unter Eiskühlung und kräftigem Umrühren 150 g Phosphorpentoxyd in kleinen Portionen allmählich ein, so kann man ebenso die Lösung leicht vom Phosphorsäuresirup trennen und erhält beim Ausfällen der ersteren mit Eiswasser Nitroglycerin. Die Ausbeute beträgt nach gründlicher Reinigung ca. 200 g.

3. Mit Salpetersäure und wasserfreiem Calciumnitrat.

Löst man 100 g Glycerin unter Kühlung in 500 g stärkster Salpetersäure und fügt 400 g pulverförmiges, völlig wasserfreies Calciumnitrat zu der Lösung, so tritt nur geringe und allmähliche Wärmeentwicklung ein. Gießt man nach mehrstündigem Stehen den dünnen Brei in das mehrfache Volumen kalten Wassers, so erhält man ca. 220 g Nitroglycerin, die noch ca. 10% Dinitroglycerin enthalten, also ca. 200 g Nitroglycerin entsprechen. Beim einfachen Lösen von 100 g Glycerin in 500 g Salpetersäure erhält man nur etwa 50 g Nitroglycerin neben etwa 140 g Dinitroglycerin (s. dieses).

Als stärkstes, billigstes und in der Anwendung zweckmäßigstes wasserbindendes Mittel kommt für die technische Herstellung des Nitroglycerins allein die konzentrierte Schwefelsäure in Frage, weil sie es ermöglicht, mit dem relativ geringsten Überschuß an der teureren Salpetersäure das erstere in höchster Ausbeute und fast völlig frei von den niedrigeren Nitrierungsstufen zu erzeugen, wobei es zugleich möglich ist, das Sprengöl direkt von dem konz. Gemisch der Restsäuren abzutrennen und letztere in der wertvolleren konzentrierten Form zu gewinnen und weiter zu verarbeiten. Während von der soviel schwächer wasseranziehenden Salpetersäure 10 Teile höchster Konzentration nötig sind, um 1 Teil Glycerin annähernd vollständig in Nitroglycerin überzuführen, genügt ein Gemisch von $4^1/_2$ Teilen konz. Schwefelsäure und ca. 3 Teilen 90 proz. Salpetersäure, um etwa 2,15 Teile reines Nitroglycerin aus 1 Teil Glycerin zu erzeugen. Bei Anwendung rauchender

Schwefelsäure (Oleum) mit 20 % freiem SO_3 genügt ein Gemisch von 360 Teilen mit 280 Teilen 90 proz. Salpetersäure, um aus 100 Teilen Glycerin ca. 225 Teile Nitroglycerin zu gewinnen.

Von den drei Möglichkeiten, hierbei zu verfahren:

1. Lösung von Glycerin in Salpetersäure und völlige Veresterung sowie Abscheidung des Öles durch nachherigen Schwefelsäurezusatz,

2. Lösung des Glycerins in Schwefelsäure und Vermischen dieser Lösung mit Salpeter-Schwefelsäure (Verfahren von Boutmy-Faucher),

3. allmähliches Eintragen des Glycerins unter fortwährender Kühlung in das Salpeter-Schwefelsäuregemisch, wobei sich das Sprengöl fast völlig abscheidet,

kommt für die technische Nitroglycerinbereitung heute nur der dritte Weg in Frage. Während der erste Weg aus verschiedenen Gründen unzweckmäßig sein würde (Oxydationsneigung der Lösung von Glycerin in wenig Salpetersäure, starke Erwärmung beim Eintragen der Schwefelsäure), hat sich die zweite Methode, die die Wärmetönung der Reaktion auf zwei Vorgänge verteilen und so für die Praxis mildern will, auf die Dauer nicht bewährt, so daß nur das dritte Verfahren übrig bleibt, nach dem tatsächlich zu allererst das Nitroglycerin gewonnen wurde und auch heute noch ausschließlich hergestellt wird.

Herstellung kleinerer Mengen von Nitroglycerin im Laboratorium.

Um mit den einfachsten Hilfsmitteln kleinere Nitroglycerinmengen im Laboratorium zu bereiten, verfährt man zweckmäßig wie folgt: In einen zylinderförmigen Bleitopf mit Ausguß von ca. 1 l Inhalt wägt man 630 g Nitriersäure ein. Dieselbe soll 39—40 % HNO_3, 59—60 % H_2SO_4 und möglichst wenig Wasser enthalten und kann durch langsames Eintragen von 350 g rauchender Schwefelsäure von 20—25 % Gehalt an SO_3 in 280 g mindestens 90 proz. Salpetersäure unter Umrühren und Kühlen hergestellt werden. [Wenn rauchende Schwefelsäure nicht vorhanden, ändert sich Menge und Zusammensetzung der Nitriersäure. Man mischt dann 300 g obiger Salpetersäure mit 450 g 66grädiger Schwefelsäure (98 % H_2SO_4) und erhält 750 g einer Nitriersäure von etwa 36 % HNO_3, 59 % H_2SO_4 und 5 % H_2O, die eine etwas niedrigere Nitroglycerinausbeute ergibt.] Der Bleitopf befindet sich in einem Gefäß, am besten auch aus Blei, mit Wasserzulauf- und -ablauf, so daß er mit fließendem Wasser gekühlt werden kann. Der Bleitopf ist einem Becherglas vorzuziehen wegen rascherer Kühlung infolge besserer Wärmeleitung und Zerbrechlichkeit des Glases. Das Glycerin (100 g möglichst wasserfreies Dynamitglycerin von 31° Bé oder 1,26 spez. Gew.) läßt man nach Vorwärmung auf 40—50°, um es dünnflüssiger zu machen, aus einem Tropftrichter zwischen Mitte und Rand des Topfes eintropfen, nachdem die Säure die Temperatur des fließenden Wassers angenommen hat, und rührt dabei lebhaft mit einem Thermometer um, das man öfters abliest, nachdem man jedesmal zuvor den Glycerinzufluß abgesperrt hat. Diese Vorsicht ist notwendig, da das zutropfende Glycerin sofort mit einer größeren Säuremenge verteilt werden muß, um lokale Überhitzung und Oxydation, die zu stürmischer, unter Umständen gefährlicher Zersetzung der Charge führen kann, zu vermeideu. Um lokale Zersetzungen, die von schwachem Aufzischen und Entwicklung roter Dämpfe begleitet sind, zu vermeiden, muß man ruhig und gleichmäßig umrühren und es vermeiden, Glycerintropfen an die Wandung des Gefäßes zu spritzen, wo sie von kleinen Säuremengen unter lokaler Erhitzung oxydiert werden könnten. Die Temperatur darf 30° C nicht übersteigen, und es ist die Geschwindigkeit des Glycerinzuflusses entsprechend zu regeln. Bei Beachtung dieser Winke und Anwendung von reinem Glycerin und Säuren von vorschriftsmäßiger Menge und Konzentration ist die Nitrierung des Glycerins eine gefahrlose Hantierung[1]). Der Hinzutritt von Wasser zur Charge ist natürlich streng zu vermeiden.

Bei einer Temperatur des Kühlwassers von 10° ist das Eintragen des Glycerins in ca. 10 Minuten beendet. Will man die Ausbeute in Prozenten des Glycerins genau bestimmen, so wägt man den zuvor gefüllt gewogenen Tropftrichter nunmehr leer zurück, da von dem sirupösen Glycerin eine nicht unerhebliche Menge hängen bleibt, und gießt die etwas abgekühlte Charge in einen Scheidetrichter, den man mit einer Glasplatte bedeckt. Nach längstens 10 Minuten hat sich das Nitroglycerin von der Abfallsäure scharf getrennt und schwimmt oben. Aus dem Bleitopf werden die Reste der Charge mit kaltem Wasser in einen Erlenmeyerkolben gespült, in den nach Abfüllen auf ca. 300 ccm Wasser das von der Säure getrennte, noch stark säurehaltige Rohnitroglycerin unter Umschwenken eingelassen wird. Nun schüttelt man kräftig durch, nachdem man den Kolben mit einem durchbohrten Gummistopfen, durch den ein gebogenes Glasrohr geht, das etwaigen Überdruck entweichen läßt und gegen Spritzen schützt, verschlossen hat. Das anfangs klare, nun milchigtrübe gewordene Nitroglycerin wird im Scheidetrichter, dessen Hahn gut einzufetten ist, um jede Reibung zu vermeiden, abgetrennt und noch 2—3 mal mit je 200 ccm Wasser von erst 30°, dann 40°, vorgewaschen. Nunmehr werden durch anhaltendes Durchschütteln (2—3 Min.) mit einer 2—3 proz. 50° warmen Sodalösung die letzten Säurespuren neutralisiert[2]), und nachdem das Nitro-

[1]) Trotzdem empfiehlt es sich, ein Gefäß mit der fünffachen Menge der Säure an kaltem Wasser zur Hand zu haben, um in unvorgesehenen Fällen die Charge schnell in einem Überschuß von Wasser ersäufen und unschädlich machen zu können.

[2]) Alkalische Reaktion der Lösung nach dem Schütteln; Gelbfärbung.

glycerin durch erneutes Durchschütteln mit 40^0 warmem reinen Wasser auch von der Sodalösung gereinigt ist, wird es in einer flachen Schale in einem Chlorcalciumexsiccator getrocknet und, nachdem es völlig klar geworden ist, gewogen. Die Waschwässer werden sorgfältig gesammelt, in die Kläranlage der Nitroglycerinfabrik verbracht, oder, wo ein solcher Betrieb nicht vorhanden, die Sprengölreste sorgsam abgetrennt, mit Sägemehl aufgenommen und verbrannt, keinesfalls aber in die Wasserleitung gegeben, da sie an Ausbuchtungen und Vertiefungen hängen bleiben und bei Reparaturen Anlaß zu folgenschweren Explosionen geben können. Will man den Ertrag genau bestimmen, so gibt man die Abfallsäure in einen Scheidetrichter und läßt sie an einem kühlen Ort 24 Stunden stehen, worauf man die nachträglich abgesonderten Ölreste (Nachscheidung) für sich bestimmt. Die Gesamtausbeute beträgt ca. 225 g, bei Anwendung gewöhnlicher Schwefelsäure 210—215 g.

In den Dynamitbetrieben dient zu Laboratoriumsnitrierungen heute meist ein besonderer Glasapparat, der im nächsten Abschnitt bei Besprechung der Anforderungen an das Glycerin unter „Probenitrierung“ näher beschrieben wird und ein bequemeres, genau betriebsmäßiges Arbeiten gestattet.

Wenn es sich um Darstellung kleinerer Nitroglycerinmengen zu Versuchszwecken im Laboratorium ohne genaue Ausbeutebestimmung handelt, kann man sich in Ermangelung eines solchen Apparates auch, wie im Betriebe, der Luftrührung bedienen und legt in den Bleitopf eine spiralförmige, mit Löchern auf der Unterseite versehene Bleischlange ein. Das Thermometer wird dann in halber Höhe der Säureschicht eingesetzt und der Topf, in dem auch das Waschen mit Luftrührung besorgt wird, mit einer entsprechend ausgeschnittenen Glasplatte bedeckt. Man arbeitet wegen der Säuredämpfe unter einem gut ziehenden Abzug.

Die fabrikmäßige Herstellung des Nitroglycerins.

I. Die Ausgangsstoffe und Endstoffe.

Als Rohstoffe der Nitroglycerinfabrikation kommen nur Glycerin, Salpetersäure und Schwefelsäure in Frage, als Abfallstoffe die sog. Abfallsäure, ein wasserhaltiges Gemisch von Schwefelsäure und wenig Salpetersäure, bzw. nach deren Zerlegung in ihre Bestandteile (Denitrierung) schwächere Salpetersäure und Schwefelsäure. Die großen, Sprengstoffe erzeugenden Gesellschaften sind schon seit langem dazu übergegangen, zur Verbilligung ihrer Produktion diese Rohstoffe in eignen großen Anlagen herzustellen, so daß viele große Dynamitfabriken heute Betriebe zur Erzeugung von Glycerin und Säuren angegliedert enthalten. So betrieb, um nur ein Beispiel zu nennen, die Dynamitfabrik Schlebusch der Dynamit-A.-G. in den letzten Kriegsjahren 8 Systeme zur Herstellung von rauchender Schwefelsäure nach dem Tentelewschen Verfahren, die eine Gesamtleistungsfähigkeit von 80 t täglich besitzen, 4 Salpetersäure- und 2 große Glycerinfabriken, mit deren Hilfe sie auch verbundene Fabriken mit den nötigen Rohstoffen versorgte. Auf derartige Fabriken gelangen alsdann als Ausgangsstoffe für die Nitroglycerinfabrikation nur Schwefelkies, Salpeter und Rohglycerin bzw. Seifensiederunterlauge, und es verlassen dieselbe Kiesabbrand, Bisulfat und Abfallsalze der Glycerinfabrik. Die Qualitätsanforderungen, die der Dynamitfabrikant an die drei Produkte Glycerin, Salpetersäure und Schwefelsäure zu stellen pflegt, sind folgende:

a) Glycerin.

Die zur Nitroglycerinfabrikation verwendete Glycerinsorte ist das sogenannte „Dynamitglycerin", ein destilliertes Produkt von der höchsten Konzentration, die bei Handelssorten vorkommt, und hoher Reinheit. Sein Reinheitsgrad ist neben der Vollkommenheit der Nitrierapparatur einer der wesentlichen Faktoren der Betriebssicherheit. Während chemisch reines Glycerin farblos und geruchlos ist, ist das Dynamitglycerin hellgelb bis dunkelbraun und hat meist (besonders auf der Handfläche verrieben) einen schwach brenzlichen, an Caramel erinnernden Geruch. Der Grad der Färbung ist kein Maßstab für die Güte. Hellgefärbte Glycerine können u. U. wenig geeignet, stark gefärbte sehr geeignet für die Nitrierung sein. Die analytische Gehaltsbestimmung nach einer der üblichen Analysenmethoden (Oxydationsmethode mittels Bichromat, Acetinmethode, Isopropyljodidmethode, Bestimmung des Destillationswertes), die für die Bewertung der rohen Saponifikate, rohen Laugenglycerine und Unterlaugen von ausschlaggebender Bedeutung ist, ist für die Beurteilung von Dynamitglycerin weniger wichtig, da die Erfüllung der nachstehend genannten Anforderungen höchste Grädigkeit verbürgt. Der Analysenwert gibt keinen Aufschluß über einen etwaigen Gehalt an Trimethylenglykol (s. d.), wie er allerdings bei Fettglycerinen äußerst selten zu sein scheint, und zeigt Polyglycerine nicht an. Deshalb ist die Bestimmung des spez. Gewichtes in Verbindung mit der des Wassergehaltes neben Ausbeutebestimmung und Verhalten bei der Nitrierung von wesentlicher Bedeutung.

Während vor dem Weltkriege nur aus Fetten und Ölen gewonnenes Glycerin in Betracht kam, was auch jetzt einige Zeit nach demselben wieder zutrifft, benutzten die Mittelmächte in den letzten Jahren des Krieges nach Verbrauch der Glycerinbestände und unter dem Einfluß der Fettknappheit sog. Fermentol oder Protolglycerin, ein durch einen besonderen Gärungsprozeß aus Zucker hergestelltes Glycerin, das nicht ganz die hohe Reinheit des sonst bekannten Dynamitglycerins erreichte und etwas niedrigere Nitroglycerinausbeuten als dieses ergab, sich aber sonst als durchaus geeignet für die Nitroglycerinfabrikation erwiesen hat. Es enthielt in rohem Zustande stets mehr oder weniger erhebliche Mengen an Trimethylenglykol (s. d.), das indessen bei der Destillation zum größten Teil in den Vorlauf ging und, in geringer Menge anwesend, den Herstellungsprozeß nicht störte und das Endprodukt nicht beeinträchtigte, da der aus ihm entstehende Salpetersäureester, Trimethylenglykoldinitrat (s. d.) ebenfalls sprengkräftig und mindestens so stabil ist wie Nitroglycerin.

Die an Dynamitglycerin gestellten Anforderungen sind folgende:

1. Spezifisches Gewicht. Dasselbe wird mittels Pyknometers bei 15° bestimmt und soll mindestens 1,262 betragen. Beim Kaltrühren ist das Entstehen von Luftbläschen zu vermeiden, da solche erst bei längerem Stehen entweichen.

2. Neutralität. Schüttelt man 50 ccm des Musters mit 100 ccm dest. Wassers und einigen Tropfen Phenolphthaleinlösung, so sollen zur Neutralisation höchstens 0,3 ccm Normalsalzsäure oder Normallauge erforderlich sein.

3. Verdampfungs- und Veraschungsrückstand. Der Gesamtrückstand (organische und unorganische Rückstände) soll 0,20%, der Veraschungsrückstand 0,05% nicht übersteigen. Man bestimmt den Rückstand, indem man 5—10 g Glycerin in einer Platinschale im Sandbade oder Luftbade bei 160—180° vorsichtig zur Verdampfung bringt, wobei es sich empfiehlt, mehrfach kleine Mengen Wassers zuzusetzen, um die Verflüchtigung durch Wasserdämpfe zu erleichtern und die Bildung schwer flüchtiger Polyglycerine zu vermeiden, die auch dann leichter entstehen, wenn man zu große Mengen (25 g) zur Analyse nimmt. Zur gleichzeitigen Ausführung mehrerer Bestimmungen dient vielfach eine starke, mit Brenner erhitzte runde Eisenplatte (4—5 cm dick) mit runden, die Platinschalen fassenden Vertiefungen. In einer zentralen Vertiefung befindet sich in einem Bad von leicht schmelzender Metallegierung das Thermometer. Nach Eintritt der Gewichtskonstanz bestimmt man durch vorsichtiges Glühen den mineralischen Rückstand.

4. Wassergehalt. Anwesenheit von Polyglycerinen. Vielfach wird auch der Wassergehalt des Dynamitglycerins bestimmt, obwohl die Bestimmung zeitraubend und nur annähernd genau ist. Ein Gehalt an Diglycerin (s. d.) und Polyglycerinen, der durch lokale Überhitzung bei der Destillation entstehen kann, erhöht das spez. Gewicht und kann Ausbeute und Herstellungsprozeß des Nitroglycerins ungünstig beeinflussen. Ein hohes spez. Gewicht kann daher bei gleichzeitigem Gehalt an Wasser und Polyglycerin einen höheren Glyceringehalt vortäuschen, als vorhanden ist, während andererseits bei Bestimmung des nichtflüchtigen Rückstandes (vgl. 3.) durch die Wasserzugabe die Polyglycerine hydratisiert und verflüchtigt werden können. Da 100proz. Glycerin ein spez. Gewicht von 1,264, Diglycerin ein solches von 1,33 hat, erhöhen z. B. 10% Diglycerin das spez. Gewicht von Glycerin um 6,6 Einheiten in der 3. Dezimale. Andererseits gibt Glycerin theor. 246,7% Nitroglycerin, Diglycerin nur 208,4% Tetranitrodiglycerin. 10% Diglycerin im Glycerin setzen also die Nitroglycerinausbeute um 3,8% herab. Man hat Diglycerin und Polyglycerine absichtlich zugesetzt, um das Nitroglycerin achwer gefrierbar zu machen (s. Abschnitt: Ungefrierbare Dynamite) und die dabei suftretende Erschwerung des Waschprozesses durch Emulsionsbildung bis zu

einem gewissen Grade überwinden gelernt. Die geäußerte Behauptung, daß die Qualität des Nitroglycerins durch einen Gehalt an Diglycerin im Glycerin verschlechtert würde[1]), trifft nicht zu, denn da Nitroglycerin 3,5% Sauerstoff mehr enthält, als zur Verbrennung nötig ist, Tetranitrodiglycerin 18,5% zu wenig, so würde ein Gemisch von 85% Nitroglycerin mit 15% Tetranitrodiglycerin immer noch genügend Sauerstoff zur völligen Umsetzung besitzen und somit die maximale Explosionswärme liefern. Die Anwesenheit einiger Prozente von Di- und Triglycerin ist also praktisch nicht von großem Belang, wofern sie nicht bei alleiniger Berücksichtigung des spez. Gewichtes einen höheren Wassergehalt übersehen läßt, was insofern wesentlich ist, als jedes Prozent Wasser an sich schon einen Ausfall von 2,3% Nitroglycerin bedeutet, abgesehen von dem verdünnenden Einfluß auf die Nitriersäure, der allerdings erst bei höherem Wassergehalt des Glycerins seine schädliche Wirkung zeigt.

Bestimmung des Wassergehaltes im Glycerin.

Man kann den Wassergehalt des Glycerins bestimmen, indem man eine kleine Menge desselben in flacher Schicht im Vakuum über Schwefelsäure bis zur Gewichtskonstanz stehen läßt. Da es selbst stark Wasser anzieht, gibt es hierbei letzteres nicht völlig ab. Oder man erhitzt 10 g in einem lose bedeckten Wägegläschen einige Stunden auf 90°, wobei man zwischen Gläschen und Deckel ein kreisrundes Scheibchen Filterpapier einfügt. Stündlich bestimmt man die Gewichtsabnahme, bis dieselbe ganz klein und konstant wird.

5. Mineralische Verunreinigungen. Das Glycerin darf Chloride, Sulfate, Kalksalze, Arsen, die aus den bei der Präparierung des Rohglycerins verwendeten Reagenzien stammen und bei mangelhaft geleitetem Destillationsprozeß in dasselbe gelangen können, nur in Spuren enthalten.

6. Zucker und Glykose würden auf absichtliche Verfälschung schließen lassen und dürfen nicht vorhanden sein.

7. Abwesenheit reduzierender Substanzen. Mischt man gleiche Volumina von Glycerin und 10proz. Silbernitratlösung, so soll im Dunkeln nach 10 Min. sich keine schwarze Trübung zeigen. Es wird auch empfohlen, Glycerin mit dem gleichen Volumen Fehlingscher Lösung, wie sie zur Zuckerbestimmung gebräuchlich ist, zu mischen und mit der Mischung rasch ein Fläschchen völlig zu füllen, so daß keine Luft zwischen Flüssigkeit und Stopfen bleibt. Nach 12stündigem Stehen im Dunkeln soll keine Reduktion eingetreten sein.

8. Abwesenheit von Eiweißstoffen. Mit Bleiacetatlösung darf kein Niederschlag, höchstens eine opalisierende Trübung entstehen.

9. Abwesenheit von Fettsäuren. Fettsäuren sollen nicht oder doch nur in Spuren vorhanden sein. Man erkennt flüchtige Fettsäuren an dem beim Erhitzen mit Alkohol und starker Schwefelsäure auftretenden Estergeruch. Höhere Fettsäuren, wie Ölsäure, liegen vor, wenn das mit der doppelten Wassermenge verdünnte und mit salpetriger Säure behandelte Glycerin bei zweistündigem Erhitzen auf dem Wasserbad einen Niederschlag gibt.

Gutes Dynamitglycerin enthält in der Regel mindestens 99% Glycerin und weniger als 1% H_2O.

Probenitrierung. Ein Dynamitglycerin kann vorstehenden Anforderungen im großen und ganzen entsprechen und dennoch unliebsame Erscheinungen bei der Fabrikation des Sprengöles zeigen, z. B. zu langsame Trennung von der Abfallsäure, unvollständige direkte und

[1]) Ein Beitrag zur Beurteilung von Dynamitglycerin. Chem.-Zg. 1912, S. 41.

vermehrte nachträgliche Abscheidung im Nachscheidungsgebäude, Emulsionsbildung und schlechtes Absetzen beim Waschprozeß, und schließlich zu niedrige Ausbeute. Spuren gewisser Verunreinigungen können die Ursache hiervon sein. Deshalb pflegt der Dynamitfabrikant neben der chemischen und physikalischen Prüfung großen Wert auf eine sogenannte „Probenitrierung" zu legen. Ausbeutebestimmungen im Fabrikationsmaßstabe sind wenig gebräuchlich, da es die Betriebsapparatur mit sich bringt, daß gewöhnlich erst der Durchschnitt einer Reihe von Nitrieroperationen ein zuverlässiges Bild der Ausbeute einer Glycerinlieferung bietet. Man nimmt daher eine Probenitrierung mit genauer Ausbeutebestimmung im Laboratorium vor. Es ist nicht zu empfehlen, hierbei mit zu kleinen Mengen zu arbeiten, da die schwer vermeidbaren Verluste kleiner Flüssigkeitströpfchen, die an den Gefäßwandungen hartnäckig haften, alsdann zu viel ausmachen. Auch ist das mancherorts angegebene Messen des gewaschenen Nitroglycerins nicht gerade sehr genau. Der Feuchtigkeitsgehalt und evtl. Fehler der Meßgeräte können das Resultat beeinflussen[1]). Man wägt vielmehr das im Exsiccator getrocknete Nitroglycerin mit einer technischen Wage auf Hundertstel Gramme genau.

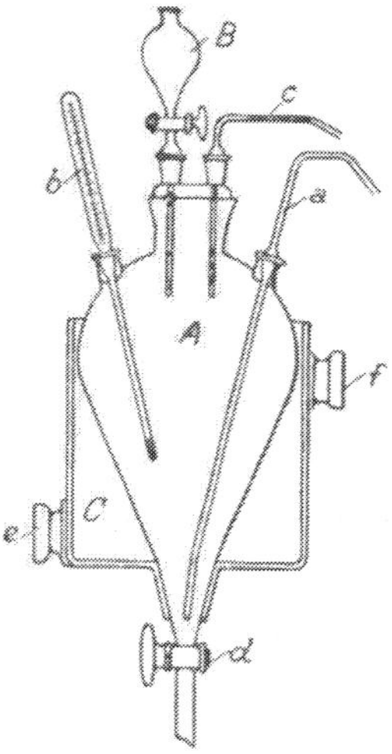

Abb. 1.

Am meisten in Gebrauch dürfte die nachstehend beschriebene Nitrierbirne aus Glas sein (s. Abb. 1), die gewöhnlich für eine Charge von 100 g Glycerin, entsprechend ca. 225 g Nitroglycerin, berechnet ist.

Der Apparat besteht aus dem Nitriergefäß *A*, dem das Glycerin enthaltenden Tropftrichter *B* und befindet sich mit Glasschliff eingepaßt in dem Kühlbehälter *C* mit Wasserzu- und -abfluß *e—f*, welcher gegebenenfalls je nach der gewünschten Nitriertemperatur auch mit Wasser und gestoßenem Eis oder mit Kältemischung gefüllt werden kann. Das fast bis zum Abflußhahn *d* reichende gebogene Glasrohr *a* dient zum Einleiten komprimierter Luft. Das Thermometer *b* ist seitlich eingesetzt, und durch das Abzugsrohr *c* entweichen die von dem Luftstrom weggeführten Säuredämpfe. Alle Teile des Apparates sind mit Glasschliff eingepaßt. In demselben wird auch das Waschen des Nitroglycerins mit Luftrührung besorgt. Um nicht beim jeweiligen Trennen vom gebrauchten Waschwasser das Nitroglycerin jedesmal ablassen zu müssen, hat Novak[2]) eine Abänderung angegeben, darin bestehend, daß durch eine 3. Durchbohrung des Aufsatzstutzens ein Heber mit Hahn eingeführt wird. Das Heberohr endigt eben oberhalb der Nitroglycerinschicht, deren Höhe

[1]) Das von Guttmann: Die Industrie der Explosivstoffe, S. 95, angegebene Messen des direkt abgeschiedenen ungewaschenen Nitroglycerins ist ganz ungenau, da es noch reichlich konz. Säuren gelöst enthält.

[2]) Zeitschrift für Schieß- und Sprengstoffwesen Bd. 1, S. 191.

durch Erfahrung feststeht. Nach beendeter Nitrierung und Ablassen der Abfallsäure wird an Stelle des Glyceringefäßes ein durch Gummischlauch mit einem Wasservorratsgefäß oder Trichter verbundenes Zuflußrohr aufgesetzt und unter Rühren rasch das nötige Wasser zur sauren Charge gegeben. Nach dem Absitzen wird vermittels des Zuflußrohres und eines Schlauchstückes nach Abschluß der Luftzu- und -ableitung ein geringer Druck auf die Flüssigkeit ausgeübt, so daß das Waschwasser durch den Heber abfließt (s. Abb. 2).

Die Arbeitsweise mit diesen Apparaten ist kurz folgende: Nach gehöriger Vorkühlung der Säure bringt man dieselbe durch einen mit Schraubenquetschhahn regulierten Luftstrom in mäßige Wallung, die komprimierte Luft läßt man durch einen Chlorcalciumturm streichen, um sie zu trocknen und etwa aus der Leitung mitgerissenes Wasser nicht in die Nitriersäure gelangen zu lassen[1]). Man läßt nun das angewärmte Glycerin rasch zutropfen, bis die beabsichtigte oder zulässige Höchsttemperatur beinahe erreicht ist (höchstens 30°) und reguliert alsdann den Zufluß entsprechend der Wirkung der Kühlflüssigkeit, indem man die vorgeschriebene Temperatur in engen Grenzen (± 1°) einhält. Die Nitrierdauer richtet sich nach der Temperatur des Kühlwassers und beträgt bei 10° Wassertemperatur, 25° Nitriertemperatur und 100 g Glycerin etwa 20 Min. Die Scheidung soll glatt in höchstens 10 Min. erfolgen, nach welcher Zeit eine scharfe Grenzlinie zwischen Sprengöl und Säure sich bilden soll, ohne flockige Abscheidungen und ohne auf dem Öle schwimmende schlammige Teilchen. Ebenso soll beim nun folgenden Waschen das ein wenig weißlich, aber nicht dick milchig getrübte Nitroglycerin sich unverzüglich ohne Emulsions- oder Schaumbildung absetzen. Treffen diese Voraussetzungen nicht zu, so ist das Glycerin zu beanstanden und für die Sprengölfabrikation nicht geeignet. Es muß dann einer erneuten Destillation unterworfen werden. Mancherorts, besonders von Unerfahrenen, wird mit überreichlichen Wassermengen gewaschen. Das ist nicht richtig, da das Nitroglycerin, wenn auch sehr schwer, so doch nicht ganz unlöslich besonders in warmem Wasser ist, so daß die Ausbeute bei zu reichlichem Wasser beeinträchtigt wird und nicht mehr dem Resultat des Betriebes, der mit geringen, eben ausreichenden Wassermengen wäscht, entspricht. Dem Volumen des Sprengöles gleiche Wassermengen genügen. Zur genauen Ausbeutebestimmung gehört auch die Berücksichtigung der Nachscheidung, die, je nachdem man das Öl längere oder kürzere Zeit in der Scheidung hat stehen lassen und je nach Qualität des Glycerins 0—5 g beträgt. Nachscheidungsbüretten mit unterer Kugel zum direkten Ablesen der nachgeschiedenen Ölmenge in Kubikzentimetern haben sich nicht bewährt, da das Öl teilweise in der Kugel hängen bleibt und nicht nach oben in die Bürette gelangt. Scheidetrichter sind vorzuziehen.

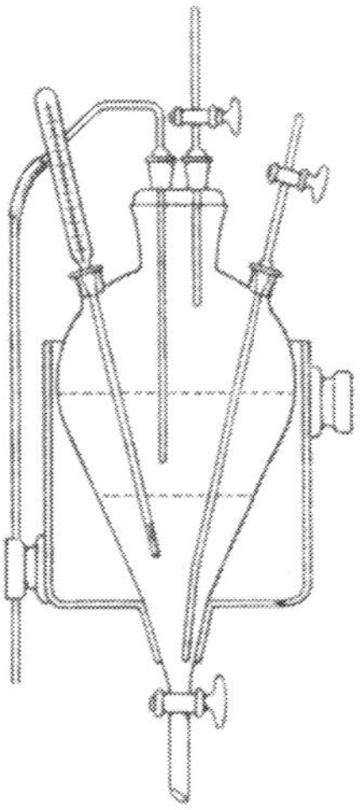

Abb. 2.

Auf vielen Fabriken ist folgende Vorschrift zur möglichst genauen Bestimmung der aus einem Glycerin zu erwartenden Ausbeute in Gebrauch:

[1]) In Ermangelung von Druckluft kann auch durch eine Wasserstrahlpumpe Luft durch die Säure gesaugt werden, wobei die Säuredämpfe durch die Pumpe abgeführt werden. Vorsicht beim Abstellen der Pumpe! Leeres Zwischengefäß mit Hahn, wegen evtl. Zurückschlagens des Wassers.

Glycerin: In den Tropftrichter werden ca. 101 g eingewogen. Je nach der Temperatur, bei der nitriert werden soll, bzw. der gewünschten Schnelligkeit des Eintropfens, wird das Glycerin vorher etwas angewärmt (auf 30—45°), um es dünnflüssiger zu machen. Nach beendetem Eintropfen wird der Tropftrichter zurückgewogen und das verbrauchte Glycerin aus der Differenz genau bestimmt.

Nitriersäure: Menge 630 g, Zusammensetzung: HNO_3 40%, H_2SO_4 59 bis 60%, H_2O 0—1%. Menge und Zusammensetzung der Säure lehnen sich des Vergleiches halber am besten eng an die Verhältnisse des Betriebes an.

Nitriertemperatur: Je nach der Betriebseinrichtung, mit der die Probenitrierung parallel gehen soll, kann bei verschiedenen Temperaturen nitriert werden. Verfügt der Betrieb z. B. nur über einfache Wasserkühlung, so wird bei 25° oder 30° nitriert. Handelt es sich um einen Betrieb, der über künstliche Kühlung verfügt (in den Kühlschlangen zirkuliert alsdann eine Salzlauge von — 10°), so füllt man den Kühlbehälter des Nitrierapparates mit Eis-Kochsalzmischung und nitriert bei 14—15°.

Rührung: Die gebräuchlichen Nitrierapparate sind für Rührung mit komprimierter Luft eingerichtet. Man sorgt für eine gründliche, aber nicht übermäßig starke Durchmischung, damit durch den Luftstrom nicht allzuviel Salpetersäure während der Dauer der Nitrierung weggeblasen wird. Die entweichenden Dämpfe werden durch ein Glasrohr in einen gutziehenden Abzug oder durch eine Durchbohrung des Fensters ins Freie geleitet.

Steht komprimierte Luft nicht zur Verfügung, so kann auch mechanisch mit Turbine oder von Hand, gerührt werden. In diesem Falle nitriert man in einem offenen Bleitopf und rührt gegebenenfalls mit dem Thermometer um, das man öfters abliest, nachdem man jedesmal zuvor den Glycerinzulauf abgesperrt hat.

Bei mechanischer Rührung erhält man in der Regel 1% Ausbeute mehr als mit Luftrührung.

Scheidung: Nach beendetem Einlaufen des Glycerins rührt man noch 1—2 Min. schwach nach, entfernt die Kältemischung aus dem Kühlbehälter bzw. stellt das Kühlwasser ab und läßt das Öl bei 25° bzw. 10° sich von der Säure trennen. Es empfiehlt sich, auch bei rascher Scheidung die Charge 30 Min. stehen zu lassen, damit möglichst wenig Nachscheidung erhalten wird.

Stabilisierung: Nach vollendeter Trennung wird die Säure langsam und vorsichtig in einen offenen Scheidetrichter abgelassen, derselbe mit einer Glasplatte bedeckt und an einem kühlen Ort der Nachscheidung überlassen, die am nächsten Tage bestimmt wird.

Das Nitroglycerin wird unter Umschwenken in einen mit 100 ccm kalten Wassers beschickten Erlenmeyerkolben abgelassen, der Apparat mit weiteren 50 ccm Wasser ausgespült und das Ganze in denselben zurück verbracht und 5 Min. mit Luft gerührt. Dieser Vorwäsche mit kaltem Wasser folgen zwei weitere Vorwäschen mit je 100 ccm Wasser von 30° bzw. 40° und je 5 Min. Dauer, wobei das Kühlbassin jetzt mit lauwarmem Wasser entsprechender Temperatur gefüllt wird, um die gewünschte Temperatur der Charge aufrecht zu erhalten. Nunmehr wird mit 100 ccm einer 3—4proz. Sodalösung 10 Min. lang bei 40° gerührt und schließlich mit 100 ccm reinen Wassers bei 30—40° 5 Min. nachgewaschen.

Sämtliche Waschwässer werden in einem Scheidetrichter gesammelt und in demselben zur Klärung gebracht, wobei durch Peitschen mit einem Glasstab dafür gesorgt wird, daß die an der Oberfläche und den Wandungen hängenden Öltröpfchen sich allmählich möglichst vollkommen unten ansammeln.

Nach gehörigem Absitzen wird die Hauptmenge des Nitroglycerins in eine gewogene flache Glasschale abgezogen und unter einen Exsiccator gebracht. Am nächsten Tage, nachdem das gewöhnlich direkt nach dem Waschen von emulgiertem Wasser noch trübe Öl völlig klar geworden ist, wird das Gewicht bestimmt.

Die Ausbeute setzt sich nunmehr aus folgenden Bestandteilen zusammen:

1. Direkte Ausbeute: Hauptmenge des Nitroglycerins.

2. Nachscheidung: Am nächsten Tage (eiligenfalls auch nach einigen Stunden) wird die Abfallsäure vorsichtig abgelassen, das angesammelte Nitroglycerin oberflächlich mit Wasser abgespült ohne zu schütteln und in ein tariertes Schälchen abgelassen. Von dem Gewicht sind 10% für die in dem nicht mit Wasser durchgeschüttelten Öle noch gelöste konz. Säure abzuziehen. Da es sich meist um geringe Mengen (wenige Gramm) handelt, ist dieses empirische Verfahren genau genug.

3. Mechanische Verluste: Schließlich wird das aus den Waschwässern durch Klärung abgesetzte Nitroglycerin abgezogen, gewogen und zur Ausbeute geschlagen.

Die erhaltene Zahl in Grammen wird durch die angewendete Glycerinmenge dividiert, womit man die Ausbeute in Prozenten des Glycerins erhält. Man kann bei Befolgung obiger Vorschrift eine Übereinstimmung paralleler Versuche bis auf wenige Zehntel Prozent des Glycerins erreichen.

Das beschriebene Verfahren läßt sich auf die Ausbeutebestimmung von Nitroglykol aus Glykol ohne jede Veränderung anwenden, da die stöchiometrischen Verhältnisse von Glycerin und Glykol bzw. Nitroglycerin und Nitroglykol nahezu dieselben sind.

Die so ermittelte Nitroglycerinausbeute bleibt hinter der mit den gleichen Rohstoffen im Großbetriebe erhaltenen ein wenig zurück, bei peinlich genauer Arbeit aber in der Regel um nicht mehr als etwa 1—1,5%. Dies kommt daher, daß im Laboratorium immerhin winzige Öltröpfchen sich der genauen Bestimmung entziehen, während im Betriebe keine Spur Sprengöl die Fabrikationsstätte verlassen darf, vielmehr alles restlos in der Kläranlage gesammelt und in den Waschapparat zurück verbracht wird. Außerdem wird im Betrieb das Nitroglycerin gewöhnlich mit 0,3—0,5% Feuchtigkeit ausgewogen, was gegenüber getrocknetem gegen 1% Mehrausbeute ber. auf Glycerin entspricht.

Bestes Dynamitglycerin ergibt nach obiger Vorschrift im Laboratorium eine Ausbeute von 225—226% bei 30° Nitriertemperatur und 228—229% bei 15°.

Um die Probenitrierung auf einfachere und bequemere Weise und in möglichst kurzer Zeit ausführen zu können, hat Hofwimmer eine sog. Nitrierbürette angegeben[1]), in der eine kleine Menge Nitroglycerin erzeugt und nach ¼stündigem Stehen das Volumen mittels einer Präzisionsbürette genau ermittelt wird. Da für diesen Apparat bzw. das Verfahren, dem er dient, die Möglichkeit einer genauen Bewertung verschiedener Sorten von Dynamitglycerin beansprucht wird und er in neueren Büchern[2]) hierfür empfohlen wird, rechtfertigt sich eine kritische Prüfung seines Wertes. Der Apparat (vgl. Abb. 3) besteht aus einer Meßröhre von 15 ccm Inhalt, geteilt in Zehntel oder Zwanzigstel Kubikzentimeter, so daß Hundert-

[1]) Chem.-Ztg. 1912, S. 41.

[2]) Stettbacher: Schieß- und Sprengstoffe. S. 112. 1919.

stel noch sicher zu schätzen sind. Beim unteren Hahn erfolgt die Zufuhr der Preßluft zum Rühren des Gemisches während des Glycerinzuflusses. Oben läuft die Meßröhre in eine von einem Kühler umgebene Erweiterung aus. Aus einer Tropfpipette, die zwischen 2 Marken 10 g Glycerin faßt, und analytisch gewogen und zurückgewogen wird, fließt letzteres in die mit fließendem Wasser gekühlte Säure (60—65 g). Die Messung der Temperatur ist bei der kleinen Menge, der ausgiebigen Kühlung und den stets gleichen Verhältnissen nicht erforderlich. Nach erfolgter Scheidung, die in einer Viertelstunde beendet sein soll; läßt man die Säure soweit ab, bis die Ölschicht die obere Marke *O* erreicht hat und liest das Volumen des Nitroglycerins ab. Für den Vergleich verschiedener Glycerinsorten hält man natürlich immer die gleiche Nitriersäure vorrätig und bestimmt zunächst, da nicht die wirklich erhaltene Ausbeute an reinem Nitroglycerin ermittelt, sondern Volumina eines mit suspendierter und gelöster Säure verunreinigten Nitroglycerins verglichen werden, das aus 10 g chemisch reinen wasserfreien Glycerins erhaltene Volumen sauren Nitroglycerins. Diese Größe wird als Standard den Prüfungen anderer Sorten zugrunde gelegt.

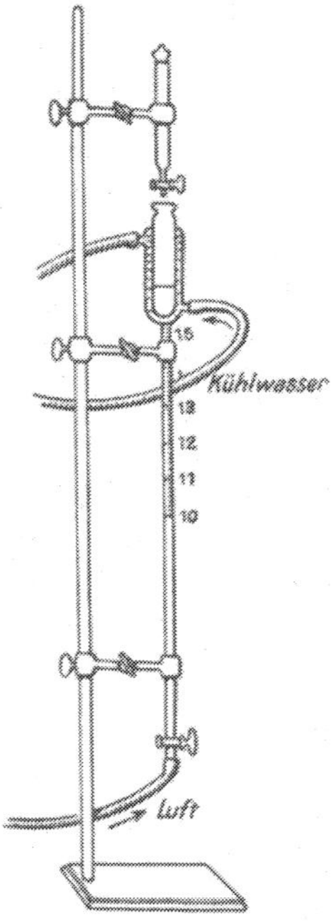

Abb. 3.

Jedes Minus des mit einer anderen Glycerinsorte erhaltenen Volumens soll einen entsprechenden Minderwert des betr. Glycerins bedeuten. Hierzu ist zu bemerken: Die analytische Wägung des Glycerins, die als besonderer Vorteil gegenüber dem angeblich roheren Arbeiten mit 100 g technisch gewogenem Glycerin hingestellt wird, ist zwecklos, sofern sie sich über Hundertstel Gramme erstreckt, da auch nur Hundertstel Kubikzentimeter abgelesen werden können. $^1/_{100}$ g zu wägen gestattet aber auch die technische Wage. Die Scheidung ist wohl meist nach $^1/_4$ Stunde in der Hauptsache beendet, es scheiden sich aber nachträglich noch ins Gewicht fallende Sprengölmengen ab, die bei verschiedenen Glycerinsorten verschieden sind, so daß mit dem Ablassen der Säure mindestens eine Stunde gewartet werden muß, um eine richtige Bewertung zu gewährleisten, da ja auch in der Fabrikation das nachträglich sich abscheidende Sprengöl gewonnen wird (Nachscheidung). Ferner dauert es längere Zeit (in der Regel mehrere Stunden), bis nach dem Ablassen der Säure das Sprengölvolumen konstant wird und abgelesen werden kann, da es dauernd noch suspendierte Säure ausscheidet, sich also verringert. Auch hier ist mindestens 1 Stunde zu warten, so daß die ganze Bestimmung etwa $2^1/_2$ Stunde in Anspruch nimmt. In dieser Zeit kann man auch eine genaue gewichtsanalytische Bestimmung ausführen, wobei allerdings die Nachscheidung erst nach 12 Stunden oder am anderen Morgen bestimmt zu werden pflegt. Genügende Genauigkeit vorausgesetzt, hat gleichwohl das Verfahren von Hofwimmer den Vorzug großer Einfachheit und geringsten Arbeitsaufwandes, so daß, absolut gleiche Büretten vorausgesetzt, eine Anzahl Bestimmungen von einer Person nebeneinander ausgeführt werden können.

Die Genauigkeit der Methode hält aber nach Versuchen des Verfassers keinen Vergleich mit der durch Wägen des gereinigten, trocknen Nitroglycerins aus, abgesehen davon, daß das Verhalten eines Nitroglycerins bei Nitrierung und vor allem Scheidung mit 10 g weniger gut beobachtet werden kann als mit 100 g. Im letzten Falle ist bei einiger Übung eine Übereinstimmung paralleler Bestimmungen bis auf 0,5 g Nitroglycerin entsprechend 0,2 % Glycerinwert leicht zu erzielen. Bei der Nitrierbürette entsprechen 0,15 ccm Sprengöl, 1 % Glycerinwert, und nicht viel niedriger liegt hier die Fehlergrenze paralleler Bestimmungen. Vergleiche hochwertiger Sorten Dynamitglycerins mit der Bürette ergaben keine mit den wirklich erhaltenen gewogenen Ausbeuten übereinstimmenden Werte, wenn auch Glycerinsorten mit erheblichem Minderwert etwa entsprechend geringere Volumina an Sprengöl lieferten. Die Methode berücksichtigt nicht die verschiedene Fähigkit der Glycerine, sich mit Säure zu emulgieren und diese in Suspension festzuhalten, gestattet daher feinere Unterscheidungen nicht und kann nur als Notbehelf dienen.

Glycerinbewertung mit der Nitrierbürette.

Glycerinsorte	Volum p. 10 g Glycerin	Ausbeute ber. nach Volum	Wirkliche Ausbeute m. 100 g	Glycerinwert
Glycerin chem. rein wasserfrei	15,65, 15,49 } 15,57 ccm	erh. 229,4%	229,4%	Annahme: 100%
Dyn.-Glycerin I . . .	15,25, 15,15 } 15,20 „	ber. 224,0%	227,4%	ber. n. Vol. 97,65%
Dyn.-Glycerin II . . .	15,42, 15,36 } 15,39 „	„ 226,8%	225,0%	ber. n. Vol. 98,9%
Dyn.-Glycerin III . .	14,65, 14,56 } 14,60 „	„ 215,2%	212%	ber. n. Vol. 93,8%

Das versuchsweise hergestellte Nitroglycerin wird in die Nitroglycerinfabrik verbracht, oder, wo eine solche nicht vorhanden, alsbald zerstört. Zu diesem Zwecke vermischt man es mittels Hornspatels mit einem Überschuß von Sägemehl. Dieses Gemisch wird auf einer Eisenplatte angezündet und brennt gefahrlos ab.

Obwohl der Schmelzpunkt des Glycerins verhältnismäßig hoch, bei 17°, liegt, kann man es im allgemeinen ziemlich tiefen Temperaturen aussetzen, ohne daß es kristallinisch erstarrt. Es zeigt, wie die meisten viskösen Flüssigkeiten, und wie auch Nitroglycerin, in hohem Maße Überkaltung. Wird es aber in großen Mengen in der kalten Jahreszeit im Freien oder in einem ungeheizten Raume länger gelagert, so erstarrt es häufig zu einer festen Kristallmasse, die sehr langsam auftaut und im Frühjahr wochenlang bei Temperaturen von 20° und darüber fest bleibt. Man lagert daher größere Mengen in mit Dampf oder Heißwasser heizbaren Kästen, die wegen der starken Hygroskopizität des Glycerins geschlossen sind. Auch hat man vielfach mit Dampf heizbare Kammern, in die die Fässer mehrere Tage vor Gebrauch eingelagert werden. Diese für Transport und Aufbewahrung von Glycerin üblichen Eisenfässer haben gewöhnlich einen Inhalt von 450—500 kg und sind mit eisernem Schraubenspund und Verstärkungsleisten versehen. Hölzerne, mit Glycerinpech ausgedichtete Fässer, die früher zum Transport von Glycerin benutzt wurden, ergaben im Sommer große

Verluste, da letzteres die Eigentümlichkeit hat, durch feinste Spalten und Öffnungen, offenbar durch capillare Wirkung, in großen Mengen auszuschwitzen.

b) Salpetersäure.

Die Salpetersäure soll möglichst konzentriert sein. Ihr spez. Gewicht soll 1,5 (48° Bé) betragen und der Gehalt an Monohydrat 90% übersteigen. Je schwächer die Salpetersäure ist, desto stärker muß die Schwefelsäure (bzw. das Oleum) sein, oder um so größer die Menge der letzteren, um der Mischsäure die erforderliche Konzentration zu geben.

Ein Gehalt der Salpetersäure an Untersalpetersäure tut weder dem Nitrierungsvorgang noch der Qualität des Endproduktes Eintrag. Er ist auch, wie Versuche ergeben haben, ohne Einfluß auf die Ausbeute, wofern nur neben der Untersalpetersäure die nötige Menge an Salpetersäuremonohydrat vorhanden ist. Die erstere ist in der Mischsäure an die Schwefelsäure chemisch gebunden, wirkt in dieser Bindung bei entsprechender Konzentration der Säuren und Nitriertemperatur nicht oxydierend und nimmt an der Reaktion nur insofern Anteil, als 2 Mol. NO_2 mit 1 Mol. H_2SO_4 1 Mol. freie HNO_3 und 1 Mol. NO_2HSO_4 (Nitrosylschwefelsäure) ergeben, welch letztere als toter Ballast durch den Prozeß geschleppt wird und beim Waschen des sauren Öles wie auch bei der Denitrierung der Abfallsäure evtl. lästig werden kann. Ein höherer Gehalt der Salpetersäure an Untersalpetersäure ist daher unerwünscht. Die technische Salpetersäure enthält meist bis zu 1% Untersalpetersäure, was 0,4% in der Mischsäure entspricht.

c) Schwefelsäure.

Ebenso wie die Salpetersäure soll auch die Schwefelsäure von möglichst hoher Konzentration sein. Bis um die Jahrhundertwende gebrauchte man allgemein die sog. englische Schwefelsäure von etwa 1,84 spez. Gewicht (66° Bé) und 96% Monohydrat. Seitdem wird in den meisten großen Sprengstoffabriken die Nitriersäure mit rauchender Schwefelsäure (Oleum), die nach dem sog. Anhydridverfahren gewonnen wird und 20—25% SO_3 enthält, hergestellt. Ein Gehalt derselben an Bleisulfat, der bei der Fabrikation von Schießbaumwolle von geringer Bedeutung ist, ist hier nicht erwünscht, da sich dasselbe beim Vermischen mit Salpetersäure in feinen Kryställchen niederschlägt, die die Mischsäure längere Zeit trüben und sich nur langsam zu Boden setzen (Bleischlamm). Diese Trübung verzögert die Abscheidung des Nitroglycerins. Es ist daher vorteilhaft, große Vorräte an Mischsäure zu halten, die Zeit haben, sich zu klären. Auch zieht man die Nitriersäure aus den Vorratskesseln nicht am Boden, sondern aus einiger Höhe oberhalb desselben ab.

d) Die Nitriersäure und ihre Herstellung.

Mischungsverhältnisse, Mengenverhältnisse zwischen Säure und Glycerin. Der chemischen Gleichung entsprechend:

1 Mol. Glycerin +	3 Mol. Salpetersäure =	1 Mol. Ngc. +	3 Mol. Wasser
Mg 92	Mg 63	Mg 227	Mg 18

sollten 92 Teile Glycerin und 189 Teile Salpetersäure 227 Teile Nitroglycerin oder 100 Teile Glycerin und 205,4 Teile Salpetersäure 246,7 Teile Nitroglycerin ergeben.

In der Praxis ist indessen ein gewisser Überschuß an Salpetersäure nötig, um die Reaktion zu Ende zu führen, da sonst gegen Ende derselben infolge der starken Verdünnung der HNO_3-Moleküle im Gemisch die Reaktionsgeschwindigkeit stark abnehmen und die Reaktion schließlich ganz aufhören würde, da sie, wie jede Esterbildung, umkehrbar ist und reine Schwefelsäure aus Nitroglycerin Salpetersäure abspaltet.

Von der Schwefelsäure muß soviel vorhanden sein, daß bis zum Ende der Umsetzung eine die Bildung von Nitroglycerin ermöglichende Konzentration aufrecht erhalten bleibt. Die notwendige Menge derselben ist daher lediglich von ihrer und der Konzentration der Salpetersäure abhängig.

Im Laufe der Zeiten sind verschiedene mehr oder weniger vorteilhafte Mischungs- und Mengenverhältnisse erprobt worden[1]). Sobrero verwendete 1 Vol. Glycerin auf 2 Vol. Salpetersäure (von 43° Bé) und 4 Vol. Schwefelsäure (von 66° Bé), also auf 100 Gewichtsteile Glycerin 226 Gewichtsteile 71proz. Salpetersäure und 584 Gewichtsteile Schwefelsäure, zusammen 810 Teile Nitriersäure. Da er nur 43grädige Salpetersäure nahm, war seine Mischung zu salpetersäurearm, um eine rationelle Umwandlung von Glycerin in Nitroglycerin zu bewirken. Sie enthielt nicht einmal die theoretisch notwendige Menge an HNO_3.

Als man anfing, Nitroglycerin in größerem Maßstabe zu fabrizieren, mischte man gewöhnlich 1 Teil Salpetersäure mit 2 Teilen Schwefelsäure, fand aber später, daß man mit weniger Schwefelsäure auskommen könne und verwendete meist eine Mischung von 3 Teilen Salpetersäure mit 5 Teilen Schwefelsäure. Die Mischung hat die prozentische Zusammensetzung

62,5% Schwefelsäure
37,5% Salpetersäure.

Setzt man 93 proz. Salpetersäure und 96 proz. Schwefelsäure voraus, so gelangt man zu etwa folgender Zusammensetzung in Monohydraten und Wasser:

---

[1]) Eine historische Übersicht siehe Guttmann: Die Industrie der Explosivstoffe. S. 397. 1895.

35% HNO_3
60% H_2SO_4
5% H_2O.

Von solchen Säuren wurden dann 700—800 Teile auf 100 Teile Glycerin genommen. Neueren Datums ist die Verwendung von rauchender Schwefelsäure (Oleum), zu deren Selbstherstellung die großen Dynamitfabriken Anfang des Jahrhunderts übergingen (zu den ersten dieser Fabriken gehörten Krümmel a. d. Elbe, Ardeer bei Glasgow, Modderfontein in Transvaal). Das Oleum hat meist einen Gehalt von etwa 20% freien Anhydrids. Naturgemäß braucht man von einer so hoch konzentrierten Säure wiederum weniger, um denselben Grad der Wasserbindung zu erreichen, und es genügt, 3 Teile Salpetersäure mit 4 Teilen Oleum zu vermischen. Vorausgesetzt z. B. eine Salpetersäure von ca. 93% Monohydrat und ein Oleum von ca. 18% SO_3 (bzw. 104% Monohydrat, was bedeutet: 100 Teile Oleum geben mit 4 Teilen Wasser 104 Teile H_2SO_4), so berechnet sich die Zusammensetzung einer Mischsäure von 3 Teilen Salpetersäure mit 4 Teilen Oleum (bzw. 43% Salpetersäure + 57% Oleum) zu

40,0% HNO_3
59,5% H_2SO_4
0,5% H_2O
100,0%.

Ist die zur Verfügung stehende Salpetersäure etwas schwächer, so reichert man das Oleum stärker mit Anhydrid an. Monohydratische Mischsäuren ähnlicher Zusammensetzung ohne Wassergehalt werden heute von den modernsten Fabriken als die vorteilhaftesten zur Erzeugung von Nitroglycerin betrachtet, und ihre hohe Konzentration stets zu erreichen, bildet das Bestreben der Säureabteilungen in den Sprengstoffabriken. Von einer solchen Säure genügen nun bereits 630—650 Teile auf 100 Teile Glycerin, um die bestmögliche Ausbeute an Nitroglycerin zu erzielen. Die Verwendung von Oleum hat den Vorteil einer beträchtlich erhöhten Ausbeute mit sich gebracht. Während vor seiner Einführung die Ausbeute an Nitroglycerin günstigen Falles 210—215% des Glycerins betrug, werden heute mehr als 225% mit Leichtigkeit erreicht. (Näheres über Ausbeute und Rentabilität s. u. Ökonomie des Prozesses am Ende der Fabrikationsbeschreibung.) In der breiteren Öffentlichkeit wurden diese Verhältnisse erst einige Jahre später durch Patentgesuche von Nathan und Rintoul bekannt[1]), die

[1]) Franz. Patent 366593. Journ. of the Soc. of Chem. Ind. Nathan und Rintoul. 1908, S. 143—205; Ref. Zeitschr. f. Schieß- und Sprengstoffwesen 1908, S. 314—316. Britisches Patent 6581 (1906).

mit etwa 620 Teilen einer wasserfreien Nitriersäure von ca. 42 % HNO_3 aus 100 Teilen Glycerin gegen 230 Teile Nitroglycerin erhielten. Auch ein noch weit geringerer Säureansatz von etwa 555 Teilen wasserfreier Nitriersäure mit 47,7 % HNO_3 auf 100 Teile Glycerin wurde empfohlen und soll etwa 229 % Ausbeute ergeben. Zur Herstellung einer wasserfreien Säure dieser Zusammensetzung ist dann allerdings ein Oleum von über 30 % Gehalt an SO_3 erforderlich, das nach dem sog. Kontaktverfahren gewöhnlich nicht direkt gewonnen wird.

Herstellung der Nitriersäure: Die Vermischung von Salpetersäure mit Schwefelsäure erfolgt in Eisen- oder Bleigefäßen. Die Wärmeentwicklung hierbei ist eine beträchtliche und sehr verschieden, je nachdem gewöhnliche oder rauchende Schwefelsäure zur Verwendung kommt. In letzterem Falle ist sie etwa 4mal so groß, als in ersterem, weshalb die Vermischung von Salpetersäure mit Oleum besondere Kühleinrichtungen erfordert, um Verdampfungsverluste an ersterer zu vermeiden. Eine homogene Mischung wird ohne besondere Rührung erzielt, wenn man zu der gesamten Menge der Salpetersäure die Schwefelsäure von oben zufließen läßt. Die Vermischung vervollständigt sich beim Weitertransport durch Druckfässer und Säureleitungen, wobei auch zugleich die allmähliche Abkühlung erfolgt. Die Temperaturerhöhung beträgt 20—30°.

Für die Vereinigung von Salpetersäure mit Oleum benutzt man besondere Anlagen, die mit ausgiebiger Kühlung durch Bleischlangen oder seltener auch mit Mantelkühlung ausgerüstet sind. Mechanische Rührung durch Rührwerk ist wenig in Gebrauch und Luftrührung vermeidet man meist, weil erhebliche Mengen an Salpetersäure weggeblasen würden, die erst wieder in Türmen als schwächere Säure kondensiert werden müßten und die Vorausberechnung der schließlichen Zusammensetzung der Mischung mit einiger Unsicherheit behaften. Am zweckmäßigsten dürfte die nebenan skizzierte Vorrichtung sein (Abb. 4), bei der Salpetersäure und Oleum gleichzeitig einfließen und aus je einem Rohre gegeneinander strömen, wobei eine genügend innige Mischung eintritt. Die abgewogenen oder gemessenen Mengen beider Säuren befinden sich in Gefäßen nebeneinander, Oleum in einem schmiedeeisernen Kasten, Salpetersäure in einem Steinzeuggefäß, und fließen durch mit Hähnen regulierbare Leitungen in das mit zahlreichen Kühlschlangen und Thermometer versehene Mischgefäß aus Blei. Nach vollendeter Mischung, wobei man die Temperatur 40° nicht überschreiten läßt, fließt die fertige Nitriersäure in ein Druckfaß, von dem aus sie in den liegenden Vorratskessel gedrückt wird. Aus diesem wird eine Probe gezogen und nach dem Resultat der Analyse wird durch einen entsprechenden Zusatz von Salpetersäure oder Schwefelsäure korrigiert. Abwiegen der Bestandteile oder genaues Einhalten der Arbeitsbedingungen machen die Korrektur oft unnötig. An das Mischgefäß ist ein kleiner Kondensationsturm angeschlossen, doch sind bei gehöriger Kühlung die hier gewonnenen Salpetersäuremengen gering. Den Vorratskessel bemißt man möglichst groß, so, daß er wenigstens den Bedarf für einige Tage faßt, damit sich das Säuregemisch von dem bei der Vermischung fein ausgeschiedenen Bleisulfat möglichst klären kann. Vorratskessel von 60—80000 kg Inhalt sind keine Seltenheit.

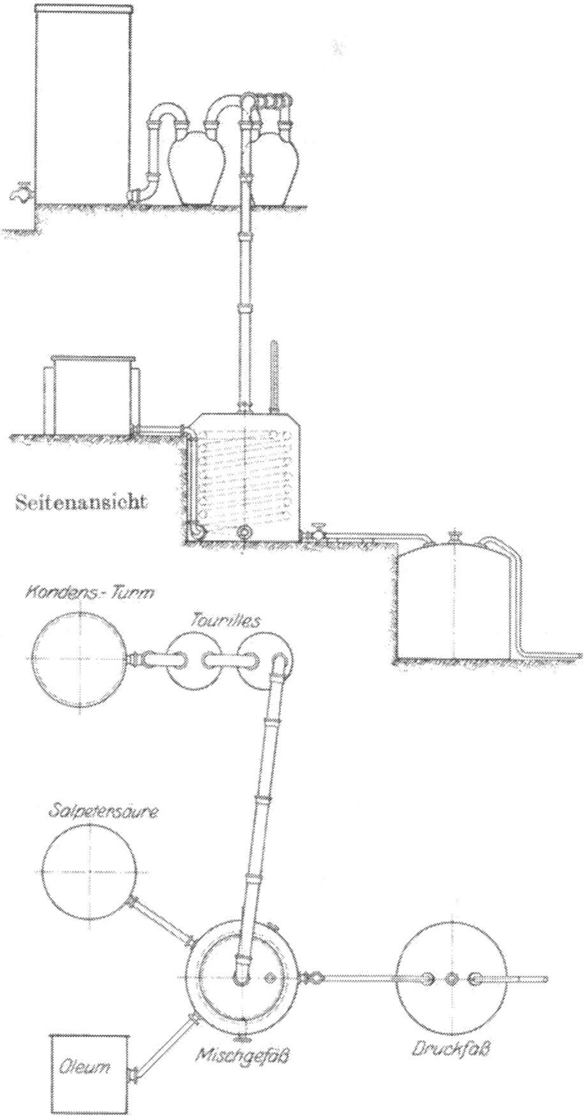

Grundriß

Abb. 4.

Die einmal innig vermischten Säuren können sich niemals wieder entmischen, da sie sich sowohl gegenseitig lösen, als auch miteinander chemisch verbinden, was aus der starken Wärmeentwicklung beim Vermischen hervorgeht, die nicht nur stattfindet, wenn man Schwefelsäure mit hydratischer Salpetersäure zusammenbringt, sondern ebenso beim Zusammentreten monohydratischer, also wasserfreier Säuren oder wasserfreier Salpetersäure mit anhydridhaltiger

Schwefelsäure[1]). Man könnte annehmen, daß in einem derartigen Gemisch die Salpetersäure in Form ihres Anhydrids vorhanden wäre, d. h. also, daß die enorme Begierde des Oleums, Wasser zu bilden, selbst die monohydratische Salpetersäure anhydrisierte. Tatsache ist aber, daß beim Erhitzen der Mischsäure nicht Salpetersäureanhydrid, sondern etwa 99—100 proz. Salpetersäure abdestilliert.

Analyse der Mischsäure. Von der Zusammensetzung und Homogenität der Mischung überzeugt man sich, indem man aus dem Vorratskessel oben und unten Proben entnimmt, die bei der Analyse übereinstimmende Resultate ergeben müssen. Die Analyse der Nitriersäure erfolgt auf den Dynamitfabriken nach zwei für frische Mischsäuren gleichwertigen Methoden.

1. Nitrometermethode: In einer Probe wird die Gesamtsäure mit n/2-Lauge titriert und als Schwefelsäure berechnet. In einer 2. Probe die Salpetersäure mittels des Lungeschen Nitrometers bestimmt (s. Abb. 5), die Salpetersäure wird auf Schwefelsäure umgerechnet, und der gefundene Prozentsatz von der Gesamtacidität abgezogen, wodurch sich der Gehalt an Schwefelsäure ergibt. Die Differenz gegen 100% ist H_2O.

Z. B. Gesamtacidität	90,1 %	als H_2SO_4
— HNO_3 gef. 40,0% entspr.	31,1 %	H_2SO_4
	= 59,0 %	H_2SO_4
	40,0 %	HNO_3
	1.0 %	H_2O
	100,0 %	

Die Untersalpetersäure wird nicht besonders bestimmt, wenn man den Gehalt der verwendeten Salpetersäure an ihr kennt. Will man ihn in gekaufter Mischsäure bestimmen, so titriert man mit n/10-Permanganatlösung, nachdem man einige Gramm Mischsäure in einen großen Wasserüberschuß eingetropft hat, bis die Rotfärbung im Laufe einer Minute nicht mehr verschwindet, oder besser, man läßt die konz. Mischsäure aus einer Bürette zu einer vorgelegten Menge, z. B. 25 ccm n/10-Permanganatlösung, mit Wasser verdünnt und mit Schwefelsäure angesäuert, tropfen und titriert auf Entfärbung. Um die Menge der verbrauchten Säure zu bestimmen, muß man ihr spez. Gewicht kennen. Man läßt also genau 10 ccm aus der Bürette in ein tariertes Wägegläschen ab und wägt.

Man berechnet gewöhnlich als NO_2

100 ccm n/10-$KMnO_4$-Lösung entsprechen 0,46 g NO_2 oder 0,19 g N_2O_3.

Die Untersalpetersäure wird als solche angeführt oder als HNO_2SO_3 (Nitrosylschwefelsäure) berechnet, was richtiger ist, wobei

$$2\,NO_2 + H_2SO_4 = HNO_2SO_3 + HNO_3$$

ergeben, also nur die Hälfte der ber. NO_2 als Ballast zu werten ist. Man kann auch die Titration auf HNO_2 berechnen, dann entsprechen 100 ccm n/10-$KMnO_4$-Lösung 0,235 g HNO_2, und bei der Umrechnung auf Nitrosylschwefelsäure heißt es:

$$HNO_2 + H_2SO_4 = HNO_2SO_3 + H_2O.$$

[1]) Beim plötzlichen Vermischen von 40 g 99%iger Salpetersäure mit 60 g 20%igen Oleums steigt die Temperatur um beinahe 80° z. B. von 15° auf 95° unter Aufsieden und teilweiser Verflüchtigung der Salpetersäure. Mischt man dagegen 40 g 99%ige Salpetersäure mit 60 g 96%iger Schwefelsäure, so steigt die Temperatur nur um etwa 20° z. B. von 15° auf 35°.

Die salpetrige Säure bzw. die Hälfte der ber. NO_2 wird von der im Nitrometer gefundenen Salpetersäure nach Umrechnung auf HNO_3 abgezogen.

Das Nitrometer[1]) (Abb. 5) besteht aus dem Rezipienten *a*, der Meßröhre *b* mit der Schüttelkugel *c*, durch dickwandigen Capillarschlauch *d* verbunden mit dem Niveaurohr *e*. Unter der Meßröhre befindet sich vorteilhaft eine kleinere Kugel, wodurch vermieden wird, daß Schwefelsäure in den Gummischlauch gelangt. Das Niveauohr besitzt unten ebenfalls eine Kugel oder ist so weit, daß es das aus der Schüttelkugel und der Meßröhre verdrängte Quecksilber bequem aufnehmen kann. Die Schüttelkugel faßt annähernd 100 ccm und die Meßröhre ist von 100—150 ccm in Zehntel-Kubikzentimeter eingeteilt. (Eudiometer ohne Kugel mit 50 ccm Inhalt sind für genaue Bestimmungen weniger geeignet.)

Der Analysenvorgang, der auf der Reduktion von HNO_3 durch Quecksilber und konz. Schwefelsäure zu NO und Messung des NO-Gases beruht, ist folgender:

Aus einer Tropfpipette wird die einem zwischen 110 und 140 ccm liegenden Volumen NO entsprechende Menge Mischsäure (b. 40% HNO_3 ca. 0,8 g) in den Rezipienten gegeben, nachdem das Quecksilber mit konz. Schwefelsäure benetzt ist, und bei geringem Unterdruck eingelassen. Nachdem 3—4mal zuerst mit einer größeren, dann mit kleinen Mengen konz. Schwefelsäure quantitativ nachgespült wurde, wird andauernd geschüttelt (einige Minuten), bis das entwickelte Gasvolumen nicht mehr zunimmt. Jetzt wird ungefähr auf Atmosphärendruck ein gestellt, ein Thermometer am Stativ aufgehängt und nach erfolgtem Temperaturausgleich (nach 15 Minuten) genau eingestellt und Gasvolumen, Temperatur und Barometerstand genau abgelesen.

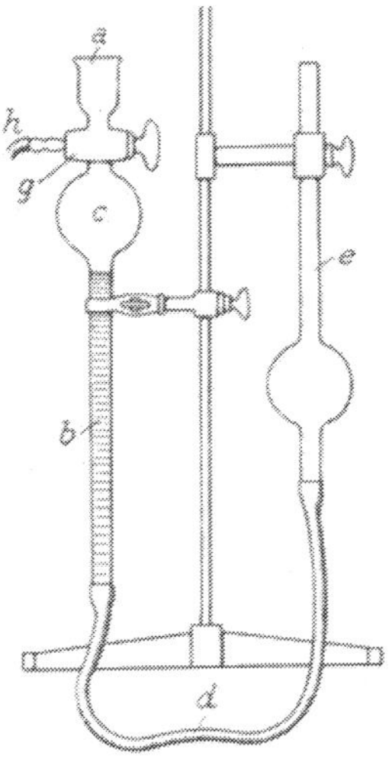

Abb. 5.

Die Löslichkeit von Stickoxyd in konz. Schwefelsäure ist nicht bedeutend und kann vernachlässigt werden, wenn man mit letzterer sehr sparsam umgeht. Bei zu hohem Verbrauch werden Minderwerte gefunden, und es empfiehlt sich für genaue Analysen eine Korrektur. 10 ccm 96proz. Schwefelsäure halten 0,35 ccm NO in Lösung, 90 proz. 0,2 ccm. (Lunge-Berl: Chem.-techn. Untersuchungsmethoden. Bd. 1, S. 160.)

Die Berechnung kann nach folgender Formel erfolgen, die den Gehalt der untersuchten Mischsäure an HNO_3 direkt in Prozenten angibt.

Derselbe $= \frac{c\,b\,v}{(273 + t)\cdot a}$, wobei *b* der abgelesene Barometerstand, *v* das abgelesene Gasvolumen, *t* die Temperatur und *a* die eingewogene Säuremenge ist.

c ist die Konstante für HNO_3 bei der Messung von trockenem Stickoxyd und $= \frac{1{,}3402\cdot 30{,}01\cdot 273}{63{,}02\cdot 760} = 0{,}1011$ (log = 00476), wobei 1,3402 das Litergewicht von NO bei 0° und 760 mm in Gramm, 30,01 das Molekulargewicht von NO 63,02 das Molekulargewicht von HNO_3 und die Reduktion des Gases auf 0° und 760 mm Druck vorgesehen ist.

Nach Lunge entspricht 1 ccm reduziertes NO 2,8144 mg HNO_3.

Nach Gebrauch läßt man Gas und Schwefelsäure mit dem Quecksilbersalz austreten und wäscht das Quecksilber mehrfach mit Wasser, zuletzt mit konz. Schwefelsäure.

[1]) Näheres s. Lunge-Berl: Chem.-techn. Untersuchungsmethoden. Bd. 1.

Manche ziehen es vor, um das etwas mühsame Einstellen des Gases, welches infolge der verschiedenen Schwere von Quecksilber und Schwefelsäure nicht durch einfache Nivellierung der Flüssigkeit in beiden Rohren erfolgen kann, zu vermeiden, auch weil durch Bläschen bisweilen der Meniscus nicht alsbald scharf hervortritt, das Gas durch den Dreiweghahn *g* und das Schwanenhalsrohr *h* in ein 2. Quecksilbereudiometer überzuleiten, wo es nach Nivellierung des Quecksilbers in beiden Rohren sofort abgelesen werden kann.

Das Nitrometer steht auf einem niedrigen Tisch vor Luftzug und direktem Sonnenlicht geschützt. Der Tisch hat Längs- und Querrinnen, die durch ein Loch in eine Auffangschublade führen, um etwa verschüttetes Quecksilber bequem einsammeln zu können.

Die Nitrometermethode ze chnet sich durch Einfachheit, Schnelligkeit und hohe Genauigkeit aus. Die Dauer einer Analyse beträgt weniger als $^1/_2$ Stunde. Die Fehlergrenze liegt bei einiger Übung unterhalb 0,1% HNO_3. Die Salpetersäureverluste durch Verdampfen (die Mischsäure raucht!) während des Einfüllens sind minimal und fallen nicht ins Gewicht.

2. Abrauchmethode: Die Abrauchmethode, bei der Salpetersäureverluste durch Verdampfen nicht in Frage kommen, da die Salpetersäure aus der Differenz bestimmt wird, dauert wesentlich länger (ca. 2 Stunden), ist aber ebenso genau und gibt mit der Nitrometermethode völlig übereinstimmende Werte. Ebenso wie bei dieser wird in einer Probe die Gesamtsäure titriert und als H_2SO_4 berechnet, eine zweite Probe wird in einer Platinschale auf dem Wasserbad abgeraucht, bis alle Salpetersäure verdampft ist. Man setzt mehrfach Wasser zu (vermeidet Spritzen) und verdampft von neuem, um alle Salpetersäure mit Sicherheit auszutreiben. Schließlich titriert man die zurückbleibende Schwefelsäure und rechnet die Differenz auf HNO_3 um. Hier wird also die Schwefelsäure direkt, die Salpetersäure indirekt ermittelt, während bei der Nitrometermethode das Umgekehrte der Fall ist. Bei der Nitriersäure sind beide Methoden gleichwertig. Bei der Nitroglycerinabfallsäure dagegen gibt nur die Abrauchmethode die wahre Acidität, während die Nitrometermethode auch die den noch gelösten Salpetersäureestern des Glycerins entsprechende Salpetersäure, die durch Verseifung mit dem Schwefelsäureüberschuß frei wird, mit angibt.

Praktisch, d. h. für die Bewertung der Abfallsäure, fällt dies wenig ins Gewicht, da bei der Denitrierung die gelösten Glycerinnitrate gespalten und die ihnen entsprechende Salpetersäure mit der unverbrauchten Salpetersäure als schwache Säure wiedergewonnen wird.

II. Die Nitrierung.

Die fabrikmäßige Herstellung von Nitrolglycerin, besonders Nitrierung und Scheidung des sauren Nitrolglycerins von der Abfallsäure, wurde von jeher, in ihren Anfangszeiten wohl auch sehr mit Recht, zu den gefährlichsten Operationen der chemischen Technik gerechnet. Ihre Gefahren zu meistern, erfordert große Umsicht und Gewissenhaftigkeit einmal in der Auswahl des wichtigsten Rohstoffes, des Glycerins, und ebensosehr in der peinlichsten Kontrolle der Apparatur sowie Befolgung der Betriebsvorschriften. Nur bestgeschultes, zuverlässiges Personal an Arbeitern darf für diese Gefahrbetriebe herangezogen werden, und die Funktion des sog. „Ölmeisters“ stellt an ihren Vertreter hohe Anforderungen bez. Erfahrung, Umsicht und Gewissenhaftigkeit. Durch den hohen Stand der Glycerinfabrikation bzw. den Reinheitsgrad des hergestellten Produktes sowie Ausbildung der Apparatur bis zur höchsten Vollkommenheit ist indessen heute die Betriebsgefahr auf ein Mindestmaß zurückgeführt bzw. die Betriebssicherheit auf ein Höchstmaß gesteigert worden, so daß Explosionen bei der Nitrolglycerinfabrikation nunmehr sehr selten geworden sind.

Nach einem kurzen historischen Rückblick auf ältere Verfahren und Apparaturen soll im folgenden eine Darstellung dieser Fabrikation gegeben werden, wie sie in den Grundzügen in den meisten großen Fabriken zurzeit üblich ist:

Ältere Verfahren: Da anfangs der Bedarf gering war, man auch nicht wagte, große Mengen Glycerin auf einmal zu nitrieren, wurde zunächst mit den primitivsten Mitteln gearbeitet, die (das Sprengöl wurde ja noch flüssig verwendet) darauf berechnet waren, das Produkt auch am Orte des Gebrauchs kurz vor Anwendung erzeugen zu können. So wurde (nach Guttmann) in den Vogesensteinbrüchen bei Zabern viele Jahre hindurch Nitrolglycerin nach dem sog. Koppschen Verfahren hergestellt, welches sich nicht wesentlich von der Methode unterscheidet, die weiter oben für Herstellung kleiner Nitroglycerinmengen im Laboratorium angegeben wurde, nur daß es noch primitiver ist. Das Rüstzeug bestand nur in einem Steinzeugkübel zum Kühlen und Waschen, einem gußeisernen Gefäß zum Mischen, einem Meßgefäß aus Blech oder Porzellan für das Glycerin, einem Eisenstab zum Rühren und einem Glastrichter mit Kautschukschlauch und Quetschhahn zum Trennen des Öles vom Waschwasser und Ablassen in Glasflaschen. Jeweils 350 g Glycerin wurden unter Umrühren allmählich in 2,8 kg Nitriersäure eingegossen. Das Mischgefäß stand in dem Kübel mit eiskaltem Wasser, in dem die Charge dann ertränkt wurde. Das saure Wasser wurde vom ausgeschiedenen Öl abgegossen, mehrfach unter Umrühren gewechselt, dekantiert und schließlich im Trichter das oberflächlich gewaschene Nitrolglycerin vom Wasserrest getrennt. So wurden annähernd 700 g (200 %) desselben erhalten und die Operation stündlich 3—4 mal vorgenommen. Das Sprengöl konnte natürlich nicht rein sein und war für längere Aufbewahrung nicht tauglich.

Ähnlich (Topfnitrierung) wurde auch in den kontinentalen Fabriken noch in den 70er Jahren nitriert. Eine Reihe von Porzellankübeln oder auch evtl. emaillierten gußeisernen oder gelöteten Bleigefäßen stand in einem länglichen, mit kaltem Wasser gefüllten Trog. Über jedem Mischgefäß befand sich ein entsprechendes kleines Glyceringefäß mit Hahn. Der Arbeiter hielt in einer Hand ein Thermometer, in der anderen einen Glasstab zum Umrühren. Stieg die Temperatur zu hoch und trat Zersetzung ein, so stürzte er den Kübel rasch ins Wasser. Natürlich war hierbei das nötige Personal im Verhältnis zur Erzeugung recht groß.

Um dieses zu vermindern, ging man nach einiger Zeit zur mechanischen Rührung über und verwendete eine einzige Rührvorrichtung für eine ganze Reihe von Töpfen. Eine Holzstange z. B., die sämtliche Töpfe überragte, trug für jeden Topf eine vertikale Eisenstange und wurde mit je einem Exzenter an jeder Stirnwand des Wassertroges verbunden. Durch Hin- und Herbewegung derselben entstand eine kreisende Bewegung der Eisenstangen im Gemisch. Die Rührvorrichtungen vervollkommneten sich und erfuhren mannigfache Ausgestaltung. Ebenso vergrößerten sich die Chargen mit dem wachsenden Bedarf an Dynamit, und die Nitrierapparate wurden größer und nahmen allmählich die heute allein gebräuchliche Form zylinderförmiger Bleigefäße an.

Eine ganze Reihe sinnreicher und mehr oder weniger praktischer Ausgestaltungen erfuhr im Laufe der Zeit der Nitrierprozeß, bzw. die für ihn nötige Apparatur, die aber heute nur noch geschichtliches Interesse haben und deren breite Schilderung daher hier keinen Platz finden kann. Guttmann schildert diese Entwicklung in seinem Werke: Die Industrie der Explosivstoffe auf S. 398—405 eingehend, und es sei deshalb hier auf diese Darstellung verwiesen. Eine Verbesserung, die heute allgemein üblich ist, wurde schon im Jahre 1868 von Mowbray in Massachusetts eingeführt, das Rühren des Nitriergemisches mit gepreßter Luft. An manchen Stellen wurde auch Luftrührung und mechanische Rührung gleichzeitig angewendet, bis letztere schließlich fast ganz verlassen wurde.

Nitrierverfahren von Boutmy-Faucher. Eine Erwähnung verdient das Nitrierverfahren der Franzosen Boutmy und Faucher, welches in der franz. Staatspulverfabrik zu Vonges jahrelang (bis 1882) und in großem Maßstabe eine Zeitlang auch in England betrieben wurde. Es will die Gefahr, die in der starken, bei dem Nitrierprozeß entwickelten Reaktionswärme liegt, oder doch bei dem damaligen Stand der Technik lag, vermeiden, indem es diesen Prozeß in mehrere Stufen auflöst, wobei es sich auf das von Berthelot in seinem Werke: Sur la force des matières explosives ausgesprochene Prinzip stützt, das lautet: „Wenn ein System von einfachen oder zusammengesetzten Körpern unter konstantem Volumen oder Druck eine chemische oder physikalische Veränderung erleidet, ohne daß ein äußerer mechanischer Effekt hervorgebracht wird, so ist die dabei entwickelte Wärme lediglich von dem Anfangs- und Endzustande des Systemes abhängig und dieselbe, welcher Art und Folge die dazwischenliegenden Veränderungen sein mögen.“

Hiernach verteilten Boutmy und Faucher die bei der Nitrierung freiwerdende Wärmemenge auf zwei Phasen, indem sie zunächst Glycerin mit Schwefelsäure mischten, wobei unter Erwärmung Glycerinschwefelsäure entsteht, und in diese Mischung ein Gemisch von Salpetersäure und Schwefelsäure eintrugen. Die Erwärmung ist bei jedem der Teilprozesse eine relativ mäßige.

Die bei weitem stärkere und überwiegende Entbindung von Wärme findet bei der gefahrlosen Vermischung von Glycerin mit Schwefelsäure statt. Es mußte aber hierbei gut gekühlt und eine mäßige Temperatur (40°) eingehalten werden, um eine Bildung von Acroleïn bzw. Carbonisierung des Glycerins zu vermeiden, welche die Abscheidung des Nitroglycerins verhindern würde. Man mischte in einem gußeisernen Trog mit Kühlmantel und Rührvorrichtung und ließ die Glycerinschwefelsäure über Nacht in gekühlten Tongefäßen völlig erkalten. In Steinzeugtöpfen, die in einem Kühlbassin standen, fand dann die Nitrierung statt, wobei die Salpeterschwefelsäure unter Luftrührung langsam in die Glycerinschwefelsäure hineingepumpt wurde und nur eine mäßige Temperaturerhöhung eintritt. Die Mischung ließ man über Nacht stehen, wobei das Nitroglycerin langsam hochsteigt, und zog durch Hähne am Boden Säure und Sprengöl nacheinander ab.

Man mischte jeweils 100 Teile Glycerin mit 320 Teilen Schwefelsäure und fügte ein Gemisch von 280 Teilen Salpetersäure mit 280 Teilen Schwefelsäure zu. Erhalten wurden 200—205 Teile Nitroglycerin aus 100 Teilen Glycerin. In Pembrey in Wales wurde der Prozeß im größten Maßstabe durchgeführt, und in einem großen Nitrierapparate wurden 680 kg Nitroglycerin in einer Operation erzeugt[1]). Der schwerwiegende Nachteil dieses Verfahrens, welcher den Vorteil der mäßigen Erwärmung bei der eigentlichen Nitrierung bei weitem überwiegt, ist die langsame Abscheidung des Nitroglycerins[2]) und folglich die lange Berührung des letzteren mit der Säure bzw. das lange Stehen der sauren Charge. Hierbei kann eine spontane Verseifung eingeleitet werden, die unter dem Einfluß der entwickelten Wärme sich beschleunigen und zu stürmischer Zersetzung, selbst Explosion führen kann. Diese Vorgänge können begünstigt werden, wenn beim Mischen von Glycerin mit Schwefelsäure die Temperatur zu hoch gestiegen ist und die stark wasserentziehende Schwefelsäure eine Carbonisierung des Glycerins eingeleitet hat. In Vonges sowohl wie in Pembrey kamen dann auch mehrfach Explosionen vor und das Verfahren wurde schließlich aufgegeben. Heute kommt dasselbe nicht mehr in Betracht.

Neuzeitliche Apparatur und Verfahren.

1. Blei als Konstruktionsmetall. Die Nitrierung erfolgt heute fast nur noch in zylinderförmigen, mit der Wasserstoffflamme gelöteten Bleigefäßen. Eisen vermeidet man in den Räumen der Nitroglycerinfabrikation nach Möglichkeit, da es bei Explosionen gefährliche Schleuderstücke abgibt, während die Apparate und Apparaturteile aus Blei ver-

[1]) Näheres siehe Guttmann: Die Industrie der Explosivstoffe. S. 416 ff.

[2]) Der unvollkommenere damalige Stand der Technik der Glycerinerzeugung verzögerte diese Trennung noch besonders.

möge von dessen Weichheit und Zähigkeit größtenteils als zusammengequetschte verbogene Massen am Explosionsherde oder in dessen Nähe vorgefunden und weniger leicht in kleine weitfliegende Sprengstücke zerlegt werden. In Amerika, wo die behördliche Gewerbeaufsicht weniger strenge ist, hat man noch vor wenigen Jahren stellenweise in eisernen Apparaten nitriert. In Deutschland würden solche von der Gewerbebehörde nicht zugelassen werden. Blei als möglichst weitgehend verwendetes Konstruktionsmetall hat auch noch andere Vorteile. Es wird von den Säuren relativ langsam angegriffen und das gebildete Bleisulfat ($PbSO_4$) ist auf den Nitrierprozeß und auf das Nitroglycerin ohne schädlichen Einfluß. Es wirkt im Gegenteil als haftende Schicht schützend auf die Metallwandungen und bewahrt sie vor weiterer Korrosion, womit allerdings der Nachteil einer gewissen Behinderung des Wärmeaustausches verknüpft ist. Stark mit Bleisulfat beschlagene Kühlschlangen kühlen schlecht und die Nitrierdauer verlängert sich bzw. das Kühlwasser wird weniger ausgenutzt. Schließlich blättert der Bleisulfatüberzug ab und der Verschleiß der Bleiteile geht weiter. Die Weichheit des Bleies mindert auch die Gefahr, daß in den Arbeitsräumen durch Schlag von Metall auf Metall Nitroglycerin zur Explosion gebracht werden könnte. Auch dies ist ein Grund, Eisen und Eisenteile in Räumen, wo mit Nitroglycerin gearbeitet wird, soweit irgend angängig, zu vermeiden.

2. Nitrierapparat. Die Zylinder bestehen aus starkem (ca. 10 mm) Bleiblech, sie sollen hoch sein. Die Höhe beträgt etwa das Anderthalbfache des Durchmessers. Bei zu breiten Zylindern ist die gründliche Durchmischung des Inhaltes durch die aufsteigende Preßluft schwieriger und die Säure könnte an den Wandungen stagnieren. Die Bleizylinder tragen Bleideckel mit mehreren eingekitteten Fenstern, die eine gute Beobachtung der Vorgänge im Innern gestatten. In Ermangelung dieser Fenster kann auch das Dunstabzugsrohr mit einer Laterne versehen sein, um die Farbe der abziehenden Dämpfe beobachten zu können. Doch ist erstere Einrichtung vorzuziehen. Der Deckel hat Öffnungen bzw. Aussparungen für Säurezufluß, Glycerinzufluß, Dunstabzugsrohr, Thermometer, Zutritt und Austritt für Kühlschlangen und Eintritt der Luftschlangen. Er kann abgehoben werden, ist aber gewöhnlich mit Zement oder plastischem Kitt abgedichtet. Der Boden des Gefäßes ist etwas geneigt und trägt an der tiefsten Stelle einen Stutzen mit eingekittetem Steinzeughahn von weiter Bohrung, damit das Reaktionsgut rasch abfließen kann. Der Apparat kann in einem Holzbottich stehen, in dem Kühlwasser zirkuliert, er kann auch doppelte Wände haben (Mantelkühlung). Bei genügender Schlangenkühlung ist indessen die Außenkühlung überflüssig und heute meist verlassen. 2—3 starke Kühlschlangen aus Bleirohr steigen in zahlreichen konzentrischen Windungen

im Apparate ab und treten oben wieder aus. Man kann die Bleischlangen auch durch die Wandung eintreten und unten austreten lassen, doch ist dies wenig üblich. Man vermeidet Lötstellen nach Möglichkeit, da sie erfahrungsgemäß gegen den Säureangriff am empfindlichsten sind. Auch haben die Kühlschlangen eine kürzere Lebensdauer als der Apparat und können, wenn man sie über den Rand ein- und ausführt und nicht einlötet, nach einiger Zeit ausgewechselt werden, während ein Löten an einem mit Nitrolglycerin in Berührung gekommenen Apparat natürlich ausgeschlossen ist.

Die Preßluft wird in schwächeren Bleiröhren eingeführt, die wenig oberhalb des Bodens auf verschiedene Weise, sei es durch trichterförmige Vorrichtungen, gelochte Ringleitungen, oder durch Blasen gegen einen Bleikegel, aber immer durch relativ enge Öffnungen die Preßluft im Apparat verteilen. Eine Leitung führt zweckmäßig in den Hahnstutzen, um auch hier eine Rührung zu ermöglichen. In die Flüssigkeit ragen 2 Thermometer verschieden tief hinein, um die Temperatur im oberen wie im unteren Teile kontrollieren zu können. Der Nitrierapparat steht auf einem hölzernen Podium, je nach Größe ist ein erhöhter Tritt für den bedienenden Arbeiter nötig. Abb. 6 zeigt einen schematischen Schnitt durch den Apparat, Abb. 7 die Außenansicht eines solchen.

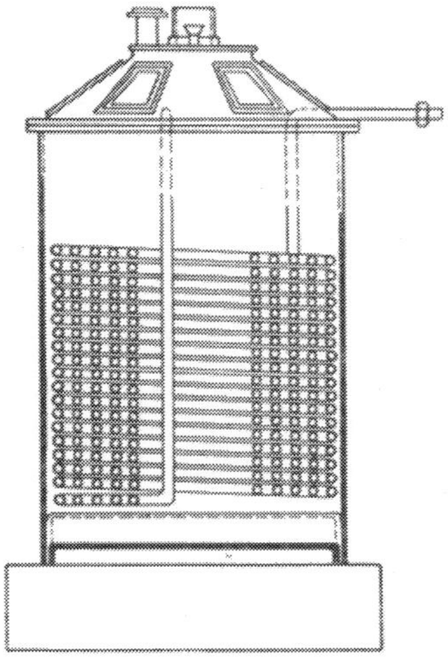

Abb. 6.

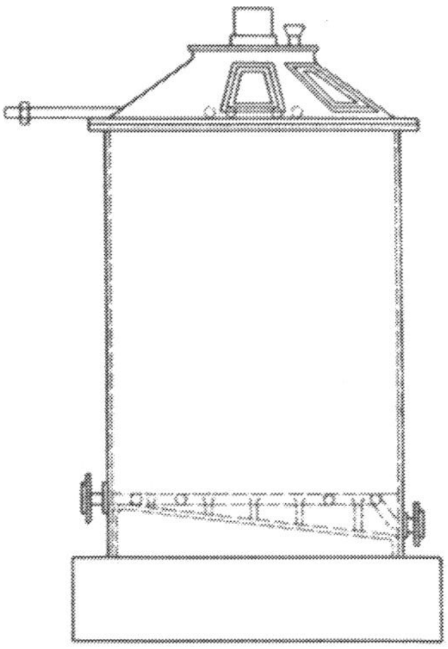

Abb. 7.

3. Nitriervorgang. Außerhalb der Umwallung befinden sich benachbart Säure- und Glycerinschuppen. Aus dem Säurekessel fließt die Säure in einen Raum, wo sie gewogen oder gemessen wird, und von hier je nach Art des Geländes durch eignes Gefälle oder mittels Druckfasses in den Apparat. Die Glycerinbehälter stehen in einem geheizten Schup-

pen, bzw. sie sind mit Dampfschlangen versehen, um dem Glycerin die für rasche und feine Verteilung nötige Dünnflüssigkeit zu verleihen. Ist die Leitung zum Nitrierhaus lang, so empfiehlt sich entsprechender Schutz vor zu starker Abkühlung. Das Glycerin wird gemessen oder besser gewogen und fließt über ein Sieb, um etwaige Fremdkörper zurückzuhalten, in ein Druckgefäß, oder direkt in den Behälter mit Niveaurohr, von dem aus es in die Säure einläuft oder mit Druckluft injiziert wird. Dieser befindet sich oberhalb des Nitrierapparates. Im letzten Falle kann die Injektion auch direkt vom Druckfaß aus erfolgen. Der Glycerinbehälter im Nitrierraum wird gern vermieden, da er im Explosionsfall ein schweres Schleuderstück liefert, und außerhalb des Raumes auf oder hinter der Umwallung angebracht.

a) Glycerinzufluß. Der Art der Zugabe des Glycerins zum Säuregemisch hat man von jeher große Aufmerksamkeit zugewendet. Sehr wichtig ist eine möglichst rasche Verteilung, um lokale Erhitzungen zu vermeiden, die die Gefahr einer Zersetzung (wenn auch oft nur lokaler Art) mit sich bringen können, auch die Ausbeute unvorteilhaft beeinflussen. Zu diesem Zwecke hat man für den Zufluß verschiedenartige Verteiler konstruiert, die das Glycerin in mehreren dünnen Strahlen auf die Säureoberfläche fließen lassen. Neuere Erfahrungen haben gezeigt, daß man selbst bei sehr großen Verhältnissen unbedenklich das Glycerin in einem ca. fingerdicken Strahle auf die Mitte der Säureoberfläche auffließen lassen kann, wofern sich diese nur in gehöriger Wallung befindet. Das Glycerin hat am besten eine Temperatur von 30—40°. Mäßige Temperaturdifferenzen desselben haben auf Nitrierdauer und Ausbeute keinen bemerkbaren Einfluß. Der Einfluß kann, wie erwähnt, auch unter Druck geschehen. Er wird durch einen Hahn reguliert, der vorteilhaft im Nichtgebrauchsfall durch Federdruck geschlossen gehalten wird und sich durch mäßigen Druck der Hand beliebig weit öffnen läßt. Beim Loslassen schließt er sich automatisch. Sollte der Arbeiter im Falle einer Gefahr vom Apparat flüchten, so wird auf diese Weise der Glycerinzufluß selbsttätig abgestellt. Das Glycerineinflußrohr ist mit der Zuleitung durch ein Schlauchstück verbunden und so eingerichtet, daß es nach beendeter Glycerinzugabe umgelegt werden kann. Dadurch wird verhindert, daß etwa nachtropfendes Glycerin nach Ablassen der Charge mit dem Säurerest am Boden noch nachträglich Nitroglycerin bildet, welches sich mangels Kühlung und Rührung entzünden könnte. Ein derartiger Fall ist beobachtet worden, wobei die Glasscheiben des Apparatdeckels zerstört wurden. Wenn auch die Gefahr verhältnismäßig gering ist, so muß doch jede Möglichkeit einer Zersetzung wegen der leichten Übertragbarkeit einer Explosion auch kleiner Mengen auf benachbartes anhaftendes Sprengöl peinlich vermieden werden. Man hat auch Injektoren aus Steingut, Porzellan oder sorgfältig verbleitem Metall konstruiert, die, unterhalb der Säureoberfläche im unteren Teile des Apparates befindlich, das Glycerin unter Druck zusammen mit Preßluft in die Säure einströmen lassen. Die Verteilung ist so rasch und gründlich bei energischer Rührung, doch bringen diese Injektoren viele Reparaturen mit sich, und zumal die Lötstellen beim Eintritt in den Apparat sind mißlich.

b) Vorbereitungen. Nach Erledigung aller Vorbereitungen, vor allem Prüfung der später zu beschreibenden Sicherheitseinrichtungen und gutem Einschmieren aller Tonhähne mit Paraffinöl, läßt man die Nitriersäure in den Apparat fließen, der von ihr gut zur Hälfte, bzw. zu höchstens $^2/_3$ erfüllt wird, und zwar so, daß die Kühlschlangen eben bedeckt sind. Man läßt das Kühlwasser voll zirkulieren und beginnt mit dem Eintragen des Glycerins, sobald die Säure gehörig abgekühlt ist (unter 20^0), nachdem man zunächst durch mäßiges Öffnen der Lufthähne erstere in gehörige Wallung versetzt.

c) Rührung durch Preßluft. Die Preßluft kommt aus einem Luftkessel (sog. Entöler) außerhalb der Umwallung, der dazu dient, vom Kompressor in die Leitung gelangte Maschinenölteilchen und Wasser zurückzuhalten und den Druck vom Gange des ersteren unabhängig und gleichmäßig zu halten. Die Luft wird gewöhnlich auf 4 Atmosphären gebracht, da meist besonders bei dem für diese Fabrikation bevorzugten abfallenden Gelände ein so hoher Druck für den Säuretransport erforderlich ist. Für die Rührung im Apparat ist dieser Druck bei weitem nicht nötig, immerhin verlangen große Verhältnisse einen erheblichen Druck, um die hohe Flüssigkeitssäule des spez. schweren Säuregemisches zu überwinden und noch in heftige Wallung zu versetzen.

Die früher übliche mechanische Rührung ist heute bis auf Ausnahmefälle (Amerika) verlassen. Der einzige Nachteil der Luftrührung ist der Umstand, daß während der Dauer der Nitrierung eine erhebliche Menge von Salpetersäure von der Preßluft ausgetrieben, weggeführt und somit dem Prozeß entzogen wird. Diese zieht durch ein Dunstabzugsrohr ab, wobei ein Exhaustor den Eintritt der Säuredämpfe durch undichte Stellen des Deckels in den Raum verhindert, und wird, da sie die Umgebung belästigt und die Vegetation schädigt, in einem Plattenturm oder durch ähnliche Vorrichtungen kondensiert. Da hierzu reichlicher Wasserüberschuß nötig ist, wird nur verdünnte Salpetersäure gewonnen. Zu starkes Rühren und somit Abblasen von HNO_3 kann die Ausbeute beeinträchtigen. (Laboratoriumsversuche und Versuche in kleineren Versuchsanlagen haben erheben, daß unter völlig gleichen Verhältnissen mit normaler Luftrührung $2^0/_0$ Nitroglycerinausbeute weniger erhalten werden, als mit mechanischer Rührung.) Falls durch irgendeine Ursache (z. B. Defekt am Kompressor) die Preßluft plötzlich ausbleiben sollte, ist der Glycerinzufluß sofort zu unterbrechen und umzulegen, und die Nitrierung evtl. mit Kohlensäure zu Ende zu führen, die flüssig in einer an die Luftleitung angeschlossenen Druckflasche zur Verfügung stehen soll (oder besser mit komprimiertem Stickstoff).

d) Nitriertemperatur. Der Zufluß des Glycerins wird in der Weise geregelt, daß die Temperatur des Gemisches eine bestimmte Grenze nicht überschreitet. Will man den Prozeß in einem gewissen angemessenen Zeitraum zu Ende führen, so ist man bezügl. dieser Temperatur von der Temperatur des Kühlwassers, der Größe der Kühlfläche und der Zirkulationsgeschwindigkeit abhängig. Nirgends aber ist es gestattet, die Temperatur von 30° zu überschreiten. Hat man, wie in heißen Ländern, nicht genügend kaltes Kühlwasser (über 20°), so dauert die Nitrierung entsprechend lange, man nimmt die Kühlfläche möglichst groß, kühlt das Wasserbassin mit Eis, oder bedient sich einer künstlichen Kühlanlage, die stark gekühlte Sole liefert. Ein Nitrieren bei höherer Temperatur, selbst oberhalb 40° ist zwar an sich möglich, besonders bei wasserfreier Nitriersäure und im kleinen Maßstabe auch schon durchgeführt worden. Es ist aber aus verschiedenen Gründen nicht zu empfehlen und würde im Fabrikbetrieb gefahrvoll sein. Einmal vermindert sich, wie später unter „Betriebsergebnissen“ gezeigt werden wird, mit steigender Temperatur die Ausbeute an Nitroglycerin, was oberhalb 30° erheblich ins Gewicht fallen würde. (Es geht neben dem Veresterungsprozeß stets in beschränktem Maße ein Oxydationsprozeß vor sich, der mit steigender Temperatur an Umfang gewinnt.) Weiterhin aber läßt die vom Thermometer angezeigte Temperatur auf das Vorhandensein lokaler Erwärmungszentren von möglicherweise wesentlich höherer Temperatur in der großen Nitriermasse schließen, so daß man bei zu hoher Mitteltemperatur die Erreichung eines Punktes an irgendeiner vielleicht vorübergehend stagnierenden Stelle gewärtigen muß, an dem ein plötzlicher, nicht mehr aufzuhaltender Oxydationsvorgang einsetzen kann, der zu stürmischer, meist mit Explosion endigender Zersetzung der ganzen Charge führen würde. In vielen Fabriken wird eine Temperatur von 25° nicht überschritten. Bei sehr kaltem Grund- oder Quellwasser, oder im Winter bei kaltem Flußwasser, ist es ohne besondere Verzögerung möglich, sogar 20° einzuhalten. Die in den letzten Zeiten immer mehr ansteigenden Glycerinpreise haben dazu geführt, die Möglichkeiten auch kleiner Ausbeuteverbesserungen auszunutzen und es als wirtschaftlich erscheinen lassen, große Nitroglycerinanlagen mit künstlichen Kühlanlagen auszustatten, so daß man durch die Kühlschlangen statt Wasser eine auf etwa — 10° abgekühlte Salzlösung zirkulieren lassen kann. Es ist dann möglich, unter Verbesserung der Ausbeute um 3—4% bei etwa 12° zu nitrieren. Tiefer geht man nicht, um ein etwa mögliches Krystallisieren von Nitroglycerin zu vermeiden, das zu unliebsamen Störungen führen würde.

e) Nitrierdauer. Die Dauer der Nitrierung hängt natürlich in erster Linie von der Größe der Kühlfläche und der Temperatur des Kühlwassers ab. Im allgemeinen pflegt sie auch mit der Größe der Charge etwas zu wachsen. Die gebräuchlichen Einrichtungen gestatten, eine Charge von 100 kg Glycerin bei einer Wassertemperatur von 10—12^0 und einer Nitriertemperatur von 30^0 in etwa 20 Min. zu nitrieren. Auch die Anfangstemperatur der Säure ist nicht ohne Einfluß, so daß im Winter bei kalter im Freien lagernder Säure die Nitrierdauer etwas kürzer ist.

4. Größe der Charge. Die Größe der Charge schwankt je nach Bedarf in weiten Grenzen. 150—250 kg Glycerin dürfte für die meisten inländischen Fabriken das Normale sein. In Modderfontein (Transvaal) werden 400 kg Glycerin mit ca. 2600 kg Säure nitriert und ca. 900 kg Nitroglycerin in einer Operation erhalten. In einzelnen amerikanischen Fabriken nitriert man sogar 450 kg Glycerin auf einmal. Auch hierbei beträgt die Dauer der Operation wenig mehr als $^1/_2$ Stunde.

5. Zersetzungen. Sicherheitsmaßnahmen. Sicherheitsbottich. Früher kamen Zersetzungen und selbst Explosionen beim Nitrieren häufiger vor. Heute sind dieselben, besonders im Verhältnis zum Umfange der Produktion, äußerst selten geworden und eigentlich nur durch grobe Unachtsamkeit oder schlechtes Material zu erklären. Unreines Glycerin, früher eine häufige Ursache von Zersetzungen, dürfte als solche jetzt kaum noch vorkommen, da die Technik der Glycerindestillation einen hohen Stand erreicht hat. Eher sind Zersetzungen dadurch möglich, daß infolge Undichtwerdens der Apparatur bzw. der Kühlschlangen Wasser zur Charge tritt und diese plötzlich erhitzt. Man prüft deshalb Gefäße und Kühlschlangen mindestens einmal täglich auf ihre Dichtigkeit und läßt den Apparat über Nacht bei geschlossenem Abflußhahn unter Wasserdruck stehen, so daß eine etwaige schadhafte Stelle sich am Morgen durch das angesammelte Wasser verrät. Auch ist es von Bedeutung für die Sicherheit des Prozesses, wenn man die Wasserzirkulation so einrichtet, daß das Wasser in den Kühlschlangen innerhalb des Apparates unter Zug steht. Abgesehen von der Einschaltung von Zwischenreservoiren, um nicht den vollen Wasserdruck einer etwaigen Hochdruckleitung auf die Kühlschlangen wirken zu lassen, ist dies bei abfallendem Gelände ohne Schwierigkeit durch Einrichtung einer möglichst langen, heberartig wirkenden Abflußleitung, die unter Wasser mündet, möglich. Ist deren Durchmesser weiter als derjenige der Kühlschlangen, so kann auch ein erheblicher Überdruck des Kühlwassers oberhalb des Apparates in diesem selbst ausgeglichen bzw. in Zug verwandelt werden. Mit Hilfe kleiner Messinghähne am Eintritt und Austritt der Schlangen überzeugt man sich davon, ob Druck oder Zug in denselben herrscht. Ein Absperrhahn in der Abflußleitung unterhalb des Apparates ermöglicht es, in allen Fällen die Schlan-

gen während der Betriebspause (z. B. über Nacht) zur Beobachtung ihrer Dichtigkeit unter Wasserdruck zu halten.

Trotz all diesen Maßnahmen ist es ratsam, die Schlangen wie den ganzen Apparat, wenn sie eine bestimmte Anzahl Operationen überdauert haben, ohne Rücksicht auf ihre noch für einige Zeit vorhandene Tauglichkeit auszuwechseln. Die dadurch entstehenden Kosten sind gegenüber der erhöhten Sicherheit nicht hoch anzuschlagen.

Der den Apparat bedienende Arbeiter hat den Glycerinzufluß, die Thermometer, die Bewegung des Gemisches und die Farbe der abziehenden Gase und Dämpfe ständig zu beobachten. Sollte trotz vorschriftmäßigen Verfahrens die Temperatur in ungewöhnlicher Weise steigen, so unterbricht er den Glycerinzufluß und öffnet alle Lufthähne voll. Steigt trotzdem die Temperatur weiter oder kündigt sich eine Zersetzung durch die tiefrote Farbe der Dämpfe an, so hat er rasch den nach dem Sicherheitsbottich führenden Ablaufhahn bzw. das Sicherheitsventil (s. weiter unten) zu öffnen und das Gebäude zu verlassen.

Sicherheitsbottich. Für derartige Fälle ist entweder unter dem Apparat im unteren Teile des Nitrierhauses oder auch außerhalb desselben ein sog. Sicherheitsbottich vorgesehen. Als solche dienen aus Zement oder Mauerwerk hergestellte Gruben oder evtl. mit Bleiblech ausgeschlagene Holzbottiche. Da im Gebrauchsfalle die verdünnte Säure niemals längere Zeit in ihnen verbleibt, genügen einfache Holzbottiche. Das Gefäß soll so groß sein, daß, wenn es zur Hälfte mit Wasser angefüllt ist, dieses mindestens der 4—5fachen Menge der zu ertränkenkenden Säure entspricht. Der Boden ist etwas geneigt und hat an der tiefsten Stelle einen Tonhahn, um das unten angesammelte Nitroglycerin abziehen zu können. Luftrührung, Wasserzufluß und Überlauf sind vorgesehen, um im Gebrauchsfalle gehörige Durchmischung und Wasserwechsel zu bewirken. Das Wasser wird von Zeit zu Zeit erneuert, um evtl. Pflanzenwucherungen zu beseitigen. Auch die Luftrührung wird ab und zu kontrolliert. Dient, wie manchenorts üblich, der Bottich als Durchgang der Spülwässer von Nitrierapparat und Scheidetrichter, so ist er monatlich von Bleischlamm zu reinigen, damit nicht, wie es schon vorgekommen ist, im Falle der Not die Luftlöcher der Rührschlange verstopft sind, so daß die schwere konzentrierte Säure mit dem sauren Sprengöl unvermischt unter dem Wasser am Boden stehen bleibt und schließlich unter Wasser mangels gehöriger Durchmischung eine Verseifung des Nitroglycerins einsetzt, die in einem derartigen Falle einmal zur Explosion des letzteren unter Wasser im Sicherheitsbottich geführt hat.

Nur im wirklichen Gefahrfalle darf dieser in Gebrauch genommen werden. Das Ersäufen der Charge ist von Entwicklung großer Mengen von Untersalpetersäuredämpfen begleitet, die das Nitriergebäude beschädigen, auch ist die Entfernung des sauren Nitroglycerins umständlich und mißlich. Ersterer Umstand veranlaßt Guttmann zu der Meinung, daß sich der Sicherheitsbottich besser außerhalb des Gebäudes befände. Die dünne Schicht der in der alsdann notwendigen Leitung ablaufenden sich zersetzenden Masse berge eine geringere Gefahr. Dem kann man entgegenhalten, daß diese Anlage wohl vorzuziehen sei, falls wegen Gefahr in der Nachbarschaft die Charge abgelassen wird, falls indessen eine sich zersetzende Charge in Frage kommt, der Widerstand einer Leitung das Ersäufen nur verzögert und auch eine weite, schnelles Ablaufen garantierende Leitung die Explosion in ihr selbst nicht ausschließt. Der Sicherheitsbottich gibt bei plötzlich eintretender Zersetzung eine nur bedingte Gewähr für die Beseitigung der Gefahr. Es ist bisweilen vorgekommen, daß, bevor die Charge ganz abgelaufen war, was bei großen Quantitäten immerhin $1^1/_2$—2 Minuten dauert, der Rest im Apparate explodierte. Sehr gute Dienste leistet indessen die Vorrichtung bei Gefahr in den benachbarten Arbeitsräumen. Bei Explosion in der Nachbarschaft und somit drohender Beschädigung des leichtgebauten Nitrierhauses ist die Gefahr des vorhandenen Nitroglycerins bei weitem vermindert, wenn die konzentrierte Säure ersäuft ist und ersteres sich unter Wasser befindet.

Selbsttätiges Ablassen der Chargen. Notsignal. Um im Falle plötzlich drohender Gefahr nicht zu sehr von der Geistesgegenwart des Arbeiters abhängig zu sein und ohne Verzug durch einen leicht ausführbaren Handgriff evtl. während der Flucht die Entleerung der Charge bewirken zu können, hat man eine sinnreiche Einrichtung vorgesehen, die in den meisten Anlagen in Gebrauch ist. Neben den Abflußhähnen des Nitrierapparates wie auch des Scheidegefäßes (s. a. Scheidung) sind Zylinder angebracht, in denen ein Kolben durch Luftdruck verschoben werden kann. Dieser stellt mittels Hebel und Ketten den Hahn um. Alle diese Luftdruckzylinder einer Sprengölanlage sind an dieselbe Druckluftleitung angeschlossen, von der auch Abzweigungen in die Apparate und Sicherheitsbottiche führen. Läßt man, was von mehreren geeigneten Stellen aus durch einen leicht beweglichen Hebel möglich sein muß, Druckluft in diese Leitung ein, so öffnen sich sofort die Hähne sämtlicher Nitrier- und Scheideapparate einer Sprengölanlage, und die sauren Chargen entleeren sich in die Sicherheitsbottiche, in denen zugleich mit Luft gerührt wird. Die gleiche Luftleitung führt durch sämtliche Räume der Gefahranlage und enthält jeweils an einer Abzweigung eine Signalpfeife, um überall die Beschäftigten von der in einem Nachbarraum drohenden Gefahr unterrichten und zur Flucht durch die die Erdumwallungen durchschneidenden Tunnels nach den in der Außenseite der Wälle angebrachten Unterständen veranlassen zu können. Die Luftleitung führt auch durch die den Nitrierräumen nächstgelegenen Unterstände, um auch von hier aus die Sicherheitseinrichtung betätigen zu können, falls der Arbeiter in überstürzter Flucht dies im Arbeitsraum versäumt hat.

Regierungs- und Gewerberat Lesser bezeichnet diese Einrichtung als verbesserungsbedürftig, da bei noch so sorgfältiger möglichst unterirdischer Anlage der Luftleitung diese doch bei einer Explosion in einer der Hütten (z. B. Mischhütte) beschädigt werden könnte, worauf die Wirkung ausbleiben müßte[1]). Er hält es deshalb für richtiger, den Zylinder ständig unter Druck zu halten, so daß die Vorschiebung des Kolbens eintritt, sobald die Leitung geöffnet wird oder abreißt. In letzterem Falle tritt die Wirkung selbsttätig ein. Im ersten wäre, um in allen Räumen das Notsignal geben zu können, ein zweiter Handgriff an einer besonderen Druckluftleitung nötig. Die Einrichtung wird durch Abb. 8 verständlich. Eine Spiralfeder drückt den Kolben nach links gegen den Dichtungsring *a*. Die Druckluft tritt bei *c* ein und durch den feinen Schlitz *bb* auch hinter den Kolben. Reißt die Druckleitung ab, oder wird irgendwo in derselben ein Hahn geöffnet, so entleert sich die rechte Seite des Zylinders, aus der linken Seite kann aber die Druckluft durch den schmalen Schlitz nicht so schnell entweichen, sie verschiebt den Kolben nach rechts, wobei die Dichtung nunmehr durch die Stopfbüchse stattfindet. Zum Wiederanstellen wird auch die linke Seite durch den Hahn *d* entleert. Bei dieser Einrichtung sind zwei Leitungen erforderlich, da die Rührluft den Apparaten durch eine bessondere Leitung zugeführt werden muß.

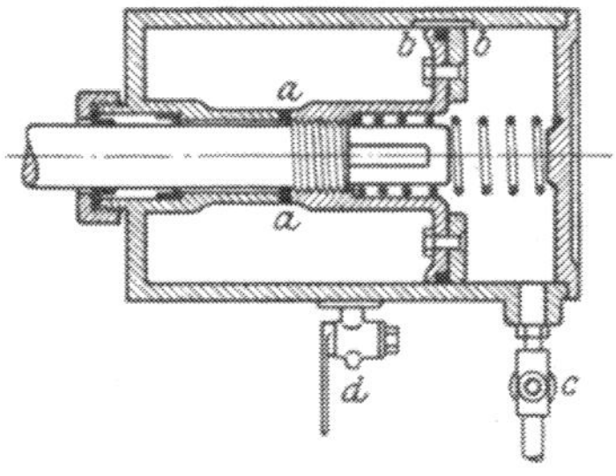

Abb. 8.

Für den Fall des Versagens der Luftrührung bei Defekt der Leitung oder des Kompressors hat man einmal größere Druckluftkessel in der Nähe von Nitrier- und Waschhaus aufgestellt, die wenigstens eine begrenzte Zeit lang vorhalten, andererseits an geeigneten Plätzen im Nitrierhaus und im Unterstand Flaschen mit flüssiger Kohlensäure angebracht. Der Nutzen der letzteren erscheint einigermaßen zweifelhaft, da die Ventile bei raschem Öffnen (z. B. im Falle einer Gefahr) leicht einfrieren. Lesser schlägt deshalb (l. c.) an Stelle der Kohlensäure komprimierten Stickstoff vor.

Täglich vor Beginn der Arbeit bzw. dem Füllen der Apparate überzeugt man sich von dem glatten Funktionieren der Sicherheitsvorrichtungen. Vielfach ist es Vorschrift, daß in die Tagesproduktion nicht eher eingetreten werden darf, als sich der die Aufsicht führende Chemiker persönlich vom Funktionieren dieser Einrichtungen überzeugt hat.

6. Beendigung der Nitrierung, Ablassen der Charge. Ist alles Glycerin zugeflossen, so klappt man den Zuflußhahn um, vermindert die Stärke der Luftrührung und rührt noch einige Minuten nach, um sicher zu sein, daß die Mischung in allen Teilen des Apparates völlig homogen ist. Nunmehr wird die Kette der Sicherheitsvorrichtung vom

[1]) Zeitschr. f. Schieß- u. Sprengstoffwesen. 1907. S. 48.

Hahn entfernt, die Verbindung mit dem Separator entweder durch ein knieförmiges weites Bleirohr oder bei fester Leitung durch entsprechende Hahnstellung hergestellt und unter schwacher Rührung die Charge in ersteren abgelassen, was $1^1/_2$—3 Min. in Anspruch nimmt.

Anhang: Auf die Nitrierung bezügliche Patentliteratur:

Deutsche Reichspatente: 6208 (1878) v. Kurtz, betr. Einführung des Glycerins von unten in die Säure durch eine Brause, unter Luftrührung und kontinuierliche Abführung des Nitroglycerins und Zusatz 8463, betr. Emulsionierung des Glycerins mit Luft. Die kontinuierliche Nitrierung ist praktisch unausführbar. 11141 (1880) v. Engels, betr. transportable Einrichtung zur Herstellung von Ngc. 17568 (1881) v. Schilling, betr. Zuflußtrichter für Glycerin. 29130 (1883) v. Schröder, betr. Apparat zur Darstellung von Ngc. Einblasen des Glycerins von unten in die Säure zusammen mit komprimierter Luft. 51660 (1889) v. Siebert, Zusatz von Ammonnitrat oder Ammonsulfat zur Nitriersäure (praktisch ohne Zweck und Wirkung). 183183 (1902) v. Evers, betr. Verfahren und Apparat zur kontinuierlichen Herstellung von Ngc. durch Vermischen von Nitriersäure und Glycerin mit Hilfe geeigneter Streudüsen (über praktische Anwendung nichts bekannt geworden). 195231 (1904) Dynamit, A.-G. vorm. Nobel & Co.[1]), betr. Verfahren, an Stelle frischer Nitriersäure einen Teil der Abfallsäure der vorhergehenden Operation auf die ursprüngliche Zusammensetzung aufgefrischt zu verwenden. Es werden verhältnismäßig wasserreiche Säuren (z. B. 60% H_2SO_4, 30% HNO_3, 10% H_2O) in entspr. Überschuß angewendet, um die Nitrierung angeblich ruhiger und gefahrloser zu machen und dabei relativ gute Ausbeuten erhalten (225—226%), da das in der Abfallsäure als Glycerinschwefelsäure verbliebene und infolge der geringen Konzentration nicht ausgenutzte Glycerin z. T. in die nächste Operation wieder eintritt. Zur Auffrischung ist aber hochprozentiges Oleum nötig, und es ist zweckmäßiger, Oleum von vornherein zur Herstellung einer hochkonzentrierten Nitriersäure anzuwenden, womit derselbe und ein noch besserer Efefkt erreicht wird. Das pat. Verfahren hat deshalb keinen Eingang in die Praxis gefunden.

Britische Patente: 1813 (1864) Alfred Nobel, betr. Herstellung von Nitroglycerin und Einführung desselben in die Sprengtechnik. 1919 (1878) Huntley und Kessel, Nitrieren von Glycerin mit $8^1/_2$ T. eines Gemisches von 670 T. Schwefelsäure und 350 T. Natriumnitrat. 7433 (1884) entspr. DRP. 29130 s. d. 13907 (1889) La Compagnie Forcite, Nitrierapparat mit guter Temperaturregulierung. 15983 (1901) Nathan, Thomson und Rintoul, betr. Nitrierapparat, der sugleich als Scheideapparat dient. 2776 (1905) entspr. DRP. 195231 s. d. Denselben Gegenstand behandelt das amerikanische Patent 913653 v. Aigner.

Französisches Patent: 366593 (1906) v. Nathan, Thomson und Rintoul, betr. Verwendung rauchender Schwefelsäure bei der Fabrikation von Nitroglycerin.

III. Die Scheidung.

Das gebildete Nitroglycerin ist im Abfallsäuregemisch (bestehend aus 72—74% H_2SO_4, 9—10% HNO_3 und 16—18% H_2O) so gut wie unlöslich und bildet mit diesem nach beendeter Nitrierung eine mehr oder weniger feine Emulsion, aus der es sich vermöge der Verschiedenheit der spez. Gewichte nach einiger Zeit an der Oberfläche absondert.

---

[1]) Bzw. Zentralstelle für wiss.-techn. Untersuchungen, Neubabelsberg.

a) Die indirekte Scheidung: In den Anfängen der Nitroglycerinfabrikation legte man keinen Wert auf die Wiedergewinnung der Säuren und trennte das Sprengöl von letzteren einfach dadurch, daß man die ganze Charge in einen großen Überschuß von Wasser einlaufen ließ, wobei sich das schwere Nitroglycrein sofort zu Boden setzt und durch Dekantieren des Wassers getrennt werden kann. Nach Guttmann verwendete man hierzu große, meist mit Blei ausgeschlagene Holzbottiche, oft bis zu 4 m Durchmesser und $2^1/_2$ m Höhe, die bis zur Hälfte mit Wasser gefüllt waren. Das Gemisch floß langsam ein, wobei der Inhalt mit hölzernen Krücken umgerührt wurde, oder eine Anzahl durchlochter Holzplatten an einer Stange vertikal befestigt in hin- und hergehende Bewegung versetzt wurden. Der Boden war geneigt und trug an der tiefsten Stelle einen Tonhahn zum Abziehen des Sprengöls. Beim Ertränken der Charge entwickelten sich bedeutende Wärmemengen, die durch Thermometer kontrolliert wurden, um evtl. gefährliche Temperatursteigerungen zu vermeiden. Bisweilen wurde der Sicherheitsbottich so angelegt, daß er zugleich als Scheidebottich verwendet werden konnte.

Bei der indirekten Scheidung geht die gesamte Abfallsäure infolge der starken Verdünnung mit Wasser verloren und große Mengen stark sauren Wassers gehen in das Grundwasser oder in die Flußläufe, was je nach Lage der Fabrik zu Unzuträglichkeiten führen konnte. Außerdem entwickeln sich reichliche Mengen salpetriger Dämpfe, die die Arbeiter und die Umgebung belästigen. Aus wirtschaftlichen wie aus hygienischen Gründen gab man deshalb allmählich die indirekte Scheidung auf. Heute ist sie vollkommen verlassen.

b) Die direkte Scheidung. Bei der Fabrikation des Nitroglycerins in größerem Maßstabe hatte man anfangs versucht, das auf der Säure schwimmende Sprengöl mit hölzernen Löffeln abzuschöpfen, gab aber diese umständliche und mißliche Hantierung u. a. auch infolge von Unglücksfällen wieder auf. Erst um das Jahr 1877 ging man allgemein zur direkten Scheidung über.

Allgemeines über den Vorgang: Bei der Verschiedenheit der spez. Gewichte, das für Nitroglycerin 1,6, für Abfallsäure etwa 1,7 beträgt, sollte sich das Gemisch beider rasch trennen, und in der Tat ist bei sehr reinen Ausgangsstoffen eine rasche Scheidung, die sich bei kleinen Laboratoriumschargen nach mechanischer Rührung in wenigen Augenblicken, bei größeren Betriebschargen in etwa 10 Minuten vollzieht, nicht allzu selten. In der Regel hindern aber, abgesehen von der innigen Emulsionierung der Bestandteile durch die Luftrührung, geringe Unreinlichkeiten des Glycerins, wie Fettsäuren oder schleimige bzw. kolloidale Stoffe, ferner auch in der Säure feinverteiltes Bleisulfat, eine rasche Trennung. Dieselbe nimmt bei größeren Chargen in der Regel 20—30

Minuten in Anspruch, kann aber unter ungünstigen Umständen noch viel länger dauern. Maßgebende Faktoren für die Scheidungsdauer sind innerhalb gewisser Grenzen die Temperatur des Gemisches, die Form des Scheidungsgefäßes und auch die Größe der Charge. Große Chargen brauchen im allgemeinen längere Zeit zur Trennung als kleine, bei breiten Gefäßen, also flachen Schichten, ist eine kürzere Zeit erforderlich als bei hohen, entsprechend dem kürzeren Weg, den die langsam hochsteigenden Nitroglyerintropfen zurückzulegen haben. Erheblich ist der Einfluß der Temperatur. Wärmere Chargen scheiden entsprechend der geringeren inneren Reibung rascher als stark heruntergekühlte. Deshalb läßt man auch bei künstlicher Kühlung und einer Nitriertemperatur von 12—15^0 am Ende der Nitrierung die Temperatur zweckmäßig auf 18—20^0 steigen, um die Scheidung nicht zu sehr zu erschweren. Der Einfluß dieser Faktoren ist aber verhältnismäßig gering gegenüber dem verzögernden Einfluß der ersterwähnten, im Glycerin oder der Säure suspendierten Verunreinigungen. Diese Verzögerung hat bei getrübten Säuren, bei schlecht scheidenden Glycerinen oder beim Zusammentreffen beider Umstände die Leistungsfähigkeit einer Anlage oft sehr eingeschränkt und in gewitterreichen Jahren oder bei rasch heraufziehenden Gewittern zu großen Verlegenheiten geführt, da bei Gewitter die Belegschaft den Sprengölbetrieb verläßt und sich an einen sicheren Ort begibt, es aber andererseits nicht wohl angängig ist, eine in der Scheidung befindliche Charge ohne Aufsicht zu lassen. Deshalb hat man viel Mühe darauf verwendet, die Bedingungen der Scheidung zu studieren, und versucht, ihre Dauer durch Kunstgriffe zu beeinflussen und abzukürzen. Dies gelang zuerst durch das der Dynamit-A.-G. im Jahre 1904 patentierte Verfahren (D.R.P. 171106)[1]), wonach entweder im Glycerin oder in der Säure oder gegen Ende der Nitrierung in der Charge ganz geringe Mengen (0,5—2 pro Mille des Glycerins) aliphatischer Kohlenwasserstoffe, wie Paraffin, Vaseline, Paraffinöl, oder hochmolekularer Fettsäuren, wie Stearinsäure, fein verteilt werden, die vermöge einer eigentümlichen Oberflächenwirkung die Trennung der Emulsion beschleunigen und das Aufsteigen der Nitroglycerintropfen erleichtern. Bedingung der Wirksamkeit ist, daß solche Zusätze sich weder im Glycerin noch im Nitroglycerin oder der Säure lösen und von letzterer nicht verändert werden. Dies trifft für die Grenzkohlenwasserstoffe bei den fraglichen Temperaturen zu. Technisches Paraffinöl oder Vaseline enthält allerdings stets auch einen Anteil an aromatischen Kohlenwasserstoffen. Dieser wird nitriert und löst sich angesichts der äußerst geringen angewendeten Menge in der Säure völlig auf. Der überwiegende ungelöste aliphatische Teil steigt mit dem Nitroglycerin hoch und wird später beim Waschen des letzteren mit den Waschwässern hinweg-

[1]) Engl. Patent 13562 (1904).

gespült. So wurde seitdem z. B. auf der Dynamitfabrik Krümmel gearbeitet, wo zu einer Charge von 250 kg Glycerin und ca. 1600 kg Mischsäure der geringe Betrag von 100 ccm Paraffinöl zugefügt und hierdurch die Scheidung um die Hälfte bis $^2/_3$ der normalen Dauer von 30—40 auf 15—20 Minuten abgekürzt wurde. Die Abtrennung der Hauptmenge des Sprengöles ist meist schon nach 5—10 Minuten erfolgt, so daß im Falle der Gewittergefahr letzteres sehr rasch abgezogen und unter Wasser gebracht werden kann, während bei so rascher Trennung eine etwas vermehrte Abscheidung alsdann in der Nachscheidung erfolgt.

Ein Jahr später (1905) wurde der Eastern Dynamite Company in Wilmington ein anderes, den gleichen Zweck verfolgendes Verfahren patentiert (D.R.P. 181489)[1]. Nach den Angaben des Patentes sollen in vielen Fällen in Glycerin oder Säuren gelöste geringe Mengen kolloidaler Silicate oder Kieselsäure die Scheidung verzögern. Durch Zugabe einer entsprechend kleinen Menge von Flußsäure oder Fluoriden (z. B. NaFl) soll die Kieselsäure zerstört bzw. in Siliciumtetrafluorid ($SiFl_4$) verwandelt und so die die Trennung der Emulsion hemmende Wirkung aufgehoben werden. Die Erklärung des Vorganges ist vom chemischen Standpunkte aus wenig befriedigend, da anzunehmen ist, daß die konzentrierten Säuren den gallertartigen Zustand etwa vorhandener Silicate oder Kieselsäure durch Wasserentziehung aufheben werden und etwaige Spuren amorpher Kieselsäure kaum einen besonderen Einfluß auf die Scheidungsdauer ausüben können. Der Erfolg des auch im Inlande häufig angewendeten Verfahrens war denn auch ein wechselnder und vielfach bestrittener. Die Aufklärung dieser Verhältnisse erfolgte dann bedeutend später durch das Verfahren des D.R.P. 283330[2]) der Dynamit-A.-G. vom Jahre 1912. Es hatte sich gezeigt, daß chemisch reines Fluornatrium die behauptete Wirkung nicht gab, vielmehr nur solche technische Präparate, die erheblich mit Kieselsäure oder Silicaten verunreinigt waren. Genaue Beobachtungen auf der Dynamitfabrik Opladen der Gesellschaft Rheinische Dynamitfabrik Köln erwiesen nun, daß die Beschleunigung der Scheidung keineswegs auf einen negativen Vorgang, die Zerstörung gallertartiger Kieselsäure, sondern auf einen positiven, die Entwicklung von gasförmigem Siliciumtetrafluorid im Nitriergemisch während der Trennung zurückzuführen ist. Das patentierte Verfahren besteht darin, daß man gegen Ende oder nach Beendigung der Nitrierung kleine Mengen von Fluoriden und Kieselsäure oder kieselfluorwasserstoffsauren Salzen der Charge zusetzt. Die sich nun beim Stehen derselben im Separator entwickelnden Gasbläschen des Siliciumtetrafluorids bewirken die beschleunigte Abscheidung des Nitroglycerins. Bei der praktischen Handhabung des Verfahrens setzt

[1]) Engl. Patent 20310 (1905) und amerik. Patent 804817 von Ch. Reese.
[2]) Entspr. englisch. Patent 14586 (1912) der Rhein. Dynamitfabrik Köln.

man kurz vor Beendigung der Nitrierung ein inniges Gemenge von Fluornatrium mit Kieselgur zu. Fügt man den Zusatz schon bei Beginn der Nitrierung zu, so bleibt die Wirkung aus, da das Siliciumfluorid alsdann während der Nitrierungsdauer sich bereits entwickelt und von der Preßluft ausgeblasen wird, ein einleuchtender Beweis, daß es eben diese Gasbläschen sind, die die Beschleunigung bewirken. Die Entwicklung des Kieselfluorgases erfolgt nach der Formel:

$$4\,NaFl + SiO_2 + 2\,H_2SO_4 = SiFl_4 + 2\,Na_2SO_4 + 2\,H_2O$$

oder: $Na_2SiFl_6 + H_2SO_4 = SiFl_4 + Na_2SO_4 + 2\,HFl.$

In letzterem Falle kann die überschüssige Flußsäure noch durch einen entsprechenden Zusatz (ca. 10%) von Kieselsäure (z. B. Kieselgur) ausgenutzt werden. 10—15 g Kieselfluornatrium oder eines obiger Formel entsprechenden Gemisches von Fluornatrium mit Kieselgur genügen bei einer Charge von 100 kg Glycerin. Die Wirkung kommt etwa der des Paraffinöles gleich. Verschiedentlich werden auch beide Verfahren in Verbindung angewendet.

[Nach dem D.R.P. 249573 der Westfälisch-Anhaltischen Sprengstoff-A.-G., Berlin, vom Jahre 1911 soll eine beschleunigte Abscheidung des Nitroglycerins auch durch Zusatz kleiner Mengen (0,02—0,05%) gewisser Silicate, wie Kaolin oder Talkum, bewirkt werden können. Es ist nicht ersichtlich, worauf in diesem Falle die Wirkung beruhen soll. Von dem Verfasser angestellte diesbezügliche Versuche ergaben eine gegenteilige Wirkung. Erwähnung verdient noch ein weiterer Vorschlag betr. Abkürzung der Scheidungsdauer von Nitroglycerin. Nach dem engl. Patent 18597 (1907) von J. F. Lehmann soll durch die sich scheidende Charge ein elektrischer Strom geleitet werden. Die infolge Elektrolyse aufsteigenden Gasbläschen sollen die Trennung des Nitroglycerins beschleunigen. Über die praktische Ausführung ist nichts bekannt geworden. Niemand dürfte geneigt sein, die Gefahrmomente des Prozesses durch Operieren mit elektrischen Strömen zu erhöhen.]

Apparatur. Der am häufigsten gebrauchte Scheideapparat besteht aus einem viereckigen Gefäß aus starkem Bleiblech mit pyramidenförmig zugespitztem Boden (s. Abb. 9). Dasselbe ruht in einem kräftigen Holzgestell und ist mit einem flachen oder erhöhten Deckel abgedeckt, bestehend aus einem gußeisernen oder bleiernen Gerippe, in welches Glasscheiben eingelassen sind, die eine freie Beobachtung der ganzen Oberfläche der Charge gestatten. Durch eine Aussparung am Ge-

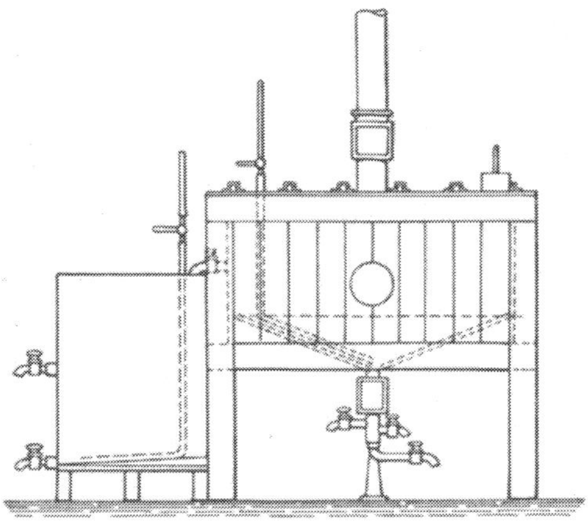

Abb. 9.

fäßrande mündet das Zuflußrohr. Von der Mitte des Deckels führt ein Dunstabzugsrohr, in das Preßluft eingeblasen werden kann, ins Freie. Ferner reicht durch den Deckel ein Thermometer in die Flüssigkeit. Meist geht auch bis an den Boden ein Bleirohr, durch das man im Falle unregelmäßiger Erwärmung Preßluft einleiten kann. An der Spitze des konischen Bodens befindet sich eine Laterne, die beim Ablassen den Punkt zu erkennen gestattet, wenn der abgelassenen, etwas getrübten Säure das klare gelbliche Sprengöl folgt. Diese setzt sich in ein weites Rohr fort, welches einen oder mehrere Hähne trägt. Die Einrichtung kann so getroffen sein, daß ein Hahn mit der zur Nachscheidung führenden Leitung verbunden ist, ein zweiter zum Vorwaschbottich oder Waschhaus und ein dritter direkt zum Sicherheitsbottich führt. Häufig ist aber nur ein Hahn vorhanden, der durch ein bewegliches weites Knierohr aus Blei nach Belieben mit einer der drei Abflußleitungen verbunden werden kann. Während der Dauer der Scheidung ist der Hahn mit dem Sicherheitsbottich verbunden und so an die im Kapitel Nitrierung beschriebene Sicherheitsvorrichtung angeschlossen, daß im Falle der Betätigung dieser sich die Charge in den ersteren ergießt. Häufig hat man rechts und links unter dem Separator längliche, mit Glasfenstern abgedeckte Kästen, in die durch eine Aussparung im Deckel das obenerwähnte Knierohr eingeführt wird, einen für die Säure, einen für das Öl. Von diesen Zwischenkästen führen Bleileitungen nach der Nachscheidung und dem Waschhaus. Durch Berechnung und Erfahrung steht fest, bis zu welcher Höhe nach erfolgter Scheidung die Säureschicht reicht und wo folglich die Trennungslinie zwischen Säure und Öl bei normalem Hergang der Operation verläuft. Hier trägt die Vorderwand des Apparates einen Ausschnitt, und um denselben aufgelötet einen Bleirahmen, in den eine Glasscheibe eingekittet ist. Dieselbe gestattet, Verlauf und Beendigung der Scheidung genau zu beobachten. Man sieht zuerst das Nitroglycerin in dicken, später in kleineren Tropfen hochsteigen, bis die Ölschicht in den Bereich des Fensters tritt. Die Trennungslinie trägt anfangs noch baumförmige Gewächse, die sich bei glattem Verlauf alsbald zerteilen, und wird schließlich vollkommen scharf. Wenn die Ölschicht im Verlaufe von Minuten nicht mehr merkbar zunimmt, ist die Ausscheidung und Trennung beendet und man schreitet zum getrennten Ablassen von Säure und Öl. Letzteres passiert meist einen Vorwaschbottich, wo es mit kaltem Wasser und Preßluft kräftig durchgerührt wird, bevor es nach dem Waschhaus bzw. dem Stabilisierungsbottich abfließt. Als Vorwaschbottich kann auch der eine der oben erwähnten, unter dem Separator befindlichen Bleikästen dienen, der stets mit Wasser gefüllt und mit Luftrührung ausgerüstet ist.

An manchen Orten hat man etwa in der Höhe der Trennungslinie einen kleinen Hahn angebracht, durch den man die Hauptmenge des

Nitroglycerins sofort nach Abscheidung abziehen bzw. in ein neben dem Separator stehendes Vorwaschgefäß abfließen lassen kann. Dies hat den Vorteil, daß nicht die ganze Menge des sauren Nitroglycerins längere Zeit über der Säure steht, und daß im Falle einer etwaigen Erwärmung oder lokalen Zersetzung immer nur wenig saures Öl vorhanden ist. Auch erleichtert die Verringerung der Schicht das weitere Aufsteigen der Öltropfen. Hat man so fast alles Öl abgenommen, so läßt man die Säure durch den Hahn am Boden abfließen, fängt den Ölrest in geeigneten Eimern auf und gibt ihn mit in den Vorwaschbottich.

Scheidungsverfahren durch Verdrängung. Das Ziel, mit dem Ablassen von Säure und Öl nicht bis zur völligen Trennung warten zu müssen, sondern das saure Nitroglycerin in dem Maße von der Abfallsäure zu trennen und unter Wasser zu bringen, in dem es sich abscheidet, wurde in neuerer Zeit durch eine andere, aus Abb. 10 ersichtliche Form des Scheideapparates erreicht. Dieses Gefäß in Zylinderform ähnelt dem später zu beschreibenden Nachscheidebottich, sowie dem kombinierten Nitrier- und Scheideapparat nach Nathan, Thomson und Rintoul, von dem sogleich die Rede sein wird. Der Zylinder aus starkem Bleiblech trägt einen konischen Deckel aus demselben Material, der in einem weiten, mit Laterne versehenen Bleirohr endigt, von dem seitlich eine geneigte Bleileitung abzweigt, die nach dem Vorwäscher oder Waschbottich führt (Überlauf). Das Gefäß ist, wie auch sonst, mit Thermometer versehen. Am Boden mündet eine Bleileitung mit Tonhähnen, die die Verbindung mit Sicherheitsbottich oder Nachscheidung herzustellen gestatten. Eine Abzweigung derselben führt nach einem höherstehenden, mit nachgeschiedener Abfallsäure gefüllten Bleibottich oder Bleikasten und ist durch einen dritten Tonhahn abgesperrt. Öffnet man diesen, so fließt aus dem höherstehenden Behälter Säure (gleicher Zusammensetzung) in den Scheideapparat, hebt das Niveau der Charge und verdrängt das sich abscheidende Nitroglycerin durch den Überlauf nach dem Waschbottich. Man wartet zunächst einige Minuten, bis sich eine gewisse Ölmenge klar abgesetzt hat, und verdrängt nun allmählich dasselbe in dem Maße, wie es sich klar abscheidet, was die Laterne zu beobachten gestattet. Während der Zeit der Scheidung wird der verdrängte Teil des Nitroglycerins dauernd mit kaltem Wasser unter Luftrührung gewaschen. Man spart so Zeit, erzielt eine völlige Trennung mittels einer einheitlichen bequemen Hantierung und hält niemals eine größere Menge stark sauren Nitroglycerins längere Zeit über der

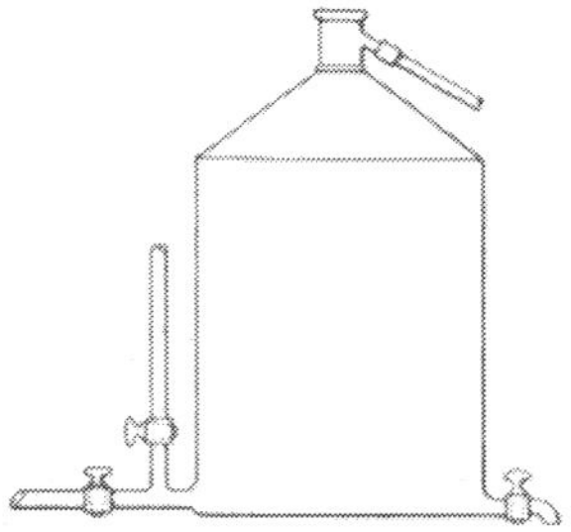
Abb. 10.

Säure. Auch wird vermieden, daß eine große Oberfläche des sauren Nitroglycerins mit den darauf schwimmenden Verunreinigungen des Glycerins längere Zeit der Luft ausgesetzt ist.

Kombiniertes Nitrier- und Scheideverfahren nach Nathan, Thomson und Rintoul.

In den englischen Patenten 15983 (1901) und 3020 (1903) beschreiben Nathan, Thomson und Rintoul einen Apparat und ein Verfahren, wie sie seitdem in der englischen Staatspulverfabrik zu Waltham-Abbey in Gebrauch sind. Hiernach finden Nitrierung und Scheidung in demselben Gefäße statt, und die anderwärts gebräuchliche Einrichtung der Nachscheidung wird dadurch vermieden bzw. überflüssig gemacht, daß man nach beendeter Abscheidung und Abtrennung des Nitroglycerins der Abfallsäure unter Luftrührung eine geringe Wassermenge (ca. 2%) zusetzt, die einerseits für die Weiterverarbeitung derselben bedeutungslos ist, andererseits aber eine genügende Abänderung der Zusammensetzung bzw. eine solche Verschiebung des für die Bildung und Abscheidung von Nitroglycerin maßgebenden Verhältnisses der Komponenten bewirkt, daß eine nachträgliche Bildung und Abscheidung von Nitroglycerin nicht mehr eintreten kann. Die so behandelte Abfallsäure kann nunmehr ohne Gefahr an beliebiger Stelle gelagert, versandt oder direkt der Denitrierung zugeführt werden. Die Abb. 11 zeigt den Apparat im Aufriß und Horizontalschnitt. Er hat die äußere Form des sonst üblichen Nitriergefäßes und vereinigt diese mit dem Prinzip des soeben beschriebenen Scheideapparates für die Verdrängungsmethode.

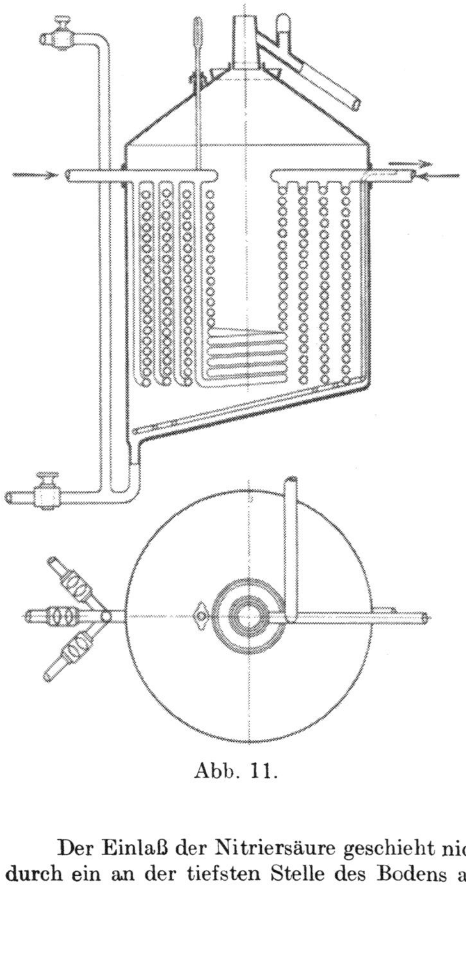

Abb. 11.

Der Einlaß der Nitriersäure geschieht nicht, wie sonst, von oben her, sondern durch ein an der tiefsten Stelle des Bodens angebrachtes Rohr, das drei Abzweigungen besitzt. Die eine (*b*) führt nach der Denitrierung bzw. zum Druckfaß für Abfallsäure, die zweite (*c*) zum Sicherheitsbottich, die dritte (*d*) steigt auf und teilt sich in zwei Arme, deren einer nach dem Vorratsgefäß für Nitriersäure, der andere nach einem höherstehenden Behälter mit Abfallsäure führt. Das Säurerohr führt zunächst etwa 30 cm nach unten, damit beim Rühren kein Nitroglycerin in den aufsteigenden Teil gelangen kann. Kühlschlangen, Luftrührung und Thermometer sind in der auch sonst üblichen Weise vorgesehen. Das konische Dach mit Aufsatz, Fenster und Überlauf nach dem Vorwäscher entspricht der soeben beim Scheideverfahren durch Verdrängung beschriebenen Einrichtung. Das Dunstrohr (*m*) ist an das Bleirohr (*k*) für das ablaufende verdrängte Sprengöl angeschlossen. Die Nitrierung erfolgt nun wie gewöhnlich und hierauf nach Abstellen der Luftrührung und Kühlung und einigem Absitzen die Scheidung im Nitrierapparate selbst nach dem Verdrängungsverfahren, indem man die Abfallsäure der vorigen Operation allmählich von unten eintreten läßt. Man vermeidet es so gänzlich, saures Nitroglycerin durch Tonhähne passieren zu lassen. Ist alles Nitroglycerin übergetreten und erscheint die scharfe Trennungslinie, so läßt man, um beim nun folgenden Umrühren Spritzen zu vermeiden, ein wenig Abfallsäure ab, und setzt unter Luftrührung allmählich etwas Wasser zu, und zwar im Betrage von $2^0/_0$ des Gewichtes der Abfallsäure, das durch Erfahrung bekannt ist. Hierbei steigt die Temperatur für jedes Prozent Wasser um etwa 3^0. Man mischt noch eine Weile mit Luft, bis die Temperatur wieder fällt, und hebt nun das Niveau wieder mit Abfallsäure bis zum Überlauf. Man wartet noch einige Zeit, bis etwa im Gefäß oder zwischen den Kühlschlangen hängengebliebenes Nitroglycerin sich oben gesammelt hat, und verdrängt dieses. Die Abfallsäure ist nun völlig nitroglycerinfrei und wird nach dem Druckfaß abgelassen. Man drückt von ihr soviel in den höherstehenden Behälter, als man bei der nächsten Operation zum Verdrängen des Nitroglycerins braucht.

Die weiter unten zu beschreibende Nachscheidung fällt bei diesem Verfahren völlig weg, und in Waltham-Abbey hat man jetzt kein Nachscheidungsgebäude mehr. Dieses Wasserzusatzverfahren läßt sich natürlich auch bei anderen Scheideverfahren anwenden.

Das kombinierte Nitrier- und Scheideverfahren spart das besondere Scheidegefäß und den zwischen Nitrierapparat und letzterem sonst nötigen Niveauunterschied. Sonstige Vorteile sind nicht ersichtlich. Insbesondere ist nicht einzusehen, warum es, wie behauptet worden ist, bessere Ausbeuten geben soll als andere Verfahren, die mit getrenntem Scheidegefäß arbeiten. Im Gegenteil muß bei Ausschaltung der Nachscheidung, wie beschrieben, und normaler Dauer des Prozesses auf den Teil der Ausbeute verzichtet werden, der sonst bei mehrtägigem Stehen der Abfallsäure im Nachscheidebetriebe erhalten wird. Derselbe beträgt in der Regel mehrere Prozente des Glyzerins, ist von der Qualität desselben abhängig und pflegt die Betriebskosten des Nachscheidungsgebäudes zu lohnen.

IV. Die Reinigung des Nitroglycerins.

Das vom Separator abfließende Sprengöl ist noch beträchtlich mit konzentrierter Säure verunreinigt, und zwar enthält es dieselbe größtenteils gelöst. Ihre Menge beträgt annähernd $10^0/_0$, so daß das saure

Rohöl, wenn es vollkommen ausgewaschen und neutralisiert ist, gegen 10% an Gewicht verloren hat. Die Zusammensetzung dieser im Nitroglycerin gelösten Säure entspricht nicht der der abgetrennten Abfallsäure. Während letztere (bei Verwendung rauchender Schwefelsäure) aus etwa 74% H_2SO_4, 9—10% HNO_3 und 16—17% H_2O besteht, in ihr also Schwefelsäure und Salpetersäure im Verhältnis 9 : 1 stehen, hält das Nitroglycerin vorwiegend Salpetersäure in Lösung, so daß man beim Abstumpfen des sauren Waschwassers, z. B. mit Ammoniak und Verdampfen der Salzlösung, ein Salzgemisch von etwa 80% Ammonnitrat und nur 20% Ammonsulfat erhält. In der ausgewaschenen Säure steht also Schwefelsäure zur Salpetersäure im Verhältnis 1 : 4.

Während die Hauptmenge der Säure leicht aus dem Öl durch Wasser herausgewaschen werden kann, werden die letzten Säurereste sehr hartnäckig festgehalten und erfordern einen sehr intensiven Reinigungsprozeß. Der größere Teil der Säure wird bereits in dem sog. Vorwäscher entfernt, wobei das saure Öl in durch Luftrührung heftig bewegtes kaltes Wasser von etwa 15° einfließt. Eiskalt darf das Waschwasser nicht sein, da in diesem Falle immerhin mit einem Gefrieren des Öles gerechnet werden müßte. Vermöge seines hohen spez. Gewichtes (1,6) setzt es sich rasch vom Wasser ab, worauf es nach dem Waschapparat, der sich gewöhnlich in einem besonderen Gebäude (Waschhaus) befindet, abgelassen wird.

Um dem Nitroglycerin die größtmögliche Haltbarkeit zu geben, die es selbst für jahrelange Lagerung auch unter ungünstigen klimatischen Bedingungen geeignet macht, ist es nötig, alle Verunreinigungen, vor allem aber jede Spur von Säure, vollkommen zu entfernen. Im Anfange der Fabrikation wandte man auch beim Auswaschen mechanische Rührung an und benutzte u. a. Rührer nach Art von Buttermaschinen[1]). Später ging man zur Rührung mit Preßluft über, die heute ausschließlich in Gebrauch ist und die Verwendung sehr einfacher Apparate gestattet. Dieselben bestehen meist aus zylinderförmigen Bleigefäßen oder mit Blei ausgeschlagenen Holzbottichen, die zur Aufnahme von einer oder zwei Operationen bestimmt sind. Häufig werden auch zylindrische Holzbottiche aus Pitchpineholz angewendet, welches von der verdünnten Säure nicht angegriffen wird[2]). Ihre Größe ist so bemessen, daß sie von der Ölcharge etwa zu einem Drittel erfüllt sind, während die zu einer Waschung verwendete Wassermenge jeweils knapp dem Volum des Nitroglycerins entspricht. Der Boden ist geneigt und trägt an der tiefsten Stelle einen Steinzeughahn zum Ablassen des fertiggewaschenen Öles. Etwas oberhalb der Ölschicht befinden sich ein oder mehrere Hähne,

---

[1]) Vgl. Guttmann: Die Industrie der Explosivstoffe. S. 422 u. 423.

[2]) In Ermangelung von Pitchpineholz hat man dieses auch gelegentlich durch Eichenholz ersetzt.

um die Hauptmengen der Waschwässer rasch ablassen zu können. Da die Ölschicht, wenn die Hauptmenge der Säure nicht in einem Vorwaschbottich schon entfernt ist, im Verlaufe des Waschprozesses abnimmt, befinden sich häufig 2 solche Hähne etwas übereinander in entsprechender Höhe angeordnet. Sie sind mit Schläuchen verbunden, die nach einem hölzernen Absetzbottich oder Absetzkasten aus Steinzeug führen, in denen sich vom Wasser mitgerissene Sprengölteile zum größten Teil zu Boden setzen und hier durch Hähne abgezogen und ins Waschgefäß zurückverbracht werden. Letzteres ist oben, ähnlich wie der Nitrierapparat, konisch abgedeckt. Der Deckel trägt verglaste Ausschnitte zur Beobachtung des Innern und für die Zuflüsse von kaltem, heißem Wasser und Sodalösung, sowie ferner ein Dunstabzugsrohr. Ein Thermometer zeigt die Temperatur an. Eine Bleischlange für Preßluft führt zum Boden, wo sie entweder in einer durchlöcherten Spirale verläuft oder, wie bei der Nitrierung beschrieben, in der Mitte die Preßluft gegen einen Bleikonus bläst. Um jeweils das Waschwasser und vorzüglich die Sodalösung möglichst vollkommen von der Ölschicht abheben zu können, nachdem die größte Menge der ersteren durch die seitlichen Hähne abgeflossen ist, hat man vielfach einen Trichterheber im Innern des Waschgefäßes vorgesehen (s. Abb. 12). Dieser besteht aus einem Trichter mit angelötetem, kreuzförmigem Bügel und Ring. An der Spitze des Trichters ist ein Kautschukschlauch befestigt, der nach einem nahe dem Boden angebrachten Stutzen führt, der durch die Seitenwand hindurchgeht und außen einen Hahn trägt. Im Ringe des Trichterhebers ist ein Seil befestigt, das über eine an der Decke des Gebäudes befindliche Rolle läuft und um eine Klampe geschlungen ist. Will man nun die Sodalösung vollkommen abschöpfen, so läßt man den Trichter unter die Flüssigkeit bis nahe an die Oberfläche des Nitroglycerins herab und die überstehende Lösung fließt durch den Schlauch ab. Guttmann führt eine im Jahre 1894 vorgekommene Explosion auf das plötzliche Fallenlassen eines solchen 35 Pfund schweren Trichterhebers auf das 50° warme und bei dieser Temperatur natürlich empfindlichere Nitroglycerin zurück. Er empfiehlt deshalb, den Trichter aus dünnem Blech zu wählen und ihn durch ein Gegengewicht stets nach oben zu ziehen. Bei immer gleichen Chargen und entsprechend angebrachten Hähnen ist der Trichterheber schließlich entbehrlich.

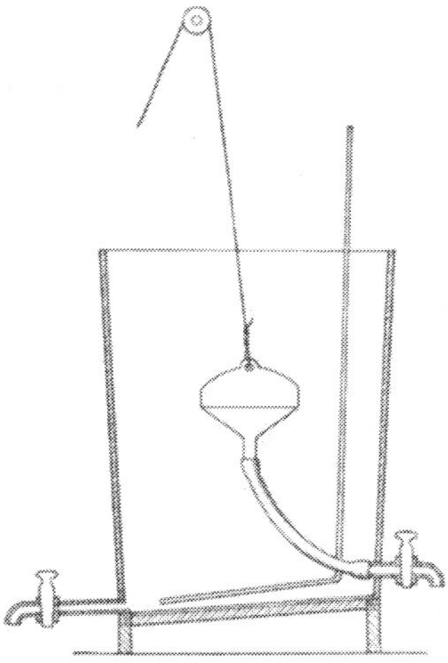

Abb. 12.

Bezüglich Anordnung der Waschapparatur soll noch ein in dem englischen Patent 23871 (1910) beschriebenes Verfahren Erwähnung finden, wonach bei Anwendung eines Vor- und Nachwäschers das für den Abfluß des Öles von ersterem nach letzterem notwendige Gefälle dadurch vermieden wird, daß man beide Apparate in einer Ebene nebeneinander stellt und sie vermittelst unten angebrachter Rohrstutzen durch einen Schlauch verbindet. Durch entsprechenden Wasserdruck kann dann das Nitroglycerin vom Vorwäscher nach dem Nachwäscher befördert werden. Dies ist wichtig für Anlagen in ebenem Gelände, wo kein natürliches Gefälle zur Verfügung steht, und gestattet auch bei großen Chargen die Höhe des Gebäudes mäßig hoch zu halten.

Während man die erste sog. Ertränkungswäsche stets mit kaltem Wasser vornimmt, läßt man nun mehrere sogenannte Vorwäschen mit Wasser von zunehmender Temperatur folgen. Es ist eine leicht verständliche Tatsache, daß aus dem bei höherer Temperatur dünnflüssigeren Sprengöl sich die letzten Säurereste insbesondere auch salpetrige Säure leichter auswaschen lassen, denn aus kaltem. Man mischt kaltes mit heißem Wasser und regelt den Zufluß so, daß man die gewünschte Temperatur erhält. Im Verlauf von 3—4maligem Wasserwechsel steigert man so die Temperatur der Charge auf 30^0 und 40^0, wobei man jedesmal etwa 5 Minuten kräftig rührt, einige Minuten absitzen läßt, und das Waschwasser abläßt. Da es außerordentlich schwierig ist, selbst bei häufigem Wasserwechsel die letzten Säurespuren zu entfernen, ist es allgemeiner Brauch, nunmehr längere Zeit (15—20 Minuten) mit einer verdünnten, heißen Sodalösung kräftig durchzurühren, wobei man das Wasser bzw. die Lösung so heiß (ca. 70^0) zufließen läßt, daß die Gesamtcharge eine Temperatur von etwa 50^0 annimmt. Für die Sodalösung genügt bei ausreichender Vorwäsche eine Konzentration von 2—3% vollkommen. Eine höhere Konzentration ist zwecklos und steigert nur unnütz den Sodaverbracuh, sie kann sogar schädlich wirken, da alsdann das Nitroglycerin langsam angegriffen und teilweise verseift werden kann. Es ist auch schon vorgekommen, daß infolge des Gebrauches von zu viel Soda und dadurch bewirkten Angriffes des Sprengöles Emulsionsbildungen eintraten, die das Absetzen desselben verhinderten. Auf der anderen Seite sind die z. B. von Guttmann gegen das Waschen mit heißer Sodalösung geäußerten Bedenken wenig stichhaltig. Die wie erwähnt niedrigprozentige Lösung greift das Nitroglycerin kaum an, die Flüchtigkeit desselben bei 50^0 fällt für die Ausbeute nicht ins Gewicht und eine Belästigung der Arbeiter durch den Dunst des warmen Nitroglycerins kann durch guten Abschluß des Deckels des Waschgefäßes und entsprechende Exhaustorwirkung im Dunstabzug fast ganz vermieden werden. Soda gleich beim Beginn des Auswaschens zuzusetzen, wie das wohl früher manchenorts geschah, ist unzweckmäßig, da hierbei lästiges Schäumen auftritt, solange noch größere Säuremengen vorhanden sind und ein unnötiger Sodaverbrauch stattfindet. Davon, daß der Sodazusatz hinreichend war, überzeugt man sich nach Beendigung der Sodawäsche, indem man einige Tropfen alkoholischer Phenolphtaleinlösung zusetzt. Die auftretende Rotfärbung zeigt den noch vorhandenen Überschuß an. Dieser Überschuß muß nun sorgfältig entfernt werden, da ein Verbleiben der alkalisch reagierenden Soda im Nitroglycerin dessen Stabilität ungünstig beeinflußt, im frischen Zustand andererseits eine höhere Stabilität vortäuschen kann, als vielleicht tatsächlich vorhanden ist. Man läßt daher nach möglichst gutem Abschöpfen der Sodalösung noch eine oder mehrere Nachwäschen mit reinem lauwarmen Wasser folgen. Das fertiggewaschene Öl soll gegen angefeuchtetes Lackmuspapier vollkommen neutral reagieren. Ist dies nicht der Fall, so müssen die Waschungen mit Wasser, evtl. nochmals mit Sodalösung fortgesetzt werden. Die Leichtigkeit, mit der sich das Nitroglycerin stabilisieren läßt, so daß es den verschiedenen Anforderungen der Wärmeproben genügt, ist abhängig von der Qualität des Glycerins. Eine Probe des fertigen Produktes geht nun meist nach dem Laboratorium, wo es der sog. Testprobe nach Abel, von der im Abschnitt „Chemische Eigenschaften", näher die Rede ist, unterworfen wird. Bei Nitroglycerin, welches zur Herstellung von Sprengstoffen für den Inlandbedarf bestimmt ist, wird meist die völlige Neutralität gegen Lackmus als genügend erachtet. Soll es dagegen zur Herstellung von rauchlosem Pulver dienen, so werden strenge Anforderungen an die Hitzebeständigkeit gestellt. Es soll dann bei 80^0 innerhalb 20 Min. das äußerst empfindliche Jodzinkstärkepapier nicht färben. Für Nitroglycerin, welches für Überseesprengstoffe bestimmt ist, verlangt man gewöhnlich, daß ein mit Jodkaliumstärkelösung präparierter Papierstreifen vor Ablauf von 10 Minuten bei 72^0 nicht gebläut wird (vgl. Abel-Test). Vom Grade dieser Anforderungen ist die Intensität des Waschprozesses meist abhängig.

Filtration des Sprengöles. Das gewaschene Nitroglycerin wird, um es von schleimigen Verunreinigungen und etwaigen sonstigen Fremdstoffen zu befreien, filtriert. Gewöhnlich benutzt man hierzu viereckige Kästen aus Blei mit Holzgestell oder Holzverkleidung, deren Deckel über runden Öffnungen mit Filz oder Flanell bespannte Rahmen tragen. Vielfach bedeckt man das Filter mit einer Schicht von Kochsalz, welches einen Teil der schleimigen Verunreinigungen aufnimmt und ersteres so vor zu schneller Verstopfung der Poren schützt. Außerdem nimmt es einen Teil des Wassers auf, welches im frischgewaschenen Öl emulsionsartig suspendiert ist und dasselbe leicht trübt. Nach mehrmaligem Gebrauch wird das Salz in Wasser gelöst, wobei sich das in ihm zurückgehaltene Öl wieder abscheidet, und durch frisches ersetzt. Ebenso müssen die Filter von Zeit zu Zeit mit warmem Wasser ausgewaschen und schließlich verbrannt und erneuert werden.

Die Filterkästen stehen unmittelbar vor den Waschgefäßen, deren Ablaßhahn über den Filterrahmen reicht. Die ersteren haben am Boden wiederum Abzapfhähne, meist aus Hartgummi, die das Öl in eine Rinne ablassen, von der es durch Bleileitungen nach den Gebrauchsstätten (Mischhütten) abfließt. Da solche Leitungen geeignet sind, entstehende Explosionen von Gebäude zu Gebäude fortzupflanzen, sorgt man außerhalb der letzteren für Unterbrechungen von mindestens 1 m, die im Gebrauchsfalle durch Schlauchstücke verbunden werden. Aber auch

Abb. 13. Filterhaus.

dann besteht noch die Übertragungsgefahr während der Dauer des Ölabflusses. Man zapft deshalb vielfach das filtrierte Öl in Hartgummikannen ab, für die sich unterhalb der Filterkästen Vertiefungen im Fußboden befinden, und zieht es vor, dasselbe nach seinem Bestimmungsort zu tragen.

Um eine zu große Ansammlung von Nitroglycerin in den Waschhäusern zu vermeiden, wird sehr häufig die Filtration in besonderen Filterhäusern vorgenommen, die dann zugleich als Öllager dienen und nur zur Entnahme von Nitroglycerin betreten werden, das allerdings vielfach dortselbst in Kannen in den jeweils nötigen Portionen abgewogen wird. In den Filterhäusern befinden sich 2 Reihen Kästen übereinander. In die oberen fließt das Öl aus derÖlleitung vom Waschhaus her ein oder wird nach dem Transport von außerhalb des Erdwalles durch eine kurze besondere Leitung eingegossen. Von den oberen fließt es über die Filter langsam in die unteren Kästen, aus denen es zum Gebrauch abgezapft wird (Abb. 13).

Das suspendierte Wasser, welches das Nitroglycerin zunächst noch etwas trübt und von den Filtern nur teilweise zurückgehalten wird, scheidet sich nach mehrtägigem Stehen fast völlig ab, worauf das Öl nahezu klar wird. Dieser Vorgang wird durch Aufbewahrung in gutgeheizten Räumen unterstützt. Nach einem Tag enthält es im allgemeinen nicht mehr als 0,3—0,4% Feuchtigkeit und kann in diesem Zustand unbedenklich zu allen Sprengstoffen verwendet werden. Auch das frisch filtrierte Öl enthält in der Regel kaum über 0,5% Wasser, von welchem z. B. bei der Herstellung gelatinöser Sprengstoffe durch die Erwärmung in flacher Schicht in den geheizten Gelatinierpfannen noch das meiste verdampft. Im übrigen beeinträchtigt entgegen gewissen Vorurteilen ein geringer Wassergehalt des Nitroglycerins den Gelatinierungsprozeß mit Collodiumwolle nicht.

V. Klärung der Abwässer (Abfallwasserstation).

Die beim Waschen des Sprengöles abfließenden Waschwässer führen nicht unbeträchtliche Mengen Nitroglycerin in suspendiertem Zustande mit sich, von denen sie sorgfältig befreit werden müssen, bevor man sie in Senken oder in Flußläufe entlassen darf. Vor langen Jahren, als die in diesen Abwässern liegende Gefahr noch nicht hinreichend gewürdigt, oder der Klärungsprozeß nicht gründlich genug durchgeführt wurde, ereignete sich in der Nähe einer unmittelbar an einem Stromlaufe gelegenen Dynamitfabrik ein eigentümlicher Unglücksfall dadurch, daß ein Bootsmann mit der eisenbeschlagenen Bootsstange beim Abstoßen vom Ufer auf felsigen Untergrund hart aufstieß und mitsamt seinem Kahn durch eine heftige Explosion in die Luft gesprengt wurde. Gerade an der betr. Stelle mündete die Ableitung der Waschwässer des Nitroglycerinbetriebes, und es hatte sich offenbar infolge ungenügender Klärung derselben in einer felsigen Vertiefung des Ufers allmählich eine größere Nitroglycerinmenge angesammelt, die der steinige Untergrund nicht versickern ließ, und die sich infolge der außerordentlichen Schwerlöslichkeit des Öles in Wasser auch nicht aufgelöst hatte. Gewöhnlich befinden sich schon unmittelbar vor oder neben den Waschgefäßen kleinere Überlaufgefäße mit Zwischenwänden und Zapfhähnen unten, die von den Abwässern durchflossen werden, wobei der größte Teil des mitgerissenen Sprengöles bereits zu Boden sinkt, von Zeit zu Zeit abgezogen und sofort in den Waschapparat zurückgegeben wird. Bleigefäße sind hierfür nicht zu empfehlen, da sie von dem besonders anfangs stark sauren Wasser zu leicht angegriffen werden. Meist benutzt man länglich-viereckige Steinzeuggefäße. In Fabriken, wo zwei große Waschapparate in einem Gebäude je zwei Operationen von zwei Nitrierstationen aufnehmen, hat man wohl auch zwischen den Apparaten und unterhalb derselben einen großen Holzbottich mit mehreren Zwischenwänden angebracht. Von rechts und links fließen die Abwässer zu, treten über die Zwischenwände und werden schließlich weitergeleitet. Entsprechend an den tiefsten Stellen des geneigten Bodens angebrachte Hähne gestatten die Entnahme des abgesetzten Sprengöles. Die endgültige Klärung sämtlicher Abwässer findet in einem besonderen Gebäude, der sogenannten Abfallwasserstation statt, die Gefäße von solchem Umfang oder solcher Anzahl enthält, daß ein langsames Passieren der großen Wassermengen ihre völlige Befreiung von den letzten Resten von Sprengöltröpfchen gewährleistet. Hier vereinigen sich saure und alkalische Abwässer. Die Alkalinität letzterer genügt aber nicht, um das gesamte Abwasser zu neutralisieren, und so geht zuletzt saures Wasser weg, weshalb auch als Gefäße Holzbottiche oder solche aus Steinzeug Verwendung finden. Vielfach hat man große Holzbottiche von mehreren Metern Durchmesser, die durch Querwände in eine Anzahl von Abteilungen geteilt sind. Die Querwände haben abwechselnd oben und unten Durchlässe, durch welche das Wasser im Schlangenwege auf- und absteigt, wobei es das Nitroglycerin auf seinem Wege fallen läßt. Dieses wird dann von Zeit zu Zeit durch einen oder mehrere an entsprechender Stelle angebrachte Hähne abgelassen. Man gibt zweckmäßig solchen Überlaufgefäßen eine Neigung der Länge und Breite nach, wodurch bewirkt wird, daß bei entsprechenden Durchlässen sich alles Nitroglycerin an einem, dem tiefsten Punkte, ansammelt und in einfacher Weise abgezapft werden kann. Das hier gewonnene Sprengöl ist, da es aus den verschiedenen Stadien des Waschprozesses stammt, nicht rein und kommt zurück in den Waschapparat, wo es dem frischen Öl zur ausgiebigen Stabilisation zugesetzt wird. Es empfiehlt sich, hierbei nicht eine größere Menge solcher gesammelter Reste einer einzigen Charge zuzusetzen, sondern es in jeweils kleinen Mengen auf die Chargen zu verteilen, da das fortgeschwemmte Öl erfahrungsgemäß allerhand Unreinigkeiten, wie Fettsäuren und schleimige Substanzen, die auf dem Waschwasser schwimmen, enthält, wodurch bei zu reichlichem Zusatz lästige Emulsionsbildung bei der Wäsche und folglich schlechtes Absetzen bewirkt werden kann. In neuerer Zeit verwendet man häufig in den Kläranlagen statt großer Holzbottiche eine Reihe (10—12 Stück) rechteckiger Steinzeuggefäße, mit Zwischenwänden (Überläufen) und seitlich am Boden angebrachten Hähnen für das angesammelte Sprengöl, die kaskadenförmig übereinander angeordnet sind und mit einer Umkehr an beiden Seiten des Gebäudes entlang gehen. Die Zwischenwände haben abwechselnd unten Durchlässe und sind oben niedriger, so daß das

Wasser, wie bei den Holzbottichen, einen Schlangenweg zu nehmen hat (s. Abb. 14).

Verwertung der sauren Waschwässer. Der im Eingang dieses Abschnittes erwähnte Umstand, daß mit den Waschwässern beträchtliche Mengen an Säure, besonders Salpetersäure, verloren gehen, die zudem bei großen Anlagen gegebenenfalls das Grundwasser oder Flußläufe verseuchen können, hat in neuester Zeit zu Vorschlägen geführt, auch diese weggewaschenen Säuren in Form von Salzen zu gewinnen und die sauren Abwässer gänzlich zu vermeiden. Ein diesbezügliches Verfahren gibt das D. R. P. 325944 vom 21. IX. 1918 von Hofwimmer an. Dasselbe besteht im wesentlichen darin, daß das saure Nitroglycerin unmittelbar mit einer gesättigten Alkalinitratlösung behandelt wird, die so viel Alkalicarbonat enthält, als zur Neutralisation der vorhandenen freien Säure nötig ist. Das durch die Entwicklung freier Kohlensäure bedingte Schäumen soll dadurch vermieden werden, daß man die zur Bildung von Bicarbonat ausreichende Menge von Carbonat zur Anwendung bringt. Die Waschlösungen werden natürlich mehrfach benutzt, und es wird das überschüssige Alkali zuletzt mit reinem Wasser ausgewaschen. Eine vollständige Vermeidung jeglicher Abwässer, wie sie der Erfinder, der das Nachwaschwasser zur Herstellung neuer Carbonatlösung benutzt, behauptet, dürfte nicht möglich sein, da größere Wassermengen nötig sind zur endgültigen Reinigung des Nitroglycerins und Erzielung einer ausreichenden Stabilität. Betont wird, daß das Nitroglycerin im ersten stark sauren Waschwasser leichter löslich ist, als in reinem Wasser, und daß dem gegenüber durch die aussalzende Wirkung der konzentrierten Lösung, die sich zudem bei mehrfacher Benutzung mit Nitroglycerin sättigt, eine Verminderung der Verluste, also eine Erhöhung der Ausbeute eintritt. Andererseits hat das bei etwaigem Eindampfen der abzustoßenden Teile der Waschlösung zu gewinnende Salzgemisch nur bedingten Wert. Erwähnt wird eine weitere Verwertung desselben nicht. Allenfalls könnte es, da es überwiegend aus Nitrat besteht, zur Erzeugung von Salpetersäure dienen. Bei der Verwendung als Düngemittel dürfte das überschüssige Alkali störend sein, während das Sulfat nur Ballast darstellt.

Abb. 14. Klärstation.

Eine solche Verwendung berücksichtigt das D. R. P. 339031 der Dynamit-A.-G. vorm. A. Nobel & Co. vom 8. X. 1918 betr. ein Verfahren zum Reinigen von Rohnitroglycerin, wonach die ausgewaschene Säure mit Ammoniak abgestumpft und die erhaltene Ammonsalzlösung zum Waschen von immer neuen Nitroglycerinchargen benutzt wird und so nach einigen Operationen eine Konzentration erreicht, die ihre Verdampfung zur Gewinnung der Salze lohnend macht. Ein dem Volumen der jedesmal nötigen Ammoniakflüssigkeit entsprechender Teil der Lösung, die schließlich eine Salzkonzentration von über 50% erreicht, wird abgestoßen, wobei auf 100 kg Nitroglycerin ca. 8 kg eines Gemisches von rund 70% Ammonsalpeter und 30% Ammonsulfat erhalten werden, also ein stickstoffreiches Düngesalz. Es empfiehlt sich hierbei, das entsäuerte Nitroglycerin zur gründlichen Stabilisierung in der gewöhnlichen Weise mit heißer Sodalösung und zuletzt mit Wasser auszuwaschen, um die in der vielfach benutzten Salzlösung angehäuften Unreinigkeiten gründlich zu entfernen. Es werden so nur schwach alkalische Abwässer erhalten, während die Säuren restlos wiedergewonnen und saure Abwässer vermieden werden. Zugleich erhöht sich die Nitroglycerinausbeute um etwa $2^1/_2$%, da an Stelle der mehrfachen sauren Wasserwäschen eine einzige Vorwäsche mit der von den früheren Operationen her bereits mit Nitroglycerin gesättigten Salzlösung tritt.

Eine andersartige Verwertung der Abwässer der Nitroglycerinfabrikation hat das D. R. P. 299030 der Westfälisch-Anhaltischen Sprengstoff-A.-G. zum Gegenstand. Es geht von der Tatsache aus, daß diese Abwässer nennenswerte Mengen von Nitroglycerin gelöst enthalten. Die Löslichkeit des letzteren in Wasser von gewöhnlicher Temperatur beträgt etwa 2 g im Liter, so daß in einem Kubikmeter Waschwasser unter der Voraussetzung, daß alle Abwässer intensiv bis zur Sättigung mit Nitroglycerin behandelt wurden, etwa 2 kg Nitroglycerin enthalten wären, wozu noch etwas Dinitroglycerin kommt. In der Tat lassen sich aus 1 l der betr. Abwässer mit Äther 4—5 g reines Öl extrahieren, welches, abgesehen von unstabilen Verunreinigungen, größtenteils aus einem Gemisch von Nitroglycerin und Dinitroglycerin besteht. Eine Gewinnung dieser geringen Mengen mittelst eines organischen Lösungsmittels würde natürlich unwirtschaftlich sein. Das patentierte Verfahren will durch Behandlung mit Nitrocellulose das gelöste Nitroglycerin aus den Waschwässern herausziehen. Daß Collodiumwolle flüssiges Nitroglycerin, welches in Wasser suspendiert ist, leicht aufnimmt, ist bekannt (vgl. Fabrikation von Ballistit). Versuche des Verfassers haben ergeben, daß die Angaben des Patentes nicht zutreffen, und daß die Collodiumwolle auch bei längerer Digestion das gelöste Nitroglycerin nicht aufnimmt. Selbst wenn dies der Fall wäre, würde der Vorgang die Arbeitskosten wohl kaum decken, da auch allerhand Unreinigkeiten aus den sauren Abwässern mit niedergerissen werden, was einen nachträglichen Reinigungsprozeß für die Collodiumwolle bedingt.

VI. Die Nachscheidung.

Bei der Veresterung des Glycerins zum Glycerintrinitrat durch Zugabe des ersteren zum Salpeterschwefelsäuregemisch ist die Reaktionsgeschwindigkeit anfangs eine außerordentlich große. Sie vermindert sich aber mit abnehmender Konzentration der HNO_3-Moleküle und wird schließlich so gering, daß der Endpunkt der Reaktion, an dem sich die letzten Nitroglycerinmolekule bilden, nur allmählich erreicht wird. Die Folge davon ist, daß sich die Abscheidung der letzten Reste des Nitroglycerins von den Abfallsäuren erst, nachdem die Hauptmenge abgeschieden ist und abgetrennt wurde, ganz allmählich vollzieht. Dazu kommt noch, falls bei Temperaturen von 25—30^0 nitriert wurde, eine nachherige Abkühlung der Abfallsäure, wodurch der an sich geringe Löslichkeitskoeffizient derselben für Nitroglycerin herabgesetzt und eine weitere Abscheidung geringer Mengen bewirkt wird. Diese allmähliche nachträgliche Abscheidung geringer Sprengölmengen nach der Abtrennung der Hauptmenge nennt man die „Nachscheidung". Sie kann über 2$^0/_0$ der Gesamtausbeute und gegen 5$^0/_0$ auf die Glycerinmenge berechnet ausmachen. Ihre Menge und Dauer ist aber nicht allein von der Reaktionsgeschwindigkeit abhängig; dann müßte sie bei der gleichen Menge gleichzusammengesetzter Säure immer gleich sein, sondern auch von der Qualität des Glycerins bzw. der Art der in ihm enthaltenen Verunreinigungen. Diese ist für die mehr oder minder große Schwierigkeit, mit der sich die feine Emulsion zwischen Säure und den zuletzt gebildeten Restmengen von Nitroglycerin trennt, maßgebend. So gibt es Glycerinsorten, die viel, andere, die wenig Nitroglycerin in der Nachscheidung liefern. Immer aber sind die Mengen beachtenswert, sowohl vom wirtschaftlichen Gesichtspunkt als auch im Hinblick auf das Gefahrenmoment, da eine Säure, die noch Nitroglycerin abscheidet, den umwallten Schutzbereich der Nitroglycerinfabrik nicht verlassen und nicht weiterverarbeitet bzw. denitriert werden darf. Die Nachscheidung findet in einem besonderen Gebäude statt, dessen Betrieb, abgesehen von seiner durch das obenerwähnte Gefahrenmoment bedingten Notwendigkeit, auch bei geringem Ertrage wirtschaftlich ist, da er nur sehr geringe Kosten verursacht. Diese bestehen lediglich in der Instandhaltung der Apparatur und dem Lohne für einen Arbeiter, der die Anlage bedient und den Vorgang dauernd beaufsichtigt.

Man benutzt zur Nachscheidung große oben konisch verlaufende Bleibottiche, die nach Form und Prinzip den Scheideapparaten für Scheidung durch Verdrängung (s. Kapitel Scheidung) etwa entsprechen. Der obere konisch verlaufende Teil endigt in einem eingekitteten weiten Glasrohr (von etwa 10 cm Durchm. und 30 cm Höhe), welches die Art der hineinreichenden Flüssigkeit zu unterscheiden gestattet und, oben offen, bisweilen auch mit einem Dunstabzugsrohr verbunden ist. Das Glasrohr trägt in seinem unteren Teile oder in etwa ein Drittel Höhe einen eingeschliffenen Glasstöpsel oder aber einfach ein eingeschliffenes oder eingeschmolzenes schräg nach unten verlaufendes offenes Ansatzrohr, ebenfalls aus Glas. Bis zur Höhe dieses Stöpsels oder Ansatzrohres reicht in der Regel das Niveau der Flüssigkeit. In den Bottich hinein führt eine Bleileitung, durch die der Apparat mit der vom Separator kommenden Abfallsäure gespeist wird. Diese Leitung steht aber auch mit einem erhöht aufgestellten kleinen Vorratskasten in Verbindung, der bereits nachgeschiedene Abfallsäure enthält. An passender Stelle befindet sich ein Hahn, der ein Nachfüllen von Säure gestattet. Einige Zeit, nachdem der Bottich mit frischgeschiedener Abfallsäure gefüllt worden ist, zeigt sich oben im Glasrohr eine Ansammlung von Nitroglycerin. Der bedienende Arbeiter öffnet nun mit der linken Hand vorsichtig jenen Hahn, wodurch der Flüssigkeitsstand im Glasrohr steigt, und hält mit der rechten unter das Ansatzröhrchen ein Gefäß aus Porzellan, Blei oder Aluminium, in welches das verdrängte Nitroglycerin abfließt. Sobald die sichtbar werdende Trennungslinie zwischen Öl und Säure fast die Höhe des seitlichen Rohres erreicht hat, schließt er den Hahn, und die Flüssigkeit bleibt der Ruhe überlassen, bis sich von neuem eine Schicht Nitroglycerin oben angesammelt hat. Von Zeit zu Zeit wird dieses so abgezogen, ohne daß man es zur Ansammlung größerer Mengen kommen läßt. Das saure Öl wird sofort in ein Steinzeuggefäß unter Wasser gebracht, wo es mit Preßluft unter mehrfachem Wasserwechsel von der Hauptmenge der Säure befreit wird. In Guttaperchakannen wird es dann zum Waschhaus behufs endgültiger Stabilisierung getragen.

Der konische Aufsatz der Nachscheidungsbottiche trägt zweckmäßig einen ringförmigen Ansatz aus Blei, der rings um den Konus eine Rinne mit Abfluß bildet. Hierdurch wird verhindert, daß, falls durch zu rasches Öffnen des Hahnes oder durch Gasentwicklung im Innern ein Überlaufen von Öl und Säure über den Rand des Glasrohres stattfindet, die Flüssigkeit auf den Fußboden läuft. Die Bottiche haben einen geneigten Boden und an der tiefsten Stelle einen großen Steinzeughahn, der mit einem Sicherheitsbottich verbunden sein kann, im übrigen aber nach der Leitung zum Druckfaß führt, von dem aus die nachgeschiedene Säure weiterbefördert wird. Der Gebrauch von Sicherheitsbottichen in Verbindung mit den Nachscheidern ist heute selten, da bei den heutigen Säurekonzentrationen, die nur wenig unnitriertes Glycerin als Glycerinschwefelsäure in der Abfallsäure lassen, und da letztere bei ihrem relativ geringen Wassergehalt wenig zur Einleitung einer Oxydation neigt, eine Zersetzung größeren und gefährlichen Umfanges in den Nachscheidern kaum eintritt. Manchenorts enthalten letztere Kühlschlangen, um gegebenenfalls mittels Wasserzirkulation kühlen zu können, doch wiegt die Gefahr nicht sofort bemerkter Undichtigkeiten solcher Schlangen beinahe ihre Vorteile auf, weshalb sie nicht allgemein gebräuchlich sind. Auch hölzerne Kühlmäntel um die Nachscheider sind nicht mehr sehr gebräuchlich, wie man überhaupt Holz in den Gebäuden, bis auf etwa notwendige kleine Podeste, möglichst vermeidet, da es durch auslaufende Säure in Brand geraten kann, so daß man auch den Fußboden meist mit Bleibelag versieht. Um etwaigen lokalen Erwärmungen begegnen zu können, hat man häufig Luftrührung vorgesehen.

Gewöhnlich befindet sich an jeder Seite des langgestreckten Gebäudes eine Reihe solcher Bottiche, die meist 2 Operationen aufnehmen können und einen Inhalt von 2000—3000 kg Säure fassen. Man ist bestrebt, den Umfang der Anlage so groß zu gestalten, daß sie eine ganze Reihe von Tagesproduktionen aufnehmen kann. Wenn auch in der Regel die weitaus größte Menge an Sprengöl am ersten Tage abgezogen wird, so scheidet doch die Abfallsäure noch tagelang kleinere Mengen ab, so daß man sie nach Möglichkeit 8—10 Tage stehen läßt. Wohl überall dürfte es Vorschrift sein, daß bei Tag und Nacht ein Arbeiter die Anlage beaufsichtigt und ständig das saure Nitroglycerin entfernt, da es bei längerem Stehen immerhin in Zersetzung übergehen könnte, die bei Ansammlung größerer Mengen bis zur Explosion führen kann.

In der englischen Staatspulverfabrik zu Waltham-Abbey hat man, wie oben näher dargelegt, den Nachscheidebetrieb gänzlich ausgeschaltet, indem man zur geschiedenen Abfallsäure einige Prozent Wasser zusetzt, wodurch das Gleichgewichtsverhältnis zwischen Nitroglycerin einerseits und Salpeter-Schwefelsäure-Wasser andererseits so weit verschoben wird, daß eine Weiterbildung und Ausscheidung von Nitroglycerin nicht mehr eintreten kann.

Ein anderes Verfahren, die Nachscheidung zu vermeiden und trotzdem die durch dieselbe zu gewinnenden Nitroglycerinmengen sogar in noch vollständigerem Maße zu erhalten, hat das D. R. P. 250444 vom Jahre 1910 zum Gegenstand.

Hiernach soll die von der Scheidung kommende Abfallsäure mit Chloroform behandelt werden. Dieses nimmt das noch fein emulgierte sowie das in Lösung befindliche Nitroglycerin leicht auf, und es genügt zu dieser Extraktion eine verhältnismäßig geringe Menge des Lösungsmittels. Durch Zusatz des gleichen Volumens von Paraffinöl, welches sich mit Chloroform mischt, in dem aber Nitroglycerin unlöslich ist, kann letzteres fast vollkommen aus der Chloroformlösung abgeschieden werden, nachdem diese durch Waschen mit Wasser von der mitextrahierten Säure befreit worden ist. Die vorherige Entfernung der Säure ist nötig, da sie das technische Paraffinöl angreift und die Einwirkungsprodukte das Nitroglycerin verunreinigen würden.

Der Anwendung des an sich sinnreichen Verfahrens im Großbetriebe dürften ökonomische Schwierigkeiten im Wege stehen. Die Arbeitskosten, verursacht durch Extraktion, Waschen der Lösung, Rückgewinnung des Chloroforms durch Destillation aus der Paraffinöllösung dürften wesentlich höher sein als die Gewinnungskosten des Nitroglycerins durch einfaches Stehenlassen der Abfallsäure in den Nachscheidungsbottichen, abgesehen davon, daß Verluste des teuren flüchtigen Lösungsmittels bei den verschiedenen Vorgängen nicht ganz zu vermeiden sind. Die Ausschaltung der an sich relativ geringen Betriebsgefahr der Nachscheidung wird aufgewogen durch die Gefahr, daß bei der Destillation des Chloroforms vom Paraffinöl eine nachträgliche Abscheidung von unstabilem Nitroglycerin bei höherer Temperatur eintreten kann, da die Abscheidung keine ganz vollständige ist und die Mischung von Paraffinöl und Chloroform noch etwas Nitroglycerin enthält, welches in Paraffinöl beinahe unlöslich ist. Auch nach vorhergehender Nachscheidung enthält die Abfallsäure noch etwas Nitroglycerin gelöst, das in Begleitung von wenig Dinitroglycerin durch Chloroformbehandlung gewonnen werden kann, wobei sich die Gesamtausbeute um etwa 3—4$^0/_0$ des Glycerins vermehren läßt. Dieser Gewinn dürfte indessen die Arbeitskosten nicht decken, und es ist über die praktische Anwendung des patentierten Verfahrens nichts bekannt geworden.

VII. Die Denitrierung der Abfallsäure.

Nach der völligen Abscheidung des Nitroglycerins besteht die Abfallsäure aus einem noch immer konzentrierten Gemisch von Schwefelsäure und wenig Salpetersäure. Die Zusammensetzung ist in den meisten Fällen etwa folgende:

$$73-74\% \ H_2SO_4, \ 9-10\% \ HNO_3, \ 16-17\% \ H_2O.$$

Wurde zur Herstellung der Mischsäure nicht Oleum, sondern gewöhnliche Schwefelsäure verwendet, so beträgt der Wassergehalt der Abfallsäure gegen 20%. Außerdem enthält sie etwas Nitroglycerin und niedrigere Glycerinnitrate gelöst, neben wenig Untersalpetersäure.

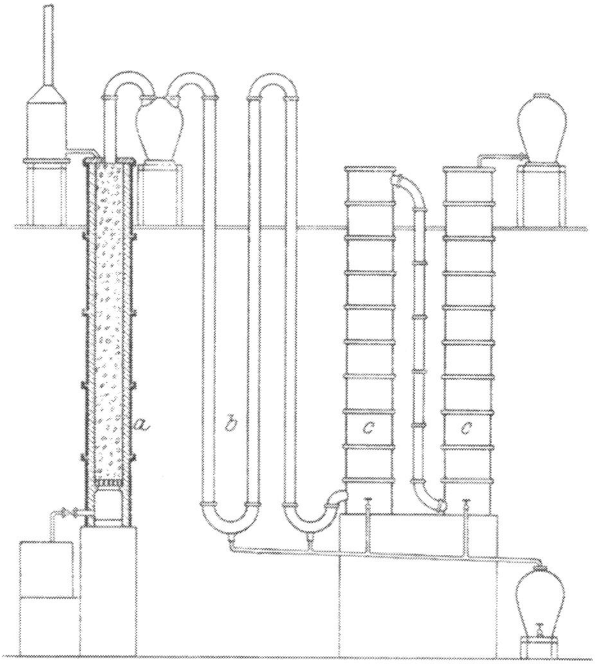

Abb. 15. Schema der Denitrierung.
a Kochtrommel. *b* Luftkühler. *c* Kondensationstürme.

Wegen der Gefahr einer nachträglichen Abscheidung weiterer geringer Nitroglycerinmengen, besonders bei etwaiger stärkerer Abkühlung, findet ein Transport solcher Abfallsäure nicht statt, vielmehr enthält jede Nitroglycerinfabrik eine Anlage zur Denitrierung angegliedert, wo diese Säure in ihre Bestandteile: Schwefelsäure und Salpetersäure zerlegt wird. Die Schwefelsäure wird bei der Denitrierung gewöhnlich in einer Stärke von 56° Bé (= etwa 72% H_2SO_4), die Salpetersäure in einer solchen von 38—40° Bé (57—62% HNO_3) erhalten. Sie wird entweder in besonderen Anlagen weiter konzentriert, oder je nach den gegebenen Verhältnissen zur Herstellung von Ammonsalpeter oder arom. Nitroprodukten verwendet, während die Schwefelsäure nach einem der bekannten Verfahren wieder konzentriert wird und als Treibsäure bei der Salpetersäurefabrikation, oder als Absorptionssäure in der Oleumfabrikation dient, oder aber ohne weitere Konzentration als Abfallschwefelsäure an Düngerfabriken verkauft wird.

Die Denitrierung, das Abtreiben der Salpetersäure und salpetrigen Säure aus der Schwefelsäure geht in einem Turm, der sog. „Kochtrommel" vor sich. Früher benutzte man wohl auch gußeiserne, retortenartige Gefäße, die, entsprechend eingemauert, mittels direkter Feuerung erhitzt wurden, oder auch direkt beheizte, liegende gußeiserne Kochtrommeln, in die Wasserdampf und Preßluft eingetrieben wurde. Diese Einrichtungen sind seit langem durch den kontinuierlich arbeitenden Denitrierturm ersetzt, der aus Eisen mit starker Auskleidung durch säurefeste Steine bestehen kann, oder aber einen Zylinder aus säurefestem Material, z. B. Volviclava darstellt. Der Turm ist mit Guttmannkugeln, Quarzstücken, Tonscherben, Raschigringen oder sonstigen eine feine Verteilung der herabrieselnden Flüssigkeit befördernden Einrichtungen gefüllt und trägt oben eine Verteilungsschale, in die die Abfallsäure durch ein Sicherheitstrichterrohr einläuft, nachdem sie zuvor ein entsprechend eingerichtetes Zwischengefäß passiert hat, welches die Abtrennung etwa noch nachträglich abgeschiedener Nitroglycerinreste gestattet. Der Beachtung und Abtrennung solcher ist peinliche Sorgfalt zu widmen, da ein Eindringen von Nitroglycerin in die Kochtrommel mitunter schon zu Explosionen geführt hat. In die letztere wird nun von unten überhitzter Dampf eingeleitet, der im Gegenstrom die von oben herabrieselnde fein verteilte Abfallsäure durchstreicht, so daß die Schwefelsäure von Salpeter- und salpetriger Säure bis auf Spuren befreit unten abfließt, während Salpeter- und die infolge Oxydation der organischen Bestandteile der Abfallsäure in reichlicher Menge gebildete salpetrige Säure gasförmig oben entweichen und in Kühlbatterien, die früher meist nur aus Tourilles bestanden, heute zunächst ein Röhrenkondensationssystem aufweisen, verdichtet werden. Durch Einblasen von Luft mittels Injektors wird die salpetrige Säure zu Salpetersäure oxydiert, die Restgase werden schließlich in einem Lungeschen Absorptionsturm durch Berieseln mit Wasser bzw. schwacher Salpetersäure kondensiert. Der Prozeß kann so geleitet werden, daß man sowohl in der Batterie, wie im Turm 38—40grädige Salpetersäure erhält. Der eingeblasene Wasserdampf soll eine möglichst hohe Temperatur haben, mindestens aber 300^0. Je höher die Temperatur, um so geringer die zur Erzielung völliger Denitrierung nötige Menge, und um so geringer die Verdünnung der Säuren.

Ein Denitrierturm üblicher Größe denitriert etwa 5000 kg Abfallsäure in 24 Stunden.

Eine Abänderung bzw. besondere Ausführungsform des Denitrierverfahrens ist durch das D. R. P. 182216 von Ing. Evers in Förde bekannt geworden. Hiernach werden Reaktionstürme verwendet, die nicht vollständig mit Füllkörpern beschickt, sondern durch durchbrochene Zwischenböden in mehrere Kammern eingeteilt sind, die abwechselnd mit Füllkörpern ausgesetzt und hohl sind. In den Hohlräumen sollen noch bewegliche Mischapparate nach D.R.P. 145743 angeordnet werden, die ein besonders gründliches Durchmischen der Flüssigkeitströpfchen mit den heißen Gasen bezwecken. In der Praxis sind diese Mischapparate wegen ihrer Empfindlichkeit häufig weggelassen worden, ohne daß das Endresultat dadurch wesentlich beeinträchtigt wurde. In den einzelnen Kammern wird durch Injektorrohre ein hocherhitztes Gemisch von Luft und Wasserdampf eingeblasen. Die Luft durchströmt zur Vorwärmung die abfließende Säure und wird in einem besonderen Ofen bis auf 400^0 erhitzt. Daselbst wird auch der Dampf in einer Schlange hocherhitzt. Durch die mehrfache Ausbreitung und gründliche Durchmischung von Säure und Gasen in den Hohlräumen wird eine sehr gleichmäßige Denitrierung bewirkt. Es sollen hierbei eine wasserhelle Schwefelsäure von 60^0 Bé und $^4/_5$ der Salpetersäure als 40grädige $^1/_5$ als 36grädige Säure mit nur $0{,}3\,^0/_0$ Untersalpetersäure bei geringen Verlusten erhalten werden. Eine Denitrieranlage nach Evers soll 20—22000 kg Abfallsäure in 24 Stunden denitrieren und der Kohlen- und Koksverbrauch per 1000 kg Säure nicht mehr als etwa 45 kg betragen. (Näheres Zeitschr. f. Schieß- und Sprengstoffwesen 1907, S. 144).

Nach dem französischen Patent 405819 (1909) von Vender hat sich für die Denitrierung die Benutzung der bei der Oxydation von Luftstickstoff im elektrischen Ofen gebildeten Gase als zweckmäßig erwiesen.

Eine besondere Art der Aufarbeitung der Abfallsäure wird durch das D. R. P. 180587 (1906) der Salpetersäure-Industriegesellschaft in Gelsenkirchen angegeben. Hiernach wird dieselbe in der Weise elektrolysiert, daß man sie als Anodenflüssigkeit verwendet, während als Kathodenflüssigkeit verdünnte Salpetersäure dient. Die an der Kathode entstehenden Stickoxyde werden nach der Anode geleitet und bilden mit dem dort in Freiheit gesetzten Sauerstoff und dem Verdünnungswasser Salpetersäure, die sich anreichert, so daß die Abfallsäure schließlich zur ursprünglichen Konzentration regeneriert werden kann. Dieses Verfahren stellt eine Anwendungsform des Verfahrens des D. R. P. 180052 (1905) dar, wonach verdünnte Salpetersäure durch Elektrolyse konzentriert wird, indem die an der Kathode entstehenden Stickoxyde am besten nach Verflüssigung in einer Kühlvorrichtung der die Anode umgebenden Salpetersäure zugefügt und hier zu Monohydrat oxydiert werden. Die Anwendung auf Abfallsäure soll den Vorteil geringeren Stromverbrauchs wegen der besseren Leitfähigkeit der schwefelsäurehaltigen Abfallsäure gegenüber reiner Salpetersäure haben.

Anderweitige Verwertung der Nitroglycerinabfallsäure. Es hat nicht an Vorschlägen gefehlt, die Nitroglycerinabfallsäure, statt sie durch die sog.

„Denitrierung“ zu zerlegen, direkt zu verwerten, und zwar die in ihr enthaltene Salpetersäure zu echten Nitrierungsreaktionen auszunutzen. Während die Veresterung von Alkoholen mit Salpeter-Schwefelsäure-Gemisch ein umkehrbarer Prozeß ist, der zur Vollendung einen beträchtlichen Salpetersäureüberschuß erfordert, ist im Gegenteil die Überführung aromatischer Kohlenwasserstoffe, wie Benzol oder Toluol in Nitrobenzol bzw. Nitrotoluol durch Substitution nicht umkehrbar, und die in der Nitroglycerinabfallsäure enthaltenen etwa 10% HNO_3 lassen sich fast quantitativ ausnutzen, wenn man diese Säure mit der entsprechenden Menge Benzol oder Toluol zusammenbringt. Um z. B. 1 Teil Toluol zur Mononitrostufe zu nitrieren, sind rechnungsmäßig etwa 7 Teile Abfallsäure mit 10% HNO_3 erforderlich. In der Tat können beim Eintragen der entsprechenden Menge Abfallsäure in Toluol unter Kühlung und späterer Erwärmung des Gemisches auf 40° etwa 90% der theoretischen Ausbeute an Nitrotoluol erhalten werden, während die Säure nunmehr nur noch 0,5% HNO_3 enthält. Es läge wohl nahe, die Nitroglycerinabfallsäure unter Ersparung der Denitrierungskosten auf solchen Fabrikanlagen in obiger Weise zu verwerten, die neben der Nitroglycerinerzeugung die Fabrikation der Nitroderivate des Benzols oder Toluols betreiben. Von letzteren spielen ja besonders das Binitrotoluol und Trinitrotoluol eine ganz bedeutende Rolle bei der Sprengstofferzeugung und werden deshalb von verschiedenen Sprengstoffabriken in eigenen Anlagen erzeugt. Das Bedenken, daß die Nitroglycerinabfallsäure selbst nach gehöriger Nachscheidung noch kleine Mengen Nitroglycerin abscheiden und so in einen anderen Betrieb ein neues Gefahrenmoment hineinbringen könnte, kann in einfacher Weise dadurch behoben werden, daß derselben 2—3% Wasser zugesetzt werden, wodurch der Gleichgewichtszustand zwischen den gelösten Resten von Nitroglycerin und Glycerinschwefelsäure im Sinne eines Abbaues von Nitroglycerin verschoben und somit eine weitere Abscheidung des letzteren unmöglich gemacht wird. Andererseits beeinträchtigt der hohe Schwefelsäureüberschuß und Wassergehalt der Abfallsäure etwas die Ausbeute an Nitrotoluol, die bei Anwendung einer zweckmäßiger zusammengesetzten Nitriersäure 97—98% beträgt. Dies dürfte der Grund sein, warum Fabriken, die sowohl Nitroglycerin wie Nitrotoluol herstellen, soviel bekannt, bisher die Denitrierung der Abfallsäure der eben gekennzeichneten Verwertung derselben vorgezogen haben.

Betriebsergebnisse.

Der theoretischen Umsetzungsgleichung nach bilden sich aus 92 Teilen Glycerin und 189 Teilen Salpetersäuremonohydrat 227 Teile Nitroglycerin neben 54 Teilen Wasser. 100 Teile Glycerin müssen also mit 205,43 Teilen Salpetersäure 246,74 Teile Nitroglycerin liefern, wobei 58,7 Teile Wasser entstehen, bzw. für 100 Teile Nitroglycerin sind theoretisch 40,53 Teile Glycerin und 83,26 Teile HNO_3 erforderlich, wobei 23,79 Teile Wasser austreten würden.

Das theoretische Resultat läßt sich indessen in der Praxis nicht erreichen. Würde man nur die theoretisch notwendige Menge an HNO_3 aufwenden, so würde selbst bei hinreichender Menge der wasserentziehenden Schwefelsäure das Ergebnis sehr unbefriedigend sein, da bei weitem nicht der Gesamtbetrag der anwesenden HNO_3-Moleküle Nitroglycerin bilden würde. Der Prozeß ist vielmehr ein umkehrbarer, und es löst sich Nitroglycerin in konz. Schwefelsäure unter Abspaltung von

HNO_3-Molekülen und Bildung von Glycerinschwefelsäure bzw. niederen Glycerinnitraten so lange auf, bis die HNO_3-Moleküle eine derartige Konzentration erreicht haben, daß bei ihrer Vermehrung wiederum Nitroglycerinbildung eintreten würde, die Auflösung bzw. der Abbau des Nitroglycerins also zum Stillstand kommt (Gleichgewichtszustand).

Hieraus geht hervor, daß zunächst einmal ein bestimmter Überschuß an HNO_3 vorhanden sein muß, um alles zugefügte Glycerin in Nitroglycerin überzuführen. Dieser Überschuß muß so bemessen sein, daß nach Zusatz und Auflösung der gesamten Glycerinmenge im Säuregemisch eine Endsäure entsteht, die noch so reich an HNO_3-Molekülen ist, daß sie keine abbauende Wirkung auf Nitroglycerin ausübt. Diese Verhältnisse sind durch die Erfahrung festgelegt worden. Hinzu kommt für das technische Resultat außer dem chemischen Faktor der für Nitroglycerin aufbauenden oder abbauenden Tendenz der entstehenden Endsäure, der rein physikalische Faktor des Löslichkeitskoeffizienten derselben für Nitroglycerin. Abfallsäuren verschiedener Zusammensetzung haben recht verschiedene Löslichkeiten für letzteres. Und es ist auch nicht etwa ein übergroßer Überschuß an Salpetersäure das Vorteilhafteste für eine möglichst hohe Nitroglycerinausbeute, wenn auch theoretisch das Glycerin sich um so vollständiger in Nitroglycerin verwandeln muß, je mehr Salpetersäure gegenwärtig ist. Wie nämlich Nitroglycerin in reiner konz. Salpetersäure leicht löslich ist, so nimmt auch in einem Säuregemisch seine Löslichkeit oberhalb einer gewissen Grenze mit zunehmendem Gehalt an HNO_3 etwas zu.

Für die praktische Erzielung der höchstmöglichen Nitroglycerinausbeute ist daher folgende Bedingung maßgebend: Menge und Zusammensetzung der Nitriersäure müssen so beschaffen sein, daß nach Umwandlung des Glycerins ein Minimum derjenigen Abfallsäure entsteht, die die geringste Löslichkeit für Nitroglycerin besitzt.

Diese günstigste Zusammensetzung der Abfallsäure hat sich im Laufe der Zeit durch die Erfahrung und durch zahlreiche Studien über die zweckmäßigsten Nitrieransätze ergeben. Die zu erhaltende Menge möglichst zu reduzieren und somit den geringsten Löslichkeitsverlust an Nitroglycerin zu erleiden, ist lediglich eine Frage der Konzentration der zur Verfügung stehenden Säuren. Hiermit ergibt sich ohne weiteres, daß sich im allgemeinen die Betriebsergebnisse in dem Maße verbessert haben, als die Technik imstande war, höher- und höchstkonzentrierte Säuren in wirtschaftlicher Weise zu erzeugen. Den größten Sprung bezüglich einer besseren Glycerinausnutzung bedeutete, wie schon weiter oben besprochen, um die Jahrhundertwende der Übergang einer Anzahl großer Fabriken zur Benutzung von rauchender Schwefelsäure (mit 20—25% an freiem SO_3) an Stelle gewöhnlicher englischer Schwefelsäure von 94—96 % H_2SO_4. Die Ausbeuten konnten hierdurch mit einem Schlage um etwa 15 % des Glycerins, von ca. 210 auf etwa 225 % des Glycerins verbessert werden, da die höhere Konzentration es gestattete, den Gesamtbetrag der Säure wesentlich herabzusetzen, so daß ohne Mehraufwendung von HNO_3 eine geringere Menge einer bez. Lösevermögens günstiger zusammengesetzten Endsäure erhalten wurde.

Einen Überblick über das Löse- bzw. Abbau-Vermögen verschieden zusammengesetzter „Endsäuren" für Nitroglycerin mag folgende Tabelle (nach Versuchen des Verfassers mit synthetischen Säuregemischen) geben:

Säuregemisch:	I	II	III	IV	V	VI
H_2O	20 %	15 %	10 %	5 %	10 %	15 %
HNO_3	10 %	10 %	10 %	15 %	15 %	15 %
H_2SO_4	70 %	75 %	80 %	80 %	75 %	70 %
	100 %	100 %	100 %	100 %	100 %	100 %

100 Teile dieser Gemische lösen Teile Nitroglycerin:

6,00	3,55	3,33	4,37	2,60	2,36	Teile
Hiervon als Nitroglycerin gelöst, mit Chloroform extrahierbar:						
2,47	1,46	1,92	2,13	1,65	1,72	„
Abgebaut wurden hiernach:						
3,53	2,09	1,41	2,24	0,95	0,64	„
6,00	3,55	3,33	4,37	2,60	2,36	Teile

Am günstigsten verhält sich demnach Mischung VI mit 15 % H_2O und 15 % HNO_3, am wenigsten günstig die relativ wasserreiche und salpetersäurearme Mischung I. Letztere entspricht etwa der Abfallsäure, wie sie vor Einführung des Oleums in der Regel erhalten wurde. Säure II gibt ungefähr die Zusammensetzung bei Verwendung von Oleum an.

Nimmt man z. B. einen der älteren Nitrieransätze von 300 T. 90proz. Salpetersäure und 450 T. 94proz. Schwefelsäure, zusammen 750 T. Mischsäure von 36 % HNO_3, 56,4 % H_2SO_4 und 7,6 % H_2O auf 100 T. Glycerin an, so würde sich bei theoretischer Umwandlung letzterer in 246,7 T. Nitroglycerin folgende Abfallsäure ergeben:

270,0 HNO_3			
— 205,4 HNO_3			
64,6 HNO_3	entspr.	10,7 %	
423,0 H_2SO_4		70,1 %	
115,7 H_2O		19,2 %	
603,3 Abfallsäure		100,0 %	

Die Zusammensetzung dieser Säure nähert sich der der obigen Mischung I.

600 T. müßten also etwa 36 T. Nitroglycerin lösen bzw. abbauen. Statt 246,7 T. Nitroglycerin können also nur etwa 211 T. abgeschieden werden. Berücksichtigt man die einige Prozente betragenden Verluste durch das Waschwasser, ferner die Tatsache, daß das Dynamitglycerin nicht 100proz. ist, und daß bei der Nitrierung besonders ohne künstliche Kühlung und mit wasserhaltigen Säuren auch

geringe Oxydationsreaktionen nebenhergehen, so versteht man, daß die Ausbeute bei obigem Nitrieransatz trotz Salpetersäureüberschuß nur 205% des Glycerins statt der theoretischen 246,7% betragen konnte. Geht man dagegen von einem der neueren Nitrieransätze unter Verwendung von Oleum aus, z. B. 280 T. 92 proz. Salpetersäure und 350 T. Oleum mit 20% freiem SO_3 (bzw. 104,5% H_2SO_4), zusammen 630 T. Nitriersäure von 41% HNO_3, 58% H_2SO_4 und 1% H_2O auf 100 T. Glycerin, so erhält man folgende theoretische Abfallsäure:

257,6 T. HNO_3	
— 205,4 T. HNO_3	
52,2 T. HNO_3	10,8%
365,7 T. H_2SO_4	75,7%
65,4 T. H_2O	13,5%
483,3 T. Abfallsäure	100,0%

die die ungefähre Zusammensetzung der obigen synthetischen Säure II und eine Lösefähigkeit von ca. 3% hat. 483 T. müßten 14,5 T. Nitroglycerin lösen bzw. abbauen, so daß sich 232 T. abscheiden könnten. In der Tat gibt ein derartiger Nitrieransatz eine praktische Nitroglycerinausbeute von 226—227% des Glycerins.

Der technische Effekt der besseren Glycerinauswertung bei noch höherer Konzentration der Ausgangssäuren geht aus folgendem Nitrieransatz hervor, den der Verfasser im Versuchsmaßstabe zur Anwendung brachte.

285 T. Salpetersäure von 95% HNO_3 und 215 T. Oleum von 50% SO_3, zusammen 500 T. Nitriersäure von 54,14% HNO_3, 8,84% SO_3 und 37,02% H_2SO_4 geben mit 100 T. Glycerin folgende theoretische Abfallsäure:

65,3 T. HNO_3	18,5%
48,8 T. H_2O	13,8%
239,2 T. H_2SO_4	67,7%
353,3 T. Abfallsäure	100,0%

Nimmt man den Löslichkeitskoeffizienten der obigen synthetischen Säure VI an, so ergibt sich ein Verlust von gelöstem bzw. abgebautem Nitroglycerin von 8,5 T., so daß 246,7 — 8,5 = 238,2 T. Nitroglycerin sich abscheiden müßten. Wirklich erhielt Verfasser mit diesem Nitriersatz unter Verwendung von chemisch reinem Glycerin und starker Abkühlung (Nitrierung bei 0—10°) eine praktische Nitroglycerinausbeute von 234% des Glycerins (ca. 95% der Theorie). Berücksichtigt man den Verlust von 4,3 T. dinitroglycerinhaltigen Nitroglycerins beim Waschen, der durch Extraktion des Waschwasssers festgestellt wurde, so haben sich tatsächlich (entsprechend der Theorie unter Abrechnung des Löslichkeitsverlustes durch die Abfallsäure) 238,3 T. Nitroglycerin abgeschieden. Aus dieser Abfallsäure konnten 3,8 T. Nitroglycerin (dinitroglycerinhaltig) extrahiert werden. Unter Berücksichtigung der durch N-Bestimmung ermittelten geringen Mengen von Dinitroglycerin, die in dem aus Waschwasser und Abfallsäure extrahierten Öl enthalten sind, ist bei dieser Nitrierung eine Umwandlung von 98,4% des Glycerins in Nitroglycerin und Dinitroglycerin ermittelt, also ein fast völliger Nachweis über den Verbleib des Glycerins geliefert worden. Der geringe Rest dürfte z. T. oxydiert worden, z. T. als Glycerinschwefelsäure in der Abfallsäure verblieben sein.

Der Grad der Auswertung des Glycerins findet seine praktische Grenze durch den Gesichtspunkt der Wirtschaftlichkeit, der es unter Umständen verbieten kann, den Überschuß der Salpetersäure bis zur Grenze der höchsten erzielbaren Ausbeute zu treiben, wenn zuletzt nur noch unbedeutende Verbesserungen erzielt werden, die den Mehraufwand an starker Salpetersäure nicht lohnen. Im allgemeinen ist aber in der letzten Zeit das Wertverhältnis zwischen Glycerin und Salpetersäure ein solches gewesen, daß es sich lohnte, den Salpetersäureüberschuß so zu wählen, daß er annähernd die höchstmögliche Ausbeute gewährleistete, zumal dieser Überschuß als mäßig konzentrierte Salpetersäure bei der Denitrierung wiedergewonnen wird, das unausgenutzte Glycerin dagegen unwiderbringlich verloren ist. Der wirtschaftlichste Nitriersatz ergibt sich letzten Endes für jede Fabrik auf Grund von Versuchen mit variierten Ansätzen unter Zugrundelegung der jeweiligen Preise für Glycerin und Säuren und des Wertes der wiedergewonnenen Säuren. Anders steht der Fall bezüglich der Konzentration der Säuren. Hier sind die Herstellungskosten einer Salpetersäure, die eine Konzentration von 93—94% Monohydrat überschreitet, und eines Oleums mit mehr als 25% freiem SO_3 (das durch Destillation der direkt gewonnenen rauchenden Schwefelsäure hergestellt wird) immerhin so bedeutend, daß Nitrieransätze wie der dritte der oben erläuterten trotz der höheren Nitroglycerinausbeute in der Praxis wohl kaum angewendet werden dürften.

Immerhin ist die Anwendung 93—94 proz. Salpetersäure und 25 proz. Oleums und somit völlig wasserfreier oder sogar SO_3haltiger Nitriersäure von 40—42% HNO_3 heute keine Seltenheit mehr in der Nitroglycerinfabrikation.

Neben einer möglichst hohen Säurekonzentration und zweckmäßigster Zusammensetzung der Nitriersäure ist ein weiterer für das Betriebsergebnis erheblich ins Gewicht fallender Faktor die Ausgiebigkeit der Kühlung und die Nitriertemperatur. Bei gegebener Temperatur des Kühlwassers gestattet eine größere Kühlfläche Nitrierdauer oder Nitriertemperatur herabzusetzen. Dasselbe gilt umgekehrt für kälteres Kühlwasser und eine gegebene Kühlfläche. Eine zu lange Nitrierdauer ist nachteilig wegen der großen Menge der durch die Preßluft ausgeblasenen Salpetersäure. Eine möglichst niedrige Nitriertemperatur schränkt Nebenreaktionen ein und erhöht somit die Nitroglycerinausbeute. Daher hat man das Augenmerk von jeher auf eine möglichst große Kühlfläche des Nitrierapparates gerichtet und letzteren bisweilen im Verhältnis zur Charge sehr groß gebaut, um zahlreiche Kühlschlangen darin unterbringen zu können. Ebenso ist man bestrebt, möglichst kaltes Kühlwasser zu haben. An Stromläufen gelegene Fabriken pumpen z. B. im Winter das eiskalte Flußwasser in besondere Reservoire zur Speisung der Anlage mit Kühlwasser. Im letzten Jahrzehnt ist man sogar dazu übergegangen, Nitroglycerinfabriken mit Kälteerzeugungsanlagen auszurüsten und durch die Kühlschlangen statt Brunnenwasser eine auf — 10 bis 12° abgekühlte Salzlösung (gewöhnlich eine konzentrierte Kochsalz- oder Chlorcalciumlösung) zirkulieren zu lassen.

Diese Maßnahme gestattet, in demselben Zeitraum bei einer Temperatur von 12—15° zu nitrieren, statt sonst bei 25—30°. Tiefer geht man nicht wegen der Gefahr der Bildung von krystallisiertem Nitroglycerin. Die erzielte Mehrausbeute von ca. 4% des Glycerins hat bei den hohen Glycerinpreisen der letzten Jahre solche Anlagen als wirtschaftlich erscheinen lassen.

Kommt es vor allem darauf an, die Leistungsfähigkeit einer Anlage möglichst auszunutzen, so gestattet die künstlich gekühlte Sole bei der üblichen Nitriertemperatur von etwa 30° eine raschere Glycerinzugabe und eine bedeutende Abkürzung der Nitrierdauer, was naturgemäß die Produktionsfähigkeit entsprechend steigert.

Da in der kürzeren Nitrierzeit die Preßluft weniger Salpetersäure ausbläst, wird auch so bei gleicher Säure ein Ausbeutezuwachs oder umgekehrt eine Ersparnis an Salpetersäure erzielbar.

Der Einfluß der Nitriertemperatur auf die Ausbeute schwankt sehr erheblich mit dem Wassergehalt der Nitriersäure. Versuche mit einer Nitriersäure von 39% HNO_3 und 5,5% H_2O, die ohne Oleum mit Hilfe von 98 proz. Schwefelsäure hergestellt worden war, ergaben bei der Nitriertemperatur 30° eine Ausbeute von 205%, bei 0° 217%, also eine Mehrausbeute von 12% des Glycerins. Eine Säure mit 38,7% HNO_3 und 2,7% H_2O (650 Teile Säure auf 100 Teile Glycerin) ergab:

bei 30°	216% Ausbeute
„ 10°	223% „
„ 0°	225% „

also Differenzen von 7% bzw. 9%. Dagegen beträgt die Differenz bei wasserfreien oder sehr wasserarmen Säuren (unter 2% H_2O) nur noch etwa 4—4,5% zwischen einer Nitriertemperatur von 30° und einer solchen von 0—10°.

Fabriken, die die künstliche Kühlung eingeführt haben, erzielen tatsächlich durch Einhaltung einer Nitriertemperatur von etwa 12° eine Verbesserung des Ergebnisses um etwa 4% des Glycerins. Neben einer Verringerung des oxydativen Einflusses der Salpetersäure bei tieferer Temperatur kommt die niedrige Temperatur bei der Scheidung und somit Herabsetzung des Löslichkeitskoeffizienten sowie auch der Umstand in Betracht, daß weniger Salpetersäure aus der kalten als aus der warmen Nitriersäure durch die Luftrührung ausgeblasen wird. Die bestgeleiteten Betriebe erhalten heute unter Voraussetzung eines Glycerins bester Qualität und mit Verwendung von Oleum eine Nitroglycerinausbeute von 226—227% bei Nitriertemperaturen von 25—30° und 230—231% unter Anwendung künstlicher Kühlung bei Nitriertemperaturen von 12—15°. Das sind 92% bzw. 93,6% der theoretischen Ausbeute.

In den Anfangszeiten der Nitroglycerinfabrikation hatte man dagegen wesentlich unter 200% des Glycerins an Ausbeute erzielt.

Bereits Mitte der siebziger Jahre vorigen Jahrhunderts erhielt man in gut geleiteten Fabriken etwa 200% und noch Guttmann bezeichnet in seiner 1895 erschienenen „Industrie der Explosivstoffe" ein Durchschnittsergebnis von 200% im Sommer und 205% im Winter als günstig.

Allgemeines über die Fabrikanlage.

Im allgemeinen gelten für die Anlage einer Nitroglycerinfabrik für Anordnung der einzelnen Gebäude, ihre Entfernung voneinander und anderen Betriebswerkstätten, sowie den Schutz durch Erdwälle dieselben Gesichtspunkte, wie für Pulver- und Explosivstoffabriken überhaupt. Die flüssige Natur der Rohstoffe und Erzeugnisse, Glycerin, Säure, Sprengöl, Abfallsäure, legt für ihre Beförderung die Ausnutzung der Schwerkraft nahe. Man hat deshalb, wo angängig, für die Errichtung der Nitroglycerinfabriken Bergabhänge oder doch abfallendes Gelände ausgesucht und die einzelnen Gebäude so angelegt, daß zu oberst gewöhnlich freistehend Säurereservoire und Schuppen für Säureabwägung, sowie für Aufbewahrung und Abwägung des Glycerins und von da ab die Gebäude in der Reihenfolge der Prozesse auf immer tieferem Niveau sich befinden. Der erforderliche Niveauunterschied wächst mit der Anzahl der Phasen, in die der Prozeß zerfällt, mit der Größe der Operationen und den Entfernungen, die zwischen den einzelnen Gebäuden jeweils vorgeschrieben werden. Er kann recht bedeutend werden, da das Gefälle nicht zu gering sein darf. Bei Fabriken in ebenem Gelände hat man sich auch mit Aufschüttungen und Ausschachtungen geholfen. In solchen Fällen kann die Errichtung einer Nitroglycerinfabrik u. a. bedeutende Kosten für Erdarbeiten verursachen, die angesichts der erforderlichen starken Erdwälle niemals gering sind. Während für die Hebung und Fortbewegung der Säuren fast stets Druckfässer in Gebrauch sind, hat man das Nitroglycerin bei mangelndem Niveauunterschied in einzelnen Fällen durch Ansaugen in luftleere Gefäße oder durch Druckluft befördert, um es z. B. von erhöhter Stelle des Waschhauses nach dem in gleicher Höhe gelegenen Gelatinierhaus fließen lassen zu können. Dies gilt jedoch nur für neutrales gereinigtes Sprengöl.

Die einzelnen Gebäude, die zur Herstellung, Aufbewahrung und Verarbeitung des Sprengöles dienen, eingeschlossen Nachscheidungsgebäude und Abwasserhaus, sind von starken Erdwällen umgeben, die an der Sohle nicht selten 10 m mächtig und an der Krone noch etwa 1 m stark sind. Sie überragen den First der Gebäude und sollen Graswuchs tragen. Häufig bepflanzt man sie mit Bäumen. Sie schützen im Explosionsfalle die Umgebung in hohem Maße vor etwa horizontal wegfliegenden Schleuderstücken, geben überhaupt dem Explosionsdruck und den Trümmern eine Richtung nach oben, wodurch die Entfernung, auf die letztere geschleudert werden können, vermindert wird. Den Zugang bilden Gänge oder Tunnels. Holzauskleidungen letzterer haben sich wenig bewährt, da sie dem Druck nicht genug widerstehen. Festes Mauerwerk oder Beton sind heute allgemein üblich, wo nicht geknickte Gänge die Wälle durchschneiden. Die Tunnels geknickt oder gekrümmt anzulegen, um bei einer Explosion Fliehende oder Vorübergehende besser vor der Stichflamme zu schützen, ist beliebt, dürfte aber seinen Zweck nicht immer erreichen. Niemals

Abb. 16. Sog. unterirdisches Nitroglycerinsystem. Außenansicht.

darf ein selbst geknickter Tunnel 2 Gefahrgebäude verbinden. Im Falle der Explosion kann sich, wie die Erfahrung gelehrt hat, letztere auch durch einen geknickten Tunnel von einem Gebäude aufs benachbarte übertragen. Die Räume, in denen Nitroglycerin hergestellt, gelagert und verarbeitet wird, waren bis in die neueste Zeit in der Regel leichte Bretterbuden mit leichtem Dach. Nur das Fundament ist gemauert. Erst in den jüngsten Zeiten (nach 1910) ging man nach dem Vorschlag von C. E. Bichel dazu über, die bei Sprengstoffmagazinen bereits erprobte Neuerung der mit Erdreich überdeckten Kiesbetonbauten auf die Betriebsgebäude der Nitroglycerinfabrikation zu übertragen. Die leichten Holzbauten haben neben billiger Herstellung den Vorteil, im Explosionsfalle infolge völliger Zersplitterung keine schweren Schleuderstücke zu liefern, andererseits sind sie sehr wenig widerstandsfähig gegen herabfallende Schleuderstücke und den Luftdruck benachbarter Explosionen. Durch letztere werden sie leicht eingedrückt, die Türen verklemmt und die Arbeitenden so mitunter an

Abb. 17. Kombin. Nitroglycerinsystem. Innenansicht.

rascher Flucht verhindert. Herabfallende Trümmer können durch den Aufprall oder ihre Hitze Brand und Explosion weitertragen, und es ist keine Seltenheit, daß bei dieser Bauart eine Explosion nicht auf ihren Herd beschränkt bleibt, sondern zur mehr oder weniger vollständigen Zerstörung der ganzen Anlage führt.

Die Zahl der einzelnen Gebäude ist verschieden und hängt vom Umfang der geplanten Produktion und der Größe der Chargen ab. Eine weitgehende Arbeitsteilung, so daß jeder Einzelvorgang in einem besonderen Gebäude vor sich geht, kann erhebliche Vorteile bezüglich der Leistungsfähigkeit der Anlage haben, doch ist es im Inland meist üblich, Nitrier- und Scheideapparat in einem Gebäude zu vereinigen. Ein weiteres enthält die Waschgefäße und evtl. auch die Filterkästen, während weiter abwärts je eines zur Nachscheidung und Abwasserklärung dient. Häufig fließt das neutrale Sprengöl durch Bleileitungen direkt nach den Vorratskästen der Meng- oder Gelatinierhäuser, wenn nicht ein besonderes Sprengöllager vorgesehen ist, wo dann zugleich die Filtration stattfindet. Leitungen des neutralen Öles von Gebäude zu Gebäude sind unterbrochen in der Weise, daß nur während des Gebrauches die Verbindung durch einen Gummischlauch hergestellt wird, wodurch die Gefahr einer Explosionsübertragung auf diesen kurzen Zeitraum beschränkt wird.

Befinden sich Nitrier- und Scheideapparat in einem Raume, so ist gewöhnlich vorgeschrieben, daß beide Operationen nicht gleichzeitig vorgenommen werden dürfen. Der Nitrierapparat wird in der Regel erst dann mit der Säure für die nächste Charge beschickt, wenn die Säure der vorhergehenden aus dem Separator abgelassen ist.

Röhrenleitungen für saures Nitroglycerin zwischen Nitrier- und Scheidehaus, sowie zwischen Scheideapparat und Waschhaus sind nicht ohne Mißstände. Sie erfordern sorgfältige Anlage und peinliche Sauberhaltung. Im Winter geschieht es leicht, daß sie zufrieren, im Sommer kann durch direkte Sonnenbestrahlung, besonders bei nicht ganz ebener Führung, in Vertiefungen stagnierendes saures Nitroglycerin der Zersetzung anheimfallen. Man hat deshalb häufig zwischen den Gebäuden Verbindungsgänge errichtet, die, wenn auch nur stark gebückt, begangen werden können. In denselben befindet sich ein offenes Gerinne aus Bleiblech, und sie sind durch Dampfleitungen heizbar. Wo man solche Gänge vermeiden kann, führt man die Leitungskanäle auf Tragstützen von Gebäude zu Gebäude. Man legt die Leitungen in mit Wärmeschutzmasse gefüllte, von Tragstütze zu Tragstütze sich hinziehende Kisten. Offene Gerinne sind mit Holzdeckeln, Säurekanäle mit Bleideckeln bedeckt, um das Hineinfallen von Fremdkörpern zu verhindern. Auf eine genaue Führung in völlig gleichmäßiger Ebene ist Sorgfalt zu verwenden, damit nirgends saures Sprengöl oder Säure stagnieren kann. Da durch Temperaturunterschiede Einbiegungen oder bei zu großer Steifheit Risse an den Lötstellen entstehen können, ist eine häufige Inspektion der Leitungen und deshalb ihre bequeme Zugänglichkeit nötig. Um das Einfrieren im Winter zu verhüten, legt man eine Warmwasserleitung neben die Säure- bzw. Sprengölleitung. Nach dem Durchgang des Nitroglycerins wird gut mit Wasser nachgespült, um jenes so gut wie möglich zu entfernen und die Gefahr einer Explosionsübertragung durch die Rinnen zu vermindern.

Besondere Sorgfalt ist schließlich auf die Fußböden der Arbeitsräume zu verwenden. In der Umgebung der Apparate ist Bleibelag mit etwa 1 cm hohem Rand ziemlich allgemein üblich, um durch Leck-

Abb. 18. Nitrierhaus, älteres System. Nitrier- und Scheideapparat.

werden oder Spritzen austretende Säure oder Nitroglycerin leicht aufnehmen zu können und ein Inbrandgeraten des Holzfußbodens durch etwa auslaufende konz. Säure auszuschließen. Um etwa verschüttetes Nitroglycerin sofort unschädlich machen zu können, hält man stets mit Wasser gefüllte Holz- oder Hartgummieimer sowie Schwämme bereit. Im übrigen bestehen die Fußböden aus glattgehobeltem, dicht anschließendem Holz, häufig mit Linoleumbelag.

Eine Anregung zu grundlegender Änderung der Bauweise von Nitroglycerinfabriken gab in neuerer Zeit Bichel[1]). Er ging dabei von der Tatsache aus, daß schon ein Jahrzehnt vorher im Inlande Sprengstoffmagazine nicht mehr wie früher in leichtem Holzbau, sondern aus Kiesbeton hergestellt wurden. Diese Magazine wurden mit Boden überschüttet und gewährten den Vorteil, daß sie einbruchs- und diebes-

Abb. 19. Nitrierhaus, älteres System. Scheideapparat u. Vorwaschbottich.

sicher waren, Schutz gegen herabfallende Stücke bei Nachbarexplosionen boten und keine Reparaturen erforderten. Bei Explosionen in ihrem Innern wurde der Kiesbeton zu Staub zermalmt und größere Stücke wurden nicht gebildet, was durch versuchsweise Explosionen solcher Konstruktionen mit 1500 bzw. 500 kg Gelatinedynamit nachgewiesen wurde. Der Vorschlag bestand in der Ausdehnung dieser Bauart auf die Gebäude der Sprengstoffabrikation selbst. Ähnliches

[1]) Z. f. d. ges. Schieß- und Sprengstoffwesen. 1910. S. 182. Dr.-Ing. C. E. Bichel: Neuerungen in der Anlage von Sprengstoffabriken.

hatte bereits Guttmann in seinen Vorträgen „20 Jahre Fortschritte in Explosivstoffen“ vorgeschlagen, jedoch mit dem Unterschied, daß er von Wällen umgebene, freistehende Gebäude aus Eisenbeton vorschlug, die Schutz gewähren gegen Schleuderstücke und Feuersgefahr. Die Gebäude sollen mit einer horizontalen, mit 10 mm Rundeisen armierten doppelten, mit Erde gefüllten Betondecke gedeckt werden. Nicht mit Unrecht befürchtet Bichel bei der Explosion solcher Gebäude zu große Schleuderstücke und ein Einstürzen wegen der schweren Decke bei stärkeren Nachbarexplosionen. Zum Unterschiede empfiehlt Bichel gewölbeartige Konstruktion, gänzliche Einbettung in die Erde und will nur ein ganz dünnes Eisennetzwerk anwenden. Von vornherein beschränkt er den Vorschlag wegen der begrenzten anwendbaren Spannweite der Gewölbe auf kleinere Anlagen mit mäßiger Produktion. Für die eigentlichen Traggewölbe soll leichtes Schwemmsteinmauerwerk verwendet werden. Die Gewölbe, die im allgemeinen nur an einer Seite dem Tageslicht Zutritt gestatten, sind ganz im Boden bzw. in hohe Umwallungen eingebettet und mit einer 1 m dicken Erdschicht bedeckt. Von dieser massiven Konstruktion sind folgende Vorteile zu erwarten:

1. Im Falle der Explosion im Gebäude wenige und kleine Schleuderstücke. Die Ausblaseseite wird durch einen besonders hohen Wall geschützt.

2. Hohe Stabilität des einzelnen Gebäudes bei Nachbarexplosionen.

3. Da die tief in der Erde liegenden Explosionsherde bei der Explosion einen sehr großen Teil der Energie zur Zerstörung der Bauwerke und zum Hochschleudern und Zerteilen des auflastenden Erdreiches verbrauchen, wird die Druckwirkung der Explosionsgase auf nähere oder weitere Entfernung und dementsprechend der angerichtete Schaden geringer.

4. Die Blitzgefahr, die für Sprengstoffabriken recht erheblich ist, muß durch die Erdüberschüttung bedeutend vermindert werden.

5. Eine Inbrandsetzung der Gebäude ist nahezu ausgeschlossen, da nur Türen und Fensterrahmen aus Holz bestehen, die übrigen Teile des Gebäudes aber unverbrennlich sind.

6. Herabfallende Schleuderstücke bei Nachbarexplosionen werden durch die Erdüberschüttung aufgefangen und können die Explosion nicht fortpflanzen, wie das bei freistehenden, leichtbedachten Betriebsgebäuden sehr häufig der Fall ist.

Schließlich kommen Reparatur- und Unterhaltungskosten durch Anstrich des Holzes und der Dächer nahezu in Wegfall. Nachteilig ist die Beengung des Raumes, die geringe Belichtung, die bei trübem Wetter meist die Anwendung künstlicher Beleuchtung nötig macht, schwierige Ventilation und die Umständlichkeit größerer Umänderungen und Reparaturen.

Gleichwohl ist inzwischen die Bichelsche Bauweise mit gutem, praktischen Erfolg in einzelnen Fabriken zur Anwendung gekommen, freilich nicht für besonders große Nitroglycerinchargen. Man hat sich mit Operationen von 100—150 kg Glycerin begnügt (entsprechend 230—350 kg Nitroglycerin pro Charge), hat aber doch durch Errichtung einer entsprechenden Anzahl von Einzelsystemen den Fabriken eine recht beachtenswerte Leistungsfähigkeit verliehen.

Als besonders zweckmäßig hat sich hierbei erwiesen, Nitrierung,

Abb. 20. Nachscheidung.

Scheidung und Waschung des Nitroglycerins in ein einziges Gewölbe zu verlegen, wobei die Raumverhältnisse allzugroße Chargen natürlich nicht zulassen. Dafür legt man eine angemessene Zahl solcher kombinierten Systeme an und hat den Vorteil, daß, falls eines dieser Einzelsysteme zerstört wird oder eine Betriebsstörung erleidet, nach Ausbesserung der Leitungen in den anderen Systemen die Fabrikation weitergeführt werden kann, während bei getrennter Ausführung der Operationen in verschiedenen Gebäuden, die Zerstörung einer Teilanlage naturgemäß die Außerbetriebsetzung der Gesamtanlage mit sich bringt. Eine Fortleitung von Nitroglycerin von Gebäude zu Gebäude findet bei dieser Art der Anlage überhaupt nicht statt, wodurch eine Explosionsübertragung auf diesem Wege ausgeschlossen wird.

Das fertige Sprengöl passiert vielmehr vom Waschgefäß eine kurze Leitung durch den Wall, wird in einer Höhlung desselben in Hartgummigefäße abgefüllt und nunmehr nach dem entfernter gelegenen. in derselben Weise gebauten Öllager gefahren oder getragen, wo zugleich die Filtration stattfindet. Von hieraus werden wiederum die abgewogenen Mengen nach den Gelatinier- oder Mischhäusern getragen, die nach demselben Prinzip errichtet sind. Die Abbildungen 16—20 machen Bauart und Einrichtung solcher Anlagen anschaulich.

Dieses Konstruktionsprinzip hat sich bei zwei Explosionen in den letzten Jahren aufs beste bewährt, bei denen die Zerstörung so gut wie völlig auf den Explosionsherd beschränkt blieb.

Physikalische, chemische und physiologische Eigenschaften. Charakter als Explosivstoff.

Physikalische Eigenschaften.

Nitroglycerin ist eine ölige, in reinem Zustande völlig farblose wasserhelle Flüssigkeit. Das technische Produkt ist stets gelblich (weingelb) bis bräunlichgelb gefärbt, je nach Stärke der Färbung des verwendeten Glycerins, aber heller als letzteres. Aus wasserhellem, chemisch reinem Glycerin läßt sich mit reinen Reagenzien unter Vermeidung zu hoher Temperaturen bei Nitrierung und Stabilisierung leicht völlig farbloses Nitroglycerin herstellen.

Dasselbe ist bei gewöhnlicher Temperatur geruchlos. Bei höherer Temperatur (oberhalb 50^0) ist ein schwacher eigentümlicher Geruch wahrnehmbar, besonders beim Betreten von Arbeitsräumen, wo angewärmtes Nitroglycerin verarbeitet wird. Der Geschmack ist süßlichbrennend.

Das spez. Gewicht ist 1,60 bei 15^0, 1,614 bei 4^0 und 1,591 bei 25^0[1]. Genaue Bestimmungen von Beckerhinn: 1,5991 und Kast: 1,5995 ($15^0/15^0$) kommen dem allgemein angenommenen Werte von 1,60 außerordentlich nahe. Beim Gefrieren zieht es sich um $^{10}/_{121}$ seines Volums zusammen und hat dann das spez. Gewicht: 1,735 ($+ 10^0$). Der Brechungsindex ist nach Marpmann[2] $n\,D = 1{,}4744$.

Die Viscosität ist $2^1/_2$ mal so groß wie die des Wassers und um ein Vielfaches geringer als die von Glycerin.

Ausflußdauer aus einer 10-ccm-Pipette bei 20^0:

Wasser	6	Sek.	
Nitroglycerin	15	,,	
Glycerin	540	,,	(bzw. 9 Min.).

[1]) Perkin: Journ. of soc. chem. London. Bd. 55, S. 685.

[2]) Apotheker-Zg. Bd. 7, S. 312. 1892.

Flüchtigkeit: Der Dampfdruck ist bei gewöhnlicher Temperatur äußerst gering. Erst von etwa 50⁰ an wird die Flüchtigkeit bemerkenswert, so daß sie bei analytischen Arbeiten (Entfernung von Lösungsmitteln) zu berücksichtigen ist. Gegen 100⁰ ist das Nitroglycerin stark flüchtig.

20 g Nitroglycerin in einem offenen Wägeglas von 70 mm ∅ verlieren

24 Stunden bei 50⁰ gelagert 0,04 g (0,2%)
24 „ „ 75⁰ „ 0,32 g (1,6%)
24 „ „ 100⁰ „ ca. 2 g (ca. 10%).

Die Flüchtigkeit ist also bei 75⁰ 8 mal und bei 100⁰ 50 mal so groß als bei 50⁰. Marschall und Peace[1]) geben den Dampfdruck bei

	20⁰	30⁰	40⁰	50⁰	60⁰	70⁰	80⁰	93,3⁰
zu	0,00025	0,00083	0,0024	0,0072	0,0188	0,043	0,098	0,29 mm

an. Zur Bestimmung wurde statt flüssigem Nitroglycerin pulverisiertes Cordit verwendet, durch das bei der betr. Temperatur eine bestimmte Luftmenge gesaugt wurde. Aus dem Gewichtsverlust des Cordites und der Menge des aus der abgeführten Luft kondensierten Nitroglycerins wurden die angegebenen Werte ermittelt. Wasserdämpfe erhöhen die Flüchtigkeit[2]). Mit Wasserdampf ist Nitroglycerin immerhin relativ schwer flüchtig. Bei der Destillation im Dampfstrom gehen mit 1 l Wasser nur etwa 8 g über.

Es läßt sich nicht ohne Zersetzung destillieren. Beim Erhitzen in einem Paraffinbad beginnt es oberhalb 140⁰ zu kochen. Dieses scheinbare Kochen rührt von rapider Zersetzung unter Entwicklung salpetriger Dämpfe her, wobei ein Destillat von Nitroglycerin und verdünnter Salpetersäure erhalten wird. Auch im Vakuum findet die Destillation nicht ohne Zersetzung statt und eine genaue Feststellung des Siedepunktes ist, soviel bekannt, nicht erfolgt.

Schmelzpunkt: Das Nitroglycerin erstarrt in 2 Modifikationen von erheblich verschiedenem Schmelzpunkt und zeigt in hohem Maße die Erscheinung der Überkaltung. Dieser Umstand und die sehr geringe Krystallisationsgeschwindigkeit dürften die Ursache sein, daß die Umstände der Krystallisation und der genaue Erstarrungspunkt des Nitroglycerins erst ziemlich spät festgestellt worden sind. S. Nauckhoff[3]) und H. Kast[4]) sind genaue Untersuchungen hierüber zu verdanken. Kast fand, daß das Nitroglycerin in 2 allotropen Modifikationen zu erstarren vermag, und zwar in einer labilen und einer stabilen Form, von denen nur die erste in die zweite übergeführt

---

[1]) Journ. of soc. chem. Bd. 109, S. 298. 1916.

[2]) Weinberg: Z. f. d. ges. Schieß- u. Sprengstoffwesen 1911. S. 431.

[3]) Z. f. angew. Chem. 1905, S. 11 ff., und Z. f. d. ges. Schieß- u. Sprengstoffwesen 1911, S. 124.

[4]) Z. f. d. ges. Schieß- u. Sprengstoffwesen 1906. S. 225.

werden kann bzw. leicht übergeht, so daß also eine monotrope Allotropie vorliegt.

Nauckhoff beobachtete nur die stabile Modifikation und ermittelte 1905 deren Gefrierpunkt zu 12—12,4⁰ für chemisch reines und 10,4—10,5⁰ für technisches Nitroglycerin (an mehreren verschiedenen Proben). Später (1911) erkannte er den von Kast 1906 angegebenen höheren Wert als richtig an, so daß sein früher als chemisch rein angesehenes Präparat als nicht genügend rein gelten kann und die von Kast veröffentlichten Werte als richtig angesehen werden müssen. Kast gibt folgende Übersicht über die Erstarrungs- und Schmelzpunkte beider Modifikationen für chemisch reines Nitroglycerin und für 2 technische Nitroglycerinpräparate, gewonnen aus 2 verschiedenen Gurdynamiten:

Nitroglycerinsorte	Aussehen	Stickstoffgehalt	Erstarrungspunkt		Schmelzpunkt	
			I. labil	II. stabil	I. labil	II. stabil
Chemisch rein	fast wasserhell	18,50%	2,1⁰	13,2⁰	2,8⁰	13,5⁰
Technisch aus Gurdynamit I	gelblich	18,48%	2,2⁰	13,1⁰	2,8⁰	13,5⁰
Technisch aus Gurdynamit II	gelblich	18,46%	1,9⁰	12,3⁰	2,5⁰	13,1⁰

Bestimmung des Gefrier- und Schmelzpunktes: Wegen der Unterkühlungserscheinung kann der Gefrierpunkt nicht einfach durch Messung der Temperatur bestimmt werden, bei der die Krystallisation beginnt. Man bestimmt ihn vielmehr, indem man die höchste Temperatur beobachtet, die ein in unterkühltes Nitroglycerin eingesetztes Thermometer beim Gefrieren desselben annimmt, wobei man die Krystallistion durch Impfen mit einem Nitroglycerinkryställchen einleitet. Nauckhoff verfährt dabei wie folgt:

Das Nitroglycerin befindet sich in einem mit Thermometer und Rührer versehenen Rohr, und wird durch Eintauchen in Eiswasser unterkühlt. Nach Einleiten der Krystallisation durch Einführen eines Impfkryställchens wird das Rohr in ein größeres Rohr eingesetzt, damit der Luftmantel gegen zu schnelle Wärmeabgabe schützt. Nun wird der Apparat in ein Wasserbad eingesetzt, dessen Temperatur etwas niedriger ist als die Gefriertemperatur des Nitroglycerins. Während des Gefrierens wird umgerührt, damit nur feinverteiltes festes Nitroglycerin sich bildet. Die Temperatur steigt anfangs schnell und nachher langsamer, bis sie schließlich bei der wirklichen Gefriertemperatur des Nitroglycerins konstant bleibt.

Einfacher ist die Bestimmung des Schmelzpunktes, wobei sich Nauckhoff des nebenstehenden Apparates bediente (Abb. 21). Ein Glasröhrchen *a*, unten zu einer dünnwandigen Pipette mit 1 mm Spitze ausgeblasen, wird zum Teil mit unterkühltem Nitroglycerin gefüllt, welches durch Impfen zum Gefrieren gebracht wird. Das Röhrchen wird hierauf an einem empfindlichen Thermometer *b* befestigt, und zwar mit der Spitze neben der Thermometerkugel. Das Ganze setzt man nun in einen Becher *c* mit Wasser, dessen Temperatur sich etwas unterhalb der Schmelztemperatur des Nitroglycerins befindet, etwa bei 10—11°. Das Becherglas wird durch einen etwas größeren Becher *d* geschützt, damit das Wasser nicht zu schnell Wärme aus der umgebenden Luft aufnimmt. Die Temperatur des Wassers steigt so passend schnell, wenn man bei gewöhnlicher Zimmertemperatur arbeitet. Das Wasser wird durch den Rührer *e* ständig bewegt und die Temperatur beobachtet, bei der das erste Tröpfchen Nitroglycerin sich an der Spitze der Pipette zeigt. Um das geschmolzene Nitroglycerin gleich bei der Entstehung herauszudrücken und um das gefrorene Nitroglycerin in enger Berührung mit der Gefäßwandung zu halten, wird das Röhrchen mit Wasser gefüllt.

Kast bedient sich zur Bestimmung des Gefrier- bzw. Erstarrungspunktes, sowie des Schmelzpunktes eines ähnlichen Apparates (Abb. 22),

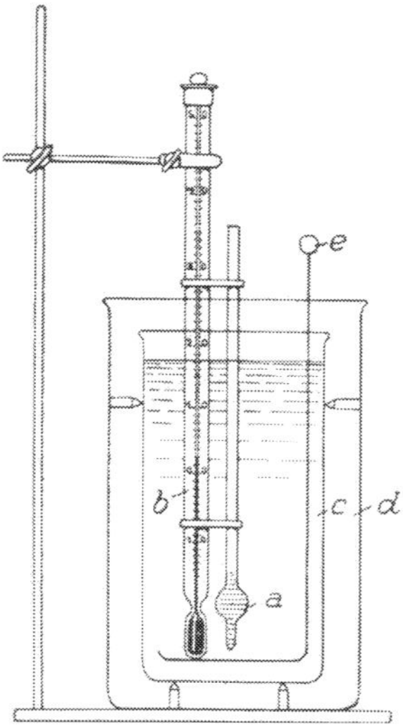

Abb. 21.

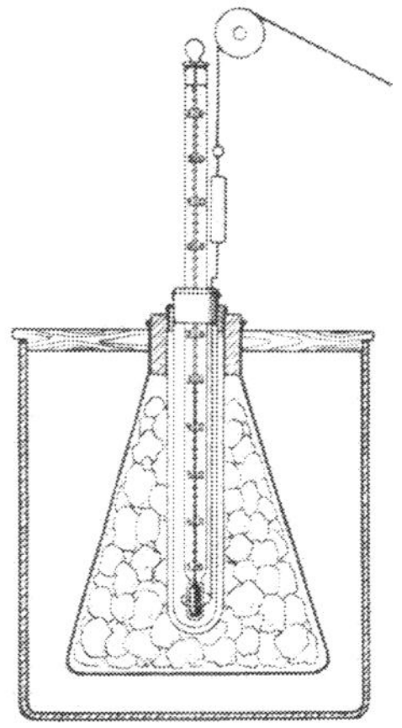

Abb. 22.

wobei im ersten Falle eine Kältemischung, im zweiten Falle entsprechend temperiertes Wasser Verwendung findet.

Zur Bestimmung des Gefrierpunktes befinden sich 15 ccm Nitroglycerin in einem weiten, mit Thermometer (*t*) und mechanisch betätigtem Rührer (*r*) versehenen Reagensglas (*a*), das zur Erzielung einer isolierenden Luftschicht von einem 2. ähnlichen Reagensglas (*b*) umgeben und in diesem durch 2 Gummiringe (*g*) festgehalten wird. Beide Reagensgläser sind in einen weithalsigen, zur Aufnahme der Kältemischung bestimmten Erlenmeyerkolben (*c*) eingesetzt, der seinerseits in ein mit einem Holzdeckel bedecktes leeres Batterieglas (*e*) eingehängt ist. Nachdem das Nitroglycerin genügend (ca. 8° unter den Erstarrungspunkt) abgekühlt ist, wird ein Impfkrystall zugesetzt und unter fortwährendem Rühren das Thermometer beobachtet. Der höchste erreichbare Punkt desselben wird als Erstarrungspunkt angenommen.

Zur Bestimmung des Schmelzpunktes wird derselbe Apparat verwendet; es wird nur die Kältemischung gegen entsprechend temperiertes Wasser ausgewechselt. Als Schmelzpunkt wird dann der Temperaturpunkt angenommen, bei dem die erstarrte Masse anfängt, durchsichtig zu werden, so daß das Thermometergefäß wieder von außen sichtbar wird. Dieser Punkt fällt genau mit dem Punkt zusammen, bei dem das Thermometer anfängt, schneller zu steigen, nachdem es vorher innerhalb ganz weniger Zehntelgrade längere Zeit konstant geblieben ist.

Nach Kast liegt der Schmelzpunkt je nach der Reinheit des Nitroglycerins mehr oder weniger weit über dem Erstarrungspunkt und läßt sich ziemlich scharf festlegen, sodaß die einzelnen Werte auf 1—2 Zehntelgrade miteinander übereinstimmen. Dagegen zeigte sich der Erstarrungspunkt abhängig von der Schnelligkeit, mit der die Krystallisation eingeleitet wird und vor sich geht.

Hibbert hat diese Untersuchungen fortgesetzt[1]) und gibt als Erstarrungspunkte **1,9^0** und **13,0^0**, als Schmelzpunkte **2,0^0** und **13,2^0** für die labile bzw. stabile Modifikation an. Diese geringen Unterschiede gegenüber Kasts Beobachtungen sind praktisch belanglos und lassen sich, gleich reine Produkte vorausgesetzt, durch die verschiedene Art der Ablesung erklären.

Zu dem Temperaturintervall zwischen Erstarrungspunkt und Schmelzpunkt bemerkt Kast an anderer Stelle[2]), daß ein solches auch bei den reinsten Substanzen gefunden wird, wenn man als Schmelzpunkt den Punkt betrachtet, bei dem die ganze Masse geschmolzen ist. „Das Intervall ist in Wirklichkeit nicht vorhanden, sondern nur in der technischen Art der Ausführung beider Bestimmungen begründet, da in einem Falle das Medium eine höhere, im anderen eine niedrigere Temperatur hat, als der zu prüfende Stoff. Die Höhe beider Punkte ist also von der Temperatur des umgebenden Mediums abhängig. Während aber der Erstarrungspunkt unter den gegebenen Bedingungen bei reinen Substanzen stets scharf bis auf 0,1^0 zu bestimmen ist, bekommt man bei der Schmelzpunktsbestimmung immer ein mehr oder weniger breites Schmelzgebiet, das um so breiter ist, je unreiner das Produkt ist. In gleichem Sinne wird auch das Intervall zwischen Erstarrungs- und Schmelzpunkt größer."

Unterkühlung und Krystallisationsgeschwindigkeit. — Maßgebend für die Unterkühlungsfähigkeit einer Flüssigkeit sind nach Tammann[3]) das spontane Krystallisationsvermögen, das durch die Zahl der spontan entstehenden Krystallisationszentren in der Gewichtseinheit der unterkühlten Flüssigkeit pro Zeiteinheit bei gegebener Temperatur ausgedrückt wird, und die lineare Krystallisationsgeschwindigkeit, d. h. die Strecke, um die sich in der Zeiteinheit die Grenze zwischen dem Krystallisierten und der Flüssigkeit fortbewegt. Das spontane Krystallisationsvermögen des Nitro-

---

[1]) VIII. internat. Kongr. f. angew. Chem. New-York 1912, 4, 37 und Z. f. d. ges. Schieß- u. Sprengstoffwesen 1914, S. 83 ff.

[2]) Kast: Spreng- und Zündstoffe. S. 165. Vieweg & Sohn 1921.

[3]) Tammann: Z. f. physikal. Chem. Bd. 25, S. 442. 1898.

glycerins ist nicht bekannt, aber offenbar sehr gering. Da auch seine lineare Krystallisationsgeschwindigkeit sehr klein ist, ist die Unterkühlungsfähigkeit sehr bedeutend. Kleine Mengen von Nitroglycerin freiwillig zum Krystallisieren zu bringen, gelingt außerordentlich schwer, wenn es nicht vorher krystallisiert war und ohne größere Temperaturerhöhung wieder aufgetaut ist. Man kann kleinere Mengen lange Zeit den Temperaturen von Kältemischungen aussetzen, ohne daß Krystallisation eintritt. Dasselbe gilt für nitroglycerinhaltige Sprengstoffe. Bei sehr starker Abkühlung in einem Gemisch von fester Kohlensäure und Äther geht das Nitroglycerin in einen festen, glasig-amorphen Zustand über, wird aber beim Erwärmen unterhalb seines Erstarrungspunktes wieder dünnflüssig. Bei größeren Mengen findet leichter Krystallisation statt, offenbar weil die Möglichkeit der Bildung von Krystallisationszentren erhöht ist. So kommt es, daß das Gefrieren von Dynamitsendungen, die einen längeren Transport bei Wintertemperatur durchmachen oder im Winter in ungeheizten Räumen lagern, eine ganz regelmäßige Erscheinung ist und das Auftauen des Dynamits vor dem Gebrauch im Winter zur häufigen Notwendigkeit wird. Einmal gefroren gewesenes Nitroglycerin gefriert beim Abkühlen unter den Erstarrungspunkt stets von selbst ohne weiteres, d. h. ohne Impfen wieder, wofern es nicht beim Auftauen stärker erwärmt wurde. Es bleibt nach dem Auftauen offenbar in einem von dem gewöhnlichen abweichenden physikalischen Zustande, den man sich etwa als durch bestimmte Schwingungsrichtungen der Moleküle charakterisiert vorstellen kann. Erwärmt man dagegen die aufgetaute Nitroglycerinprobe einige Zeit auf etwa 50°, so verschwindet dieser Zustand und es treten nunmehr beim Abkühlen unter den Erstarrungspunkt wieder die gewöhnlichen Überkaltungserscheinungen ein.

Die lineare Krystallisationsgeschwindigkeit wurde von Nauckhoff[1]) bei verschiedenen Temperaturen gemessen und als sehr klein gefunden:

+ 5°	0°	— 5°	— 17°
0,145	1,183	0,267	0,125 mm pro Minute.

Im allgemeinen nimmt diese Geschwindigkeit bei abnehmender Temperatur naturgemäß zu, sie nimmt aber andererseits mit zunehmender Viscosität wiederum ab und bei Temperaturen unter — 5° scheint nach Nauckhoffs Messungen letzterer Einfluß zu überwiegen. Dies stimmt mit den Beobachtungen der Praxis überein, wonach in den Fabriken nitroglycerinhaltige Leitungen am raschesten bei gelindem Frost zufrieren.

Die labile und die stabile Krystallform. Kast, der das Nitroglycerin für seine Untersuchungen meist in der Form von Gurdynamit zum Erstarren brachte, konnte keine genaue Regelmäßigkeit

[1]) Z. angew. Chem. 1905, S. 16.

bez. des Entstehens der labilen oder stabilen Form feststellen, fand aber, daß chemisch reines Nitroglycerin schwerer zum Erstarren zu bringen war, dann aber stets labil erstarrte, weniger reines dagegen leichter, dann aber vorwiegend stabil erstarrte.

Die labile Form geht nach längerer Zeit von selbst, beim Berühren mit einem Krystall der stabilen Form sofort in letztere über. Daher kommt es auch, daß in der Praxis das gefrorene Dynamit das Nitroglycerin immer in der stabilen Form enthält und bis zu der Entdeckung von Kast nur letztere, d. h. der höhere Schmelzpunkt des Nitroglycerins, bekannt war. Die labile Form läßt sich schon äußerlich durch ihr glasigeres Aussehen von der stabilen Form unterscheiden, besser aber daran, daß sie in einem 6—8^0 warmen Wasserbad schnell zum Schmelzen zu bringen ist.

Hibbert[1]) gibt folgende Versuchsbedingungen an, um das labile bzw. stabile Isomere mit Sicherheit zu erhalten: Mischt man frisch hergestelltes Nitroglycerin, das noch nicht gefroren war, mit Holzmehl, Baumwolle, gepulverter Glaswolle oder gepulverten Tonscherben, am besten gepulverter Glaswolle, und rührt das auf — 40^0 abgekühlte Gemisch lebhaft um, so entsteht stets das labile Isomere. Mit einer kleinen Menge des erstarrten Produktes impft man eine weitere Nitroglycerinprobe, rührt gleichfalls um und das Nitroglycerin erstarrt in der labilen Form.

Mischt man dagegen mit Holzmehl und gepulvertem Natriumnitrat, so entsteht bei dem sonst gleichen Verfahren das stabile Isomere. Schon einmal gefroren gewesenes Nitroglycerin gibt mit Holzmehl bisweilen die labile, bisweilen die stabile Form. Wofern erstere entsteht, geht diese leicht, z. B. durch lebhaftes Umrühren mit Glasstab, in die stabile über. Mischt man das vorher gefroren gewesene Produkt mit Holzmehl und Natriumnitrat, so entsteht stets die stabile Form. Wie Natriumnitrat verhält sich Ammonnitrat. Kaliumnitrat dagegen ist diesbezüglich ohne Einfluß.

Über die Bedingungen der Umwandlung der Isomeren gibt Hibbert[2]) genaue Beobachtungen. Danach krystallisiert jedes abgekühlte Nitroglycerin in der Form, mit der es geimpft wird. Das krystallisierte labile Isomere läßt sich längere Zeit (1—2 Wochen) ohne Veränderung aufbewahren, die Krystalle verlieren aber allmählich ihre Durchsichtigkeit und gehen in die stabile Form über. Letztere kann aber nie in die labile Form zurückverwandelt werden, ohne die flüssige Phase zu durchlaufen. War das Nitroglycerin vorher stabil gefroren und nach Verflüssigung durch Impfen mit der labilen Form labil erstarrt, so findet die Umwandlung besonders leicht statt. Es genügt dazu im

[1]) Z. f. d. ges. Schieß- u. Sprengstoffwesen 1914, S. 83 ff.
[2]) Z. f. d. ges. Schieß- u. Sprengstoffwesen 1914, S. 126.

allgemeinen ein kräftiges Umrühren mit dem Glasstab bei —20 bis — 60°. Bisweilen geschieht die Umwandlung ohne erkennbare Ursache. Werden die labilen Krystalle unter Berührung mit einem stabilen Krystall bei 2—4° umgerührt, so erfolgt die Umwandlung der ganzen Menge in 30—40 Sek. unter Erhöhung der Temperatur um 10°.

Beide Isomeren, geschmolzen und kürzere Zeit auf 20—30° erwärmt, erstarren beim Abkühlen von selbst wieder in der ursprünglichen Form, so daß man annehmen muß, daß beide Formen auch im flüssigen Zustande existieren. Diese Tatsache veranlaßt Hibbert zu der Vermutung[1]),

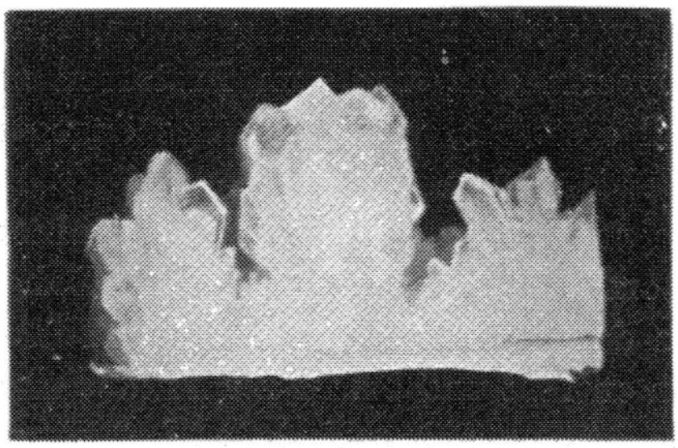

a. Aus abgekühltem Nitroglycerin.

b.

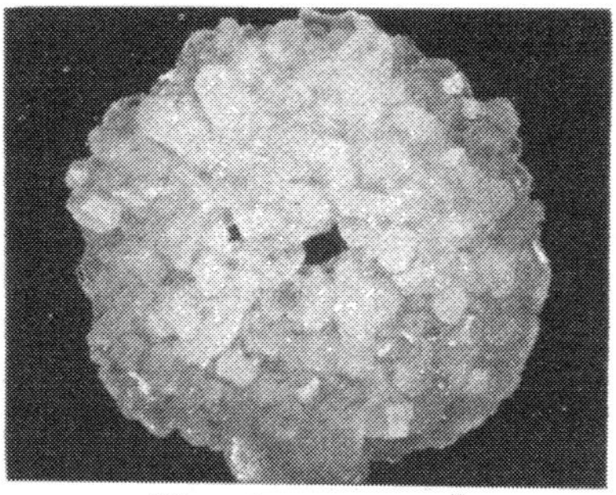

c. Nitroglycerin aus Äther krystallisiert.

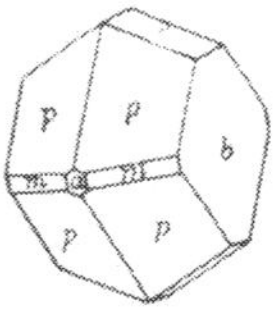

d.

Abb. 23. Nitroglycerinkrystalle: stabile Form (nach Nauckhoff).

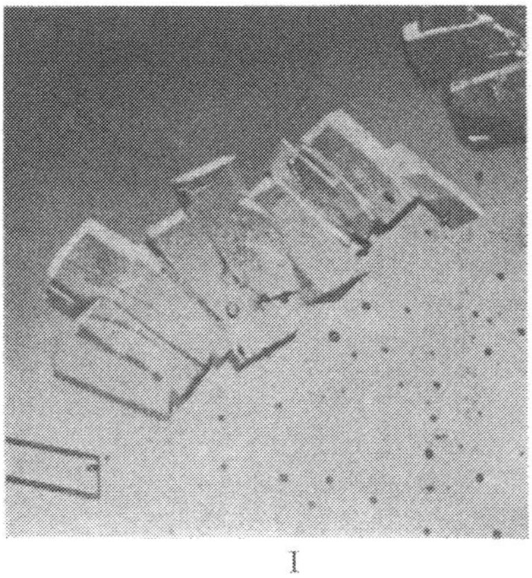

I

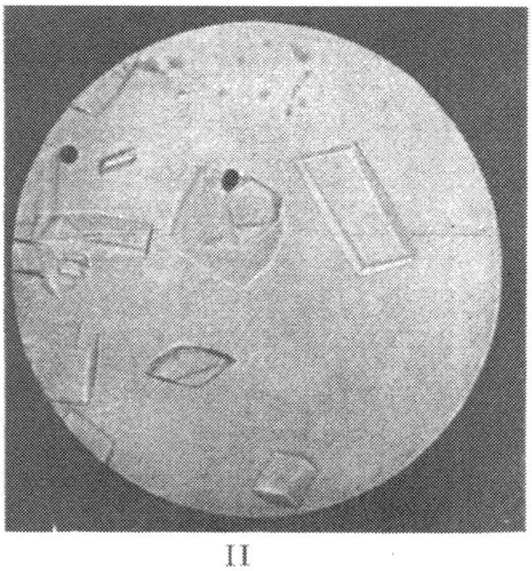

II

Abb. 23. Nitroglycerinkrystalle nach Hibbert. I—IV labile Form. V—VII stabile Form.

---

[1]) Z. f. d. ges. Schieß- u. Sprengstoffwesen 1914, S. 306 u. 321.

daß es sich möglicherweise nicht nur um physikalische, sondern um chemische Isomerie handeln könne, wobei folgende Strukturformeln denkbar sind:

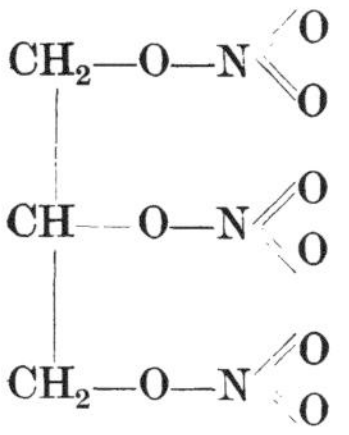

und

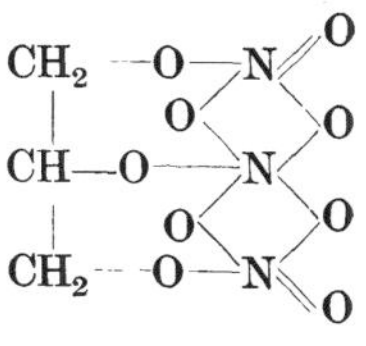

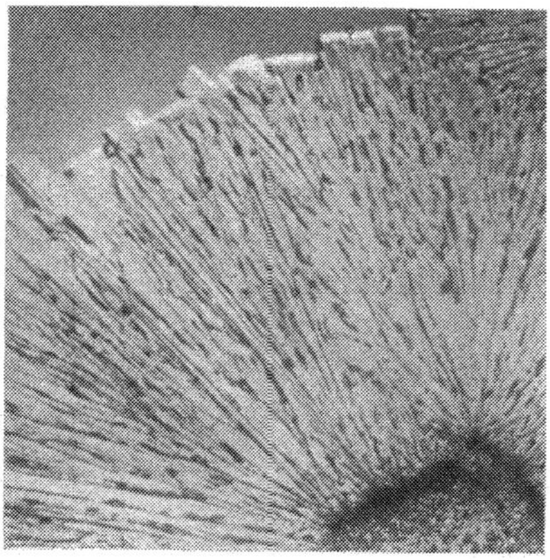

III

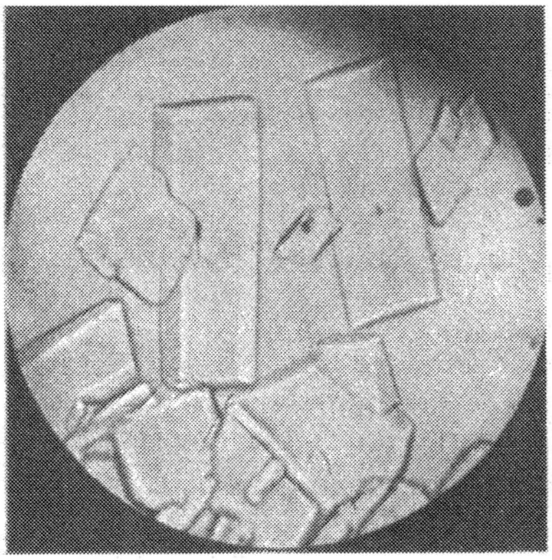

IV

V

VI

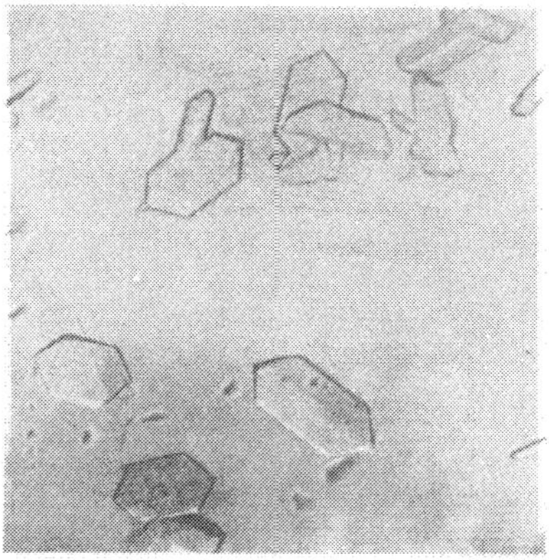

VII

Abb. 23. Nitroglycerinkrystalle nach Hibbert
I—IV labile Form. V—VII stabile Form.

Beweise in dieser Hinsicht durch etwaiges verschiedenartiges Verhalten der beiden flüssigen Formen in chemischer und physikalischer Hinsicht (Löslichkeitsverhältnisse) scheinen bislang nicht erbracht zu sein.

Krystallformen. Die Krystallform für das stabile Isomere ist von Flink (s. Nauckhoffs Untersuchungen[1]), für das labile von Hibbert[2]) ermittelt worden; die erstere gehört dem bipyramidalen rhombischen, die letztere dem triklinen System an (s. Abbildungen).

Spezifische Wärme, latente Schmelzwärme, Umwandlungswärme. Diese physikalischen Konstanten sind von verschiedenen Autoren geprüft und festgelegt worden, zuerst teilweise von Beckerhinn[3]), später von Nauckhoff[4]) und schließlich von Hibbert und Fuller[5]). Die spez. Wärme gibt Nauckhoff für flüssiges Nitroglycerin mit 0,356 Cal., für festes mit 0,315 Cal. an. Die Umwandlungswärme der Isomeren haben Hibbert und Fuller zugleich mit ihrer Krystallisationswärme (bzw. latenten Schmelzwärme) unter Überwindung großer experimenteller Schwierigkeiten, die z. T. in der Langsamkeit der Krystallisationsvorgänge begründet sind, mit dem Bunsenschen Eiscalorimeter bestimmt und zu 28,0 Cal. per 1 g ermittelt. Es ergaben sich folgende Wärmeentwicklungen:

	Grammcalorien	Molekularcalorien
1. Flüssige Phase → labile, feste Phase .	5,2	1180,4
2. Labile, feste Phase → stabile, feste Phase .	28,0	6356,0
3. Flüssige Phase → stabile, feste Phase .	33,2	7536,4

Die Theorie der Gefrierpunktserniedrigung des Nitroglycerins, sowie die tatsächliche Herabsetzung des Gefrierpunktes durch Verunreinigungen und durch geeignete Zusätze wird im Eingang des Kapitels über „Ungefrierbare Dynamite“ behandelt.

Löslichkeitsverhältnisse[6]).

Das Nitroglycerin ist durch hohe Löslichkeit in den meisten organischen Lösungsmitteln ausgezeichnet, ebenso wie es selbst ein hervorragendes Lösungsmittel darstellt. Diese Verhältnisse bedingen Mischbarkeit in jedem Verhältnis mit der Mehrzahl der bekannten Lösungsmittel.

---

[1]) Z. f. d. ges. Schieß- u. Sprengstoffwesen 1911, S. 124.

[2]) Z. f. d. ges. Schieß- u. Sprengstoffwesen 1914, S. 87 u. 126.

[3]) Sitzungsber. d. Akad. der Wiss. Wien, 2. Okt. 72, 759 u. a. a. O.

[4]) Z. angew. Chem. 1905, S. 11 u. 53. — Z. f. d. ges. Schieß- u. Sprengstoffwesen 1911, S. 124.

[5]) Z. f. d. ges. Schieß- u. Sprengstoffwesen 1914, S. 273 u. 296.

[6]) Nach eigenen Feststellungen des Verfassers, da die vorhandenen Literaturangaben vielfach ungenau sind.

Mit folgenden Flüssigkeiten ist Nitroglycerin bei gewöhnlicher Temperatur in allen Verhältnissen mischbar:

Methylalkohol	Pyridin
Aceton	Nitrobenzol
Äther	Nitrotoluol
Essigester	flüss. Binitrotoluol
Amylacetat	Chloroform
Eisessig	Äthylenchlorid
Benzol	Äthylenbromid
Toluol	Dichloräthylen
Xylol	Tetrachloräthan
Phenol	

In wässeriger Essigsäure ist es je nach deren Konzentration löslich, in 65proz. Essigsäure z. B. noch erheblich, wodurch eine Trennung von aromatischen Nitrokörpern möglich wird (vgl. Sprengstoffanalysen, Anhang).

Abweichend von den genannten Chlorprodukten verhalten sich gewisse hochgechlorte Kohlenwasserstoffe. So lösen 100 T. Trichloräthylen nur 20 T. Nitroglycerin, 100 ccm Tetrachlorkohlenstoff lösen nur 2 ccm Nitroglycerin und auch in Perchloräthylen und Pentachloräthan ist es schwer löslich.

Die leichte Löslichkeit in Äther, Chloroform und Dichloräthylen ist wegen der niedrigen Siedepunkte dieser Lösungsmittel und der Nichtbrennbarkeit der beiden letzteren von Bedeutung für die Extraktion des Nitroglycerins aus rauchlosen Pulvern und Sprengstoffgemischen.

Ebenso ist es in allen Verhältnissen mischbar mit den homologen und naheverwandten Salpetersäureestern:

Methylnitrat	Trimethylenglykoldinitrat
Äthylnitrat	Dinitrochlorhydrin
Nitroglykol	Acetyldinitroglycerin
Dinitroglycerin	Tetranitrodiglycerin u. a.

Mischungen mit Nitroglykol, Dinitroglycerin und Dinitrochlorhydrin kommen als praktisch ungefrierbare Sprengöle in Betracht.

Eine Sonderstellung nimmt Äthylalkohol ein, bei dem der Löslichkeitskoeffizient mit Temperatur und Wassergehalt stark schwankt. Das Lösevermögen selbst von absolutem Alkohol für Nitroglycerin ist bei gewöhnlicher Temperatur beschränkt, während heißer Alkohol sich in jedem Verhältnis mit Nitroglycerin mischt. Die Löslichkeit in Alkohol nimmt mit dem Grade der Verdünnung des letzteren allmählich ab, so daß es in 50 proz. bereits sehr wenig löslich ist und durch Wasserzusatz aus der alkoholischen Lösung fast vollständig abgeschieden werden kann.

Ähnlich wie Alkohol verhalten sich Propyl-Isopropyl- und Amylalkohol, die ebenfalls Nitroglycerin bei gewöhnlicher Temperatur nur in beschränkter Menge lösen, bei Wasserbadtemperatur dagegen sich mit ihm in jedem Verhältnis mischen.

Löslichkeit von Nitroglycerin in Alkohol:

100 ccm	absol. Alkohol lösen bei	0°	ca.	30 g	Nitroglycerin	
(100 g	„ „ „ „	0°	„	37,5 g	„	)
100 ccm	„ „ „ „	20°	„	43 g	„	
(100 g	„ „ „ „	20°	„	54 g	„	)

100 ccm	96proz. Alkohollösung bei	20°	lösen	31,6 g	Nitroglycerin
(100 g	96proz. „ „	20°	„	40 g	„)

Bei 20°:	1 g	Nitroglycerin braucht zur Lösung	2,3 ccm absol. Alkohol
	1 g	„ „ „ „	3,2 ccm 96proz. „
	1 ccm	„ „ „ „	3,7 ccm absol. „
	1 ccm	„ „ „ „	5 ccm 96proz. „

100 ccm	50proz. Alkohol lösen bei	20°	1,8 g	Nitroglycerin
100 ccm	25proz. „ „ „	20°	0,7 g	„

Beim Verdünnen der gesättigten Nitroglycerinlösung in 50proz. Alkohol findet daher noch eine Abscheidung statt, bei weiterer Verdünnung der Lösung in 25proz. Alkohol nicht mehr. Verdünnungskurve und Löslichkeitskurve laufen parallel.

Bereits bei etwa **50° C** mischt sich Nitroglycerin selbst mit 96proz. Alkohol in allen Verhältnissen. Nitroglycerin seinerseits nimmt bei 20° nur 5,4%, bei 0° nur 3,6% Alkohol auf.

Schwerlöslich ist Nitroglycerin in Schwefelkohlenstoff, was für die Trennung von aromatischen Nitrokörpern, die in letzterem löslich sind, bei der Sprengstoffanalyse von Bedeutung ist.

100 ccm Schwefelkohlenstoff lösen bei gewöhnlicher Temperatur 1,25 g Ngc.
100 g Nitroglycerin lösen andererseits 2,5 g CS_2.

Fast unlöslich bei gewöhnlicher Temperatur und auch beim Erhitzen sehr wenig löslich ist Nitroglycerin in Glycerin. Eine Mittelstellung bezüglich des Lösevermögens zwischen Äthylalkohol und dem dreiwertigen Alkohol Glycerin nimmt der einfachste zweiwertige Alkohol, das Glykol, ein, da es Nitroglycerin in gewissem Umfange löst (100 Teile Glykol lösen bei 20° 12 Teile, bei 80° 20 Teile Nitroglycerin).

Nicht ganz unlöslich (entgegen älteren Angaben), aber schwer löslich bei gewöhnlicher Temperatur und auch beim Erwärmen wenig löslich ist Nitroglycerin in den leichten und schweren Mineralölen, die vorwiegend aus Grenzkohlenwasserstoffen bestehen, wie Benzin, Ligroin, Petroleum, Paraffinöl und Vaselinöl, leichter löslich dagegen in fetten Ölen, leicht löslich z. B. in Ricinusöl, löslich in 4 Teilen Olivenöl bei 100°, in 5 Teilen bei 20°, in 5 Teilen Rüböl bei 100° und in 7 Teilen bei 20°.

100 g	Ligroin lösen bei	20°	ca. 1,5 g,	bei	80°	ca. 6 g	Nitroglycerin
100 g	Petroleum „ „	20°	„ 2 g,	„	80°	„ 6 g	„
100 g	Paraffinöl „ „	20°	„ 4 g,	„	80°	„ 9 g	„

Löslichkeit in Wasser. In Wasser ist Nitroglycerin sehr schwer löslich, wenn auch nicht ganz unlöslich, worauf bei Ausbeutebestimmungen Rücksicht zu nehmen ist, und weshalb Waschen mit zu großen Wassermengen die Ausbeute fühlbar schmälert.

Nach Will[1])	löst ein Liter Wasser bei	15^0	1,6 g Ngc.
„ Versuchen des Verfassers	„ „ „ „ „	20^0	1,8 g „
„ „ „ „	„ „ „ „ „	50^0 ca.	2,5 g „

Löslichkeit in Alkalien und Säuren. In kalter Natron- oder Kalilauge sowie in Ammoniakflüssigkeit ist Nitroglycerin unlöslich, beim Erhitzen tritt allmähliche Auflösung unter Verseifung ein.

Konz. Schwefelsäure löst Nitroglycerin unter Abspaltung von HNO_3 reichlich auf, wobei je nach den Konzentrationsverhältnissen ein Abbau zu den niedrigeren Glycerinnitraten, ja bis zu Glycerinschwefelsäure eintritt. 100 g Schwefelsäure von $98^0/_0$ H_2SO_4 lösen so bei 20^0 etwa 26 g Nitroglycerin auf[2]). Alsdann führt die freigewordene HNO_3, die von einer gewissen Konzentration an wieder nitroglycerinbildend wirkt, den Gleichgewichtszustand herbei und weitere Mengen Nitroglycerin werden nicht mehr gelöst.

Über die Löslichkeit des Nitroglycerins in Mischsäuren verschiedener Zusammensetzung und die Gleichgewichtsverhältnisse zwischen solchen Mischsäuren, Nitroglycerin und Glycerinschwefelsäure haben Nathan und Rintoul eingehende Untersuchungen angestellt[3]) (vgl. auch weiter oben: Abschnitt Betriebsergebnisse, S. 83).

Höchstkonzentrierte Salpetersäure (spez. Gewicht 1,5) mischt sich bei gewöhnlicher Temperatur in jedem Verhältnis mit Nitroglycerin. Ihr Lösevermögen nimmt mit zunehmendem Wassergehalt ab. Von Salpetersäure vom spez. Gewicht 1,4 ($65^0/_0$ HNO_3) lösen 100 g bei 20^0 noch ca. 8 g Nitroglycerin. Lösungen von Nitroglycerin in Salpetersäure fallen beim Aufbewahren baldiger Zersetzung anheim unter Oxydation und Entwicklung von Untersalpetersäure.

In kalter konzentrierter Salzsäure ist Nitroglycerin unlöslich. Beim Erhitzen tritt allmählich Zersetzung unter Dunkelgelbfärbung und Entwicklung von Nitrosylchlorid ein.

Lösevermögen für Nitrokörper. Schließlich bleibt noch das erhebliche Lösevermögen zu erwähnen, das Nitroglycerin für die Nitroverbindungen der aromatischen Reihe besonders in der Wärme besitzt, da dies für die Fabrikation der plastischen und gelatinösen Sprengstoffe von Bedeutung ist, zumal die Nitrokörper ebenso wie Nitroglycerin mit Nitrocellulose gelatinieren. Es mischen sich in der Wärme z. B. Binitrotoluol und Trinitrotoluol mit Nitroglycerin in jedem

---

1) Z. f. d. ges. Schieß- u. Sprengstoffwesen 1908, S. 373.

2) 100 g 70—80 proz. Schwefelsäure lösen nur etwa 7,5 g Nitroglycerin.

3) Journ. soc. chem. ind. Bd. 27, S. 143. 1908.

Verhältnis zu klaren Schmelzen. Eine Schmelze gleicher Teile von Nitroglycerin und reinem 2-4-6-Trinitrotoluol ist bei etwa 60^0 noch flüssig. Beim Erkalten der Lösungen bzw. eutektischen Gemische krystallisieren die Nitrokörper zum Teil aus, wobei Neigung zur Überkaltung besteht.

100 g Nitroglycerin halten bei 20^0 ca. 35 g Binitrotoluol in Lösung
100 g „ „ „ 20^0 „ 30 g Trinitrotoluol „ „

Lösevermögen für Nitrocellulose (Gelatinierbarkeit). Nitroglycerin hat ein sehr beträchtliches Lösevermögen für gewisse Arten der Nitrocellulose, die als Kollodiumwolle oder lösliche Nitrocellulose bezeichnet werden. Es löst dieselben bei längerem Stehen des Gemenges bei gewöhnlicher Temperatur, nach kurzer Zeit schon (z. B. 15—20 Min.) bei höherer Temperatur (z. B. 60—65^0) zu einem je nach Konzentration der Lösung mehr oder weniger steifen Kolloid (Gelatine). Es bilden z. B. 100 Teile Nitroglycerin bereits mit 2,5 Teilen Kollodiumwolle ein elastisches, nicht abtropfendes Kolloid, das sich schneiden läßt und bei gewöhnlicher Temperatur die ihm gegebene Form behält. Maßgebend für die Menge der hierzu nötigen Kollodiumwolle bzw. das Verhältnis zwischen Nitroglycerin und Kollodiumwolle ist die Qualität der letzteren, die man mit „Gelatinierfähigkeit" bezeichnet. — Im Nitroglycerin gelöste aromatische Nitrokörper oder substituierte Harnstoffe (Centralite) befördern die Kolloidbildung. Diese Eigenschaft des Nitroglycerins, von Alfred Nobel entdeckt, ist wichtig für die Herstellung der plastischen Dynamite (Sprenggelatine und Gelatine-Dynamite) und der rauchlosen Nitroglycerinpulver.

(Zusammenstellungen der Lösemittel für Nitroglycerin, die mit obigen genaueren Angaben ungefähr übereinstimmen, finden sich im Guttmann: Ind. d. Explosivstoffe, S. 437, und Escales: Nitroglycerin und Dynamit, S. 133.)

Chemische Eigenschaften

(Chemische Untersuchung, Stabilität, Zersetzung).

Nitroglycerin zeigt die chemische Natur eines Esters. Bei der Reduktion (z. B. mit Zinn und Salzsäure) wird Glycerin regeneriert, während bei der Reduktion echter Nitroverbindungen, z. B. Nitromethan, Nitrobenzol, die entsprechenden Amidoverbindungen, Methylamin und Anilin, entstehen. Es enthält also keine mit Kohlenstoff direkt verbundenen Stickstoffatome und ist durch Kondensation, nicht durch Substitution, entstanden. Seine Konstitutionsformel ist daher:

$$\begin{array}{l} CH_2—O—NO_2 \\ \vert \\ CH\ —O—NO_2 \\ \vert \\ CH_2—O—NO_2 \end{array}$$

und die Bezeichnung Nitroglycerin ist, wie in der Einleitung schon erwähnt, unrichtig und hat nur den Wert einer eingebürgerten und eingewurzelten Abkürzung. Die richtige Bezeichnung lautet: Glycerintrinitrat oder dreifacher Salpetersäureester des Glycerins. Dementsprechend wird Nitroglycerin von Alkalien, besonders leicht von alkoholischer Kali- oder Natronlauge, verseift, wobei durch Oxydationswirkung das Glycerin teilweise in organische Säuren übergeführt wird, andererseits neben Salpeter auch Nitrit entsteht. Nach Hay[1]) erfolgt die Verseifung mit Alkali nach dem Schema:

$$C_3H_5(ONO_2)_3 + 5\,KOH = KNO_3 + 2\,KNO_2 + CH_3COOK + HCOOK + 3\,H_2O.$$

Doch umfaßt diese Gleichung nicht alle Vorgänge der Reaktion, da auch noch andere Produkte, z. B. ein Aldehydharz, Oxalsäure und Ammoniak, beobachtet worden sind[2]).

Glycerin tritt bei der alkalischen Verseifung nicht als Verseifungsprodukt auf[3]). Erfolgt die Verseifung durch Ätzkali in Gegenwart von Phenylmercaptan, so tritt Glycerin als Verseifungsprodukt auf und das Phenylmercaptan verwandelt sich in Diphenyldisulfid[4]).

Noch energischer verseifend wirken Schwefelalkalien, K_2S, KHS und CaS, wobei Glycerin auftritt[5]).

Jodwasserstoffsäure vom spez. Gewicht 1,5 zerlegt das Nitroglycerin in Glycerin und Stickoxyd[6]).

Bei der Reduktion mit Zn und Essigsäure wird der Stickstoff als Ammoniak abgespalten (nach Häussermann[7]).

In konzentrierter Schwefelsäure löst sich Nitroglycerin mit großer Leichtigkeit auf, wobei sofort HNO_3 abgespalten wird, was sich durch Rauchen der Säure bemerkbar macht, und unter Umständen ein Abbau bis zu Glycerinschwefelsäure erfolgt (saure Verseifung).

Zunächst führt der chemische Abbau zu den niedrigeren Nitrierungsstufen, vor allem Dinitroglycerin. Das D.R.P. 175751 vom 1. Mai 1904 begründet eine Darstellungsmethode für Dinitroglycerin auf diese Reaktion (vgl. S. 152).

Salpetersäure bewirkt bei längerer Einwirkung, schneller bei höherer Temperatur, eine völlige Zersetzung unter Abspaltung von salpetrigen

---

[1]) Monit. Scient. Bd. 15, S. 424 und Jahresber. 1885, S. 1173.

[2]) Über alkalische Verseifung vgl. auch Vignon u. Bay: Bull. de la soc. de chim.-biol. [3] Bd. 29, S. 26. 1903; Cpt. rend. Bd. 135, S. 507. 1902. Silberrad und Farner: Journ. chem. soc., Bd. 89, S. 1759. 1906. Berl und Delpy: Ber. Bd. 43, S. 1421. 1901, sowie dort ang. Literatur.

[3]) Carlson: Ber. Bd. 40, S. 4192.

[4]) Klason, Carlson: Ber. Bd. 39, S. 2753, C. 1907 II, S. 1226.

[5]) Bloxam: Jahresber. 1883, S. 858. Chem. news Bd. 47, S. 169. 1883.

[6]) Mills: Jahresber. 1864, S. 494. Journ. chem. soc. Bd. 17, S. 153. 1864.

[7]) Weitere chem. Einwirkungen: Macdonald, Arms a. Explosives 1908, April und Mai, und Zeitschr. f. d. ges. Schieß- u. Sprengstoffwesen 1908, S. 425.

Dämpfen und Bildung eines sauren Sirups von Oxydationsprodukten, unter denen Glycerinsäure auftritt (vgl. auch Kapitel Stabilität).

Chemische Untersuchung.

1. Bestimmung des Wassergehaltes. Das fabrikmäßig hergestellte Nitroglycerin ist in frischem Zustande leicht getrübt durch Feuchtigkeit (0,4—0,6 $^0/_0$). Es ist nicht hygroskopisch und hat auch ein sehr geringes Lösevermögen für Wasser. Klares Nitroglycerin kann höchstens 0,1—0,2 $^0/_0$ Feuchtigkeit enthalten.

Man bestimmt dieselbe, indem man das Nitroglycerin in einer flachen Schicht im Chlorcalciumexsiccator bis zur Gewichtkonstanz trocknet. Auch kurzes Erwärmen in flacher offener Schale auf 40—45^0 gibt hinreichend genaue Resultate.

2. Acidität und Alkalinität. Das Nitroglycerin muß für die Verwendung völlig neutral sein und darf weder Säurespuren noch freies Alkali enthalten. Erstere bewirken beim Lagern allmähliche Zersetzung, letztere (z. B. nicht völlig ausgewaschene Soda) kann bei der Stabilitätsprüfung (s. weiter unten) eine höhere Stabilität vortäuschen, als wirklich vorhanden ist. Ein Überschuß von anhaftender Soda kann noch vorhandene nicht ausgewaschene Säurespuren verdecken, auch selbst verseifend einwirken. Man schüttelt daher die Probe kräftig mit destilliertem Wasser durch, trennt im Scheidetrichter und prüft das Wasser mit Methylorange oder Kongo. Evtl. titriert man das Alkali mit n/10-Säure.

3. Chemische Analyse. Zur Identifizierung bzw. zur Bestimmung der chemischen Reinheit dient gewöhnlich die Bestimmung des Stickstoffgehaltes. Als solcher wird bei technischem Nitroglycerin etwa 18,40 $^0/_0$, bei chemisch reinem, wasserhellem und klarem Nitroglycerin stets der theoretische von 18,50 $^0/_0$ (innerhalb der analytischen Fehlergrenze 18,48—18,52 $^0/_0$) gefunden.

Man kann den Stickstoff nach verschiedenen Methoden bestimmen. Die einfachste und unbedingt zuverlässige ist die Zersetzung mit Schwefelsäure, Reduktion mit Quecksilber und volumetrische Bestimmung des abgespaltenen Stickoxyds im Lungeschen Nitrometer, wie sie auf allen Sprengstoffabriken allgemein üblich ist. (Beschreibung und Handhabung des Apparates weiter oben S. 42 bei der Analyse der Nitriersäure.) Die Anwendung der Methode unterscheidet sich nicht wesentlich von der bei der Analyse von Mischsäure. Lunge selbst beschreibt die Stickstoffbestimmung von Nitroglycerin mittels Nitrometers in Dinglers polytech. Journal Bd. 245, S. 171. Außer ihm wandten zuerst Heß[1]) und W. Hempel[2]) die Methode auf Nitroglycerin an.

[1]) Mitt. Art.- u. Geniewesen 1881, Notizen S. 137.
[2]) Z. f. analyt. Chem. Bd. 20, S. 82 und Bd. 26, S. 312.

Heß wägt eine kleine Menge Nitroglycerin, z. B. 0,12 g, in einem Probegläschen ab, löst in konz. Schwefelsäure, gibt die Lösung in den Aufsatzbecher des Nitrometers und spült das Probegläschen einmal mit konz. und ein zweites Mal mit mäßig verdünnter Schwefelsäure (2 Säure zu 1 Wasser) nach. Da Probegläschen und Aufsatzbecher quantitativ, also mehrmals, nachgewaschen werden müssen, um die Nitroglycerinlösung restlos in den Schüttelraum zu spülen, verbraucht man leicht zuviel Schwefelsäure und muß korrigieren. Auch ist die Methode etwas umständlich und kann durch Spritzen und Abrauchen von Salpetersäure kleine Verluste herbeiführen. Einfacher tropft man die nötige Menge Nitroglycerin aus einer Tropfpipette, die vorher und nachher gewogen wird, in den Aufsatzbecher des Nitrometers, zieht die Hauptmenge durch schwachen Unterdruck ein und gibt rasch Schwefelsäure zu, die man ebenso rasch durch schnelles und vorsichtiges Öffnen und Schließen des Hahnes einsaugt, um die in der schweren Säure rasch hochsteigenden letzten Nitroglycerintröpfchen mit hereinzuziehen. Bei 2maliger Wiederholung sind letztere völlig in die Schüttelkugel gebracht. Man kann auch mit etwas schwächerer, also leichterer Schwefelsäure, in der Nitroglycerin untersinkt, nachspülen. Zeigt die Meßröhre eine Graduierung von 100—150 ccm (Schüttelkugel 100 ccm), so ist eine Dosis von 0,38—0,42 g Nitroglycerin einzuwägen.

Liegen Gemische bzw. Lösungen von Nitroglycerin mit Mononitrokörpern (z. B. Nitronaphthalin) oder anderen leicht nitrierfähigen Substanzen (z. B. Centraliten) vor, wie sie bei der Analyse von Sprengstoffen oder rauchlosen Nitroglycerinpulvern durch Extraktion erhalten werden können, so ist die Methode zur Bestimmung der vorhandenen Nitroglycerinmenge nicht anwendbar, da diese Verbindungen die von der Schwefelsäure abgespaltene Salpetersäure sofort teilweise aufnehmen bzw. nitriert oder weiternitriert werden, so daß ein Teil des Stickstoffes sich der Abspaltung als NO entzieht (Nitrogruppen werden von Quecksilber und Schwefelsäure nicht abgespalten) und zu wenig Nitroglycerin gefunden wird. Dagegen ist die Methode anwendbar auf Gemische von Nitroglycerin mit Dinitrotoluol oder Trinitrotoluol, welch letztere bei gewöhnlicher Temperatur keine Salpetersäure aufnehmen.

Drei Faktoren bringen bei Anwendung des Nitrometers in seiner einfachsten Form einige Verzögerung und Unbequemlichkeit mit sich. Durch die Reaktionswärme erwärmen sich Quecksilber und Glaswandungen erheblich, so daß nach dem Schütteln mit der Ablesung 20—30 Minuten zu warten ist, damit völliger Temperaturausgleich eintreten kann. Das Einstellen auf Atmosphärendruck, das wegen der Anwesenheit der Schwefelsäure nicht durch einfache Niveaueinstellung der Flüssigkeit in beiden Röhren erfolgen kann, ist unbequem, erfordert einige Übung und kann durch Gasverlust zur Wiederholung der Analyse zwingen. Endlich bildet die Schwefelsäure bisweilen Schaum oder Bläschen und läßt den Meniscus nicht mit voller Deutlichkeit erkennen. Deshalb wird es vielfach vorgezogen, die Gasentwicklung in einer einfachen Schüttelkugel, die im übrigen ganz dem Nitrometer, nur ohne Graduierung, entspricht, vorzunehmen und hierauf das Gas ohne die Schwefelsäure in eine Quecksilberbürette überzuleiten, wo nun die Ablesung nach 10 Minuten unter einfacher Niveaueinstellung des Niveaurohres bequem erfolgen kann.

Hempel hat für dieses Verfahren, welches auf alle Salpetersäureester anwendbar ist, einen besonderen etwas komplizierten Apparat angegeben, der aber durch das einfache Nitrometer in Verbindung mit der Quecksilberbürette ersetzt werden kann[1]).

[1]) Z. f. analyt. Chem. Bd. 20, S. 82 und Bd. 26, S. 312, und Escales: Nitroglycerin und Dynamit. S. 144.

Bestimmung des Stickstoffs durch Reduktion mit Eisenoxydulsalzen in saurer Lösung.

1. Verfahren von Heß: Kochen mit Ferrosulfat in schwefelsaurer Lösung.

F. Heß[1]) hat in Anlehnung an die von Champion und Pellet (Cpt. rend. Bd. 83, S. 707) angegebene, auch nach Schulze-Tiemann benannte Methode der Stickstoffbestimmung in der Nitrocellulose durch Kochen mit Eisenchlorür und Salzsäure und Messen des Stickoxydes eine analoge Methode für flüssige bzw. flüchtige Salpetersäureester ausgearbeitet, bei denen erstere nicht ohne weiteres anwendbar ist. Der wesentliche Unterschied von der älteren Methode ist, daß der flüssige Salpetersäureester nicht anfangs in den Kochkolben eingebracht wird und beim Auskochen der Luft noch nicht anwesend ist, da sich dies durch seine Flüchtigkeit verbietet, vielmehr das Kölbchen zunächst mit einer Lösung von 20—25 g Eisenvitriol in ca. 100 ccm dest. Wassers luftleer gekocht und hierauf nach Abkühlen durch Unterdruck die zu analysierende Nitroglycerinmenge in konzentrierter Schwefelsäure gelöst vorsichtig eingesogen und mehrmals mit anfangs starker, dann schwächerer Schwefelsäure und schließlich Wasser quantitativ nachgespült wird. Der weitere Prozeß verläuft ebenso wie bei der Stickstoffbestimmung der Nitrocellulose mit Eisenchlorür und Salzsäure. Man muß allerdings, nachdem das meiste Wasser verkocht und eine gewisse Konzentration eingetreten ist, nochmals abkühlen und 20—25 ccm Wasser einlassen, um alles Stickoxyd mit Sicherheit zu entbinden. Heß erhielt nach dieser Methode nahezu den theoretischen Wert, nämlich 18,42—18,55% N. (theor. 18,50% N.). Im übrigen dürfte die Methode kaum Vorzüge vor der Nitrometermethode besitzen.

2. Verfahren von Wolff, Zersetzung mit Eisenchlorür und Salzsäure im CO_2-Strom. C. H. Wolff[2]) vertreibt die Luft aus dem Reaktionsgefäß statt durch Wasserdampf vermittels eines Kohlensäurestromes und vermeidet so die mit der Behandlung von Unter- und Überdruckapparaten verbundene Unbequemlichkeit.

In einen kleinen, etwa 50 ccm fassenden Zersetzungskolben kommt die gewogene Menge Nitroglycerin, dazu je 5—10 ccm vorher aufgekochte und wieder erkaltete konz. Eisenchlorürlösung und konz. Salzsäure. Hierauf wird der Kolben geschlossen und aus einem Entwicklungsapparate Kohlensäure zur Vertreibung der Luft durch den Kolben geleitet. Werden die Gasblasen, nachdem das Gasableitungsrohr unter die Meßröhre geschoben ist, von der in dieser enthaltenen 20proz. Natronlauge vollkommen absorbiert, so unterbricht man die Kohlensäureentwicklung und erwärmt den Kolben durch eine kleine Gasflamme ganz allmählich, worauf die Zersetzung des Nitroglycerins unter Entbindung von Stickoxyd vor sich geht. Ist die Zersetzung beendet, so erhitzt man stärker und kocht endlich bis auf wenige Kubikzentimeter ein. Zuletzt führt man durch Einleiten von Kohlensäure die letzten Spuren Stickoxyd in die Meßröhre über.

Der Vollständigkeit halber seien noch folgende Analysenmethoden kurz erwähnt:

---

[1]) Mitt. Art.- u. Geniewesen 1888, Notizen S. 139. S. auch Escales: Nitroglycerin und Dynamit. S. 145.

[2]) Repertor. d. analyt. Chem. 1881, Nr. 13; s. a. Escales: Nitroglycerin und Dynamit. S. 147.

Man kann den Stickstoff des Nitroglycerins auch in Salpetersäure überführen und letztere titrimetrisch oder gravimetrisch (mit Nitron) bestimmen.

Hampe[1]) zerlegt Nitroglycerin mittels konz. Schwefelsäure und Quecksilber, führt die gebildeten Stickstoff-Sauerstoffverbindungen mit Sauerstoff und Wasserstoffsuperoxyd in Salpetersäure über und bestimmt diese durch Titration.

Einfacher dürfte es sein, die Salpetersäure des Nitroglycerins durch Verseifen mit Alkali in Gegenwart von Wasserstoffsuperoxyd in ein Gemenge von Nitrat und Nitrit überzuführen, wobei beim Ansäuern in Gegenwart von Wasserstoffsuperoxyd das Nitrit völlig in Nitrat übergeht, und hierauf letzteres mit Nitron gravimetrisch zu bestimmen. (Vgl. die entsprechende Methode für Nitrocellulose von Busch und Schneider, Z. f. Schieß- u. Sprengstoffwesen 1906, S. 232.)

Silberrad, Phillips und Merrimann[2]) verseifen das Nitroglycerin durch 6stündiges Erhitzen mit Natronlauge am Rückflußkühler; von den Verseifungsprodukten wird ein aliquoter Teil in einem Rundkolben mit 2 Teilen Zinkpulver und 1 Teil Ferrum reductum in 40 proz. Natronlauge zu Ammoniak reduziert und das übergehende Ammoniak in bekannter Weise durch Auffangen in n/10-Säure bestimmt. Sie erhielten 18,39—18,53% N. (theor. 18,50%).

Chemische Stabilität, Stabilitätsprüfungen, Zersetzung des Nitroglycerins.

Das vollkommen reine, von jeglichen Säurespuren völlig befreite Nitroglycerin ist trotz des in ihm schlummernden Energievorrates und dessen leichter Auslösbarkeit durch Reibung, Schlag zwischen harten Gegenständen oder plötzliche Erhitzung bzw. der inneren Spannung, unter der gewissermaßen sein Atomkomplex steht, eine in chemischer Hinsicht unter gewöhnlichen Verhältnissen völlig beständige Verbindung. Bei gewöhnlicher Temperatur hält es sich, soweit beobachtet, unbegrenzte Zeit unverändert. Auch das diffuse Tageslicht scheint ihm nichts anzuhaben, da verschiedentlich Proben in Glasflaschen in Laboratorien jahrelang aufbewahrt wurden, ohne sich zu verändern. So wird erzählt, daß auf der Fabrik Avigliana in Italien heute noch ein Muster von Nitroglycerin aufbewahrt wird, das von seinem Entdecker, Sobrero, hergestellt worden und über 70 Jahre alt sein soll, wobei es allerdings Wunder nimmt, daß es mit den damaligen Hilfsmitteln gelang, eine völlige Stabilisierung zu erreichen. In Schweden wurden vor einigen Jahren in einem seit 38 Jahren verlassenen Schacht mit Nitroglycerin gefüllte und seinerzeit offenbar vergessene Bohrlöcher

[1]) Z. Berg-, Hütten-, Sal.-Wes. Bd. 31.

[2]) Journ. soc. chem. ind. Bd. 25, S. 628.

entdeckt, die einer Zeit entstammten, als man noch flüssiges Nitroglycerin zum Sprengen verwendete. Dasselbe hatte sich unverändert erhalten, vermutlich in gefrorenem Zustande (es herrschte daselbst Sommer und Winter eine Temperatur von ca. 8^0 C) und zeigte beim nunmehrigen Abtun der Schüsse seine volle Sprengwirkung[1]).

Aber auch gelinder Erwärmung auf Temperaturen, wie sie in heißen Ländern herrschen, widersteht das Nitroglycerin lange Zeit ohne chemische Veränderung. So haben exportierende Fabriken Proben von Sprenggelatine und Gelatinedynamit aus Afrika zurückerhalten, die vor Jahren dorthin geliefert worden waren, zweimal den Transport über den Äquator durchgemacht hatten und mehrere Jahre dem afrikanischen Klima ausgesetzt waren, ohne sich chemisch zu verändern und etwa Säurespuren abzuspalten. Erst bei längerer Einwirkung von höheren Temperaturen von etwa 50^0 und darüber neigt das Molekül zur chemischen Zersetzung unter Abspaltung von zunächst freier Salpetersäure und weiterhin salpetriger Säure.

Diese Zersetzung findet allmählich auch bei gewöhnlicher Temperatur, um so rascher aber, je höher die Temperatur ist, statt, wofern sich beim Herstellungs- und Reinigungsprozeß die geringsten Spuren freier Säure der Neutralisation entzogen haben. Je nach dem Abschluß des Präparates, d. h. wofern infolge Abschluß die ersten Spuren der Zersetzungsprodukte nicht entweichen können, wirken sie katalytisch im Sinne der Beschleunigung auf den Vorgang ein (saure Verseifung unter Oxydation).

Obgleich der Vorgang exotherm verläuft, geht er bei kleineren Mengen gefahrlos zu Ende. Saure Nitroglycerinproben geben bei gewöhnlicher Temperatur sehr langsam im Verlaufe von vielen Tagen, bei höheren Temperaturen entsprechend rascher ihren gesamten Stickstoff in Form von salpetrigen Dämpfen ab, und es hinterbleibt schließlich ein stark saurer dicker Sirup, der Glycerinsäure und andere Oxydationsprodukte enthält. Bei langsamer Zersetzung ohne Temperaturerhöhung entstehen aus 10 Teilen Nitroglycerin zuletzt ca. 4,3 Teile eines weißen Krystallbreies, der ca. 2 Teile Oxalsäure neben anderen Säuren und Oxydationsprodukten enthält.

Beim Sauerwerden großer eingeschlossener Mengen könnte ein solcher Zersetzungsvorgang durch Anhäufung zu langsam abgeleiteter Wärmemengen sich in gefährlicher Weise beschleunigen und bis zur Explosion führen.

Die völlige Entsäuerung des Nitroglycerins bis auf die letzten Säurespuren ist daher eine unerläßliche Bedingung für die Fabrikation einer gebrauchs- und handelsfähigen Ware.

---

[1]) Z. f. d. ges. Schieß- u. Sprengstoffwesen 1913, S. 199.

Stabilitätsprüfungen. Verschiedene Prüfungen dienen zur Feststellung des Erfülltseins dieser Bedingung. Die bekannteste und üblichste, weil am schnellsten ausführbare, wenn auch nicht unbedingt zuverlässigste, ist der sog. Hitze-Test (Abel-Test).

Diese von dem Engländer Abel zuerst angewendete Methode beruht auf der außerordentlich empfindlichen Reaktion von Jodkaliumstärke auf die geringsten Spuren von salpetriger Säure. Nitroglycerin enthält von der Herstellung her in gelöstem Zustande Salpetersäure und salpetrige Säure, deren letzte Spuren nur durch einen intensiven und anhaltenden Waschprozeß mit alkalischer Flüssigkeit bei höherer Temperatur (vgl. fabrikmäßige Herstellung von Nitroglycerin) entfernt werden können. War dieser Reinigungsprozeß ungenügend, so entweichen beim Erhitzen einer Nitroglycerinprobe auf 70—80^0 alsbald Spuren von salpetriger Säure oder solche durch Zersetzung bildender Salpetersäure und färben einen über der Probe schwebenden, mit Jodkaliumstärkelösung präparierten und angefeuchteten Papierstreifen blau. Auch völlig gereinigtes Nitroglycerin spaltet bei längerem Erhitzen auf genannte Temperaturen allmählich geringe Spuren salpetriger Säure ab, die eine durch die außerordentliche Empfindlichkeit des Reagenzes sichtbar werdende Jodabscheidung bewirken. Zeitdauer bis zum Eintritt und Stärke der Reaktion geben alsdann den Maßstab für den Stabilitätsgrad der Nitroglycerinprobe.

Zur Ausführung der Probe richtet man sich eine Apparatur her, die etwa dem aus Abb. 24 ersichtlichen Schema entspricht. Notwendig sind: 1. Ein Wasserbad, zylinderförmig oder halbkugelförmig aus Glas oder 1 mm starkem Kupferblech, das bis etwa 1 cm unter dem Rand mit Wasser gefüllt ist. Der Deckel, gleichfalls aus Kupferblech, hat einen übergreifenden Rand, der ein Verschieben oder Herabgleiten verhindert, und enthält eine Anzahl kreisförmiger Öffnungen von 20 mm Durchmesser. Eine derselben dient mittels durchbohrten Stopfens zur Aufnahme des Celsius-Thermometers, das ca. 10 cm tief ins Wasser taucht. Die übrigen sind unten mit federnden Blechstreifen versehen, die Reagensgläschen mit den Proben aufnehmen und in der gewünschten Lage festhalten.

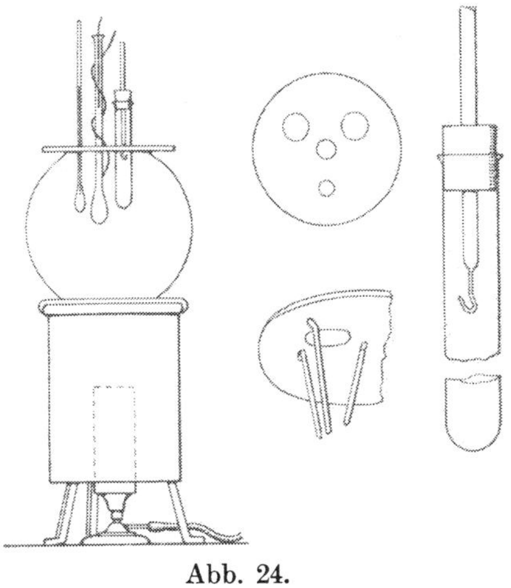

Abb. 24.

2. Reagensgläser von passender Weite (16—20 mm) und 14—15 cm Höhe, nicht zu dünnwandig, um zu leichten Bruch und Springen zu vermeiden. Dieselben werden mit Gummistopfen verschlossen, durch die Glasstäbchen führen. Letztere tragen, im unteren Ende eingeschmolzen, kurze, ca.

$^1/_2$ mm dicke Platindrähte, die unten hakenförmig zur Aufnahme des Reagenspapieres gekrümmt sind.

3. Jodkaliumstärkepapier (bzw. Jodzinkstärkepapier. Letzteres ist noch empfindlicher als ersteres und wird zur Prüfung von Nitroglycerin verwendet, welches zur Herstellung rauchschwacher Nitroglycerinpulver dient). Nach einer alten englischen Vorschrift verfährt man bei dessen Herstellung wie folgt: 2,7 g weiße, mit kaltem Wasser gewaschene Stärke wird mit 250 ccm dest. Wassers verrührt, zum Sieden erhitzt und 10 Minuten in gelindem Kochen erhalten. Die erhaltene kolloidaleLösung wird mit einer Lösung von 0,9 g frisch aus Alkohol umkrystallisierten Jodkaliums in 250 ccm dest. Wassers innig gemischt. Streifen aus weißem, nicht zu starkem mit Wasser gewaschenen Filtrierpapier werden 10 Sekunden in die Jodkaliumstärkelösung getaucht, worauf man sie in einem dunklen, staub- und säurefreien Raume über Bindfäden hängt und abtropfen und trocknen läßt. Das trockene Papier schneidet man in Streifchen von 30 mm Länge und 10 mm Breite, die man in wohlverstopften Flaschen aus dunklem Glase aufhebt, da das Papier besonders in feuchtem Zustande lichtempfindlich ist. Die Empfindlichkeit des Reagenspapieres pflegt im Laufe der Zeit nachzulassen, so daß man den nicht verbrauchten Vorrat nach einigen Monaten durch frisch bereiteten ersetzt.

4. Glycerinlösung. Feuchtes Jodkaliumstärkepapier ist ungleich reaktionsempfindlicher als trocknes. Anfeuchten mit Wasser wäre unnütz, da das Streifchen über dem warmen Testbad zu bald austrocknen würde. Man verwendet daher eine 40—50proz. Glycerinlösung aus reinem Glycerin und dest. Wasser, die man in einem Fläschchen verwahrt, durch dessen durchbohrten Stopfen ein feiner Haarpinsel oder ein unten verjüngtes Glasstäbchen in die Lösung reicht. Hiermit zieht man quer durch die Mitte des Reagensstreifchens einen Strich, der sich durch die Saugwirkung des Papieres alsbald verbreitert. An der Grenze zwischen trocknem und feuchtem Teil desselben erscheint alsdann die Färbung, die den Eintritt der Reaktion anzeigt.

Die Stabilitätsprobe muß wegen ihrer überaus großen Empfindlichkeit in einem Raume ausgeführt werden, zu dem saure Dämpfe keinen Zutritt erlangen können. Sprengstoff- und Pulverfabriken bzw. die zugehörigen Laboratorien haben hierfür besondere Räume, in denen keine sonstigen chemischen Arbeiten ausgeführt werden und die von den übrigen Arbeitsräumen entsprechend abgetrennt sind (Testzimmer). der Apparat wird in der Nähe des Fensters der guten Erkennbarkeit der Reaktion wegen aufgestellt, darf jedoch niemals von direktem Sonnenlicht getroffen werden, das die Jodreaktion ebenfalls bewirkt. Jodzinkstärkepapier ist z. B. so empfindlich, daß es im grellen Sonnenlicht einen bräunlichen Teststreifen bereits nach 1 Minute zeigt.

Das Wasserbad wird nun auf 72° C (bei Prüfung von Nitroglycerin für die Pulverfabrikation auf 82° C) erhitzt und mit einem regulierbaren Brenner genau bei dieser Temperatur erhalten, so daß die Temperaturschwankungen innerhalb eines Grades bleiben. Die Nitroglycerinproben werden durch kleine Papierfilter in die Reagensgläschen eingetropft bis zu einer Marke, die einer Menge von 3,2 g (= 2 ccm) entspricht. Kleine Abweichungen beeinflussen das Resultat nicht. Die Filtration hält die letzten Feuchtigkeitsreste der frischen Nitroglycerinprobe zurück.

Trockenes, klares Nitroglycerin wird nicht filtriert. Durch Feuchtigkeit getrübtes muß dagegen klar filtriert werden, da anwesende Feuchtigkeit den Eintritt der Reaktion verzögert und somit das Versuchsbild fälscht. Erstens verdampfen anwesende oder entstehende Säurespuren schwerer, wenn die Probe Feuchtigkeit enthält, ferner schlägt letztere sich an den oberen kalten Glaswandungen nieder, absorbiert später entweichende Säurespuren und hindert ihre Einwirkung auf das Probepapier.

Da letzteres nicht mit der Hand berührt werden darf, weil geringe Unreinlichkeiten (Schweiß) es beeinflussen können, bringt man die Streifchen mit einer Pinzette auf einen großen flachen Korkstopfen, sticht mit einer zweiten Pinzette ein kleines Loch in ein Ende und führt den gekrümmten Platindraht durch das Loch. Hierauf wird das Papier angefeuchtet (s. oben Nr. 4) und in das Röhrchen eingeführt, so daß es in der Mitte über der Probe schwebt. Die Gläser werden nun unter Notierung der Zeit in das Wasserbad eingesetzt, und zwar so tief, daß sich die Substanz in der Höhe der Thermometerkugel befindet und die Papierstreifen mit ihrem unteren Rand eben über dem Deckel des Wasserbades bleiben.

Die Probe ist beendigt, wenn an der Scheidelinie zwischen dem trockenen und dem feuchten Teile des Papieres eine schwachbraune Linie deutlich erkennbar wird. (Früher wurde vielfach ein Normalfarbepapier zum Vergleich herangezogen, das durch Bestreichen von den Testpapieren ähnlichen Papierstreifchen mit einer Caramellösung bestimmter Konzentration hergestellt wurde. Näheres s. Guttmann, Industrie der Explosivstoffe, Anhang, Wärmeprobe, S. 651.)

Von genügend gereinigtem Nitroglycerin wird im allgemeinen verlangt, daß es die Probe 10 oder 15 Minuten aushält, ohne eine Färbung des Papieres zu zeigen. In England wird auf diese Probe großer Wert gelegt, und es werden dort sowie in den britischen Dominions Nitroglycerin und alle Nitroglycerinsprengstoffe derselben unterworfen, weshalb auch inländische Fabriken, die über England oder nach den Dominions verschiffen, das für solche Exportsprengstoffe bestimmte Nitroglycerin danach prüfen, während für die inländische Fabrikation nur vollkommene Neutralität des Nitroglycerins gegen Lackmus gefordert wird, die fertigen Sprengstoffe dagegen anderen Stabilitätsanforderungen genügen müssen.

Nitroglycerin dagegen, das zur Herstellung der rauchschwachen Pulver dient, darf bei 82° ein Jodzinkstärkepapier nicht vor Ablauf von 20 Minuten färben.

Die Jodkaliumstärkeprobe bei 72° hält gründlichst gewaschenes Nitroglycerin gewöhnlich erheblich länger aus (30—40 Minuten), so daß schließlich nur eine äußerst schwache bräunliche Linie sichtbar wird. Als verdächtig gilt es, wenn in kürzerer Zeit eine deutliche Blaufärbung des Papieres eintritt, die beim Herausnehmen und Erkalten des Röhrchens stärker wird.

Abnormale Erscheinungen bei der Abel-Test-Prüfung. In einer großen inländischen Nitroglycerinfabrik ist vor Jahren, und in den Ardeerwerken der Nobel Industries Ltd. in Schottland ist ganz kürzlich während einer gewissen Zeit die eigentümliche Beobachtung gemacht worden, daß das in der üblichen Weise stabilisierte Nitroglycerin den Abel-Test nicht aushielt, vielmehr das Jodkaliumpapier schon nach wenigen Minuten deutlich blau färbte. Da dasselbe Glycerin gleichzeitig im Laboratorium mit chemisch reinen Säuren nitriert ein völlig normales Nitroglycerin ergab, wurde als Ursache der Erscheinung alsbald die technische Nitriersäure, und im weiteren Verlauf der Untersuchung die zu ihrer Herstellung verwendete Salpetersäure erkannt, die aus Natronsalpeter durch Destillation mit Schwefelsäure erzeugt worden war. Besonders mit den ersten Fraktionen des Salpetersäuredestillats konnte ein Nitroglycerin hergestellt werden, das schon nach 3 Minuten den Teststreifen zeigte.

Schließlich gelang es nach eifrigen Bemühungen aus größeren Mengen dieser Salpetersäure durch Verdünnung mit Wasser und Dampfdestillation eine kleine Menge eines Öles zu isolieren, das sich durch Elementaranalyse und sonstige Eigenschaften als ein Gemisch von hauptsächlich Tetranitromethan und Chlortrinitromethan erwies. Die Dämpfe dieser Substanzen färben, auch wenn die Öle völlig von Mineralsäuren befreit sind, das Testpapier sofort.

Die Salpetersäure enthielt 0,005% dieser organischen Verunreinigung, die in das Nitroglycerin überging, diesem hartnäckig anhaftete und durch Wasserwäschen naturgemäß nicht aus ihm entfernt werden konnte. Ein Gramm dieses Öles, zu 20 kg Nitroglycerin zugesetzt, verringerte dessen Hitzetest von 16 auf 5 Minuten.

Für die Entstehung dieses Gemisches von Tetranitromethan und Chlortrinitromethan bei der Destillation der Salpetersäure muß der meist vorhandene geringe Gehalt des Salpeters an Chloriden und eine Verunreinigung desselben mit Spuren organischer Substanzen als Erklärung herangezogen werden. Bei dem ersterwähnten Vorfall in einer inländischen Fabrik konnte seinerzeit nachgewiesen werden, daß zur Erzeugung der Salpetersäure eine Partie sog. havarierten Chilesalpeters verwendet worden war. Derselbe war bei einem Schiffsbrand durch verkohlte Holzteile verunreinigt worden und enthielt nach Befreiung von denselben noch Spuren empyreumatischer Substanzen, Schwelstoffe bzw. teeriger Substanzen, die offenbar für die Entstehung des Tetranitromethans usw. verantwortlich gemacht werden müssen.

Bekanntlich bildet sich Tetranitromethan leicht beim Erhitzen aromatischer Substanzen mit konz. Salpetersäure bzw. Mischsäure unter

Aufspaltung des Benzolringes. So entstehen bei der Nitrierung von Binitrotoluol zu Trinitrotoluol stets Spuren von Tetranitromethan, die am Geruch des rohen Trinitrotoluoles leicht zu erkennen sind.

Die Aufklärung des Vorfalles auf der Fabrik Ardeer ist der eingehenden Untersuchung von F. A. Crawford zu danken[1]).

Wichtiger als der Zeitpunkt des ersten Auftretens einer Spur von Zersetzung ist das mehr oder weniger langsame Fortschreiten der letzteren. Um dieses während eines längeren Zeitraumes beobachten zu können, hat Heß einen Apparat bzw. eine Methode angegeben[2]), die darauf beruht, eine kleine Menge des zu prüfenden Sprengöles in einem Porzellanschiffchen längere Zeit einer bestimmten Temperatur im Luftbade auszusetzen und einen Strom völlig gereinigter und trockner Luft darüber zu leiten, der alsdann eine Jodzinkstärkelösung passiert. Das Auftreten eines violetten Ringes an der Eintrittsstelle des Luftstromes und die allmähliche stärkere Verfärbung der Lösung geben ein deutliches Bild des mehr oder weniger raschen Zersetzungsverlaufes der Probe. Völlig stabiles Nitroglycerin erfordert bei 70^0 ca. 4 Stunden bis zum Beginn der Reaktion, ca. 10 Stunden bis zur Vollendung des blauen Ringes und 30 Stunden bis zur Färbung der Flüssigkeit. Bei 100^0 verläuft die Zersetzung um ein Vielfaches rascher und die obigen Zeiten betragen 5, 6 bzw. 10 Minuten. Dr. Weeren und Dr. Schellbach haben die Heßsche Apparatur vereinfacht[3]). Escales beschreibt Apparate und Methoden ausführlich in „Nitroglycerin und Dynamit“ 1908, S. 152ff., und es sei hier auf diese eingehende Darstellung nur verwiesen, zumal für die tägliche Prüfung des Nitroglycerins im Fabrikbetriebe diese Methoden zu langwierig und zeitraubend sind und deshalb für regelmäßige Prüfungen kaum angewendet werden.

Die gewöhnliche Prüfung des Nitroglycerins und der aus ihm hergestellten Sprengstoffe nach Abel, sowie die Hitzeprüfung der letzteren nach den Vorschriften der deutschen Eisenbahnverkehrsordnung gewährleisten zudem eine hinreichende Stabilität der Produkte. Bei dem Abel-Test ist noch darauf zu achten, daß keine testverdeckenden Beimengungen, wie Quecksilberspuren, vorhanden sind. (Näheres s. Kapitel Dynamite, Stabilitätsprüfung.)

Hitzebeständigkeit nach der Eisenbahnverkehrsordnung. Die deutsche Eisenbahnverkehrsordnung verlangt für die Transportzulässigkeit von Nitroglycerinpräparaten, daß diese in ganzen Patronen 48 Stunden hintereinander einer Temperatur von 75^0 ausgesetzt oder in 10 g Proben die gleiche Zeit in lose verschlossenen

---

[1]) Journ. soc. chem. ind. Bd. 41, S. 321 T. — 324 T., 1922, und Z. f. d. ges. Schieß- u. Sprengstoffwesen 1922, S. 158.

[2]) Mitt. Art.- u. Geniewesen 1879, S. 349.

[3]) Mitt. Art.- u. Geniewesen 1884, S. 202.

Wägegläschen, auf diese Temperatur erhitzt, keine sauren Dämpfe ausstoßen.

Dieselbe Probe in lose verschlossenen Wägegläschen (d. h. mit lose aufgesetztem Deckel) eignet sich auch gut zur Beurteilung der Stabilität von Nitroglycerin und allen anderen Salpetersäureestern. Vollkommen stabiles Nitroglycerin zeigt unter diesen Bedingungen in 48 Stunden noch keine sichtbaren Zersetzungsprodukte (gelbe Dämpfe), wenn auch die entweichenden Dämpfe Lackmuspapier schon nach Verlauf einer Anzahl von Stunden röten. Während längere Zeit nur Spuren von Säure abgespalten werden, geht allmählich die Zersetzung unter Entwicklung von gelben Dämpfen (N_2O_4) weiter, bis schließlich ohne stürmische Zersetzung ein völliger Zerfall unter Entweichen fast sämtlicher Salpetersäure in Gestalt von Stickoxyden und unter Hinterlassung eines sauren Sirups von Oxydationsprodukten eingetreten ist.

Zersetzung des Nitroglycerins bei höherer Temperatur. Ein anschauliches Bild von dem Einfluß der Anhäufung der Salpetersäurereste im Molekül auf die chemische Stabilität der Ester bei höherer Temperatur gibt der vergleichsweise Zersetzungsverlauf der folgenden drei verwandten Salpetersäureester nach Versuchen des Verfassers:

	Nitroglycerin	Nitroglykol	Trimethylenglykoldinitrat
	(je 10 g im lose verschlossenen Wägegläschen auf 75° erhitzt)		
Gewichtsabnahme nach 6 Tagen	0,1%	1,8%	0,7%

Nitroglycerin zeigt nach 3—4 Tagen stark sauren Geruch; nach 6 Tagen entweichen beim Öffnen des Gläschens und Darüberblasen farblose Dämpfe von HNO_3.

	Nitroglycerin	Nitroglykol	Trimethylenglykoldinitrat
Gewichtsabnahme nach 12 Tagen	28%	4,2%	1,8%
	in Zersetzung	sauer	nicht sauer.

Nach 10 Tagen stößt Nitroglycerin rote Dämpfe aus und ist in völliger Zersetzung begriffen, Nitroglykol ist sauer und gibt schwachgelbe Dämpfe ab.

	Nitroglycerin	Nitroglykol	Trimethylenglykoldinitrat
Gewichtsabnahme nach 18 Tagen . .	54%	35%	2,7%
	zersetzt	in Zersetzung	nicht sauer
nach 25 Tagen . .	73,5%	71%	5,3%
	zersetzt	zersetzt	nicht sauer.

Nitroglycerin hinterläßt 26,5% eines dickflüssigen sauren Rückstandes, Nitroglykol 29% eines beim Erkalten krystallinisch erstarrenden, sauer riechenden Rückstandes, Trimethylenglykoldinitrat war 25 Tage bei 75° unverändert geblieben und hatte nur einen Verdampfungsverlust erlitten, ist also der stabilste der drei Ester, was offenbar damit zusammenhängt, daß sein Molekül weniger mit Salpetersäureresten beladen ist, wie die Moleküle von Nitroglycerin und Nitroglykol. Letzteres wiederum ist stabiler als Nitroglycerin, was vermutlich darauf zurückzuführen ist, daß infolge größerer Flüchtigkeit seine Dämpfe die Zersetzungsprodukte mit fortführen, so daß sie weniger als bei Nitroglycerin katalytisch beschleunigend auf den Zersetzungsvorgang einwirken.

Beide Zersetzungsrückstände sind sehr leicht in Wasser löslich und reduzieren ammoniakalische Silberlösung, der von Nitroglycerin enthält noch Spuren von HNO_3 und keine Oxalsäure, der von Nitroglykol ist völlig frei von HNO_3 und besteht zu 25% aus Oxalsäure.

Nitroglycerin vermag selbst bei noch höherer Temperatur einer tiefergehenden Zersetzung ziemlich lange zu widerstehen, wofern die ersten Spuren der Zersetzungsprodukte ungehindert freien Abzug haben. Verf. erhitzte 20 g Nitroglycerin im offnen Wägegläschen 6 Tage ohne Unterbrechung auf 100°. Nach dieser Zeit waren 60% des Nitroglycerins verdampft. Der Rückstand reagierte zwar schwach sauer, erwies sich aber durch den unverändert gebliebenen N-Gehalt von 18,40% als reines Nitroglycerin.

Robertson hat die Zersetzung des Nitroglycerins bei höheren Temperaturen (von 90—135° C) unter Vermeidung der katalytisch beschleunigenden Wirkung durch die Zersetzungsprodukte studiert[1]), indem er letztere durch einen Strom reinster Kohlensäure wegführte und das als Zersetzungsprodukt auftretende Stickstoffdioxyd spektroskopisch sowie nach der Reduktion als Stickstoff bestimmte. Er fand, daß unter diesen Bedingungen die Zersetzung ebenso gleichförmig vor sich geht wie bei einer völlig stabilen Schießwolle, wenn die Zersetzungsprodukte kontinuierlich entfernt werden, aber schneller als bei Schießwolle. Aller Stickstoff wird als Stickstoffdioxyd abgespalten. Die Zersetzung ist eine Funktion der Temperatur und steigt von 95—125° in der Weise, daß sie für einen Temperaturunterschied von 5° sich verdoppelt.

Über das Verhalten des Nitroglycerins und seine Zersetzung bei noch höheren Temperaturen haben Snelling und Storm eingehende Versuche angestellt[2]), die ergaben, daß der Zersetzungsvorgang stark exotherm verläuft und das Nitroglycerin im Augenblick der schließlich erfolgenden Detonation eine wesentlich höhere Temperatur als die des Erhitzungsbades angenommen hat. Mehrere Kubikzentimeter Nitroglycerin wurden in einem Paraffinbad erhitzt und die Temperatur sowohl des Bades wie auch der Probe mit Thermometer oder Thermoelement verfolgt. Von 135° an wird die Zersetzung äußerlich sichtbar. Das Nitroglycerin färbt sich durch die absorbierten Zersetzungsprodukte rötlich. Bei 145° wird die Zersetzung und Gasentwicklung so rapid, daß die Flüssigkeit scheinbar kocht. Bei 165° kocht sie heftig und es geht ein Destillat

---

[1]) Z. f. d ges. Schieß- u. Sprengstoffwesen 1909, S. 301, und Chem. News Bd. 99, S. 289, 1909.

[2]) Z. f. d. ges. Schieß- u. Sprengstoffwesen 1913, S. 1 ff. Daselbst Angaben über ältere diesbezügliche Untersuchungen.

von verdünnter Salpetersäure und Glycerinnitraten über, während der Rückstand gegebenenfalls aus Glycerin neben etwas Mono- und Dinitrat sowie anderen Zersetzungsprodukten besteht. Bei 180—185^0 wird das Nitroglycerin dickflüssig und zähe und bei 215—218^0 tritt heftige Detonation ein.

Physiologische Eigenschaften.

Nitroglycerin gehört zu den organischen Giftstoffen. Seine Einwirkung auf den menschlichen Organismus macht sich bei vielen Individuen schon in den geringsten Dosen bemerkbar und besteht in diesem Falle in einem stundenlang anhaltenden migräneartigen Kopfschmerz, der mit einem Druckgefühl in der Stirn und im Hinterkopf verbunden zu sein pflegt. Die Disposition für die Wirkung ist sehr verschieden und bei besonders disponierten Personen, zu denen Nervöse meist gehören, genügt das Betreten von Räumen, in denen Sprengöl verarbeitet wird, und das Einatmen der Dämpfe desselben, um Benommenheit und Kopfschmerz zu erzeugen, der in diesem Falle allerdings, wenn das Einatmen nur von kurzer Dauer war, an der frischen Luft bald wieder vergeht. Hartnäckiger ist die Wirkung, wenn eine auch nur geringe Menge von Nitroglycerin durch die unversehrte Haut resorbiert wird und so in die Blutbahn eindringt, was sehr leicht geschieht. Am empfindlichsten sind in dieser Beziehung die Schleimhäute.

Unter dem Einfluß von Spirituosen erhöht sich die Prädisposition für die Einwirkungen von Nitroglycerin. Derselbe wirkt auch der Gewöhnung entgegen, die bei ständigem Arbeiten damit bei den meisten Personen mehr oder weniger schnell eintritt und für die Arbeit in den Sprengstoffabriken von größter Bedeutung ist. Die meisten Arbeiter stumpfen nach einigen oder nach einer Reihe von Tagen völlig gegen die Einwirkung geringer Nitroglycerinmengen beim Einatmen oder bei der Berührung mit der Haut ab und verspüren keinen Kopfschmerz mehr. Ein Aussetzen der Arbeit, bisweilen von nur wenigen Tagen, macht neue Gewöhnung nötig. Nur Vereinzelte können sich nicht an das Nitroglycerin gewöhnen und müssen die Arbeit einstellen. Bei den Gewöhnten kann man beobachten, daß sie z. B. Nitroglycerin mit Kieselgur oder Kollodiumwolle mit den Händen mischen bzw. das Gurdynamit mit den Händen durch das Sieb reiben, oder sich die Unterarme bis zu den Ellenbogen mit der dünnen Nitroglyceringelatine beschmieren, die dann mit den Fingern abgestreift wird. Über eine etwa allmählich eintretende Beeinträchtigung der Gesundheit oder chronische Einwirkungen des Nitroglycerins bei solchen Arbeitern ist in den Dynamitfabriken im allgemeinen nichts bekannt.

Als Gegenmittel gegen den heftigen Kopfschmerz, den geringe Mengen bei Nichtgewöhnten erzeugen, kommen dieselben Medikamente in Betracht, die auch sonst gegen Kopfschmerzen helfen, wie Antipyrin, Phenacetin, Migränin, Pyramidon und Aspirin. Schwarzer Kaffee wird empfohlen, hilft aber nicht allgemein. Ein Spaziergang an frischer Luft bringt Erleichterung, wenn die Einwirkung gering war.

Die Arbeiter kleiden sich vor und nach der Arbeit völlig um und werden angehalten, vor den Mahlzeiten Gesicht, Hände und Nägel gut zu reinigen, da das Eindringen von Nitroglycerin in den Verdauungskanal gefährlicher ist als die Berührung mit der Haut.

In erheblicheren Mengen innerlich eingenommen, erzeugt es starke Giftwirkungen.

Schuchard[1]) beschreibt die an sich selbst wahrgenommenen Symptome wie folgt: Ein Tropfen verschluckt bewirkte Kopfschmerzen, Schwindel, Mattigkeit. Stärkere Wirkung brachte eine aus Unvorsichtigkeit in den Schlund gelangte größere Menge hervor; Bewußtlosigkeit wechselte ab mit Schüttelfrost.

In neuerer Zeit hat Weinberg[2]) eine eingehende Studie über die physiologischen Wirkungen von Nitroglycerin veröffentlicht, in der die therapeutische Verwendung in Form von Tabletten mit 1 mg Nitroglyceringehalt oder 1 proz. alkoholischer Lösung (Glonoin), die vorwiegend in England und Amerika, weniger in Deutschland gebräuchlich ist, sowie die toxischen Eigenschaften ausführlich unter reichem Literaturnachweis behandelt werden. Bemerkenswert ist der sehr verschiedene Grad der Disposition der Individuen gegenüber kleineren Dosen, auch bei innerer Einnahme, wie er aus den zahlreich beschriebenen Einzelfällen hervorgeht. Ferner sind die bekannt gewordenen Fälle tödlicher Wirkung bei meist versehentlichem Verschlucken größerer Mengen in Symptomen und Verlauf eingehend dargestellt. Nach Weinberg läßt sich der größte Teil der Symptome als Nitritwirkung erklären, hervorgerufen vermutlich durch die schon von Schönbein erwiesene Tatsache, daß sämtliche Albuminate Nitrate zu Nitriten reduzieren, eine Eigenschaft, die auch dem lebenden tierischen Gewebe und der Muskelsubstanz zukommen soll. Die Symptome in solchen schweren Fällen bestehen hauptsächlich in heftiger Kolik, Erbrechen, schließlich Cyanose und Lähmungserscheinungen. Wirksame Gegenmittel existieren nicht, abgesehen von sofortigen gründlichen Ausspülungen von Magen und Darm.

---

[1]) Z. f. prakt. Heilkunde u. Medizinalwesen 1866, H. 1. Dingler Bd. 180, S. 406, 1866. Vgl. auch Bokorny: Z. angew. Chem. 1897, S. 337; Law: Trans. med. soc. 1889.

[2]) Diss. Göttingen 1910 und Z. f. d. ges. Schieß- u. Sprengstoffwesen 1911, S. 427.

Nitroglycerin als Explosivstoff.

(Detonationsfähigkeit, Sensibilität, Energieinhalt, Brisanz.)

Nitroglycerin zählt vermöge der Eigenart seiner chemischen Konstitution, die es befähigt, unter starker Wärmeentwicklung in gasförmige Produkte zu zerfallen, wobei sein Sauerstoffgehalt zur völligen Verbrennung des Kohlenstoffs und Wasserstoffs zu Kohlensäure und Wasser etwas mehr als ausreicht, zu den energiereichsten aller bekannten Explosivstoffe.

Der explosive Zerfall des Moleküls erfolgt nach der Formel:

$$4\,(C_3H_5N_3O_9) = 12\,CO_2 + 10\,H_2O + 6\,N_2 + O_2$$

und kann durch Erhitzen, mechanische Einwirkung (Schlag, Stoß, Reibung) und Initialzündung ausgelöst werden.

Auslösung der Detonation.

1. Durch Erhitzen. Durch einfache Flammenzündung ist Nitroglycerin nicht ohne weiteres zur Explosion zu bringen, ja es ist nicht einmal besonders leicht zu entflammen. Ein rasch eingetauchtes Streichhölzchen verlöscht, ein glühender Platindraht kühlt ab unter Verflüchtigung von etwas Substanz. Berührung mit einem brennenden Span, auch der Zündstrahl der Schwarzpulverzündschnur bewirken Entflammung. Kleinere Mengen, zur Entflammung gebracht, brennen langsam und schwach prasselnd mit grünlich fahler Flamme. Leicht tritt ein Verlöschen ein, bevor alles abgebrannt ist. Falls dagegen durch Wärmestrahlung oder Wärmeleitung eine stellenweise Überhitzung eintreten kann, z. B. beim Abbrennen in eisernen Gefäßen, erfolgt leicht Detonation, ebenso wenn größere Mengen in Brand geraten oder wenn die rasche, exotherm verlaufende chemische Zersetzung durch Erhitzen eingeleitet wird. Bei langsamem vorsichtigen Erhitzen kann man kleine Mengen, allerdings nicht ohne Zersetzung, aber ohne Explosion zur Verdampfung bringen. Erhitzt man dagegen selbst kleinste Mengen rasch, so erfolgt unter allen Umständen um etwa 200° Detonation. Nobel gibt als Detonationstemperatur bei raschem Erhitzen 180° an[1]). Nach der heute allgemein üblichen Methode (rasches Erhitzen eines kleinen Tropfens im Röhrchen im Metallbad unter Temperatursteigerung von 20° pro Min.) erhält man eine Explosionstemperatur von 200—205°. Nach den Untersuchungen von Snelling und Storm[2]) mit etwas größeren Mengen (mehrere Gramm) beträgt indessen bei der ermittelten Badtemperatur die Temperatur des Nitroglycerins selbst im Augenblick der Detonation 215—222°, da durch den raschen exothermen Zerfall bei Temperaturen über 180° eine Selbsterhitzung

---

[1]) Nobel: Dingler Bd. 177, S. 167, 1865, und Bd. 180, S. 243, 1866.

[2]) Z. f. d. ges. Schieß- u. Sprengstoffwesen 1913, S. 1.

über die Badtemperatur hinaus stattfindet. Beim Auffallen eines Tropfens von Nitroglycerin auf eine fortschreitend erhitzte Eisenplatte nimmt bei noch höheren Temperaturen die Heftigkeit der Detonation durch Eintritt des Leidenfrostschen Phänomens (Bildung einer Dampfhülle zwischen Wärmequelle und erhitzter Substanz) wieder ab und bei Rotglut findet nur noch ganz schwache Verpuffung statt oder rasche Verbrennung unter Bildung des sphäroidalen Zustandes[1]).

Diese Angaben gelten jedoch nur für ganz geringe Mengen. Bei jeder Erwärmung größerer Mengen auf 180^0 und darüber erfolgt unbedingt Detonation.

2. Detonation durch mechanische Einflüsse. Nitroglycerin ist sehr empfindlich gegen Schlag und Stoß. Seine Empfindlichkeit ist nicht weit von der von Zündsätzen entfernt. Es ist deshalb auch sowohl in reinem Zustand wie in Lösungen durch die Polizeiverordnung vom 14. Sept. 1905 als nicht transportfähig bezeichnet und vom Verkehr vollständig ausgeschlossen worden.

Es detoniert leicht durch Schlag von Eisen auf Eisen oder von Eisen auf harten Stein, auch von Porzellan auf Porzellan. Bei Anwendung weicherer Metalle, wie Kupfer, Messing oder Bronze, ist die Empfindlichkeit bedeutend geringer, weshalb letztere als Konstruktionsmetalle für Apparate und Maschinen zur Verarbeitung von Nitroglycerin zu Sprengstoffen verwendet werden. Der Schlag von Holz auf Holz ist noch viel weniger wirksam.

Ein Tropfen Sprengöl auf einen Amboß gebracht detoniert leicht durch einen einigermaßen kräftigen Hammerschlag, besonders wenn man ihn zuvor durch Filtrierpapier aufsaugen läßt. Gewöhnlich explodiert nicht die ganze Menge, sondern nur die vom Hammer direkt getroffenen Teile. Die Explosion eines Streifens Flüssigkeit erfolgt aber vollständig, wenn die Masse, auf der sie aufliegt, von geringem Volum ist[2]), also z. B. auf einer dünnen Stahlstange, oder wenn ein Streifen Zinnfolie darübergelegt wird, so daß in diesem Falle die Fortpflanzung der Explosionswelle begünstigt zu werden scheint.

Zur Prüfung der Empfindlichkeit von Explosiv- und Sprengstoffen gegen Schlag und Stoß sind verschiedene Methoden in Anwendung gekommen[3]). Am verbreitetsten ist die sog. Fallhammermethode, die sich am besten zum Vergleich der relativen Schlagempfindlichkeit verschiedener Explosiv- und Sprengstoffe eignet und für die Prüfungen,

---

[1]) Guttmann: Industrie usw. S. 442. Champion: Cpt. rend. Bd. 73, S. 42, 1871. Vgl. auch Kast: Spreng- und Zündstoffe 1921, S. 164, sowie die dort angegebene Literatur; auch Escales: Nitroglycerin und Dynamit. S. 160–161.

[2]) Guttmann: Industrie usw. S. 441.

[3]) Vgl. Escales: Nitroglycerin und Dynamit. S. 157. Will: Z. f. d. ges. Schieß- u. Sprengstoffwesen 1906, S. 210.

die nach den Vorschriften der deutschen Eisenbahnverkehrsordnung der Zulassung von Sprengmitteln zum Eisenbahnversand vorauszugehen haben, vorgesehen ist.

Die Fallhöhe, von der an eben noch Detonationen auftreten, gestattet, in Verbindung mit dem angewendeten Fallgewicht, die zur Herbeiführung der Explosion erforderliche Schlagarbeit in kgm auszudrücken, wobei allerdings die Menge des Sprengstoffs und die Konstruktion des Apparates nicht ohne Einfluß sind, so daß die ermittelte Arbeitsgröße keine absolute Bedeutung hat und genaue Vergleiche verschiedener Sprengstoffe nur bei Anwendung desselben Apparates und derselben Arbeitsweise zulässig sind[1]). Dementsprechend geben verschiedene Autoren die zur Herbeiführung der Detonation von Nitroglycerin nötige Schlagarbeit sehr verschieden hoch an. Stets aber ist sie sehr gering und schwankt nach neueren Angaben zwischen 0,01 und 0,08 kgm. Nach Will findet unter einem Fallhammer von 2 kg Gewicht von 4 cm Fallhöhe an Detonation statt. Nach Brunswig mit einem 250-g-Gewicht schon unter 5 cm, und bei einem 100-g-Gewicht bei 5—10 cm.

Erhitztes Nitroglycerin explodiert leichter durch den Schlag.

Gefrorenes Nitroglycerin erfordert, wie das auch theoretisch zu erwarten ist, nach übereinstimmenden Angaben eine stärkere Schlagarbeit zur Einleitung der Detonation als flüssiges. Schon Nobel machte hierauf aufmerksam[2]), und Mowbray[3]) begründete auf der geringeren Empfindlichkeit des gefrorenen Nitroglycerins seine Methode des Transportes in gefrorenem Zustande, die in Amerika lange Zeit angeblich ohne Unfall in Gebrauch war. Beckerhinn brauchte für gefrorenes Nitroglycerin eine dreimal so große Schlagarbeit gegenüber flüssigem[4]). Zu ähnlichen Befunden kommen Heß[5]) und Will[6]). Letzterer gebrauchte mit einem Fallhammer von 1 kg zur Detonation von flüssigem Nitroglycerin 10 cm Fallhöhe (bei 15^0), von gefrorenem (bei — 20^0) 40 cm. Cronquist[7]) fand ein halbaufgetautes Gemisch von flüssigem und festem Nitroglycerin empfindlicher als flüssiges oder festes für sich und erklärt diese Beobachtung mit der Reibungswirkung der sehr harten Nitroglycerinkrystalle innerhalb der empfindlichen Flüssigkeit.

---

[1]) Vgl. die Arbeiten von Lenze und Mettegang über die Anwendung der Fallhammermethode: Z. f. d. ges. Schieß- u. Sprengstoffwesen 1906, S. 287 und 293.

[2]) Wagners Jahresbericht 1869, S. 260. [3]) Dingler 1869, S. 172.

[4]) Wagners Jahresbericht 1876, S. 486.

[5]) Mitt. Art.- und Geniewesen 1876, S. 213.

[6]) Z. Berg-, Hütten-, Sal.-Wes. 1905, S. 26.

[7]) Österr. Berg- u. Hüttenmänn. Z. 1894, S. 221.

Beim Beschuß mit einem Gewehr explodiert Nitroglycerin noch in einer Entfernung von 150 m.

Auch beim Reiben in einem unglasierten Porzellanmörser, wie überhaupt zwischen harten und rauhen Flächen, kann Explosion eintreten.

3. Detonation durch Initialzündung. Die zuverlässigste und für die praktische Anwendung allein in Betracht kommende Art der Detonationserregung von Nitroglycerin und Nitroglycerinsprengstoffen ist die sog. Initialzündung, d. h. die Übertragung der Detonation einer in das Sprengöl oder den Sprengstoff eingeführten Sprengkapsel auf letztere. Lange Zeit war als einziger Initialsprengstoff, der zur Füllung der Sprengkapseln (Detonatoren) diente, das Knallquecksilber bekannt und in Gebrauch. Abel nahm als Ursache der Detonationserregung größerer Sprengstoffmengen durch eine verhältnismäßig sehr kleine Menge von Knallquecksilber einen Synchronismus der Explosionswellen des letzteren mit den initiierten Sprengstoffen an. Diese Theorie mußte zugunsten der Berthelotschen Anschauung, die die Initialzündung als mechanische Stoßwirkung auffaßt, fallen gelassen werden, besonders seitdem Wöhler eine Reihe anderer zur Initialzündung geeigneter Explosivstoffe auffand und die zwischen Initialwirkung und Stoßwirkung bestehenden Beziehungen nachwies[1]).

Sensibilität gegen Detonationserregung. Obwohl das flüssige Nitroglycerin eine recht hohe Sensibilität gegen mechanische Einflüsse besitzt und durch Schlag und Reibung leicht zur Detonation gebracht wird, so bedarf es doch zur Fortpflanzung der letzteren und vollen Entfaltung der ihm innewohnenden Energie eines relativ kräftigen Initialimpulses. Bezüglich seiner Sensibilität gegen Initialimpuls nimmt es unter den verwandten Salpetersäureestern von ähnlichem Energieinhalt nicht die erste Stelle ein. Kennzeichnend für die hohe Sensibilität eines Explosivstoffes gegen Initialimpuls ist die Fähigkeit, ohne stärkeren Einschluß durch schwachen Impuls mit der höchsten Energieentwicklung zu detonieren. Vergleicht man in dieser Beziehung die drei verwandten und bezüglich Energieinhaltes wenig verschiedenen Salpetersäureester: Nitroglycerin, Nitroglykol und Methylnitrat, so findet man weitgehende Unterschiede. Während die schwächste gebräuchliche Sprengkapsel Nr. 1 mit 0,3 g Knallsatzfüllung im Trauzl-Bleiblock nur 32% der mit der stärksten der handelsüblichen Kapseln (Kupferkapsel Nr. 8 mit 2 g Knallsatz) auslösbaren Arbeitsleistung des Nitroglycerins auslöst, beträgt dieser Prozentsatz bei Nitroglykol 71% und bei Methylnitrat sogar 84%. Nachstehende Übersicht nach

---

[1]) Vgl. Wöhler (mit Matter): Beitrag zur Wirkung der Initialzündung. Z. f. d. ges. Schieß- u. Sprengstoffwesen 1907, S. 181 ff.

Versuchen des Verfassers macht anschaulich, daß bei Nitroglycerin ein relativ hoher Initialimpuls erforderlich ist, um höchste Energieentwicklung zu erzielen, sofern nicht die Druckwirkung durch starken Einschluß erhöht wird.

Je 10 g der flüssigen Ester wurden in die Höhlung des Bleiblockes gefüllt und unter Wasserbesatz gezündet:

Zündung mit:	Nitroglycerin	Nitroglykol	Methylnitrat
	(Ausbauchungen in Kubikzentimetern netto)		
Kapsel 1	190 ccm (32%)	465 ccm (71%)	520 ccm (84%)
„ 3	225 ccm (38%)	—	—
„ 6	460 ccm (78%)	—	—
„ 8	590 ccm (100%)	650 ccm (100%)	620 ccm (100%)

(Die Wirkung der verschiedenen Kapseln auf den Block wurde nicht berücksichtigt, da ihre Unterschiede gegenüber den großen Differenzen der Nitroglycerinausbauchungen nicht ins Gewicht fallen.)

Von der mit Kapsel 8 erzielten, bei Nitroglycerin und Methylnitrat ungefähr gleichen Leistung wird mit Kapsel 1 bei Methylnitrat der weitaus größte Teil, bei Nitroglycerin nur knapp $^1/_3$ ausgelöst. Letzteres ist also weit weniger sensibel gegen Detonationserregung als ersteres. Nitroglykol nähert sich mehr dem Methylnitrat.

Diese Verhältnisse stehen offenbar in Zusammenhang mit der Viscosität der Flüssigkeiten und der allgemeinen Beobachtung, daß sich die Explosionswelle durch schwerbewegliche Flüssigkeiten schwer fortpflanzt. Die dünnflüssigen Ester Nitroglykol und Methylnitrat detonieren leichter, wenn sie auch andererseits im interessanten Gegensatz zu diesem Verhalten weit weniger empfindlich unter dem Fallhammer sind als Nitroglycerin.

Schließt man dagegen das Nitroglycerin in ein Glasröhrchen ein und mit Korkstopfen ab, so erhält man unter Sandbesatz:

mit Kapsel 1	450 ccm	netto	87%
„ „ 8	520 ccm	„	100%.

Gleichfalls bedingt durch diese relativ geringe Sensibilität des flüssigen Nitroglycerins ist die unter gewöhnlichen Bedingungen gefundene geringe Detonationsgeschwindigkeit desselben von 1500 bis 2000 m per Sek.

Daß dieses Verhalten nur für den flüssigen Zustand gilt, geht aus den entsprechenden Ziffern für Gurdynamit hervor:

Bleiblockausbauchung:	mit Kapsel 1 . . .	285 ccm
	„ „ 8 . . .	305 ccm.

In eine feste pulverige Form übergeführt zeigt also das Nitroglycerin eine bedeutend erhöhte Sensibilität. Hier wird der Unterschied nur noch durch die Kapsel bewirkt. Zieht man für Kapsel 8 25 ccm, für Kapsel 1 5 ccm ab, so erhält man in beiden Fällen 280 ccm, mit Kapsel 1 also 100% der mit Kapsel 8 erzielten Wirkung.

Fortpflanzung der Detonation. Detonationsgeschwindigkeit. Theoretisch versteht man unter Detonationsgeschwindigkeit den Zeitraum, in dem sich die Detonation der Gewichtseinheit eines Explosivstoffes vollzieht. Praktisch kann man immer nur den Zeitraum messen, den die Detonationswelle zum Fortschreiten von einem Punkte der Substanz bis zu einem beliebigen anderen Punkte gebraucht. Im praktischen Sinne ist also Detonationsgeschwindigkeit gleich Fortpflanzungsgeschwindigkeit der Detonation.

Eigentümlich für das flüssige Nitroglycerin ist die relativ geringe Detonationsgeschwindigkeit, die die meisten Forscher mit verschiedenen Methoden und unter verschiedenen Bedingungen festgestellt haben. Sie ist geringer als die der meisten festen brisanten Sprengstoffe und an den flüssigen Zustand gebunden. In Form fester, wenn auch wesentlich energieärmerer Sprengstoffe, z. B. Gurdynamit oder Gelatinedynamit, deren Hauptbestandteil es bildet, zeigt es eine weit höhere Detonationsgeschwindigkeit.

Dieselbe wurde in Röhren von Blei, Zinn oder Eisen bestimmt und je nach der lichten Weite derselben zu 1100—2000 m per Sek. gefunden.

Berthelot und Vieille[1]) fanden in engen Blei- oder Zinnröhren von 3—6 mm lichter Weite nur 1100 m. Abel[2]) fand in einem dünnwandigen Bleirohr von 30 mm Durchm. 1525 m, Mettegang[3]) in eisernen Röhren von 30 mm Durchm. 2050 m per Sek.

Demgegenüber ergibt Gurdynamit in Röhren von 30 mm Durchm. eine Detonationsgeschwindigkeit von etwa 6000, Gelatinedynamit eine solche von 6000—6500 m per Sek.

Unter besonderen Umständen vermag aber auch das flüssige Nitroglycerin mit einer außerordentlich hohen Geschwindigkeit zu detonieren, wie neuere Untersuchungen von Arthur Comey und Fletcher-Holmes dargetan haben[4]). Genannte fanden nach der Methode von Bichel und Mettegang in Röhren von 25 und 37,5 mm Durchm. mit Kapseln von 1,5 g Knallsatzfüllung in regellosem Wechsel Werte von einerseits der früher beobachteten Größenordnung (1300 bis 1500 m), andererseits solche von 8000—8500 m per Sek.

Bei Anwendung eines besonders wirksamen Detonators, über dessen Natur nichts Näheres gesagt wird, erhielten sie dann in regelmäßiger Folge Geschwindigkeiten zwischen 6700 und 7500 m.

Die Verfasser, die bei der Stauchblockprobe entsprechende sprunghafte Abweichungen fanden, geben keine volle Aufklärung über die Ursache dieser verschiedenen, bei anscheinend gleicher Versuchsordnung

[1]) Mém. Poudre Salp. IV. 7. (1891).
[2]) Phil. Transact. Bd. 156, S. 269; Bd. 157, S. 181.
[3]) Internat. Kongreßber. 1903, II, S. 322.
[4]) Z. f. d. ges. Schieß- u. Sprengstoffwesen 1913, S. 306.

erhaltenen Werte. Stettbacher[1]) erörtert die Möglichkeit, daß die verschiedenen Geschwindigkeiten evtl. den beiden isomeren Formen des Nitroglycerins zukommen könnten. Dem scheint zu widersprechen, daß Comey und Holmes zu einer Versuchsreihe doch vermutlich gleiches Material verwendet haben. Wahrscheinlich dürfte sein, daß geringe Unterschiede äußerer physikalischer Einflüsse wie verschiedener Widerstand der Eisenröhren den Sprung von der niedrigen zur hohen Detonationsgeschwindigkeit veranlassen.

Besonders starker Initialimpuls, weiter Durchmesser und besonders fester Einschluß dürften nach allgemeinen Regeln die Erreichung der hohen Geschwindigkeit bei dem gewöhnlich träge detonierenden Nitroglycerin begünstigen. Nach Herlin detoniert gefrorenes Nitroglycerin ausnahmslos mit der hohen Detonationsgeschwindigkeit[2]).

Ähnliche Verhältnisse zeigt Sprenggelatine mit 92—93 % Nitroglycerin und 7—8 % Kollodiumwolle, bei der ebenfalls eine niedrige (1600—2000 m) und eine hohe Detonationsgeschwindigkeit (ca. 8000 m) gemessen wurde.

Doch kommen hier zur Erklärung verschiedene physikalische Zustände des Materials selbst in Betracht, indem die mit Luftbläschen durchsetzte Sprenggelatine stets die hohe, glasige luftfreie fast nur die niedrige Geschwindigkeit zeigt.

Dünnflüssigere Salpetersäureester von ähnlichem Energieinhalt, wie Methylnitrat und Nitroglykol zeigen höhere Detonationsgeschwindigkeiten. Die höhere Viscosität einer detonierenden Flüssigkeit scheint also die Fortpflanzung der Detonation zu erschweren.

Die Explosionsprodukte. Nitroglycerin enthält etwas mehr Sauerstoff als nötig ist, um bei der explosiven Umsetzung des Moleküles allen Kohlenstoff und Wasserstoff zu Kohlensäure und Wasser zu verbrennen. Beim explosiven Zerfall nach der Formel:

$$4\,(C_3H_5N_3O_9) = 12\,CO_2 + 10\,H_2O + 6\,N_2 + O_2$$ [3])

liefert 1 Mol. bzw. 227 g Nitroglycerin

132 g	CO_2
45 g	H_2O
42 g	N_2
8 g	O_2
227 g	

[1]) Stettbacher: Schieß- und Sprengstoffe. S. 125. 1919.

[2]) Stettbacher: Schieß- und Sprengstoffe. S. 125. 1919.

[3]) Kast: Spreng- und Zündstoffe S. 54 (1921) gibt für die Detonation von Nitroglycerin folgende Formel an: $32\,C_3H_5(ONO_2)_3 = 96\,CO_2 + 80\,H_2O + 6\,NO + 45\,N_2 + 5\,O_2$, wobei die Bildung von NO als in geringem Umfange eintretende endotherme Nebenreaktion angenommen wird.

gas- bzw. dampfförmige Explosionsprodukte. 1 kg liefert demnach:

	Gewichtsprozente:
581,5 g CO_2	58,15%
198,2 g H_2O	19,82%
185,0 g N_2	18,50%
35,3 g O_2	3,53%
1000,0 g	100,00%.

Das Volumen der Explosionsgase berechnet sich aus den Litergewichten zu

295,9 l CO_2
245,8 l H_2O-Dampf
147,5 l N_2
24,7 l O_2,

d. h. per 1 kg Nitroglycerin 713,9 l Gase bei 0° und 760 mm.

Die Zusammensetzung der Explosionsgase in Volumprozenten ist demnach:

41,4% CO_2
34,6% H_2O
20,6% N_2
3,4% O_2
100,0%.

Das Volumen der Gase läßt sich auch in einfachster Weise nach dem Gesetz von Avogadro berechnen, wonach die Moleküle aller Gase bei gleicher Temperatur und gleichem Druck dasselbe Volumen einnehmen, so daß sich die Volumina aus den Zahlen der erhaltenen Moleküle errechnen. Das in Gramm ausgedrückte Molekulargewicht irgendeines Gases nimmt bei 0° und 760 mm einen Raum von 22,41 l ein. Da nun aus 4 Molekülen Nitroglycerin (4 Grammoleküle = 4 × 227 g = 908 g) sich nach obiger Gleichung 29 gasförmige Moleküle bilden, berechnet sich das aus 1 kg Nitroglycerin entstehende Gasvolum für 0° und 760 mm zu $\frac{29 \cdot 22{,}41}{0{,}908} = 715{,}7$ l[1]).

Nach Kondensation des Wasserdampfes verbleiben 19 Moleküle permanenter Gase, also $\frac{19 \cdot 22{,}41}{0{,}908} = 469$ l

Fast dieselbe Zahl ergibt sich nach Abzug der oben errechneten 245,8 l Wasserdampf:

$$713{,}9 \text{ l} - 245{,}8 \text{ l} = \text{rund } 468 \text{ l}$$

bestehend aus:

63,2% CO_2 }
31,5% N_2 } Volumprozente.
5,3% O_2 }
100,0%

[1]) Die Abweichung von der oben aus den wirklichen Litergewichten der Gase errechneten Zahl von 713,9 l erklärt sich aus den Abweichungen der Gasgesetze.

Sarrau und Vieille erhielten in der calorimetrischen Bombe experimentell 465 l permanente Gase (auf 0^0 und 760 mm reduziert), also eine dem berechneten Werte sehr nahekommende Zahl.

Wichtig für die Sprengarbeit mit Nitroglycerin bzw. Gurdynamit unter Tage ist, daß bei regelrechtem explosiven Zerfall desselben dessen Explosionsprodukte (Nachschwaden) frei von giftigen Bestandteilen (wie Kohlenoxyd, nitrosen Gasen) sind. Solche Gase treten indessen auf, wenn das Nitroglycerin nicht detoniert, sondern abbrennt (auskocht), was bei ungenügender Initiierung (untaugliche Sprengkapseln) vorkommen kann. Nach Sarrau und Vieille entstehen beim Abbrennen des Nitroglycerins Gase von folgender Zusammensetzung: 35,9% CO, 12,8% CO_2, 48,2% NO, 1,3% N_2, 1,6% H_2 und 0,2% CH_4.

Explosionswärme, Explosionstemperatur, Explosionsdruck. Die bei der Explosion freiwerdende Wärmemenge, die die Grundlage für den Gasdruck und die Arbeitsleistung abgibt, berechnet sich aus der Summe der Bildungswärmen der Explosionsprodukte abzüglich der Bildungswärme des Ausgangsstoffes aus den Elementen. Die Literaturangaben schwanken ein wenig je nach den der Berechnung zugrunde gelegten Konstanten.

Die Rechnung auf Grund der Bildungswärmen von Kohlensäure und Wasser ergibt zunächst die Calorien für konstanten Druck. Für die Explosion trifft aber diese Annahme nicht zu, da im Moment der Explosion das Volumen der Explosionsprodukte etwa dem des Sprengstoffes entspricht. Die bei gleichbleibendem Volum frei werdende Wärmemenge ist größer als jene bei der Zersetzung an freier Luft und bei konstantem Druck, da die Gase beim Verdrängen der Luft Arbeit verrichten, d. h. Wärme verzehren. Man rechnet also auf konstantes Volumen um.

Für 1 kg Nitroglycerin berechnen sich so

nach Escales[1].	1470 Cal.
„ Berthelot[1]) . . .	1478 „
„ Kast[2])	1455 „

Diese Zahlen gelten für dampfförmiges Wasser.

Beim Einsetzen der etwas höheren Bildungswärme für flüssiges Wasser berechnen

Escales (l. c.) per 1 kg Nitroglycerin	1589 Cal.
Brunswig[3]) „ 1 „ „	1580 „

Bei der experimentellen Bestimmung in der Explosionsbombe ermittelt man den Wert bei kondensiertem Wasser. Sarrau und Vieille fanden 1600 Cal., also eine der Berechnung sehr nahe kommende Zahl.

[1]) Nitroglycerin und Dynamit. S. 169. [2]) Spreng- und Zündstoffe. S. 70.
[3]) Explosivstoffe. S. 6. 1909.

Für die Bildungswärme von Nitroglycerin geben Brunswig (l. c. S. 5) 415 und Kast (l. c. S. 76) 416 Cal. per 1 kg an. Escales legt seiner Rechnung die Zahl 435,7 Cal. zugrunde.

Die Explosionswärme des Nitroglycerins berechnet sich nach den jetzt im allgemeinen angenommenen thermochemischen Daten wie folgt:

I. Bildungswärme:

Bildungswärme für Glycerin	. . . . .	161,7 Cal. per Mol.
„ „ Wasser	. . . . . .	68,3 „ „ „
„ „ Salpetersäure	. . .	45,8 „ „ „

$161{,}7 + 3 \times 45{,}8 - 3 \times 68{,}3 = 94{,}2$ Cal. per Mol. bzw. 415 Cal. per kg.

II. Explosionswärme:

Bildungswärme für CO_2	. . . .	94,3 Cal. per Mol.
„ „ H_2O fl.	. . . . . .	68,3 „ „ „
„ „ H_2O-Dampf	. . . .	58,3 „ „ „

$$4\,C_3H_5N_3O_9 = 12\,CO_2 + 10\,H_2O + 6\,N_2 + O_2$$

$$Qp = 94{,}3 \times 12 + 68{,}3 \times 10 - 94{,}2 \times 4 = 1437{,}8 \text{ bzw. } 359{,}45 \text{ Cal. per Mol.}$$

Für die Umrechnung auf konstantes Volum bzw. die bei der Verdrängung der Luft durch die Explosionsgase geleistete Arbeit und den hierdurch entstehenden Wärmeverlust gilt die Gleichung:

$$Qv = Qp + 0{,}57\,n,$$

wobei n die Zahl der gasförmigen Moleküle bedeutet (19 Moleküle bei 4 Molekülen Nitroglycerin).

$$Qv = 359{,}45 + 0{,}57 \times 4{,}75 = 362{,}16 \text{ Cal. per Mol.}$$

bzw. **1595** Cal. per 1 kg bei fl. Wasser.

(Diese Zahl ist mit experimentell ermittelten Werten zu vergleichen, da bei der Messung der Calorien in der Explosionsbombe sich das Wasser in flüssigem Zustande befindet.) Beim Einsetzen der Bildungswärme für dampfförmiges Wasser ergeben sich:

337,16 Cal. per Mol. bzw. **1485** Cal. per kg.

Die Explosionstemperatur, der Quotient aus der Explosionswärme und der mittleren spez. Wärme der Explosionsprodukte, läßt sich experimentell nicht bestimmen und nur durch Rechnung annähernd ermitteln. Brunswig gibt dieselbe für Nitroglycerin mit 3470° an. Neuerdings errechnet Kast[1]) den sehr viel höheren Wert von 4250°.

Nach Heise berechnen sich	3158°[2])
Gody gibt an	3153°
Auzenat	3469°
Wuich[3])	3005°
Franz. Schlagwetterkommission . .	3200°.

[1]) Spreng- und Zündstoffe. S. 71.

[2]) Escales: Nitroglycerin und Dynamit. S. 170.

[3]) Mitt. Art.- und Geniewesen. S. 67. 1891.

In Wirklichkeit sind die bei Explosionen erreichten Höchsttemperaturen naturgemäß niedriger, als es die thermochemische Rechnung ergibt, die den idealen Grenzfall einer ohne Wärmeverlust verlaufenden exothermen Reaktion annimmt.

Der Explosionsdruck. Der Maximaldruck, den die bei der explosiven Umsetzung eines Explosivstoffes entstehenden gasförmigen Produkte auf die Umgebung ausüben, läßt sich berechnen oder messen. Zur Berechnung ist erforderlich: Kenntnis der Explosionstemperatur und des Explosionsvolumens, d. h. desjenigen Volumens, das die Explosionsgase bei der Explosionstemperatur unter Annahme konstant bleibenden Druckes einnehmen würden. Aus dem Verhältnis des Explosionsvolumens zu dem Volum der ursprünglichen Substanz ergibt sich der Gasdruck im Moment der Explosion. Die Größe des Gasdruckes ist eine für jeden Sprengstoff charakteristische Größe.

Berthelot nennt „Spezifischen Druck" (f) den von der Gewichtseinheit (1 kg) des Sprengstoffes bei der Explosion in der Raumeinheit (1 l), also bei der „Ladedichte" 1 bei der Explosionstemperatur t ausgeübten Druck.

Da nach dem Mariotteschen Gesetz die Volumina den Drucken umgekehrt proportional sind, so verhält sich:

$$f : p_0 = v_{tk} : v_{0k},$$

wobei p_0 den atmosphärischen Druck (1,033 kg per qcm), v_{tk} das Volum bei der Explosionstemperatur und 760 mm und v_{ok} das Volumen bei 0^0 und 760 mm bedeutet, oder

$$f = 1{,}033 \cdot v_{tk},$$

wenn für v als Raumeinheit 1 angenommen wird.

Da nach dem Gesetz von Gay-Lussac

$$v_{tk} = \frac{v_0\,(273 + t)}{273},$$

so ergibt sich

$$f = \frac{1{,}033 \cdot v_0\,(273 + t)}{273}.$$

Setzt man in diese Gleichung die Explosionsgase für Nitroglycerin mit 715,7 l bei 0^0 und 760 mm und die Explosionstemperatur nach Heise mit 3158^0 C ein, so ergibt sich der spez. Druck zu **9292 kg**.

Kovolumen. Unter Kovolumen versteht man den Raum, den die Gasmoleküle selbst einnehmen, und der durch keine Kompression mehr zu verkleinern ist. Er beträgt etwa 1/1000 des Volums, das von der betreffenden Gasmenge bei 0^0 und 760 mm eingenommen wird. Den Sprengstoffgasen steht also nicht der ganze Raum zur Verfügung, in dem die Explosion vor sich geht, sondern nur ein um das Kovolumen verminderter Raum. Der Einfluß des Kovolumens erhöht den Gasdruck.

Ladedichte. Der wirkliche Maximalgasdruck ist abhängig von der Ladedichte (Δ), dem Quotienten aus Ladungsgewicht in Gramm und Explosionsraum in Kubikzentimeter.

$$P = f \cdot \Delta .$$

Messung des Gasdrucks. Die direkte Messung des Gasdrucks erfolgt mit Stauchapparaten, Nobles Stauchapparat, Bichels Gasdruckmesser (D.R.P. 109187).

Energieinhalt. Arbeitsleistung. Als relatives Wertmaß für die mechanische Arbeitsleistung (Energieinhalt) eines Explosivstoffes sind verschiedene Ausdrucksweisen vorgeschlagen worden. Berthelot[1]) bezeichnete das Produkt aus spez. Gasvolum und Explosionswärme als „charakteristisches Produkt".

Auch drückte man häufig die theoretische Arbeitsleistung eines Sprengstoffes durch Multiplikation der Explosionswärme mit der Zahl 425, dem mechanischen Wärmeäquivalent, aus, also in Meterkilogrammen.

Beide Ausdrücke enthalten nichts über die Detonationsgeschwindigkeit, einen für die Art der Sprengstoffwirkung sehr wesentlichen Faktor, der noch dazu durch die physikalische Beschaffenheit des Sprengstoffes, Aggregatzustand, Dichte, Krystallform bzw. Körnung, sowie auch durch äußere physikalische Bedingungen der Detonation: Initialimpuls, Einschluß, Besatz, erheblich beeinflußt wird.

Immerhin seien die bezüglichen Werte für Nitroglycerin denen für einige andere typische Explosivstoffe nach Tabellen von Brunswig[2]) gegenübergestellt:

Explosivstoff	Spez. Volum l	Expl.-Temp. °C	Expl.-Wärme Cal.	Charakterist. Produkt	Wertverhältn.[3])
1. Sprenggelatine (93% Ngc. + 7% Kollwolle)	710	3540	1640	1164000	100
2. Nitroglycerin	712	3470	1580	1125000	97
3. Nitromannit	723	3430	1520	1099000	95
4. 75proz. Gurdynamit	628	3160	1290	810000	70
5. 40proz. Nitroglycerinpulver	840	2900	1290	1084000	93
6. Schießbaumwolle 13% N.	859	2710	1100	945000	81
7. Schießwollpulver	830	2400	900	747000	64
8. Kollodiumwolle 12% N.	974	1940	730	711000	61
9. Ammonsalpetersprengstoff 90% Ammonnitrat + 10% Nitronaphthal.	925	2120	930	860000	74
10. Pikrinsäure	877	2430	810	710000	61
11. Schwarzpulver	285	2770	685	195000	17
12. Ammonsalpeter	937	2120	630	590000	50
13. Knallquecksilber	314	3530	410	129000	11

[1]) Ann. chim. phys. Bd. 23, S. 223, 1871, und Berthelot: „Sur la force de la poudre et des matières explosives." Paris 1871.

[2]) Brunswig: Explosivstoffe. S. 6 u. 78. 1909. [3]) Sprenggelatine = 100.

Exploslivstoff	Expl.-Wärme Cal.	Arbeitsleistung in m/kg	Wertverhältnis[1])
1. Sprenggelatine (93% Ngc. + 7% Kollwolle)	1640	700000	100
2. Nitroglycerin	1580	670000	96
3. Nitromannit	1520	645000	92
4. 75 proz. Gurdynamit	1290	550000	79
5. 40 proz. Nitroglycerinpulver	1290	550000	79
6. Schießbaumwolle 13% N.	1100	465000	66
7. Schießwollpulver	900	380000	54
8. Kollodiumwolle 12% N.	730	310000	44
9. Ammonsalpetersprengstoff	930	385000	58
10. Pikrinsäure	810	345000	49
11. Schwarzpulver	685	290000	41
12. Ammonsalpeter	630	265000	38
13. Knallquecksilber	410	175000	25

Auf den Mangel dieser Ausdrucksweise zur Bewertung der maximalen Arbeitsleistung eines Sprengstoffs wies bereits 1873 der österreichische Ingenieuroffizier Heß[2]) hin, der den Begriff „Brisanz" definierte und Methoden zur ihrer Ermittlung angab. Er schlug vor, als Brisanz die von der Gewichtseinheit des Sprengstoffs in der Zeiteinheit geleistete Arbeit und als Zahlenwert dafür den Quotienten aus dem Berthelotschen charakteristischen Produkt und der Zeitdauer der Explosion anzunehmen. Diese Zeitdauer sollte aus der experimentell bestimmten Explosionsgeschwindigkeit errechnet werden. Doch führte auch diese Methode, die Arbeitsleistung eines Sprengstoffes zu bestimmen, zu keiner vollen Übereinstimmung zwischen Berechnung und Erfahrung.

Noch weniger war dies der Fall bei der Formel von Bichel[3]), der die kinetische Energie der Explosionsprodukte unmittelbar aus der mechanischen Formel $\frac{mv^2}{2}$ ableitete und m gleich der Masse des Sprengstoffs in kg, v gleich der Detonationsgeschwindigkeit setzte. Nach dieser Formel müßte die Brisanz proportional dem Quadrat der Detonationsgeschwindigkeit sein, was eine einseitige Bevorzugung dieses letzteren Faktors bedeutet.

Als neuen Faktor für die Bewertung der maximalen Arbeitsleistung eines Sprengstoffs führt nun Kast die kubische Dichte ein[4]). Er stellt für die Berechnung den von ihm selbst als Annäherungsformel be-

---

[1]) Sprenggelatine = 100.

[2]) Mitt. Art.- u. Geniewesen, Bd. 4, S. 95. 1873.

[3]) „Glückauf" Bd. 41, S. 465. 1905.

[4]) Bewertung der Sprengstoffe nach ihrer maximalen Arbeitsleistung. Z. angew. Chem. 1922, S. 72ff.

zeichneten Ausdruck auf: $B = f \cdot d \cdot V$, wobei f = spezifische Energie[1]), d = Dichte und V = Detonationsgeschwindigkeit ist. Für die Messung der Brisanz findet er die sog. deutsche Stauchprobe gut brauchbar, wofern die Versuchsanordnung richtig gewählt wird[2]). Die Probe beruht darauf, daß man einem schweren Stempel durch den detonierenden Sprengstoff eine kinetische Energie erteilt, die an dem Grad der Stauchung eines unter dem Stempel befindlichen kleinen Kupferzylinders gemessen wird.

Praktische Arbeitsleistung (Sprengwirkung). Einen praktischen Maßstab für die Sprengwirkung eines Explosivstoffes liefern verschiedene mehr oder weniger unvollkommene bzw. einseitige empirische Methoden.

1. Am meisten eingebürgert hat sich für die praktische Bewertung der Sprengkraft eines Explosiv- oder Sprengstoffes die sog. Trauzlsche Bleiblockprobe, d. h. die Feststellung des Hohlraumes, den 10 g des zu prüfenden Sprengstoffes bei der Detonation auf dem Grunde der gegebenen Höhlung eines zylinderförmigen Bleiblockes von gegebenen Maßen bewirken[3]). Den erhaltenen Wert nennt man: Bleiblockausbauchung oder Bleiblockbrisanz, und zieht von der mit Wasser ausgemessenen Anzahl Kubikzentimeter den Inhalt der ursprünglichen Höhlung (Bohrung) ab. Vielfach ist es auch üblich, einen Abzug für die Sprengkapsel (Nr. 8), die zur Detonationserregung dient (15—20 ccm), zu machen.

Einen zuverlässigen Vergleich für die praktische Leistung gestattet die Methode nur innerhalb derselben Kategorie von Sprengstoffen, so daß sich verschiedene Ammonsalpetersprengstoffe untereinander oder Chloratsprengstoffe oder Dynamitsorten untereinander gut vergleichen lassen. Besonders zu beachten ist, daß die Ausbauchungen mit der aufgewendeten Energie nicht in arithmetischer, sondern geometrischer Progression, also nicht streng proportional steigen. 10 g Sprenggelatine ergeben wesentlich mehr als das Doppelte der Ausbauchung von 5 g.

Es ist deshalb auch mehrfach vorgeschlagen worden, die Sprengstoffe nicht nach der von 10 g bewirkten Ausbauchung, sondern nach der Gewichtsmenge zu bewerten, die eine mittlere, immer gleiche Ausbauchung des Normalblockes von etwa 250 oder 300 ccm ergibt. Streng wissenschaftlich genommen wäre dieses Verfahren ohne Zweifel logischer und genauer. Gleichwohl hat es sich bis jetzt bei der praktischen Prüfung der Sprengstoffe auf den Fabriken und bei den Prüfungsstellen

[1]) Kast: Spreng- und Zündstoffes. S. 38.
[2]) Jahresber. d. Militärversuchsamtes. Bd. 9, S. 46. 1903. S. a. Z. f. d. ges. Schieß- u. Sprengstoffwesen Bd. 8, S. 88. 1913.
[3]) Escales: Nitroglycerin und Dynamit. S. 176.

wenig eingebürgert. Einmal vielleicht infolge eines gewissen Konservatismus, hauptsächlich aber wohl deshalb, weil es einen wesentlichen Mehraufwand an Arbeit und Kosten bedingt, da ja aus einer Mehrzahl von der Normalausbauchung nahekommenden Ergebnissen die Grammzahl erst errechnet werden muß, die die Normalausbauchung liefert. Ferner wird die Abweichung von der Proportionalität erst bei sehr hohen Ausbauchungen recht erheblich. Bei den niedrigen und mittleren Ausbauchungen der meisten schlagwettersicheren und Gesteinssprengstoffe des Handels (200—400 ccm netto) fälscht diese Abweichung das Resultat nicht wesentlich. Erheblich beeinflußt wird der gefundene Wert von der Art des Besatzes, als welcher fein gesiebter Sand ziemlich allgemein üblich ist (Normalien des V. Internat. Kongr. f. angew. Chemie).

Derselbe läßt sich bei Nitroglycerin nur anwenden, wenn man die Flüssigkeit in einem Gläschen zur Detonation bringt, das saugend in die Bohrung des Blockes hineinpaßt.

Von Einfluß ist es, daß das Korkplättchen, welches die Flüssigkeit abschließt und zum Durchlaß für die Kapsel durchbohrt ist, dicht über der ersteren sitzt, ohne ein Luftpolster zu bilden (maximale Ladedichte), so daß es die maximale Menge Sandbesatz einzufüllen gestattet.

In einfacherer Weise kann man die Bleiblockbrisanz des Nitroglycerins und der flüssigen Salpetersäureester mit Wasserbesatz bestimmen, der etwas höhere Werte gibt. Man füllt 10 g der Flüssigkeit in das Bohrloch, führt die Kapsel mit wasserdichter Zündschnur oder elektrischer Leitung bis zum Boden ein, und füllt Wasser bis zum Rande der Bohrung auf, das leichter ist als sämtliche Salpetersäureester.

Nitroglycerin steht unter allen bekannten Explosivstoffen bezüglich der erhaltenen Bleiblockausbauchung mit an erster Stelle und wird nur von Methylnitrat und Nitroglykol übertroffen.

Bleiblockausbauchung unter Wasserbesatz (Versuche des Verfassers):

Nitroglycerin . .	590 ccm	(unter Sandbesatz 550 ccm)
Nitroglykol	650 „	
Methylnitrat	620 „	

(Etwas geringere Ausbauchungen wurden beim Abschuß aus einem Gläschen mit Sandbesatz erhalten.) Daß Methylnitrat trotz seines Sauerstoffmangels von 10,4% und geringeren Energieinhaltes eine etwas höhere Ausbauchung zeigt als Nitroglycerin, erklärt sich aus der höheren Detonationsgeschwindigkeit. Ebenso wird die höhere Brisanz von Nitroglykol nicht allein durch die etwas günstigere Sauerstoffbilanz bewirkt (Nitroglykol hat Sauerstoffgleichgewicht, Nitroglycerin enthält 3,5% ungenutzten Sauerstoff), sondern ebensosehr durch die höhere Detonationsgeschwindigkeit.

Die Bleiblockausbauchung gibt ein Vergleichsbild der Gesamtenergie nur für Sprengstoffe von gleicher oder sehr ähnlicher Detonationsgeschwindigkeit. Letztere Eigenschaft beeinflußt das Versuchsbild wesentlich. Sie ist ein wesentlicher Faktor der Brisanz, weshalb auch der Ausdruck: „Bleiblockbrisanz" für diese Probe seine Berechtigung hat.

Nichtbrisante Sprengmittel, wie Schwarzpulver und Sprengpulver, dürfen auf Grund ihrer Bleiblockausbauchung, die relativ sehr gering ist, bezüglich ihrer praktischen Leistung nicht mit brisanten verglichen werden.

Zum Vergleiche mit der Bleiblockausbauchung von Nitroglycerin diene diejenige einiger typischen Explosiv- und Sprengstoffe:

Nitroglycerin	550	ccm
Nitromannit	560	„
Schießbaumwolle gepreßt, 13,2% N.	420	„
Sprenggelatine	580	„
65 proz. Gelatinedynamit	410	„
Gurdynamit (75% Nitroglycerin)	325	„
Astralit, Donarit, Westfalit (Ammonsalpetersprengstoffe)	390	„
Koronit (Chloratsprengstoff)	290	„
Perchlorit, Permonit, Perkoronit (Perchloratsprengstoffe)	325	„
Detonit (schlagwettersicherer Ammonsprengstoff)	230	„
Nobelit (schlagwettersicheres Gelatinedynamit)	225	„
Tetranitromethylanilin	360	„
Pikrinsäure	300	„
Trinitrotoluol	285	„
Dinitrobenzol	255	„
Knallquecksilber	150	„
Schwarzpulver	30	„

2. Stauchprobe. Als charakteristische Prüfung für die Wirkungsweise eines Explosiv- oder Sprengstoffes wird vielfach auch die Stauchprobe angewendet (nach Heß). Sie zeigt die Wirkungsweise an freier Luft, ohne Einschluß und Besatz, und wird von Dichte, Detonationsgeschwindigkeit und Sensibilität gegen Initialimpuls erheblich beeinflußt. Gegen Impuls sehr sensible Sprengstoffe äußern auch ohne Einschluß höchste Wirkung. Nach Heß werden zwei Bleiblöcke von 30 mm Höhe und 40 mm Durchmesser übereinander gestellt. Sie ruhen auf einer Eisen- oder Stahlplatte. Unter Zwischenschaltung einer 4 mm dicken Stahlplatte von gleichem Durchmesser wird die Sprengstoffpatrone (40 mm Durchm.) von 100 oder 50 g Gewicht aufgesetzt. Die Deformation und Höhenverminderung (Stauchung) des oberen Blockes zeigen Wirkungsart und Wirkungsgröße des untersuchten Sprengstoffes an.

Vielfach ist auch Anwendung eines einzigen Blockes von 65 mm Höhe und 40 mm Durchm. üblich.

Flüssigkeiten müssen in eine Blechhülse von entsprechenden Maßen eingefüllt werden.

Nitroglycerin zeigt bei dieser Prüfung mehr noch als bei der Bleiblockausbauchung den Einfluß der relativ mäßigen Detonationsgeschwindigkeit in flüssigem Zustand und ohne festen Einschluß.

Die bezüglich Energieinhalt ähnlichen verwandten Salpetersäureester von höherer Detonationsgeschwindigkeit Nitroglykol und Methylnitrat zeigen hier erhebliche Unterschiede.

Verfasser fand:

Nitroglycerin	18,5 mm
Nitroglykol	30,0 ,,
Methylnitrat	24,5 ,,

[Pikrinsäure gibt je nach Krystallform und Dichte (pulverig oder gepreßt) verschiedene Stauchungen: 18—24 mm, und in letzterem Falle starke Deformation und Zerreißung des Bleiblockes.]

Bringt man die Salpetersäureester durch Aufsaugung in Kieselgur in eine feste pulverige Form, so verschwinden obige Unterschiede und 75 g Nitroglycerin mit 25 g Gur stauchen erheblich stärker als 100 g flüssiges Nitroglycerin. Dieser Vergleich zeigt in eklatanter Weise, wie wenig die Bleiblockstauchung als Ausdruck des gesamten Energieinhaltes gewertet werden darf. Sie gibt vielmehr nur ein Bild der Wirkungsweise, und hier gilt in erhöhtem Maße, was oben für die Bleiblockausbauchung gesagt wurde: Bezüglich der Arbeitsleistung dürfen nur Sprengstoffe gleicher Kategorie und außerdem noch gleichen physikalischen Zustandes verglichen werden.

		Bleiblockstauchung
Nitroglycerin	75%	23,2 mm
Gur	25%	
Nitroglykol	75%	23,8 ,,
Gur	25%	
Methylnitrat	75%	23,4 ,,
Gur	25%	

Die Stauchwirkung von reinem Nitroglycerin in festem pulverigen Zustande ist anscheinend noch nicht geprüft worden. Es kann aber keinem Zweifel unterliegen, daß sie diejenige des Methylnitrats übertreffen und sich von der des Nitroglykols nicht wesentlich unterscheiden wird.

Einige Male sind auch bei dieser Probe mit flüssigem Nitroglycerin ganz außergewöhnliche Wirkungen erhalten worden, bei denen der Block abweichend von der gewöhnlichen mäßigen Stauchwirkung viel stärker gestaucht bzw. auch gänzlich zerrissen wurde. Offenbar war hier die selten beobachtete hohe Detonationsgeschwindigkeit (vgl. den betr. Abschnitt) des Nitroglycerins durch irgendeinen Umstand ausgelöst worden[1]).

Die übrigen Prüfungsmethoden für die Kraftleistung der Explosivstoffe geben bei Nitroglycerin weniger Anlaß zu charakteristischen Vergleichen, die dem Obengesagten neue Momente anreihen könnten. Es sei deshalb mit Bezug auf sie auf die älteren einschlägigen Werke verwiesen.

---

[1]) Vgl. auch Stettbacher: Die Schieß- und Sprengstoffe. S. 124. 1919.

Zweiter Abschnitt.

Die mit Nitroglycerin verwandten und homologen Salpetersäureester.

A. Die niederen Glycerinnitrate.

I. Glycerindinitrat (Dinitroglycerin).

Das Glycerindinitrat, auch kurz in Analogie zum Nitroglycerin Dinitroglycerin genannt, existiert in zwei strukturisomeren Formen:

CH_2ONO_2		CH_2OH
$\vert$		$\vert$
$CHOH$	und	$CHONO_2$
$\vert$		$\vert$
CH_2ONO_2		CH_2ONO_2
α-Dinitroglycerin		β-Dinitroglycerin,

die beide hergestellt und identifiziert worden sind. Das technische Produkt ist ein Gemisch beider Isomeren. Über die Nomenklatur gilt das bei Nitroglycerin (vgl. Einleitung) Gesagte. Da es sich nicht um ein Nitroprodukt, sondern um einen Ester der Salpetersäure handelt, ist die Bezeichnung „Dinitroglycerin" keine wissenschaftliche, sondern verdankt ihr Entstehen nur einer Anlehnung an den alten Brauch, das Glycerintrinitrat einfach Nitroglycerin zu nennen.

Geschichtliches. Das Dinitroglycerin ist, obgleich seine Herstellung nicht gerade besonders schwierig ist, lange Zeit völlig unbekannt gewesen. Auch in der Literatur fanden sich kaum Angaben über seine Gewinnung und Eigenschaften, und zwar zu einer Zeit, als das Nitroglycerin längst ein Produkt der Großtechnik war. Dies ist merkwürdig, wenn man bedenkt, daß besonders bei den älteren weniger vollkommenen Verfahren der Nitroglycerinfabrikation (mit schwächeren Säuren) stets etwas Dinitroglycerin als Nebenprodukt entsteht, was aus den Waschwässern und Abfallsäuren durch Extraktion gewonnen werden kann. Jedenfalls ist in früheren Zeiten auf den Dynamitfabriken mehr die technische und wirtschaftliche Seite der Sprengölherstellung bearbeitet, das Studium der wissenschaftlichen Seite der Vorgänge bei letzterer aber vernachlässigt worden.

An wissenschaftlichen Instituten dagegen mag eine gewisse Abneigung bestanden haben, sich mit den explosiven Salpetersäurederivaten des Glycerins zu befassen.

So kam es, daß diese einfach zusammengesetzte und durchaus beständige Substanz zur Jahrhundertwende noch so gut wie unbekannt war, und es Dr. Anton Mikolajczak vorbehalten blieb, im Jahre 1903 erstmalig ein Herstellungsverfahren für sie anzugeben, ihre Eigenschaften zu beschreiben und auf ihre technische Bedeutung aufmerksam zu machen[1]).

Erwähnt wird das Dinitroglycerin bereits 1865 von Liecke, doch sind dessen Angaben wenig genau und es hat nicht den Anschein, als wenn er reines Dinitroglycerin in Händen gehabt hätte[2]).

Er ließ ein Volumen reines Glycerin bei 0^0 unter Umrühren in ein Gemenge von einem Volumen Salpetersäure von 1,4 spez. Gewicht und zwei Volumen konzentrierter Schwefelsäure tropfen und verdünnte mit Wasser, wobei er eine ölige Ausscheidung von Dinitroglycerin erhalten haben will. Obwohl die Zusammensetzung des Säuregemisches für das Entstehen von Dinitroglycerin nicht ungeeignet ist, entsteht nach diesem Nitrieransatz zugleich Trinitroglycerin, die ölige Ausscheidung kann jedenfalls nicht wesentlich aus Dinitroglycerin bestanden haben, da dieses in der verdünnten Säure leicht löslich ist.

Ferner wird in dem D.R.P. 58957 (1890) von Wohl auf die Wasserlöslichkeit und Hygroskopizität von Mono- und Dinitroglycerin hingewiesen und die Verwendbarkeit des letzteren als Zusatz zu Nitroglycerinsprengstoffen zwecks Verminderung der Gefrierbarkeit erörtert. Wohl kommt zu dem Schluß, daß diese Glycerinnitrate, weil wasserlöslich und schwer darstellbar, hierfür wenig geeignet seien.

Die technische Bedeutung des Dinitroglycerins beruht darauf, daß es im Gegensatz zum leicht krystallisierenden Nitroglycerin nur sehr schwer und bei sehr viel tieferer Temperatur gefriert (praktisch kann es für die vorkommenden mitteleuropäischen Wintertemperaturen als ungefrierbar gelten), so daß es eine Zeitlang zur Herstellung ungefrierbarer plastischer Sprengstoffe diente. Aber auch im Gemisch mit Nitroglycerin setzt es Gefriertemperatur und Krystallisationsgeschwindigkeit des letzteren so erheblich herab, daß Sprengölgemische von $70^0/_0$ Nitroglycerin und $30^0/_0$ Dinitrat sehr schwer gefrierbar und Gemische gleicher Teile ungefrierbar sind. Da Dinitroglycerin selbst an Kraftleistung und Brisanz dem Nitroglycerin nicht allzusehr nachsteht, unterscheiden sich solche Gemische hinsichtlich dieser Eigenschaften nicht wesentlich von letzterem, so daß sie eine Zeitlang als Basis für „ungefrierbare Dynamite“ in der Technik der Sprengstoffe eine gewisse Rolle spielten.

---

[1]) „Glückauf“ Bd. 40, S. 629, 1904. Bergbau Bd. 17, Nr. 45, 1904; ebenda Bd. 20, Nr. 35, 1907. Volpert: Z. f. d. ges. Schieß- u. Sprengstoffwesen 1906, S. 167. Engl. Patent 27706 (1904). Franz. Patent 341911 (1904).

[2]) Mitt. Hannov. Gewerbeverein 1865, und S. 214. Dingler Bd. 179, S. 157, 1866.

Sehr bald aber erwuchs für diesen Verwendungszweck dem Dinitroglycerin ein Konkurrent in dem Dinitrochlorhydrin, dem Dinitrat des Monochlorhydrins, der es schließlich endgültig verdrängte.

Das Dinitroglycerin hat den Nachteil einer ziemlich erheblichen Wasserlöslichkeit, der seine Fabrikation gegenüber der des Nitroglycerins und des ebenfalls in Wasser unlöslichen Dinitrochlorhydrins verhältnismäßig umständlich gestaltete. Das Dinitrochlorhydrin hat außerdem den Vorteil einer größeren Handhabungssicherheit, vermöge deren es als Basis gelatinöser, handhabungssicherer Sprengstoffe verwendet werden kann, was für Dinitroglycerin nicht zutrifft, da es gegen mechanische Beanspruchung nicht viel weniger empfindlich ist als Nitroglycerin.

Eine Reihe von Jahren wurde das Dinitroglycerin in der Fabrik Rummenohl bei Hagen von der Castroper Sicherheitssprengstoff-Aktien-Gesellschaft (später Westdeutsche Sprengstoffwerke A.-G.) fabrikmäßig hergestellt, die Fabrikation aber später wieder aufgegeben, da es gegenüber dem billiger herzustellenden Dinitrochlorhydrin keine wesentlichen Vorzüge besaß. Nitroglycerinhaltiges Dinitroglycerin diente auch zur Herstellung gelatinöser schlagwettersicherer Sprengstoffe, doch auch diese verschwanden wieder aus dem Verkehr, da sich mit dem billigeren Nitroglycerin Sprengstoffe von ebenso hoher Wettersicherheit herstellen ließen, und auf die Ungefrierbarkeit dieser Kategorie von Sprengstoffen, die stets in den unterirdischen, also frostfreien Lagern der Bergwerke gelagert werden, kein ausschlaggebender Wert gelegt wurde.

Es scheint, daß heute die Fabrikation des Dinitroglycerins als eine Episode der Technik betrachtet werden kann.

Bildungsweisen: Das Glycerindinitrat entsteht aus Glycerin und Salpetersäure nach der Formel:

$$CH_2OH.CHOH.CH_2OH + 2\,HNO_3 = CH_2ONO_2.CHONO_2.CH_2OH + 2\,H_2O.$$

Theoretisch ergeben:

92 T. Glycerin + 126 T. Salpetersäure: 182 T. Glycerindinitrat + 36 T. Wasser.

Es erfordern demnach 100 T. Glycerin zur Bildung von Dinitrat nur 137 T. Salpetersäuremonohydrat (gegen 205,4 T. für Trinitrat) und ergeben theoretisch 197,8 T. Dinitrat (gegen 246,7 T. Trinitrat).

Dinitroglycerin entsteht, wenn die Veresterung des Glycerins mit Salpetersäure oder Mischsäuren so geleitet wird, daß entweder nicht genügend Salpetersäure vorhanden ist, um das Glycerin vollkommen in Trinitrat überzuführen, oder aber die wasserbindende Kraft der angewendeten Säure bzw. des Säuregemisches nicht ausreicht, um letzteren Vorgang herbeizuführen.

Da diese Veresterung ein stufenweiser Vorgang ist, der drei mögliche Stufen umfaßt, entsteht das Dinitroglycerin niemals für sich allein und ist stets von den beiden anderen möglichen Stufen, dem Mononitrat und Trinitrat, in größeren oder geringeren Anteilen begleitet. Es ist kein Verfahren bekannt, das Dinitrat in einigermaßen guter Ausbeute lieferte, ohne daß zugleich etwas Trinitrat entstände. Wird andererseits der Vorgang so geleitet, daß möglichst kein Trinitrat entsteht, so bildet sich auch das Dinitrat nicht vollständig und es entsteht nebenher Mononitrat.

1. Bildung mit Salpetersäure allein. Trägt man Glycerin in mäßige Mengen (z. B. die 3—5fache Menge) hochkonzentrierter Salpetersäure ein, so bilden sich nach einigem Stehen Gemenge von Dinitrat und Trinitrat, die in der Salpetersäure gelöst bleiben. Je weniger Salpetersäure angewendet wurde, desto ärmer ist das Gemisch an Trinitrat, je mehr Salpetersäure vorhanden ist, desto weiter geht die Veresterung im Sinne der Bildung von Trinitrat.

Die Reaktionsgeschwindigkeit ist wesentlich geringer als bei der Veresterung mit Salpeter-Schwefelsäure, und der Gleichgewichtszustand tritt erst nach längerem (unter Umständen mehrstündigem) Stehen ein.

Trägt man die 3—4fache Menge Salpetersäure in Glycerin ein, so daß besonders anfänglich letzteres im Überschuß vorhanden ist und niemals mit hochkonzentrierter Säure zusammentrifft, so entsteht weit überwiegend Dinitrat (neben Mononitrat), während im umgekehrten Falle das Glycerin anfänglich in noch hochkonzentrierter Säure gelöst wird, so daß sich zuerst Trinitrat bildet.

2. Bildung mit Salpeter-Schwefelsäure. Trägt man Glycerin in eine wasserreiche und salpetersäurearme Mischung von Salpeter- und Schwefelsäure ein, so entsteht neben Nitroglycerin Dinitroglycerin in wechselndem Verhältnis je nach Mengen- und Konzentrationsverhältnissen. Dasselbe geschieht, wenn die Menge der Schwefelsäure nicht ausreicht, um die Wasserbindung bis zur vollständigen Bildung von Trinitrat zu bewirken.

3. Bildung durch Abbau von Nitroglycerin mit Schwefelsäure. Löst man Nitroglycerin in konzentrierter Schwefelsäure auf, so entsteht unter Abspaltung von Salpetersäure neben anderen Abbauprodukten (Mononitrat und Glycerinschwefelsäure) Dinitroglycerin. Je nach dem Sättigungsgrade der Schwefelsäure mit Nitroglycerin bleibt auch etwas unverändertes Nitroglycerin in Lösung.

Herstellungsverfahren. Auf diesen Bildungsweisen gründen sich die verschiedensten Herstellungsvorschriften für Dinitroglycerin[1]).

[1]) Vgl. Escales: Nitroglycerin und Dynamit. S. 180 ff., und Kast: Spreng- und Zündstoffe. S. 168.

1. Verfahren von Mikolajczak mit Salpetersäure. Für die technische Herstellung hat nur das Verfahren von Mikolajczak Bedeutung erlangt, das während einer Reihe von Jahren von der Castroper Sicherheitssprengstoff-A.-G. (später Westdeutsche Sprengstoffwerke A.-G.) auf deren Fabrik Rummenohl (bei Hagen i. Westf.) praktisch ausgeübt wurde[1]). Dasselbe beruht auf der Auflösung von Glycerin in konzentrierter Salpetersäure vom spez. Gewicht 1,5, Aufbewahrung der erhaltenen Lösung während einiger Stunden, um die Reaktion sich vollenden zu lassen (sog. Nachnitrierung) und Neutralisation der zuvor mäßig verdünnten Lösung mit feinem Marmor- oder Kalkspatpulver, wobei eine konzentrierte Calciumnitratlösung von höherem spez. Gewicht als das des Dinitroglycerins (1,5) entsteht, so daß das nunmehr ausgeschiedene Öl obenauf schwimmt und in der üblichen Weise mittels Scheidetrichters abgezogen werden kann. Bei stärkerer Verdünnung scheidet es sich am Boden ab, was für das Verfahren nur insofern von Bedeutung ist, als die Aussalzung um so vollständiger ist, je höher die Konzentration gehalten wird.

Das Öl wird mit Soda endgültig entsäuert und nach besonderen Verfahren gewaschen und getrocknet.

Die abfallende, aus der unverbrauchten Salpetersäuse gewonnene Calciumnitratlauge wird mit der berechneten Menge Ammonsulfat in Ammonnitrat und Calciumsulfat (Gips) umgesetzt, wovon das erstere bei der Sprengstoffherstellung, das zweite als Düngemittel Verwendung findet. — Man hat auch statt kohlensaurem Kalk zur Neutralisation Soda verwendet, wobei der erhaltene Natronsalpeter direkt zur Sprengstoffabrikation oder zur Erzeugung neuer Salpetersäure diente.

Im einzelnen läßt sich der Prozeß wie folgt gestalten:

1. Ausgangsstoffe. a) Glycerin. Es gelangt dasselbe Dynamitglycerin zur Verwendung wie für die Nitroglycerinfabrikation.

b) Salpetersäure. Dieselbe soll möglichst hochprozentig sein und jedenfalls nicht unter 90% Monohydrat enthalten. Da bei der Abwesenheit von Schwefelsäure, welche die Untersalpetersäure zu Nitrosylschwefelsäure bindet, erhöhte Neigung zur Oxydation besteht, soll die Salpetersäure möglichst frei von niederen Stickoxyden sein. Sie wird zur Befreiung von letzteren erwärmt und mit einem Luftstrom behandelt, wobei die entweichenden Salpetersäuredämpfe in Türmen durch Berieselung mit Wasser oder Schwefelsäure aufgefangen und als schwächere Salpetersäure oder in Mischung mit Schwefelsäure wiedergewonnen werden. Die Abwesenheit von salpetriger Säure in der Salpetersäure ist dann besonders wichtig, wenn durch die Anwendung eines geringen Überschusses von Salpetersäure in der Hauptsache auf ein von Nitroglycerin möglichst freies Dinitroglycerin hingearbeitet werden soll, weil hierbei am Ende des Prozesses ein entsprechend hoher Grad der Verdünnung erreicht und somit die Neigung zur Oxydation begünstigt wird.

---

[1]) Vgl. auch die D.R.P. von Carl Pütz 205752 u. Zus. 225377 (1903) und Heise: Bergbau 1907, Nr. 35.

2. Nitrierung. Die Nitrierung kann in Bleiapparaten erfolgen. Vorzuziehen sind Gefäße aus hochsäurebeständigen Metallen, die auch von verdünnter Salpetersäure nicht angegriffen werden. Die Anwendung von Luftrührung bedingt ein starkes Wegblasen der flüchtigen Salpetersäure, die in Türmen als schwache Säure wiedergewonnen werden kann, weshalb mechanische Rührung vorzuziehen ist. Infolge der Neigung zur Oxydation ist für energische Kühlung mit Eiswasser oder gekühlter Sole zu sorgen und eine Temperatur von 15—20° C nicht zu überschreiten.

Nachnitrierung. Nach beendetem Glycerineinlauf überläßt man die erhaltene Lösung unter fortgesetzter Kühlung der sog. Nachnitrierung, um die Veresterung zu vollenden und das Glycerin möglichst gut auszunutzen. Im allgemeinen genügt eine Einwirkungsdauer von einigen Stunden (2—6 Stunden), um den Prozeß zu vollenden. Je höher die Menge der Salpetersäure ist und je mehr sich somit im erhaltenen Sprengöl das Verhältnis zwischen Dinitrat und Trinitrat zugunsten des letzteren verschiebt, um so geringer ist der Einfluß der Nachnitrierung auf die Gesamtausbeute.

3. Verdünnung, Neutralisation, Abscheidung. Man läßt nunmehr die Lösung unter Rührung auf gestoßenes Eis bzw. eine Mischung von Eis und Wasser fließen, die der Menge nach der angewendeten Salpetersäure entspricht, und setzt allmählich Marmor- oder Kalkspatpulver zu, solange noch Kohlensäure entbunden wird. Hierbei scheidet sich das mit mehr oder weniger Nitroglycerin, eventuell auch Mononitrat vermischte Dinitroglycerin an der Oberfläche ab, falls die Verdünnung gering genug war, um eine Calciumnitratlösung vom spez. Gewicht über 1,51 zu erzielen. Man kann auch mit konzentrierter Sodalösung oder calc. Soda neutralisieren, wobei sich das Öl unten absetzt. (Vgl. auch 6: Neutralisation mit Ammoniak oder Ammoncarbonat. Amerik. Pat. 879899 und D.R.P. 210558.)

4. Neutralisation, Stabilisierung. Das so erhaltene Rohöl ist auch bei vollkommener Neutralisation der Säure noch etwas sauer und unstabil und bedarf für seine Weiterverwendung einer gründlichen Stabilisation. Außerdem enthält es unter Umständen noch Anteile von Mononitrat, die bei der Stabilisation entfernt werden.

Letztere kann durch mehrfaches Auswaschen mit konzentrierter Kochsalzlösung unter Zusatz von Soda bei erhöhter Temperatur (40—50°) bewirkt werden. Während reines Wasser Dinitroglycerin in erheblichem Maße auflöst (100 : 8 bei 20° und 100 : 10 bei 50°) und seine Anwendung somit empfindliche Verluste herbeiführen würde, lösen 100 Teile einer 30proz. Kochsalzlösung nur etwa 2—3 Teile Dinitroglycerin auf. Die Entfernung der Soda erfolgt zuletzt mit frischer Salzlösung. Die Salzlösungen werden wiederholt benutzt, um die Verluste einzuschränken.

War die Salpetersäure nicht frei von Untersalpetersäure, so wird letztere hartnäckig vom Dinitroglycerin festgehalten und von Soda nur schwierig völlig entfernt, so daß ein hoher Stabilitätsgrad nur durch einen langwierigen Waschprozeß zu erreichen ist.

In solchem Falle verfährt man vorteilhaft und unter Vermeidung nennenswerter Verluste wie folgt: Das Rohöl wird mit einer geringen Menge (etwa dem 10. Teile) konzentrierter Kochsalzlösung versetzt und unter Luftrührung soviel Ammoniakflüssigkeit zugesetzt, bis schwach ammoniakalische Reaktion wahrnehmbar ist. Nach genügendem Absitzen wird das klare Öl abgezogen und in Bleigefäßen mit Warmwassermantel so lange bei 60—65° mit Luft durchgerührt, bis die letzten Spuren von Ammoniak ausgeblasen sind. Das Öl riecht dann heiß nicht mehr nach Ammoniak und färbt blaues Lackmuspapier weinrot (Charakteristikum für Dinitroglycerin). Ein solches Fabrikat hält die Abel-Testprobe (vgl. Nitroglycerin) 45—60 Minuten aus.

5. Trocknung. Dinitroglycerin ist im Gegensatz zu Nitroglycerin hygroskopisch. Nach dem Waschprozeß enthält es auch in klarem Zustande noch mehrere Prozente Feuchtigkeit. Letztere kann, wie unter 4. bereits erwähnt, durch einen Luftstrom unter Erwärmung entfernt werden.

6. Verwertung der Neutralisationslauge. Die abfallenden Nitratlaugen (Calciumnitrat- oder Natronsalpeterlauge) können in verschiedener Weise verwendet werden. Sie enthalten noch Reste von Glycerindinitrat, Mononitrat und eventuell unverändertes Glycerin sowie Oxydationsprodukte des letzteren als Verunreinigung in Lösung. Die Glycerinnitrate werden durch Erhitzen zerstört und die freie Säure abgestumpft. Die erhaltenen Nitrate sind durch organische Substanz etwas verunreinigt, was ihre Verwertbarkeit einschränkt. Indessen kann der erhaltene Natronsalpeter oder der durch Umsetzung des Kalksalpeters mit Ammonsulfat erhaltene Ammonsalpeter für die Herstellung von Sprengstoffgemischen Verwendung finden. Der Ammonsalpeter ist hierbei stets mit etwas Gips verunreinigt. Diese Verunreinigung läßt sich durch einen kleinen Überschuß an Ammonsulfat auf 0,5$^0/_0$ Glührückstand herabdrücken.

Nach dem amerikanischen Patent 879899 (1907) von F. du Pont[1]) soll direkt mit Ammoniak neutralisiert und somit als Nebenprodukt nur Ammonnitrat gewonnen werden.

Die direkt erhaltene, mäßig konzentrierte Ammonnitratlösung wird im Vakuum in einem besonderen Apparat konzentriert, wobei sich das Dinitroglycerin abscheidet.

Ammonnitrat als direktes Endprodukt wird auch nach dem D.R.P. 210558 (1908) der Castroper Sicherheitssprengstoff-A.-G. durch Neutralisation mit Ammoncarbonat erhalten[2]).

Betriebsergebnisse. Bei Herstellung eines Di-Öles von möglichst hohem Gehalt an Dinitroglycerin und möglichst geringem Gehalt an Trinitrat gestalten sich die Betriebsergebnisse nach Fabrikationserfahrungen des Verfassers etwa wie folgt:

Rohstoffe:	100 kg	Glycerin
„	350 „	Salpetersäure (92,5$^0/_0$ HNO_3)
„	100 „	Eis zum Verdünnen
„	175 „	Calciumcarbonat
„	2 „	Ammoniakflüssigkeit
„	230 „	Ammonsulfat.
Produkte:	140 „	Dinitroglycerin, stabil (enthaltend ca. 10$^0/_0$ Nitroglycerin)
„	280 kg	Ammonnitrat (ca. 71$^0/_0$ der Theorie)
„	230 „	Gips

bzw. für 100 kg Dinitroglycerin sind erforderlich:

Rohstoffe:	71,4 kg	Glycerin
	250 „	Salpetersäure
	75 „	Eis
	125 „	Calciumcarbonat
	165 „	Ammonsulfat
	1,5 „	Ammoniakflüssigkeit.

An Nebenprodukten werden erhalten:

200	kg	Ammonnitrat
165	„	Gips.

[1]) Z. f. d. ges. Schieß- u. Sprengstoffwesen 1908, S. 336 u. 1909, S. 155.

[2]) Z. f. d. ges. Schieß- u. Sprengstoffwesen 1909, S. 293.

Schon aus dieser Rohstoffübersicht ergibt sich, daß sich das Dinitroglycerin im Preise erheblich teurer stellen muß als Nitroglycerin, da für 100 kg von letzterem nur 43,5 kg Glycerin und ca. 125 kg konzentrierter Salpetersäure erforderlich sind, die übrigen Rohstoffe aber und die Nebenprodukte demgegenüber eine weniger ausschlaggebende Rolle spielen.

Herstellung verschiedener Estergemische mit abgestuften Mengen von Salpetersäure[1]**.** Bei Auflösung von Glycerin in zunehmenden Mengen von Salpetersäure werden höhere Ausbeuten von Ölen mit wachsendem Gehalt an Trinitrat erhalten unter gleichzeitiger Steigerung der Auswertung des Glycerins:

Auf 100 Teile Glycerin kommen zur Anwendung: Salpetersäure, wasserhell, vom spez. Gewicht 1,50:

	I.	II.	III.
	335 T.	400 T.	450 T.
Erhaltene Ausbeuten an trockenen Rohölen:			
a) mit 12stündiger Nachnitrierung:			
	159 T.	170 T.	182 T.
N-Gehalt:	(15,38 %)	(15,90 %)	(16,51 %)
Von diesen Ölen bestehen aus Tri- und Dinitrat:			
	145 T.	165 T.	182 T.
Zusammensetzung:			
Trinitrat:	12,4 %	20 %	35 %
Dinitrat:	87,6 %	80 %	65 %
Die Rohöle enthalten Mononitrat:			
	ca. 14 T.	5 T.	0 T.
b) ohne Nachnitrierung wurden erhalten:			
Tri- und Dinitrat:	118 T.	152 T.	176 T.
Die Abfallaugen enthalten noch an Dinitrat:			
	8 T.	6 T.	6,5 T.
Gesamtauswertung des Glycerins zu Tri- und Dinitrat:			
	75 % { 68 % d. th. Dinitr.	83 % { 69 % d. th. Dinitr.	88 % { 62 % d. th. Dinitr.
	7 % „ „ Trinitr.	14 % „ „ Trinitr.	26 % „ „ Trinitr.

Der Rest des unausgenützten Glycerins befindet sich in Gestalt von Mononitrat, unverändertem Glycerin und Oxydationsprodukten des letzteren teils bei den Rohölen, teils in der Neutralisationslauge.

Für die Herstellung eines ungefrierbaren Estergemisches aus 65 % Dinitroglycerin und 35 % Nitroglycerin sind hiernach per 100 kg nur erforderlich 55 kg Glycerin und 247 kg Salpetersäure. Die nitroglycerinreicheren Gemische sind also wirtschaftlicher herzustellen, da sie eine bessere Ausnutzung des Glycerins gestatten.

Nach einer anderen Versuchsreihe mit einstündiger Nachnitrierung wurden mit einer Salpetersäure von 95 % HNO_3 folgende Estergemische erhalten, wobei die Ausbeuten in Prozenten der Theorie sowohl für Trinitrat wie für Dinitrat mit steigender Salpetersäuremenge zunahmen.

Erhalten per 100 Teile Glycerin:

---

[1]) Versuche des Verfassers.

mit Salpeter-säure	Ester-gemisch	Tri-nitrat	Di-nitrat	Prozentische Zus.-Setzung	Proz. d. Th. Tri-nitrat	Proz. d. Th. Di-nitrat	Summe der Glycerin-auswertg.
250 T.	77,3 T.	6,8 T.	70,5 T.	9 % Tri 91 % Di	2,8 %	35,6 %	38,4 %
300 T.	106,5 T.	14,3 T.	92,2 T.	14 % Tri 86 % Di	6,8 %	46,6 %	53,4 %
350 T.	127,5 T.	20,5 T.	107,0 T.	16 % Tri 84 % Di	8,3 %	54, %	62,3 %
400 T.	152,0 T.	32,5 T.	119,5 T.	21 % Tri 79 % Di	13,2 %	60,4 %	73,6 %
450 T.	175,6 T.	44,8 T.	130,8 T.	26 % Tri 74 % Di	18,1 %	65,5 %	83,6 %
500 T.	191,0 T.	51,0 T.	140,0 T.	27 % Tri 73 % Di	20,6 %	70,7 %	91,3 %

Nach der ungarischen Patentanmeldung 637 (1905) der Aktiengesellschaft Dynamit Nobel, Wien, soll man Dinitroglycerin in guter Ausbeute erhalten, wenn man 100 Teile wasserhaltiges Glycerin (90 % Glycerol) in etwa 500 Teile Salpetersäure von 48° Bé einträgt, sofort mit Eiswasser verdünnt und neutralisiert. Der Wassergehalt des Glycerins beeinflußt indessen den Reaktionsverlauf nicht erheblich, und man erhält auch hier je nach dem Monohydratgehalt der Salpetersäure Gemische von Dinitrat und Trinitrat in wechselnder Ausbeute und Zusammensetzung, aber niemals reines Dinitroglycerin.

Herstellung von fast reinem Dinitroglycerin mit Salpetersäure. Ein verhältnismäßig reines von Trinitroglycerin ziemlich freies Dinitroglycerin erhält man nach dem D.R.P. 225377 (1903), Zus. zu 205752 von Carl Pütz (vgl. Österr. Patent 48817 (1911) von Mikolajczak), wenn man zu 10 Teilen Glycerin unter starker Kühlung allmählich 33 Teile Salpetersäure von 1,5 spez. Gewicht hinzufügt, mehrere Stunden bei höchstens 15° nachnitriert, alsdann mit 10 Teilen Wasser verdünnt und mit Calciumcarbonat neutralisiert. Die Hauptmenge des Dinitroglycerins scheidet sich ölig ab und enthält nur wenige Prozente an Trinitrat. Aus der Neutrallauge läßt sich mit Äther noch etwas reines Dinitroglycerin extrahieren. Das Verfahren setzt wegen der Neigung zur spontanen Oxydation untersalpetersäurefreie Salpetersäure voraus und eignet sich wegen dieser Oxydationsgefahr, die leicht zum stürmischen Ausbrennen des ganzen Nitrierpostens führen kann, sowie wegen der Dickflüssigkeit des kalten Glycerins nicht zur technischen Darstellung. Außerdem ist es für die technische Verwendung des Produktes von geringem Belang, ob es etwas mehr oder weniger Trinitrat enthält, da das reine trockne Dinitroglycerin sich bezüglich seiner Gefährlichkeit bzw. Sicherheit der Handhabung von Nitroglycerin nicht wesentlich unterscheidet.

Herstellung mit wasserhaltigen Säuregemischen. Nach dem D.R.P. 181385 (1904)[1]) wird das Dinitroglycerin durch Eintragen von Glycerin

[1]) Centralst. für wiss. techn. Untersuchungen, Neubabelsberg.

bei 18—20° in eine relativ wasserreiche und salpetersäurearme Mischsäure erhalten, wobei man die Charge in einem Wasserüberschuß ertränkt, ausäthert, und das Öl durch Abdestillieren der zuvor mit Sodalösung neutralisierten ätherischen Lösung gewinnt.

Beispiel: 100 T. Glycerin werden eingetragen in 500 T. Mischsäure von

10,0 % H_2O
22,5 % HNO_4
67,5 % H_2SO_4

Die Säuremenge enthält mit 112,5 T. HNO_3 weniger Salpetersäure, als zur Bildung von Dinitrat aus 100 T. Glycerin erforderlich wäre (137 T.). Da zugleich Nitroglycerin entsteht, kann mithin die Ausbeute nur mäßig sein. Aus 100 T. Glycerin werden ca. 40 T. Dinitrat (20 % der Theorie) und 62 T. Trinitrat (25 % der Theorie) erhalten.

Durch Erhöhung der Salpetersäuremenge läßt sich die Ausbeute an Dinitrat verbessern, doch kommt das Verfahren technisch wegen der Anwendung organischer Extraktionsmittel und der schwierigen Verwertbarkeit der verdünnten Mischsäure nicht in Betracht. Auch hier besteht bei einiger Aufbewahrung der fertigen Charge die Neigung zur spontanen Oxydation und es empfiehlt sich, die Masse alsbald unter Rührung in Wasser zu gießen.

Herstellung beliebiger Gemische aus Dinitrat und Trinitrat mit konz. Säuregemischen von geringem Gehalt an Schwefelsäure[1]. Nitriert man mit konz. Säuregemischen von abgestuftem, aber zur völligen Wasserentziehung nicht ausreichendem Gehalt an Schwefelsäure, so erhält man in guter Ausbeute Gemische von wechselndem und mit der Schwefelsäure bzw. ihrer Konzentration zunehmenden Gehalt an Trinitrat.

Beispiel: 100 T. Glycerin werden in 90 T. Salpetersäure von 1,5 spez. Gewicht gelöst und eine Mischung von 160 T. derselben Salpetersäure und 180 T. Schwefelsäure von 1,795 spez. Gewicht (64° Bé) zugefügt. Direkt scheiden sich ab: 127 T. Öl, bestehend aus 72,5 % Di + 27,5 % Trinitrat, die in Eiswasser gegeben und mit Soda neutralisiert werden. Aus der verdünnten und neutralisierten Säure erhält man noch 44 T. Öl (95 % Di- + 5 % Trinitrat), zusammen: 171 T. Gemisch

(78 % Dinitrat)
(22 % Trinitrat)

in Prozenten der Theorie:

68 % Dinitrat
15 % Trinitrat
83 % Glycerinauswertung.

Nimmt man statt Schwefelsäure von 64° Bé solche von 66° Bé, so kehrt sich unter Erhöhung der Ausbeute das Verhältnis zwischen Tri- und Dinitrat beinahe um.

[1]) D.R.P. 205752 (1903) Carl Pütz und Amerik. Patent 830909 (1905), Mikolajzak Franz. Patent 349078 und Engl. Patent 27706 (1904).

100 T. Glycerin ergeben 201 T. Estergemisch, davon 181 T. in direkter Scheidung bzw. 138 T. Trinitrat und 63 T. Dinitrat.

Das Gemisch enthält 69 % Trinitrat und 31 % Dinitrat, in Prozenten der Theorie:

56 % Trinitrat
32 % Dinitrat
88 % Glycerinauswertung.

Man kann auch das Glycerin zunächst in der ganzen Menge Salpetersäure lösen und alsdann durch Schwefelsäurezusatz die Abscheidung des Öles bewirken.

Statt die Abfallsäure zu verdünnen und durch Neutralisation oder Extraktion weiteres Dinitroglycerin zu gewinnen, ist es ökonomischer, eine weitere Menge konz. Schwefelsäure zuzusetzen, wobei sich noch Trinitroglycerin abscheidet.

Für die Erzielung von Gemischen mit vorwiegend Dinitrat ist immerhin das zuerst beschriebene Verfahren mit Salpetersäure allein vorzuziehen, da hierbei die Verwertung der verdünnten Abfallsäure als Salpeter am einfachsten durchzuführen ist.

Herstellung von Dinitroglycerin aus Nitroglycerin. Nach dem D. R. P. 175751 (1904)[1]) der Zentralstelle für wissenschaftlich technische Untersuchungen, Neubabelsberg, läßt sich Dinitroglycerin aus Trinitroglycerin gewinnen, wenn man letzteres in Schwefelsäure auflöst, die erhaltene Lösung verdünnt und z. B. mit Äther extrahiert. Hierbei findet eine Abspaltung von Salpetersäure aus dem Nitroglycerinmolekül statt und unter geeigneten Bedingungen entsteht neben weiteren Abbauprodukten in gewissen Mengen Dinitroglycerin.

Beispiel: 100 g Nitroglycerin werden mit 1000 g Schwefelsäure von 70 % H_2SO_4 geschüttelt, bis eine klare Lösung entsteht. Der Vorgang verläuft ohne sichtbare Zersetzungserscheinungen (Bildung von roten Dämpfen). Etwa ungelöst gebliebenes Nitroglycerin wird abgehoben und die Lösung unter Vermeidung von Temperaturerhöhung in die mehrfache Wassermenge gegossen, wobei sich kein Öl abscheidet. Man extrahiert mit Äther, neutralisiert und destilliert die ätherische Lösung und erhält reines Dinitroglycerin.

Verfasser fand bei Nachprüfung des Verfahrens mit 73proz. und 83proz. Schwefelsäure, daß 1000 g Säure nur etwa 76—78 g Nitroglycerin auflösen und erhielt im günstigsten Fall aus 100 g angewandten Nitroglycerins ca. 15 g Dinitroglycerin, welches noch ca. 10% Nitroglycerin enthielt, also nicht rein war. Ausbeute: 25% der theor. möglichen Menge ber. auf das gelöste Nitroglycerin. 96 bis 98proz. Schwefelsäure löst weit mehr Nitroglycerin auf, gibt aber nur ganz geringe Ausbeuten an Dinitroglycerin. Das Verfahren hat hiernach nur theoretische Bedeutung.

Gefährlichkeit der Fabrikation. Bei allen Verfahren, die auf möglichst reines Dinitroglycerin oder ein an letzterem möglichst reiches Estergemisch abzielen, ist gegenüber der Nitroglycerinherstellung infolge höheren Wassergehaltes der Endsäuren mit einer erhöhten Neigung zu plötzlicher oder doch rasch einsetzender und stürmisch verlaufender Oxydation zu rechnen, weshalb besonders ausgiebige Kühlung zumal bei eventueller Nachnitrierung nötig und ein möglichst niedriger Gehalt der Salpetersäure an Untersalpetersäure erforderlich ist.

---

[1]) S. auch Z. f. d. ges. Schieß- und Sprengstoffwesen 1906, S. 390.

Auf der anderen Seite ist bei der Herstellung mit Salpetersäure allein das Nitrierungsprodukt während des Nitrierungsvorganges stets in Lösung vorhanden und in dieser Form durch Schlag, Reibung oder Erhitzung nicht explodierbar, so daß mit Explosionen selbst beim Abbrennen einer Nitriercharge nicht zu rechnen ist. Das abgeschiedene wasserhaltige Dinitroglycerin ist gegen Schlag weniger empfindlich als Nitroglycerin und neigt auch in noch unstabilem Zustande keineswegs besonders leicht zur Zersetzung, so daß im ganzen genommen die Herstellung des Dinitroglycerins als weniger gefährlich zu bezeichnen ist, als die des Nitroglycerins. Das künstlich getrocknete Dinitroglycerin dagegen unterscheidet sich bezüglich Schlagempfindlichkeit nur wenig von Nitroglycerin und ist mit derselben Vorsicht zu behandeln wie dieses.

Darstellung von reinem Dinitroglycerin. Um reines von Nitroglycerin freies Dinitroglycerin zu gewinnen, löst man das Rohprodukt in einer größeren Wassermenge (der 13—15fachen), trennt vom ungelösten Nitroglycerin und äthert die wässerige Lösung aus. Das aus dem Äther gewonnene Dinitroglycerin zeigt gewöhnlich leicht den Abeltest, was auf anhaftende Oxydationsprodukte des Äthers zurückzuführen sein dürfte. Man kann das Dinitroglycerin aus der wässerigen Lösung auch gewinnen, indem man das Wasser im Vakuum abdestilliert. Das so gewonnene Dinitroglycerin zeigt bei 72° auch nach 1 Stunde keinen Teststreifen. Durch wiederholtes Auflösen in Wasser und Extrahieren wird es von den letzten Nitroglycerinspuren befreit und zeigt den theoretischen Stickstoffgehalt von 15,38%.

In dünner Schicht über Schwefelsäure oder durch gelindes Erwärmen auf 40—50° erhält man das wasserhaltige Dinitroglycerin leicht völlig trocken.

Das D.R.P. 210990 (1907)[1]) von Dr. C. Claessen gibt ein Verfahren zur Reinigung von Dinitroglycerin an, darin bestehend, daß man ein mit ca. 3% Wasser versetztes Dinitroglycerin (Hydratbildung) mit Kieselgur mischt, in einer Kältemischung zum Krystallisieren und durch Impfen mit dem gefrorenen Produkt größere Mengen feuchten Dinitroglycerins zum Erstarren bringt. Das krystallisierte Hydrat läßt sich aus Wasser, Alkohol, Äther oder Benzol umkrystallisieren, schmilzt bei 26° und geht durch Erwärmen wieder in wasserfreies öliges Dinitroglycerin über (vgl. auch den folg. Abschnitt).

Physikalische und chemische Eigenschaften. Das bei der Veresterung von Glycerin mit Salpetersäure erhaltene Dinitroglycerin ist ein Gemisch der beiden möglichen strukturisomeren Formen (vgl. Einleitung dieses Abschnittes).

---

[1]) Z. f. d. ges. Schieß- u. Sprengstoffwesen 1909, S. 333.

Es hat ein spez. Gewicht
von 1,47 bei 15° nach Will[1]),
„ 1,517 bei 20° nach Ermittlung des Verfassers,
„ 1,51 bei 15° nach Blochmann[2])
und stellt ein farb- und geruchloses Öl dar, das dickflüssiger ist als Nitroglycerin und unter 15 mm Druck bei 146° fast unzersetzt siedet. Der Krystallisationspunkt des trocknen Öles ist bisher nicht bestimmt worden. Bei Temperaturen von etwa — 40° erstarrt es zu einer glasigen Masse, die leicht wieder in den flüssigen Zustand übergeht.

Bei gewöhnlicher Temperatur und gelinder Wärme ist es nur wenig flüchtig. Die Flüchtigkeit bei gelinder Wärme beträgt etwa das $1^1/_2$—2fache von der des Nitroglycerins. Es erzeugt beim Einatmen der Dämpfe oder bei Berührung mit der Haut Kopfschmerzen wie Nitroglycerin. Es hat wie dieses einen brennenden Geschmack und ist anscheinend ebenso giftig.

Löslichkeit. Als zweifacher Ester der Salpetersäure zeigt es ähnliche Löslichkeitsverhältnisse wie Nitroglycerin und ist z. B. in Äther, Aceton, Alkohol und Chloroform leicht löslich, in Benzol etwas schwerer wie Nitroglycerin, unlöslich z. B. in Tetrachlorkohlenstoff und Benzin.

Entsprechend der vorhandenen Hydroxylgruppe ist es in Wasser erheblich leichter löslich als Nitroglycerin, wenn auch nicht gerade sehr leicht. Es löst sich bei Zimmertemperatur in etwa der $12^1/_2$fachen Wassermenge.

100 T. H_2O lösen bei 15° ca. 8 T. Dinitroglycerin.
100 T. H_2O „ „ 50° ca. 10 T. „

In verdünnten Laugen und Säuren ist es sehr leicht löslich. Von stärkerer Schwefelsäure wird es ähnlich wie Nitroglycerin unter Abspaltung von HNO_3 und Abbau zu Mononitrat und Glycerinschwefelsäure aufgelöst.

Hygroskopizität: Dinitroglycerin ist hygroskopisch. Es nimmt an feuchter Luft rasch Wasser auf (bis zu ca. 10%), und zwar unter Bildung eines Hydrates von der Formel: $3(C_3H_6N_2O_7) + H_2O$ mit einem Wassergehalt von 3,2%. Beim Erwärmen auf 40—50° oder unter einem Exsiccator wird das Wasser unschwer wieder abgegeben.

Gelatinierbarkeit: Dinitroglycerin gelatiniert mit Collodiumwolle bereits bei gewöhnlicher Temperatur sehr rasch. Doch bleibt die Gelatine etwas klebrig und ist weniger elastisch und leichter deformierbar als die des Nitroglycerins. An feuchter Luft wird die Gelatine durch

[1]) Das von Will angegebene spez. Gewicht scheint sich auf wasserhaltiges Dinitroglycerin zu beziehen. Das mit Feuchtigkeit gesättigte D. hat nach Ermittelung des Verfassers ein spez. Gewicht von 1,47.

[2]) Der Bergbau 1905, Nr. 48. S. auch Escales: Nitroglycerin und Dynamit, S. 186. 1908.

Wasseranziehung klebrig und schmierig und büßt an Festigkeit ein. Ebenso löst Wasser aus derselben allmählich das Dinitroglycerin heraus und läßt das Nitrocellulosegerüst als zähe steife Masse zurück.

Die isomeren Formen des Dinitroglycerins.

Die Trennung und Ortsbestimmung der beiden isomeren Formen des Dinitroglycerins gelang Will und seinen Mitarbeitern, Haanen und Stöhrer[1]). Sie brachten das feuchte Produkt in Mischung mit Kieselgur durch Unterkühlung zum Erstarren und impften größere Mengen des feuchten Öles mit der erstarrten Gurmischung. Hierbei krystallisiert der größere Teil des ersteren in prismatischen Krystallen, während ein kleinerer Teil von derselben chemischen Zusammensetzung, abgetrennt durch weiteres Impfen, nicht zur Krystallisation gebracht werden kann.

Dinitroglycerin K. Die krystallisierbare Verbindung wird Dinitroglycerin K genannt und erweist sich als das bereits erwähnte Hydrat mit 1 Mol. H_2O auf 3 Mol. Dinitroglycerin. Es ist leicht löslich in Wasser, Alkohol und Äther, schwerer in Benzol und läßt sich besonders aus letzterem gut umkrystallisieren. Die Krystalle verlieren das Wasser, das sie beim Umkrystallisieren aus Wasser, Alkohol, Äther und selbst aus Benzol festhalten, beim Erwärmen an der Luft oder über Schwefelsäure leicht wieder und gehen in die ölige Form über.

Benzoylester. Das D. K liefert beim Behandeln mit der ber. Menge Benzoylchlorid in wässeriger Lösung mit Alkali ein Dinitrobenzoylglycerin vom Fp. 67°, welches in H_2O unlöslich, in Alkohol, Äther und Benzol löslich und aus Alkohol bequem umkrystallisierbar ist. Es krystallisiert wasserfrei.

p-Nitrobenzoylester. Bei Einwirkung von p-Nitrobenzoylchlorid in ätherischer Lösung auf in Wasser suspendiertes D. K unter Zusatz der ber. Menge Natronlauge entsteht der entspr. p-Nitrobenzoylester, der in heißem Alkohol schwer löslich ist und bei 94° schmilzt.

Dinitroglycerin F. Der nicht krystallisierbare Anteil des feuchten Dinitroglycerins verliert ebenso wie das Krystallhydrat beim Trocknen ca. 3% Wasser. Das wasserhaltige wie das trockne Produkt erweist sich als chemisch identisch mit Dinitroglycerin K und stimmt in fast allen Eigenschaften, Siedepunkt, Löslichkeit, Geruch, Geschmack, Verhalten als Explosivstoff mit letzterem überein. Charakterisiert ist es durch den abweichenden Schmelzpunkt (81°) und die leichte Alkohollöslichkeit des p-Nitrobenzoylesters.

Die verschiedenen Löslichkeiten der Benzoyl- und p-Nitrobenzoylester gestatten, die Mengen zu bestimmen, in denen sich die beiden isomeren Formen des Dinitroglycerins unter verschiedenen Bedingungen der Darstellung nebeneinander bilden:

---

[1]) Ber. d. Dtsch. Chem. Ges. Bd. 41, S. 1110. 1908 und Z. f. d. ges. Schieß- u. Sprengstoffwesen 1908, S. 324 u. 370.

1. Bei der Darstellung mit Salpeterschwefelsäure (D.R.P. 181385) ergibt sich ein Gehalt von 70—75% an krystallisierbarem Dinitrat.

2. Bei der Darstellung mit Salpetersäure allein (Verfahren von Mikolajzak) entstehen 60—65% an krystallisierbarem Dinitrat.

Das Dinitroglycerin K erweist sich als die symmetrische α-Verbindung:

$$CH_2ONO_2.CHOH.CH_2ONO_2,$$

das Dinitroglycerin F als die asymmetrische β-Verbindung:

$$CH_2ONO_2.CHONO_2.CH_2OH.$$

Der Konstitutionsbeweis geht von den beiden isomeren Glycerinmononitraten aus und wird daher im Abschnitt „Mononitroglycerin" angeführt.

Chemisches Verhalten.

Die beiden Dinitroglycerine zeigen gegen chemische Reagenzien das Verhalten der Salpetersäureester. Sie werden durch Säuren leicht unter Abspaltung von Salpetersäure und Oxydation zersetzt. Konz. Schwefelsäure spaltet HNO_3 ab und bewirkt Abbau zu Mononitrat bzw. Glycerin[1]). Mit Alkalien tritt Verseifung ein. Konzentrierte Kali- oder Natronlauge bewirkt analog der Bildung von Epichlorhydrin aus Dichlorhydrin die Abspaltung eines Moleküles HNO_3 unter Bildung von z. B. KNO_3 und Nitroglycid (s. d.):

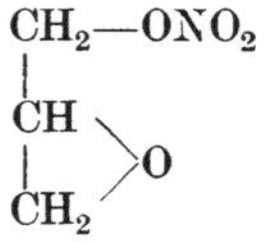

wobei beide Dinitroglycerine dasselbe Nitroglycid liefern, das mit heißem Wasser in α-Mononitroglycerin übergeht.

Im übrigen zeigt das Dinitroglycerin das Verhalten einer schwachen Säure. Es färbt selbst nach völliger Entfernung aller Spuren von Mineralsäuren und in völlig stabilem Zustand blaues Lackmuspapier weinrot und löst sich in verdünnten Alkalien sehr leicht auf. Dagegen löst es sich in Sodalösung nicht leichter als in Wasser und zersetzt Carbonate nicht, ist also eine schwächere Säure als Kohlensäure. Charakterisierte Salze des Dinitroglycerins darzustellen scheint allerdings noch nicht gelungen zu sein.

Die Hydroxylgruppe des Dinitroglycerins ist weiterer Veresterung leicht zugänglich. Mit konz. Salpetersäure oder Salpeterschwefelsäure entsteht glatt Nitroglycerin. Mit Essigsäureanhydrid entsteht beim Erhitzen in glatter Reaktion Acetyldinitroglycerin (s. d.). Benzoylchlorid liefert Benzoyldinitroglycerin (s. o.).

---

[1]) Analyse im Lungeschen Nitrometer: N-Gehalt ber. 15,38%.

Charakter als Explosivstoff.

Das Dinitroglycerin hat vermöge seiner Zusammensetzung den Charakter eines energiereichen Explosivstoffes. Der explosive Zerfall erfolgt etwa nach folgender Formel:

$$CH_2OH.CHONO_2.CH_2ONO_2 = 2\,CO_2 + CO + 2\,H_2O + N_2 + H_2$$

und kann, wie der des Nitroglycerins durch plötzliches Erhitzen, mechanische Einflüsse und Initialzündung ausgelöst werden. Zur völligen Verbrennung zu Kohlensäure und Wasser mangeln dem Molekül 2 Atome Sauerstoff bzw. auf 100 Teile Dinitroglycerin 17,6 Teile Sauerstoff. Die Sauerstoffbilanz ist mit 17,6% negativ.

Die Explosionswärme errechnet sich nach obiger Formel bei einer molekularen Bildungswärme von 116,7 Cal. zu 1304,4 Cal. per kg bei konst. Volum (H_2O flüssig) bzw. 1201 Cal. (H_2O-Dampf). (Die von Blochmann[1]) angegebene Explosionswärme von 942 Cal. per kg ist zu niedrig.) Dinitroglycerin ist folglich energieärmer als Nitroglycerin, und hat nur 81% des Energieinhaltes des letzteren. Bezüglich der Detonationssensibilität besteht indessen kein wesentlicher Unterschied.

Verhalten beim Erhitzen. Stabilität. Bei vorsichtigem Erhitzen kleinerer Mengen kann man Dinitroglycerin ohne Explosion oder Verpuffung zur Verdampfung bringen. Auf dem Platinblech rasch erhitzt verpufft es mit leichtem Knall. Dasselbe gilt für das Hydrat nach Abgabe des Wassers. Im Glasröhrchen erhitzt entwickelt es oberhalb 150° gelbe Dämpfe. Oberhalb 170° gerät es in lebhafte Zersetzung unter Verflüchtigung und leichter Verpuffung. Beim Erhitzen größerer Mengen auf diese Temperaturen ist mit Explosion zu rechnen.

Stabilität. Ähnlich wie Nitroglycerin stabilisiertes Dinitroglycerin übertrifft ersteres an Stabilität und zeigt bei 72° selbst nach einer Stunde keinen Teststreifen (Abel-Test).

Erhitzungsprobe bei 75°. Auch bei der Aufbewahrung bei höheren Temperaturen zeigt sich gegenüber Nitroglycerin eine wesentlich höhere chemische Stabilität, die vermutlich in der chemischen Konstitution, bzw. der geringeren Anhäufung der Salpetersäurereste im Molekül ihre Ursache hat.

10 g im lose bedeckten Wägeglas bei 75° gelagert, waren nach 6 Tagen noch nicht sauer geworden (Gewichtsverlust 0,1%).

Erst nach 14 Tagen trat saure Reaktion ein (Gewichtsverlust 0,8%). Bei weiterer Lagerung tritt dann allmählich Zersetzung ein (vgl. Ngc. S. 120).

Empfindlichkeit gegen Schlag. Die Empfindlichkeit gegen Schlag ist nur wenig geringer als bei Nitroglycerin. Will erhielt mit

---

[1]) Bergbau 1905, Nr. 48. S. auch Escales: Nitroglycerin u. Dynamit, S. 186. 1908.

dem 2-kg-Fallgewicht bei 7—10 cm Fallhöhe Detonation des trocknen Dinitrates. Nitroglycerin detonierte bei 4 cm Fallhöhe. Das krystallisierte Hydrat (K) detonierte erst bei 90—100 cm. Das flüssige Hydrat bei 30—40 cm[1]). Sprengstoffmischungen aus Dinitroglycerin verhalten sich entsprechend. Die Handhabungsgefährlichkeit von Dinitroglycerin und D.-Präparaten kommt also im Hinblick auf mechanische Einflüsse praktisch der des Nitroglycerins sehr nahe.

Sprengwirkung. Im Trauzl-Bleiblock geben 10 g flüssiges D. unter Wasserbesatz geschossen ca. 500 ccm Nettoausbauchung mit Kapsel 8, gegen 600 ccm des Nitroglycerins, also 83,3% der Kraftleistung des letzteren. Die Explosionswärmen (1201 Cal. für D. und 1485 Cal. für Nitroglycerin) verhalten sich wie 81 zu 100. Mithin ergibt die Bleiblockmessung ein ziemlich genaues Bild des Verhältnisses der Gesamtenergieinhalte beider Ester.

Stauchung. Auch bei der Stauchprobe erweist sich D. als hochbrisant. 100 g flüssiges D. in einer Blechhülse von 0,7 mm Wandstärke und 40 mm Durchm. mit Holzdeckel lose verschlossen und mit Kapsel 8 gezündet (schwacher Einschluß) stauchen den Bleiblock (65 mm Höhe, 40 mm Durchm.) um 21 mm. Nitroglycerin deformiert unter gleichen Verhältnissen den Block weitgehend. Stauchung ca. 30 mm. Verhältnis: 70 : 100. Der Gesamtenergieinhalt des D. kommt also bei dieser Probe vermöge der geringeren Detonationsgeschwindigkeit weniger zum Ausdruck (vgl. Dinitrochlorhydrin, Charakter als Explosivstoff).

Sprengwirkung in Gemischen (Bleiblockausbauchung).

aus	75%ige Gurmischung	92%ige Sprenggelatine	65%iges Gel.-Dynamit
Dinitroglycerin	273 ccm	440 ccm	340 ccm
Nitroglycerin	322 „	585 „	410 „
Wertverhältnis:	84,8 : 100	75 : 100	83 : 100

Die Explosionswärmen (Energieinhalte) verhalten sich wie 81 : 100. Bei Gurdynamit und Gelatinedynamit verhalten sich also die Bleiblockwerte zueinander ungefähr wie die entwickelten Calorien, während sich bei Sprenggelatine die geringere Detonationsgeschwindigkeit des Dinitrates ähnlich geltend macht, wie in der flüssigen Form (vgl. Stauchung).

Sensibilität gegen Initialimpuls. D. detoniert bereits mit Kapsel 1 und gibt im Bleiblock im Mittel 290 ccm gegen 500 ccm mit Kapsel 8, mit Kapsel 1 also 58% der mit Kapsel 8 erhaltenen Wirkung. Die Sensibilität ist also immerhin beträchtlich, aber geringer als bei Methylnitrat, Nitroglykol und Dinitrochlorhydrin (s. d.).

[1]) Vgl. auch die Angaben von Blochmann, l. c.

Detonationsgeschwindigkeit. Die Detonationsgeschwindigkeit des D. wurde von Blochmann (l. c.) bestimmt. Er fand für die Flüssigkeit übereinstimmend mit

Nitroglycerin etwa	1500 m per Sek.
für gelatiniertes D.	3300 m „ „
(für gelatiniertes Nitroglycerin	7000 m „ „
für D. in 75proz. Gurmischung	4300 m „ „
(für Nitroglycerin ebenso	6800 m „ „)

Übertragung. Ferner fand derselbe Autor, daß 100 g Patronen von gelatiniertem D. die Detonation noch auf 5 cm Abstand übertragen. Bei gel. Nitroglycerin betrug der Höchstabstand 25 cm.

II. Glycerinmononitrat (Mononitroglycerin).

Glycerinmononitrat, der einfache Salpetersäureester des Glycerins, existiert in zwei stellungsisomeren Formen:

α-Mononitroglycerin und β-Mononitroglycerin, von verschiedenen Schmelzpunkten. Es tritt als Nebenprodukt bei der Darstellung von Dinitroglycerin auf und ist, obzwar durch starken Initialimpuls noch explodierbar, für die Technik der Explosivstoffe wegen seines geringen Energieinhaltes und seiner großen Hygroskopizität, ganz abgesehen von der schwierigen und unwirtschaftlichen Gewinnung, ohne Bedeutung.

Erwähnt wird die Verbindung zuerst 1865 von Liecke (vgl. Dinitroglycerin, Geschichtliches), doch erscheinen dessen Angaben bez. Herstellung und Eigenschaften als unzuverlässig.

1879 hat Hanriot[1]) ein Mononitroglycerin durch Einwirkung verdünnter Salpetersäure auf Glycid:

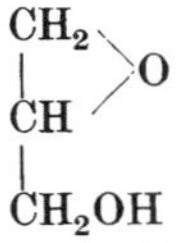

erhalten und beschreibt es als eine in Wasser leicht, in Äther schwer lösliche Verbindung, die durch Schlag nicht mehr explodiert.

Die Reindarstellung, genaue Charakterisierung und Ortsbestimmung beider isomeren Mononitroglycerine ist Will und Mitarbeitern (vgl. Dinitrat) zu verdanken[2]). Dieselben erhielten es durch Ätherextraktion der konzentrierten Neutralisationslaugen bei der Dinitroglycerindarstellung.

[1]) Ann. Chim. phys. (5) 17, 118.

[2]) Ber. deutsche Chem. Gesellschaft 41, 1110 (1908) u. Z. f. Schieß- u. Sprengstoffwesen 1908, 324 und 370.

Auch bei der Herstellung von Dinitroglycerin mit Salpetersäure allein (300 bis 400 T. Salpetersäure auf 100 T. Glycerin) entsteht nebenher stets Mononitrat in beträchtlicher Menge. Es kann dem rohen Dinitrat durch Behandlung mit kleineren Wassermengen leicht entzogen werden. Ferner wird es den durch oberflächliche Behandlung mit Äther von Dinitrat leicht zu befreienden Neutrallaugen durch intensive Ätherextraktion entzogen.

Darstellung. Verfasser stellte es auf folgendem Wege dar: Ein Gemisch von 250 g konz. Salpetersäure und 50 g konz. Schwefelsäure wird unter sehr intensiver Kühlung in 100 g Glycerin eingetragen. Gegen Ende der Operation, bei der eine Temperatur von 5—10° innegehalten wird, besteht starke Neigung zur Oxydation, und man gießt sofort auf 300 Teile gestoßenes Eis, wobei sich eine kleine Menge Di- und Trinitratgemisch abscheidet, von der abgetrennt wird. Nun wird mit Äther mehrfach extrahiert und die ätherischen Lösungen werden neutralisiert.

Der 1. Extrakt liefert 26 g eines Gemisches von 40% Di- und 60% Mononitrat. Der 2.—8. Extrakt liefert 23 g reines Mononitrat.

Die neutralisierte und eingedampfte Lösung liefert durch Extraktion des Salzrückstandes noch 8 g Mononitrat. Da 100 T. Glycerin theoretisch 149 T. Mononitrat geben können, entsprechen die erhaltenen 47 g ca. 30% der theoretischen Ausbeute.

Trennung von Dinitrat. Die Trennung von Mono- und Dinitrat erfolgt mittelst der sehr verschiedenen Löslichkeit in Wasser und Äther. Aus einer verdünnten wässerigen Lösung beider Nitrate nimmt Äther das Dinitrat leicht heraus. Das Mononitrat wird dann durch Entfernung des Wassers im Vakuum oder intensive Ätherbehandlung der konzentrierteren Lösung gewonnen.

Will brachte die Gurmischung des Mononitrates durch Unterkühlung zum Erstarren und impfte das zunächst ölige Produkt. Bei der Aufarbeitung der Mutterlauge des Mononitrates erhielt er dann in geringer Menge das zweite Isomere, aus dem die Reste des ersten durch Krystallisation abgesondert wurden. Auch das zweite Isomere, welches schließlich als die β-Form erkannt wurde, wurde als Kieselgurbrei zum Erstarren gebracht und unterscheidet sich von der α-Form durch den Schmelzpunkt. Eine weitere Chrakterisierung gelang durch die verschiedenen Schmelzpunkte des Di-p-nitrobenzoylesters.

Aus der Gesamtmenge des Mononitrates ließen sich nur etwa 3—4% des β-Nitrates isolieren.

Darstellung von reinem α-Mononitrat. Die glatteste Darstellung von reinem Mononitrat, wobei allerdings ausschließlich die α-Form entsteht, geschieht aus Dinitroglycerin auf dem Umwege über Nitroglycid (s. dieses: folgender Abschnitt).

Das Nitroglycid wird längere Zeit mit heißem Wasser behandelt und geht dabei in glatter Reaktion unter Anlagerung von einem Molekül Wasser in α-Mononitroglycerin über, welches durch Verdunsten des Wassers bei gelinder Wärme oder im Vakuum gewonnen wird.

Eigenschaften: Das Mononitrat wird meist zunächst als farbloses Öl erhalten, welches dünnflüssiger als Glycerin aber dickflüssiger als Dinitroglycerin ist. Es hat eine sehr geringe Krystallisationstendenz und kann selbst in reinem Zustande lange aufbewahrt werden, ohne zu erstarren. Auch nach dem Schmelzen des krystallinischen Aggregatzustandes neigt es sehr zur Unterkühlung. Das spez. Gewicht des flüssigen Mononitrates ist 1,417 bei 15^0 (Verfasser) 1,40 bei 15^0 (Will).

Das spez. Gew. der krystallisierten α-Form dagegen 1,53.

Der Schmelzpunkt der α-Verbindung ist $58-59^0$ (Will),

„ „ „ β- „ „ 54^0 (Will),

der Siedepunkt beider Isomeren bei 15 mm Druck $155-160^0$ (Will).

Das Mononitroglycerin hat einen faden etwas bitteren Geschmack und bewirkt auf die Zunge oder Haut gebracht bei empfindlichen Individuen Kopfschmerz, wenn auch wesentlich weniger energisch wie Dinitroglycerin oder Nitroglycerin. Es ist mit Wasser und Alkohol in allen Verhältnissen mischbar, in Äther dagegen relativ langsam und schwer löslich. Es nähert sich in seinen Eigenschaften also dem Glycerin und ist wie dieses sehr hygroskopisch. An feuchter Luft zieht es je nach Umständen $20-50\,^0/_0$ Wasser an. Im Gegensatz zu Glycerin, welches in Nitroglycerin fast unlöslich ist, mischt es sich indessen mit letzterem. Es bildet mit Collodiumwolle eine Art Gelatine, doch bleibt dieselbe unvollkommen und klebrig und wird von Wasser sofort zerstört.

Chemisches Verhalten. Mononitroglycerin verhält sich zugleich wie ein Salpetersäureester und wie ein Alkohol. Im Lungeschen Nitrometer gibt es den ber. Stickstoffgehalt von $10{,}22\,^0/_0$. Im Gegensatz zu Dinitroglycerin K. bildet es kein Hydrat. Wenigstens sind die beiden bekannten krystallisierten Formen wasserfrei.

Bei gelinder Wärme ist die Substanz durchaus beständig, zersetzt sich aber im Glasröhrchen rasch erhitzt gegen 170^0 unter Gasentwicklung und Gelbfärbung. Auf dem Platinblech rasch erhitzt, entzündet es sich und brennt rasch ab oder verpufft ganz schwach. Allmählich erhitzt, beginnt es unter Zersetzung zu verdampfen, wobei sich äußerst stechend riechende Dämpfe entwickeln (Acroleïn).

Reaktion. Die wässerige Lösung reagiert auf Lackmus neutral. Mononitroglycerin ist also keine Säure.

Mononitroglycerin liefert mit Salpetersäure Dinitroglycerin und Nitroglycerin und mit Salpeterschwefelsäure glatt Nitroglycerin.

Ferner bildet es leicht gemischte wasserunlösliche Ester.

Der Diacetylester schmilzt bei $18-20^0$ (Will).

Der Dibenzoylester schmilzt bei $68-69^0$ (Will).

Der Di-p-nitrobenzoylester schmilzt bei 139^0 (Will).

Diese Zahlen beziehen sich auf die Derivate des α-Mononitroglycerins. Der Di-p-nitrobenzoylester der β-Verbindung schmilzt bei 52^0. Die α-Verbindung ist außerdem noch charakterisiert durch eine mit Calciumnitrat gebildete Doppelverbindung:

$$4\,C_3H_5(OH)_2ONO_2 + Ca(NO_3)_2,$$

die aus Alkohol umkrystallisiert bei 117° schmilzt, und von der β-Form nicht eingegangen wird.

Charakter als Explosivstoff. Mononitroglycerin hat als etwaiger Explosivstoff eine sehr ungünstige Sauerstoffbilanz. Dem Molekül fehlen $4^1/_2$ Atome Sauerstoff zur völligen Verbrennung bzw. die Sauerstoffunterbilanz beträgt 52,5 T. Sauerstoff auf 100 T. Mononitrat.

Gleichwohl ist theoretisch ein explosiver Zerfall möglich nach der Formel: $2\,(CH_2OH\,.\,CHOH\,.\,CH_2ONO_2) = 6\,CO + 4\,H_2O + N_2 + 3\,H_2$, da diese Umsetzung mit einer Wärmeentbindung von 572,0 Cal. p. kg bei konstantem Volum (H_2O flüssig)[1]) verbunden ist, wobei die molekulare Bildungswärme des Mononitroglycerins mit 139,4 Cal. angenommen wird.

Vom thermo-chemischen Gesichtspunkte aus ist also Explosivität zu erwarten und in der Tat ist das Produkt entgegen der Angabe von Will (Berichte l. c.) noch deutlich explosiv, da es durch Initialimpuls glatt zur Explosion gebracht werden kann, wenn es auch je nach dem physikalischen Zustande u. U. sehr insensibel ist.

Gegen Schlag ist es sehr unempfindlich und gelangt unter dem Fallhammer nicht zur Detonation. Die Detonierbarkeit durch Sprengkapsel hängt stark vom physikalischen Zustand ab. Während es in öliger Form vermöge der stets schwierigen Fortpflanzung der Detonation durch viscöse Flüssigkeiten und angesichts der relativ geringen Wärmeentwicklung begreiflicherweise im Bleiblock mit Kapsel 8 nicht zur Detonation gelangt, tritt eine schwache und teilweise Explosion ein, wenn man es mit Gur aufsaugt und so in pulverige Form bringt. 10 g geben dann 75 ccm Nettoausbauchung unter Entwicklung von Akroleïndämpfen. Das krystallisierte Produkt indessen detoniert glatt im Bleiblock mit der immerhin erheblichen Nettoausbauchung von 245 ccm. Hierbei stimmen das Verhältnis der Energieinhalte und das Verhältnis der Kraftäußerungen im Bleiblock zwischen Nitroglycerin und Mononitroglycerin annähernd überein. Mononitroglycerin hat mit 572 Cal. ca. 36% des Energieinhaltes von Nitroglycerin (1595 Cal.) und ergibt mit 245 ccm 44,5% der Kraftäußerung des Nitroglycerins (550 ccm)[2]), eine leidliche Übereinstimmung, wenn man die Unsicherheit der Bleiblockwerte im allgemeinen bedenkt und beachtet, daß Mononitroglycerin als Krystallpulver, Nitroglycerin dagegen als Flüssigkeit zur Detonation gelangte. (Vgl. in diesem Zusammenhang die verschiedene Sensibilität verschieden viscöser Flüssigkeiten von ähnlichem Energieinhalt, z. B. Nitroglycerin, Nitroglykol, Methylnitrat, sowie Nitroglycid,

[1]) 434 Cal. per Kilogramm H_2O: gasförmig.
[2]) Unter Sandbesatz.

folgender Abschnitt, ferner die leichtere Fortpflanzung der Detonation durch pulverige Substanzen gegenüber Flüssigkeiten, z. B. bei Äthylnitrat (s. d.).

Konstitutionsbeweis bzw. Ortsbestimmung der isomeren Glycerinmononitrate und Dinitrate (nach Will, Ber. l. c.),

I.	II.	III.	IV.
CH_2ONO_2	CH_2OH	CH_2ONO_2	CH_2ONO_2
|	|	|	|
CHOH	$CHONO_2$	$CHONO_2$	CHOH
|	|	|	|
CH_2OH	CH_2OH	CH_2OH	CH_2ONO_2
α-Mononitrat	β-Mononitrat	asymmetrisches Dinitrat	symmetrisches Dinitrat
Fp. 58°	Fp. 54°	flüssig	Fp. d. Hydr. 26°

Schon die Tatsache, daß das bei 58° schmelzende Mononitrat durch Kochen mit Wasser aus dem Nitroglycid entsteht, spricht dafür, daß es den Salpetersäurerest in α-Stellung enthält. Das in α-Stellung substituierte Mononitrat läßt bei der weiteren Behandlung mit Salpetersäure 2 Dinitrate erwarten, das in β-Stellung substituierte nur eins, und zwar das asymmetrische Dinitrat. In der Tat erhielt Will aus dem bei 58° schmelzenden Mononitrat beide Dinitrate, aus dem bei 54° schmelzenden nur eines, und zwar das kein krystallinisches Hydrat bildende. Demnach kommt dem bei 58° schmelzenden Mononitrat die Formel I (α-Verbindung), dem bei 54° schmelzenden die Formel II (β-Verbindung) zu. Das Dinitrat, welches nur aus α-Mononitrat entsteht, nicht aber aus β-Mononitrat, muß das symmetrische sein.

Es ist das ein Krystallhydrat vom Fp. 26° bildende und diesem kommt folglich Formel IV zu. Das aus beiden Mononitraten erhältliche Dinitrat kann nur das asymmetrische sein. Es ist das flüssige, dem folglich Formel III zukommen muß.

III. Nitroglycid (ein Abbauprodukt des Dinitroglycerins).

Nitroglycid, der Salpetersäureester des Glycides:

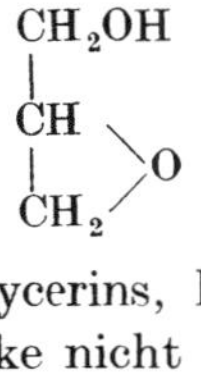

des inneren Anhydrides des Glycerins, kann infolge der leichten Aufspaltbarkeit der Sauerstoffbrücke nicht durch direkte Veresterung des Glycides erhalten werden, da dieses von Säuren selbst sofort umgewandelt wird. Es entsteht aus Dinitroglycerin, und zwar aus beiden Isomeren, durch Behandlung mit konz. Alkalien unter Abspaltung eines Moleküles HNO_3 nach der Formel:

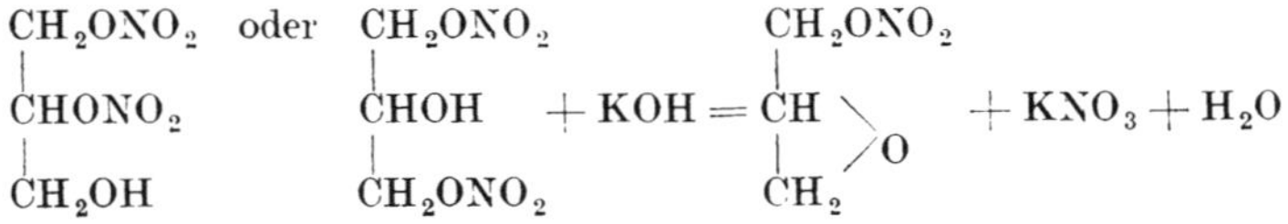

Obgleich es in der Technik der Explosivstoffe bislang keine Anwendung gefunden hat, verdient es Interesse wegen seiner chemischen Eigenschaften und seiner im Vergleich zu dem bezüglich Aufbau und Sauerstoffbilanz naheverwandten Mononitroglycerin hohen Explosivität bzw. Sensibilität.

Darstellung. Das Nitroglycid wurde im Jahre 1907 erstmalig vom Verfasser wie folgt dargestellt:

100 g Dinitroglycerin (rein und frei von Trinitrat) werden bei Zimmertemperatur mit 225 g 30proz. Natronlauge geschüttelt. Anfangs tritt klare Lösung ein. Alsbald (nach ca. 1 Minute) indessen trübt sich die Flüssigkeit milchig und setzt ein leicht bewegliches Öl ab, welches mehrfach mit Wasser gewaschen und im Exsiccator getrocknet wird. Die Reaktion ist von ganz geringer Wärmeentwicklung begleitet (Temperaturzunahme 1—2°). Ausbeute: 62 g (ber. 65,4 g) = 95 % der Theorie.

Analyse. Da das Öl bei Berührung mit konz. Schwefelsäure sofort explodiert, wird es zur Stickstoffbestimmung nach Lunge zunächst in verdünnter Schwefelsäure suspendiert und unter Eiskühlung tropfenweise stark gekühlte konz. Schwefelsäure unter Vermeidung von Erwärmung zugegeben, bis Lösung eintritt. Die Lösung wird nun mit konz. Schwefelsäure quantitativ ins Nitrometer gespült. N-Gehalt: Gef. 11,75 % (ber. für Nitroglycid: 11,87 %).

Physikalische Eigenschaften: Das Nitroglycid ist eine wasserhelle leichtbewegliche Flüssigkeit von schwachem angenehm aromatischem Geruch und dem spez. Gewicht: 1,332 (bei 20°), welche bei — 20° noch nicht erstarrt, bei 174—175° unter gewöhnlichem Druck nicht ohne Zersetzung (Abspaltung salpetriger Dämpfe) bei vermindertem Druck dagegen (ca. 20 mm) bei 94° unzersetzt siedet. Es ist schon bei gewöhnlicher Temperatur stark flüchtig. (Gewichtsverlust einer kleinen Menge in flacher Schale bei Zimmertemperatur nach 30 Std. 10%, bei 40° in 4 Std., 35%, bei 100° in 2 Std. völlige Verdampfung.)

Das Öl ist nicht hygroskopisch, löst sich aber in Wasser auf.

100 ccm H_2O lösen bei 20° ca. 5 g Nitroglycid. Wird die Lösung nicht erwärmt, so entzieht ihr Äther das N. in unverändertem Zustand.

Löslichkeit: Das Öl ist mit Alkohol, Äther, Aceton, Essigäther und Nitroglycerin in allen Verhältnissen mischbar.

Gelatinierbarkeit: Das Öl gelatiniert mit Collodiumwolle und auch mit Schießbaumwolle sofort schon bei Zimmertemperatur.

Chemisches Verhalten:

1. gegen konz. Schwefelsäure. Die Reaktion ist so heftig und von so intensiver Wärmeentwicklung begleitet, daß selbst bei sehr geringen Mengen fast augenblicklich explosionsartige Verpuffung mit Feuererscheinung unter Braunfärbung des Rückstandes eintritt.

Mit verdünnter Schwefelsäure tritt zunächst keine Reaktion ein. Gibt man allmählich konz. Schwefelsäure zu, so tritt Lösung unter Zersetzung (Abspaltung von HNO_3) ein.

2. In konz. Salpetersäure löst sich das Öl unter starker Erwärmung und Bildung von Dinitroglycerin und Nitroglycerin auf. Letzteres fällt beim Verdünnen mit Wasser aus.

3. In konz. Salzsäure löst sich das Öl mit ziemlich starker Erwärmung unter Addition von 1 Mol. HCl auf. Beim Verdünnen mit Wasser fällt Monochlorhydrinmononitrat z. T. ölig aus.

4. Durch kochende Alkalien wird das Öl zu Glycerin verseift.

5. Halogene wirken sehr träge ein unter Bildung von Substitutionsprodukten.

6. Ammoniakalische Silberlösung wird bei mäßigem Erwärmen langsam reduziert. (Glycid reduziert schon in der Kälte.)

7. Von kochendem Wasser wird Nitroglycid unter Addition von 1 Mol. H_2O in α-Glycerinmononitrat übergeführt.

Charakter als Explosivstoff. Trotz seiner ungünstigen Sauerstoffbilanz (100 T. erfordern zur völligen Verbrennung 60,5 T. Sauerstoff) ist Nitroglycid ein hochbrisanter und hochsensibler Explosivstoff und steht hierdurch in interessantem Gegensatz zu dem ihm chemisch nahestehenden Mononitroglycerin, dessen Anhydrid es ist.

Während letzteres sehr insensibel und schwer erregbar ist, und in flüssigem Zustande durch Schlag nicht und durch Sprengkapsel nur unvollkommen zur Explosion gelangt, detoniert Nitroglycid unter dem Fallhammer schon durch geringe Schlagarbeit (0,2 kgm), nämlich mit 2 kg-Gewicht bei 10—20 cm Fallhöhe, und detoniert im flüssigen Zustande mit Sprengkapsel leicht unter bedeutender Brisanzentfaltung.

Im Trauzlblock geben

10 g Nitroglycid flüssig unter Wasserbesatz mit Kapsel 8 . . .	430 ccm netto
„ „ 1 . . .	370 „ „
10 g „ von Kieselgur aufgesaugt (Sandbesatz)	310 „ „
10 g „ mit 5% Coll.-Wolle gelatiniert (Sandbesatz)	395 „ „

Bei raschem Erhitzen im Reagensröhrchen verpufft das Öl mit lautem Knall (bei 195—200°). Mittelst Flamme ist es bei gewöhnlicher Temperatur leicht zur Entzündung zu bringen und brennt lebhaft unter Zischen ab.

Der überaus leichte explosive Zerfall wird besonders durch die Tatsache gekennzeichnet, daß N. bereits mit der schwächsten Kapsel Nr. 1 voll detoniert und 86% der mit Kapsel 8 erzielten Sprengwirkung gibt. Zieht man von den Ausbauchungen die Werte ab, die die betr. Kapseln für sich unter Wasserbesatz liefern, nämlich 30 ccm für Kapsel 8 und 7 ccm für Kapsel 1, so ergibt sich das Verhältnis 91:100. Bei Nitroglycerin ist dieses Verhältnis 32:100. Nitroglycid detoniert also viel leichter als flüssiges Nitroglycerin.

Diese hohe Sensibilität besonders im Gegensatz zum naheverwandten aber trägen Mononitroglycerin beruht hauptsächlich auf der leichteren Fortpflanzung der Detonationswelle durch eine Flüssigkeit von geringerer Viscosität. Außerdem spielt hier vermutlich auch die Eigenart des chemischen Baues des Moleküls, d. h.

in diesem Falle die leichte Beweglichkeit des anhydridbildenden Sauerstoffatomes eine besondere Rolle, wähernd der thermo-chemische Unterschied nicht bedeutend genug ist, um den fundamentalen Gegensatz zwischen der Detonationssensibilität des flüssigen Mononitroglycerins und des flüssigen Nitroglycides zu erklären. Nitroglycid zerfällt nach der Formel:

$$2\;\begin{matrix} CH_2 \\ | \quad \diagdown \\ | \quad\quad O \\ CH \diagup \\ | \\ CH_2ONO_2 \end{matrix} = 6\,CO + 2\,H_2O + N_2 + 3\,H_2$$

unter Entwicklung von 824 Cal. per Kilogramm bei konstantem Volumen und flüssigem Wasser bzw. 745 Cal. per Kilogramm bei dampfförmigem Wasser, wobei die molekulare Bildungswärme mit 51,4 Cal. eingesetzt ist. Mononitroglycerin hat mit 572 Cal. 69,5% des Energieinhaltes des Nitroglycides und hat als Krystallpulver geschossen mit 245 ccm Bleiblockausbauchung (unter Sandbesatz) nur etwa 62% der Kraftäußerung des Nitroglycides ergeben, woraus auf eine höhere Detonationsgeschwindigkeit des letzteren zu schließen ist. Zwischen Nitroglycid und dem energiereichen Nitroglycerin walten ähnliche Verhältnisse. Die Energieinhalte (1595 Cal. und 824 Cal.) verhalten sich wie 100:52. Dagegen hat Nitroglycid mit 430 ccm 72% der Sprengwirkung des Nitroglycerins (600 ccm) ergeben. Es ist also relativ brisanter als selbst Nitroglycerin.

B. Gemischte explosive Glycerinester.

1. Die Nitrate der Chlorhydrine.

a) Monochlorhydrindinitrat (Dinitrochlorhydrin).

Von allen dem Nitroglycerin verwandten oder homologen Salpetersäureestern hat es bisher nur das Dinitrat des Monochlorhydrins, das sog. Dinitrochlorhydrin

$$\begin{matrix} CH_2ONO_2 \\ | \\ CHONO_2 \\ | \\ CH_2Cl \end{matrix}$$

zu dauernder technischer Bedeutung gebracht. Unter den im ersten Jahrzehnt dieses Jahrhunderts für die Verminderung der Gefrierbarkeit des Nitroglycerins als Zusatz vorgeschlagenen sprengkräftigen Salpetersäureestern, nämlich Dinitroglycerin, Tetranitrodiglycerin, Nitroglykol, Acetyldinitroglycerin u. a. ist es, soviel bekannt, bisher fast unbestrittener Sieger geblieben, und zwar zunächst infolge seiner leichten Zugänglichkeit und glatten gefahrlosen Fabrikation. Dazu kommen seine günstigen Eigenschaften: Unlöslichkeit in Wasser, erhebliche Sprengkraft und mäßige Flüchtigkeit.

Seine gegenüber Nitroglycerin relativ geringe Sensibilität gegen Schlag und Erhitzen befähigen das Dinitrochlorhydrin zugleich dazu, die Grundsubstanz dynamitähnlicher gelatinöser Sprengstoffe zu bilden, die den gelatinösen Dynamiten an Handhabungssicherheit erheblich überlegen sind, und daher im Inlande den Vorrang einer erleichterten Beförderung auf der Eisenbahn genießen.

Auch zur Herstellung handhabungs- und zugleich schlagwettersicherer gelatinöser Sprengstoffe wurde das Dinitrochlorhydrin eine Zeitlang verwendet.

Dargestellt wurde es zuerst von Henry[1]) und als Sprengstoffkomponente zuerst 1881 von Volney erwähnt[2]). Zu einer nennenswerten Einführung des Produktes in die Sprengstofftechnik scheint es indessen damals noch nicht gekommen zu sein.

Als Mittel zur Herstellung ungefrierbarer plastischer Sprengstoffe wurde es dann 1904 von der Dynamit A.-G. vormals Alfred Nobel & Co. patentiert und eingeführt[3]). Von dieser Zeit an datiert seine dauernde industrielle Anwendung, und zwar wird es in der Praxis meist nicht in reinem Zustande, sondern in Mischungen mit Nitroglycerin verwendet, die durch Nitrierung entsprechender Gemische aus Monochlorhydrin und Glycerin direkt erzeugt werden[4]).

Bildungsweisen. Das Dinitrochlorhydrin entsteht in zwei isomeren Formen aus

$$\begin{array}{ccc} CH_2OH & & CH_2OH \\ | & & | \\ CHOH & \text{nnd} & CHCl \\ | & & | \\ CH_2Cl & & CH_2OH \\ \alpha\text{-Monochlorhydrin} & & \beta\text{-Monochlorhydrin} \end{array}$$

durch Veresterung mit Salpetersäure nach der Formel:

$$\underset{(\text{Mg. } 110{,}5)}{CH_2OH\cdot CHOH\cdot CH_2Cl} + \underset{(\text{Mg. } 126)}{2\,HNO_3} = \underset{(\text{Mg. } 200{,}5)}{CH_2ONO_2\cdot CHONO_2\cdot CH_2Cl} + \underset{(\text{Mg. } 36)}{2\,H_2O}$$

Von den beiden Ortsisomeren

$$\begin{array}{ccc} CH_2ONO_2 & & CH_2ONO_2 \\ | & & | \\ CHONO_2 & \text{und} & CHCl \\ | & & | \\ CH_2Cl & & CH_2ONO_2 \\ \alpha\text{-Dinitrochlorhydrin} & & \beta\text{-Dinitrochlorhydrin} \end{array}$$

ist im technischen Produkt überwiegend die erstere vorhanden.

Hiernach erfordern 100 T. Monochlorhydrin zur Veresterung 114 T. HNO_3 und liefern theoretisch 181,45 T. Dinitrochlorhydrin neben

---

[1]) Comptes Rendus Bd. 70, S. 860. 1870. Ber. d. Dtsch. Chem. Ges. Bd. 3, S. 347. 1870. Liebigs Ann. d. Chem. Bd. 155, S. 165. 1870.

[2]) Amerik. Patent 249490 (1881). Vgl. auch Z. f. d. ges. Schieß- u. Sprengstoffwesen 1909, S. 405 und S. 456 und 1910, S. 361,

[3]) D.R.P. 183400, Belg. Patent 185513.

[4]) Vgl. Z. f. d. ges. Schieß- und Sprengstoffwesen 1906, S. 229. Bergbau Bd. 40, Nr. 43. 1907.

32,6 T. H_2O. Zur Bildung von 100 T. Dinitrochlorhydrin sind also theoretisch erforderlich: 55,1 T. Chlorhydrin und 62,8 T. HNO_3.

Das α-Dinitrochlorhydrin (asymmetrische Form) entsteht auch durch Einwirkung konz. Salpetersäure auf Epichlorhydrin:

$$\begin{array}{l} CH_2Cl \\ | \\ CH \\ | \\ CH_2 \end{array} \!\!>\! O + 2\,HNO_3 = H_2O + \begin{array}{l} CH_2Cl \\ | \\ CHNO_2 \\ | \\ CH_2ONO_2 \end{array}$$

während das β-Dinitrochlorhydrin (symmetrische Form) durch Einwirkung von Phosphorpentachlorid auf eine Chloroformlösung von symmetrischem Dinitroglycerin (K.) erhalten werden kann.

$$2\begin{array}{l} CH_2ONO_2 \\ | \\ CHOH \\ | \\ CH_2ONO_2 \end{array} + PCl_5 = 2\begin{array}{l} CH_2ONO_2 \\ | \\ CHCl \\ | \\ CH_2ONO_2 \end{array} + H_2O + POCl_3$$

Herstellungsweise bzw. Fabrikation. Die Herstellung erfolgt durch allmähliches Eintragen von Monochlorhydrin unter Rührung und Kühlung in Salpeterschwefelsäure in genauer Analogie zur Fabrikation des Nitroglycerins mit denselben Einrichtungen und Apparaturen und meist auch mit derselben Mischsäure, wobei naturgemäß eine geringere Säuremenge per Gewichtsmenge Chlorhydrin zur Anwendung gelangt, gegenüber der gleichen Glycerinmenge, entsprechend dem geringeren Verbrauch an Salpetersäure und der geringeren zu bindenden Wassermenge.

Ausgangsstoffe: a) Mischsäure. Zur Verwendung gelangt gewöhnlich dieselbe Nitriersäure, wie sie zur Herstellung von Nitroglycerin dient (vgl. daher Fabrikation des Nitroglycerins unter: Ausgangsstoffe).

b) Monochlorhydrin. Das Monochlorhydrin wurde, bevor es als Ausgangsstoff für Dinitrochlorhydrin Wichtigkeit erlangte, nur in geringem Umfange erzeugt und die Verfahren zu seiner rentablen Fabrikation waren daher wenig bekannt. Dieselben wurden, als sich die Bedeutung des Produktes für die Sprengstofftechnik ergab, entsprechend entwickelt. Man kann das Monochlorhydrin entweder durch Chlorieren des Glycerins bei höherer Temperatur und unter Druck im Autoklaven mit konz. wässeriger Salzsäure oder durch Chlorieren bei mäßiger Wärme mit Chlorschwefel gewinnen. Das nach dem ersteren Verfahren gewonnene Produkt ist, sofern eine weitgehende Chlorierung des Glycerins erzielt wird, stets mehr oder weniger mit Dichlorhydrin behaftet, während nach dem zweiten Verfahren sich der Prozeß leicht so leiten läßt, daß fast ausschließlich Monochlorhydrin entsteht.

Nach dem D.R.P. 180668 der Deutschen Sprengstoff-A.-G.[1]) gewinnt man Monochlorhydrin durch Erhitzen von Glycerin mit wässeriger Salzsäure (spez.

[1]) Die betr. Verfahren sind von der Dynamit-A.-G. ausgearbeitet worden.

Gewicht 1,185) im Autoklaven (15 Std. auf 120°). Nach dem Abtreiben des Wassers, der überschüssigen Salzsäure und des etwa gebildeten Dichlorhydrins verbleibt ein Gemisch von etwa 75 % Monochlorhydrin und 25 % unverändertem Glycerin, aus dem das Monochlorhydrin durch fraktionierte Destillation im Vakuum gewonnen werden kann. In der Praxis nitriert man direkt das Gemenge und erhält so ein Gemisch von Dinitrochlorhydrin und Nitroglycerin.

(Beispiel: 100 kg Dynamitglycerin werden bei gewöhnlicher Temperatur mit 150 kg wässeriger Salzsäure (spez. Gewicht 1,18—1,19) gemischt und 15 Std. im Autoklaven auf 120° erhitzt (Überdruck 1 Atm.). Das Chlorierungsgut wird der fraktionierten Destillation im Vakuum bei 12—15 mm Druck unterworfen, wobei zunächst Wasserdampf mit der unverbrauchten Salzsäure entweicht. Zwischen 130 und 150° geht dann das Monochlorhydrin und zwischen 165 und 180° das unveränderte Glycerin über. Für die Herstellung von Sprengölen unterbleibt meist die letztere Destillation bzw. die Trennung von Chlorhydrin und Glycerin.)

Nach dem franz. Patent 370224 der Deutschen Sprengstoff A.-G.[1]) wird so gut wie ausschließlich Monochlorhydrin in guten Ausbeuten erhalten, wenn man Glycerin bei gewöhnlicher Temperatur unter Rührung mit der berechneten Menge von Chlorschwefel (S_2Cl_2) vermischt bzw. den schweren Chlorschwefel mit dem leichteren Glycerin überschichtet, und die bei gelindem Erwärmen einsetzende Reaktion:

$$2\,(CH_2OH\cdot CHOH\cdot CH_2OH) + 2\,S_2Cl_2$$
$$= CH_2OH\cdot CHOH\cdot CH_2Cl + 2\,HCl + SO_2 + 3\,S.$$

durch Luftrührung so regelt, daß die Haptumsetzung bei 50—70° vor sich geht. Zuletzt wird dann noch einige Zeit auf höhere Temperatur erhitzt, um die Reaktion zu vollenden. Es werden so 80—90 % des angewendeten Glycerins direkt in Monochlorhydrin übergeführt, der Rest besteht aus unverändertem Glycerin, neben ganz geringen Mengen von Dichlorhydrin, die beim Konzentrieren größtenteils mit den Wasserdämpfen weggehen. Polymerisiertes Glycerin, welches bei der Salzsäurechlorierung im Autoklaven leicht mit entsteht und die Reinigung der aus dem Rohprodukt hergestellten Sprengöle erschwert, tritt bei diesem Prozeß kaum auf. Das Rohprodukt wird nach Abscheidung des bei der Reaktion gebildeten Schwefels und harzartiger Nebenprodukte, die durch Verdünnung befördert wird, in Vakuumapparaten konzentriert, d. h. entwässert. Es stellt eine bräunliche Flüssigkeit vom spez. Gewicht etwa 1,33 (ca. 35° Bé) dar, die etwas dünnflüssiger ist als Glycerin, und wird meist direkt nitriert. Nebenprodukte des Prozesses sind: Schwefel, schweflige Säure und Salzsäure. Die technische Ausbeute beträgt ca. 110 kg per 100 kg Glycerin (theor.: 120,1 kg Monochlorhydrin per 100 kg Glycerin).

Nach dem franz. Patent 352750 der Westfälisch-Anhaltischen Sprengstoff-A.-G. wird Salzsäuregas in auf 70—100° erwärmtes Glycerin geleitet, wobei überwiegend α-Monochlorhydrin neben etwas β-Monochlorhydrin entsteht. Nach beendeter Einwirkung kann das Chlorhydrin im Vakuum von dem unveränderten Glycerin abdestilliert werden.

Nach dem D.R.P. 197308 und 197309 von Böhringer und Söhne werden bei der Herstellung von Monochlorhydrin aus Glycerin und wässeriger oder gasförmiger Salzsäure vorteilhaft organische Carbonsäuren (z. B. kleine Mengen von Eisessig) als Katalysatoren zur Beschleunigung der Reaktion zugesetzt.

Lediglich α-Monochlorhydrin entsteht außerdem durch Kochen von Wasser mit Epichlorhydrin:

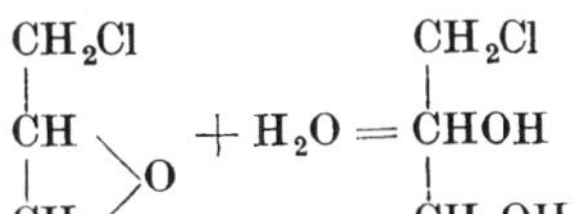

ein Prozeß, der technisch nicht in Betracht kommt. (β-Monochlorhydrin entsteht durch Anlagerung von unterchloriger Säure an Allylalkohol.)

Das reine Monochlorhydrin ist eine wasserhelle, sirupöse, ganz schwach aromatisch riechende Flüssigkeit von etwas brennendem bitterlich-faden Geschmack und geringerer Viscosität als Glycerin.

Auslaufszeit von 5 ccm aus einer 10-ccm-Pipette bei 20⁰:

Glycerin	13 Min.,
Monochlorhydrin	1 Min. 40 Sek.,
Dichlorhydrin	$8^1/_2$ Sek.,
Wasser	$4^1/_2$ Sek.

Die Viscositäten von Wasser, Dichlorhydrin, Monochlorhydrin und Glycerin verhalten sich wie: 1 : 2 : 22 : 173.

Spez. Gewicht der α-Verbindung . .	1,338	bei	15^0
,, ,, ,, β- ,, . .	1,328	,,	15^0
Siedepunkt ,, α- ,, . .	$117{,}5^0$	,,	12 mm
	130^0	,,	18 ,,
	216^0	,,	750 ,,
,, ,, β- ,, . .	146^0	,,	18 ,,

Monochlorhydrin ist mit Wasser, Alkohol und Äther in jedem Verhältnis mischbar. Wie bei seiner nahen Verwandtschaft mit Glycerin zu erwarten, ist es stark hygroskopisch und zieht an feuchter Luft bis zu 20% Wasser an.

An das technische Produkt werden keine besonderen Qualitätsanforderungen gestellt, abgesehen von Abwesenheit von Wasser, Salzsäure und Polymerisationsprodukten des Glycerins, die beim Waschen der erhaltenen Sprengöle Anlaß zur Emulsionsbildung, also erschwerter Abtrennung von den Waschwässern geben können. Die Sprengstoffabriken stellen das Produkt meist selbst aus Dynamitglycerin her und bringen das konz. Rohprodukt ohne vorherige Destillation direkt zur Nitrierung.

Fabrikationsprozeß. Auf den Fabrikationsprozeß näher einzugehen erübrigt sich infolge der genauen Analogie mit der Herstellung des Nitroglycerins. Die erforderliche Menge an Nitriersäure ist per Gewichtseinheit Monochlorhydrin naturgemäß geringer als bei Nitrierung der gleichen Glycerinmenge. Sie richtet sich nach dem Verhältnis zwischen Chlorhydrin und unverändertem Glycerin in dem zur Verarbeitung gelangenden rohen Chlorierungsgut.

Die Wärmeentwicklung ist geringer infolge der geringeren Wassermenge, die per Gewichtseinheit Chlorhydrin gebildet wird. Die Nitrierung erfolgt daher verhältnismäßig rascher. Ebenso erfolgt die Scheidung des Sprengöles von der Abfallsäure rasch und scharf, wobei das dem Nitroglycerin gegenüber geringere spez. Gewicht des Dinitrochlorhydrins nicht ohne Einfluß ist. Eine Nachscheidung wird indessen ebenso wie bei Nitroglycerin erhalten. Der Waschprozeß unterscheidet sich in nichts von dem des Nitroglycerins.

Im ganzen kann die Fabrikation als weniger gefährlich bezeichnet werden, als die des Nitroglycerins, da das Dinitrochlorhydrin weniger empfindlich gegen Schlag, Reibung und Erhitzen ist als ersteres und bei etwaiger Erwärmung weniger zu stürmischer Zersetzung neigt. Die geringere Überhäufung des Moleküls mit Salpetersäureresten machen dasselbe stabiler, als das Nitroglycerinmolekül.

Beispiel für die Nitrierung von reinem Monochlorhydrin. 100 T. Monochlorhydrin werden unter Kühlung und Luftrührung bei 10—15° in 450 T. Nitriersäure von der Zusammensetzung 40% HNO_3 + 60% H_2SO_4 eingetragen. Erhalten werden 161 T. neutrales Dinitrochlorhydrin (Theorie: 181,45 T.), also gegen 89 T. der theoretischen Menge, neben etwa 360 T. Abfallsäure, von der Zusammensetzung: 16,6% HNO_3, 75% H_2SO_4 und 8,4% H_2O. Die Löslichkeit des Dinitrochlorhydrins in dieser Abfallsäure ist sehr gering und beträgt etwa 1,9 T. in 100 T. Abfallsäure.

(N-Gehalt des Dinitrochlorhydrins: gef. 13,86%, ber. 13,97%.)

In der Praxis betragen die mit Chlorhydrin-Glyceringemischen von 10—20% Glyceringehalt erhaltenen Ausbeuten 165—175% des nitrierten Chlorierungsgutes. Das erhaltene Sprengöl enthält naturgemäß einen höheren Prozentgehalt an Nitroglycerin, als das Ausgangsprodukt an Glycerin.

Physikalische und chemische Eigenschaften. Das Dinitrochlorhydrin ist in reinem Zustand eine wasserhelle Flüssigkeit von schwachem würzig aromatischen Geruch, die dünnflüssiger ist als Nitroglycerin.

Viscosität: Ausflußzeit von 5 ccm aus einer 10-ccm-Pipette bei 20°:

Wasser	5 Sek.	100%
Dinitrochlorhydrin	7 ,,	155%
Nitroglycerin	12,5 ,,	278%.

Das technische Produkt ist gewöhnlich gelblich oder gelblich-braun bis rötlich-braun gefärbt. Dinitrochlorhydrin hat ähnliche physiologische Wirkungen wie Nitroglycerin und erzeugt wie dieses, auf die Haut gebracht, Kopfschmerzen. Spez. Gewicht: 1,541 bei 15°.

Der Erstarrungspunkt der reinen α-Verbindung (asymmetrische Form) ist nach Kast[1]) in Übereinstimmung mit Mitteilungen von Will + 5°, der der β-Verbindung (symmetrische Form), + 16,2° (nach Mitteilungen von Will).

---

[1]) Vgl. Kast: Spreng- und Zündstoffe, S. 173. 1921, Erstarrungspunkte von Dinitrochlorhydrin.

Das Produkt neigt indessen stark zur Unterkühlung und kann im Kältegemisch lange auf etwa -20^0 abgekühlt werden, ohne zu krystallisieren. Bei technischen Produkten wurden verschiedene Erstarrungspunkte beobachtet.

Siedepunkt: Das technische Produkt, vorwiegend die α-Verbindung enthaltend, siedet unter gewöhnlichem Druck bei etwa 190^0 unter starker Zersetzung und Abspaltung von gelben Dämpfen, wobei Verpuffung eintreten kann. Bei einem Druck von 13 mm siedet es fast unzersetzt bei $121{,}5^0$, bei 10 mm bei $117{,}5^0$. Das Destillat reagiert auf Lackmus ganz schwach sauer.

Flüchtigkeit: Die Flüchtigkeit von Dinitrochlorhydrin ist mäßig, wenn auch wesentlich höher, als die von Nitroglycerin:

Gewichtsverlust von 20 g im Wägeglas von 50 mm Durchm. in 24 Std.

bei	20^0	0,13%
,,	75^0	3,1 %
Nitroglycerin ,,	75^0	0,35%.

Hygroskopizität: Dinitrochlorhydrin ist nicht hygroskopisch.

Löslichkeit: Das D. zeigt etwa dieselben Löslichkeitsverhältnisse wie Nitroglycerin und ist in Alkohol, Methylalkohol, Äther, Aceton, Essigester, Eisessig, Chloroform, Benzol, Nitrobenzol usw. leicht löslich, sehr schwer löslich dagegen in Wasser, verd. Säuren und Alkalien, sowie in Schwefelkohlenstoff, Benzin und Paraffinöl.

Die Löslichkeit in Wasser beträgt nach Will 2,3 g in 1 l Wasser von 15^0, ist also nur wenig höher, als die von Nitroglycerin.

Mit letzterem ist es in jedem Verhältnis mischbar. Die gegenseitige Löslichkeit ist selbst bei tiefen Temperaturen noch so erheblich, daß aus Mischungen bei Winterkälte das Nitroglycerin selbst beim Impfen mit Nitroglycerinkrystallen nur in sehr geringem Maße ausfriert. Daher eignen sich Mischungen von Dinitrochlorhydrin und Nitroglycerin in hervorragendem Maße zur Herstellung ungefrierbarer bzw. schwer gefrierbarer plastischer Sprengstoffe. Mischungen aus 75% Nitroglycerin und 25% Dinitrochlorhydrin können als praktisch ungefrierbar gelten. Es erfolgt eine gegenseitige Herabsetzung der Erstarrungspunkte, wozu noch die sehr geringe Krystallisationstendenz der Gemische kommt. (Eutektische Gemische.)

Gelatinierbarkeit. Reines Dinitrochlorhydrin hat eine relativ geringe Gelatinierfähigkeit mit Collodiumwolle. Es bildet sich bei gelindem Erwärmen eine Gelatine von geringer Zähigkeit, aus der das Öl leicht ausschwitzt. Nitroglycerinhaltiges Dinitrochlorhydrin dagegen gibt gute und haltbare Gelatinen mit Collodiumwolle. In der Praxis wird stets nitroglycerinhaltiges Dinitrochlorhydrin zu Sprengstoffen verarbeitet.

Chemisches Verhalten und Analyse. Das chemische Verhalten entspricht der Zusammensetzung als Salpetersäureester und Chlorsubstitutionsprodukt.

Die Stickstoffbestimmung erfolgt wie bei Nitroglycerin, am einfachsten mit dem Lungeschen Nitrometer. (Theorie: 13,97%.) Die Chlorbestimmung nach den üblichen Methoden. (Theorie: 17,71%.)

Charakter als Explosivstoff. Nach der chemischen Formel und den thermochemischen Verhältnissen ist für Dinitrochlorhydrin der Charakter eines energiereichen Explosivstoffes zu erwarten. Es kann nach den Formeln:

$$\begin{array}{l} CH_2Cl \\ | \\ CHONO_2 \\ | \\ CH_2ONO_2 \end{array} \quad \begin{array}{l} 1. = CO_2 + 2\,CO + 2\,H_2O + HCl + N_2 \\ 2. = 2\,CO_2 + CO + H_2O + H_2 + HCl + N_2 \end{array}$$

explosiv zerfallen, wobei zur völligen Verbrennung per Molekül 2 Atome bzw. per 100 T. 19,94 T. Sauerstoff zu wenig vorhanden sind. (Die Sauerstoffbilanz ist mit 19,94% negativ.) Bei einer molekularen Bildungswärme von 87,8 Cal. berechnet sich die Explosionswärme für dampfförmiges Wasser und gasförmige Salzsäure bei konst. Volum

nach Formel 1. zu 1004 Cal. per 1 kg,
,, ,, 2. ,, 1053 ,, ,, 1 ,,

für flüssiges Wasser dagegen bei gasförmiger HCl

nach Formel 1. zu 1098 Cal per 1 kg,
,, ,, 2. ,, 1100 ,, ,, 1 ,,

bei gelöster Salzsäure

1182 Cal. per 1 kg
bzw. 1184 ,, ,, 1 ,,

Experimentell wurden in der Calorimeterbombe ermittelt: ca. 1140 Cal. (Verfasser) ein Wert, der mit dem berechneten gut übereinstimmt, sofern man eine teilweise Auflösung der Salzsäure in dem kondensierten Wasser annimmt.

Nach der Zusammensetzung der Explosionsgase gehen beide Reaktionen nebeneinander vor sich.

Dinitrochlorhydrin ist dementsprechend ein kräftiger Explosivstoff, dessen Explosion indessen durch Erhitzen und mechanische Einflüsse weit schwerer als bei Nitroglycerin, leicht dagegen durch Initialimpuls auslösbar ist.

Verhalten beim Erhitzen. Beim langsamen Erhitzen kleiner Mengen im Reagensglas treten ab 170° schwache gelbe Dämpfe auf, die oberhalb 180° intensiv werden. Schließlich verflüchtigt und zersetzt sich alles, ohne daß Verpuffung eintritt. Bei raschem Erhitzen etwas größerer Mengen tritt ähnlich wie bei Nitroglycerin bei etwa 190° eine allerdings nur schwache Verpuffung ein.

Entzündung: Dinitrochlorhydrin ist schwer zu entzünden. Wird es oder aus ihm hergestellte Sprengstoffgemische entzündet, so brennen sie verhältnismäßig langsam und ruhig und fast ohne das chrakteristische Zischen der Nitroglycerinpräparate ab, ohne daß es zur Detonation kommt. Selbst größere Mengen reinen Dinitrochlorhydrins in Blechkannen verpackt, brennen im Feuer ohne Explosion ab, weshalb flüssiges Dinitrochlorhydrin auf den deutschen Bahnen, in Blechkannen à 25 kg verpackt, als handhabungssicherer Explosivstoff zum beschränkten Stückgutverkehr in der 200-kg-Klasse zugelassen ist[1]), während flüssiges Nitroglycerin von jedem Verkehr ausgeschlossen ist. Bezüglich chemischer Stabilität übertrifft es wesentlich das Nitroglycerin. Die Reaktion mit Jodkaliumstärkepapier bei 72° (Abel-Test) tritt zwar nach etwa 30 Minuten ein, der Erhitzungsprobe bei 75° im lose verschlossenen Wägegläschen dagegen hält es viel länger stand, als Nitroglycerin.

Saure Reaktion trat nach 10—12 Tagen ein und erst nach 18—20 Tagen gingen die Proben unter Ausstoßung gelber Dämpfe in völlige Zersetzung über (vgl. Nitroglycerin S. 120).

Verhalten gegen Schlag. Gegen Schlag ist D. verhältnismäßig sehr unempfindlich, jedenfalls sehr viel unempfindlicher als Nitroglycerin, und zwar im interessanten Gegensatz zu dem ihm hinsichtlich Energieinhaltes nahestehenden Dinitroglycerin. Dies ist z. T. auf seine Dünnflüssigkeit zurückzuführen, vermöge deren es sich leicht in dünne Schichten ausbreitet und dem Stoß ausweicht[2]), während Dinitroglycerin sogar dickflüssiger ist als Nitroglycerin und trotz seines diesem gegenüber wesentlich geringeren Energieinhaltes gegen Schlag fast ebenso empfindlich ist, wie letzteres.

Kast[2]) erhielt mit dem 2-kg-Fallhammer mit flüssigem Dinitrochlorhydrin bei 10—20 cm (fl. Nitroglycerin bei 4 cm) mit dem 10-kg-Fallhammer bei 8—10 cm (fl. Nitroglycerin bei 2 cm) mit Gur gemischt bei 15—30 cm bzw. 6—8 cm (Gurdynamit bei 8 cm bzw. 2 cm) Reaktionen; betont aber, daß, während Nitroglycerin mit scharfem Knall detoniert, bei Dinitrochlorhydrin sich nur ein ganz geringer Teil mit schwachem Geräusch entzündet. Ebenso gibt Gurdynamit aus D. ein viel schwächeres Geräusch unter dem Fallhammer als solches aus Nitroglycerin. Nach Mitteilungen von Will ist die Schlagempfindlichkeit verschiedener Proben je nach dem Reinheitsgrad etwas verschieden, aber immer sehr viel geringer, als die von Nitroglycerin. Er gibt für das 2-kg-Fallgewicht Fallhöhen von 35—80 cm als Empfindlichkeitsgrenzen an. Verfasser fand übereinstimmend mit Will bei chemisch reinem

[1]) Anlage C der deutschen Eisenbahnverkehrsordnung. Ausgabe 1911. S. 52 u. 56.

[2]) Kast: Spreng- und Zündstoffe. S. 171. 1921.

Dinitrochlorhydrin mit dem 2-kg-Fallgewicht von 40 cm ab ganz geringe Teilzersetzungen mit minimalem Geräusch, von 75 cm ab etwas kräftigere Teilverpuffungen aber niemals einen scharfen Knall, ebenso mit dem 10-kg-Fallgewicht bei 10—15 cm ganz schwache Teilzersetzungen.

In gelatiniertem Zustande (mit 7% Kollodiumwolle) ist das reine Dinitrochlorhydrin beinahe noch unempfindlicher, so daß seine Dünnflüssigkeit nicht die alleinige Ursache der großen Unempfindlichkeit gegen Schlag sein kann.

Eine verhältnismäßig hohe Handhabungssicherheit behält das Dinitrochlorhydrin auch noch in Mischung mit kleineren Mengen von Nitroglycerin (10—20%), so daß dinitrochlorhydrinhaltige Sprengstoffgemische mit einem Gehalt bis 5% der Gesamtmischung an Nitroglycerin auf den deutschen Bahnen zum unbeschränkten Stückgutverkehr zugelassen sind.

Detonation durch Initialzündung. Sensibilität. Sprengwirkung. Dinitrochlorhydrin ist vermöge seiner Dünnflüssigkeit, die der Detonationswelle eine relativ leichte Fortpflanzung durch die Flüssigkeit gestattet, sehr sensibel gegen Initialimpuls und entfaltet bereits mit der schwächsten Kapsel Nr. 1 eine hohe Kraftäußerung.

10 g unter Wasserbesatz liefern im Trauzlblock

mit Kapsel 1 . . . . 380 ccm
" " 8 . . . . 475 "

mit Kapsel 1 also 80% der mit Kapsel 8 erzielten Leistung, während bei Nitroglycerin dieses Verhältnis 32 : 100 beträgt.

Dinitrochlorhydrin ergibt (mit 475 ccm) 79% der Bleiblockausbauchung des Nitroglycerins (600 ccm), während sich die Explosionswärmen bzw. Energieinhalte (1140 Cal.[1]) und 1595 Cal.) wie 71,4 zu 100 verhalten. Die Detonationsgeschwindigkeit des flüssigen Dinitrochlorhydrins muß mithin bei kleinen Mengen in schwachem Einschluß größer sein als die des flüssigen Nitroglycerins[2]).

Stauchwirkung: Bei der Stauchprobe nach Heß bewirken 100 g flüssiges Dinitrochlorhydrin in Blechhülse eine Stauchung des 65 mm hohen Bleiblocks um 17,5 mm (Dinitroglycerin 21 mm). Die Stauchwirkungen von Dinitrochlorhydrin und Dinitroglycerin verhalten sich wie 83,3 : 100, also annähernd wie die Explosionswärmen (Energieinhalte), die sich wie 87,5 : 100 verhalten. (Dinitroglycerin: 1304 Cal., Dinitrochlorhydrin: 1140 Cal. Mittelwert der beiden theor. möglichen Explosionsformeln.)

---

[1]) Mittelwert.

[2]) Dies gilt nur für kleinere Mengen unter schwachem Einschluß. Bei höherem Durchmesser und in festem Einschluß kann Nitroglycerin bekanntlich eine sehr hohe Detonationsgeschwindigkeit entwickeln, die von D. nicht erreicht wird.

Detonationsgeschwindigkeit. In Sprengstoffgemischen gibt reines D. geringere Detonationsgeschwindigkeiten als Nitroglycerin. Die in der Technik gebräuchlichen Mischungen aus D. und Nitroglycerin liefern indessen in praktischen Sprengstoffen Detonationsgeschwindigkeiten, die hinter denen der reinen Nitroglycerinsprengstoffe nicht sehr weit zurückstehen.

Sprengwirkung in Gemischen (Bleiblockausbauchung).

aus	75 proz. Gurmischung	92 proz. Sprenggelatine	65 proz. Gelatinedynamit
Dinitrochlorhydrin	240 ccm[1]	440 ccm[2]	325 ccm[3]
Nitroglycerin	305 „ [1]	560 „ [2]	390 „ [3]
Ngc. enthaltend 20 % D. . .	300 „	540 „	380 „
Ngc. enthaltend 30 % D. . .	295 „	515 „	375 „

Explosionswärmen: 71,4:100.

Die ungefrierbaren Sprengstoffe, in denen das Nitroglycerin zu 20—30 % durch Dinitrochlorhydrin ersetzt wird, weisen somit eine praktisch kaum fühlbare Verminderung der Kraftleistung gegenüber den reinen Nitroglycerinsprengstoffen auf. (Die bei den verschiedenen Vergleichen (s. Sprengwirkung von Dinitroglycerin) angegebenen Werte für Nitroglycerin weichen etwas voneinander ab. Dies rührt daher, daß sie zu verschiedenen Zeiten mit verschiedenen Bleiblöcken ermittelt wurden. Vergleichbar sind immer nur gleichzeitig mit Bleiblöcken aus demselben Guß ermittelte Werte, was bei der Wertbestimmung der einzelnen Ester gegenüber Nitroglycerin berücksichtigt wurde.)

b) Monochlorhydrinmononitrat (Mononitromonochlorhydrin).

1.	2.	3.
CH_2Cl	CH_2Cl	CH_2ONO_2
|	|	|
$CHOH$	$CHONO_2$	$CHCl$
|	|	|
CH_2ONO_2	CH_2OH	CH_2OH

Als Zwischenprodukt bei der Herstellung von Dinitrochlorhydrin aus Monochlorhydrin ist das Monochlorhydrinmononitrat aufzufassen, von dem obige drei isomeren Formen möglich sind.

Man erhält es, wenn man Monochlorhydrin in eine mäßige Menge Salpetersäure (z. B. in die dreifache Menge Salpetersäure von 1,46 spez. Gew. (80 % HNO_3) einträgt, mit Wasser verdünnt, neutralisiert und mit Äther extrahiert. Die Formen 1. und 2. entstehen neben Dinitrochlorhydrin auch durch Einwirkung von Salpetersäure auf Epichlorhydrin. Es ist ein farbloses Öl, dickflüssiger als Dinitrochlorhydrin und in Anbetracht der einen noch vorhandenen Hydroxylgruppe leichter löslich

---

[1] 80:100. [2] 78,5:100. [3] 83:100.

in Wasser. Bei 10 mm Druck destilliert es bei 110—115° ohne Zersetzung und gelatiniert Collodiumwolle in der Wärme.

Der Stickstoffgehalt beträgt 9,00%. Unter dem Fallhammer detoniert es nicht, kann aber trotz seiner stark negativen Sauerstoffbilanz (— 46,3%) durch Initialzündung unter Umständen noch zur explosiven Umsetzung gebracht werden. Für die Sprengstofftechnik ist es ohne Bedeutung.

c) Dichlorhydrinnitrat (Nitrodichlorhydrin).

1.	2.
CH_2Cl	CH_2Cl
|	|
$CHONO_2$	$CHCl$
|	|
CH_2Cl	CH_2ONO_2

Auch dieses Produkt, welches aus den beiden Dichlorhydrinen, die unter gewöhnlichem Druck bei 174° (symmetrische Form) und 182—183° (asymmetrische Form) sieden, durch Veresterung mit Salpeterschwefelsäure oder starker Salpetersäure in glatter Reaktion entsteht, ist merkwürdigerweise trotz seiner minimalen Sprengkraft und wenig günstigen Eigenschaften als Zusatz zu Nitroglycerinsprengstoffen zur Verminderung der Gefrierbarkeit empfohlen worden[1]).

Seine Dünnflüssigkeit, schlechte Gelatinierbarkeit, daher leichtes Ausschwitzen, höhere Flüchtigkeit, höherer Chlorgehalt und geringe Sprengkraft bedingen dem Dinitrochlorhydrin gegenüber starke Nachteile, ohne daß besondere Vorteile vorhanden wären. Eine praktische Anwendung des Produktes mag daher allenfalls in Mischung mit Dinitrochlorhydrin stattgefunden haben. Von einer Anwendung desselben als alleinigem Zusatz zu Nitroglycerinsprengstoffen ist nichts bekannt geworden.

Beispiel für die Herstellung. 100 g Dichlorhydrin werden unter Kühlung in 200 g einer Mischsäure von 40% HNO_3 und 60% H_2SO_4 eingetragen, wobei die Wärmeentwicklung nur gering ist. Der Ester scheidet sich alsbald an der Oberfläche der Säure ab und wird genau wie Nitroglycerin oder Dinitrochlorhydrin abgetrennt und neutralisiert.

Erhalten: 127,5 g = 94,4% der Theorie,
(theor. Ausbeute: 134,9 T. per 100 T. Dichlorhydrin).
N-Gehalt: ber. 8,05%. Gef. im Nitrometer: 8,00%,
Cl-Gehalt: ber. 40,81%.

Eigenschaften: Das Nitrodichlorhydrin ist eine wasserhelle leichtbewegliche Flüssigkeit von dem Dinitrochlorhydrin sehr ähnlichem

[1]) Brit. Patent 17891 (1906) neben Dinitrochlorhydrin und D.R.P. 197404 (1905).

aber stärkerem würzig aromatischem Geruch, dünnflüssiger und stärker flüchtig als letzteres.

Viscosität: Auslaufszeit von 5 ccm aus 10 ccm Pipette bei 20⁰:

Nitroglycerin	12,5 Sek.
Dinitrochlorhydrin	7,0 „
Nitrodichlorhydrin	5,0 „
Wasser	4,5 „

Flüchtigkeit: Gewichtsabnahmen von 20 g in offenem Gläschen von 50 mm Durchm. in 24 Stunden:

	Nitrodichlorhydrin	Dinitrochlorhydrin	Nitroglycerin
bei 75⁰	14,5%	3,1 %	0,35%
bei 20⁰	2,6%	0,13%	0 00%

Das spez. Gewicht ist 1,45 bei 15⁰. Es destilliert unzersetzt unter 15 mm Druck bei 88⁰, bei gewöhnlichem Druck dagegen bei 176⁰ unter schwacher Zersetzung, Gelbfärbung und Abspaltung nitroser Dämpfe. Beim Erhitzen spaltet sich bei 170—180⁰ salpetrige Säure ab und die Flüssigkeit verflüchtigt sich in kleineren Mengen ohne Verpuffung.

Chemische Stabilität: Die chemische Stabilität des N. ist entsprechend der geringen Belastung des Moleküls mit Salpetersäureresten sehr hoch. Es läßt sich bei 75⁰ im lose verschlossenen Wägegläschen viele Tage lang aufbewahren, ohne daß Zersetzung eintritt.

N. ist in Wasser unlöslich, löslich dagegen in denselben Lösungsmitteln wie Dinitrochlorhydrin und mischbar mit Nitroglycerin.

Gelatinierbarkeit: Nitrodichlorhydrin bildet mit Kollodiumwolle keine Gelatine und neigt daher zum Ausschwitzen aus gelatinierten Sprengstoffen.

Charakter als Explosivstoff. Das Nitrodichlorhydrin ist völlig unempfindlich gegen Schlag und steht überhaupt an der Grenze der Explodierbarkeit, da es selbst durch Initialzündung kaum zu einer explosiven Umsetzung zu bringen ist. In flüssigem Zustande wird es von Sprengkapsel 8 im Bleiblock unter Wasserbesatz nicht zur Explosion gebracht, es findet vielmehr lediglich eine teilweise Zersetzung unter Abscheidung von Kohlenstoff statt, ohne Ausbauchung des Blockes.

Dagegen geben 10 g mit 3 g Gur zu einem feuchten Pulver vermengt mit Kapsel 8 im Bleiblock noch eine schwache Explosion und 75 ccm Netto-Ausbauchung, wovon 30 ccm abzurechnen sind, die von derselben Sprengkapsel allein unter Wasserbesatz bewirkt werden. Unter den Explosionsprodukten machen sich Salzsäure und Phosgen bemerkbar.

Dem Nitrodichlorhydrin fehlen zur völligen Verbrennung zu CO_2, H_2O, HCl und N_2: 41,4% Sauerstoff. Je nachdem man einen Zerfall nach der Formel

$$CH_2Cl\,.\,CHONO_2\,.\,CH_2Cl = 3\,CO + 2\,HCl + 3\,H + N$$

oder

$$= 2\,CO + H_2O + 2\,HCl + C + H + N$$

annehmen will, ist diese Reaktion noch mit einer positiven Wärmetönung von 259 bzw. 440 Cal.[1]) per kg (H_2O: Dampf, konst. Volum) verbunden, kann also theoretisch explosiv verlaufen. (Molekulare Bildungswärme: 81,9 Cal.) Die Sensibilität ist aber außerordentlich gering, wobei die flüssige Natur des Stoffes mitwirkt. (Vgl. demgegenüber das Verhalten des Äthylnitrates, das trotz einer noch wesentlich niedrigeren Sauerstoffbilanz (— 61,54 %) selbst im flüssigen Zustand noch brisant zu detonieren vermag.)

2. Acetyldinitroglycerin (Dinitroacetin).

Auch das Acetyldinitroglycerin, das Acetylierungsprodukt des Dinitroglycerins bzw. der Salpetersäureester des Glycerinmonoacetins:

$$\begin{array}{lcl} CH_2ONO_2 & & CH_2ONO_2 \\ | & & | \\ CHOCO \cdot CH_3 & \text{oder} & CHONO_2 \\ | & & | \\ CH_2ONO_2 & & CH_2OCOCH_3 \end{array}$$

gehört zu den explosiven Salpetersäureestern des Glycerins, die als Zusatzmittel vorgeschlagen worden sind, um die Gefrierbarkeit des Nitroglycerins zu vermindern[2]). Es hat vor Dinitroglycerin den Vorteil der Wasserunlöslichkeit, gegenüber dem Dinitrochlorhydrin dagegen den Nachteil der kostspieligeren Herstellung und geringeren Sprengkraft. Es setzt deshalb als Zusatz die Brisanz der Nitroglycerinpräparate bereits in nennenswertem Grade herab. Da auch seine Fähigkeit mit Nitroglycerin eutektische ungefrierbare Gemische zu bilden, geringer ist, als die entsprechende des Dinitrochlorhydrins, scheint es relativ wenig Verbreitung gefunden zu haben. Angewendet wurde das Produkt unter der Bezeichnung: Nitroacetin neben Nitroformin (Formyldinitroglycerin, s. d.) zur Herstellung von Dynamit und Sprenggelatine von der Societa Italiana di prodotti esplodenti (l.c.).

Herstellung.

1. Aus Glycerinmonoacetat und Salpeterschwefelsäure[3]).

Nach Vender erhält man bei der Nitrierung basischer Acetine mit gewöhnlicher Mischsäure, wie sie zur Herstellung von Nitroglycerin

[1]) bzw. 495 Cal. per kg bei flüssigem Wasser.

[2]) Z. f. d. ges. Schieß- u. Sprengstoffwesen, 1907, S. 21. Dr. Vezio Vender: Über praktisch ungefrierbare Pulver und Sprengstoffe. VI. Intern. Kongreß f. angew. Chemie Rom 1906. II. 582.

[3]) Nach Dr. V. Vender a. a. O., s. a. D.R.P. 209943 (1906), brit. Patent 9791 (1906), franz. Patent 372267 (1906), schweiz. Patent 50836 (1910), amerik. Patent 1029519 (1912).

dient, hauptsächlich Nitroglycerin (in sehr schlechter Ausbeute) mit nur wenig Nitroacetin. Mischsäuren dagegen, die wesentlich mehr Salpetersäure als Schwefelsäure enthalten, geben die reinen Nitroacetine.

Beispiel: 100 T. Monoacetin werden in eine Mischung vvn 250 T. Salpetersäure von 1,51 spez. Gewicht und 62,5 T. Oleum mit 25% SO_3 bei einer 25° nicht übersteigenden Temperatur eingetragen. Man gießt die Charge in Wasser, wäscht das Öl zuerst mit kalter, dann mit 70% warmer Sodalösung und erhält ca. 159 T. Dinitroacetin (= 95% der theor. Ausbeute von 167,2 T.).

2. Aus Dinitroglycerin und Essigsäureanhydrid.

Man kann das Dinitroacetin auch durch Acetylierung von Dinitroglycerin mit überschüssigem Essigsäureanhydrid darstellen, indem man eine Mischung von 1 T. Dinitroglycerin mit 3 T. Essigsäureanhydrid 4—6 Stunden im siedenden Wasserbad erhitzt und hierauf das überschüssige Acetanhydrid im Vakuum bei 40—50° abtreibt und das erhaltene Öl mit warmer Sodalösung und zuletzt mit Wasser behandelt, wobei zugleich etwa unverändert gebliebenes Dinitroglycerin entfernt wird.

Ausbeute: Theoretisch 123,1 T. Dinitroacetin aus 100 T. Dinitroglycerin.

Erhalten: ca. 90% der Theorie.

N-Gehalt: Gef. im Nitrometer: 12,40%. Ber. 12,50%.

Das letztere Verfahren kommt nur für die Darstellung im Laboratorium in Betracht.

Eigenschaften: Das Dinitroacetin ist in reinem Zustande ein farb- und geruchloses Öl vom spez. Gewicht 1,412 bei 15° (Verfasser), 1,45 bei 15° (Vender a. a. O.), welches bei — 20° noch nicht erstarrt und unter vermindertem Druck (15 mm) bei 147° nicht ohne Zersetzung siedet.

Flüchtigkeit: Die Flüchtigkeit ist geringer als die von Dinitrochlorhydrin, aber etwas höher, als die von Nitroglycerin und Dinitroglycerin.

Gewichtsverlust in 24 Std. bei 75°: 1,4%.

Viscosität: Dinitroacetin ist dünnflüssiger als Dinitroglycerin, aber etwas dickflüssiger als Nitroglycerin.

Ausflußzeit von 5 ccm aus 10-ccm-Pipette bei 20°:

Nitroglycerin	12,5 Sek.
Dinitroacetin	15,5 ,,
Dinitroglycerin	26,0 ,,

Löslichkeit: Es ist in Wasser unlöslich, leicht löslich dagegen in Alkohol, Äther, Aceton, konz. Salpetersäure und mit Nitroglycerin in allen Verhältnissen mischbar, wodurch es befähigt wird, mit letzterem schwergefrierbare Sprengölgemische zu liefern.

Gelatinierfähigkeit: Das D. gelatiniert mit Kollodiumwolle und selbst Schießbaumwolle schon bei Zimmertemperatur.

Charakter als Explosivstoff. Sprengwirkung.

Dem Acetyldinitroglycerin (Dinitroacetin) fehlen zur völligen Verbrennung per Molekül 6 Atome Sauerstoff, bzw. per 100 Gewichtsteile 42,86 Gewichtsteile Sauerstoff. Seine Sauerstoffbilanz ist mit 42,86% negativ. Immerhin wohnt ihm noch eine erhebliche Sprengkraft inne, da es bei einem explosiven Zerfall nach der theoretisch wahrscheinlichen Formel:

$$2\,(C_3H_8O_8N_2) = 3\,CO_2 + 7\,CO + 3\,H_2O + 5\,H_2 + 2\,N_2$$

eine Explosionswärme von 657 Cal. per kg (H_2O: Dampf, konst. Volum) liefert[1]). (Mol.-Bildungswärme: 165,6 Cal.) Es steht immerhin erheblich hinter Dinitroglycerin und Dinitrochlorhydrin zurück, vor welch' letzterem es den Vorteil der salzsäurefreien Explosionsschwaden hat, und sein Energieinhalt beträgt weniger als die Hälfte von dem des Nitroglycerins (44,7%).

Auch seine Sensibilität gegen Initialimpuls ist mäßig. Nach Ermittlung des Verfassers ergeben 10 g der Flüssigkeit im Bleiblock mit Kapsel 8 nur etwa 200 ccm Ausbauchung, eine im Verhältnis zum Energieinhalt (657 Cal.) geringe Sprengwirkung. Die von Vender (a. a. O.) angegebene Ausbauchung von 450 ccm bezieht sich offenbar auf ein nitroglycerinhaltiges Produkt, da sie im Widerspruch zu Energieinhalt und Viscosität des Produktes steht.

Bei langsamem Erhitzen im Glasröhrchen beginnt bei 160° Zersetzung unter Gelbfärbung und Abspaltung nitroser Dämpfe, bei 170—180° tritt lebhafte Zersetzung ein. Auf dem Platinblech rasch erhitzt, entzündet sich das Öl und brennt rasch ab unter ganz leichten Verpuffungserscheinungen.

Stabilität: Die Stabilität des aus Dinitroglycerin durch Acetylierung erhaltenen in der üblichen Weise stabilisierten Produktes ist geringer als die von Nitroglycerin. Die Abel-Test-Reaktion tritt schon nach Ablauf von etwa 10 Minuten ein. Bei 75° wurde das Öl schon nach 24 Stunden sauer und zeigte schwache gelbe Dämpfe.

Gegen Schlag ist es sehr unempfindlich und unterscheidet sich in diesem Punkt nicht wesentlich von Dinitrochlorhydrin (s. d.).

Sprengwirkung in Gemischen.

In gelatiniertem Zustand ist das Dinitroacetin fast noch insensibler als in flüssigem. Eine Gelatine im Verhältnis 92% D. zu 8% Kollodiumwolle ergab nur ca. 145 ccm Ausbauchung im Bleiblock. (Nitroglycerin-

[1]) bzw. 715 Cal. per kg bei flüssigem Wasser.

gelatine: 570 ccm.) In 75proz. Gurmischung dagegen zeigt es erhöhte Sensibilität:

	Gurdynamit aus Nitroglycerin:	Gurdynamit aus Dinitroacetin:
Bleiblockausbauchung:	320 ccm	202 ccm
	Verhältnis: 100 : 63.	

Dementsprechend wird die Brisanz der Nitroglycerinsprengstoffe, bei denen das Nitroglycerin zur Erzielung der Schwergefrierbarkeit zu 20% durch Dinitroacetin ersetzt ist, nicht allzusehr vermindert.

	Gurdynamit aus Nitroglycerin:	dass. Nitroglycerin mit 20% Dinitroacetin:
Bleiblockausbauchung:	320 ccm	275 ccm
	100 : 86	
Verhältnis der Energieinhalte:	100 : 89.	

Für Gelatinedynamit und Sprenggelatine ergeben sich ähnliche Verhältnisse.

3. Formyldinitroglycerin (Dinitroformin).

Auch dieser explosive Glycerinester ist wie das Dinitroacetin von dem Italiener Dr. Vezio Vender als Zusatz zu Nitroglycerin zur Erzeugung ungefrierbarer Sprengölgemische empfohlen worden[1]). Obwohl es seiner Strukturformel nach dem Dinitroacetin an Sprengkraft überlegen sein muß, dürfte es infolge der einigermaßen kostspieligen Herstellung (Vender geht von Oxalsäure aus) kaum zu größerer technischer Bedeutung berufen sein. Glycerinmonoformin entsteht aus Glycerin und Oxalsäure nach der Formel:

$$\begin{matrix} CH_2OH & & COOH & & CH_2OCHO & & & & \\ | & & | & & | & & & & \\ CHOH & + & COOH & = & CHOH & + & H_2O & + & CO_2 \\ | & & & & | & & & & \\ CH_2OH & & & & CH_2OH & & & & \\ (92) & & (90) & & (120) & & (18) & & (44) \end{matrix}$$

Es gehört also etwa 1 Teil wasserfreie Oxalsäure auf 1 Teil Glycerin, um Monoformin zu bilden. Vender erhitzt ein Gemisch von 2 T. Glycerin mit 1 T. wasserfreier Oxalsäure zuerst auf 100°, dann 20 Stunden lang auf 140—150° und nitriert das erhaltene Produkt direkt mit Salpeterschwefelsäure. Das mit verdünnter Sodalösung gewaschene Öl ist ein Gemisch von 70% Nitroglycerin mit 30% Dinitroformin. Es kann direkt zur Herstellung ungefrierbarer Sprengstoffe Verwendung finden. In reinem Zustande scheint Dinitroformin bislang nicht hergestellt worden zu sein.

---

1) Vgl. vorhergehenden Abschnitt.

Charakter als Explosivstoff.

Dem Dinitroformin fehlen zur völligen Verbrennung pro Molekül nur 3 Atome Sauerstoff. Seine Sauerstoffbilanz ist mit 22,9% negativ. Beim explosiven Zerfall nach der Formel:

$$\begin{array}{l} CH_2OCHO \\ | \\ CHONO_2 \\ | \\ CH_2ONO_2 \end{array} = 2\,CO_2 + 2\,CO + 2\,H_2O + H_2 + N_2$$

liefert es 1009 Cal. (H_2O: Dampf, konst. Volum)[1]. Die molekulare Bildungswärme beträgt: 149,9 Cal. Seine Explosionswärme ist mithin etwa der des Dinitrochlorhydrins gleich und beträgt 68% von der des Nitroglycerins. Eine Mischung von 70% Nitroglycerin und 30% Dinitroformin hat folglich ca. 90% des Energieinhaltes von Nitroglycerin, muß letzterem also bezüglich Sprengkraft sehr nahe kommen.

C. Salpetersäureester von polymerisiertem Glycerin.

Tetranitrodiglycerin.

Die Verwendung eines polymerisierten Glycerins zur Erzeugung ungefrierbaren Sprengöls wurde zuerst von Wohl[2]) vorgeschlagen. Er erhitzte Glycerin mit kleinen Mengen konz. Schwefelsäure auf 130—160°, wobei je nach Säuremenge und Dauer des Erhitzens die Anhydridbildung mehr oder weniger weit fortschreitet. Die erhaltenen Gemische von Glycerin, Diglycerin und Polyglycerinen werden dann nitriert und liefern schwergefrierbare Sprengöle.

Will erhielt bei Nachprüfung dieses Verfahrens[3]) und Anwendung von 0,5—5 T. Schwefelsäure auf 100 T. Glycerin stark mit Nebenprodukten verunreinigte Gemische, die bei der Nitrierung Sprengöle ergaben, die nicht gereinigt werden konnten.

Will und Stöhrer[4]) polymerisierten Glycerin, indem sie es ohne Säurezusatz 7—8 Stunden bei 290—295° in gelindem Sieden erhielten, wobei sie Sorge trugen, daß das gebildete Wasser abdestillierte, die höherflüchtigen Bestandteile dagegen zurückflossen. Später wurde gefunden, daß geringe Zusätze (ca. ½%) von Alkalien, Soda oder Schwefelalkalien die Abspaltung des Wassers und Bildung der Polymerisationsprodukte katalytisch beschleunigen.

---

1) bzw. 1099 Cal. per kg bei flüssigem Wasser.
2) D.R.P. 58957 (1890).
3) Z. f. d. ges. Schieß- u. Sprengstoffwesen. 1906, S. 231.
4) Z. f. d. ges. Schieß- u. Sprengstoffwesen. 1906, S. 231.

Dabei wurden bis zu 60% des Glycerins in Diglycerin verwandelt:

$$2\,C_3H_5(OH)_3 = H_2O + \begin{array}{l} C_3H_5(OH)_2 \\ \quad \diagdown \\ \qquad O \\ \quad \diagup \\ C_3H_5(OH)_2 \end{array}$$

und je nach der Erhitzung entstanden geringe Beimengungen (4—6%) von Tri- oder Polyglycerinen.

Das erhaltene Produkt wird nun der Nitrierung unterworfen oder es wird vorher mit soviel frischem Glycerin versetzt, daß bei der Nitrierung ein Sprengöl mit hinreichendem Gehalt an Tetranitrodiglycerin entsteht:

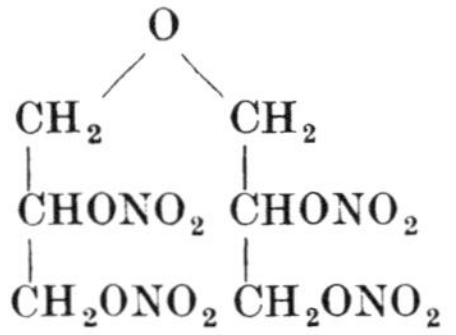

um die Gefrierbarkeit entsprechend herabzusetzen[1]). Gemische aus 70—80% Nitroglycerin und 30—20% Tetranitrodiglycerin können als praktisch ungefrierbar gelten.

Nach Will verhindert schon ein Gehalt von 20—25% des Glycerins an Diglycerin das Gefrieren der aus solchen Gemischen erhaltenen Sprengöle bei den in Betracht kommenden Wintertemperaturen.

Will hat das polymerisierte Gemisch durch fraktionnierte Destillation bei 8—10 mm Druck getrennt. Hierbei gehen bei 160—220° das unveränderte Glycerin, bei 220—270° Diglycerin und oberhalb 270° höhere Polymere über.

Diglycerin. Das Diglycerin wird durch mehrfach wiederholte Vakuumdestillation rein erhalten. Es stellt eine wasserhelle, sehr zähe, süß schmeckende, in Wasser leicht lösliche und sehr hygroskopische Flüssigkeit dar, die bei 245—250° unter 8 mm Druck unzersetzt siedet und ein spez. Gewicht von 1,33 hat (Glycerin 1,26). Die Viscosität ist etwa 11 mal so groß wie die des Glycerins.

Tetranitrodiglycerin.

Diglycerin läßt sich in ähnlicher Weise wie Glycerin mit Salpeterschwefelsäure leicht nitrieren, wobei zur Bildung des Tetranitrates ein ähnlicher Betrag von HNO_3 erforderlich ist, wie zur Bildung von Dinitroglycerin aus Glycerin.

Zur Nitrierung genügt eine etwas geringere Menge derselben Mischsäure, wie für die Nitrierung von Glycerin. Das Diglycerin wird auf 50—60° angewärmt, um die Zähflüssigkeit etwas zu vermindern. Die

[1]) D.R.P. 181754 (1906) und brit. Patent 6314 (1906).

Scheidung erfolgt langsamer als bei Nitroglycerin. Zur Stabilisierung werden Kochsalzlösungen verwendet, um leicht eintretende Emulsionsbildungen zu vermindern. Das gewaschene Produkt hält die Feuchtigkeit verhältnismäßig fest und ist schwerer trocken zu erhalten als Nitroglycerin.

Ausbeute: Erhalten werden aus 100 T. Diglycerin etwa 168 T. Tetranitrodiglycerin, d. i. ca. 81 % der theoretischen Ausbeute (208,4 %). N-Gehalt im Nitrometer gefunden 15,98 % (ber. 16,18).

Eigenschaften: Tetranitrodiglycerin ist ein sehr dickflüssiges, in Wasser unlösliches und nicht hygroskopisches Öl, welches in Alkohol, Äther und anderen organischen Lösungsmitteln leicht löslich ist, und auch bei starker Abkühlung bisher nicht zum Krystallisieren gebracht werden konnte.

Die Gelatinierfähigkeit von reinem T. mit Kollodiumwolle ist für praktische Zwecke ungenügend, dagegen gelatinieren Gemische aus Nitroglycerin und T. zwar langsamer mit Kollodiumwolle als reines Nitroglycerin, geben aber brauchbare Gelatinen.

Charakter als Explosivstoff: T. verhält sich dem Nitroglycerin ähnlich und gelangt wie dieses durch Schlag oder Initialzündung leicht zur explosiven Umsetzung. Gegen Schlag ist es etwas weniger empfindlich als Nitroglycerin und etwa so empfindlich wie Dinitroglycerin. Unter dem 2-kg-Fallhammer tritt bei 8—10 cm Fallhöhe Explosion ein.

Zur völligen Verbrennung fehlen dem Molekül (Mg: 346) 4 Atome Sauerstoff. Die Sauerstoffbilanz ist mit 18,5 % negativ. (Dinitroglycerin: — 17,6 %.) Beim explosiven Zerfall nach den Formeln:

$$C_6H_{10}N_4O_{13} = \begin{array}{l} 1.\ 3\,CO_2 + 3\,CO + 4\,H_2O + H_2 + 2\,N_2 \\ 2.\ 2\,CO_2 + 4\,CO + 5\,H_2O + 2\,N_2 \end{array}$$

beträgt die Explosionswärme 1371 bzw. 1370 Cal. per 1 kg (H_2O flüssig konst. Volum) bei Annahme einer molekularen Bildungswärme von 165,1 Cal. für Tetranitrodiglycerin.

Will ermittelt experimentell 1330 Cal. Mithin hat Tetranitrodiglycerin rechnerisch 85,9 % des Energieinhaltes von Nitroglycerin (1370,5 Cal.: 1595 Cal.). Schon hieraus ergibt sich, daß Gemische aus etwa 75 % Nitroglycerin und 25 % Tetranitrodiglycerin sich hinsichtlich ihrer Sprengkraft nicht in praktisch fühlbarer Weise von reinem Nitroglycerin unterscheiden können, was durch das Experiment bestätigt wurde.

Sprengwirkung:

75 proz. Gurdynamit aus Nitroglycerin	dass. aus reinem Tetranitrodiglycerin
320 ccm	274 ccm

(100 : 85,6)

Verhältnis der Energieinhalte 100 : 85,9, d. h. fast restlose Übereinstimmung.

Praktische Bedeutung. Das Tetranitrodiglycerin bzw. seine Gemische mit Nitroglycerin haben vor Dinitrochlorhydrin den Vorzug der salzsäurefreien Schwaden, vor Dinitroglycerin den der Wasserunlöslichkeit, andererseits ist die Handhabungssicherheit nicht wesentlich höher als die von Nitroglycerin. Vorteilhaft erscheint die einfache Herstellung des Ausgangsproduktes (Glycerin-Diglyceringemisch) durch Erhitzen von Glycerin.

Gleichwohl haben sich erhebliche praktische Schwierigkeiten ergeben. Die Trennung und Reindarstellung des Diglycerins durch Destillation ist schwierig und teuer wegen des erforderlichen hohen Vakuums und der hohen Temperatur. Wasserdampfdestillation wie bei Glycerin ist naturgemäß nicht angängig.

Andererseits enthält das ursprüngliche Polymerisationsprodukt meist Verunreinigungen, die bei der direkten Nitrierung, Scheidung und Stabilisierung Schwierigkeiten durch Emulsionsbildung und langsame Trennung des Sprengöles von den Waschwässern hervorrufen. Diese Schwierigkeiten lassen sich durch Anwendung von Salzlösungen bei den Stabilisationswäschen vermindern. Erschwert wird die technische Nitrierung auch durch die bedeutende Zähflüssigkeit des Glycerin-Diglyceringemisches.

Im Inlande ist das Verfahren deshalb bisher kaum zu fabrikatorischer Anwendung gelangt und hat die Konkurrenz mit dem leicht herstellbaren Dinitrochlorhydrin nicht bestehen können. In den Vereinigten Staaten von Nordamerika scheint sich das Verfahren eine Zeitlang Eingang verschafft zu haben.

D. Die homologen Salpetersäureester.

1. Methylnitrat (CH_3ONO_2).

Von den Salpetersäureestern der primären Alkohole der Fettreihe ist das Methylnitrat theoretisch wichtig wegen seiner hochexplosiven Eigenschaften und seines hohen Energieinhaltes, der es in eine Reihe mit Nitroglycerin rückt, dem es auch stöchiometrisch sehr nahesteht.

		Methylnitrat	Nitroglycerin
Molekulargewicht:		77	227
Zusammensetzung:	C	15,6 %	15,86 %
	H	3,9 %	2,20 %
	O	62,3 %	63,44 %
	N	18,2 %	18,50 %
		100,0 %	100,00 %

Praktisch hat es als Explosivstoff oder Sprengstoff bislang keine Verwendung gefunden, da seine starke Flüchtigkeit eine solche zu sehr erschwert, zudem auch die Feuer- und Explosionsgefährlichkeit der Flüssigkeit wie der Dämpfe die Gefahrmomente bei fakrikatorischer Herstellung und bei der Anwendung erhöhen.

Nach Meyer-Jakobsen ist es für Zwecke der Farbstoffindustrie (zum Methylieren) eine Zeitlang im Großen hergestellt worden, doch wurde die technische Darstellung infolge mehrerer verheerender Explosionen wieder aufgegeben.

Darstellung[1]: Methylnitrat kann wie Äthylnitrat durch vorsichtige Destillation des betr. Alkohols mit mäßig starker Salpetersäure (spez. Gewicht 1,4) gewonnen werden. Es kann aber auch wie Nitroglycerin und Nitroglykol (s. d.) durch Eintragen des Alkohols in ein Gemisch konz. Salpetersäure und Schwefelsäure in guter Ausbeute erhalten werden, während Äthylalkohol ebenso wie andere ein- und mehrwertige Alkohole, die Methyl- oder Methylengruppen enthalten, hierbei leicht der Oxydation anheimfallen.

Beispiel: 100 g reiner, wasserfreier Methylalkohol werden in 630 g einer Mischsäure, bestehend aus 40% HNO_3 + 60% H_2SO_4, die sich in einem kugelförmigen Glasgefäß mit 3 Aufsatzstutzen (für Rührwerk, Thermometer und Zufluß) befinden unter starker Kühlung und mechanischer Rührung (Rührung durch Preßluft verbietet sich wegen der Flüchtigkeit des Esters) bei 0—10° allmählich eingetragen (Dauer 25 Min.). Der Ester scheidet sich im Scheidetrichter rasch ab, wird mit kaltem Wasser digeriert und hierauf mit Sodalösung neutralisiert. Erhalten: 196 g neutrales Methylnitrat (= 81,5% der Theorie). Theoretische Ausbeute 240,6 g.

Eigenschaften: Methylnitrat ist eine farblose leichtbewegliche Flüssigkeit von großer Flüchtigkeit und starkem aromatischen Geruch, der etwas an Chloroform erinnert. Die Dämpfe erzeugen beim Einatmen Kopfschmerzen. Es ist etwas dünnflüssiger als Wasser und hat ein spez. Gewicht von 1,21 bei 15°. Es destilliert bei gewöhnlichem Druck unzersetzt bei 65°.

Von Wasser wird es bei Zimmertemperatur wenig gelöst. 100 ccm H_2O lösen bei 20° 3,85 g Methylnitrat. Kollodiumwolle wird unter Bildung einer Gelatine gelöst, aus der das Methylnitrat sehr leicht verdampft.

Charakter als Explosivstoff. Die thermochemischen Verhältnisse des M. sind bereits von Berthelot festgelegt worden[2]. Der explosive Zerfall ist nach folgenden Formeln möglich:

$$1.\quad 2\,(CH_3ONO_2) = CO_2 + CO + 3\,H_2O + N_2$$
$$2.\quad 2\,(CH_3ONO_2) = 2\,CO_2 + 2\,H_2O + H_2 + N_2$$

---

1) Vgl. Beilstein: IV. Auflage I, S. 284.

2) Vgl. Berthelot: Sur la force des matières explosives. S. a. Berthelot: Ann. chim. et de physique Bd. 6, S. 556. 1885 u. Bd. 23, S. 485. 1891.

Dem Molekül fehlt zur völligen Verbrennung ein Atom Sauerstoff. Die Sauerstoffbilanz ist mit 10,39 % negativ.

Bei einer molekularen Bildungswärme von 39,6 für Methylnitrat errechnet sich nach Berthelot für 1 kg Methylnitrat bei konst. Volum und fl. Wasser eine Explosionswärme von 1609 Cal. nach Formel 1 und 1612 nach Formel 2.

Methylnitrat hat demnach einen etwas höheren Energieinhalt als Nitroglycerin (1595 Cal.), der sich auch durch eine etwas höhere Sprengwirkung bemerkbar macht.

Im Bleiblock unter Wasserbesatz geschossen ergaben

10 g Methylnitrat	615 ccm
10 g Nitroglycerin	600 ,,

Die Ausbauchungen verhalten sich wie 102,5 : 100. Die Explosionswärmen wie 101,0 : 100, eine befriedigende Übereinstimmung.

In Mischung mit Kieselgur, sowie mit Kollodiumwolle gelatiniert, zeigt es etwa dieselbe Sprengwirkung im Bleiblock, wie Nitroglycerin, nämlich 320 ccm bzw. 565 ccm.

Sensibilität: Methylnitrat ist außerordentlich sensibel gegen Initialimpuls und gibt unter Wasserbesatz mit Kapsel 1 geschossen annähernd dieselbe Sprengleistung wie mit Kapsel 8, im Gegensatz zum schwerer detonierbaren Nitroglycerin.

	Methylnitrat	Nitroglycerin
Kapsel 1.	520 ccm (84,5%)	190 ccm (32%)
Kapsel 8.	615 ,, (100 %)	590 ,, (100%)

nach Abzug von 30 ccm für Kapsel 8 und 5 ccm für Kapsel 1

	Methylnitrat	Nitroglycerin
Kapsel 1	515 ccm (88%)	185 ccm (33%)
Kapsel 8	585 ,, (100%)	560 ,, (100%)

Ähnliche Verhältnisse ergeben sich auch bei der Stauchprobe, die mit 100 g Flüssigkeit in Bleiblechhülsen von 1 mm Wandstärke mit Abschluß durch dünne Korkplatten, also unter leichtem Einschluß angestellt wurde:

	Methylnitrat	Nitroglykol	Nitroglycerin
Stauchung	24,5 mm	30 mm	18, 5 mm

Die geringere Viscosität bei Nitroglykol und Methylnitrat gegenüber Nitroglycerin bewirkt bei schwachem Einschluß bei ersteren Estern das Auftreten einer höheren Detonationsgeschwindigkeit.

Die Sensibilität drückt sich auch dadurch aus, daß in engerem Raume bereits Flammenzündung Detonation bewirken kann. Einige Kubikzentimeter Methylnitrat in einem Reagensglas mit Schwarzpulverzündschnur gezündet, geben bisweilen Verpuffung unter Zertrümmerung des Glases in gröbere Splitter, bisweilen brisante Detonation, wobei das Glas in feinen Staub zerteilt wird.

In offener Schale entzündet sich Methylnitrat in Berührung mit Flamme sofort und brennt mit großer nichtleuchtender Flamme ruhig ab. Die Dämpfe verpuffen leicht beim Entzünden. Beim Erhitzen derselben auf 150° tritt Explosion ein.

Methylnitrat ist auch gegen Schlag empfindlich, wenn auch weniger als Nitroglycerin und Nitroglykol. Unter dem 2-kg-Fallhammer tritt bei 40 cm Fallhöhe Explosion ein. Auch mit Gur gemischt ist es wesentlich unempfindlicher als Nitroglycerin.

Detonationsgeschwindigkeit: Die Detonationsgeschwindigkeit wurde von Berthelot[1]) bei sehr geringem Durchmesser bestimmt. Er fand in Glasröhrchen von 3 mm lichter Weite bei 1 mm Wandstärke 1890 m und bei 4,5 mm Wandstärke 2480 m per Sek. Nitroglycerin gibt bei so engem Durchmesser nur etwa 1500 m. Es kann keinem Zweifel unterliegen, daß Methylnitrat bei höherem Durchmesser (30—40 mm) Detonationsgeschwindigkeiten von viel höherer Größenordnung (6000 bis 8000 m) ergeben würde.

2. Äthylnitrat ($CH_3 . CH_2ONO_2$).

Auch der Salpetersäureester des Äthylalkohols zählt trotz seiner mit — 61,5% stark negativen Sauerstoffbilanz noch zu den kräftigen Explosivstoffen, die mit brisanter Wirkung zerfallen können.

Da er wie das Methylnitrat leicht flüchtig und energieärmer als dieses ist, kommt er als praktisches Sprengmittel nicht weiter in Betracht, erregt aber einiges theoretisches Interesse, weil man an ihm besonders gut beobachten kann, daß die Detonationswelle durch einen Explosivstoff viel schwerer hindurchgeht, wenn er sich in flüssigem Zustande befindet, als wenn man ihn in einen festen pulverigen Zustand bringt.

Darstellung: Die Darstellung erfolgt, indem man 100 g kalte Salpetersäure vom spez. Gewicht 1,41, die frei ist von salpetriger Säure, mit einigen Gramm Harnstoff versetzt, um nebenher entstehende salpetrige Säure zu beseitigen und mit 75 g absolutem Alkohol vermischt. Man destilliert alsdann aus dem Wasserbad bis etwa zur Hälfte ab und läßt nunmehr ein Gemisch von 200 g derselben Salpetersäure mit 150 g absolutem Alkohol und etwas Harnstoff zutropfen, in dem Maße, wie die Flüssigkeit abdestilliert. Es destilliert ein Gemisch von Äthylnitrat mit Alkohol. Dasselbe wird mit Wasser versetzt, der abgeschiedene Ester mit dünner Sodalösung neutralisiert, getrocknet und rektifiziert[2]).

Ausbeute: ca 35% der Theorie (Theorie: 198% des Alkohols).

Beim Zusammenbringen von Äthylalkohol mit höchstkonzentrierter Salpetersäure oder Salpeterschwefelsäure tritt selbst bei starker Abkühlung lebhafte Oxydation ein.

Eigenschaften: Das Äthylnitrat ist eine angenehm riechende, farblose, leicht flüchtige Flüssigkeit vom Sp. 87° und vom spez. Gewicht

---

1) Ann. chim. et de physique Bd. XXIII, S. 485—503. 1891.

2) Vgl. auch Beilstein: Handbuch. IV. Aulage. Bd. I, S. 329.

1,12 bei 15°. Es ist in Wasser sehr schwer löslich, mischt sich mit Alkokol und Äther und vermag mit Kollodiumwolle eine Gelatine zu bilden. Entzündet brennt es mit weißlichem Licht ruhig ab.

Charakter als Explosivstoff: Zur völligen Verbrennung zu Kohlensäure, Wasser und Stickstoff fehlen dem Molekül $3^1/_2$ Atome (61,5 %) Sauerstoff. Gleichwohl läßt die thermo-chemische Berechnung den Charakter des Äthylnitrates als eines brisanten Explosivstoffes von nicht unbeträchtlicher Energie erwarten.

Für einen Zerfall nach der Formel:

$$2\,(CH_3 \cdot CH_2ONO_2) = 4\,CO + 2\,H_2O + 3\,H_2 + N_2$$

berechnet sich die Explosionswärme bei einer molekularen Bildungswärme von 48,5 Cal.[1]) zu 712,6 Cal. per kg für konst. Volum und Wasser als Dampf bzw. zu 816,3 Cal. per kg für konst. Volum und flüssiges Wasser, beträgt also etwa die Hälfte von der des Nitroglycerins (1485 bzw. 1595 Cal.).

Dementsprechend erweist es sich auch unter dem Einfluß der Initialzündung als brisanter Explosivstoff.

Bleiblockausbauchung von 10 g Äthylnitrat mit Kupferkapsel 8:

im Glasröhrchen mit Sandbesatz	325 ccm
unter Wasserbesatz	345 „
Nitroglycerin im Vergleich (Wasserbesatz)	590 „

Daß die Bleiblockausbauchung gegenüber der von Nitroglycerin verhältnismäßig hoch ist (58 : 100) verglichen mit dem Verhältnis der Energieinhalte (48 : 100) rührt offenbar daher, daß Äthylnitrat infolge seiner geringeren Viscosität eine höhere Anfangsgeschwindigkeit hat, als Nitroglycerin. Mit anderen Worten: kleine Mengen des dünnerflüssigen Esters vermögen mit höherer Geschwindigkeit zu detonieren als kleine Mengen des zäherflüssigen. Bekanntlich aber beeinflußt die Detonationsgeschwindigkeit das Bleiblockresultat nicht unerheblich.

Allerdings ist andererseits die Sensibilität des flüssigen Äthylnitrates bereits so gering, daß es ohne Einschluß bzw. Besatz unter dem Einfluß einer Sprengkapsel Nr. 8 nicht mehr detoniert. Dagegen tritt auch ohne Einschluß brisante Detonation ein, sobald man die Flüssigkeit mit Kieselgur mengt und so in pulverige feste Form bringt:

Bleiblockstauchung:

Äthylnitrat . . .	70 g	in Papierhülle ohne Einschluß	15 mm
Kieselgur	30 g		
Äthylnitrat . . .	60 g	in Bleiblechhülse leicht eingeschlossen mit dünner Korkplatte abgedeckt	19 mm
Kieselgur	20 g		

Diese Daten lassen auf eine Detonationsgeschwindigkeit von einer Größenordnung von 6000—7000 m per Sek. schließen. Die dargelegten

---

[1]) Vgl. Brunswig: Explosivstoffe S. 5. 1909. Berthelot: Annuaire du bureau des longitudes S. 723. 1904.

Verhältnisse sind deshalb von besonderer Wichtigkeit, weil in der Literatur den aliphatischen Salpetersäureestern eine besondere Trägheit der Detonation gegenüber den angeblich viel leichter und heftiger detonierenden aromatischen Nitrokörpern zugeschrieben worden ist[1]). Stettbacher will diesen scheinbaren Unterschied der Sensibilität mit dem Unterschied der chemischen Konstitution begründen und schreibt dem Benzolgerüst eine wesentlich höhere Prädisposition zum explosiven Zerfall zu, als der offenen aliphatischen Kette. Er vergleicht dabei Krystallpulver bzw. feste Körper (Nitrokörper) mit Flüssigkeiten und übersieht, daß die Detonationswelle sich durch Flüssigkeiten hindurch schwerer fortpflanzt. Versuche unter Verhältnissen gleichen Aggregatzustandes zeigen, daß letzterer wesentlich ist für die Fortpflanzung der Detonationswelle und daß der chemische Bau des Moleküls, wenn überhaupt, nur eine untergeordnete Rolle spielt. (Näheres hierüber s. Aufsatz des Verfassers über: ,,Chemische Konstitution und Sprengstoffwirkung", Z. f. d. ges. Schieß- und Sprengstoffwesen 1920, S. 5.)

3a. n-Propylnitrat ($CH_3 \cdot CH_2 \cdot CH_2ONO_2$).

Das Propylnitrat ist theoretisch wichtig, weil es die beim Äthylnitrat erörterten Verhältnisse in noch eklatanterer Weise anschaulich macht und sie deshalb kurz besprochen:

Darstellung: Es wird ebenso dargestellt, wie Äthylnitrat. 25 g Salpetersäure von 1,41 spez. Gewicht werden mit 3 g Harnstoff und 15 g n-Propylalkohol gemischt und über freier Flamme vorsichtig destilliert. In dem Maße wie die Flüssigkeit übergeht, läßt man ein Gemisch von 50 ccm Salpetersäure mit 50 ccm Propylalkohol und 1 g Harnstoff zutropfen und, bis 105° erreicht sind, destillieren. Das Destillat (ca. 110 ccm) besteht aus 2 Schichten, die untere (ca. 40 ccm) aus verdünnter Salpetersäure, die obere (ca. 70 ccm) aus Ester und Alkohol. Man salzt mit Kochsalzlösung aus und erhält ca. 51 g Ester (53 % der Theorie). (Theoretische Ausbeute: 175 % des Alkohols.)

Eigenschaften: Angenehm ätherisch riechende, flüchtige Flüssigkeit von 110,5° Sp. und 1,06 spez. Gewicht bei 15°.

Charakter als Explosivstoff: Die thermo-chemische Berechnung ergibt bei einer mol. Bildungswärme von 56,3 Cal. noch eine Explosionswärme von 549 Cal. per 1 kg (H_2O: Dampf, konst. Volum), läßt also trotz der hohen negativen Sauerstoffbilanz (— 99 %) einen explosiven Zerfall erwarten, bei Annahme folgender Zerfallsformel:

$$2\,(CH_3\,.\,CH_2\,.\,CH_2ONO_2) = 4\,CO + 2\,C + 2\,H_2O + 5\,H_2 + N_2.$$

(Selbst Ammonsalpeter mit nur 375 Cal. per kg zeigt ja bekanntlich unter kräftigem Initialimpuls noch brisanten Zerfall mit 200 ccm Ausbauchung.) Das flüssige Propylnitrat detoniert nun allerdings nicht mehr im Blei-

[1]) Stettbacher: Die Schieß- und Sprengstoffe S. 22. 1919. Sprengwirkung und chem. Konstitution.

block unter Wasserbesatz. 10 g mit Kapsel 8 geben mit 45 ccm nur 15 ccm mehr als die Kapsel allein. Dagegen tritt volle Explosion mit scharfem Knall und 230 ccm Nettoausbauchung ein, wenn man 10 g Propylnitrat mit 4 g Kieselgur zu einem feuchten Pulver innig vermischt (71,4%) Flüssigkeit + 28,6% Gur) und unter Sandbesatz mit Kapsel 8 zündet.

Also auch Propylnitrat kann detonieren und unter Umständen den Charakter eines brisanten Explosivstoffes annehmen. (Eine gewisse Parallele besteht mit dem aromatischen Nitrokörper: Dinitrobenzol, der mit sehr ähnlicher negativer Sauerstoffbilanz (— 95%) ebenfalls noch brisant detonieren kann und die ähnliche Bleiblockausbauchung von 250 ccm hervorbringt.)

Die Energieinhalte von Propylnitrat und Nitroglycerin verhalten sich wie 37 : 100, die Ausbauchungen etwa wie 40 : 100, was nahezu übereinstimmt.

3b. Isopropylnitrat ($CH_3 . CHONO_2 . CH_3$).

Isopropylalkohol wird neuerdings in größeren Mengen durch katalytische Reduktion von Aceton erzeugt. Das hieraus evtl. zu gewinnende Isopropylnitrat würde wegen seiner Flüchtigkeit und geringen Sprengkraft als technische Sprengstoffkomponente kaum Bedeutung haben. Es ist bisher nur durch Umsetzung zwischen Isopropyljodid und Silbernitrat gewonnen worden und siedet bei 101—102°.[1]) Seine Herstellung durch direkte Veresterung mit konz. Salpetersäure, Salpeterschwefelsäure, je selbst mit Salpetersäure von 1,4 spez. Gewicht, mit der man Äthylalkohol und n-Propylalkohol leicht verestern kann, gelingt aber nicht, da die in sekundärer Stellung befindliche Hydroxylgruppe allzu leicht der Oxydation durch die Salpetersäure anheimfällt.

4a. Nitroglykol (Äthylenglykoldinitrat)
$CH_2ONO_2 . CH_2ONO_2$.

Der nächste Verwandte des Nitroglycerins unter den Salpetersäureestern ist das Äthylenglykoldinitrat, in Anlehnung an den bei ersterem üblichen Sprachgebrauch auch kurzweg „Nitroglykol" genannt. Der großen Ähnlichkeit der chemischen Zusammensetzung

	Nitroglycerin	Nitroglykol
C . . .	15.86%	15,79%
H . . .	2,20%	2,63%
O . . .	63,44%	63,16%
N . . .	18,50%	18,42%
	100,00%	100.00%

[1]) Beilstein: Handbuch. 4. Auflage. S. 363 und Silva: Annal. Bd. 154, S. 256.

entspricht eine weitgehende Ähnlichkeit aller, insbesondere der Eigenschaften als Explosivstoff. Daß es, obwohl ebenso sprengkräftig und weit weniger handhabungsgefährlich als Nitroglycerin, bisher nur wenig beachtet und als Sprengstoff ausgenutzt wurde, dürfte wohl vorwiegend wirtschaftliche Ursachen haben. Während letzteres aus Glycerin, dem Abfallprodukt großer Industrien, der Seifen- und Fettsäureindustrie gewonnen wird, also aus einem Rohstoff, der von der Natur in den Ölen und Fetten in ungeheuren Mengen dargeboten wird und einen eigentlichen Massenverbrauch nur in der Sprengstoff- und Pulverindustrie findet, kommt das Glykol, der Ausgangsstoff für Nitroglykol, in der Natur so gut wie gar nicht vor und muß durch mehrstufige Synthese aus Alkohol bzw. Äthylen auf dem Wege über das Äthylenchlorid erst aufgebaut werden, ein Umstand, der naturgemäß verteuernd wirkt, zumal bei Beendigung der Synthese, d. h. nach Verseifung des Äthylenchlorids das Glykol erst etwa in dem Zustande, nämlich als verdünnte Lauge, anfällt wie das Glycerin bei der Spaltung oder Verseifung der natürlichen Fette. Es muß nun noch dieselben Fabrikationsstufen, Konzentration, Salzabscheidung, Rektifikation, durchlaufen, wie das Laugenglycerin.

Das Nitroglykol hat nur einen erheblichen Nachteil gegenüber Nitroglycerin, die höhere Verdampfbarkeit, die die physiologischen Unzuträglichkeiten des letzteren naturgemäß steigert. Dem würde sich bei der Sprengstoffabrikation durch entsprechende Ventilationseinrichtungen abhelfen lassen. Für Gelatinedynamit spielt diese höhere Flüchtigkeit keine erhebliche Rolle, wenigstens nicht in den gemäßigten Zonen. In Sprengstoffgemischen dagegen mit wenig flüssigem Nitroglycerin (z. B. den Ammonsalpetersprengstoffen mit 4% Sprengöl) hat sich der Ersatz durch Nitroglykol in der warmen Jahreszeit nicht bewährt. Auch für rauchschwache Pulver eignet sich Nitroglykol kaum, da seine Flüchtigkeit selbst bei gewöhnlicher Temperatur die notwendige Stabilität der ballistischen Eigenschaften des Pulvers nicht gewährleisten würde.

Auf der anderen Seite hat das Nitroglykol verschiedene schwerwiegende Vorzüge vor Nitroglycerin aufzuweisen, wie geringere Neigung zur Zersetzung bei der Herstellung und somit gefahrlosere Fabrikation, wesentlich geringere Empfindlichkeit gegen Schlag und Stoß, für sich sowohl wie in Sprengstoffgemischen, Ungefrierbarkeit und schließlich auch eine gewisse wenn auch nicht erhebliche Überlegenheit bezüglich Brisanz.

Die ersten Literaturangaben, die die Verwendung von Nitroglykol in Sprengstoffgemischen betreffen, finden sich im D. R. P. 179789 (1904), wonach dasselbe als Zusatz zur Verhinderung des Gefrierens von Nitroglycerinsprengstoffen verwendet werden soll, ferner im britischen Patent 12770 (1912) und im Mém. Poudres et Salpêtres XVI, 73 und

XVII, 175 (1912 bzw. 1914). Indessen scheint zu jener Zeit noch keine fakrikatorische Darstellung von Nitroglykol bzw. praktische Anwendung stattgefunden zu haben.

Als Verfahren zur Glykolgewinnung war nur die Verseifung von Äthylenbromid mit Alkalicarbonaten bekannt, die für technische Zwecke nicht in Frage kam, und zwar wegen des hohen Preises von Brom und dessen hohen Atomgewichtes, das die abzuscheidenden Salzmengen sehr erhöht.

Erst die durch den Weltkrieg im Inland bewirkte Glycerinknappheit führte dazu, alle Ersatzmittel für letzteres bzw. Nitroglycerin ernstlich ins Auge zu fassen, und alle Herstellungsmöglichkeiten für solche gründlich zu studieren. Diesen Umständen verdankte auch der technische Prozeß der Glykolsynthese aus Alkohol über Äthylen und Äthylenchlorid seine Ausbildung, und während des Weltkrieges sind dann tatsächlich in der Hauptsache von der Firma Th. Goldschmidt-Essen viele tausend Kilo von Glykol erzeugt und an die Sprengstoffindustrie geliefert worden, die es zu Nitroglykol nitrierte, das teils für sich, teils in Mischung mit Nitroglycerin als sprengtechnisch vollwertiger Ersatz des letzteren zu Bergbausprengstoffen verarbeitet wurde.

Glykol.

1. Herstellung.

a) Gewinnung von Äthylen.

Die einfachste Herstellung von Äthylen im Laboratorium ist die durch Erhitzen von Alkohol in bestimmten Verhältnissen mit Schwefelsäure von bestimmter Konzentration.

Bei Anwendung einer 90proz. Schwefelsäure und eines 96proz. Alkohols läßt sich Äthylen in gleichmäßigem Strome in einer Ausbeute von 84—85 % der theoretisch möglichen Menge erzeugen, wenn man ein Gemisch von 10 Gewichtsteilen Alkohol mit 60 Gewichtsteilen Schwefelsäure auf 200 erhitzt, und eine Mischung von 30 T. Alkohol mit 60 T. Schwefelsäure und hierauf eine solche von 40 T. Alkohol mit 100 T. Schwefelsäure allmählich nachfließen läßt, wobei man nach und nach die Temperatur bis auf 230° steigert. (2,7 T. Schwefelsäure auf 1 T. Alkohol, Dauer ca. 2 Stunden.) Mit übergehende Dämpfe unveränderten Alkohols werden durch Schwefelsäure absorbiert und im Laufe des Prozesses wird das Gemisch in den Entwicklungskolben zurückgegeben Die Ausbeute bestimmt man am besten durch Absorption des Äthylens in einem Bromüberschuß und Bestimmung des erhaltenen Äthylenbromides nach Entfernung des überschüssigen Broms durch Alkali.

Ein Teil des Alkohols (ca. 6 %) wird hierbei in Kohle verwandelt, die in schwammiger Form die rückständige Schwefelsäure durchsetzt und ihre Aufarbeitung und Wiedergewinnung erschwert.

Aus diesem Grunde hat sich für die technische Gewinnung von Äthylen nur die pyrogenetische Zersetzung des Alkohols durch Überleiten der Alkoholdämpfe über Aluminiumoxyd etwas oberhalb 350° eingeführt [1]).

Die Wirtschaftlichkeit der Glykolsynthese wird sich wesentlich verbessern, wenn man den immerhin teuren Alkohol ganz umgehen und als Äthylenquellen billigere Rohstoffe benutzen wird. Nach neueren Verfahren soll bei der Verschwelung von Braunkohle bzw. Braunkohlenteer ein an Olefinen reiches Gas gewonnen werden, welches bis zu 25% Äthylen enthält, das sich durch fraktionnierte Kondensation von den übrigen Bestandteilen trennen läßt [2]).

Auch ist versucht worden, das zu etwa 4—5% im Leuchtgas enthaltene Äthylen durch Chloraddition letzterem zu entziehen und so Äthylenchlorid zu gewinnen. Da indessen neben der Addition sehr leicht Substitution von Chlor eintritt, haben sich die Gasanstalten wegen der Gefahr der Verunreinigung des Leuchtgases mit Spuren von Salzsäure dem Vernehmen nach nicht bereit finden lassen, ihr Leuchtgas zur Äthylenentziehung zur Verfügung zu stellen.

b) Darstellung von Äthylenchlorid.

Äthylen addiert gasförmiges Chlor mit großer Leichtigkeit. Wesentlich für die Gewinnung eines möglichst reinen Äthylenchlorids ist es, das Chlor stets auf einen Überschuß von Äthylen einwirken zu lassen, wobei das überschüssige Äthylen nach Niederschlagung des Äthylenchlorides durch starke Kühlung in den Prozeß wieder eintritt. Anderenfalls erfolgt leicht Substitution und das Äthylenchlorid (Sp. 84°) ist erheblich mit höhersiedenden Produkten (Trichloräthan Sp. 114° und Tetrachloräthanen: $CH_2Cl \cdot CCl_3$, Sp. 135° und $CHCl_2 \cdot CHCl_2$, Sp. 147°) verunreinigt.

Wendet man Äthylenüberschuß an, so erhält man leicht in guter Ausbeute (90% der Theorie) ein Produkt, von dem 95% zwischen 80 und 100° übergehen, der weitaus größte Teil bei etwa 85°.

Von der Fraktion 80—100° erweisen sich bei der Verseifung zu Glykol 85% als reines Äthylenchlorid. Auch bei Chlorunterschuß also ist eine Substitution nicht gänzlich zu vermeiden, während bei der Einwirkung von Äthylen auf überschüssiges Brom nur Addition eintritt, d. h. nur Äthylenbromid entsteht.

Schädlich für die Ausbeute ist die Gegenwart von Feuchtigkeit. Offenbar wirkt feuchtes Chlor leicht oxydierend ein und es entstehen in Nebenreaktionen Oxydationsprodukte des Äthylens. Man läßt deshalb die Gase in trocknem Zustande aufeinander einwirken und vermeidet Wasser oder Salzlösungen als Sperrflüssigkeiten.

---

[1]) Ber. Bd. 36. 1894, vgl. auch D.R.P. 298931.

[2]) Vgl. auch D. R. P. 369368.

Befördernd auf die Reaktion wirken gewisse Kontaktsubstanzen, z. B. auf Tonscherben fein verteiltes Eisenchlorid.

Technisch ist das Äthylenchlorid nach dem im D.R.P. 298931 (1915) von der Th. Goldschmidt A.-G. Essen und Oscar Matter beschriebenen Verfahren erzeugt worden, wobei 1 Vol. Chlor in Mischung mit 3—4 Vol. Äthylen bei etwa 30—120° über auf Kühlröhren, die die Temperaturregelung gestatten, ausgebreitete Kontaktsubstanzen (Eisenchlorid oder Kupferchlorid) geleitet, das gebildete Äthylenchlorid in Kühlrohren abgeschieden und das unverbrauchte Äthylen im Kreislauf der Apparatur wieder zugeführt wird. Das Rohprodukt wird durch fraktionierte Destillation gereinigt (Sp. 84°)[1]).

c) Verseifung von Äthylenchlorid zu Glykol.

Freie Alkalien spalten aus Äthylenchlorid Salzsäure ab und liefern Chloräthylen: $CHCl = CH_2$ (Vinylchlorid) und letzten Endes Acetylen. Bei milder Verseifung dagegen mit Carbonaten oder noch besser Bicarbonaten und entsprechender Verdünnung wird das Halogen gegen Hydroxyl ausgetauscht und in guter Ausbeute Glykol erhalten.

Nach dem Verfahren der D.R.P. 299074 (1916) und 369502 (1913) von Oskar Matter hat die Th. Goldschmidt A.-G. Essen während des Weltkrieges erhebliche Mengen von Glykol erzeugt.

99 T. Äthylenchlorid (1 Mol.) erfordern zur Verseifung
106 T. Natriumcarbonat (1 Mol.) oder
168 T. Natriumbicarbonat (2 Mol.) und liefern theoretisch
62 T. Glykol.

Zur Erzeugung von 100 T. Glykol sind theoretisch 159,7 T. Äthylenchlorid erforderlich.

Je verdünnter die Carbonatlösung, je schwächer also ihre Alkalinität, um so mehr verläuft die Reaktion im Sinne der Glykolbildung, und um so besser sind die Ausbeuten. Die 15—20fache Menge des Äthylenchlorides an Wasser hat sich als vorteilhaft bewährt. Aus demselben Grunde liefert das schwächer alkalische Bicarbonat bessere Ausbeuten, hat aber den wirtschaftlichen Nachteil, daß 2 Moleküle, also eine wesentlich höhere Menge des teureren Reagens erforderlich sind, und 2 Moleküle Kohlensäure entwickelt werden, der Autoklavendruck sich also erhöht.

Als vorteilhafte Verseifungsmittel haben sich auch Bleioxyd, Cadmiumhydrat und Calciumcarbonat erwiesen, wobei Bleioxyd den Vorteil hat, daß die Glykollösung von dem unlöslichen Bleichlorid bzw. Bleioxychlorid leicht getrennt werden kann. Zinkoxyd und Magnesia eignen sich nicht, da die entsprechenden Chloride hydrolytisch gespalten sind, und ihre Lösungen chemisch auf das Glykol einwirken. Die unlöslichen Verseifungsmittel haben neben dem Vorteil geringster Alkalinität den Nachteil, daß sie für eine prompte Umsetzung Rührwerksautoklaven erfordern, letztere aber sind bei höheren Drucken schwer völlig dicht zu halten. Absolut dichter Autoklavenverschluß ist aber nötig, um Verluste an Äthylenchlorid zu vermeiden.

---

[1]) Vgl. auch österr. Patent 88625.

Verseifung von Äthylenchlorid zu Glykol erfolgt auch mit größeren Wassermengen allein ohne jedes Alkali unter Druck bei entsprechender Temperatur. Jedoch wirkt die entstehende freie Säure bei der betr. Temperatur auf Glykol unter Bildung von Aldehyd ($CH_2OH \cdot CH_2OH - H_2O = CH_3 \cdot CHO$) und Crotonaldehyd ($2\,CH_3 \cdot CHO - H_2O = CH_3 \cdot CH = CH \cdot CHO$) ein und beeinträchtigt die Ausbeute.

Glykolausbeuten, mit verschiedenen Verseifungsmitteln erhalten (ohne Rührwerk):

mit	Ausbeute an Glykol
Bleioxyd bzw. Hydrat . . .	65 % der Theorie
Cadmiumhydrat	67 % „ „
Magnesiumhydrat	30 % „ „
Baryumcarbonat	57 % „ „
Calciumcarbonat	67 % „ „
Kaliumcarbonat	71 % „ „
Natriumcarbonat	81 % „ „
Natriumbicarbonat	86 % „ „

Kaliumcarbonat wirkt infolge höherer Alkalinität etwas weniger günstig als Natriumcarbonat.

Nach Matter nimmt man auf Äthylenchlorid die 15—20fache Wassermenge und verseift im Autoklaven bei 130—140°. Höhere Temperaturen beschleunigen den Vorgang. Zu hohe Temperatur führt zu Nebenreaktionen und Harzbildung. Vorteilhafterweise setzt man zuerst nur einen Teil der zur Verseifung nötigen Carbonatmenge zu und ersetzt das verbrauchte Carbonat nach und nach durch Natronlauge, die mit der Kohlensäure neues Carbonat bildet, wodurch eine übermäßige Drucksteigerung vermieden wird und man mit mäßigen Autoklavendrucken auskommt.

Da im Kriege Mangel an Ätznatron herrschte, hat man indessen die gesamte Sodamenge zugleich zugesetzt und von Zeit zu Zeit die Kohlensäure abblasen lassen, um mit mäßigen Autoklavendrucken zu arbeiten. Das mit abgeblasene unverbrauchte Äthylenchlorid wurde in Rieseltürmen niedergeschlagen.

Beispiele für Autoklavenverseifung.

(Kupferautoklav von 2 l Inhalt, der sich in einem Ölbad befindet.)

Um eine möglichst hochprozentige Glykollösung für die Weiterverarbeitung zu erzielen, wird nach einer Verseifung in die erhaltene

	Äthylenchlorid	H_2O	Alkali	Überschuß an Alkali	Konzentration des Alkalis
1.	240 g 2 × 120 g	1200 ccm 10fache Menge	283 g 2 × 141,5 g Na_2CO_3	10 %	10,6 %
2.	150 g 2 × 75 g	1500 ccm 20fache Menge	280 g 2 × 140 g $NaHCO_3$	10 %	8,5 %

	Temperatur	Dauer des Erhitzens	Höchstdruck in Atmosph.	Glykol in g	Prozente der Theorie	Konzentration d. Glykollsg.
1.	150°	48 Stunden 2 × 24 Stunden	38 Atm.	122,2 g	81,3%	9%
2.	160°	28 Stunden 4 × 7 Stunden	40,5 Atm. 27 „ 41 „ 30 „	80,7 g	86%	5%

Kochsalz-Glykollösung eine zweite Menge Äthylenchlorid und Alkali gegeben, bzw. in zwei Stufen verseift. Bei Bicarbonat wird bei Erreichung von 40 Atmosphären jeweils Kohlensäure abgeblasen und von neuem erhitzt.

d) Reingewinnung des Glykoles.

Die Aufarbeitung der erhaltenen Kochsalzglykollösung erfolgt analog zur Gewinnung des Destillatglycerines aus Laugenglycerin, mit dem Unterschied, daß man bei Vermeidung zu hoher Verseifungstemperaturen und zu hoher Alkalikonzentration es mit einer verhältnismäßig wenig verunreinigten Lösung zu tun hat. Die Konzentration erfolgt im Vakuum in denselben Apparaten, in denen Glycerinlaugen konzentriert werden. Gewöhnlicher Druck verbietet sich, da hierbei mit den Wasserdämpfen viel Glykol mitverdampfen würde.

Das Salz wird stufenweise abgeschieden, abgenutscht oder abgeschleudert und mit Wasser gedeckt, um zurückgehaltenes Glykol auszuwaschen. Die Waschlösung kehrt in die Konzentration zurück.

Nach Entfernung der Hauptmenge des Salzes wird das konzentrierte noch salzhaltige Rohglykol im Vakuum destilliert. Es geht im hohen Vakuum bei etwa 110° über.

Bei überschüssigem Alkalicarbonat muß dieses vor der Enddestillation genau neutralisiert werden, da sich bei der Destillationstemperatur sonst Glykolat bildet, welches einen Teil des Glykoles in der Blase zurückhält.

$$\begin{matrix} CH_2OH \\ | \\ CH_2OH \end{matrix} + Na_2CO_3 = \begin{matrix} CH_2ONa \\ | \\ CH_2ONa \end{matrix} + H_2O + CO_2$$

Der Verlust an Glykol bei der Konzentration und Salzabscheidung beträgt bei sorgfältigem Arbeiten nicht mehr als etwa 2% der vorhandenen Gesamtmenge, die bei genauer Ausbeutebestimmung dem ausgeschiedenen Kochsalz durch Methylalkohol entzogen werden[1]).

[1]) Vgl. auch amerik. Patent 1402317 (1922) Verseifung mit Soda in 85proz. Alkohol mit Natriumacetat als Katalysator bei 125—175° unter Druck.

Andere Verfahren:

Nach der deutschen Patentschrift 300122 (1916) der Chemischen Fabrik Griesheim-Elektron wird Glykol durch direkte Oxydation von Äthylen mittels verdünnter Permanganatlösung im Gegenstromverfahren erzeugt. Wesentlich ist eine möglichst kurze Berührung der erhaltenen Glykollösung mit dem gebildeten Manganschlamm, da das Glykol leicht weiter oxydiert wird. Es entstehen relativ große Mengen von Manganschlamm und nur sehr verdünnte Glykollösungen. Nach Versuchen des Verfassers sind die Ausbeuten gering und das Verfahren dürfte nicht wirtschaftlich sein. Über eine praktische Anwendung ist nichts bekannt geworden.

Nach der deutschen Patentschrift 344615 (1920) des Plausonschen Forschungsinstitutes G. m. b. H. Hamburg wird Glykol (neben Formaldehyd) gleichfalls durch direkte Oxydation des Äthylens oder äthylenhaltiger Gase mittels schwach ozonisierten Sauerstoffs oder ozonisierter Luft in Gegenwart von Wasserdampf oder fein verstäubtem Wasser und von Katalysatoren (z. B. 0,1—1 proz. $KMnO_4$-Lösung, die durch das Ozon regeneriert wird) kontinuierlich bei Temperaturen zwischen 30 und 100^0 gewonnen. Auch hier muß das Produkt einer länger dauernden Einwirkung des Ozons entzogen werden, was durch Niederschlagen mit Wasser und zeitweiliges Absaugen geschieht.

2. Eigenschaften des Glykoles.

Glykol ist eine farblose, intensiv süß schmeckende etwas sirupöse Flüssigkeit vom spez. Gewicht 1,1160 bei 15^0 (bez. auf Wasser von 4^0). Es ist dickflüssiger als Wasser, aber erheblich dünnflüssiger als Glycerin.

Auslaufszeit von 5 ccm aus 10-ccm-Pipette (bei 20^0):

H_2O	4,5 Sek.	
Glykol	12,5 „	
Monochlorhydrin	100 „	
Glycerin.	780 „	(13 Min.)

Es siedet unter gewöhnlichem Druck unzersetzt bei 194^0, im Vakuum der Wasserstrahlpumpe bei etwa 110^0 und ist auch bei gewöhnlicher Temperatur etwas flüchtig. Anwesenheit geringer Wassermengen setzt anfangs den Siedepunkt erheblich herab und es gehen mit den Wasserdämpfen erhebliche Glykolmengen über, bis konstanter Siedepunkt erreicht ist. Es erstarrt bei starkem Abkühlen und schmilzt bei — 11,5^0.

Glykol ist in Äther schwer löslich, mischt sich aber mit Methylalkohol, Alkohol und Wasser in jedem Verhältnis und ist wie Glycerin hygroskopisch. Aus feuchter Luft zieht es bis zu ca. 60$^0/_0$ Wasser an.

Es löst Calciumhydrat und besonders leicht Ätzkali auf und bildet Glykolate.

3. Untersuchung des Glykoles.

Die Sprengstoffabriken pflegen einen Reingehalt von mindestens 97$^0/_0$ Glykol zu verlangen. Der Glykolgehalt kann wie der von Glycerin nach der Bichromatmethode durch Oxydation ermittelt werden. Da das gelieferte Destillat indessen meist sehr rein ist und außer etwas Wasser keine wesentlichen Mengen anderer Verunreinigungen enthält, genügt gewöhnlich eine Bestimmung des spez. Gewichtes, um die Grädigkeit zu ermitteln. Für Glykolgehalte zwischen 90 und 100 % dient hierbei folgende Skala der spez. Gewichte bei 25° bez. auf Wasser von 4°:

1,1023	spez.	Gew.	bei	25°	entspricht	90 %	Glykol	
1,1030	,,	,,	,,	25°	,,	91 %	,,	
1,1038	,,	,,	,,	25°	,,	92 %	,,	
1,1045	,,	,,	,,	25°	,,	93 %	,,	
1,1052	,,	,,	,,	25°	,,	94 %	,,	
1,1060	,,	,,	,,	25°	,,	95 %	,,	
1,1067	,,	,,	,,	25°	,,	96 %	,,	
1,1074	,,	,,	,,	25°	,,	97 %	,,	
1,1081	,,	,,	,,	25°	,,	98 %	,,	
1,1089	,,	,,	,,	25°	,,	99 %	,,	
1,1096	,,	,,	,,	25°	,,	100 %	,,	(wasserfrei)

Im übrigen wird das Glykol etwa in derselben Weise geprüft, wie Dynamitglycerin.

Direkte Wasserbestimmung im Reinglykol.

Der Wassergehalt läßt sich infolge der größeren Flüchtigkeit des Glykoles nicht so einfach bestimmen, wie im Glycerin. Erhitzen ist nicht angängig. Auch im Exsiccator wird selbst von schärfsten Trockenmitteln wie P_2O_5 das Wasser nur sehr langsam vollständig entzogen. Man verfährt wie folgt: Das wasserhaltige Glykol wird der Destillation unterworfen, wobei der Siedepunkt allmählich steigt, bis er einen konstanten Wert erreicht und nunmehr wasserfreies Glykol übergeht. Der das gesamte Wasser enthaltende Vorlauf, z. B. 10 % der Gesamtmenge, wird im Exsiccator in flacher Schicht über Phosphorpentoxyd gelagert und täglich gewogen, bis die Gewichtsabnahmen konstant werden und nunmehr der an einem Tage verdampfenden Glykolmenge entsprechen. Die Gesamtabnahme vermindert um das Produkt der Zahl der Tage mit der pro Tag verdampfenden Glykolmenge ergibt die im ursprünglich destillierten Gesamtglykol enthalten gewesene Wassermenge. Die Bestimmung ist genau, kommt aber wegen ihrer Langsamkeit nur für besondere Zwecke, nicht für die laufenden technischen Prüfungen in Betracht.

Probenitrierung. Zur Beurteilung der Brauchbarkeit für die Erzeugung von Nitroglykol dient eine Probenitrierung des Glykoles. Dieselbe wird genau so in demselben Apparat und mit derselben Nitriersäure ausgeführt wie die Probenitrierung von Glycerin (s. dieses S. 30). 100 g wasserfreies Glykol geben mit 625 g Nitriersäure bei 10—12° Nitriertemperatur eine Ausbeute von 222 g, bei 29—30° eine solche von 218 g an neutralem getrocknetem Nitroglykol.

Fabrikation von Nitroglykol.

Die günstigsten Nitrierungsbedingungen für Glykol sind dieselben wie für Glycerin, wie dies die nahe chemische Verwandtschaft und die sehr ähnlichen stöchiometrischen Verhältnisse beider Alkohole erwarten lassen.

100 T. Glykol erfordern zur Nitrierung 203,2 T. HNO_3
100 T. Glycerin ,, ,, ,, 205,4 T. HNO_3
100 T. Glykol liefern 245,2 T. Nitroglykol und bilden 58,1 T. H_2O
100 T Glycerin ,, 246,7 T. Nitroglycerin ,, ,, 58,7 T. H_2O.

Die fabrikmäßige Herstellung von Nitroglykol erfolgt in derselben Anlage und mit derselben Apparatur, mit der Nitroglycerin hergestellt wird. Auch Zusammensetzung und Mengenverhältnis der Mischsäure kann übereinstimmend gewählt werden. Ebenso entspricht Scheidung, Nachscheidung und Waschprozeß den Verhältnissen bei der Nitroglycerinfabrikation, so daß kaum etwas Besonderes über die Herstellung des Nitroglykoles zu sagen ist.

Die bei der Nitrierung von Glykol freiwerdende Wärmemenge ist nach experimenteller Feststellung der Zentralstelle für wissenschaftlich-technische Untersuchungen, Neubabelsberg, ein wenig aber nicht wesentlich höher, als bei der Glycerinnitrierung, ein Unterschied, der in der Praxis nicht ins Gewicht fällt. Die geringere Viscosität des Glykoles macht ein Anwärmen vor der Nitrierung überflüssig, die niedrige Gefriertemperatur des Nitroglykoles gestattet tiefe Nitriertemperaturen einzuhalten (mit künstlich gekühlter Sole), ohne ein Auskrystallisieren im Apparat befürchten zu müssen, was für die Ausbeute günstig ist. Beim Waschprozeß empfiehlt es sich, wegen der Flüchtigkeit, zu hohe Temperaturen und übermäßig langes Waschen mit Preßluft zu vermeiden. Die Vermeidung übergroßer Wassermengen ist noch wichtiger wie beim Nitroglycerin, da Nitroglykol in Wasser nicht unerheblich leichter löslich ist, als letzteres. Daher erreichen die Ausbeuten nicht ganz die gleiche Höhe wie beim Nitroglycerin. Die Löslichkeit in der Abfallsäure ist dieselbe wie bei Nitroglycerin.

Ausbeute: Die höchsten mit wasserfreiem Glykol erhaltenen Ausbeuten betragen mit 625 kg Nitriersäure (von 58% H_2SO_3, 41% HNO_3, 1% H_2O) auf 100 kg

Glykol	222,2 kg	Nitroglykol bei	10—12°	Nitriertemperatur
bzw.	218,3 kg	„ „	29—30°	„
also im günstigsten Falle			90,6%	der Theorie
(bei Nitroglycerin			93,6%	„ „).

Neigung zur Zersetzung: Die Neigung der sauren Nitroglykolcharge zur Zersetzung (spontaner Verseifung unter Entwicklung salpetriger Säure) ist geringer, als die einer gleichen Nitroglycerincharge. Folgender Vergleichsversuch zeigt dies: Eine Charge von 100 g nitriertem Glykol wurde im lose mit Glasplatte zugedeckten Scheidetrichter 3 × 24 Stunden an einem kühlen dunklen Ort sich selbst überlassen. Dasselbe geschah mit einer gleichen Charge von 100 g nitriertem Glycerin. Menge und Zusammensetzung der Nitriersäure, wie auch Temperatur der Nitrierung waren in beiden Fällen gleich. Nach einem Tag waren die abgeschiedenen Öle dunkelgelb gefärbt und der Seperator über der Charge mit gelben Dämpfen gefüllt. Nach 3 Tagen war das Nitroglycerin grün gefärbt, ein Zeichen, daß sich bedeutende Mengen salpetriger Säure gebildet hatten, und die ausgestoßenen roten Dämpfe waren erheblich intensiver als bei Nitroglykol. Bei der Neutralisation der Öle ergaben sich noch 204 g Nitroglykol (bei unmittelbarer Neutralisation 218 g), aber nur 150 g Nitroglycerin (bei unmittelbarer Neutralisation 225 g), die sich zudem beim Waschen stark verschleimten. Es waren also unter ganz gleichen Verhältnissen nur 14 g Nitroglykol dagegen 75 g Nitroglycerin zersetzt worden.

Eine gewisse Parallele hierzu liefert die Tatsache, daß auch neutrales Nitroglykol bei längerem Erhitzen eine höhere Stabilität aufweist, als neutrales Nitroglycerin.

Direkte Gewinnung von Nitroglykol aus Äthylen. In neuester Zeit ist durch Patente der Firma: Chemische Fabrik Kalk, G. m. b. H. (in Köln-Kalk) und Dr. H. Oehme ein Verfahren bekannt geworden, Nitroglykol durch direkte Einwirkung von Salpeterschwefelsäure auf gasförmiges Äthylen zu gewinnen. Schon Kekulé[1]) hatte beim Einleiten von Äthylen in ein Gemisch konz. Salpetersäure und konz. Schwefelsäure ein Öl vom spez. Gewicht 1,47 erhalten, das bei der Destillation im Dampfstrom zum großen Teil in Glykolsäure, Oxalsäure, NO und HNO_3 zerfiel, hatte aber die chemische Natur des Produktes nicht aufgeklärt. Da es bei der Reduktion mit Natronlauge und Natriumamalgam u. a. Glykol und NH_3 lieferte, war zu vermuten, daß es wenigstens teilweise aus Nitroglykol bestand.

Wieland und Sakellarios[2]) haben das Öl zuerst mit Wasserdampf destilliert und alsdann im Vakuum fraktioniert und hierbei Nitroglykol neben β-Nitroäthylnitrat erhalten. Das Nitroglykol ging unter 19 mm bei 105°, das Nitroäthylnitrat unter 17 mm bei 120—122° über. Das Nitroäthylnitrat wurde auch durch direkte Einwirkung von Nitriersäure auf reinen β-Nitroäthylalkohol erhalten. Es hat schwach sauren Charakter und löst sich in kalter Natronlauge unter Gelbfärbung auf. Destilliert man das Kekulésche Öl langsam im Dampfstrom, so erhält man ein Produkt, das zu ca. 80% aus Nitroglykol besteht, und aus dem man durch Schütteln mit sehr verdünnter Natronlage das Nitroäthylnitrat herauslösen kann, so daß reines Nitroglykol zurückbleibt.

Die Einwirkung der Nitriersäure auf Äthylen hat man sich demnach in folgender Weise vorzustellen:

$$\text{I.}\quad \begin{array}{c} CH_2 \\ \| \\ CH_2 \end{array} + HNO_3 = \begin{array}{c} CH_2NO_2 \\ | \\ CH_2OH \end{array} \qquad \begin{array}{c} CH_2NO_2 \\ | \\ CH_2OH \end{array} + HNO_3 = \begin{array}{c} CH_2NO_2 \\ | \\ CH_2ONO_2 \end{array} + H_2O$$

Nitroäthylalkohol — Nitroäthylnitrat

$$\text{II.}\quad \begin{array}{c} CH_2 \\ \| \\ CH_2 \end{array} + 2\,HNO_3 = \begin{array}{c} CH_2ONO \\ | \\ CH_2ONO_2 \end{array} + H_2O \qquad \begin{array}{c} CH_2ONO \\ | \\ CH_2ONO_2 \end{array} + HNO_3 = \begin{array}{c} CH_2ONO_2 \\ | \\ CH_2ONO_2 \end{array} + HNO_2$$

Glykolnitritnitrat — Nitroglykol

---

[1]) Ber. Bd. 2, S. 329. [2]) Ber. 1920, S. 201.

Beide Reaktionen gehen nebeneinander vor sich. Der zweiten Reaktion, bei der zuerst Glykolnitritnitrat gebildet wird, worauf ein drittes Molekül Salpetersäure die salpetrige Säure austreibt, entspricht ein erheblicher Gehalt der Abfallsäure an letzterer.

Das rohe von anhaftender und gelöster Säure mit Wasserwäsche befreite Kekulésche Öl enthält etwa 40—50% Nitroglykol und 60—50% Nitroäthylnitrat.

(Nitroglykol enthält 18,42% Stickstoff (Esterstickstoff), der im Nitrometer völlig als NO abgespalten wird. Nitroäthylnitrat enthält 20,59% Stickstoff, davon 10,29% im Nitrometer abspaltbaren Esterstickstoff. Das Kekulésche Öl ergibt bei der Analyse 19,5—19,7% Gesamtstickstoff und 13,5—14,3% Esterstickstoff.)

Dieses Gemisch ist seiner Zusammensetzung gemäß ein hochbrisantes Sprengöl, welches bezüglich Sprengleistung etwa dem Nitroglykol und Nitroglycerin gleichkommt. Es entsteht in beträchlicher Ausbeute, wenn man einen Strom von trockenem Äthylengas in eine konz. Mischung von Salpetersäure und Schwefelsäure einleitet und dabei die Säure durch Schütteln oder mechanische Rührung gehörig in Bewegung hält. Nach dem D.R.P. 310789 (1918) wird eine Mischsäure von ca. 32% HNO_3 angewendet. Die Ausbeute beträgt bis zu 350% der absorbierten Gewichtsmenge von Äthylen (theor. Ausbeute für Nitroglykol: 543%, für Nitroäthylnitrat: 486%), bei einer Zusammensetzung von 40% Nitroglykol + 60% Nitroäthylnitrat, also annähernd 70% der theoretischen Ausbeute.

Nach demselben Patent wird das gewaschene Sprengöl ähnlich wie Nitroglycerin mit Aufsaugstoffen (z. B. Kieselgur) zu pulverförmigen oder aber durch Gelatinierung mit Kollodiumwolle zu gelatinösen Sprengstoffen verarbeitet.

Die direkte Abscheidung des Öles von der Säure beträgt nur $^2/_3$ der gesamten gebildeten Menge desselben. Die Abfallsäure enthält davon noch etwa 8—10% ihres Gewichtes in Lösung, welches nach den D.R.P. 349349 und 360455 zum größten Teil durch Zusatz von Ammonsalzen (z. B. Ammonsulfat oder Ammonnitrat) bzw. nach entsprechender Verdünnung von Natriumsalzen (z. B. Natriumsulfat, Natriumbisulfat oder Natriumnitrat) ausgeschieden werden kann. Völlig entziehen läßt sich das Öl der Abfallsäure nur mit Hilfe von organischen Lösungsmitteln, wie Chloroform oder Äthylenchlorid.

Das lediglich von Mineralsäuren befreite Öl besitzt indessen keine genügende Stabilität, um zu Handelssprengstoffen verarbeitet werden zu können. Das Nitroäthylnitrat hat schwach sauren Charakter und unterliegt besonders bei gelinder Wärme einer allmählichen Zersetzung bzw. Verseifung, wobei salpetrige Dämpfe abgespalten werden und unter Umständen stürmisches Abrauchen eintritt.

Das D.R.P. 338056 nebst Zusatz 341720 sowie D.R.P. 362348 betreffen daher Verfahren, um durch Behandeln mit Hydroxyden oder

Carbonaten der Alkalien oder Erdalkalien in wässeriger Lösung oder Suspension die unbeständigen Bestandsteile des Nitrierungsöles zu zerstören, so daß nur das neutrale, stabile Nitroglykol zurückbleibt. Nebenher bilden sich Nitrate und ein amorpher fester stickstoffhaltiger Körper, der als Sprengstoffbestandteil in dem Reaktionsprodukt verbleiben bzw. mit verwertet werden soll.

Ein einfaches Verfahren zur Gewinnung des Nitroglykoles aus dem bei der Behandlung von Äthylen mit Salpeterschwefelsäure erhaltenen Rohöle gibt die deutsche Patentanmeldung C. 29462 vom 23. 7. 1920 (bekanntgemacht am 31. 5. 23) an[1]. Hiernach soll das Rohöl so lange mit Wasserdampf behandelt, d. h. langsam mit Dampf destilliert oder besser mit heißem Wasser bei 80—90° digeriert werden, bis die darin enthaltenen Nitrokörper annähernd vollständig in wasserlösliche Produkte umgewandelt sind. Der ungelöste Anteil wird abgetrennt, neutralisiert und besteht aus nahezu reinem Nitroglykol. Aus 100 Teilen Rohöl erhält man ca. 40 Teile Nitroglykol. Die sauren sog. Abbauwässer enthalten neben Salpetersäure als wertvolle Nebenprodukte organische Säuren.

Nach der Anmeldung C. 31535 vom 27. 12. 21 (bekanntgemacht am 23. 7. 23)[2] wird die Neutralisation des mit heißem Wasser behandelten Rohöles mit neutralem Natriumsulfit bewirkt, um die bei Einwirkung stärkerer Alkalien auftretende Emulsionsbildung zu vermeiden. Nötigenfalls soll nach der Sulfitbehandlung noch eine weitere Stabilisierung mit wässerigen Alkalien erfolgen.

Die Wirtschaftlichkeit des Verfahrens dürfte von einer billigen Quelle für Äthylen abhängen[3] und von der Möglichkeit, aus dem zerstörten Nitroäthylnitrat hochwertige Nebenprodukte zu gewinnen.

Nitrierung von Äthylenoxyd. Nach dem D.R.P. 376000 vom 10. 8. 1920 wird Äthylenoxyd in konz. Salpetersäure eingeleitet und nach Sättigung letzterer mit dem Gase Schwefelsäure hinzugefügt, wobei sich ein Öl abscheidet, welches mindestens 16 $^0/_0$ Nitrometerstickstoff enthält und in der Hauptsache aus Glykoldinitrat neben nitrierten Polymerisationsprodukten des Äthylenoxydes besteht.

Nach dem D.R.P. 377268 vom 10. 8. 1920 wird dieses Öl durch Behandlung mit Dampf oder heißem Wasser stabilisiert.

Das Äthylenoxyd wird aus Chlorhydrin gewonnen, welches bei der Behandlung von Äthylen mit Lösungen von unterchloriger Säure entsteht. Über Ausbeuten und Wirtschaftlichkeit des Verfahrens ist bislang nichts bekannt geworden.

[1] D. R. 384107. [2] D. R. P. 386687.

[3] D. R. P. 369368 betr. direkte Nitrierung von olefinreichem Crackgas.

Eigenschaften des Nitroglykoles.

Nitroglykol ist eine wasserhelle, nur wenig sirupöse Flüssigkeit vom spez. Gewicht 1,496 bei 15°. Es ist also etwas leichter als Nitroglycerin (spez. Gewicht 1,60). Die Viscosität ist erheblich geringer als die von Nitroglycerin. Ausflußzeit von 5 ccm aus einer 10-ccm-Pipette bei 20°:

Wasser	4,5 Sek.	100
Nitroglykol	5,0 „	111
Nitroglycerin	12,5 „	278

Der Erstarrungspunkt ist bisher nicht bestimmt worden. In einer Eiskochsalzmischung konnte N. nicht zur Krystallisation gebracht werden, auch nicht in Mischung mit Kieselgur. Nitroglykolsprengstoffe gefrieren bei gewöhnlicher Winterkälte nicht.

Bei gewöhnlichem Druck kann N. nicht ohne Zersetzung destilliert werden, dagegen ist es im Dampfstrom leichter flüchtig, als Nitroglycerin, und kann mit Wasserdampf bequem destilliert werden. Im Vakuum der Wasserstrahlpumpe siedet es unzersetzt bei ca. 95°.

Flüchtigkeit: N. ist bereits bei gewöhnlicher Temperatur beträchtlich flüchtig, sehr erheblich aber bei gelinder Wärme.

Gewichtsabnahmen von ca. 15 g im offenen Gläschen von 65 mm Durchm. und 40 mm Höhe

1. bei 20°	nach 24 Std.	0,14%	nach	12 Tagen	2,06%
	„ 48 „	0,37%	„	30 „	6,91%
	„ 1 Woche	1,63%	„	1/2 Jahr	47 %
2. bei 35°	„ 24 „	3,6%	„	12 Tagen	46,6%
	„ 48 „	8,1%	„	20 „	68,5%
	„ 1 Woche	21,7%	„	40 „	100%

Aus einem pulverförmigen Sprengstoff mit 5% flüss. Nitroglykol, der offen in flacher Schicht in einer Schale bei Zimmertemperatur lagerte, verdampfte in 12 Tagen mehr als die Hälfte des vorhandenen Nitroglykoles, in 5 Wochen fast alles. (Wirkung der großen Oberfläche.) Aus einer freiliegenden Patrone desselben Sprengstoffes in Paraffinpapier verdampften in 12 Tagen nur 2%, in 2 Monaten nur 12% des vorhandenen Nitroglykoles. Nach 6 Monaten erst war die Hälfte verdampft.

Bei 30—35° verdampften aus der Patrone in 12 Tagen ca. 30%, in 4 Wochen die Hälfte des Nitroglykoles. Befanden sich die Patronen dagegen in einer ordnungsgemäß verpackten und getauchten Schachtel, so waren nach 2 Monaten nur 10% des Nitroglykoles verdampft (Zimmertemperatur).

Wurde indessen die Schachtel bei 36° gelagert, so waren nach 2 Monaten 14%, nach 6 Monaten 40% des im Sprengstoff vorhandenen Nitroglykoles verdampft.

Hygroskopizität: Nitroglykol ist ebensowenig hygroskopisch wie Nitroglycerin.

Löslichkeit: N. ist in Alkohol, Äther, Chloroform, Aceton, Benzol, Toluol, Nitrobenzol leicht löslich, schwer löslich dagegen in Tetrachlorkohlenstoff und Benzin. Die Löslichkeitsverhältnisse des N. sind abgesehen von der Wasserlöslichkeit nicht wesentlich verschieden von denjenigen des Nitroglycerins).

Löslichkeit in Wasser:

1 l	Wasser löst bei	15^0	6,2 g	Nitroglykol
1 l	„ „ „	20^0	6,8 g	„
1 l	„ „ „	50^0	9,2 g	„

Die Löslichkeit in Wasser ist also immerhin beträchtlich und muß bei allen Arbeitsvorgängen berücksichtigt werden (Nitroglycerin bei 20^0 ca. 1,8 g per l).

Gelatinierfähigkeit: Nitroglykol gelatiniert Kollodiumwolle viel rascher als Nitroglycerin. Die Gelatinierung tritt bereits bei gewöhnlicher Temperatur in relativ sehr kurzer Zeit ein, während man beim Gelatinieren von Nitroglycerin bekanntlich erwärmt.

Chemische Eigenschaften: N. wird beim Erhitzen mit freien Alkalien wie Nitroglycerin verseift, mit alkoholischem Kali reagiert es lebhaft unter Bildung von Kaliumnitrit und Kaliumglykolat.

Physiologische Eigenschaften: N. erzeugt Kopfschmerzen, ebenso wie Nitroglycerin. Infolge seiner höheren Flüchtigkeit sind die Belästigungen für die mit dem Sprengöl beschäftigten Arbeiter erheblich fühlbarer als bei Nitroglycerin. Ein Erwärmen ist deshalb zu vermeiden und für kräftige Ventilation zu sorgen.

Chemische Untersuchung. Die Prüfung des Nitroglykoles auf Reinheit geschieht wie beim Nitroglycerin durch Bestimmung des Stickstoffgehaltes im Lungeschen Nitrometer. Der Stickstoffgehalt beträgt: 18,42$^0/_0$ (vgl. S. 110).

Es kann auch ohne Gefahr im Vakuum aus dem Ölbad destilliert werden (Sp. s. oben).

Charakter als Explosivstoff. Nitroglykol mit seiner idealen Umsetzungsformel, die einen glatten Zerfall in Kohlensäure, Wasser und Stickstoff ergibt,

$$CH_2ONO_2 . CH_2ONO_2 = 2\,CO_2 + 2\,H_2O + N_2$$

ist von den bisher praktisch angewendeten chemisch einheitlichen Explosivstoffen der energiereichste und übertrifft an Energieinhalt selbst das Nitroglycerin. Unter den Salpetersäureestern steht es neben Nitroisobutylglycerintrinitrat (s. d.) an erster Stelle. Entsprechende Chlorsäure- und Perchlorsäureester sind wohl infolge der niedrigeren Bildungswärmen dieser Säuren bei ähnlichen Zerfallsformeln noch weit energiereicher, doch sind sie entweder nur sehr schwierig bzw. auf Umwegen herstellbar, oder sie sind wie die Perchlorsäureester unbeständig gegen Feuchtigkeit, so daß ihre praktische Anwendung schon aus diesen Gründen bisher nicht in Frage kam, abgesehen von ihrer geringen Handhabungssicherheit. Die höchstnitrierten aromatischen Nitrokörper andererseits, die an Energieinhalt diesen Salpetersäureestern nahekommen, wie Tetranitroanilin, Tetranitrophenylmethylnitramin und Pentanitrophenylmethylnitramin[1]), sind chemisch unstabil.

Von den chemisch hochstabilen, in einfacher Weise herstellbaren und relativ gefahrlos zu handhabenden Explosivstoffen steht demnach Nitroglykol bezüglich Kraftleistung an erster Stelle.

1 kg Nitroglykol entwickelt bei der Explosion

1705,3 Cal. (konst. Volum H_2O flüssig) bzw.
1580,9 Cal. (konst. Volum H_2O gasförmig).

(Die molekulare Bildungswärme beträgt 67,7 Cal.) .

Nitroglykol übertrifft also an Gesamtenergie das Nitroglycerin (1595 Cal., H_2O fl.) um 6,9%.

Die explosive Umsetzung kann wie bei letzterem durch plötzliches Erhitzen, Schlag und Initialzündung ausgelöst werden.

Bei raschem Erhitzen verpufft Nitroglykol bei etwa 215° mit scharfem Knall.

Schlagempfindlichkeit. Unter dem Fallhammer zeigt N. sowohl für sich als auch in Form von Sprengstoffen eine erheblich geringere Schlagempfindlichkeit als Nitroglycerin.

Unter dem 2 kg-Fallhammer ergab bei vergleichenden Versuchsreihen Nitroglycerin[2]) ab 8—10 cm Fallhöhe, Nitroglykol[2]) erst ab 20—25 cm Detonation. Sprenggelatine aus Nitroglycerin ab 12 cm, aus Nitroglykol ab 25—30 cm, Gurdynamit aus Nitroglycerin ab 5 cm, aus Nitroglykol erst ab 15 cm.

Flammenzündung. N. sowie auch N.-Sprengstoffe entzünden sich, in Berührung mit einer Flamme gebracht, und brennen zischend ab, sofern keine plötzliche Überhitzung eintritt, in welchem Falle wie bei Nitroglycerin Explosion eintreten kann. Im allgemeinen brennen Nitroglykolsprengstoffe ruhiger als Nitroglycerinsprengstoffe und neigen hierbei weniger zur Explosion, als letztere.

Chemische Stabilität. Bei der Prüfung mit Jodkaliumstärkepapier bei 72° (Abel-Test) zeigt N. ziemlich bald eine Reaktion. Jedoch dürfte dieselbe auf die relativ starke Verdampfung und eine schwache Dissoziation des Dampfes zurückzuführen sein, läßt jedenfalls nicht auf geringe chemische Stabilität schließen. Bei längerem Erhitzen im leicht verschlossenen Wägeglas bei 75° zeigt vielmehr N. eine wesentlich höhere Stabilität als Nitroglycerin und fängt erst am 11. Tage an, sich erheblich zu zersetzen (vgl. unter Nitroglycerin S. 120).

Sensibilität gegen Initialimpuls. N. ist gegen Initialimpuls hochsensibel und wird wie Nitroglycerin sowohl in flüssigem Zustande wie in Sprengstoffgemischen von der schwächsten gebräuchlichen Sprengkapsel (Nr. 1) auch ohne Einschluß zur Explosion gebracht. Kleine

[1]) Stettbacher: Schieß- und Sprengstoffe. S. 201—203.
[2]) Ein Tropfen von Filtrierpapier aufgesaugt.

Mengen in schwachem Einschluß (z. B. 10 g im Bleiblock unter Wasserbesatz) zeigen eine gegenüber Nitroglycerin höhere Sensibilität. Dies gilt jedoch nur für den flüssigen Zustand. (Näheres unter Nitroglycerin: S. 128.) Dementsprechend zeigen Nitroglykolsprengstoffe eine vorzügliche Detonationsübertragung. N. eignet sich auch ebenso wie Nitroglycerin, um als Zusatz in kleinen Mengen die Detonationsübertragung träge detonierender Ammonsalpeter-, Chlorat- und Perchloratsprengstoffe sicherzustellen und ihre Detonationsgeschwindigkeit zu erhöhen.

Detonationsgeschwindigkeit. Die Detonationsgeschwindigkeit von Nitroglykol scheint in flüssigem Zustande noch nicht gemessen worden zu sein. Sie dürfte die von Nitroglycerin etwas übertreffen, jedenfalls ist anzunehmen, daß sich entsprechend der besseren Fortpflanzung der Detonationswelle in Flüssigkeiten von geringerer Viscosität auch bei geringerem Rohrdurchmesser hohe Werte ergeben werden. Mit 75proz. Gurmischung fand Verfasser in Röhren von 35 mm lichter Weite bei 1,25 Ladedichte

für Nitroglykol	6000 m per Sek.
„ Nitroglycerin	5650 m „ „

also 350 m mehr für Nitroglykol.

Sprengkraft. Im Verhältnis zum Energieinhalt und der hohen Detonationsgeschwindigkeit steht die mit den üblichen Methoden festgestellte Sprengkraft des Nitroglykoles, die im Vergleich mit allen näher bekannten Explosiv- und Sprengstoffen an erster Stelle steht (vgl. den betr. Abschnitt bei Nitroglycerin S. 138).

Bleiblockausbauchung von 10 g (unter Wasserbesatz)

			Energieinhalt
Nitroglykol . . .	650 ccm	(110)	107
Nitroglycerin . .	590 „	(100)	100

In den üblichen Sprengstoffmischungen leistet N. ungefähr dasselbe wie Nitroglycerin. Es stellt somit bezüglich der Sprengwirkung einen vollgültigen Ersatz für letzteres dar.

4b. Glykolmononitrat ($CH_2OH . CH_2ONO_2$).

Der einfache Salpetersäureester des Glykoles entsteht als Nebenprodukt bei der Darstellung von Dinitroglykol durch Nitrierung, wie Mono- und Dinitroglycerin bei der Nitroglycerindarstellung. Mit den niederen Glycerinnitraten weist er weitgehende chemische Ähnlichkeit auf.

Nach Henry[1]) wird er bei Einwirkung von Silbernitrat auf Bromhydrin gewonnen. Man kann ihn aber auch direkt aus Glykol darstellen, nach demselben Verfahren, nach dem man aus Glycerin Dinitroglycerin darstellt:

[1]) Ann. chim. et de physique (4), Bd. 27, S. 243.

Man löst 100 g Glykol in 100 g Salpetersäure vom spez. Gewicht 1,515 (99 $^0/_0$ HNO_3) unter guter Kühlung, und fügt weiter 220 g derselben Salpetersäure hinzu, worauf man die Lösung 1 Stunde bei 0^0 stehen läßt. (Die Salpetersäure soll möglichst frei von Untersalpetersäure sein, da sonst leicht stürmische Oxydation unter Abrauchen der ganzen Charge eintreten kann.) Man gießt auf Eis, neutralisiert mit Soda und trennt von dem in kleinerer Menge abgeschiedenen Gemisch von Dinitrat und Mononitrat. Die erhaltene Salpeterlösung wird mehrfach mit Äther extrahiert und nach Vertreiben des Äthers der Rückstand im Vakuum fraktioniert. Dem direkt abgeschiedenen Öl wird das Mononitrat durch mehrfaches Schütteln mit Wasser entzogen und die Lösung im Vakuum fraktionniert. Das so direkt erhaltene Produkt ist noch mit etwas Nitroglykol verunreinigt, von dem es durch Auflösen in Wasser getrennt wird. Nach Abtreiben des Wassers im Vakuum wird erneut rektifiziert. Theoretische Ausbeute: 172,6 T. aus 100 T. Glykol.)

Erhalten werden so in direkter Abscheidung aus 100 g Glykol: ca. 58 g Estergemisch vom spez. Gewicht 1,40, bestehend je etwa zur Hälfte aus Dinitrat und Mononitrat.

Bei dreimaliger Behandlung mit kleineren Wassermengen hinterbleiben schließlich: ca. 30 g reines Dinitrat. Die wässerigen Extrakte zusammen mit der Neutralisationslösung gehen mit Äther extrahiert 90 Mononitrat, zusammen 120 g Ester

30 g Dinitrat	(25 $^0/_0$)	entsprechen	12,4 $^0/_0$	der theor. Ausbeute
90 g Mononitrat	(75 $^0/_0$)	„	52,3 $^0/_0$	„ „ „
Glykolauswertung in Estern			64,7 $^0/_0$	

Bei Anwendung von 400 g derselben Salpetersäure auf 100 g Glykol und 2stündiger Nachnitrierung bei 0^0 entsteht bereits vorwiegend Dinitrat. Man erhält in direkter Abscheidung:

176 g Estergemisch vom spez. Gewicht 1,47 enthaltend 84 $^0/_0$ Dinitrat und 16 $^0/_0$ Mononitrat. An Mononitrat erhält man insgesamt 46 g.

148 g Dinitrat	(76 $^0/_0$)	entsprechen	60 $^0/_0$	der theor. Ausbeute
46 g Mononitrat	(24 $^0/_0$)	„	26,6 $^0/_0$	„ „ „
194 g Glykolauswertung in Estern			86,6 $^0/_0$	

(Vgl. die ganz ähnlichen Verhältnisse bei der Herstellung von Dinitroglycerin-Nitroglyceringemischen mit konz. Salpetersäure S. 149 u. 150.)

Eigenschaften. Glykolmononitrat ist eine wasserhelle Flüssigkeit von schwach aromatischem Geruch und vom spez. Gewicht 1,348 bei 20^0 (D. 20^0/4^0). Es ist nur wenig dickflüssiger als Nitroglykol. Im Vakuum der Wasserstrahlpumpe siedet es unzersetzt bei 91—92^0 und ist bei gewöhnlicher Temperatur etwas flüchtig. In Alkohol, Äther und Chloroform ist es sehr leicht löslich, andererseits mit Wasser in allen Verhältnissen mischbar, hierin also dem Glycerinmononitrat nahestehend.

Mit Kollodiumwolle bildet es schon bei gewöhnlicher Temperatur eine gute Gelatine. Mit konz. Salpetersäure oder Mischsäure geht es in Nitroglykol über. In konz. Schwefelsäure löst es sich unter starker Erwärmung, so daß bei der Bestimmung des Stickstoffgehaltes (theor. 13,08 $^0/_0$) im Lungeschen Nitrometer man zunächst in mäßig konz. Schwefelsäure löst und allmählich konz. Schwefelsäure zugibt.

Charakter als Explosivstoff. Glykolmononitrat weist eine Sauerstoffunterbilanz von 37,4 $^0/_0$ auf, ist aber gleichwohl ein kräftiger Explosivstoff.

Rasch überhitzt verpufft es kräftig. Im Bleiblock ergeben 10 g im Glasröhrchen unter Sandbesatz eine Ausbauchung von 375 ccm, Nitroglykol 650 ccm.

1 kg entwickelt bei der Explosion

943,7 Cal. (konst. Vol. H_2O flüssig)
855,6 Cal. (konst. Vol. H_2O gasförmig).

(Molekulare Bildungswärme: 90,0 Cal.)

Verhältnis der Energieinhalte von Glykoldinitrat und Glykolmononitrat:

100 : 54,1 %.

Verhältnis der Bleiblockausbauchungen:

100 : 57,7 %.

Für die Sprengstofftechnik kommt das Glykolmononitrat nicht in Betracht, da es vor dem Dinitroglykol keine Vorzüge aufzuweisen hat, andererseits seine Herstellung schwieriger und die überaus leichte Wasserlöslichkeit nachteilig ist.

5. Trimethylenglykoldinitrat. ($CH_2ONO_2 . CH_2 . CH_2ONO_2$).

a) Trimethylenglykol. Das Trimethylenglykol und sein früher unbekannter Salpetersäureester, das Trimethylenglykoldinitrat sind während des Weltkrieges zu einer gewissen Bedeutung gelangt, die eine nähere Untersuchung des letzteren veranlaßte. Das durch Vergärung aus Zucker erhaltene Gärungsglycerin oder Protolglycerin, welches in den letzten Kriegsjahren im Inland in größten Mengen zur Erzeugung von Nitroglycerin diente, enthielt meist kleine Mengen von Trimethylenglykol, das unter bestimmten Bedingungen sich bildete oder bei der weiteren Verarbeitung der Würze unter Umständen in nicht unbeträchtlicher Menge entstand.

Trimethylenglykol ist schon als Begleiter des Dynamitglycerins aus Fetten (bzw. Seifenunterlaugen, Glycerinwässern) festgestellt worden und Freund[1]) hat nachgewiesen, daß das Glycerin durch die Tätigkeit eines besonderen Bakteriums[2]) unter gewissen Bedingungen in Trimethylenglykol übergeht, wenn z. B. (wie dies bei Glycerinwässern häufig der Fall ist) unreine dünne Glycerinlösungen lange gelagert werden.

Auch beim Protolglycerin hat sich dann Trimethylenglykol als Begleiter, und zwar offenbar in größerer Menge als beim Fettglycerin eingestellt. Sein Entstehen wurde als störend empfunden, weil es die Aus-

---

[1]) Monatshefte f. Chemie Bd. II, S. 636. 1881.

[2]) Vielleicht identisch mit dem „Bacillus butyricus" von Fitz isoliert. Ber. Bd. 9, S. 1348 oder dem Schimmelpilz „Botrytis cinerea", der auch Trimethylenglykol bilden soll: Laborde: Revue de Viticulture 1897. Vgl. auch C. Neuberg und E. Färber: Biochem. Zeitschr. Bd. 78, 3. u. 4. Heft, S. 264. 1916.

beute an Dynamitglycerin aus Zucker u. U. wesentlich herabdrückte und andererseits, falls in größeren Mengen im destillierten Protolglycerin anwesend, dessen Nitrierfähigkeit ungünstig zu beeinflussen schien.

Genaue Beobachtungen der Gärbetriebe der Protolwerke haben ergeben, daß normal vergorene Protolmaischen meist nur sehr geringe Mengen an Trimethylenglykol aufweisen. Das letztere verdankt vielmehr sein Entstehen in der Hauptsache der Tätigkeit von Mikroorganismen (Hefen, Infektionsbakterien), die nach der Vergärung des ursprünglich vorhandenen Zuckers das Glycerin angreifen und hierbei als Nebenprodukt Trimethylenglykol bilden. Je höher der Sulfitgehalt der Protolwürzen bzw. Schlempen, desto geringer ist die nachträgliche Vergärung von Glycerin und Bildung von Trimethylenglykol, je geringer andererseits der Zuckergehalt der Würzen, um so größer die Gefahr des nachträglichen Glycerinverlustes. In konzentrierten Schlempen verhindert der höhere Salzgehalt diesen Vorgang, der auch von der Anwesenheit von Alkohol und Aldehyd beeinträchtigt wird, so daß hauptsächlich dann viel Trimethylenglykol gebildet wurde, wenn die entgeisteten dünnen Protolwürzen vor der Aufarbeitung längere Zeit stehen blieben. Es empfiehlt sich also, nach beendeter Gärung möglichst schnell die Aufarbeitung, d. h. das Abtreiben des Alkohols und Eindampfen der Würzen vorzunehmen.

Bei der Destillation des Dynamitglycerins aus der Schlempe gelangt alsdann der größte Teil des etwa vorhandenen Trimethylenglykoles infolge seines niedrigeren Siedepunktes in die sogenannten Süßwässer, nach deren Konzentration es durch fraktionierte Destillation vom Glycerin leicht getrennt werden kann.

Außer dem Trimethylenglykol fanden sich in den Vorläufen des Protolglycerins eine ganze Reihe von Estern verschiedener organischer Säuren, deren etwaige Vereinigung mit dem Glycerin ebenfalls die Gefahr unliebsamer Nebenreaktionen bei dessen Nitrierung nahelegte.

Eigenschaften des Trimethylenglykols. Reines Trimethylenglykol erhält man leicht in guter Ausbeute durch Verseifen vom 1-3-Dibrompropan (Trimethylenbromid Sp. 165°) mit Kaliumbicarbonat. Man kocht Trimethylenbromid mit einer 10—15 proz. Lösung von $KHCO_3$ ca. 12 Stunden am Rückflußkühler, bis alles Bromid gelöst ist, vertreibt das Wasser im Vakuum und laugt den feuchten Brei vom KBr. und Glykol mit einem Gemisch von Methylalkohol und Äther aus, nach dessen Verjagung rektifiziert wird.

Ausbeute: ca. 85% der Theorie.

Das reine T. ist eine farb- und geruchlose sirupöse, süßschmeckende Flüssigkeit vom spez. Gewicht 1,0526 bei 18°, die bei 211° unzersetzt siedet und mit Wasser und Alkokol in allen Verhältnissen mischbar ist.

Das aus Protolglycerin durch mehrfach fraktionierte Destillation isolierte T. ist gelblich gefärbt, hat einen eigentümlichen etwas brenzlichen Geruch, der ein wenig an gebrannten Kaffee erinnert, siedet bei 209—210° und hat das spez. Gewicht 1,0536 bei 18° (bez. auf H_2O von 4°). Es enthält 0,6—0,7% Schwefel. Es löst in der Wärme Bleiacetat auf und gibt bei einigem Erhitzen einen braunschwarzen Niederschlag. Auch beim Erhitzen mit Bleiglätte tritt nach einiger Zeit Schwarzfärbung ein.

Das Protolglycerin enthält gleichfalls etwas Schwefel (0,4—0,5 %). Aus ihm hergestelltes Nitroglycerin enthält 0,3 % S. Das Dinitrat aus dem isolierten T. enthält 0,2 % S.

Bestimmung des Gehaltes an T. im Protolglycerin. Der Gehalt eines Dynamitglycerins an T. kann aus dem spez. Gewicht errechnet werden. Bei gleichzeitiger Anwesenheit von Wasser ergibt die Bestimmung des letzteren neben der des spez. Gewichts den Gehalt an T. nach den von Rojahn aufgestellten Tabellen. (Näheres s. Z. f. analyt. Chem. Bd. 58, S. 433ff. 1919, Über die Beeinflussung der quantitativen Glycerinbestimmung nach der Isopropyljodidmethode durch die Anwesenheit von T. siehe Ber. Bd. 52, Heft 8, S. 1454).

b) Trimethylenglykoldinitrat.

Nitrierung von Trimethylenglykol. Trimethylenglykol kann unter gewissen Vorsichtsmaßnahmen (strenge Einhaltung tiefer Temperatur) mit Salpeterschwefelsäure glatt in das entsprechende Dinitrat übergeführt werden. Diese sog. Nitrierung (Veresterung) geht bei Methylalkohol und denjenigen mehrwertigen Alkoholen, die auf jedes Kohlenstoffatom eine Hydroxylgruppe enthalten, bzw. keine Methyl- oder Methylengruppen aufweisen, wie Glykol, Glycerin, Erythrit, Pentaerythrit, Mennit, vollkommen glatt ohne besondere Neigung zur Oxydation vorsich. Die einwertigen Alkohole außer Methylalkohol dagegen, wie Äthylalkohol und Propylalkohol, werden von hochkonz. Salpetersäure oder Mischsäure selbst bei rel. niedriger Temperatur sehr leicht heftig oxydiert, so daß man ihre Salpetersäureester mit relativ schwacher Salpetersäure (spez. Gewicht 1,4) in verhältnismäßig geringer Ausbeute darzustellen pflegt.

Ähnlich liegen die Verhältnisse bei den mehrwertigen Alkoholen: Trimethylenglykol, Propylenglykol und den Butylenglykolen, deren glatte Veresterung mit Salpeterschwefelsäure in guter Ausbeute nur bei Einhaltung tiefer Temperatur gelingt.

Das Studium dieser Nitrierungsbedingungen war deshalb von Wichtigkeit, weil u. U. das Dynamitglycerin einen Gehalt an Trimethylenglykol aufweisen kann, was bei dem im Kriege im Inland vorwiegend verarbeiteten Protolglycerin, wie oben erwähnt, häufig der Fall war. Angesichts der Neigung des T. einer stürmischen Oxydation anheimzufallen, wurden bei seiner Anwesenheit Befürchtungen für die Betriebssicherheit der Niotrglycerinfabriken gehegt.

T. benötigt per 100 T. nur 166 T. HNO_3 zur Überführung in das Dinitrat (Glycerin per 100 T. 205,4 T. HNO_3 für Trinitrat). 500 T. Mischsäure mit 40 % HNO_3 und 60 % H_2SO_4 reichen also aus für 100 T. Trimethylenglykol.

Temperatur: Bei Kühlung mit Eiskochsalzmischung und langsamem Eintragen des T. in die Mischsäure geht die Nitrierung bei 0—10°

vollkommen glatt vor sich. Oberhalb 15° besteht bereits Neigung zur Zersetzung, besonders oberhalb 20° treten beim Auftropfen des T. bisweilen gelbe Dämpfe unter Zischen auf. In der zweiten Hälfte der Nitrierung, wenn die Säure schon verdünnter ist, wird diese Oxydationsneigung geringer. Trägt man zu rasch ein, so daß die Temperatur gegen 30° steigt, so kann leicht stürmische Zersetzung der ganzen Charge unter reichlicher Entwicklung roter Dämpfe und selbst Entflammung eintreten.

Die Scheidung geht bei 10° glatt und rasch vor sich und das abgeschiedene Öl wird wie Nitroglycerin gewaschen.

Die Erscheinungen bei der Nitrierung bzw. Oxydation sind nach Beobachtung des Verf. genau dieselben bei dem aus Protolglycerin isolierten häufig nicht absolut reinen natürlichen T., welches meist noch Spuren leicht oxydabler, esterartiger Verbindungen enthält, und bei dem durch Verseifung aus reinem Trimethylenbromid gewonnenen chemisch reinen Trimethylenglykol. Sein diesbezügliches Verhalten liegt also ganz offenbar in seiner chemischen Konstitution begründet.

Ausbeute: Aus 100 g T. aus Protolglycerin wurden 198 g reines neutrales Dinitrat erhalten.

Theoretische Ausbeute: 218,4 g, also 90,6% der Theorie.

Synthetisches T. lieferte genau dieselbe Ausbeute an Dinitrat.

Stickstoffgehalt best. nach Lunge:

Trimethylenglykol aus Protolglycerin . . .	16,75%
„ synthetisch	16,83%
berechnet	16,88%

Verhalten der Abfallsäure: Eigentümlich ist das Verhalten der Abfallsäure nach der T.-Nitrierung. Es tritt nach einiger Zeit eine gewisse Selbsterwärmung derselben über Zimmertemperatur bis 30° ein. Das noch gelöst gebliebene T.-Dinitrat bzw. anderweitige gelöste organische Substanz verfällt beim Stehen der Säure der Oxydation, was sich durch allmähliche Zunahme des Gehaltes derselben an Untersalpetersäure kundgibt. Auch zeigt sich nach einiger Aufbewahrung die Säure mit Kohlensäure gesättigt und moussiert leicht beim Umgießen oder Schütteln.

Nach längerem Stehen zeigte eine Abfallsäure der Nitrierung von synth. T. 9,0% NO_2 bei Anwendung von T. aus Protolglycerin 8,5% NO_2. Nitroglycerinabfallsäure von gleichem Alter enthält nur 1,8% NO_2.

Die Abfallsäure enthält noch ca. 2% Dinitrat gelöst, die durch Chloroformextraktion entfernt werden können. Dadurch erhöht sich die Ausbeute auf 205,3% des Glykoles bzw. 94% der Theorie. Auch die extrahierte Abfallsäure zeigt noch, wenn auch in vermindertem Maße die eigentümliche nachträgliche Oxydation.

Gehalt der Abfallsäure an Untersalpetersäure:

	I. Trimethylenglykol-Abfallsäure	II. Dieselbe mit $CHCl_3$ extrahiert
direkt nach der Nitrierung	1,6 %	2,7 %
nach 24 Stunden	6,6 %	5,4 %
„ 2 Tagen	8,6 %	5,5 %
„ 3 „	8,8 %	5,6 %
„ 7 „	9,2 %	5,8 %

Noch am 2. Tage hält sich die Temperatur der Säure einige Stunden lang 4° über Zimmertemperatur, was für kleine Labotatoriumschargen von 0,5—1 kg gilt. Bedenkt man die Wärmeverluste durch Ableitung bei kleinen Chargen, so ergibt sich, daß bei etwaiger fabrikmäßiger Herstellung in großen Chargen die Abfallsäure längere Zeit gekühlt werden müßte.

Nitrierung von Gemischen aus Glycerin und T.

Gemische mit einem Gehalte des Glycerins von 5% und 10% an Trimethylenglykol lassen sich selbst bei einer Nitrierungstemperatur von 30° glatt und ohne jede Oxydationserscheinung nitrieren. Die Ausbeuten an Ester sind entsprechend dem Gehalte an Trimethylenglykol niedriger als bei reinem Nitroglycerin. Bei einem Gemisch von 80 % Glycerin und 20 % Trimethylenglykol zeigt sich im Anfang der Nitrierung oberhalb 20 ° eine gewisse Neigung zur Oxydation. Weiterhin verläuft die Nitrierung bei 25 ° glatt.

Die Abfallsäure weist unmittelbar nach der Nitrierung bei der Mischung 90/10 1,67%, bei der Mischung 80/20 1,70% NO_2 auf. Da bei jeder Nitrierung eine gewisse Oxydation nebenherläuft, und auch Abfallsäure von reinem Nitroglycerin 1,7 bis 1,8 % NO_2 enthält, geht aus diesen Zahlen hervor, daß bei der Nitrierung von Gemischen aus Glycerin und 10—20% Trimethylglykol eine bemerkenswerte Oxydation während des Nitrierungsvorgangs nicht stattfindet. Bei der Aufbewahrung der Abfallsäure findet dann allerdings eine Oxydation in mäßigem Umfange statt:

Gehalt an NO_2	Abfallsäure I. (10% Tri-)	Zunahme pro Tag	Abfallsäure II. (20% Tri-)	Zunahme pro Tag.
unmittelbar nach Scheidung. .	1,67 %		1,70 %	
nach 24 Stunden	1,88 %	0,21 %	2,08 %	0,38 %
„ 3 Tagen	2,29 %	0,20 %	3,02 %	0,47 %
„ 5 „	2,51 %	0,11 %	3,52 %	0,25 %
„ 8 „	2,74 %	0,08 %	3,92 %	0,13 %

Die Reaktion klingt also im Verlauf einer Woche allmählich vollkommen ab und hat einen ganz geringen den Mengen des vorhandenen Trimethylenglykols entsprechenden Umfang. Eine Entwicklung von CO_2 ist bei Abfallsäure I kaum bemerkbar, bei Abfallsäure II zeigt sich nach einigen Tagen besonders beim Schütteln eine, wenn auch schwache Gasentwicklung.

Ein kleiner Gehalt des Glycerins von wenigen Prozenten an T. dürfte hiernach für die Nitrierung und auch den weiteren Verlauf der Nitroglycerinfabrikation ohne Gefahr sein.

Aus dem Süßwasserkonzentrat einer Protolglycerinfabrik hat Verf. durch frakt. Destillation 25% Trimethylenglykol und 2% an niedriger siedenden Estern org. Säuren isoliert, während der Rest abgesehen von etwas Wasser aus Glycerin bestand. Bringt man diese sehr reaktionsfähigen Ester, die als Vorläufe des Trimethylenglykols letzteres noch enthalten, in Mischsäure, so scheiden sich nur geringe Mengen öliger Salpetersäureester (vorwiegend T.-dinitrat) ab, während die Abfallsäuren nach einiger Zeit sich von selbst erhitzen und stürmischer Zersetzung anheimfallen.

Eine etwaige Verschneidung des Protolglycerins mit solchem Süßwasserkonzentrat aus Unkenntnis dieser Verhältnisse kann also immerhin zu unliebsamen Überraschungen im Nitroglycerinbetrieb führen. Es ist s. Zt. versucht worden, den Brand einer Nachscheidung während des Krieges auf eine derartige Ursache zurückzuführen.

Eigenschaften von Trimethylenglykoldinitrat. T. ist eine wasserhelle leicht bewegliche fast geruchlose Flüssigkeit von äußerst schwachem ätherisch aromatischem Geruch. Es ist erheblich dünnflüssiger als Nitroglycerin und fast so dünnflüssig wie Nitroglykol.

Spez. Gewicht 1,393 bei 20° (D. 20/4).

T. siedet unter 10 mm Druck unzersetzt bei 108°.

Flüchtigkeit. T. ist erheblich flüchtiger als Nitroglycerin, aber kaum halb so flüchtig wie Nitroglykol.

Es ist in Wasser fast unlöslich, in denselben organischen Lösungsmitteln wie Nitroglycerin leicht löslich, ebenso in konz. Salpetersäure, wobei allmähliche Zersetzung eintritt, und unter Zersetzung in konz. Schwefelsäure. Mit Kollodiumwolle bildet T. eine gute Gelatine. Auf die Haut gebracht erzeugt es Kopfschmerzen, ähnlich wie Nitroglycerin.

Bei allmählichem Erhitzen einer geringen Menge in einer Eisenschale tritt Entzündung mit schwach puffendem Geräusch ein, worauf die Flüssigkeit ruhig abbrennt.

Beim Erhitzen von 2 Tropfen im Reagensglas im Metallbad entwickeln sich ab 185° gelbe Dämpfe, die allmählich stärker werden. Bei 225° tritt schwache Verpuffung mit Flamme ein.

Die Schlagempfindlichkeit des Öles ist sehr gering. Unter dem 2-kg-Fallhammer konnte es selbst bei 100 cm Fallhöhe, unter dem 10-kg-Fallhammer bei 20 cm Fallhöhe nicht zur Detonation gebracht werden.

Das T. ist also wesentlich ungefährlicher als Nitroglycerin.

Chemische Stabilität. Obgleich die Abel-Test-Reaktion schon nach einigen Minuten eintritt, ist dennoch die chemische Stabilität bei höherer Temperatur außerordentlich hoch. Kleine Proben von T. konnten im lose verschlossenen Wägegläschen 25 Tage lang bei 75° gelagert werden, ohne daß Zersetzung oder selbst saure Reaktion eintrat. Der Stickstoffgehalt war nach der Lagerung derselbe wie vorher. Nur ein Gewichtsverlust von ca. 5% durch Flüchtigkeit war eingetreten (vgl. Stabilität von Nitroglycerin und Nitroglykol S. 120 u. 207).

Sprengkraft. Dem T. fehlen zur völligen Verbrennung 28,9% Sauerstoff. Für einen Zerfall nach der Gleichung:

$$\begin{array}{l} CH_2ONO_2 \\ | \\ CH_2 \qquad = CO_2 + 2\,CO + 2\,H_2O + H_2 + N_2 \\ | \\ CH_2ONO_2 \end{array}$$

würde sich bei einer molekularen Bildungswärme von 78,1 Cal. eine Explosionswärme von 1138,5 Cal. per 1 kg (konst. Vol. H_2O gasförmig) ergeben.

T. läßt hiernach den Charakter eines energiereichen hochbrisanten Explosivstoffes erwarten. In der Tat ergeben 10 g im Bleiblock unter Wasserbesatz geschossen 540 ccm Ausbauchung, also etwa 90% der Kraftleistung von Nitroglycerin, während der Energieinhalt rechnungsmäßig nur etwa 77% von dem des Nitroglycerins beträgt. Auch hier muß wie in anderen Fällen (vgl. Nitroglycid und Dinitrochlorhydrin) wiederum eine vermöge der größeren Dünnflüssigkeit höhere Anfangsgeschwindigkeit der Detonation zur Erklärung dieses auffallenden Befundes angenommen werden.

Eine Gelatine aus 93% T. und 7% Kollodiumwolle ergibt eine Bleiblockausbauchung von 470 ccm, d. i. etwa 80% von der Kraftleistung der Nitroglyceringelatine.

5a. Propylenglykoldinitrat. (Methylglykoldinitrat.)

$$CH_3 \,.\, CHONO_2 \,.\, CH_2\ ONO_2.$$

Dieser dem Trimethylenglykoldinitrat isomere und sehr ähnliche hochexplosive Salpetersäureester ist neben Nitroglykol als Zusatz zu Nitroglycerin vorgeschlagen worden, um dasselbe ungefrierbar zu machen (D.R.P. 179789 v. 18. 11. 1904). Der hohe Preis bzw. die Schwerzugänglichkeit des Ausgangsproduktes: Propylenglykol, hat die praktische Anwendung bisher verhindert, da leichter zugängliche Zusätze wie Dinitroglycerin, Dinitrochlorhydrin, Nitroglykol denselben Zweck erfüllten.

Das Propylenglykol kann analog der Glykolsynthese aus Äthylalkohol, aus n-Propylalkohol bzw. aus dem leichter zugänglichen Isopropylalkohol, der heute in großem Maßstabe durch katalytische Reduktion aus Aceton gewonnen wird, erzeugt werden. Isopropylalkohol bei 300° über Al_2O_3 geleitet gibt Propylen, letzteres durch Chloraddition Propylenchlorid[1]), welches bei gelinder Verseifung mit Carbonaten oder Bicarbonaten das Propylenglykol liefert.

Propylenglykol ist eine dickliche, süßschmeckende Flüssigkeit vom Sp. 188° und spez. Gewicht 1,04 bei 20°. Es ist mit Wasser und Alkohol in jedem Verhältnis mischbar.

---

[1]) D.R.P. 363269 (1919) Union Carbide Co., New York.

P. zeigt dieselbe eigentümliche Neigung zur Oxydation bei der Nitrierung wie Trimethylenglykol, jedoch in geringerem Grade und kann mit 5 Teilen einer Mischsäure von 40% HNO_3 und 60% H_2SO_4 bei 20° glatt in das Dinitrat übergeführt werden. Erst etwas oberhalb 30° tritt zuweilen Zersetzung ein.

Ausbeute: V. erhielt aus 100 T. Propylenglykol 187 T. Dinitrat (ber. 218,4%) entspr. ca. 86% der theor. Ausbeute. (N-Gehalt: 16,50%, ber. 16,88%.)

Das Propylenglykoldinitrat ist eine wasserhelle Flüssigkeit von charakteristischem etwas würzigem Geruch, die bei —20° nicht gefriert. Es ist 2—3mal so flüchtig wie das isomere Trimethylenglykoldinitrat.

Gewichtsabnahme bei 35° in Schälchen von	Propylenglykoldinitrat	Trimethylenglykoldinitrat.
60 mm Durchm.	10 g	10 g
nach 24 Stunden	3,8%	1,8%
„ 3 Tagen	14,1%	4,2%
Viscosität: Ausflußzeit von 5 ccm aus 10-ccm-Pipette	5,0 Sek.	5,5 Sek.

Es ist also etwas dünnflüssiger als das Isomere.

Spez. Gewicht 1,368 bei 20° (D. 20/4).

P. siedet unter 10 mm Druck bei 92°.

Löslichkeitsverhältnisse und Gelatinierfähigkeit mit Kollodiumwolle wie beim Isomeren.

In chemischer Hinsicht und als Explosivstoff verhält es sich wie das Isomere. Bei einer molekularen Bildungswärme von 83,1 Cal. beträgt die Explosionswärme 1109 Cal. per kg (konst. Vol. H_2O gasförmig, während das Isomere 1138,5 Cal. entwickelt. Dieser geringe Unterschied läßt etwa dieselbe Sprengkraft erwarten. In der Tat wurden mit 10 g unter Wasserbesatz 540 ccm, also dieselbe Ausbauchung wie beim Trimethylenglykoldinitrat erhalten.

6. Nitroerythrit (Erythrittetranitrat).

$$CH_2ONO_2 . CHONO_2 . CHONO_2 . CH_2ONO_2.$$

Das dem Nitroglycerin nächsthöhere Homologe ist das Erythrittetranitrat. Es wird aus Erythrit, der in der Natur in Algen und Flechten vorkommt (Smp. 120°, spez. Gewicht 1,59, sehr leicht in H_2O löslich) durch Eintragen in hochkonz. Salpetersäure unter Kühlung und Ausfällen durch das gleiche Volum. konz. Schwefelsäure hergestellt[1]).

Es krystallisiert aus Alkohol in Blättern und schmilzt bei 61°. In kaltem Wasser ist es unlöslich.

Erwähnt wird es im D.R.P. 110289 (1898) und brit. Patent 27397 (1898) als Zusatz bei der Herstellung rauchloser Pulver. Es detoniert

---

[1]) Stenhouse: Liebigs Ann. d. Chem. Bd. 70, S. 226. 1849.

leicht durch den Schlag und entwickelt entsprechend seiner günstigen Zerfallsformel (Sauerstoffbilanz ähnlichwie bei Nitroglycerin + 5,3%):

$$C_4H_6\,(ONO_2)_4 = 4\,CO_2 + 3\,H_2O + 2\,N_2 + O.$$

eine der des Nitroglycerins nahekommende Energie. Bei einer molekularen Bildungswärme von 130,5 Cal. beträgt die Explosionswärme 1414 Cal. per kg (bei konst. Vol. und dampfförmigem Wasser). Seine geringere chemische Stabilität und die Schwerzugänglichkeit des Ausgangsproduktes waren bisher und dürften auch in Zukunft seiner praktischen Auswertung hinderlich sein.

7. Butylenglykoldinitrat.

Von den vier isomeren Butylenglykolen:

CH_3	CH_3	CH_2OH	CH_3	
|	|	|	|	
CH_2	$CHOH$	CH_2	$CHOH$	
|	|	|	|	
$CHOH$	CH_2	CH_2	$CHOH$	
|	|	|	|	
CH_2OH	CH_2OH	CH_2OH	CH_3	
1-2-	1-3-	1-4-	2-3-	Butan-diol

ist nur das zweite, das 1-3-Butylenglykol als Ausgangsstoff für ein Sprengöl vorgeschlagen und untersucht worden. Nach den amerikanischen Patenten 994841 und 994842 (1911) soll sein Dinitrat für sich oder in Mischung mit Nitroglycerin als Basis für ungefrierbare plastische Sprengstoffe benutzt werden.

Nach dem amerikanischen Patent 1008333 (1911) wird das 1-3-Butylenglykol aus Acetaldehyd über Acetaldol durch Reduktion des letzteren gewonnen und in bekannter Weise in das Dinitrat übergeführt.

Die bei dieser Synthese erzielten Ausbeuten sind indessen nach den Ergebnissen inländischer Nachprüfung nicht günstig genug, um selbst bei einem niedrigen Preise für Acetaldehyd, wie ihn etwa die neueren Verfahren zur Gewinnung des letzteren aus Carbid und Acetylen ergeben könnten, das Butylenglykoldinitrat so wohlfeil erzeugen zu können, daß es mit ähnlichen demselben Zwecke dienenden Salpetersäureestern, z. B. Dinitrochlorhydrin ernstlich in Wettbewerb treten könnte. Auch bietet die Nitrierung infolge Oxydationsneigung des Glykoles ähnliche Schwierigkeiten wie die von Trimethylenglykol und erfordert eine sehr niedrige Nitriertemperatur bzw. starke Kühlung.

Die Darstellung des Butylenglykoles erfolgt nach letzgenanntem Patent wie folgt:

1. Kondensation von Acetaldehyd zu Acetaldol

$$CH_3.CHO + CH_3.CHO = CH_3.CHOH.CH_2.CHO$$

Die beste Ausbeute soll aus Paraldehyd frischhergestellter reiner Acetaldehyd ergeben.

Acetaldehyd wird mit der Hälfte seines Gewichtes an Eispulver vermischt, auf —5° bis —10° abgekühlt und 6—7% des Aldehydgewichtes an K_2CO_3 in Form einer konz. wässerigen Lösung zuerst tropfenweise, dann nach erneuter Abkühlung in größeren Portionen zugesetzt. Die Kondensation erfolgt anfangs unter fühlbarer Erwärmung. Man läßt zuletzt 24 Stunden bei 8°—10° stehen.

Das Aldol kann man durch Ätherextraktion isolieren. (Es ist eine dickliche Flüssigkeit vom spez. Gewicht 1,109 bei 16°, siedet unter 16 mm Druck bei 77° und geht beim Stehen in Paraldol über.)

Die Ausbeute beträgt nach Orndorff und Newburg[1]) 50—60% des Acetaldehyds.

2. Reduktion zu Glykol.

Die erhaltene Kondensationslösung wird ohne Isolierung des Aldoles in neutraler oder schwach saurer Form unter Rühren direkt der Reduktion durch Aluminiumamalgam (erhalten durch Behandlung von Aluminiumspänen mit konz. Sublimatlösung) unterworfen, vom Aluminiumhydroxyd getrennt, im Vakuum eingedampft und das Butylenglykol im Vakuum destilliert.

Die Ausbeute soll etwa 55% des angewandeten Aldehydes betragen.

Das Butylenglykol ist eine dickliche süßschmeckende Flüssigkeit (dünnflüssiger als Glycerin) vom spez. Gewicht 1,026, die bei 203—204°, im Vakuum der Wasserstrahlpumpe bei etwa 110° siedet. Es ist in Wasser und Alkohol sehr leicht in Äther sehr schwer löslich.

Die Nitrierung soll infolge Neigung zur Oxydation bei möglichst tiefer Temperatur (— 5°) erfolgen. Eine wasserhaltige Nitriersäure erleichtert den Vorgang, gibt aber geringere Ausbeuten.

100 T. Butylenglykol geben ca. 187,5 T. Dinitrat (theoretisch 200 T.), also 93,7% der Theorie. N-Gehalt 15,55%.

Eigenschaften des Butylenglykoldinitrates. Butylenglykoldinitrat ist eine wasserhelle Flüssigkeit vom spez. Gewicht 1,32 bei 15°, die bei —20° noch nicht erstarrt. Es ist schon bei gewöhnlicher Temperatur etwas flüchtig, bei 50° beträchtlich flüchtig, erheblich flüchtiger als Nitroglycerin, aber weniger als Nitroglykol. In Wasser ist es unlöslich, in denselben organischen Lösungsmitteln wie Nitroglycerin leicht löslich.

Obgleich es die Abel-Test-Reaktion schon nach kurzer Zeit gibt, weist es gleichwohl bei höherer Temperatur eine hohe chemische Stabilität auf.

Mit Kollodiumwolle bildet es leicht eine gute Gelatine.

Bei plötzlichem Erhitzen verpufft es schwach. Gegen Schlag ist es außerordentlich unempfindlich, durch Initialzündung gelangt es leicht zur Detonation.

Sprengkraft: Eine Mischung aus 75% Dinitrat und 25% Gur ergibt ca. 240 ccm; eine Gelatine aus 90% Dinitrat und 10% Nitrocellulose ergibt ca. 370 ccm Bleiblockausbauchung. Die Sauerstoffunterbilanz des Dinitrates beträgt 53,3%.

8. Nitroisobutylglycerintrinitrat.

$$NO_2 \cdot C \begin{cases} CH_2ONO_2 \\ CH_2ONO_2 \\ CH_2ONO_2 \end{cases}$$

Ein sprengtechnisch äußerst interessanter, dem Nitroglycerin und Nitroglykol an Sprengkraft und Brisanz völlig ebenbürtiger Salpetersäureester, der zugleich Nitrokörper ist, ist das Nitrierungsprodukt des Nitroisobutylglycerins, eines Kondensationsproduktes von Nitro-

[1]) Mon. scient. Bd. 22, S. 659.

methan und Formaldehyd. Es zerfällt bei der Detonation ebenso wie Nitroglykol restlos in Wasser, Kohlensäure und Stickstoff:

$$NO_2 . C . (CH_2ONO_2)_3 = 4\,CO_2 + 3\,H_2O + 2\,N_2$$

und liefert einen entsprechend hohen, den des Nitroglycerins noch überragenden Energiebetrag. Beschrieben wird die Verbindung von Hofwimmer[1]).

Das Nitroisobutylglycerin entsteht durch Kondensation aus 1 Mol. Nitromethan mit 3 Mol. Formaldehyd bei Gegenwart von Kaliumbicarbonat.

$$NO_2 . CH_3 + 3\,H . COH = NO_2 . C . (CH_2OH)_3 .$$

Es krystallisiert in Nadeln oder Prismen, die bei 149° schmelzen und ist in Wasser und Alkohol leicht, in Äther schwer löslich.

Zur Herstellung mischt man 1 T. Nitromethan mit 4 T. 40proz. Formaldehydlösung und setzt ca. 1 g Kaliumbicarbonat zu. Nach kurzer Zeit tritt die Kondensation unter heftigem Aufsieden ein. Nach anderen Mitteilungen muß man zunächst gelinde erwärmen und dann rasch kühlen, um den Vorgang zu mäßigen. Nach Eindampfen im Vakuum hinterbleibt der rohe Alkohol als Krystallkuchen. Die Ausbeute an Rohprodukt ist etwa die theoretische (247 T. aus 100 T. Nitromethan). Dasselbe soll nach Hofwimmer durch Absaugen mit wenig Alkohol gereinigt werden, wird aber nach anderen Mitteilungen besser durch Umkrystallisation aus Amylalkohol oder Amylacetat bei 90° rein erhalten. Ausbeute: 70% des Rohproduktes an Reinprodukt vom Fp. 149°.

Nitrierung. Die Veresterung geht mit derselben Mischsäure in etwa denselben Mengenverhältnissen wie bei Glycerin unter geringerer Wärmeentbindung als bei letzterem vor sich[2]). Die Krystalle lösen sich leicht auf und der ölige Ester scheidet sich glatt ab und wird wie Nitroglycerin gereinigt. Bei Anwendung nicht ganz reinen Alkohols tritt bei der Wäsche leicht Emulsionsbildung ein und der Ester gibt das Wasser zuletzt schwer ab. Auch soll es zur Vermeidung von Emulsionen zweckmäßig sein, mit sehr verdünnter Sodalösung bei mäßiger Temperatur zu waschen. Ausbeute ca. 150—151 T. Ester aus 100 T. Alkohol (theoretisch 189,4 T.), also ca. 80% der Theorie.

N-Gehalt: 19,44%, Nitratstickstoff: 14,59%, gef. nach Lunge: 14,56%.

Eigenschaften des Nitroisobutylglycerintrinitrates.

Das N. ist ein dickflüssiges, gelbliches Öl, zähflüssiger als Nitroglycerin, geruchlos und von brennendem Geschmack. Spez. Gewicht 1,68 (nach Hofwimmer). Es ist weniger flüchtig als Nitroglycerin und erzeugt in geringerem Grade Kopfschmerzen. Die Krystallisationstendenz bei tiefen Temperaturen ist gering.

In Wasser ist es unlöslich, dagegen in Alkokol, Äther, Benzol, Chloroform leicht löslich, in Benzin wiederum unlöslich, wie Ngc.

Die chemische Stabilität, besonders beim Erwärmen auf Temperaturen von 70—80°, ist nicht geringer als die von Nitroglycerin.

[1]) Z. f. d. ges. Schieß- u. Sprengstoffwesen 1912, S. 43.

[2]) Vgl. auch brit. Patent 6447 (1914).

Beim Anzünden brennt es ruhig mit fahler blaugrüner Flamme und verpufft beim Erhitzen oberhalb 180° nach Entwicklung roter Dämpfe.

Unter dem Fallhammer detoniert es fast ebenso leicht wie Nitroglycerin:

2 kg Fallgewicht:	Nitroglycerin	bei	2 cm	Fallhöhe
	Nitroisob.	„	6 „	„

Die Gelatinierfähigkeit mit Kollodiumwolle ist selbst in der Wärme bedeutend geringer als die von Nitroglycerin.

Die Sprengkraft ist der von Nitroglycerin sehr ähnlich. Eine 75proz. Gurmischung ergab eine Bleiblockausbauchung von 325 ccm gegenüber 305 ccm bei Ngc.

Die 93proz. Sprenggelatine ergibt eine etwas niedrigere Ausbauchung als bei Nitroglycerin (etwa 580 gegen 600 ccm), da der Sauerstoffüberschuß des Ngc. die Kollodiumwolle vollständig verbrennt, in letzterem Falle also die Gesamtsauerstoffbilanz günstiger und die Verbrennungswärme höher ist. Die Explosionswärme des Nitroisobutylglycerintrinitrates wurde experimentell zu 1707 Cal. per kg ermittelt (konst. Vol. H_2O flüssig) gegenüber 1595 Cal. bei Nitroglycerin. Der Energieinhalt ist also um ca. 7% höher. Praktisch käme die Verwendung dieses hochwertigen Sprengöles als Ersatz oder Streckungsmittel für Nitroglycerin nur in Frage bei Auffindung einer hinreichend wohlfeilen Herstellungsmethode für Nitromethan. Die bisher bekannten Verfahren für letzteres liefern keine genügend hohen Ausbeuten[1]).

9. Nitropentaerythrit (Pentaerythrittetranitrat).

$$C(CH_2ONO_2)_4$$

Von den festen Estern der Salpetersäure hat das Nitropentaerythrit die meiste Aussicht auf praktische Anwendung, da es im Gegensatz zu den ihm nahestehenden Homologen, Erythrittetranitrat und Nitromannit eine hohe chemische Stabilität besitzt, und nicht allzu empfindlich gegen mechanische Einflüsse ist.

Vorgeschlagen wurde es als Zusatz zu rauchlosen Pulvern[2]), um deren Entzündlichkeit und Verbrennlichkeit zu erhöhen, und als Füllmittel für Initialzünder (Sprengkapseln) an Stelle von oder in Mischung mit Tetranitromethylanilin (Tetryl) oder Trinitrotoluol[3]), wobei es ver-

[1]) Vgl. D.R.P. 294755 u. Schweizer Patent 74333 betr. Herstellung von Nitromethan aus Natriumnitrit und methylschwefelsaurem Natrium.

[2]) D.R.P. 81664 (1894) Rhein.-Westf. Sprengstoff A.-G.

[3]) D.R.P. 265025 (1912), brit. Patent 11809 (1913), franz. Patent 451925 (1912). Vgl. auch Jahresber. d. Mil.-Vers.-Amts 3,13 (1896).

möge seines den arom. Nitrokörpern gegenüber höheren Energieinhaltes eine stärkere initiierende Wirkung ausübt. Als hinderlich hat sich hierbei bisher nur die etwas zu große Empfindlichkeit beim Pressen erwiesen.

Ferner soll es nach dem D.R.P. 336280 (1914) von Jean Harlé, Rouen für sich oder in Mischung mit schmelzbaren aromatischen Nitrokörpern zur Füllung detonierender Zündschnüre dienen.

Für die allgemeine Verwendung als Sprengstoff bzw. Sprengstoffbestandteil, z. B. als Zusatz an Stelle von Nitroglycerin zur Verbesserung der Detonationsfähigkeit ist bislang noch der verhältnismäßig hohe Preis ein Hindernis, da sowohl die Synthese des Ausgangsproduktes als auch die Überführung in den Ester nicht rationell genug sind.

Pentaerythrit. $C(CH_2OH)_4$.

Dieser 4wertige Alkohol entsteht durch Kondensation eines Moleküls Acetaldehyd mit 4 Molekülen Formaldehyd bei Gegenwart von gelöschtem Kalk unter Bildung von Ameisensäure als Nebenprodukt in verdünnter wässeriger Lösung.

$$8\,CH_2O + 2\,CH_3\,.\,CHO + Ca(OH)_2 = 2\,C\,.\,(CH_2OH)_4 + Ca(HCOO)_2$$

Die Synthese wurde zuerst beschrieben von Tollens und Wigand[1]) (1891) und Rave und Tollens[2]) (1893). Ausführlich beschreibt sie Stettbacher[3]). Theoretisch liefern 100 T. Acetaldehyd mit 273 T. Formaldehyd und 40 T. Wasser 309 T. Pentaerythrit und 104 T. Ameisensäure. Erhalten werden nach Stettbacher etwa 65 % der Theorie an Rohprodukt.

Verfahren wird hierbei wie folgt:

1940 g Formaldehyd (= 4,85 kg 40proz. Lösung) und 600 g Acetaldehyd (= 1 kg techn. Aldehyd von 60 % Reingehalt) werden in 90 l Wasser, die 1600 g gelöschten Kalk in Form von Kalkmilch enthalten, gelöst. Die Lösung befindet sich in einem Holzfaß, das verschlossen werden kann, da bei der Reaktion keine Druckveränderung entsteht. Die Fässer werden mehrmals täglich gerollt oder gedreht, um den Kalk in genügende Berührung mit der Lösung zu bringen. Nach etwa 3 Wochen ist die Reaktion beendet. Man hebert bzw. filtriert vom Kalk ab, fällt das ameisensaure Calcium mit Oxalsäure, wobei die alkalische Reaktion in saure und die braune Farbe in Gelb umschlägt, läßt das Oxalat absitzen und vertreibt das Wasser bei vermindertem Druck. Der beim Erkalten entstehende Krystallkuchen wird abgeschleudert oder von der sirupösen Mutterlauge abgenutscht. Ein Ansatz (wie oben) liefert etwa 1200 g Rohpentaerythrit von 235 bis 240° Smp.

Zur weiteren Reinigung wird das bräunliche Rohprodukt mit wenig Alkohol verrieben und von neuem abgesaugt, wobei der Pentaerythrit rein weiß zurückbleibt, und nach einmaliger Umkrystallisation aus Wasser ein völlig reines Produkt liefert. Diese Umkrystallisation soll für Nitrierzwecke nicht nötig sein.

---

[1]) Annal. Bd. 265, S. 318. [2]) Annal. Bd. 276, S. 58.

[3]) Z. f. d. ges. Schieß- u. Sprengstoffwesen. 1916, S. 182.

Der reine Pentaerythrit bildet tetragonale Krystalle vom Smp. 253° und löst sich in 18 T. Wasser bei 15°.

Eine Verbesserung der Gewinnung des Pentaerythrit aus der Rohlösung betrifft das D.R.P. 298932 (1914) der Rhein.-Westfälischen Sprengstoff A.-G. Hiernach wird die Ausfällung des ameisensauren Calciums mit Oxalsäure oder Schwefelsäure vermieden, wobei die freiwerdende Ameisensäure nur schwer zu gewinnen ist. Vielmehr wird das Calciumformiat, dessen Löslichkeitskoeffizient im Gegensatz zu dem des Pentaerythrit mit der Temperatur sich wenig ändert, durch entsprechende Konzentration in der Hitze ausgeschieden und somit als Nebenprodukt gewonnen, heiß abfiltriert, und alsdann beim Erkalten der Pentaerythrit krystallinisch abgeschieden.

Über die ähnliche Synthese von Enneaheptit aus Aceton und Formaldehyd mit Wasser und gelöschtem Kalk.

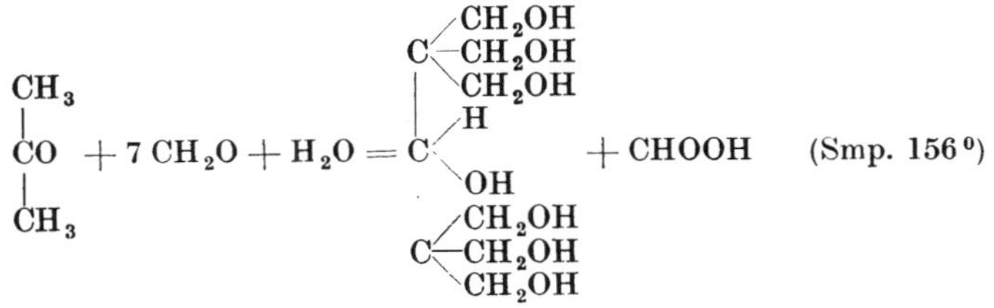

Vgl. Tollens: Ann. Bd. 289, S. 47[1]).

Nitropentaerythrit.

Darstellung[2]). Mischsäure eignet sich nicht zur Nitrierung von Pentaerythrit. Beim Eintragen desselben in solche erhält man nicht das feinkörnige Tetranitrat, sondern ein zähes schwer zu reinigendes Produkt von geringer Beständigkeit. Dagegen löst sich P. in einem großen Überschuß hochkonz. Salpetersäure, wobei die Veresterung schon teilweise eintritt, die durch allmähliche Zugabe von konz. Schwefelsäure vollendet wird. 100 g 94proz. Salpetersäure lösen bei 25—30° völlig klar nur etwa 4—5 g P. Gibt man mehr zu oder kühlt stark, so fällt der Ester krystallinisch aus. Läßt man die Temperatur zu hoch steigen, um mehr in Lösung zu bringen, so brennt die Charge leicht aus. Man verfährt zweckmäßig wie folgt:

100 g feingepulverter P. werden in 400 ccm Salpetersäure vom spez. Gewicht 1,52 unter guter Kühlung bei 25—30° allmählich aufgelöst. (Theor. erforderlich 185,3 g HNO_3, also reichlich dreifacher Überschuß.) Gegen Ende der Nitrierung scheidet sich das schwerlösliche Nitrat teilweise schon aus. Durch allmählichen Zusatz von 400 ccm konz. Schwefelsäure (spez. Gewicht 1,84) unter Kühlung fällt man völlig aus, läßt eine Stunde stehen und saugt ab, worauf die Säure mit 50proz. Schwefel-

---

[1]) S. a. D. R. P. 286527 (1913) v. E. von Herz betr. Anwendung von Anhydroenneaheptitpentanitrat als Sprengkapselfüllung.

[2]) Vignon, Gerin: Comptes Rendus Bd. 133, S. 590; vgl. auch Stettbacher a. a. O. und D. R. P. 265025 (1912).

säure und schließlich mit Wasser verdrängt wird. Durch Waschen mit verdünnter Sodalösung entfernt man die Reste freier Säure.

Theoretische Ausbeute: 232,5 g. Je nach dem Reinheitsgrad des angewendeten P. beträgt die Ausbeute an Rohprodukt 80—95% der Theorie.

Das Rohprodukt ist chemisch nicht genügend beständig, da es noch Säurespuren einschließt, die durch Erhitzen mit Wasser selbst bei Zusatz von Alkalien sich nicht völlig entfernen lassen. Der Jodtest beträgt nur wenige Minuten.

Zur völligen Reinigung löst man heiß in wenig Aceton, gibt etwas Ammoncarbonat zu und filtriert durch Heißwassertrichter in die doppelte Menge 90proz. Alkohols, wobei der völlig reine Nitropentaerythrit in feinen Nädelchen ausfällt. Ausbeute an Reinprodukt etwa 90% des Rohproduktes und ca. 85% der Theorie.

Eigenschaften. Der reine Nitropentaerythrit schmilzt nach Will bei 138,5°[1]) und besitzt ein hohes Krystallisationsvermögen und eine hervorragende chemische Stabilität. Er ist in Wasser unlöslich, in Alkohol und Äther schwer und in Aceton leicht löslich. Den Jodtest bei 80° hält er stundenlang aus, und läßt sich bei Temperaturen von 50—100° längere Zeit ohne Zersetzung lagern.

Hinsichtlich chemischer Stabilität übertrifft er seine Homologen Nitroerythrit und Nitromannit bedeutend, aber auch das Nitroglycerin und die Nitrocellulose, was vermutlich mit der eigentümlichen Molekularstruktur zusammenhängt. Bei den höherwertigen aliphatischen Salpetersäureestern von kettenförmiger Struktur des Kohlenstoffgerüsts nimmt in der Regel die chemische Stabilität mit der Länge der Kohlenstoffkette ab. So ist Nitroglycerin weniger beständig als Nitroglykol, und Nitroerythrit sowie Nitromannit unbeständiger als Nitroglycerin, während die noch höher-molekularen Nitrocellulosen wiederum eine Sonderstellung einnehmen, wobei allerdings zu beachten ist, daß sie keine reinen Ester sind und nicht sämtliche ihrer Hydroxylgruppen sich mit Salpetersäure verestern lassen. Die höchstnitrierte Nitrocellulose, ein Gemisch aus Hexa- und Pentanitrocellulose von etwa 13,5% N., enthält 5—6 Salpetersäurereste auf eine Kette von 12 Kohlenstoffatomen, während bei Nitroglycerin mit 18,50% N. und Nitromannit mit 18,58% auf jedes Kohlenstoffatom ein Salpetersäurerest kommt. Die geringere Stabilität von Nitroglycerin und besonders Nitromannit gegenüber Nitrocellulose wird also verständlich durch die größere Anhäufung der Salpetersäurereste an der Kohlenstoffkette.

Eine eigentümliche Sonderstellung hinsichtlich Stabilität nimmt nun der Nitropentaerythrit mit 4 Salpetersäureresten auf 5 Kohlen-

[1]) Verfasser fand als Smp. 140—141°.

stoffatome und 17,74% N. ein. Nicht mit Unrecht dürfte Stettbacher[1]) diese Erscheinung auf die eigentümliche Lagerung der 4 Methoxylgruppen um das zentrale quaternäre Kohlenstoffatom zurückführen.

Oberhalb des Schmelzpunktes tritt Zersetzung ein. Eine kleine Menge N. beginnt bei 140—145° nach ½ Stunde nitrose Gase abzuspalten.

Im Wood'schen Metallbad entwickeln 0,2g N. von 175° an schwache gelbe Dämpfe, von 190° an tritt Abrauchen mit starken roten Dämpfen und bei ca. 205° schwaches Auspfeifen ein.

Entzündlichkeit. N. ist schwer entzündlich und wird weder vom Zündstrahl der Zündschnur noch von der Flamme des Streichhölzchen gezündet. Durch vermehrte Wärmezufuhr entzündet, brennen kleinere Mengen ruhig und geräuschlos ab.

Stabilität beim Erhitzen. Reiner N. konnte in bedeckten Wägegläschen bei 75° wochenlang ohne Zersetzung gelagert werden. Auch nach mehrtägiger Lagerung bei 90° trat keine saure Reaktion ein und der Gewichtsverlust betrug nur 0,1%.

Empfindlichkeit gegen mechanische Einflüsse. N. ist relativ unempfindlich gegen Reibung. Beim Reiben in einer rauhen Porzellanschale tritt wohl starkes Knistern ein. Es werden aber keine lauten Detonationen erhalten. Dagegen ist die Empfindlichkeit gegen Schlag ziemlich groß, wenn auch geringer als die von Nitroglycerin und Gurdynamit. Unter dem 2 kg-Fallhammer detoniert N. bei 20 cm Fallhöhe fast regelmäßig mit lautem Knall, aber schon bei 15 cm und selbst 10 cm treten vereinzelt Detonationen ein.

Charakter als Explosivstoff und Sprengkraft. Angesichts der geringen Sauerstoff-Unterbilanz von 10,1% und des mutmaßlichen Zerfalls nach der Gleichung:

$$C . (CH_2ONO_2)_4 = 3\,CO_2 + 2\,CO + 4\,H_2O + 2\,N_2$$

ist eine bedeutende Kraftleistung beim explosiven Zerfall zu erwarten. Die Explosionswärme von N. berechnet sich unter Zugrundelegung einer mol. Bildunggswärme von 131,2 Cal. zu 1522,5 Cal. per kg bei flüssigem und 1403,2 Cal. bei dampfförmigem Wasser, beträgt also etwa 95% von der des Nitroglycerins. 10 g geben im Bleiblock unter Sandbesatz eine Ausbauchung von etwa 500 ccm netto. N. gehört also zu den energiereichsten Sprengstoffen.

10 g N. geben unter Wasserbesatz.	560 ccm Ausbauchung
10 g Nitroglycerin flüssig unter Wasser ca. .	600 „ „

[1]) S. Aufsatz über Chemie u. Sprengstoffideal Z. f. d. ges. Schieß- u. Sprengstoffwesen 1916, S. 112.

Die Ausbauchungen verhalten sich hiernach wie 93,3 : 100. Ihr Verhältnis stimmt also mit dem der Energieinhalte ziemlich genau überein. (1403,2 : 1485 wie 94,5 : 100).

Ebenso ist die Sensibilität gegen Initialimpuls eine überaus hohe, z. B. höher als die hochnitrierter arom. Nitrokörper, wie Tetryl[1]), weshalb N. als Füllung für Sprengkapseln an Stelle von arom. Nitrokörpern in Betracht gezogen wurde. So erfordert z. B. gepreßtes Tetryl mehr als 20 mg Bleiazid zur sicheren Detonation, während für N. 1 mg ausreichen.

Die bedeutende Sensibilität gegen Initialimpuls zeigt sich auch darin, daß die schwächste Sprengkapsel Nr. 1 im Bleiblock fast dieselbe Arbeitsleistung auslöst, wie die übliche Sprengkapsel Nr. 8.

	mit Kapsel 8	mit Kapsel 1
Netto-Ausbauchung	500 ccm	460 ccm
Abzug für Kapsel	30 „	5 „
	470 ccm	455 ccm

Bleiblockstauchung. N. staucht den Bleiblock außerordentlich kräftig. 100 g bewirken eine Stauchung von 22 m unter starker Deformation des Blockes.

Detonationsgeschwindigkeit. Auch die Detonationsgeschwindigkeit ist sehr beträchtlich. Verf. fand im Eisenrohr von 25 mm lichter Weite bei einer Dichte von 0,85, also bei leichter Kompression des N., eine Geschwindigkeit von 5330 m. per Sek.

Kast ermittelte dagegen für den hochgepreßten Zustand (Dichte 1,62) über 8000 m per Sek., also eine Detonationsgeschwindigkeit höchster Größenordnung[2]).

10. Nitromannit (Mannithexanitrat).

$CH_2ONO_2 . (CHONO_2)_4 . CH_2ONO_2$.

Der N. ist der höchstmolekulare der dem Nitroglycerin homologen Salpetersäureester, die hinsichtlich ihrer technischen Verwendungsfähigkeit näher untersucht worden sind.

Wegen seiner leichten Detonierbarkeit, hohen Energie und verhältnismäßig geringen Empfindlichkeit gegen mechanische Einwirkung empfahl ihn bereits Sobrero als Ersatz des Knallquecksilbers in Zündsätzen, z. B. für Gewehrzündhütchen[3]). Doch führten die im königl. Arsenal in Turin 1847 vorgenommenen Versuche im Vergleich mit Knallquecksilber anscheinend zu keinen befriedigenden Resultaten.

[1]) Tetranitromethylanilin. [2]) Z. f. angew. Chem. 1923, S. 74.

[3]) Comptes Rendus Bd. 25. S. 121. 1847 u. Molinari et Quartieri: „Notices sur les Explosifs en Italie“. Mailand 1913 bei Hoepli, S. 16ff. Die Entdeckung des Nitromannits.

Näher auf seine sprengtechnischen Eigenschaften untersucht wurde der N. alsdann von Berthelot[1]) und Sarrau und Vieille[2]). Weitere Beiträge zur Kenntnis von Herstellung und Eigenschaften lieferten Domonte und Ménard[3]), Strecker[4]), Sokoloff[5]) und besonders Wigner[6]).

Erhalten wird der N. durch Veresterung des d-Mannit, der im Pflanzenreich weit verbreitet ist und besonders aus dem Saft der Mannaesche gewonnen wird[7]). Der d-Mannit krystallisiert in Nadeln oder Prismen, schmilzt bei 166° und ist in Wasser ziemlich leicht löslich.

Nitrieren läßt sich dieser 6wertige Alkokol ohne Schwierigkeit. Theoretisch ist etwa ebensoviel Salpetersäure erforderlich, wie zur Nitrierung von Glycerin (207,7 T. HNO_3 auf 100 T. Mannit 205,4 T. HNO_3 auf 100 T. Glycerin).

Ein Eintragen der voluminösen Krystallmasse in Mischsäure ist nicht zu empfehlen, da sich das Produkt zusammenballt und der gründlichen Durchnitrierung entzieht. Man löst vielmehr 1 T. Mannit in 5 T. konz. Salpetersäure (spez. Gewicht 1,51) unter Kühlung auf und fügt zu der klaren Lösung allmählich unter Kühlung 10 T. konz. Schwefelsäure (66° Bé), wobei sich der N. als dicker weißer Brei abscheidet, der über einem zuvor mit Nitriersäure gehärteten Filter von der Abfallsäure abgesaugt und mit Wasser schließlich unter Zusatz von etwas Bicarbonat gründlich ausgewaschen und neutralisiert wird. Das rohe Hexanitrat wird zur völligen Reinigung aus siedendem Alkohol (unter Benutzung eines Heißwassertrichters zur Fitration) krystallisiert. Versetzt man die zum Sieden erhitzte Mutterlauge mit so viel Wasser, daß eben Trübung eintritt, so krystallisiert beim Erkalten der Rest des N. fast völlig aus. Ausbeute: 232,5% des Mannites (Theorie: 248,35%), also 93,6% der Theorie.

(Das rohe Hexanitrat ergibt mit dem Lungeschen Nitrometer analysiert einen N-Gehalt von etwa 18,2%, das aus Alkohol umkrystallisierte genau den theor. Stickstoffgehalt von 18,58%.)

Eigenschaften[8]): Der reine Nitromannit schmilzt bei 112—113°, hat das spez. Gewicht 1,604, stellt aber gleichwohl, aus Alkohol in feinen Nadeln krystallisiert, eine sehr voluminöse Masse dar.

Er ist in Wasser unlöslich, in Äther leicht, in heißem Alkohol leicht, in kaltem Alkohol dagegen wenig löslich.

---

[1]) „Sur la force des matières explosives", Bd. II, S. 204.

[2]) Mém. poudre salp. Bd. II, S. 126, 1884—89.

[3]) Comptes Rendus Bd. 24, S. 89, 390. 1847. [4]) Annal. Bd. 73. S. 59. 1850.

[5]) Ber. Bd. 12, S. 688, 698. 1873. [6]) Ber. Bd. 36, S. 956. 1903.

[7]) Über Vorkommen und Gewinnung von Manna und Mannit s. Beilsteins Handbuch 4. Aufl. Bd. I S. 534.

[8]) Vgl. Beilstein: Handbuch 4. Aufl. Bd. I S. 543.

Die chemische Stabilität selbst des reinen doppelt aus Alkohol umkrystallisierten Nitromannites bei erhöhter Temperatur ist verhältnismäßig gering, was offenbar mit der chemischen Konstitution zusammenhängt bzw. der Anhäufung der Salpetersäurereste an der offenen Kohlenstoffkette (vgl. Abschnitt über Nitropentaerythrit S. 224).

Während die niedrigmolekularen Salpetersäureester, wie Nitroglykol, Methylglykoldinitrat, Trimethylenglykoldinitrat ein tage- bzw. wochenlanges Erhitzen auf 75° im bedeckten Wägeglas aushalten, ohne sich zu zersetzen, und auch Nitroglycerin unter diesen Bedingungen erst nach einigen Tagen anfängt, saure Dämpfe abzugeben, entwickelt N. bei 75° schon nach einigen Stunden nitrose Dämpfe und geht in Zersetzung über.

Gegen Flammenzündung ist Nitromannit nicht sehr empfindlich und wird vom Zündstrahl der Schwarzpulverzündschnur im Reagensglas nur örtlich geschmolzen, aber nicht gezündet. Dagegen tritt bei etwas längerer Berührung mit einer Flamme, z. B. eines Streichholzes (lokale Überhitzung) leicht Detonation mit scharfem Knall ein.

Bei allmählicher Erhitzung einer kleinen Probe im Reagensglas im Metallbad zersetzt sich die Substanz schon von 150° ab unter Entwicklung roter Dämpfe völlig, ohne zu verpuffen. Bei etwas größeren Mengen tritt bei 160—170° Verpuffung ein.

Die Sensibilität gegen Schlag ist bedeutend und ungefähr gleich der des Nitroglycerins. Unter dem 2-kg-Fallhammer tritt bereits von 4 cm Fallhöhe an Detonation ein. Auch gegen Reibung ist N. ziemlich empfindlich.

Energieinhalt: Die Sauerstoffbilanz des N. ist mit 7,1% positiv. Es zerfällt nach der Gleichung:

$$C_6H_8N_6O_{18} = 6\,CO_2 + 4\,H_2O + 3\,N_2 + O_2$$

und entwickelt hierbei (bei einer mol. Bildungswärme von 185 Cal.) rechnungsgemäß eine Explosionswärme von 1468 Cal. per kg (konst. Vol. H_2O flüssig, also 92% von der des Nitroglycerins, während Sarrau und Vieille[1]) experimentell 1512 Cal per kg fanden.

Hieraus berechnet sich eine Explosionstemperatur von 3340°.

Dem entspricht die bedeutende Sprengkraft. 10 g N. geben im Bleiblock unter Wasserbesatz eine Ausbauchung von etwa 560 ccm, also etwa 93% von der des Nitroglycerines (ca. 600 ccm), was mit der Berechnung der relativen Energieinhalte gut übereinstimmt.

Die Detonationsgeschwindigkeit wurde bereits von Berthelot bei einer Ladedichte von 1,5 gemessen und zu ca. 7000 m per Sek. ermittelt, bei nur etwa 4 mm Durchmesser[2]). Verfasser fand ohne be-

[1]) Comptes Rendus Bd. 93, S. 269ff. 1881.

[2]) Ann. de chim. et de physique Bd. 6, S. 556. 1885.

sondere Pressung der Substanz in einem Eisenrohr von 25 mm lichter Weite und 5 mm Wandstärke bei einer Dichte von 0,9 nach der Methode von Dautriche eine Detonationsgeschwindigkeit von etwa 5600 m per Sek. Kast ermittelte für hochgepreßten N. 8260 m p. Sek. bei 1,73 Dichte und 12,8 mm Durchm.[1])

Für die Verwendung als brisanter Sprengstoff oder als Zusatzmittel zu solchem kommt der N. wegen des hohen Preises des Ausgangsmaterials wohl kaum in Frage.

Als Füllung für Sprengkapseln würde er nur an Stelle der Kraftträger: Trinitrotoluol und Tetryl in Betracht kommen, da er selbst wegen zu geringer Empfindlichkeit gegen Flammenzündung kein Initialsprengstoff ist, sondern zur Entzündung einer Aufsatzladung von Knallquecksilber oder Bleiazid bedürfte.

Einer derartigen Verwendung steht wiederum die zu hohe Empfindlichkeit gegen Schlag und Stoß entgegen. Auch die chemische Stabilität scheint für eine praktische Verwendung nicht ausreichend zu sein.

11. „Nitrozuckeröl“ (Glycerin-Zucker-Nitrat).

Obgleich eine Besprechung der Nitrozuckerarten ebensowenig vom Rahmen dieser Schrift umfaßt wird, wie die der Salpetersäureester der übrigen Kohlehydrate (Nitrocellulose und Nitrostärke), dieselbe vielmehr neben Nitroglycerin nur die letzterem homologen Salpetersäureester der reinen Alkohole zum Gegenstand hat, soll am Schluß dieses Abschnittes ein Produkt nicht unerwähnt bleiben, das als Sprengöl technisch große Ähnlichkeit mit Nitroglycerin besitzt und in den Vereinigten Staaten, im Weltkrieg auch im Inland während einiger Zeit eine gewisse praktische Bedeutung erlangt hat. Es handelt sich um Lösungen von nitrierter Saccharose in Nitroglycerin, die durch Nitrierung von Lösungen von gewöhnlichem Zucker (Rohrzucker, Rübenzucker) in Glycerin erhalten werden.

Die reinen Nitrate der Saccharose lassen sich einmal wegen ihrer eigentümlichen physikalischen Beschaffenheit schwer reinigen und in den Zustand ihrer bestmöglichen Stabilität bringen. Sie erweichen bei geringer Erwärmung und gehen in einen eigentümlich harzig-zähen Zustand über, der bedingt, daß die ersten Spuren etwaiger Zersetzungsprodukte nicht entweichen können und die weitere Zersetzung katalytisch beschleunigen. Ferner aber scheint ihre chemische Stabilität auch aus chemisch-konstitutiven Gründen geringer zu sein als z. B. diejenige von Nitroglycerin. Im Zustande der Auflösung andererseits in letzterem läßt sich der Nitrozucker relativ leicht stabilisieren und erreicht einen Grad von Stabilität, der die praktische Verwendung dieses Gemisches ermöglicht.

---

[1]) Z. f. angew. Chem. 1923, S. 74.

Bereits Björkmann[1]) nitrierte eine Lösung von 25 Teilen Glucose in 75 Teilen Glycerin. Durch das britische Patent 17221 (1911) von Cocking & Kynoch Ltd. wurde alsdann ein Verfahren geschützt, Gemische beliebiger Zusammensetzung aus Glycerin und gewöhnlichem Zucker zu nitrieren, die Nitrierungsprodukte zu reinigen (bei dünnflüssiger Konsistenz z. B. in derselben Weise wie Nitroglycerin) und sie zu Sprengstoffen zu verarbeiten[2]). Schließlich beschreibt das amerikanische Patent 1149487 (1915) die Nitrierung von Glycerin-Zuckerlösungen. In den Ver. Staaten von Nordamerika verwendete die Du Pont de Nemours-Powder Co. schon vor dem Weltkrieg unter der Bezeichnung „Nitrohydren" ein Sprengöl, das durch Nitrierung einer Lösung von 20 T. Zucker in 80 T. Glycerin erhalten wurde, als Ersatz für Nitroglycerin. Es sollte hierdurch eine Ersparnis an dem teuren Glycerin bzw. eine Streckung desselben bewirkt werden.

In Deutschland führte dann die Glycerinknappheit im Weltkrieg zu demselben Verfahren und es wurde dieses Sprengöl eine Zeitlang für Bergwerkssprengstoffe verwendet. Da aber die Glycerinersparnis nicht mehr als etwa 12—14% betrug und außerdem der Säureverbrauch durch die weniger günstigen Nitrierungsverhältnisse des Zuckers (niedrigere Nitrierungsstufen werden ausgewaschen) ein relativ hoher war, kam man wieder davon ab.

Herstellung von Glycerin-Zuckerlösung: Fein gepulverter raffinierter Zucker löst sich ziemlich leicht in erwärmtem Glycerin auf, während größere Krystalle sich nur sehr langsam lösen. Lösungen im Verhältnis 80 Glycerin zu 20 Zucker und 75 Glycerin zu 25 Zucker lassen sich glatt herstellen, während beim Verhältnis 70:30 die Lösung nicht mehr ganz vollständig ist und der erhaltene Sirup in diesem Falle auch selbst in der Wärme so dickflüssig ist, daß die Verarbeitung praktischen Schwierigkeiten begegnet. Auch das erhaltene Sprengöl ist um so zähflüssiger und schwieriger zu stabilisieren, je höher der Zuckergehalt des Glycerins war.

Vergällung des Zuckers. Zur Nitrierung kann auch, wo es sich z. B. um die Vermeidung einer staatlichen Steuer für Gebrauchszucker handelt, oder um den Zucker vor Diebstahl zu schützen, vergällter Zucker verwendet werden.

Ein Zusatz von 0,2—0,3% Kresol z. B. macht den Zucker ungenießbar und behindert oder gefährdet den Nitrierprozeß in keiner Weise. Die geringe Kresolmenge (bei 0,3% = 0,06% in der Glycerin-Zuckerlösung 80/20) wird nitriert und die Nitrokresole bleiben im Sprengöl oder in der Abfallsäure gelöst.

---

[1]) Brit. Patent 2483 (1880). [2]) Vgl. auch brit. Patent 2836 (1911).

Nitrierung: Die Nitrierung erfolgt genau in derselben Weise und mit derselben Säure und Säuremenge wie bei Glycerin und weist keine besonderen Merkmale oder Erscheinungen auf. Ebenso verläuft die Scheidung durchaus glatt.

Der Waschprozeß dagegen erfordert große Aufmerksamkeit und führt leicht zur Bildung von Emulsionen, die, wenn einmal vorhanden, sich nur schwer trennen. Bei Anwendung mäßig starker Luftrührung kann man die Bildung solcher Emulsionen vermeiden, auch wendet man zu den Nachwäschen nach der Sodawäsche mäßig konzentrierte Kochsalzlösungen (ca. 10 proz.) an, die gleichfalls die Trennung von Öl und Waschflüssigkeit befördern.

Naturgemäß bewirken diese Maßnahmen eine Verzögerung des Stabilisierungsprozesses gegenüber der Herstellung von reinem Nitroglycerin. Die Sodawäsche muß in der Regel etwas intensiver sein als bei Nitroglycerin, um einen gleich hohen Abel-Test zu erzielen. Häufig macht sich eine doppelte Behandlung mit Sodalösung nötig. Hierfür ist jedenfalls der höhere Viscositätsgrad des Öles verantwortlich zu machen.

Es ist aber nicht schwierig, einen Abel-Test von 25 Min. bei 72° und 16—18 Min. bei 82° zu erzielen.

Ausbeute: Die Ausbeute beträgt beim Verhältnis 80/20 etwa 210% bei 20—25° Nitriertemperatur (Ngc. 225%) und etwa 214% bei 15° (Ngc. 227%); beim Verhältnis 75/25: 206% bei 25°, 210% bei 10°.

Stickstoffgehalt: Beim Verhältnis 80/20 beträgt der Stickstoffgehalt des Nitrozuckeröls 18,05—18,10%, beim Verhältnis 75/25 17,90—17,95%.

Viscosität. Die Nitrozuckeröle sind beträchtlich dickflüssiger als Nitroglycerin, das Produkt der Nitrierung z. B. von Glycerin-Zuckerlösung 75/25 mehr als doppelt so dickflüssig wie Nitroglycerin.

Ausflußzeit von 5 ccm aus einer 10-ccm-Pipette bei 20°:

Nitrogycerin		13 Sek.
Nitrozuckeröl 80/20 . .	86% Nitroglycerin 14% Nitrozucker	21 „
Nitrozuckeröl 75/25 . .	82% Nitroglycerin 18% Nitrozucker	34 „

Spezifisches Gewicht: Das spez. Gewicht ist etwas höher als das von reinem Nitroglycerin.

Spez. Gew. bei 20°	Nitroglycerin	Nitrozuckeröl 80/20	Nitrozuckeröl 75/25
	1,596	1,605	1,612

Nitrierungsstufe des Nitrozuckers. Nimmt man für Nitroglycerin 225% Ausbeute an, so würden die 210% Nitrozuckeröl 180 T. Nitroglycerin und 30 T. Nitrozucker entsprechen. Bei Annahme von

Heptanitrozucker mit 14,9% N würde sich für ein solches aus 86% Nitroglycerin und 14% Nitrozucker bestehendes Gemisch ein theoretischer Stickstoffgehalt von 18,00% berechnen. Bei Annahme von Octonitrat mit 15,95% N berechnen sich 18,10% N. Bei diesem geringen Unterschied und den unvermeidlichen Fehlerquellen der Analyse wie der Ausbeuteberechnung muß es also dahingestellt bleiben, welche Nitrierungsstufe des Zuckers in der Hauptsache vorliegt. Die Ausbeute an Nitrozucker beträgt hiernach nur etwa 150%. Die theoretische Ausbeute für Heptanitrozucker beträgt 192%. Es muß aber damit gerechnet werden, daß die Überführung des Zuckers in die hochnitrierten Stufen keine ganz vollständige ist, daß vielmehr auch Anteile von niedrigeren Stufen entstehen, die möglicherweise leichter löslich sind und teilweise in der Säure gelöst bleiben, teilweise beim Waschprozeß entfernt werden.

Sprengkraft: Die Sprengkraft der Nitrozuckeröle kommt der des Nitroglycerins sehr nahe. Verfasser fand mit je 10 g im Glasröhrchen unter Sandbesatz folgende Bleiblockausbauchungen:

Nitroglycerin	550 ccm	100%
Nitrozuckeröl 80/20	533 „	97%
„ 75/25	514 „	94%

Je 10 g unter Wasserbesatz ergaben:

bei Nitroglycerin	595 ccm	100%
„ Nitrozuckeröl 80/20 . .	560 „	94%
„ „ 75/25 . . .	535 „	90%

92proz.	Sprenggelatine	aus	Nitroglycerin . . .	595 ccm
92 „	„	„	Nitrozuckeröl 80/20	615 „
75 „	Gurdynamit	„	Nitroglycerin . .	320 „
75 „	„	„	Nitrozuckeröl 80/20	320 „
65 „	Gelatinedynamit	„	Nitroglycerin . . .	385 „
65 „	„	„	Nitrozuckeröl 80/20	395 „

Chemische Stabilität: Die chemische Stabilität der Nitrozuckeröle ist erheblich geringer als die von Nitroglycerin, besonders bei erhöhten Temperaturen. Werden diese Präparate, selbst auf einen Jodkaliumtest von 30 Min. stabilisiert, längere Zeit aufbewahrt, so geht selbst bei Zimmertemperatur der Test allmählich zurück und nach Wochen oder Monaten werden sie sauer um schließlich der Zersetzung zu verfallen.

Je höher die Lagerungstemperatur, um so schneller geht dieser Prozeß vor sich.

Lagerung bei 45°: Je 10 g in lose bedeckten Wägegläschen

	Nitrozuckeröl 80/20 Anfangstest 25 Min.	Nitrozuckeröl 75/25 Anfangstest 18 Min.
saure Reaktion nach	10 Tagen	5 Tagen
gelbe Dämpfe nach	18 „	10 „
völlige Zersetzung nach . . .	24 „	12 „

Nitroglycerin hält diese Temperatur wochenlang aus, ohne sich zu zersetzen. Bei 75° gehen die Öle bereits nach einem Tage in Zersetzung über, während bei Nitroglycerin die Zersetzung erst nach mehreren Tagen beginnt.

Die deutsche Eisenbahnverkehrsordnung verlangt von Nitroglycerinsprengstoffen, daß ganze Patronen die Lagerungstemperatur von 75° 48 Stunden lang aushalten, ohne sichtbare Zersetzungsprodukte (nitrose Gase) abzuspalten, eine Forderung, die von reinen Nitroglycerinpräparaten, wie Gurdynamit und Sprenggelatine, auch tatsächlich erfüllt wird, sofern gründlich stabilisiertes Nitroglycerin verwendet wurde.

Gurdynamit- und reine Gelatinepatronen aus Nitrozuckerölen gehen dagegen bei 75° bereits nach 24—30 Stunden in Zersetzung unter Ausstoßung roter Dämpfe über.

Andererseits halten Patronen von Gelatinedynamiten, Carboniten, Nobeliten mit Nitrozuckeröl an Stelle von Nitroglycerin diese 48stündige Probe aus, ohne sich zu zersetzen und sind bei 50° z. B. mehr als 6 Wochen gelagert worden, wobei schließlich nur eine schwache Rötung eines beigefügten Lackmuspapieres eintrat. Diese Sprengstoffe enthalten reichlich Holzmehl oder Getreidemehl, Komponenten, die offenbar als Stabilisatoren wirken, indem sie die ersten Spuren der Zersetzungsprodukte verschlucken bzw. mit der abgespaltenen Nitrose unter Vernichtung derselben chemisch reagieren. Damit entfällt die katalytische Beschleunigung des Zersetzungsvorganges durch Aufspeicherung des sauren Abspaltungsproduktes in der Masse und die Lebensdauer derselben wird ganz bedeutend erhöht.

Diphenylamin als Stabilisator. Besser noch wirken ganz geringe Zusätze von Diphenylamin, eines hervorragend geeigneten auch aus der Pulverindustrie bekannten Stabilisators, der salpetrige Säure äußerst leicht aufnimmt.

Nitrozuckeröle der Verhältnisse 80/20 und 75/25 mit Zusätzen von nur 0,1—0,2% Diphenylamin wurden 75 Tage bei 45° gelagert, ohne in Zersetzung überzugehen. Die Proben zeigen lediglich eine Verfärbung und werden dunkelgrün bzw. mißfarbig, eine Erscheinung, die aber bei mitgelagertem Nitroglycerin mit dem gleichen Zusatz von Diphenylamin ebenfalls, wenn auch langsamer eintritt. Nach 75 Tagen zeigt Nitroglycerin unverändert schwachen Geruch nach Diphenylamin, die Nitrozuckeröle riechen ganz schwach säuerlich, etwa nach saurer Milch, aber nicht nach salpetriger Säure oder Salpetersäure.

Gleiche Proben von je einigen 100 g der erwähnten Nitrozuckeröle mit je 0,1% Diphenylamin bewahrt Verfasser seit nunmehr 8 Jahren im diffusen Tageslicht bei Zimmertemperatur (ca. 20° C) auf. Sie sind bisher unverändert geblieben, zeigen keinen sauren Geruch und keine

Tabellarische Übersicht der Eigenschaften von Nitroglycerin und verwandten und homologen Salpetersäurestern.

Nr.	Name	Mg	N-Gehalt %	Smp.	Sp.	Spez. Gew.	Viscosität, Ausflußzeit von 5 ccm bei 20^0 H_2O: 4,5 Sek.	Sauerstoffbilanz %	Molekul. Bildungswärme Cal.	Explosionswärme H_2O gasförm. Cal. per kg	Explosionswärme H_2O flüssig Cal. per kg	Bleiblockausbauchung
1	Nitroglycerin	227	18,50	labil + 2,8^0 stab. + 13,5^0	zersetzl.	1,599 b. 15^0	12,5″	+ 3,5	94,2	1485	1595	600[1])
2	Dinitroglycerin	182	15,38	+ 26^0 (Hydrat)	146^0 (15 mm)	1,510 b. 15^0	26″	— 17,6	116,7	1201	1304	500[1])
3	Mononitroglycerin	137	10,22	α 58—59^0 β 54^0	155—160^0 (15 mm)	Hydrat 1,47 1,417 fl. b. 15^0 α 1,53 kryst.	sehr zähflüssig	— 52,5	139,4	434	572	245[2]) kryst.
4	Nitroglycid	119	11,78	bei — 20^0 flüssig	174—175^0 u. Zers. 94^0 (20 mm)	1,332 b. 20^0	4,5″	— 60,5	51,4	745	824	430[1])
5	Dinitrochlorhydrin	200,5	13,97	α + 5^0 β + 16,2^0	190^0 u. Zers. 117,5^0(10mm)	1,541 b. 15^0	7″	— 19,94	87,8	1053	1100	475[1])
6	Nitrodichlorhydrin	174	8,05	bei — 20^0 flüssig	176^0 u. Zers. 88^0 (15 mm)	1,450 b. 15^0	5″	— 41,4	81,3	440	495	kaum explosiv
7	Acetyldinitroglycerin	224	12,50	bei — 20^0 flüssig	147^0 u. Zers. (15 mm)	1,412 b. 15^0	15,5″	— 42,86	165,6	657	715	200[1])
8	Formyldinitroglycerin	210	13,33					— 22,9	149,9	1009	1099	
9	Tetranitrodiglycerin	346	16,18	ölig	zersetzl.		zähflüssig	— 18,5	165,1	1262	1371	
10	Methylnitrat	77	18,20	bei — 20^0 flüssig	65^0	1,21 b. 15^0	4,0″	— 10,39	39,6	1490	1612	615[1])
11	Äthylnitrat	91	15,40	bei — 20^0 flüssig	87^0	1,12 b. 15^0	4,0″	— 61,5	48,5	713	816	345[1])
12	Propylnitrat	105	13,34	bei — 20^0 flüssig	110,5^0	1,06 b. 15^0	4,0″	— 99	56,3	549	639	230[3])

13	Nitroglykol	152	18,42	bei — 20° flüssig	95° (10 mm)	1,496 b. 15°	5,0″	± 0,0	67,7	1581	1705	650[1])
14	Mononitroglykol	107	13,09	bei — 20° flüssig	91—92° (10 mm)	1,348 b. 20°	5,5″	—37,4	90,0	856	944	375[1])
15	Trimethylenglykoldinitrat	166	16,88	bei — 20° flüssig	108° (10 mm)	1,393 b. 20°	5,5″	—28,9	78,1	1138,5	1252	540[1])
16	Propylenglykoldinitrat .	166	16,88	bei — 20° flüssig	92° (10 mm)	1,368 b. 20°	5,0″	—28,9	83,1	1109	1222	540[1])
17	Nitroerythrit	302	18,56	61°	—		—	+ 5,3	130,5	1414	1508	
18	Nitroisobutylglycerintrinitrat	286	19,59 Esterstickstoff: 14,69	ölig	zersetzl.	1,68	zähflüssig	± 0,0			1707	
19	Nitropentaerythrit . . .	316	17,74	140—141°	—	1,728	—	—10,1	131,2	1403	1523	505[2]) 560[1])
20	Nitromannit.	452	18,58	112—113°	—	1,60	—	+ 7,1	185	1376	1468	560[1])

[1]) unter Wasserbesatz. [2]) unter Sandbesatz. [3]) von Kieselgur aufgenommen.

Anzeichen von Zersetzung. (Ihr N-Gehalt beträgt noch 18,03% bzw. 17,77% für die Öle 80/20 bzw. 75/25, wobei der Einfluß des Diphenylamins auf das Analysenresultat zu bedenken ist.) Hieraus geht hervor, daß Nitrozucker in Nitroglycerin gelöst, wenn auch seine Stabilität die des letzteren nicht erreicht, besonders bei Gegenwart geeigneter Stabilisatoren, eine für praktische Verwendung ausreichende Haltbarkeit besitzt.

Eine etwaige technische Ausnützung dieser Erkenntnisse wird auch in Zukunft eine Frage der Preisspannungen zwischen Glycerin und Zucker sein, neben einer möglichst zweckmäßigen und vollkommenen Ausgestaltung des Nitrierungs- und Stabilisationsprozesses.

Nitrierung von Glykol-Zuckerlösungen.

Versuche, Lösungen von Zucker in Glykol zu nitrieren, ergaben entsprechende Resultate:

Es bilden sich bei 80—90° Lösungen von 25 T. Zucker in 75 T. Glykol und selbst 30 T. Zucker in 70 T. Glykol ohne Schwierigkeit. Bei längerem Stehen bei gewöhnlicher Temperatur krystallisiert ein Teil des Zuckers wieder aus. Lösungen im Verhältnis 80/20 bleiben auch kalt bis auf eine ganz geringe Ausscheidung flüssig.

Nitrierung und Waschprozeß entspricht den Vorgängen bei der Nitrierung von Glycerin-Zuckerlösung.

Ausbeute:		N.-Gehalt
80/20 Glykolzucker . .	199,5%	17,9%
75/25 „ . .	195,0%	17,8%

Glykol ergibt mit derselben Säure und bei derselben Temperatur 216,5% Nitroglykol. Aus der Stickstoffkalkulation ergibt sich, daß auch hier der Nitrozucker in der Nitrierungsstufe des Heptanitrates vorliegt.

Nitrierung von Glucoseglycerinlösungen und Lactose-Glycerinlösungen.

Auch Lösungen von Traubenzucker oder Milchzucker in Glycerin sind mit ähnlichem Erfolg nitriert worden, wie Glycerin-Saccharoselösungen. Traubenzucker löst sich in Glycerin erheblich leichter als Milchzucker oder Rohrzucker, und es lassen sich sogar Lösungen von 40 T. Traubenzucker in 60 T Glycerin herstellen. Milchzucker dagegen ist wiederum erheblich schwerer löslich als Rohrzucker. Eine Lösung von 20 T. in 80 T. Glycerin läßt sich zwar bei 100—105 ^{0} herstellen, erstarrt aber beim Erkalten wieder zu einem Krystallbrei.

Bei der Nitrierung ergeben Glucose-Glycerinlösungen Gemische von Nitroglycerin und Pentanitroglucose bzw. ein Sprengöl von 18,20 $^0/_0$ N. aus einem Gemisch 80/20, Lactose-Glycerinlösungen dagegen Gemische von Nitroglycerin und Octonitrolactose.

Auch diese Gemische unterscheiden sich bezüglich Sprengkraft nicht wesentlich von Nitroglycerin. Bei der Stabilisierung sind indessen besonders bei Glucoselösungen Emulsionsbildungen noch schwerer zu vermeiden, als bei der Anwendung von Saccharoselösungen.

Dritter Abschnitt.

Nitroglycerinsprengstoffe.

Anwendung des Nitroglycerines.

Etwa im Jahre 1864 begann Alfred Nobel das Nitroglycerin in größerem Maßstabe als Sprengmittel in die Praxis einzuführen. Sehr bald zwangen zahlreiche Unglücksfälle sowohl beim Transport wie beim Verbrauch am Sprengort auf Mittel zu sinnen, um die Gefährlichkeit bei der Handhabung des flüssigen Nitroglycerins zu beseitigen.

Der Transport geschah in Blechkannen, die in Kisten verpackt wurden. Ein etwaiges Undichtwerden solcher Kannen oder Flaschen führte bei der Schlagempfindlichkeit des Sprengöles stets zu großen Gefahren, zumal es bei etwaigem Auslaufen infolge seiner Nichtflüchtigkeit und Wasserunlöslichkeit nur mit Mühe restlos beseitigt werden konnte.

Mowbray, der etwa um dieselbe Zeit in Nordamerika (Massachusetts) Nitroglycerin als Sprengmittel anwandte, und zwar zuerst beim Bau des Hoosac-Tunnels, begegnete dieser Transportgefahr dadurch, daß er es in gefrorenem Zustand in Blechflaschen beförderte, in denen es vor der Verwendung aufgetaut wurde. Die Wahrscheinlichkeit eines Auslaufens oder Verschüttens wurde so geringer und auch die geringere Schlagempfindlichkeit des gefrorenen Nitroglycerins war von Vorteil. Dieser Gebrauch erhielt sich in Amerika noch lange Jahre nach der Erfindung der Dynamite und konnte, wie Guttmann sagt, infolge des konservativen Sinnes der englischen Rasse nur mit Mühe ausgerottet werden.

Nobel vermischte das Sprengöl mit 15—20% wasserfreien Methylalkohols, wodurch seine Stoßempfindlichkeit bedeutend vermindert wurde. Indessen war dies auch der einzige Vorteil dieser umständlichen und wenig ökonomischen Maßnahme. Der Methylalkohol mußte vor dem Gebrauch mit Wasser ausgewaschen werden, was ein unerwünschtes Hantieren mit Sprengöl an der Verwendungsstätte bedingte. Andere ähnliche Vorschläge, das Nitroglycerin für den Transport unempfindlicher zu machen, fanden deshalb wenig Beachtung.

Aber auch für die Sprengarbeit selbst ergab der flüssige Zustand Unbequemlichkeiten und Gefahren. Es war schwierig oder fast unmöglich, horizontale oder ansteigende Bohrlöcher zu laden. Die Gefahr des Verschüttens vor Ort war stets gegeben, und schließlich fand das Nitroglycerin seinen Weg in Risse und Spalten des Gesteins, wo es sich der Explosion entzog, eventuell nachbrannte und schlechte Wetter erzeugte, oder aber beim Aufräumen mit der Picke bzw. beim Vortreiben neuer Bohrlöcher in der Nachbarschaft mit dem Bohrer getroffen wurde und so häufig Anlaß zu Unglücksfällen gab.

In England wurde infolgedessen auf Veranlassung einer Prüfungskommission im Jahre 1874 der Gebrauch von flüssigem Nitroglycerin grundsätzlich verboten und damit verschwand dieser Gebrauch auch im übrigen Europa und erhielt sich nur noch, wie bereits erwähnt, in Amerika längere Zeit.

Bereits im Jahre 1866 war durch einen Zufall (vgl. geschichtliche Einleitung im 1. Abschnitt) die Aufsaugbarkeit des Nitroglycerins durch Kieselgur zu einer festen plastischen Masse auf der Fabrik Krümmel entdeckt worden, und von dieser Zeit an datiert die vorwiegende und bald ausschließliche Verwendung des Nitroglycerins in Form pulveriger bzw. plastischer Massen, die in handliche papierumhüllte Patronenform gebracht und in Pakete und Kisten verpackt werden konnten. Nunmehr lag ein Sprengmittel in einer für Transport, Lagerung, Handhabung und Einbringung ins Bohrloch ungleich bequemeren, handlicheren und gefahrloseren Form vor.

Von der krümelig-plastischen Mischung aus Nitroglycerin und Kieselgur, die zuerst den Namen D y n a m i t erhielt, übertrug sich dieser Name auch auf die weiteren verschiedenartigen brisanten Sprengmittel, die Nitroglycerin als Grundstoff enthielten.

Auch heute noch versteht man unter „Dynamiten" im weiteren Sinne alle feucht-pulverigen, plastischen oder gelatinösen Sprengmittel, die Nitroglycerin als wesentlichen Bestandteil und Kraftträger enthalten.

Eine zweite nicht minder bedeutende Anwendung fand dann Ende der 80er Jahre des vorigen Jahrhunderts das Nitroglycerin als Treibmittel durch die Erfindung der rauchschwachen nitroglycerinhaltigen Geschützpulver (Ballistit und Cordit), hornartiger gelatinierter Massen aus überwiegend Nitrocellulose und Nitroglycerin. Die ungeheure Bedeutung dieser Anwendungsform des Nitroglycerins, und seine Unentbehrlichkeit für die moderne Kriegsführung haben in voller Tragweite erst die neueren Kriege, vor allem der Weltkrieg enthüllt.

Die Dynamite im engeren und weiteren Sinne bzw. die Nitroglycerin-Sprengstoffe teilen wir für die Darstellung zweckmäßig in folgende Gruppen ein:

1. Dynamite bzw. Mischdynamite. a) Dynamite mit chemisch unwirksamer Basis (Gurdynamit). b) Dynamite mit chemisch wirksamer Basis (z. B. unter Zumischung von Holzmehl, Holzkohle, Salpeterarten).

2. Sprenggelatine, Kolloid aus Nitroglycerin und löslicher Nitrocellulose.

3. Gelatinedynamite, gelatinöse Gemische, bei denen der Sprenggelatine zur Abstufung der Wirkung sog. Zumischpulver aus Salpeter und Holzmehl oder auch anderen Stoffen zugesetzt werden.

4. Schwergefrierbare oder ungefrierbare Dynamite, in denen das Nitroglycerin entweder teilweise durch aromatische Nitrokörper oder ganz oder teilweise durch ihm verwandte, gleichfalls sprengkräftige Salpetersäureester, wie Dinitroglycerin, Dinitrochlorhydrin oder Nitroglykol ersetzt ist.

5. Wettersichere Dynamite bzw. wettersichere Sprengstoffe mit Nitroglycerin als wesentlichem Bestandteil oder Kraftträger. Dieselben haben infolge besonderer Zusätze die Eigenschaft, Schlagwetter und Kohlenstaub nicht zu zünden. Auch hier unterscheidet man zwischen pulverigen Mischungen, in denen das Nitroglycerin in flüssiger Form nur aufgesaugt ist und gelatinösen Mischungen, in denen es zuvor mit Kollodiumwolle in den gelatinösen Zustand übergeführt wurde (wettersichere Gelatine-Dynamite). Naturgemäß enthalten solche Sprengstoffe einen im Verhältnis zu den eigentlichen Dynamiten und Gelatine-Dynamiten geringeren Gehalt an Nitroglycerin.

6. Sprengstoffe mit geringem Nitroglyceringehalt. Hier dient der Gehalt an Nitroglycerin vorwiegend dazu, um Detonationsfähigkeit und Detonationsübertragung zu sichern und zu erhöhen. Man unterscheidet zwischen:

a) Gesteins-Sprengstoffen mit Ammonsalpeter, Chloraten und Perchloraten als Grundstoff und etwa 4% Nitroglycerin,

b) wettersicheren Sprengstoffen mit Sauerstoffsalzen als Grundstoff und 4—12% Nitroglycerin (pulverförmige und sog. halbplastische Sprengstoffe).

I. Pulverförmige Dynamite.

a) Dynamite mit chemisch inaktiver Basis.

Gurdynamit. Das Kieselgurdynamit war der erste Nitroglycerinsprengstoff und hat zugleich die erste Etappe auf dem Entwicklungsgang der Industrie der brisanten Sprengmittel gebildet. Den Namen erhielt es von Alfred Nobel, der 1866 das hohe Saugvermögen der Kieselgur für Nitroglycerin entdeckte und der damit zugleich den bis heute erhaltenen Gattungsnamen für die meisten hochprozentigen Nitroglycerinsprengstoffe schuf.

Auf dem europäischen Kontinente nennt man es meist Dynamit Nr. 1, in Amerika Giant Powder Nr. 1.

Es enthält mit geringen Abweichungen auf 100 Teile 75 Teile Nitroglycerin, die von 25 Teilen Kieselgur aufgesaugt sind.

Obgleich es wegen seiner im Verhältnis zu dem hohen Nitroglyceringehalte geringen Energieentwicklung, bezüglich deren es hinter den niedrigerprozentigen Gelatine-Dynamiten z. B. zurücksteht, schon längst nicht mehr als rationell gilt und in Deutschland und den meisten anderen europäischen Ländern seit vielen Jahren außer Gebrauch ist, wird es dennoch in manchen Ländern noch begehrt und dahin exportiert. Die leichte Verdrängbarkeit des Nitroglycerins durch Wasser aus der Kieselgur machen es weniger geeignet für nasses Klima und Gebrauch an nassem Sprengort. Dagegen ist es in Ländern mit heißem trockenem Klima (Nordchile, Kleinasien) bis in die neueste Zeit gebraucht worden. Vermutlich hat ihm seine vollkommene physikalische Unveränderlichkeit auch bei langem Transport und langer Lagerung in heißen Zonen diese Beliebtheit eingetragen, während bei den kolloidalen Gelatine-Dynamiten bei langer Lagerung in heißen Ländern häufig eine Verminderung der Detonationssensibilität beobachtet worden ist, von der in dem betr. Abschnitt noch die Rede sein wird.

Kieselgur. Die zuerst zur Dynamitfabrikation verwendete Kieselgur wird in der Lüneburger Heide (Provinz Hannover) bei Unterlüß gefunden und zeichnet sich durch besondere Reinheit aus. Auch an vielen anderen Orten kommt Kieselgur vor, so in Nordamerika, Schottland, Frankreich, Italien und in bedeutenden Mengen in Norwegen.

Sie besteht fast ausschließlich aus Panzern bzw. Schalen von Diatomeen (daher der Name Infusorienerde), die durch die röhrenförmige Struktur ihrer Teile vermöge Capillarwirkung Flüssigkeiten aufzusaugen und festzuhalten vermögen (vgl. Abb. 25 und 26).

Ihre Farbe ist verschieden und wechselt von rein weiß bis grau und gelblichgrün. Sie rührt meist von Eisenoxyd her und geht beim Glühen in Rosenrot bis Schmutzig-orange über, bleibt bei manchen Sorten auch fast weiß bis mattrosa.

Da die Kieselsäure, die neben tonigen Verunreinigungen den weitaus überwiegenden Bestandteil der Gur darstellt, in hydratischer Form vorliegt, vor allem aber, um überschüssige Feuchtigkeit und organische Verunreinigungen zu entfernen, wird sie vor der Verwendung zum Dynamit, meist auf den Dynamitfabriken selbst, einem schwachen Glühprozeß (Calcinierung) in Flammöfen oder Muffelöfen unterworfen.

Für Dynamitzwecke kommt nur eine vorher auf Schlämmwerken gereinigte feinste Qualität zur Verwendung, sog. weiße geschlämmte Kieselgur, die frei von Sand sein muß, da Sandkörnchen beim maschinellen Patronieren der Sprengstoffe zu gefährlichen Reibungen Anlaß geben können.

Nach dem Glühen, das bei nicht zu hoher Temperatur erfolgen darf, um ein die Saugfähigkeit verminderndes „Totbrennen" zu vermeiden, und nach Abkühlen kommt die klumpig gewordene Gur auf ein Walzwerk, wo sie zu feinem Pulver vermahlen wird, und passiert zuletzt ein Schüttelsieb, worauf sie in dichte Säcke gefüllt und sofort verbraucht wird, damit sie nicht wieder Feuchtigkeit aus der Luft anzieht[1]).

Escales[2]) gibt zwei Analysen: eine für gute lufttrockene Gur (nach Sanford) und eine andere für calcinierte wasserfreie Gur (nach Hagen) an:

Gur I (lufttrocken)		Gur II (geglüht)	
SiO_2	94,3 %)	SiO_2	96,34 %
Mg_2CO_3 . . .	2,1 %	Al_2O_3	1,50 %
$Fe_2O_3 + Al_2O_3$	1,3 %	Fe_3O_3 . . .	0,50 %
org. Stoffe . .	0,4 %	CaO	1,64 %
H_2O	1,9 %		
	100,0 %		99,98 %

Schwefelsaure Tonerde darf die Gur nicht enthalten, da diese die Stabilität des Dynamits ungünstig beeinflussen könnte. Um die Farbe des Dynamits unabhängig von Sorte und Glühprozeß der Gur zu machen, setzt man demselben vielfach einige Zehntel Prozent von gebranntem Ocker oder Caput mortuum zu.

Andere Aufsaugstoffe, wie Kalkgur, ein sehr poröses Vorkommen von kohlensaurem Kalk, Randanit, Magnesiumcarbonat, Tripelerde, Asche von Bogheadkohle (1870 während der Belagerung von Paris benutzt) erreichen sämtlich nicht die Saugfähigkeit von Kieselgur und sind heute außer Gebrauch[3]).

Herstellung des Gurdynamites. Das Vermischen des Sprengöles mit der Gur erfolgt in großen hölzernen Trögen oder Kästen von annähernd Tischhöhe, die mitunter mit dünnem Bleiblech ausgeschlagen sind. In dieselben schüttet man aus Säcken oder Kästen die abgewogene Menge der Gur und aus Hartgummieimern oder ebensolchen Kannen das gewogene Nitroglycerin. In den älteren Dynamitfabriken stehen an der Rückwand des Gurmischhauses große viereckige Vorratskästen aus starkem Bleiblech in Holzrahmen, die etwa 1000 kg Nitroglycerin fassen und unten einen Messinghahn zur Entnahme haben. Von oben fließt das Sprengöl aus der Ölleitung vom Waschhaus her zu.

[1]) Näheres über die Zubereitung der Kieselgur s. Guttmann: Die Industrie der Explosivstoffe. S. 101. 1895.

[2]) Escales: Nitroglycerin und Dynamit. S. 197. 1908.

[3]) Escales: Nitroglycerin und Dynamit. S. 198 u. Guttmann: Industrie d. Explosivstoffe. S. 105—106.

Mit Holzspaten oder direkt von Hand wird nun oberflächlich vorgemischt und die aus groben Klumpen, feuchten und trockneren Partien bestehende Masse mit der flachen Hand durch ein grobes Sieb von etwa $1^1/_2$ Maschen auf 1 cm in einen zweiten Kasten gerieben. Das Sieb besteht aus einem hölzernen Rahmen, der auf dem Boden mit Messingdrahtgewebe bespannt ist. Die feuchten Klumpen werden hierbei zerteilt und mischen sich mit den trockneren Teilen.

Nun wird die noch etwas ungleichmäßig aussehende Masse durchgeschaufelt und durch ein zweites feineres Sieb (etwa 3 Maschen auf 1 cm) in den ersten Kasten zurückbefördert. Dieses zweite Durchsieben bewirkt die nötige feine Verteilung und völlige Homogenität der Mischung.

Eine Mischung von 100 kg Dynamit wird so von zwei Mann in wenigen Minuten durchgerieben. Die Arbeiter gewöhnen sich in einigen Tagen an die Berührung mit dem Nitroglycerin und verschmähen es, Schutzhandschuhe aus Gummi zu tragen, die lästig und heiß sind und das Gefühl beeinträchtigen, was für vollkommenes und rasches Durchmischen hinderlich ist.

Mit Holzschaufeln wird das Dynamit auf die Siebe gegeben und schließlich aus den Mischkästen in die Transportkästen geschaufelt. Die fertige Masse soll locker-krümelig sein, etwa wie frische Gartenerde. Sie darf weder zu fett noch zu trocken erscheinen und kein flüssiges Nitroglycerin erkennen lassen, überhaupt nicht eigentlich feucht aussehen. Ihre Beurteilung ist Übungs- und Erfahrungssache. Ist die Masse zu trocken, so ist sie schwer durch die Patronenhülsen zu pressen. Sie ist dann stumpf und nicht schlüpfrig. Ist sie zu feucht, so schmiert das Dynamit und neigt dazu, Nitroglycerin auszuschwitzen und das Patronenpapier zu benetzen, da dann durch den Druck beim Patronieren das Öl aus den Capillaren der Diatomeen herausgepreßt wird. Zu trocknes Dynamit wird durch wiederholtes Durchreiben durch das Sieb feuchter. Es scheint, daß hierbei durch den Druck die Capillaren der Gur das Öl teilweise wieder abgeben oder auch teilweise gebrochen werden, wodurch die Saugfähigkeit abnimmt und die Masse wieder feuchter wird.

Auch beim Mischen in Knetmaschinen[1]) (Werner-Pfleiderer-Maschinen), was an manchen Stellen üblich ist, wird die Masse mit zunehmender Mischdauer feuchter und es muß der Zeitpunkt beobachtet werden, wenn die richtige Beschaffenheit erreicht ist.

Da die Saugfähigkeit der Gur nicht immer gleichmäßig ist, sondern schwankt und gute Gur im allgemeinen im Verhältnis 25:75 ein etwas zu trocknes Dynamit gibt, wird die Beschaffenheit durch weniger oder nicht saugende Zusätze reguliert, um den Nitroglyceringehalt immer gleich hoch, z. B. auf $75^0/_0$ halten zu können. Als solche dienen

---

[1]) Von Werner und Pfleiderer in Stuttgart und Karl Seemann in Berlin.

Schwerspat oder Talkum, auch Kreidepulver oder kohlensaure Magnesia, welch letztere zugleich etwa sich bildende Säurespuren neutralisieren können. Auch wird vielfach zu diesem Zwecke eine kleine Menge kalz. Soda oder Natriumbicarbonat zugesetzt. In England ist die Zusammensetzung gewöhnlich:

73,8 %	Nitroglycerin
25,4 %	kalz. Gur
0,8 %	„ Soda.

In Deutschland und Österreich:

	Dynamit I	Dynamit II	Österr. Gurdynamit
Nitroglycerin	75 %	72 %	73 %
Gur mit Talkum	25 %	28 %	27 %

Patronierung des Dynamits. Das Dynamit darf nicht etwa in losem pulverförmigem Zustande in die Bohrlöcher eingebracht werden, da durch Reibung an rauhen Bohrlochwandungen bei etwaigem festen Einstopfen oder Einstampfen Entzündung und vorzeitige Explosion erfolgen könnte. Wohl überall dürfte der Gebrauch von loser Dynamitmasse für bergmännische Zwecke behördlicherseits verboten sein.

Zwecks bequemen Einladens in die Bohrlöcher kommt das Dynamit in Form kurzer zylinderförmiger Patronen von 10—12 cm Länge und 20—30 mm Durchmesser in den Handel. Durchmesser von 23 und 25 mm dürften für hochbrisante Nitroglycerinsprengstoffe das Übliche sein. Die Patronen werden in Pergamentpapier oder paraffiniertes Papier eingewickelt. Letzteres stellt man in den Dynamitfabriken meist selbst her, indem man eine endlose Rolle Papier durch geschmolzenes weiches Paraffin oder ein Gemisch von Paraffin, Harz und Talg laufen läßt[1]) (z. B. 20 T. Paraffin, 60 T. Harz und 30 T. Talg). Die Masse soll nach dem Erkalten einen zwar harten aber biegsamen nicht abspringenden Überzug bilden. Das Paraffinpapier bildet einen besseren Schutz gegen Feuchtigkeit als das teurere Pergamentpapier und ist heute allgemein üblich.

In Deutschland ist für alle Gesteinssprengstoffe zur auffälligen Unterscheidung von schlagwetter- und kohlenstaubsicheren Sprengstoffen rotes Patronenpapier vorgeschrieben, während letztere in weißes bzw. graues Papier eingeschlagen werden.

Für die Patronierung sind noch dieselben intermittierenden oder kontinuierlichen Patronenpressen (Patroniermaschinen) gebräuchlich, wie sie schon von Guttmann beschrieben werden[2]).

Bei den ersteren wird die ganze Patrone auf einmal in die vorbereitete Hülle gepreßt, bei den letzteren wird eine fortlaufende Wurst

[1]) Guttmann: Industrie der Explosivstoffe. Abbildung S. 487.

[2]) Guttmann: a. a. O. S. 482ff.

hergestellt, die von Zeit zu Zeit in der gewünschten Länge abgebrochen und in Papier gewickelt wird. Voraussetzung hierbei ist ein plastischer zusammenhängender Zustand der Masse. Für trockene reinpulverige Dynamit- bzw. Sprengstoffmischungen kommt nur die intermittierende Patronierungsweise in Frage. Eine solche vielfach gebrauchte Patronenpresse zeigt Abb. 25[1]). Dieselbe besteht aus einem Trichter *a*, der das lose Dynamit aufnimmt, einem an dem Gestelle der Presse befestigten, in einem Scharniere beweglichen Hebel *b* und einer an dem kürzeren Ende dieses Hebels aufgehängten Preßstange *c*, die einen etwas geringeren Durchmesser als die Röhre des Trichters besitzt.

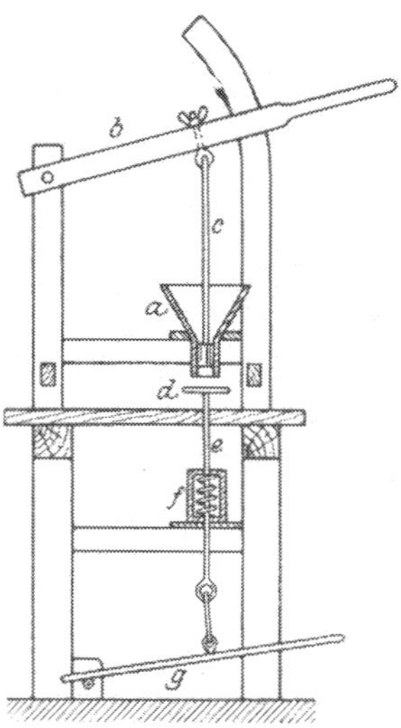

Abb. 25.

Das Patronenpapier wird um die Trichterröhre gewickelt und diese ist zu diesem Zwecke von einer der Patrone entsprechenden Länge. Das Patronenpapier wird sodann unter der Trichterröhre durch Umbiegen geschlossen und es legt sich gegen dasselbe eine kleine Tischplatte *d*, die durch eine Verlängerungsstange *e* mit einer Spiralfeder *f* in Verbindung ist. Letztere drückt die Tischplatte stetig gegen den Trichter an; die die Spirale einschließende Hülse ist durch eine andere Stange mit einem Tritthebel *g* verbunden. Wenn nun der Trichter mit Dynamit gefüllt und das Patronenpapier umgewickelt ist, so fällt das Dynamit zum Teil von selbst, zum Teil durch Nachhilfe mit einem hölzernen Stabe in die Trichterröhre. Durch einen Druck auf den Hebel wird die Preßstange in den Trichter eingeführt und drückt die in der Röhre enthaltene Dynamitmasse in die Patronenhülse, wobei die durch die Feder nach oben gehaltene Tischplatte einen gewissen Widerstand bietet und das Dynamit sonach in dem Papiere fester zusammengepreßt wird. Die Tischplatte gibt unter dem Druck des Hebels nach, und diese Nachgiebigkeit wird noch weiter dadurch befördert, daß der Arbeiter den Fußhebel nach unten zieht.

Eine andere in vielen deutschen Fabriken gebräuchliche intermittierende Presse ist aus Abb. 26 ersichtlich. Dieselbe ist ohne weiteres aus der Zeichnung verständlich. Hier wirkt den Patronen kein Druck entgegen, der Arbeiter hält nur das Patronenpapier mit der Hand und die gesamte Masse wird auf einmal in die Hülle gedrückt, worauf die Patrone von oben mit der Hand geschlossen wird. Auf

[1]) Nach Guttmann.

sauber ausgeführte gutschließende Klappen wird besonders Wert gelegt. Statt des Metalltrichters dient vielfach ein Beutel aus Leinenstoff, der von Zeit zu Zeit ausgewaschen oder erneuert wird.

Eine von ihm selbst konstruierte in Abb. 27 abgebildete kontinuierliche Patronenmaschine beschreibt Guttmann[1]) wie folgt:

„Diese besteht aus einer starken Wandplatte *a*, an welcher drei Arme *b* angegossen sind. Jeder dieser Arme hat einen dicken Ansatz *c*. Durch die zwei oberen geht in einer entsprechenden Bohrung eine runde oder vierkantige Stange *d* hindurch, welche sowohl oben wie unten ein Schraubengewinde eingeschnitten hat. Auf dem obersten Ansatze ist eine zylindrische Büchse *e* festgemacht, welche durch eine zweite, weitere, umgekehrte Büchse *f* verschlossen ist. In diesen Büchsen be-

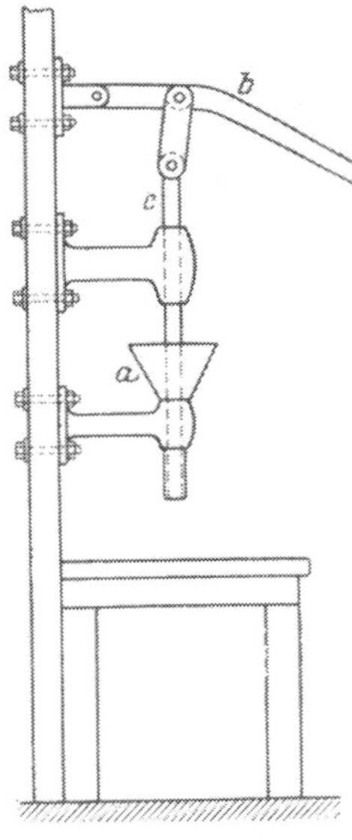

Abb. 26.

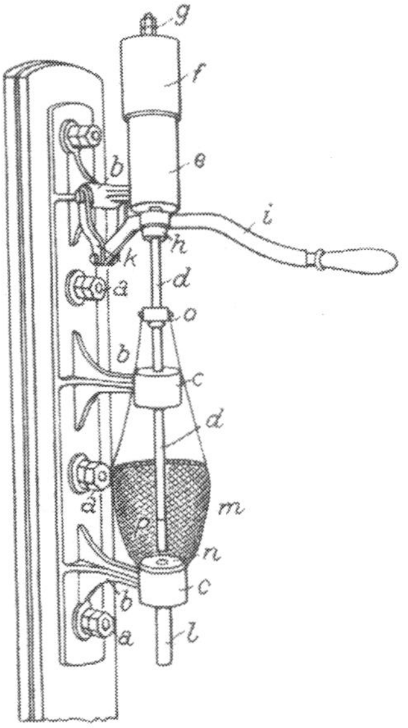

Abb. 27.

findet sich eine Spiralfeder. Die Stange geht durch den obersten Ansatz und die Büchsen hindurch und ist außerhalb der Büchse durch Mutter und Gegenmutter *g* festgehalten. Sie hat ferner unterhalb des obersten Ansatzes einen Stellring *h* aufgeschraubt, welcher an seinem oberen Teile ein wenig kreisförmig gewölbt ist. An der Wandplatte ist ein langer Hebel *i* in einem Scharniere *k* beweglich, derselbe hat eine Erweiterung und Ausbohrung da, wo die Stange durch denselben hindurchgeht. Es ist ersichtlich, daß durch Auf- und Abbewegen des Hebels die Spiralfeder zusammengepreßt wird und mit ihr die obere Büchse nach unten geht. Beim Auslassen des Hebels zieht die Spiralfeder die Stange nach oben. Durch den zweiten Arm geht die Stange bloß behufs sicherer Führung hindurch, der dritte Arm hat eine größere, mit Schraubengewinde versehene Öffnung. In dieselbe wird eine mit Schraubenansatz versehene Röhre *l* eingeschraubt. Es wird ferner ein Leinwandsack *m* auf den Ansatz des unteren Armes mit Hilfe einer Deckplatte *n*

[1]) Guttmann: a. a. O. S. 484.

befestigt und dieser Sack durch einen Lederriemen an einen Stellring *o* an die Preßstange gebunden. Bei jedem Niederdrücken des Hebels legt sich der Sack sonach um, bei jedem Aufzuge des Hebels spannt er sich straff. Die Folge davon ist, daß das in dem Sacke befindliche Dynamit fortwährend aufgerüttelt wird und in die Preßröhre fällt. Die Preßstange hat an ihrem unteren Ende einen Stempel *p* aus Pockholz oder Elfenbein aufgeschraubt, welcher ein wenig konisch zuläuft und an seinem oberen Ende einen um etwas geringeren Durchmesser hat, als die Preßröhre. Der Arbeiter steht vor der Presse, zieht den Hebel in ununterbrochener rascher Aufeinanderfolge hinab und läßt ihn durch die Feder in die Höhe gehen. Hierbei vollführt der Arbeiter eine eigentümliche hüpfende Bewegung, welche ihm die Arbeit insofern erleichtert, als er den Arm nicht zu bewegen braucht, sondern mit seinem ganzen Körpergewichte das Pressen vollführt. Wenn das Dynamit nicht zu trocken ist, so wird es durch das Pressen in einem ununterbrochenen Strange das Rohr verlassen. Der Arbeiter zieht die Stange nur etwa 20 mm auf einmal herunter. Hierdurch ist der Druck in der Presse und die Reibung des Dynamits auf das Rohr nicht bedeutend; die Masse wird nur geringer Erschütterung ausgesetzt und die Wurst kann freihängend noch genügend Konsistenz besitzen, um eine Länge von 12—15 cm zu erreichen. Sobald sie etwa 10 cm lang ist, bricht sie der Arbeiter durch eigentümliche Haltung der Hand ab, indem er die zwei letzten Finger der Hand unter die Patrone hält und mit den drei andern einen seitlichen Druck ausübt. Die so abgebrochene Wurst wird sofort in Papier durch Rollen mit der Hand eingewickelt. Gewöhnlich wird die Arbeit so eingestellt, daß ein Arbeiter preßt und zwei andere, je einer rechts und links, abwechselnd die Patrone abbrechen und einwickeln. Falls eine Patrone aus irgendeinem Grunde früher abbrechen sollte als sie der Arbeiter erreichen könnte, so fällt sie in das unterhalb der Presse stehende Vorratsgefäß für das lose Dynamit."

Guttmann rühmt dieser Presse raschere Arbeit und geringere Gefährlichkeit nach, da der bei jedem Hebelzug ausgeübte Druck ungleich geringer ist, als bei den intermittierenden Pressen.

In den Ver. Staaten von Nordamerika werden zum Patronieren der dort meist hergestellten pulverförmigen Mischdynamite automatische pneumatisch angetriebene Patroniermaschinen benutzt, die ganz aus Holz konstruiert sind. Sie bestehen aus einem Drehkörper mit vier Flügeln, die je 24 Patronenhülsen aufnehmen[1]).

Auf dem wagerecht stehenden Flügel werden die leeren Hüllen aufgelegt, dann wird der Flügel durch eine Viertelumdrehung senkrecht gestellt und das Dynamit von oben durch einen Längstrichter in die Hüllen eingestopft. Bei einer weiteren Viertelumdrehung kommen dann die gefüllten und geschlossenen Patronen wieder in die wagerechte Lage und können von hieraus entnommen und in Kisten verpackt werden. Mit Hilfe dieser Maschinen können von den zwei zur Bedienung erforderlichen Arbeitern ganz unverhältnismäßig viel größere Mengen von Patronen hergestellt werden, als mit den in Europa üblichen Patroniermaschinen.

Auch für die Verfertigung der Patronenhülsen sind in neuerer Zeit Maschinen konstruiert worden, die dieselben selbsttätig in großer

---

[1]) Aus Kast: Spreng- und Zündstoffe. S. 289. 1921.

Anzahl herstellen. Solche Hülsenmaschinen, die kompliziert und teuer in der Anschaffung sind, scheinen nur für Fabriken mit großer Produktion in Frage zu kommen.

Das mit besonderen Schneidemaschinen hergestellte Patronenpapier stellt ein schräg abgeschnittenes Viereck dar, das auf einer Seite um etwa 3 cm kürzer ist als auf der anderen. Hierdurch wird ein besserer Verschluß der Patronen gesichert.

Verpackung des Dynamits. Je $2^1/_2$ kg Dynamitpatronen (in England 5 Pfund) werden in eine Pappschachtel geschichtet und in derselben durch eingelegte Wellpappe in ihrer Lage festgehalten, so daß ein Rütteln möglichst vermieden wird. (In Deutschland Vorschrift der Eisenbahnverkehrsordnung bis zum Weltkrieg.) Die Schachteln, aus gewöhnlicher Pappe bestehende rechteckige Kartons, werden meist auf den Fabriken selbst durch Ausschneiden und Heften hergestellt und mit einem entsprechenden Deckel verschlossen. Manchmal gibt man der Pappschachtel auch eine Form, daß beim Umbiegen zugleich eine Klappe als Deckel verbleibt.

Die Schachteln werden in wasserdichtes oder gewöhnliches Papier eingewickelt und mit Bindfaden verschnürt. In Preußen ist ebenso wie für das Patronenpapier auch für die Dynamitpakete sowie für alle nicht wettersicheren Gesteinsprengstoffe rotes Packpapier vorgeschrieben, zur auffälligen Unterscheidung von den schlagwetter- und kohlenstaubsicheren Sprengstoffen, die in grauem Papier verpackt werden.

Enthalten die Dynamite hygroskopische Salze, besonders Ammonsalpeter, so nimmt man gewöhnliches etwas poröses Packpapier und taucht das ganze Paket auf einem beweglichen mit Hebel verbundenen Rost in ein heißes Paraffinbad (ca. 80°) rasch ein, wodurch es mit einem dichten Überzug versehen wird, der einen ausgezeichneten Schutz gegen Feuchtigkeit gewährt.

Je 10 solche Schachteln, also 25 kg, kommen in eine Holzkiste, deren Masse sehr genau den Schachteln entsprechen. Die Kisten dürfen nicht mit eisernen Bändern versehen sein und werden in der Regel nicht mit eisernen Nägeln zugenagelt. Man verwendet Holz-, Messing-, Zink- oder verzinkte Nägel[1]). Bis zum Weltkrieg schrieb in Deutschland die Eisenbahnverkehrsordnung an den Stirnseiten der Kisten Handleisten oder zuverlässige Handgriffe (Gurte) vor.

Chemische und physikalische Eigenschaften von Gurdynamit.

Die chemischen Eigenschaften des Gurdynamits wie anderer mechanischer Sprengstoffgemenge ergeben sich aus ihren Bestandteilen.

Die Identifikation von Gurdynamit ist sehr einfach. Man digeriert eine Probe mit reinem trocknem Äther, filtriert von der Gur ab und

[1]) Vgl. Guttmann: Industrie d. Explosivstoffe. S. 488.

läßt den Äther an einem warmen Ort bei 30—40° völlig abdunsten. Nimmt man einen Tropfen des zurückbleibenden Öls mit einem Stückchen Fließpapier auf, legt es auf einen Amboß und schlägt mit dem Hammer darauf, so läßt eine erfolgende Detonation auf Nitroglycerin schließen. Auch Bestimmung des spez. Gewichtes (1,60) und des Stickstoffgehaltes im Lungeschen Nitrometer (18,40—18,50%[1]) eignen sich zur Identifizierung von Nitroglycerin. Schüttelt man einen Tropfen Nitroglycerin mit einer mit verdünnter Schwefelsäure angesäuerten und mit einigen Zinkspänen versetzten Lösung von Jodkaliumstärkekleister, so wird die Flüssigkeit blau. Löst man einen Tropfen Nitroglycerin in konz. Schwefelsäure, gibt die Lösung in einen Überschuß von Wasser und schichtet einige Tropfen der so erhaltenen verdünnten Lösung über eine Lösung von etwas Diphenylamin in konz. Schwefelsäure, so entsteht tiefe Blaufärbung. Diese Reaktionen geben natürlich sämtliche anderen Salpetersäureester, wie Nitroglykol, Dinitrochlorhydrin usw. in gleicher Weise.

Der quantitative Analysengang wird am Ende dieses Abschnittes besprochen.

Physikalische Eigenschaften: Das Kieselgurdynamit ist eine rötlichgelbe oder, wenn mit Ocker gefärbt, tief rotbraune, geruchlose, plastisch-krümelige Masse, von ähnlicher Konsistenz etwa wie frische lockere Gartenerde. Es fühlt sich etwas fettig an, und fettet bei leichtem Druck auf Fließpapier, soll aber unter gewöhnlichen Umständen auch bei erhöhter Temperatur (30°) kein Nitroglycerin austreten lassen, was für Transport und Gebrauch in heißen Ländern wichtig ist.

Das wahre spez. Gewicht ist 1,67[2]), die höchste zu erreichende Ladedichte ist nach Bichel 1,58, jedoch hat das Gurdynamit in den handelsüblichen Patronen eine Dichte von höchstens 1,40—1,45.

Gurdynamit ist nicht hygroskopisch, zieht also aus feuchter Luft kein Wasser an. Bei direkter Berührung indessen mit flüssigem Wasser hat letzteres die Eigenschaft, das Sprengöl aus der Kieselgur zu verdrängen und in flüssiger Form zur Abscheidung zu bringen. Dieser Prozeß geht langsam aber sicher vor sich, so daß der Zutritt von Wasser zum Gurdynamit gefahrbringend ist und durchnäßtes Dynamit gefährlich wird. In nassen Bohrlöchern kann unter Umständen das ausgetretene Sprengöl in Klüften und Spalten so weit fortsickern, daß es später von der Explosion der Ladung nicht mehr mit erfaßt wird. Beim Aufräumen mit der Picke oder beim Weiterbohren in der Nachbarschaft kann dann solches versickertes Nitroglycerin mechanisch zur Explosion gelangen und Unheil bewirken.

[1]) Vgl. Nitroglycerin, I. Abschn., chem. Analyse.

[2]) Heise: Sprengstoffe. S. 54. 1904.

Hier liegt der fundamentale physikalische Unterschied zwischen Gurdynamit und vielen Mischdynamiten überhaupt auf der einen Seite, und den gelatinösen Dynamiten auf der anderen Seite. Durch die Kollodiumwolle ist das Nitroglycerin in eine Art fester Form gebracht, aus der es durch Wasser bei keiner noch so langen Berührung verdrängt werden kann.

Rückgewinnung von Nitroglycerin aus Gurdynamit. Man bedient sich dieser Erscheinung, um rasch und in einfacher Weise Nitroglycerin aus Gurdynamit zu gewinnen, z. B. zur Analyse, Testprobe oder wenn man zu Versuchszwecken Nitroglycerin oder Sprengölgemische von einem Ort zu einem anderen befördern will, was ja bekanntlich für flüssiges Nitroglycerin nicht statthaft ist. Man befördert es dann in Form von Gurdynamit und scheidet das Sprengöl mit Wasser wieder ab[1]).

Zu diesem Zwecke bringt man in die Spitze eines Glastrichters einen Pfropfen von Glaswolle und drückt darüber das lose Dynamit ziemlich dicht ein, worauf man mit destilliertem Wasser überschichtet und ein Becherglas unter den Trichter stellt. Nach etwa $^1/_2$ Stunde hat das Wasser begonnen, das Nitroglycerin aus dem Dynamit zu verdrängen und ersteres fließt wasserklar in das Becherglas ab. Unterbricht man das Auffangen rechtzeitig, so gewinnt man das Sprengöl völlig trocken und frei von Wasser.

Die sonstigen physikalischen Eigenschaften teilt das Gurdynamit mit Nitroglycerin und wirkt auch physiologisch naturgemäß in gleicher Weise Kopfschmerz erzeugend bzw. giftig ein. Dynamit friert bei Temperaturen unter 10^0, besonders aber bei mäßiger Winterkälte sehr leicht und die Patronen bilden dann fast steinharte Massen. Das gefrorene Dynamit ist fast weiß. Das Gefrieren tritt manchmal erst nach längerer, bisweilen schon nach kurzer Zeit, oder nach wenigen Tagen ein, immer aber bei längerem Transport im Winter oder Lagerung in ungeheizten Räumen im Winter[2]).

Es muß daher im Inlande in Lagern über Tage 6 Monate des Jahres mit gefrorenem Dynamit gerechnet werden. In kleinen Mengen ist Gurdynamit viel leichter zum Gefrieren zu bringen als flüssiges oder gelatiniertes Nitroglycerin. Am langsamsten pflegt Sprenggelatine zu erstarren.

Einmal gefrorenes Dynamit taut infolge schlechter Wärmeleitung, besonders in normaler Verpackung nur sehr langsam auf. Es müssen deshalb die einzelnen Patronen behutsam in Warmwasserkästen aufgetaut werden. Dieselben bestehen aus doppelwandigen Zinkblechgefäßen, die mit warmem Wasser von höchstens 70^0 C gefüllt werden.

---

[1]) Die Verdrängung ist indessen keine vollständige.

[2]) Über Gefrierdauer siehe Näheres Escales: Nitroglycerin u. Dynamit. S. 211.

Außenseite und Deckel sind mit Isoliermaterial gegen zu rasche Abkühlung geschützt.

Flüchtigkeit in der Wärme. Bei der geringen Flüchtigkeit des Nitroglycerins ist mit einer Verdampfung desselben aus dem Dynamit unter gewöhnlichen Umständen, d. h. aus patroniertem bzw. verpacktem Dynamit, auch bei höherer Temperatur nicht zu rechnen. Breitet man es dagegen lose aus, so begünstigt die feine Verteilung bzw. vergrößerte Oberfläche die Verflüchtigung des Nitroglycerins erheblich. Bei 40° verdampft dann schon in wenigen Tagen eine nennenswerte Menge. Bei 70° in flacher Schicht auf einem Uhrglas ausgebreitet, soll nach Heß das Dynamit nach 100 Stunden alles Nitroglycerin durch Verdunstung verlieren.

Charakter als Sprengstoff.

Stabilität und Stabilitätsprüfung. Ist das Gurdynamit aus völlig stabilisiertem Nitroglycerin hergestellt worden, so ist es an sich chemisch ebenso stabil wie dieses und läßt sich auch in tropischem Klima unbegrenzte Zeit aufbewahren, ohne sich chemisch zu verändern.

Bei der Ausführung des sog. Hitze-Testes nach Abel mit Jodkaliumstärkepapier (vgl. Abschnitt Abel-Test S. 115) verhält es sich indessen anders und zeigt die Reaktion in viel kürzerer Zeit als das Nitroglycerin, aus dem es hergestellt wurde. Dies dürfte auf die größere Oberfläche des Nitroglycerins in Form von losem Dynamit und die dadurch erleichterte Verdampfung zurückzuführen sein. Offenbar sind es die Dämpfe des Nitroglycerins, die sich bei der betr. Temperatur dissoziieren und das Testpapier färben.

Dies geht auch daraus hervor, daß Salpetersäureester von höherer Flüchtigkeit als Nitroglycerin wie z. B. Nitroglykol oder Trimethylenglykoldinitrat (s. d.) trotz notorisch höherer chemischer Stabilität bei der Warmlagerung (z. B. bei 75°) das Testpapier in viel kürzerer Zeit färben als Nitroglycerin.

Dieselbe Erscheinung zeigt sich bei der Testprobe von Sprenggelatine und Gelatinedynamit, wenn man diese Substanzen mit Talkum fein verreibt und so künstlich die Oberfläche vergrößert und damit die Verdampfung des Nitroglycerins befördert (vgl. die betr. Abschnitte).

Man testet deshalb nicht das Dynamit selbst, sondern scheidet das Nitroglycerin zuvor mit Wasser ab, und unterwirft es alsdann der früher beschriebenen Abel-Test-Probe. Nach der englischen Vorschrift muß es dieselbe bei 71° C (160° Fahrenheit) mindestens 15 Minuten lang aushalten[1]).

[1]) Escales: Nitroglycerin und Dynamit. S. 206 und Guttmann: Industrie d. Explosivstoffe. S. 651.

Für die Untersuchung einer größeren Anzahl von täglichen Proben im Fabriklaboratorium gibt Oscar Hagen folgende Ausführungsweise für das Auslaugen des Nitroglycerins und die Testprüfung an[1]):

„In einem Reagensglasgestell bereitet man soviel Probegläschen mit aufgesetzten Trichterröhrchen vor, als Dynamitpatronen zur Untersuchung vorliegen. Die Reagensgläschen haben eine Höhe von 14—15 cm bei 16 mm Durchmesser; zu jedem gehört ein konischer Korkstopfen, auf dessen oberer ebener Fläche Marken zur Unterscheidung der Proben angebracht sind. Die Trichterröhrchen haben eine Gesamtlänge von etwa 8 cm (der Hals ist etwa 1,5 cm lang) eine Weite von 17—18 mm, der Hals ist 3 mm weit; letzterer wird mit einem erbsengroßen Stopfen von reinem Fließpapier locker verschlossen. Die Dynamitpatronen (gefrorene müssen aufgetaut werden) werden der Reihe nach auf einer Glasplatte mit einem breiten zugeschärften Spachtel aus Holz möglichst fein geschnitten und zerdrückt und dann wird mit der zerkleinerten Masse einer jeden Patrone je ein Trichterröhrchen beschickt. Das Festdrücken des Dynamites in den Trichterröhrchen erfordert einige Übung; drückt man zu stark, so verstopft sich das Röhrchen und verhindert das Durchsickern des Wassers; drückt man zu schwach, so läuft Wasser und Nitroglycerin gleichzeitig in das untergestellte Probiergläschen und man ist genötigt die Probe von neuem anzusetzen. Nachdem man unter Beobachtung dieser Regeln alle Trichterröhrchen bis zu etwa $^4/_5$ ihrer Länge geladen hat, füllt man sie bis zum Rande mit destilliertem Wasser von 90° C; das heiße Wasser bewirkt eine schnellere Filtration als kaltes. Das Niedergehen der Wasserschicht kann man in dem hellgefärbten Dynamit sehr gut beobachten, da sie eine scharf markierte dunkle Zone bildet. — Wenn sich ungefähr 2 ccm klares, wasserfreies Sprengöl im Probegläschen angesammelt haben, entfernt man das Trichterröhrchen. Bei richtigem Manipulieren muß die Filtration sämtlicher Proben nach 30—40 Minuten beendet sein. Es werden dann die Papiere eingehangen, die Stopfen aufgesetzt und die Gläschen ins Wasserbad gebracht. Die Patronen sind numeriert, desgleichen die Korke der Probierröhrchen. Bei dem jetzt folgenden Erwärmen ruft ein gut gewaschenes Nitroglycerin auch bei 80° C nach Ablauf einer Stunde noch keine Farbenerscheinung auf dem Papiere hervor. Die Reaktion, wenn eine solche auftritt, macht sich immer zuerst an der Grenze zwischen dem feuchten und dem trockenen Teile des Papiers bemerkbar. Bei Gegenwart geringer Spuren von Säure zeigt sich daselbst eine schwache braune Linie, die bei längerer Einwirkung der sauren Dämpfe oder bei größeren Säuremengen breiter und intensiver braun wird und schließlich in Blau übergeht."

Empfindlichkeit gegen Schlag und Reibung. Gurdynamit ist gegen Schlag zwischen harten Metallen nicht ganz so empfindlich wie flüssiges Nitroglycerin, gelangt aber immerhin bei Schlag zwischen Eisen und Eisen sehr leicht, und auch zwischen Eisen und anderen Metallen leicht zur Detonation. Schläge von Holz auf Holz sind unwirksam. Bei Fallhammerversuchen mit dem 1-kg-Gewicht ist nach Will eine Fallhöhe von 12—15 cm mit dem 2-kg-Gewicht eine solche von nur 7 cm zur Detonation erforderlich. Gefrorenes Dynamit ist weniger empfindlich und erfordert bei Anwendung des 1-kg-Gewichtes über 1 m, des 2-kg-Gewichtes mindestens 20 cm Fallhöhe. Auch Reiben zwischen harten rauhen Flächen führt leicht zur Detonation. Immerhin

[1]) Repert. analyt. Chem. S. 1. 1886. S. a. Escales: a. a. O. S. 207.

ist die Empfindlichkeit gegen Erschütterung nicht so groß, als daß das Dynamit besonders in Patronenform oder bei Verpackung in ganzen Kisten nicht auch eine sehr rauhe Behandlung vertrüge. Die plastische Masse ist weich genug, um auch einen bedeutenden Schlag oder Stoß in sich aufnehmen zu können, ohne zu explodieren. So hat man ganze Dynamitkisten aus 30—40 m Höhe aus Steinbrüchen herabgeworfen, ohne daß mehr geschah als Zertrümmerung der Kisten und teilweises Zerquetschen der Dynamitmasse zu Brei.

Beim Beschuß aus einem Gewehr kommen Dynamitpatronen auf Holzunterlage auf geringe Entfernungen sicher zur Explosion, nach Guttmann bis zu 60 Schritt Entfernung, wobei natürlich die Geschoßgeschwindigkeit von wesentlichem Einfluß ist. Gefrorenes Dynamit erweist sich auch hierbei als viel unempfindlicher und kommt nur bei geringeren Entfernungen zur Explosion.

Entzündung. Kleinere Mengen losen Dynamits brennen mit Flamme oder einem glühenden Körper zur Entzündung gebracht ruhig ab. Man hat sogar eine Zündschnur in eine ganze Kiste Dynamit eingeführt und letzteres zur Entflammung gebracht, wobei die Gase den Deckel zum Bersten brachten und der Inhalt ohne Explosion ausbrannte. Dies ist jedoch ein Experiment, das keineswegs mit irgendeiner Garantie des harmlosen Verlaufes wiederholt werden kann. Geraten größere Mengen Dynamit in Brand, so steigert sich Hitze und Fortleitung derselben auf die Nachbarschaft derartig, daß unter allen Umständen mit alsbaldiger Explosion gerechnet werden muß. Ebenso tritt Explosion ein, wenn sich das entzündete Dynamit in einer Blechbüchse oder sonstwie unter Einschluß befindet. Legt man eine Dynamitpatrone auf eine heiße Metallplatte, so ist mit großer Sicherheit auf Explosion binnen kurzer Zeit zu rechnen.

Verpuffungspunkt. Erhitzt man eine kleine Menge (0,1—0,2 g) Dynamit im Reagensglas im Metallbad, so tritt bei langsamer Temperatursteigerung wenig oberhalb 180° Verpuffung ein, bei der gewöhnlichen Ausführungsweise der Probe (Temperatursteigerung 20° pro Minute) erfolgt die Verpuffung mit mehr oder weniger scharfem Knall bei 195—200° [1]), nachdem von etwa 175° zuerst gelbe, dann rote Dämpfe entwichen sind.

Detonation durch Initialimpuls. Die vollkommene Detonation wird schon durch einen schwachen Initialimpuls, d. h. durch die schwächste der gebräuchlichen Sprengkapseln (Nr. 1) mit Sicherheit bewirkt. Gurdynamit wie alle Mischdynamite mit flüssigem, d. h. nicht gelatiniertem Nitroglycerin besitzen höchste Sensibilität gegen Initialimpuls.

---

1) Kast: Spreng- und Zündstoffe. S. 22.

Detonationsgeschwindigkeit. Die Detonationsgeschwindigkeit von Gurdynamit ist von hoher Größenordnung und schwankt mit Dichte und Durchmesser, erreicht jedoch nicht die höchsten Werte, die unter günstigsten Bedingungen bei flüssigem Nitroglycerin oder Sprenggelatine gemessen werden. Bichel gibt 6800 m per Sek. an [1]), Kast 6650 m bei einer anwendbaren maximalen Ladedichte von 1,50 [2]). Bei geringerer Ladedichte (1,30) fand Verfasser in eisernen Röhren von 34 mm lichter Weite 5650 m. Gurdynamit aus Nitroglykol gab unter gleichen Bedingungen 6000 m per Sek.

Energieinhalt. Der in der calorimetrischen Bombe meßbare Energieinhalt (Explosionswärme) beträgt naturgemäß $^3/_4$ von dem des Nitroglycerins, da der chemisch inaktive Aufsaugstoff sich an der Umsetzung nicht beteiligt, also annähernd 1200 Cal. per kg bei flüssigem Wasser, Escales gibt ihn mit 1170, Kast mit 1090 Cal., bezogen auf dampfförmiges Wasser an.

Die Explosionsgase aller Dynamite mit chemisch unwirksamer Basis sind die des Nitroglycerins. 1 kg Gurdynamit liefert bei der Explosion 536 l Gase.

Sprengkraft und Brisanz. Dynamite mit unwirksamen Aufsaugstoffen sind naturgemäß weniger brisant als flüssiges Nitroglycerin und ergeben eine geringere Arbeitsleistung, als die vorhandene Nitroglycerinmenge im Vergleich mit der Leistung von flüssigem Nitroglycerin oder Sprenggelatine erwarten ließe. Die entwickelte Wärme verteilt sich auf die Zersetzungsprodukte und den indifferenten Aufsaugstoff, der bei konstantem Volum ungefähr die gleiche spezifische Wärme (0,19) besitzt, wie die gasförmigen Zersetzungsprodukte des Nitroglycerins.

Naturgemäß ist auch die Explosionstemperatur niedriger, als die von Nitroglycerin. Sie beträgt nach Escales ca. 3000°, nach Brunswig 3160°, nach Kast 3420°. (Für Nitroglycerin berechnet Escales nach Heise 3160°, Brunswig 3470°. Kast findet den viel höheren Betrag von 4250°.)

Die inerte Beimengung erschwert auf der einen Seite den Durchgang der Detonationswelle und läßt nicht die höchste Detonationsgeschwindigkeit zu, die unter günstigen Bedingungen flüssiges Nitroglycerin erreicht. Auf der anderen Seite wiederum begünstigt der pulverförmige Zustand und der dadurch bedingte Luftgehalt, wie bei Besprechung der Explosionsfähigkeit der verschiedenen flüssigen Salpetersäureester hervorgehoben, den Durchgang der Detonationswelle, so daß die Anfangsgeschwindigkeit bei Gurdynamit höher ist und niemals so geringe Geschwindigkeiten gefunden werden, wie unter

---

[1]) Untersuchungsmethoden für Sprengstoffe. Berlin: W. Ernst u. Sohn 1902.

[2]) Kast: Spreng- und Zündstoffe. S. 70. 1921.

Umständen (bei geringem Durchmesser und schwachem Einschluß) bei flüssigem Nitroglycerin.

Bleiblockausbauchung: Nach vorstehendem ist eine niedrigere Bleiblockausbauchung zu erwarten, als der vorhandenen Nitroglycerinmenge im Vergleich zur Ausbauchung des flüssigen Nitroglycerins entsprechen würde. 10 g flüssiges Nitroglycerin geben unter Sandbesatz 550 ccm Nettoausbauchung, 10 g 75 proz. Gurdynamit geben unter Sandbesatz 320 ccm Nettoausbauchung. Nach der Proportionalität müßten die 7,5 g vorhandenes Nitroglycerin ohne die dämpfende Wirkung des inerten Ballastes 410 ccm erwarten lassen, wobei allerdings zu beachten ist, daß die Bleiblockzahlen nicht genau proportional zur angewandten Menge steigen, sondern besonders bei höheren Ausbauchungen in geometrischer Progression.

Unter Wasserbesatz, der höhere Werte liefert, wurden vergleichsweise folgende Bleiblockausbauchungen ermittelt:

10 g Nitroglycerin flüssig	10 g Nitroglycerin mit 3,4 g Gur vermischt	7,5 g Nitroglycerin flüssig	7,5 g Nitroglycerin mit 2,5 g Gur vermischt
630 ccm	540 ccm	450 ccm	370 ccm
Differenz: 90 ccm		Differenz: 80 ccm	

Die Sprengleistung pro Gewichtseinheit Nitroglycerin wird also durch den inerten wärmeverschluckenden Aufsaugstoff um 14—18% herabgedrückt. Bezüglich Bleiblockstauchung vgl. den Abschnitt: Nitroglycerin S. 140.

Detonationsübertragung: Gurdynamit zeigt in hervorragender Weise die Eigenschaft der simultanen Explosion getrennter Patronen, wenn nur eine Patrone zur Detonation gebracht wird.

Die Prüfung der Detonationsübertragung auf Abstand bildet bei der praktischen Fabrikation der meisten Sprengstoffe eine der charakteristischen und wichtigsten sprengtechnischen Prüfungen.

Die Anwesenheit von flüssigem Nitroglycerin, das in pulverförmigen Sprengstoffgemischen fein verteilt ist, bildet stets eine Gewähr für zuverlässige Fortpflanzung der Detonation, wofern nicht eine Gegenwirkung durch zu großen Zusatz phlegmatisierender Beimengungen stattfindet.

Gurdynamitpatronen von 30 mm Durchmesser können die Detonation über einen Abstand von 30 cm von Patrone zu Patrone übertragen.

Auskochen oder Abbrennen von Dynamit. Die bei regelrechter Detonation des Dynamits entstehenden Explosionsgase, Kohlensäure, Stickstoff, Wasserdampf und etwas Sauerstoff, sind nicht gesundheitsschädlich, bzw. giftig. Im Gegensatz hierzu steht ein bisweilen in der Praxis vorkommendes langsames Abbrennen der Ladung aus dem Bohrloch heraus, das sog. Auskochen des Sprengschusses. Hierbei findet keine vollkommene Umsetzung des Nitroglycerinmoleküles statt. Die Salpetersäurereste geben infolge zu niedriger Temperatur den Sauerstoff nicht völlig frei und es entstehen Stickoxyde, von denen auch das einfache Stickoxyd (NO) beim Hinzutritt von Luft das hochgiftige Stickstoffdioxyd (NO_2) bildet. Auf der anderen Seite entsteht als weitere Folge der unvollkommenen Umsetzung das giftige Kohlenoxyd. In solchem Falle brodelt ein gelbroter Qualm aus dem Bohrloch hervor, dessen Einatmen dem Bergmann verderblich werden kann. Ein typischer derartiger Fall aus der Praxis wird von Jacoby und His in zwei medizinischen Gutachten beschrieben[1]).

Als Ursachen für das Auskochen von Schüssen kommen folgende in Betracht[2]).

Zu schwache bzw. untauglich gewordene z. B. feuchte Sprengkapseln, oder Zündung nur mit Zündhütchen bzw. ohne Sprengkapsel; unrichtiges Einsetzen der Zündschnur mit der Kapsel in die Ladung, so daß letztere von der Zündschnur vor der Explosion der Kapsel entzündet wird und teilweise ausbrennt, bevor die Kapsel zur Explosion gelangt und den Rest der Ladung zur Explosion bringt. Ferner können Verwendung von gefrorenem Dynamit oder Zwischenlagerung von Bohrmehl zwischen die einzelnen Patronen zu ganzen oder teilweisen Auskochern führen. Bei anfänglichem Auskochen kann auch nachträglich durch den im Bohrloch entstehenden Gasdruck und die Temperaturerhöhung noch Explosion eintreten. In allen Fällen entstehen giftige Schwaden (schlechte Wetter). Als Gegenmittel vorgeschlagene Sauerstoff entwickelnde Patronen (D.R.P. 185363) dürften nicht unbedingt wirksam sein, werden auch kaum angewandt, da die entstehenden Mehrkosten besser für die Beschaffung tadelloser Sprengkapseln und einwandfreier Zündschnur aufgewendet werden. Sachgemäße Montierung und Besetzung der Schüsse nach sorgfältiger Reinigung des Bohrloches vom Bohrmehl, sind neben obigem die zuverlässigsten Mittel, um Auskocher zu vermeiden.

Gefrorenes Dynamit. Bei kalter Witterung erstarren, wie erwähnt, Dynamitpatronen zu harten steifen Massen, in die die Sprengkapsel einmal nicht eingebracht werden kann, die aber auch durch den Initialimpuls der einfachen Kapselzündung nicht zur Detonation gelangen. Dagegen gelingt es durch eine Aufsatzladung einer brisanten Sprengstoffpatrone (nach Guttmann z. B. aus mit Nitroglycerin getränkter Schießwolle) Detonation hervorzurufen. Es besteht hier eine gewisse Parallele mit der Detonationsfähigkeit anderer hoch-

[1]) Z. f. d. ges. Schieß- u. Sprengstoffwesen 1907, S. 261.

[2]) Wappler: Jahrb. f. Berg- u. Hüttenwesen im Königr. Sachsen 1887, S. 31.

brisanter Sprengstoffe in ähnlichem starren, festen Zustande. Auch hochkomprimierte Ladungen anderer Sprengmittel, die in pulverförmigem Zustande durch eine Sprengkapsel leicht zur Detonation gelangen, z. B. Ladungen aus gepreßtem Ammonal (Gemisch von Ammonsalpeter mit Aluminiumpulver und Trinitrotoluol) oder erstarrte Schmelzflüsse von Trinitrotoluol-Ammonsalpetermischungen, wie sie im Weltkrieg in größtem Maßstabe zur Füllung von Brisanzgranaten dienten, ferner gegossene Ladungen von Trinitrotoluol oder Pikrinsäure, die beide als lose Krystallpulver mit Sprengkapsel leicht detonieren, erfordern zur Auslösung der Detonation einen stärkeren Initialimpuls, eine sog. Initialladung.

Solche in Artilleriegeschossen gebräuchlichen Zündladungen, die ihrerseits durch die Sprengkapsel gezündet werden, sind im praktischen Bergbau nicht verwendbar, weil gefrorene Patronen mangels der nötigen Geschmeidigkeit nicht bequem und ohne gefährliche Reibung in die Bohrlochtiefe eingebracht werden können.

Gefrorene Dynamitpatronen müssen also vorsichtig aufgetaut werden, was in den bereits erwähnten Warmwasserkästen erfolgt (Nobelsche Töpfe)[1]). Keinesfalls darf das Auftauen über einem offenen Licht, in der Nähe von Öfen oder Herden oder sonstwie durch Berührung mit heißen Gegenständen (Dampfleitungen usw.) erfolgen. Durch unvorsichtiges Auftauen von Dynamitpatronen sind schon zahllose Unglücksfälle vorgekommen. Die Statistik hat ergeben, daß die Mehrzahl aller Unglücksfälle beim Gebrauche von Dynamit in die kalte Jahreszeit fällt.

Es ist nicht immer sicher zu vermeiden, daß gefrorene Patronen in die Hand des Bergmannes gelangen, da häufig in den einzelnen Paketen die äußere Patronenlage weich ist, während sich in der Mitte des Paketes noch ganz oder teilweise gefrorene Patronen befinden. In Bergbaubetrieben sind die Sprengstofflager häufig unter Tage, wo besonders in entsprechender Tiefe die Temperatur genügend hoch ist, um ein Gefrieren nicht eintreten bzw. beim Transport gefrorenes Dynamit erweichen zu lassen. Die Warmhaltung oberirdischer Magazine z. B. durch Warmwasserheizung ist kostspielig und nicht überall angängig, das Auftauen trotz geeigneter Apparate zeitraubend und umständlich.

Für viele Anwendungen der Dynamite z. B. bei Straßenbauten, Tunnelbauten, Schachtbau nach dem Gefrierverfahren, Ingenieurarbeiten im Gebirge (z. B. Bau von Wasserkraftanlagen) empfiehlt

---

[1]) Vgl. auch Escales: Nitroglycerin u. Dynamit. S. 215. Über Dynamit-Thermophore, ferner österr. Z. f. Berg- u. Hüttenwesen Bd. 49, Nr. 17, sowie Mitteil. Gegenst. Art. u. Geniewesen, 1901, Nr. 10.

sich daher für die kältere Jahreszeit (Oktober bis April) der Bezug von ungefrierbaren Dynamitsorten, die für diese Zwecke auch mehr und mehr in Aufnahme kommen (vgl. den betr. Abschnitt).

An und für sich ist gefrorenes Dynamit unempfindlicher gegen mechanische Einflüsse als plastisches, wie dies die theoretische Überlegung erwarten läßt und auch durch exakte Versuche bestätigt wurde. Nach Beobachtungen von Heß soll dagegen Dynamit im halbgefrorenen Zustande, also im Übergangszustande empfindlicher und gefährlicher sein. Zerbrechen oder Zerschneiden gefrorener oder halbgefrorener Patronen soll bisweilen deren Explosion veranlaßt haben. Bei der geringen hierbei auftretenden Reibung ist dieser Vorgang eigentlich nicht recht verständlich und Verfasser hat mehrfach im Reagensrohr gefrorene Nitroglycerinstangen mit samt dem Glas oder gefrorene Patronen mit dem Holzhammer unter geeigneter Deckung zertrümmert, ohne daß Explosion eingetreten wäre. Immerhin ist bei Wiederholung derartiger Versuche Vorsicht anzuraten.

b) Dynamite mit chemisch wirksamer Basis.

Das älteste Verfahren, Nitroglycerin von einer verbrennlichen oder explosiven Substanz aufsaugen zu lassen, stammt von Nobel selbst, der Schwarzpulver in Zinkblechhülsen füllte und in diesen mit Nitroglycerin tränkte. Die Hülsen wurden mit einem Korkpropfen verschlossen[1]).

Zu den ältesten Dynamiten mit wirksamer Basis gehören auch die schon etwa 1867 von Trauzl sowie Abel vorgeschlagenen Schießwolldynamite.

Trauzls Schießwolldynamit bestand aus 73% Nitroglycerin, 25% Schießbaumwolle und 2% Holzkohle und wurde in feuchtem Zustande mit einem Wassergehalt von etwa 15% in den Verkehr gebracht. In diesem Zustand detoniert es mit einer starken Sprengkapsel und überträgt die Detonation mit Sicherheit.

Seine Explosionsprodukte enthalten naturgemäß Kohlenoxyd. Abel tränkte ein Gemisch von Kalisalpeter und Schießbaumwolle mit Nitroglycerin und nannte das Produkt „Glyoxilin“.

Schultze empfahl 1868 als „Dualin“ ein Gemisch aus Holznitrocellulose und Nitroglycerin.

Unter demselben Namen ließ sich Dittmar ein Gemisch aus 50% Nitroglycerin, 30% nitriertem Sägemehl und 20% Salpeter patentieren.

Die Schießwolldynamite hatten eine hochbrisante Wirkung, aber naturgemäß eine geringe Dichte.

---

[1]) Dinglers polytechn. Journ. vom 1. 1. 1864.

Mit der Erfindung der Gelatine-Dynamite kamen sie bald fast gänzlich außer Gebrauch.

Eine größere Bedeutung erlangten die Mischdynamite, bei denen das Nitroglycerin statt durch die unverbrennliche Kieselgur durch ein Gemisch von Holzmehl (zuweilen auch teilweise Holzkohle) und Salpeterarten aufgesaugt wurde, wobei man das Verhältnis zwischen Salpeter und verbrennlicher Substanz zwar nicht immer, aber doch häufig so wählte, daß als Explosionsgase nur Kohlensäure, Stickstoff und Wasserdampf, aber kein Kohlenoxyd auftreten konnten, was für den Bergwerksbetrieb unter Tage naturgemäß von großer Wichtigkeit ist.

Solche Mischdynamite, deren typische Zusammensetzung etwa ist:

Nitroglycerin	40 %	
Natronsalpeter	45 %	Sauerstoffbilanz:
Holzmehl	12 %	+ 9,35 %
Carbonate u. Feuchtigkeit	3 %	
	100 %	

sind in Österreich, Frankreich und Amerika viel gebraucht worden und wurden in den letzten Jahren in den Ver. Staaten von Nordamerika unter der Bezeichnung „Straight Dynamites" noch in größtem Umfange gebraucht.

Im europäischen Bergbau, kann man wohl sagen, sind sie durch die gelatinierten Dynamite, die dichter und weniger empfindlich gegen Feuchtigkeit sind, überflügelt und im Laufe der Jahrzehnte mehr und mehr verdrängt worden.

Der gegenwärtige deutsche Bergbau kennt keinen Vertreter dieses Typs mehr und die preußische Polizeiverordnung vom 1. Febr. 1923, die das Sprengstoffwesen für den preußischen Bergbau neu regelt, läßt nur gelatinierte Dynamite zu.

Flüssiges Nitroglycerin wird nur im Betrage von etwa 12 % der Mischung in den sog. halbplastischen wettersicheren Sprengstoffen in Deutschland und England verwendet.

Anfangs setzte man zur sicheren Aufsaugung auch noch Kieselgur zu.

Die Variationen und die durch den wechselnden Nitroglyceringehalt bedingten Abstufungen der Kraftleistung sind zahllos und es seien hier nur einige der wichtigeren Zusammensetzungen nach Guttmann und Escales aufgeführt:

Rhexit (von Diller)

Nitroglycerin	64 %
Holzmoder	11 %
Holzmehl	7 %
Natronsalpeter	18 %

Meganit.

Nitroglycerin	60 %
nitrierter Holzstoff	10 %
nitriertes Steinnußmehl	10 %
Natronsalpeter	20 %

Carbonit
(v. Schmidt u. Bichel)

Nitroglycerin	25 %
Holzmehl	40½ %
Natronsalpeter	34 %
Soda	½ %

Stonit
(v. Schmidt u. Bichel)

Nitroglycerin	68 %
Kieselgur	20 %
Holzmehl	4 %
Kalisalpeter	8 %

Hercules Powder (Amerika)

Nitroglycerin	40 %
Natronsalpeter	45 %
Holzstoff	11 %
Salz	1 %
kohlens. Magnesia	1 %
Feuchtigkeit	2 %

Vulcan Powder (Amerika)

Nitroglycerin	30,0 %
Natronsalpeter	52,5 %
Schwefel	7,0 %
Holzkohle	10,5 %

Safety Nitro Powder
(Amerika)

Nitroglycerin	69 %
Natronsalpeter	18 %
Holzstoff	13 %

Atlas Powder (Amerika)

Nitroglycerin	75 %
Holzfaser	21 %
Natronsalpeter	2 %
kohlens. Magnesia	2 %

Dem letzteren in der Zusammenestzung ähnlich ist das französische Dynamit Nr. 0, bestehend aus 74 % Nitroglycerin und 26 % Holzmehl. Es enthält auf wasserfreies Holzmehl und letzteres als Cellulose berechnet auf 100 Gewichtsteile 28,6 Teile Sauerstoff weniger, als zur völligen Verbrennung notwendig sind, ergibt daher bei der Explosion beträchtliche Mengen Kohlenoxyd und Wasserstoff.

Die Bleiblockausbauchung beträgt ca. 410 ccm netto, der Heßsche Bleiblock wird, wie von Gelatinedynamit, um 19 mm gestaucht. Die Dichte ist ca. 1,40.

Zu den sprengkräftigsten obiger Mischungen gehört auch das Rhexit, mit einem Sauerstoffmangel von nur 11 %, einer Bleiblockausbauchung von 385 ccm netto, einer Stauchung von 20 mm und der Dichte 1,54.

Die Wirkung kommt also der des ähnlich zusammengesetzten Gelatinedynamites ungefähr gleich, Sprengstoffe dieser Art sind aber sehr empfindlich gegen Feuchtigkeit und lassen im nassen Gestein leicht Nitroglycerin austreten, was zu den bereits erwähnten unangenehmen Folgen führen kann.

Zu beachten ist die Billigkeit und Einfachheit der Herstellung, die auf die Anwendung der immerhin kostspieligen Kollodiumwolle zur Bindung des Nitroglycerins in Form einer Gelatine verzichtet. Das Nitroglycerin in seinei flüssigen aber fein verteilten Form sichert den sprengölreichen derartigen Gemischen immer eine absolut sichere Detonationsübertragung und eine hochbrisante Wirkung, infolge hoher

Detonationsgeschwindigkeit, während eine Phlegmatisierung, wie sie durch zu steife Gelatinen entstehen kann, nicht in Frage kommt.

Diese Mischdynamite werden in derselben Weise wie Gurdynamit durch einfaches Zusammenmischen des Nitroglycerins mit dem Zumischpulver hergestellt.

Es sind lockere, feuchte, fettige Pulver, die auf leichten Druck kein Öl austreten lassen sollen. Zur Umhüllung dient stets paraffiniertes Patronenpapier, welches das Nitroglycerin nicht durchschwitzen läßt. Die Pappkartons, die die Patronen aufnehmen, werden in Papier eingeschlagen und zum Schutz vor Feuchtigkeit in ein Bad von heißem, geschmolzenem Paraffin kurz eingetaucht.

Besonders kräftige Vertreter dieses Typs waren auch die sog. Ammondynamite, in denen als Sauerstoffträger an Stelle von Kali- oder Natronsalpeter der Ammonsalpeter dient, der durch seinen restlosen Zerfall in Gase ohne festen Rückstand einen besonders günstigen Gasdruck bewirkt. Natürlich sind diese Mischungen, ebenso wie alle Ammonsalpetersprengstoffe, besonders empfindlich gegen Feuchtigkeit.

Die französischen Ammondynamite hatten folgende Zusammensetzung:

Ammondynamit:

	1.	2.	2a.
Nitroglycerin	40%	20%	22%
Ammonsalpeter	45%	75%	75%
Natronsalpeter	5%	—	—
Holz- oder Getreidemehl	10%	5%	—
Holzkohle	—	—	3%
	100%	100%	100%
Sauerstoffbilanz	+ 0,75%	+ 9,7%	+ 7,8%
Bleiblockausbauchung	400 ccm	335 ccm	330 ccm
Bleiblockstauchung	22 mm	15,5 mm	16 mm
Dichte	1,38	1,20	1,33

Erwähnt sei in diesem Zusammenhang noch das in Amerika als Gesteinssprengstoff sehr viel verwendete Monobel, ein Gemisch aus 80% Ammonsalpeter, 10% Nitroglycerin, 10% Holzmehl, mit einem Sauerstoffüberschuß von 4,35%, einer Bleiblockausbauchung von ca. 350 ccm, einer Stauchung von 12 mm und einer Dichte von etwa 1,15. Dieser Sprengstoff zählt eher zu den typischen Ammonsalpetersprengstoffen, als zu den eigentlichen Mischdynamiten. Seine Wirkung läßt sich auch mit Ammonsalpetersprengstoffen mit ganz geringem Sprengölzusatz erzielen. Er kommt daher nur für ein Land in Betracht, wo das Nitroglycerin ein relativ billiges Produkt ist und der Sprengölgehalt für die Transportbedingungen von geringer Bedeutung ist.

In Deutschland werden derartige Sprengstoffe wie Monobel oder Ammondynamit 2 schon deshalb nicht verwendet, weil in ihnen die spezifische Wirkung des Nitroglycerins nicht mehr eine solche ist, daß sie nicht auch von Ammonsprengstoffen ohne Sprengöl oder mit geringem Sprengölgehalt (4 %) erreicht würde, die den Vorzug haben, als völlig handhabungssicher zu gelten und auf den Eisenbahnen zum unbeschränkten Stückgutverkehr zugelassen zu sein.

II. Sprenggelatine.

Einen bahnbrechenden Fortschritt gegenüber Gurdynamit und den Mischdynamiten und wohl den bis heute noch nicht überflügelten Gipfelpunkt aller Nobelschen Erfindungen stellte die 1875 gemachte Entdeckung der Gelatinierbarkeit des Nitroglycerins durch Kollodiumwolle (lösliche Nitrocellulose) dar, d. h. die Herstellung eines plastischen elastischen Kolloides, einer festen Lösung von Nitrocellulose in Nitroglycerin. Die erstrebte handliche feste Form desselben wird hier in einem Zustand höchster Energiedichte, völliger Unangreifbarkeit und Unveränderlichkeit gegenüber Feuchtigkeit und denkbar günstigster chemischer Zusammensetzung erreicht, da die physikalisch und sprengtechnisch günstigste Mischung zugleich dasjenige Verhältnis darstellt, bei dem sich der Sauerstoffüberschuß des Nitroglycerins mit dem Sauerstoffmangel der Nitrocellulose ausgleicht, also höchste chemische Energieentfaltung durch vollkommene Verbrennung bei Ausschluß schädlicher Explosionsprodukte gewährleistet ist.

Eine Gelatine von 8 T. Enneanitrocellulose mit 92 T. Nitroglycerin stellt dieses Verhältnis vollkommener Verbrennung zu Kohlensäure, Wasser und Stickstoff dar.

Nobel ließ seine Erfindung in fast allen Kulturstaaten patentieren[1]). Die Einleitung des schwedischen Patentes, die alle charakteristischen Merkmale der epochemachenden Erfindung in prägnanter Form wiedergibt, möge in der Übersetzung von Escales hier Platz finden:

„Wie bekannt hat sich das Nitroglycerin in flüssiger Form als allzu gefährlich für industrielle Zwecke erwiesen. Infolge dieser Gefährlichkeit habe ich das Dynamit, d. i. Nitroglycerin in höchst porösen Stoffen absorbiert, erfunden; allein Dynamit besitzt nur $^2/_3$ der Kraft des Nitroglycerins und ist empfindlich gegen Berührung oder Druck von Wasser, weil dadurch das flüssige Sprengöl aus dem Dynamit herausgedrängt wird. Deshalb habe ich mich bemüht, dem Nitroglycerin auf andere Weise eine feste Form zu geben; ich erreiche dies durch einen Gelatinierungsprozeß; letzterer wird so ausgeführt, daß ich in Nitroglycerin, welches auf dem Wasserbade gelinde erwärmt wird, Nitrozellulose, und zwar solche, die zur Kollodiumbereitung verwendet wird, auflöse. Die explosive Flüssigkeit wird dadurch mehr oder weniger dickflüssig, und erreicht, nach dem sie 6—7 % ihres Gewichts nitrierter Pflanzenfaser aufgenommen hat, eine gummi- oder gelatineartige Konsistenz, welche sich besonders gut zu industriellen Zwecken eignet. Ich

[1]) D.R.P. 4829 vgl. gesch. Einl. S. 11. Engl. Pat. 4179 (1875), schwed. Pat. v. 8. 7. 1876.

beschränke die Lösung jedoch nicht auf den angeführten Prozentsatz, weil für verschiedene Zwecke verschiedene Härtegrade des Explosivmittels erforderlich sind und der Härtegrad bedingt wird durch die relative Menge gelöster nitrierter Pflanzenfaser. Bei der Gelatinierung des Nitroglycerins muß beachtet werden: 1. daß diese Flüssigkeit keine Verunreinigungen enthält, wodurch ihre Fähigkeit, in der Wärme nitrierte Cellulose zu lösen, unvorteilhaft beeinflußt wird; 2. daß nur leicht lösliche Nitrocellulose angewandt wird; 3. daß die Auflösung der nitrierten Cellulose. besonders wenn dieselbe sehr zusammenhängt, dadurch erleichtert wird, daß man die Masse umarbeitet und knetet.

Das gelatinierte Nitroglycerin läßt sich mit Leichtigkeit zu Patronen pressen, auch kann man ihm eine andere Form geben."

Das so erhaltene gelatinierte Nitroglycerin hat in der Zusammensetzung 90—93 % Nitroglycerin und 7—10 % Kollodiumwolle nicht nur als reine „Sprenggelatine" zum stärksten und brisantesten aller praktisch bisher gebrauchten Sprengmittel geführt, das vorwiegend für zähestes festestes Gestein Verwendung fand, sondern es hat in Form einer dünneren an Kollodiumwolle ärmeren Gelatine die Basis einer endlosen Reihe gelatinöser bzw. plastischer Sprengstoffe von in mannigfachster Weise abgestufter Kraftleistung und Brisanz gebildet, die gemeinhin Gelatinedynamite genannt wurden, aber je nach Herkunft und besonderem Charakter auch andere Bezeichnungen erhielten. Allen gemeinsam ist hohe Dichte, verhältnismäßig hohe Unempfindlichkeit gegen Feuchtigkeit und je nach dem Nitroglyceringehalt abgestufte, aber immer relativ brisante Wirkung. Auch schlagwetter- und kohlenstaubsichere Sprengstoffe auf Basis von gelatiniertem Nitroglycerin werden hergestellt mit einem Gehalt von 25 bis 50 % an letzterem je nach Anforderung an Brisanz und Wettersicherheit.

Fabrikation der Sprenggelatine.

Kollodiumwolle: Die Kollodiumwolle, die äther-alkohollösliche Form der Schießbaumwolle, ist kein einheitlicher chemischer Körper, sondern ein Gemisch verschiedener Nitrierungsstufen der Cellulose, und zwar in der Regel der Octonitro-, Enneanitro- und Decanitrocellulose:

$C_{24}H_{32}O_{12}\ (ONO_2)_8$	mit	11,11 % N
$C_{24}H_{31}O_{11}\ (ONO_2)_9$	„	11,97 % N
$C_{24}H_{30}O_{10}\ (ONO_2)_{10}$	„	12,75 % N

Im allgemeinen liegt der Bereich der Kollodiumwollen zwischen einem Stickstoffgehalt von 11,1 und einem solchen von 12,5 %.

Nach Lunge[1]) erhält man in Ätheralkohol lösliche Nitrocellolusen durch Nitrierung der Baumwolle mit einem Gemisch gleicher Teile von Salpetersäure und Schwefelsäure, das 17—18 % Wasser enthält, wobei mit steigender Nitrierungstemperatur die Löslichkeit zunimmt, andererseits die Nitrierdauer bei erhöhter Temperatur entsprechend

[1]) Z. angew. Chem. 1906, S. 2051.

einzuschränken ist. Nach Guttmann[1]) ist der übliche Nitrieransatz auf 1 T. Baumwolle 25—30 T. eines Säuregemisches gleicher Teile von Salpetersäure mit 75% Monohydrat (spez. Gew. 1,44) und Schwefelsäure mit 96% Monohydrat (spez. Gew. 1,84). Ein solches Gemisch enthält 37,5% HNO_3, 48% H_2SO_4 und 14,5% H_2O. Man nitriert 1—1½ Stunde bei 40°.

Ein Teil der Abfallsäure wird abgestoßen und ein Teil mit einem wasserärmeren und salpetersäurereicheren Säuregemisch wieder aufgefrischt, d. h. wieder auf die ursprüngliche Zusammensetzung gebracht. Das Verhältnis dieser Teile ist u. a. abhängig von der Konzentration der zur Verfügung stehenden Säuren.

Nitriert wird wie bei der Herstellung der Schießbaumwolle in Steinzeugtöpfen, meist aber direkt in Nitrierzentrifugen, in denen die Abfallsäure unmittelbar nach der Nitrierung abgeschleudert und zur möglichst restlosen Wiedergewinnung der wertvollen Salpetersäure mit Wasser oder mit Schwefelsäure und hierauf mit Wasser verdrängt wird. Das Entsäuern, Kochen und Pülpen (in Mahlholländern) bzw. die Stabilisierung sind die von der Schießbaumwollfabrikation her bekannten Prozesse.

Bestimmende Faktoren für das Nitrierungsergebnis sind:

1. die Konzentration des Säuregemisches,
2. die Temperatur der Nitrierung,
3. die Dauer der Einwirkung.

Höhere Konzentration und längere Dauer haben die Tendenz, hochnitrierte, weniger lösliche Nitrocellulose zu geben, während höhere Temperatur zu niedrigeren Stufen führt.

Durch Regulierung dieser drei Faktoren hat man es in der Hand, Kollodiumwolle von gewünschter Zusammensetzung und Löslichkeit zu erhalten.

Anforderungen an die Kollodiumwolle. Von Wichtigkeit für die Fabrikation der Sprenggelatine und der Gelatinedynamite sind folgende Eigenschaften der Kollodiumwolle: chemische Stabilität, Löslichkeit, Viscosität, Gelatinierbarkeit mit Nitroglycerin bzw. Bindefähigkeit für dasselbe und Stickstoffgehalt.

Stabilitätsprobe. Man unterwirft 1 g trockener Kollodiumwolle der bei der Nitroglycerinfabrikation beschriebenen Abel-Testprobe (s. d.) bei 72°. Die Reaktion soll nicht vor Ablauf von 15 Minuten eintreten. In England verlangt man nur 10 Min. In Preußen wird für Kollodiumwolle oder Schießbaumwolle, die zur Fabrikation von rauchlosem Pulver dienen soll, eine Testdauer von 25 Min. bei 80° gefordert.

---

[1]) Industrie d. Explosivstoffe, S. 361 u. Z. angew. Chem. 1907, S. 262.

Gut stabilisierte Kollodiumwolle wird die Reaktion bei 72° im allgemeinen länger als 30 Min. aushalten.

Vor einer Reihe von Jahren herrschte in einigen Fabriken der Brauch, bei der Fabrikation der Nitrozellulose ganz geringe Mengen Sublimat zuzusetzen. Dies geschah, weil man beobachtet haben wollte, daß Nitrocellulose in feuchtem Zustande, in dem sie bekanntlich verpackt, gelagert und befördert wird, von gewissen Bakterien angegriffen würde. Das Sublimat sollte diese Bakterientätigkeit verhindern bzw. die Nitrocellulose desinfizieren und Schimmelpilzbildung an den Säcken unterbinden. Es wird von der Faser zu Quecksilber reduziert und ist als solches in der Kollodiumwolle bzw. den damit hergestellten Sprengstoffen vorhanden. Das leicht flüchtige Quecksilber verdeckt oder verzögert nun selbst in geringsten Mengen die Testreaktion, da es mit dem abgeschiedenen Jod des Jodkaliumstärkepapieres Quecksilberjodid gibt, welches in so geringen Mengen, wie sie der Empfindlichkeit der Jodstärkereaktion entsprechen, unsichtbar bleibt. Derartige Zusätze, die die Abel-Testprobe verschleiern und unbrauchbar machen, sind daher in Ländern, wo auf diese Probe besonderer Wert gelegt wird, z. B. England und seinen Kolonien, verpönt und behördlicherseits (durch die Explosives Inspectoren) verboten.

Selbst geringste Verunreinigung einer Nitrocellulose mit Quecksilber kann man in sehr einfacher Weise spektroskopisch nachweisen, indem man sie in ein doppelschenkeliges evakuierbares Rohr bringt, dessen Schenkel durch eine Capillare verbunden sind, der gegenüber Platindrähte in das Rohr hineinführen. Man evakuiert, erhitzt im Wasserbad, bringt die Capillare (c) vor das Spektroskop und läßt vermittels Induktoriums Funken durch dieselbe schlagen, wobei bei Anwesenheit von Hg das Quecksilberspektrum (gelbe Doppellinie, starke grüne Linie und 2 schwache Linien im Violett) sichtbar wird (s. Abb. 28).

Noch schärfer wird der Nachweis und macht Spuren sichtbar, die auf keinem anderen Wege nachgewiesen werden können, wenn man die durch Erwärmen ausgetriebenen Hg-Dämpfe zunächst auf echtem Blattgold niederschlägt, welches eine enorme Absorptionsfähigkeit für diese Dämpfe besitzt und sie aus der umgebenden Luft begierig an sich zieht, und dieses so infizierte Blattgold alsdann in dem soeben beschriebenen evakuierten Doppelrohr erhitzt. Dieser spektroskopische Nachweis ist bei Anwendung eines großen Spektroskops, guten Vakuums und einer genügend engen Capillare von hoher Leuchtkraft so außerordentlich empfindlich, daß er in besonderen Räumen vorgenommen werden muß, da in jedem chemischen Laboratorium soviel Hg-Dampf vorhanden ist, um das Blattgold nach kurzer Zeit so zu infizieren, daß zum mindesten die grüne Linie des Quecksilberspektrums beim Erhitzen sichtbar wird[1]).

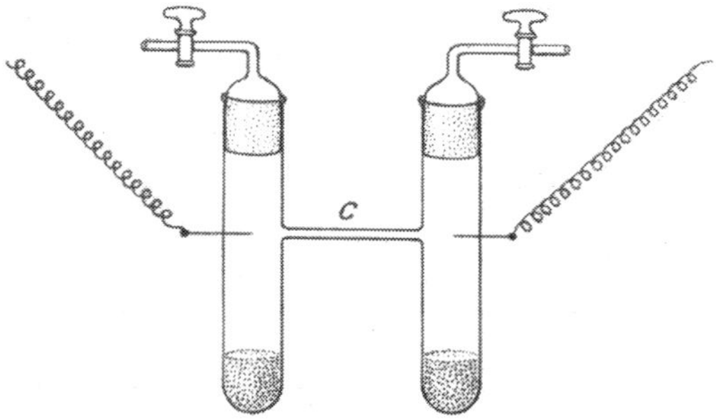

Abb. 28.

Wichtiger als der Abel-Test und von der deutschen Reichsbahnverwaltung als offizielle Stabilitätsprüfung für solche Nitrocellulosen,

[1]) Vgl. auch Kast: Spreng- u. Zündstoffe. S. 142. 1921. Dupré u. Andre: Arms a. Explosives. S. 15, 32, 47 u. 61. 1907. Z. f. d. ges. Schieß- u. Sprengstoffwesen 1910, S. 81.

die zur Herstellung stückgutfähiger rauchschwacher Pulver dienen sollen, angenommen ist die Erhitzungsprobe bei 132°.

Bei qualitativer Ausführung derselben werden 2 g trockner Nitrocellulose in einem 35 cm langem Glasrohr in einem Flüssigkeitsbade auf 132° erhitzt und der Zeitpunkt beobachtet, wann die ersten sichtbaren Zersetzungsprodukte (gelbe Dämpfe) auftreten. Dies soll nicht vor Ablauf einer Stunde geschehen. Gegenüber den Proberöhren

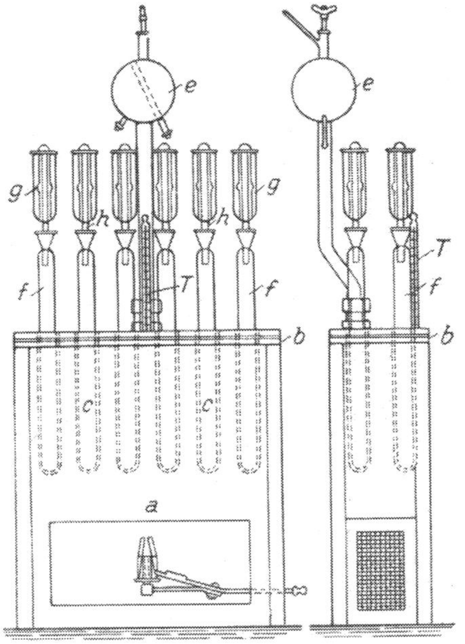

Abb. 29a.

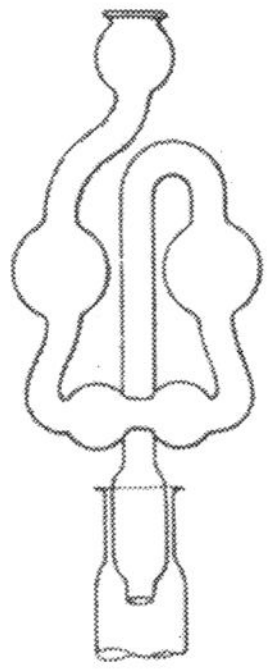
Abb. 29b.

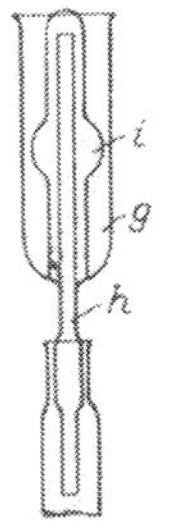

Abb. 29c.

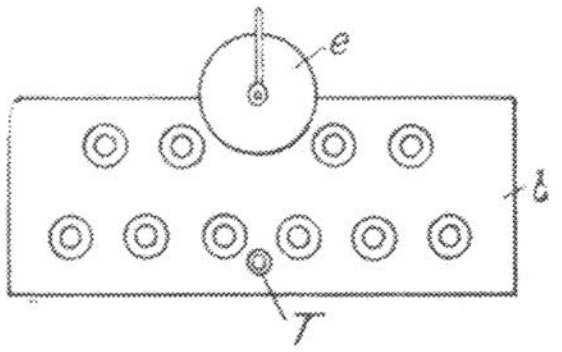

Abb. 29d.

befindet sich ein Schirm von weißem Papier, um die Beobachtung der gelben Dämpfe zu erleichtern.

Bei der quantitativen Ausführung (Abspaltungsprobe)[1]) werden die innerhalb einer bestimmten Zeit abgespaltenen Zersetzungsprodukte als NO gemessen. Der hierzu nötige Apparat und die Ausführung der Bestimmung wird in den vom vormaligen Reichseisenbahnamt herausgegebenen „Bestimmungen über die Prüfung von Sprengstoffen gemäß Anlage C. Ia der Eisenbahnverkehrsordnung“ wie folgt beschrieben (vgl. auch Abb. 29):

Die Vorrichtung zum Erhitzen der Röhren besteht aus einem kupfernen geschlossenen Kasten *a* von 35 cm Breite, 10 cm Tiefe und 25 cm Höhe, der mit einem durch Schrauben befestigten, verlöteten Deckel *b* luftdicht verschlossen ist, ferner aus 10 aus starkem Messing gezogenen Röhren *c* von 20 cm Länge und 2 cm

---

[1]) Nach Bergmann u. Junk.

lichter Weite für die gläsernen Einsatzröhren, außerdem aus einem dünneren Rohr für das Thermometer *d* und endlich aus einem metallenen Kupferkühler *e*. Die Vorrichtung wird durch einen Kochschen Sicherheitsbrenner geheizt. Die Temperatur wird dauernd auf 132° C gehalten. Die konstante Temperatur kann am besten dadurch erzielt werden, daß man in dem Kupferblechkasten eine bei 132° siedende Flüssigkeit, z. B. technischen Amylalkohol oder ein passendes Xylolgemisch, in mäßigem Sieden hält.

Die zur Aufnahme der Nitrocellulose dienenden gläsernen Einsatzröhren *f* müssen starkwandig und unten zugeschmolzen sein und eine Länge von 35 cm, eine äußere Weite von 2 cm und eine lichte Weite von 1,5—1,6 cm haben. Ferner müssen sie mit einer 50 ccm-Marke versehen sein.

Der Becheraufsatz besteht aus einem Glasbecher *g* von 10 cm Höhe und 3 cm lichter Weite, durch dessen Raum ein Glasrohr *h* geht, das sich unten zu einem in das Erhitzungsrohr eingeschliffenen Stopfen erweitert. Über das Rohr im Innern des Glasbechers ist ein kleines, in der Mitte zu einer Kugel aufgeblasenes Glasröhrchen *i* gestülpt. Der Becher *g* wird zur Hälfte mit Wasser gefüllt.

An Stelle des Becheraufsatzes kann auch ein Kugelaufsatz von nachstehender Form benuzt werden. Dieser wird bis an den unteren Ansatz der oberen Kugeln mit Wasser gefüllt (s. Abb. 29b).

Bei der Prüfung unbeständiger Nitrocellulosen sind Explosionen nicht ausgeschlossen. Die Erhitzungsvorrichtung ist deshalb in ein Gehäuse eingebaut, in dessen Vorder- und Rückseite doppelte, durch runde Gummistränge getrennte 8—9 mm starke Glasscheiben eingesetzt sind.

Zur Prüfung darf nur gut bei 40—50° getrocknete Nitrocellulose von höchstens 1% Feuchtigkeit verwendet werden. Der Feuchtigkeitsgehalt wird durch zweistündiges Trocknen einer besonderen Probe von 2 g bei 100° ermittelt.

Ausführung der Prüfung. 2 g der getrockneten Nitrocellulose werden mittels eines Metalltrichters in das Erhitzungsrohr gebracht Die an den oberen Wandungen haftenden Teilchen werden durch Klopfen oder mittels Federfahne beseitigt. Der eingeschliffene Stopfen des Aufsatzes wird sorgfältig gefettet, in das Einsatzrohr gesetzt, der Aufsatz mit Wasser gefüllt und das Rohr in die zuvor auf 132° C angeheizte Vorrichtung gebracht. Nach 2 Stunden werden die Röhren aus der Vorrichtung herausgenommen. Infolge der Abkühlung steigt das Wasser aus dem Aufsatz in das Innere und durchtränkt die Nitrocellulose. (Bei Anwendung des Kugelaufsatzes ist es, um das Einfließen des vorgelegten Wassers in die Erhitzungsröhre zu bewirken, erforderlich, nach Beendigung des Erhitzens etwas Wasser nachzugießen.) Hierauf wird bei gleichzeitigem Ausspülen des Aufsatzes bis zur Marke aufgefüllt und kräftig durchgeschüttelt Der Röhreninhalt wird durch ein trockenes Filter in ein Kölbchen filtriert. Mit 25 ccm des Filtrates wird dann nach Zusatz von 1 ccm $^1/_2$ Norm. Kaliumpermanganat der Stickstoff nach der Methode von Schultze-Tiemann (Schlösing) bestimmt. Hierbei wird zum Auffangen des Gases zweckmäßig ein Meßrohr benutzt, dessen oberer Teil (10 ccm) einen geringeren Durchmesser hat, so daß mit Genauigkeit zehntel Kubikzentimeter abgelesen werden können. Die abgelesenen Kubikzentimeter Stickoxyd werden unter Berücksichtigung des Wasserdampfdruckes auf 0° und 760 mm Barometerhöhe reduziert.

Die 25 ccm des Filtrates entsprechen 1 g der angewendeten Nitrocellulose. Die Abspaltung von Stickoxyd für diese Menge darf höchstens 3 ccm betragen.

Der in bekannter Weise (vgl. bei Nitroglycerin) bestimmte Verpuffungspunkt der Kollodiumwolle soll oberhalb 180° liegen (Versuchsmenge 0,05—0,1 g). Die deutsche Eisenbahnverkehrsordnung schreibt

0,1 g vor, sowie eine Erhitzung des Ölbades ab 100^0 um 5^0 pro Minute, so daß 16 Minuten nach dem Einsetzen der Probe 180^0 erreicht werden.

Löslichkeit (in Ätheralkohol). Wenn auch kein absoluter Parallelismus zwischen der Löslichkeit einer Kollodiumwolle in Ätheralkohol und der in Nitroglycerin zu bestehen scheint[1]), so wird sich doch im allgemeinen eine in Ätheralkohol hochlösliche Nitrocellulose auch in Nitroglycerin gut auflösen und zu dessen Gelatinierung eignen.

Während bei Kollodiumwollen für photographische Zwecke eine absolute klare Löslichkeit in Ätheralkohol verlangt wird, ist eine solche bei Kollodiumwollen für die Sprengstoffabrikation keineswegs erforderlich. Ein Gehalt von mehreren Hundertteilen an unlöslichen Nitrocellulosen tut der Verwendungsfähigkeit hierfür keinen Abbruch.

Löslichkeitsbestimmung. 2,5 g Nitrocellulose werden in einem 250 ccm fassenden graduierten Standzylinder mit Glasstöpsel mit 250 ccm Ätheralkohol (1 Vol. abs. Alkohol + 2 Vol. abs. Äther) 12 Stunden unter öfterem Umschütteln behandelt. Um Klumpenbildung, die die Auflösung erschwert und verzögert, zu vermeiden, übergießt man die Kollodiumwolle zuerst mit dem Alkohol, schüttelt gut durch und gibt den Äther allmählich unter Umschütteln zu. Nach gehörigem Absitzen vom Unlöslichen werden je 50 ccm der überstehenden klaren Lösung in gewogene Bechergläser abpipettiert, in denen die Lösung an einem warmen Ort zur Verdunstung gebracht wird [2]). Zusatz von etwas Wasser befördert die Bildung eines pulverigen Rückstandes und dadurch das Austrocknen. Schließlich wird bei 50^0 bis zum konstanten Gewicht getrocknet unter Bedecken mit einem Uhrglas, abgekühlt und rasch gewogen.

Das 5fache des Rückstandes ergibt die in 2,5 g Kollodiumwolle enthaltene lösliche Nitrocellulose.

Viscosität. Die Viscosität von Ätheralkohollösungen von Kollodiumwollen ist naturgemäß zunächst eine Funktion der Konzentration. Sie kann aber auch bei gleichen Konzentrationen je nach Herstellungsart der Produkte eine sehr verschiedene sein. Da sie offenbar mit dem molekularen Zustande bzw. der Molekulargröße der Kollodiumwolle zusammenhängt, wird sie von der Art des Lösungsmittels mehr oder weniger unabhängig sein und die Viscosität von Nitroglycerin-Kollodiumwollelösungen wird mit solchen von Kollodiumwolle in Ätheralkohol parallel gehen. Eine höhere Viscosität bedingt also, daß man mit einer geringeren Menge Kollodiumwolle die nötige Festigkeit der Nitroglyceringelatine erreicht.

Nach Lunge und Suter[3]) steht sie in keiner direkten Beziehung zum Stickstoffgehalt, doch tritt ihr Maximum beim höchsten Stickstoffgehalt ein, sie sinkt mit dem Steigen der Nitriertemperatur und mit

---

[1]) Silberrad: Z. angew. Chem. 1906. S. 2051.

[2]) Filtration und direkte Bestimmung des unlöslichen Rückstandes ist nicht praktisch, da die kolloidale Lösung selbst nach Dekantieren der Hauptmenge und Verdünnung des Restes mit weiteren Ätheralkoholmengen schwer filtrierbar ist.

[3]) Z. angew. Chem. 1906, S. 2051.

zunehmender Nitrierdauer, ebenso sinkt sie mit steigendem Wassergehalt der Nitriersäure. Die höchsten Viscositäten erzielt man bei wasserärmeren Nitriersäuren und kurzer Dauer der Nitrierung. Kollodiumlösungen verlieren in kurzer Zeit bedeutend an Viscosität, wenn sie auch nur geringe Mengen von Säure enthalten.

Die Viscosität kann in verschiedener Weise bestimmt werden, z. B. durch Messung der Ausflußzeit einer bestimmten Menge der betreffenden Lösung aus einer Bürette, oder durch Messung der Zeit, die eine hohle Glaskugel oder eine Luftblase [1]) braucht, um in der Lösung von einer Marke zu einer anderen aufzusteigen.

Bei allen solchen vergleichsweisen Messungen ist scharf auf Temperaturkonstanz zu achten, da die Viscosität ein und derselben Lösung mit der Temperatur stark schwankt.

Gelatinierfähigkeit (Bindefähigkeit). Die Fähigkeit einer Kollodiumwolle, in geringer Menge das Nitroglycerin zu einer homogenen festen Masse zu binden, wird durch die sog. Gelatinierprobe ermittelt. Escales [2]) beschreibt diese Probe wie folgt:

2,5 g gut gepülpte Kollodiumwolle werden nach Trocknung langsam in 40 ccm Nitroglycerin eingetragen, so daß letzteres 3,76 $^0/_0$ Nitrocellulose enthält; das Gemisch wird in einem Kupferzylinder gut durchgerührt und 10 Minuten stehen gelassen; nach Ablauf dieser Zeit fügt man noch 1 ccm eines Gemisches von 3 Teilen Methylalkohol und 1 Teil Aceton hinzu, stellt den Becher in warmes Wasser (70—75^0) und rührt ungefähr 5 Minuten lang mit einem Hornspachtel fleißig durch; es soll dann aus der ursprünglich dünnflüssigen eine zähe Masse geworden sein. Nach weiteren 20 Minuten hebt man den Becher aus dem Wasser und läßt abkühlen; in etwa einer halben Stunde muß sich die Gelatine mit dem Spachtel vom Boden aufnehmen lassen, ohne den Zusammenhang zu verlieren und ohne Spuren von Nitroglycerin am Boden zurückzulassen.

Nach Kenntnis des Verfassers wird auf deutschen Fabriken diese Probe mit noch weniger Kollodiumwolle und ohne Zusatz eines Lösungsmittels vorgenommen. 2,5 g trockne feingesiebte Kollodiumwolle werden in einer kleinen Stielkasserole aus Porzellan mit 97,5 g Nitroglycerin kalt gut verrührt, worauf durch Einsetzen in ein Wasserbad von 65^0 die Masse erwärmt und 20 Minuten in der Wärme mit einem Hornspatel durchgeknetet wird.

Nach dem Erkalten soll sich die Masse glatt vom Porzellan lösen und als zusammenhängender Klumpen mit dem Spatel hochheben lassen. In diesem Falle bezeichnet man die Gelatinierfähigkeit mit I und drückt eine geringere Fähigkeit der Kollodiumwolle, in dieser Menge eine nicht klebende zusammenhängende Gelatine zu liefern, mit entsprechend schlechteren Qualitätsbezeichnungen (II—V) aus. Die Beurteilung der Eignung einer Kollodiumwolle für die Fabrikation

---

[1]) Viscosimeter von Cochius, von Lunge benutzt.

[2]) Nitroglycerin und Dynamit. S. 228.

von Sprenggelatine und Gelatinedynamit nach dieser etwas rohen Methode ist reine Erfahrungssache.

Jedenfalls lassen Kollodiumwollen, die bei dieser Probe eine stark klebrige oder schmierige, nicht zusammenhängende Gelatine liefern, ein Ausschwitzen von Nitroglycerin aus den Dynamiten bei längerer Lagerung, besonders bei Warmlagerung befürchten.

Verbesserung der Gelatinierfähigkeit. Die Gelatinierfähigkeit von Kollodiumwollsorten, die in geringer Menge keine vollkommene Gelatine oder selbst bei erhöhtem Zusatz eine solche geben, aus der bei der Lagerung Nitroglycerin ausschwitzt, Sorten, wie sie während des Baumwollmangels im Kriege durch Nitrierung von Holzstoff (Zellstoff) erhalten wurden, kann man durch gewisse Zusätze verbessern. Als solche sind vorzüglich bekannt geworden die sogenannten Centralite, tetrasubstituierte Harnstoffderivate, so genannt von der Zentralstelle für wissenschaftlich-technische Untersuchungen in Neubabelsberg bei Berlin, die sie zuerst als Stabilisatoren für rauchschwache Pulver angewendet hat. Diese Produkte, auch als nichtflüchtige Campherersatzmittel angewendet, die selbst mit Nitrocellulose zu gelatinieren imstande sind, haben die eigentümliche Fähigkeit, in geringen Zusätzen von 1—3% des Sprengöles, die Gelatinierung zu beschleunigen und die Haltbarkeit der Gelatine auch bei Anwendung schlecht gelatinierender Kollodiumwollen bedeutend zu verbessern[1]).

In Betracht kommen Centralit 1, 2 und 3, d. h. Diäthyldiphenyl-, Dimethyldiphenyl- und Äthylmethyldiphenylharnstoff. Von der Firma Weiler-ter-Meer in Uerdingen am Rhein werden diese Produkte unter dem Namen: Mollite in den Handel gebracht.

Die britischen Patentschriften 14658/1915 und 126056 behandeln denselben Effekt bei der Gelatinierung des Nitroglycerins mittelst Kollodiumwolle und führen als Zusatzmittel zur Verbesserung der Gelatinierfähigkeit allgemein die substituierten Harnstoffe an. Hiernach wird die Gelatinierung auch beschleunigt und tritt bereits ohne Erwärmen ein.

Bei längerem Stehen der Nitroglycerin-Kollodiumwollmischung tritt eine Gelatinierung schließlich auch ohne Zusätze und ohne Erwärmung ein. Aus praktischen Gründen gelatiniert man indessen stets unter Anwendung einer gewissen Erwärmung.

Dinitroglycerin und Nitroglykol haben die Eigentümlichkeit, mit Kollodiumwolle bei gewöhnlicher Temperatur schon in verhältnismäßig kurzer Zeit feste Gelatinen zu geben. Bei Anwendung von Nitroglykol an Stelle von Nitroglycerin ist dieser Umstand wegen der leichten Verdampfbarkeit des Nitroglykoles in der Wärme von besonderer Bedeutung.

---

[1]) Deutsche Patentanmeldung C. 29014/78 c vom 22. IV. 1920.

Auf der anderen Seite gibt es Stoffe, die die Gelatinierfähigkeit ungünstig beeinflussen und der Gelatinebildung direkt entgegenwirken, die daher als Komponenten von Gelatinedynamiten zu vermeiden sind. Hierher gehört z. B. Anthracenöl, das in wenigen Prozenten zugesetzt die Gelatine direkt zerstört, krümelig macht und ein Ausschwitzen des Nitroglycerins bewirkt.

Stickstoffgehalt der Kollodiumwolle. Da die Kollodiumwolle einen aktiven Bestandteil der betreffenden Sprengstoffe darstellt, ist ein hoher Stickstoffgehalt, d. h. eine hohe Nitrierungsstufe natürlich erwünscht. Die zur Dynamitfabrikation verwendeten Kollodiumwollen, die sog. Dynamitwollen, haben in der Regel einen Stickstoffgehalt von 12,1—12,2 $^0/_0$, dürften also ein Gemisch von der Hauptsache nach Enneanitrocellulose mit Decanitrocellulose darstellen.

Trocknung der Kollodiumwolle. Die Kollodiumwolle wird nach der Fertigstellung von überflüssigem Wasser in Zentrifugen abgeschleudert und in feuchtem Zustand mit ca. 35 $^0/_0$ Wasser gewöhnlich in mit Zinkblech ausgekleideten Holzkisten gelagert und transportiert. Zum Zwecke der Gelatinierung wird sie meist völlig abgetrocknet.

Es ist zwar auch möglich, den Gelatinierungsprozeß mit feuchter Kollodiumwolle vorzunehmen, und manche Fabriken verfahren so, um die Kosten der Trocknung zu sparen und die Gefahr des Hantierens mit trockner Kollodiumwolle auszuschalten. Doch erschwert immerhin Anwesenheit von Feuchtigkeit den Vorgang, besonders die gleichmäßig feine Verteilung der Nitrocellulose im Sprengöl und somit Erzielung einer völlig homogenen Gelatine, so daß die feuchte Kollodiumwolle durch relativ feine Siebe mühsam durchgerieben werden muß, um Klumpenbildung zu vermeiden und völlige Homogenität zu erzielen, ohne die ein späteres Ausschwitzen von Nitroglycerin zu befürchten wäre. Während das Wasser bei der Gelatinierung vom Öl aus der Nitrocellulose verdrängt wird, und größtenteils verdampft, so daß der Rest den Sprengstoff nicht nachteilig beeinflußt, erfordert andererseits die Dosierung der feuchten Kollodiumwolle, da sie an der Luft rasch abtrocknet, einige Aufmerksamkeit. Man zieht es daher aus praktischen Gründen meist vor, die Kollodiumwolle zu trocknen und die gewisse Gefahr des Hantierens mit trockner Kollodiumwolle mit in Kauf zu nehmen und ihr durch möglichst praktische Trockeneinrichtungen zu begegnen.

Das Trocknen von Schießbaumwolle und Kollodiumwolle und die dazu dienenden Trockenhäuser beschreibt O. Guttmann eingehend[1]) und es hat sich an diesen Einrichtungen und Verfahren bis heute nichts Wesentliches geändert. Die hölzernen Trockenhäuser sind von Wällen umgeben. Die Kollodiumwolle wird auf Hürden in Schichten von 4—5 cm Dicke ausgebreitet.

Vielfach bestehen die Böden der Hürden aus kupfernen oder bronzenen Drahtgeweben, die geerdet sind, um sich ansammelnde Elektrizität abzuleiten. Solche entsteht vorzüglich, wenn ein beständiger Luftstrom über die Nitrocellulose streicht.

---

1) Industrie d. Explosivstoffe. S. 363—368.

Man verwendet aber auch hölzerne Hürden, die einfach mit Stoff bespannt sind, und vermeidet stärkere Luftbewegung, läßt vielmehr das Material einfach in den geheizten Räumen allmählich austrocknen, was mehrere Tage in Anspruch nimmt. Die Temperatur soll 40^0 nicht überschreiten und wird am zweckmäßigsten durch Warmwasserbeheizung erzeugt. Die Kontrollthermometer sollen von außen abzulesen sein. Die Heizkörper sind so zu verlegen, daß Kollodiumwollstaub möglichst geringen Zutritt zu ihnen hat, und gegebenenfalls ebenso wie Fußböden, deren Belag am zweckmäßigsten aus Linoleum besteht, Tür- und Fenstersimse täglich feucht abzuwischen.

Zur Vermeidung von Wärmeverlusten hat das Haus Doppelwände, zwischen denen sich Isoliermaterial z. B. Asche befindet.

Die ganze Einrichtung und Hantierung ist auf möglichste Vermeidung jeder Reibung eingestellt, da die trockene Kollodiumwolle besonders im erwärmten Zustande sehr reibungsempfindlich ist. Die Arbeiter betreten den Raum nur in Filzschuhen. Es empfiehlt sich deshalb auch, die Entleerung der Hürden erst nach Abkühlung vorzunehmen. Die Beendigung des Prozesses ergibt sich bei gleichbleibenden Verhältnissen und gleicher Beschickung durch die Erfahrung, kann aber auch durch Entnahme von Proben, deren Feuchtigkeitsgehalt im Laboratorium durch einstündiges Erhitzen auf 100^0 ermittelt wird, kontrolliert werden. Beträgt derselbe nicht über $0{,}5\,^0/_0$, so ist die Kollodiumwolle genügend trocken und wird in einem Nebenraum durch ein Sieb von 3—4 mm lichter Maschenweite in einen Kasten gesiebt, was am besten nicht durch Hindurchreiben, sondern durch leichtes Rütteln des Siebes geschieht.

Die trockene Kollodiumwolle ist hygroskopisch und zieht bis zu $2\,^0/_0$ Wasser an. Doch ist dies für die Dynamitfabrikation von keinem besonderen Belang. Gleichwohl wird sie vielfach in wasserdichte Behälter aus Zink oder in wasserdichte Säcke verpackt. In manchen Fabriken wird sie an Ort und Stelle in Pappkartons ausgewogen, die mit einem Pappdeckel verschlossen werden, und gelangt unmittelbar in den Gelatinierraum und zum Verbrauch.

Vorgelatinierung. Gelatinierhaus.

Je nachdem das Kneten in heizbaren Knetmaschinen erfolgt und in diesen auch die eigentliche Gelatinierung stattfindet, kann diesem Kneten ein einfaches Vormischen bei gewöhnlicher Temperatur vorausgehen, oder aber es kann eine eigentliche Vorgelatinierung in heizbaren flachen Gelatinierpfannen stattfinden.

Im ersteren Falle enthält der Vorgelatinierraum gegebenenfalls Vorratskästen für das Nitroglycerin, in die letzteres aus dem Waschhaus zufließt und außerdem in der Mitte oder an beiden Seiten auf Gestellen Reihen von rechteckigen mit Hartgummi ausgekleideten Holzkästen, die etwa 25 kg aufnehmen, und in die das abgewogene Nitroglycerin aus Hartgummieimern oder Hartgummikannen eingegossen wird. Man gibt nun die Kollodiumwolle zu und vermengt mit den Händen zu einem gleichmäßigen Brei, der je nach Bedarf längere oder kürzere Zeit evtl. (die letzten Tagesmischungen) über Nacht stehen bleibt. Bei kurzem Stehen bleibt der Brei dickflüssig, bei Stehen über Nacht gesteht er zu einer allerdings noch unvollkommenen Gelatine, die erst bei dem nun folgenden Kneten in der Wärme vollkommen fest und elastisch wird.

Die Kästen werden auf Tragbahren ins Knethaus gebracht und der Inhalt wird in die Knetmaschine entleert.

Die Vorgelatinierung kann aber auch in der Wärme erfolgen, was in den inländischen Fabriken das üblichere ist.

In diesem Falle befindet sich an jeder Seitenwand des Gelatinierhauses auf niedrigen Holzgestellen eine Reihe von rechteckigen flachen doppelwandigen Kupferpfannen, die von warmem Wasser von 60—65^0 durchströmt werden, so daß der Inhalt im Laufe der Gelatinierung eine Temperatur von 45—50^0 annimmt.

Bei einer Gesamthöhe von 80 cm, Breite von 100 cm, Länge von 135 cm, Pfannentiefe von 30 cm und Randbreite von etwa 10 cm, faßt solch eine Gelatinierpfanne die Normalmischung von 100 kg.

Vor dem Eintritt der Warmwasserleitung in die Pfannen führt ein Thermometer in dieselbe. Die Ventile zur Regulierung des Zuflusses befinden sich an bequem zugänglicher Stelle möglichst entfernt von den Pfannen und sind ebenso wie die Leitungen und Außenteile der Pfannen häufig durch feuchtes Abwischen von Kollodiumwoll- und Zumischpulverstaub zu reinigen. Der Warmwasserbehälter, der bei Dampfspeisung mit automatischer Regulierung versehen sein muß, so daß sein Inhalt nicht über 70^0 erhitzt wird, befindet sich außerhalb des Gebäudes auf der Wallkrone. Vorteilhaft ist es, denselben an eine Warmwasserleitung anzuschließen und nur mit Wasser von 65—70^0 zu speisen.

In den Pfannen wird Nitroglycerin und Kollodiumwolle mit Holzspaten oder von Hand durchgerührt und nach völlig gleichmäßiger Verteilung 20—25 Minuten sich selbst überlassen.

Die Gelatine wird nun in Holztröge gefüllt und nach dem Knethaus geschafft.

Fertigstellung in der Knetmaschine.

Zur Erzielung völliger Homogenität wird die so vorbereitete Sprenggelatine in Knetmaschinen gründlich geknetet, in denen bei der

Herstellung der Gelatinedynamite auch die innige Vermischung der Gelatine mit dem sog. Zumischpulver stattfindet.

Als Knetmaschinen kommen zwei verschiedene Typen in Betracht, und zwar die von dem Engländer George Mc. Roberts beschriebene wannenförmige aus Kupfer, Bronze oder Messing gefertigte, in der an zwei Vertikalachsen befindliche fingerartige Rührflügel ineinandergreifen. Dieselbe ist in England viel in Gebrauch, aber auch in deutschen Fabriken, die vorzüglich Sprenggelatine und Gelatinedynamit für den Export herstellen. Sie eignet sich nur für hochgelatinöse bzw. hochprozentige Nitroglycerinsprengstoffe.

Im übrigen benutzt man im Inland meist die sog. Werner-Pfleiderer-Maschinen, genannt nach der erzeugenden Firma „Werner und Pfleiderer" in Cannstatt bei Stuttgart. Maschinen ähnlicher Konstruktion bauen auch Karl Seemann in Berlin und Rich. Lehmann in Dresden.

Die Roberts'sche Maschine (Abb. 30) beschreibt O. Guttmann[1]) wie folgt:

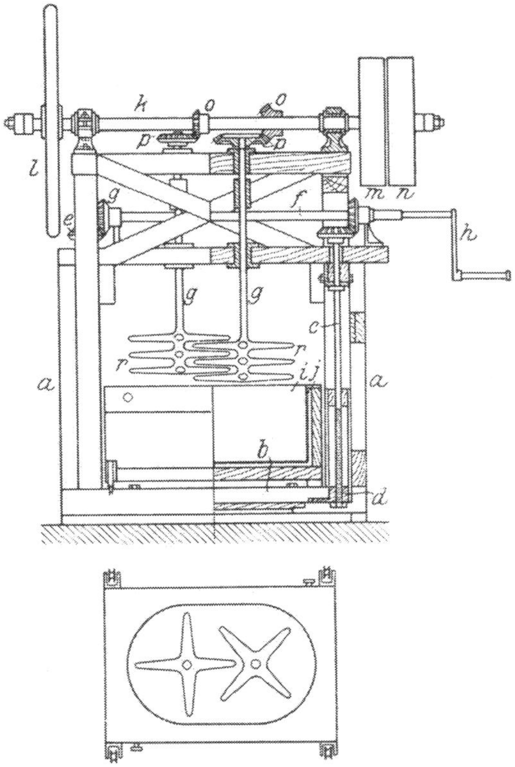

Abb. 30.

„Sie besteht aus einem starken Gestelle *a* aus Eichenholz, auf welchem ein falscher Boden *b* mit Hilfe von zwei Schraubenwellen *c* höher oder tiefer gestellt werden kann. Die zwei Schraubenwellen greifen nämlich in an dem Boden angebrachte Seitenwände mit Muttern *d* ein und setzen sich nach oben in glatte Wellenstücke fort, an welchen ein Kegelrad *c* befestigt ist. Eine über den Apparat gehende horizontale Welle *f* mit zwei Gegenkegelrädern *g* greift in die Wellen ein. Durch Drehen an der Kurbel *h* wird sonach der falsche Boden von den Schraubenwellen in die Höhe gehoben. Auf diesen falschen Boden kommt eine aus Kupfer gefertigte, auf vier Rädern laufende Pfanne *i* mit Wassermantel *j*, welcher durch einen Kautschukschlauch mit einer Warmwasserleitung verbunden

[1]) Industrie d. Explosivstoffe. S. 500.

werden kann. Das Gestelle setzt sich nach oben fort und trägt daselbst eine zweite horizontale Welle *k*, welche ein Schwungrad *l* und eine feste und lose Scheibe *m* und *n*, sowie zwei Kegelräder *o* trägt. Diese greifen in entgegenstehende Kegelräder *p*, welche an zwei durch das Gestelle hindurchgehenden vertikalen Wellen *g* befestigt sind. Letztere haben fingerförmige, in Kreuzgestalt ausgeführte Rührflügel *r*, welche so gestellt sind, daß die Finger der beiden Flügel ineinander nach Art der Rootschen Gebläse eingreifen, wie dies aus dem Grundrisse in Abb. 30 ersichtlich ist. Die Arbeit erfolgt in der Weise, daß der Wagen mit der doppelten Pfanne auf den falschen Boden geschoben wird, letztere an die Warmwasserleitung angeschlossen und durch Drehung der Handkurbel in die Höhe gehoben wird, bis die Rührflügel eintauchen, dann erfolgt der Antrieb der Rührflügel selbst.

Die Temperatur der Mischung wird zwischen 40 und 45° gehalten, und binnen einer Stunde ist die ganze Operation beendigt."

Das Knethaus einer großen deutschen Dynamitfabrik enthält z. B. 6 solcher Maschinen aus Messing, an jeder Seitenwand drei. Das Heben und Senken der Pfannen erfolgt automatisch ganz langsam durch elektrischen Antrieb mit selbsttätiger Ausschaltung. Die Fassung beträgt gewöhnlich 100 kg. Von mancher Seite wird dieser Einrichtung eine verhältnismäßig größere Sicherheit zugesprochen, als den Werner-Pfleiderer-Maschinen, da der Zwischenraum zwischen den fingerartigen Rührarmen und den Wandungen größer ist, als der zwischen Rührflügeln und Wandung bei letzteren, also eine gefahrbringende Einklemmung zufällig in die Sprengstoffmasse hineingeratener harter Fremdkörper (Nägel, Schraubenköpfe) nicht so leicht möglich ist. (Immerhin hält Guttmann (l. c.) die Möglichkeit heftiger Schläge und gefährlicher Brüche bei der englischen Konstruktion nicht für ausgeschlossen.) Einen Nachteil bildet die lange Knetdauer, die bis zur völlig gleichmäßigen Vermischung des Zumischpulvers annähernd eine Stunde beträgt, während die Rührflügel der Werner-Pfleiderer-Maschinen weit intensiver mengen und kneten, so daß je nach Geschwindigkeit ihrer Umdrehung die Homogenität der Mischung in 10—20 Minuten erreicht ist, wobei allerdings eine Vorgelatinierung in der Wärme in geheizten Pfannen Voraussetzung ist.

Die Knetmaschinen nach Werner-Pfleiderer ähneln denen, die in Brotfabriken zur Knetung des Brotteiges benutzt werden. Der bronzene Mischtrog ist unten halbkreisförmig ausgebildet und an zwei horizontalen Wellen bewegen sich je zwei Knet- und Mischschaufeln gegeneinander. Meist jedoch besteht der Trog aus zwei nebeneinander liegenden Mulden bzw. Halbzylindern, die in der Mitte eine Schneide bilden, so daß über jedem Halbzylinder eine Welle liegt. Die innere Einrichtung einer solchen Knetmaschine zeigt Abb. 31. Häufig ist an den Mischtrog außen ein Blechmantel angelötet, durch den man warmes oder kaltes Wasser zum Anwärmen oder Kühlen zirkulieren lassen kann.

Die Knetschaufeln haben durch entsprechende Zahnräder eine verschiedene Geschwindigkeit, was die Durchmengung fördert, und können gegeneinander und auseinander laufen. Gewöhnlich läuft eine Welle doppelt so schnell wie die andere.

Um die Reibung des Gemisches an den Achsenlagern zu vermindern, sind die Achsen mit einem gewissen Spielraum in den Lagern aufgehängt, so daß bei Gemischen, die Flüssigkeiten oder dünne Ge-

Abb. 31.

latine enthalten, stets etwas hindurchtreten kann, was aufgefangen und von Zeit zu Zeit der Masse wieder hinzugefügt wird.

Der Antrieb erfolgt elektrisch mit Hilfe von Riemenscheibe und Transmission, die Ein- und Ausschaltung von außerhalb des Gebäudes, so daß während des Ganges der Knetmaschine niemand das Gebäude zu betreten braucht, eine Vorschrift, die indessen nicht überall besteht.

Zwischen Knetflügel und Trogwandung soll ein Spielraum von mindestens 3 mm vorhanden sein, damit nicht kleine harte zufällig in die Masse gelangte Fremdkörper sich einklemmen und gefährliche Reibung erzeugen können. Vermieden wird dies in erster Linie dadurch, daß sämtliche Bestandteile des Sprengstoffes kurz vor der Vermischung ein Sieb passieren und entweder durch das Sieb direkt in die Gelatinierpfanne oder Knetmaschine gegeben oder vom Siebraum in verschlossenen oder gut bedeckten Gefäßen zum Mischraum geschafft werden.

Bei größerem Spielraum zwischen Wandung und Knetschaufel besteht das Bedenken, daß Teile der plastischen Masse an der Wandung kleben bleiben und sich der gründlichen Durchmischung entziehen.

Um die Gefahr plötzlicher starker Reibung noch mehr zu vermindern und nach Möglichkeit ganz zu beseitigen, bedient man sich in neuerer Zeit der sog. *Maximalausschalter*, die bei erhöhtem Widerstand innerhalb der Masse, also erhöhtem Stromverbrauch sofortige selbsttätige Ausschaltung des Stromes und damit Stillstand der Maschine herbeiführen. Sie bestehen aus einem Wattmesser, dessen Zeiger bei einem gewissen erhöhten Widerstand einen Kontakt berührt, wodurch ein Stromkreis geschlossen wird, der seinerseits durch Betätigung eines Elektromagneten den Hauptstrom unterbricht.

Um den Trog bequem entleeren zu können, wird derselbe gekippt, d. h. um die eine treibende Welle gedreht, bei kleineren Maschinen von Hand, bei größeren durch mechanischen Antrieb. Da die treibende Welle in ihrem Lager verbleibt, so bewegen sich dabei die Knetschaufeln weiter fort, ob nun der Trog horizontal oder vertikal steht, und hierdurch wird das Ausräumen des Troges in den davor aufgestellten Holzkasten durch die Maschine selbst bewirkt. Die genaue Konstruktionsbeschreibung dieser Kippvorrichtung sowie der ganzen Knetmaschine findet sich bei *Guttmann*[1]).

Man konstruiert Maschinen mit einer Fassung von 50, 100 und 200 kg. Für Versuchslaboratorien werden, um kleine Sprengstoffproben betriebsmäßig herstellen zu können, solche Knetmaschinen für 1 kg und 3 kg Fassung hergestellt. Ein Knethaus enthält gewöhnlich eine oder auch zwei Knetmaschinen.

Die in neuerer Zeit in Aufnahme gekommene Säulenknetmaschine der Draiswerke, bei der Vorgelatinierung und Knetung in demselben Gefäß stattfindet, wird im Abschnitt über Gelatinedynamite beschrieben.

Patronierung gelatinöser Sprengstoffe.

Die fertige Sprenggelatine bzw. die Gelatinedynamitmasse wird in länglichen Holzkästen,  die oben breiter sind als unten und bis zu 50 kg fassen, nach den Patronierbuden gefahren.

[1]) Industrie d. Explosivstoffe. S. 520—524.

Die Patronierung der gelatinösen Sprengstoffe kann nicht in Stopfmaschinen erfolgen, wie die der pulverförmigen Sprengstoffe, sondern geschieht gewöhnlich mittels Schraubenpressen.

Die in den großen englischen Fabriken gebräuchliche Patroniermaschine ist von Mc. Roberts beschrieben worden und durch Abb. 32 abgebildet.

Sie besteht aus einem trichterförmigen Gehäuse *a* mit Einfülltrichter *b*, an das ein dem Durchmesser der Patrone entsprechendes Mundstück *c* angeschraubt ist, evtl. mit einer der Patronenlänge entsprechenden Messinghülse. In dem Gehäuse bewegt sich, von zwei außerhalb desselben angebrachten Lagern *d d* getragen, eine Welle *e* mit Schraube *f*, welche die aus dem Einfülltrichter kommende Masse, die mit einem breiten Stopfholz von Zeit zu Zeit nach unten gepreßt wird, allmählich gegen das Mundstück zu drückt und aus demselben in Form einer Wurst herausbringt. Im Innern des Gehäuses sind Nuten *g* angebracht, die verhindern, daß die Masse sich mit der Schraube einfach umdreht. Die Vorrichtung ist auf einer Grundplatte und diese auf einem Tisch montiert. Die Maschine wird von zwei Mann bedient, von denen der eine mit einer Hand die Kurbel dreht und mit der anderen die gelatinöse Masse mittels Stopfholz von Zeit zu Zeit in den Trichter drückt. Der andere Mann wickelt das Patronenblatt um die Messinghülse, faltet es und läßt die Wurst hineindrücken bzw. die Papierhülse mit der aus der Messinghülse austretenden Wurst von ersterer abgleiten, bis die Patrone die richtige Länge hat. Nun reißt er die Wurst ab und schließt die Patrone auf der anderen Seite. Vielfach ist es auch üblich, lange Würste herauszudrücken, dieselben auf dem Tisch mit einem Bronzemesser in Stücke von entsprechender Länge zu schneiden und diese dann in das Patronenpapier einzuwickeln. Als solches dient Pergament- oder paraffiniertes Papier.

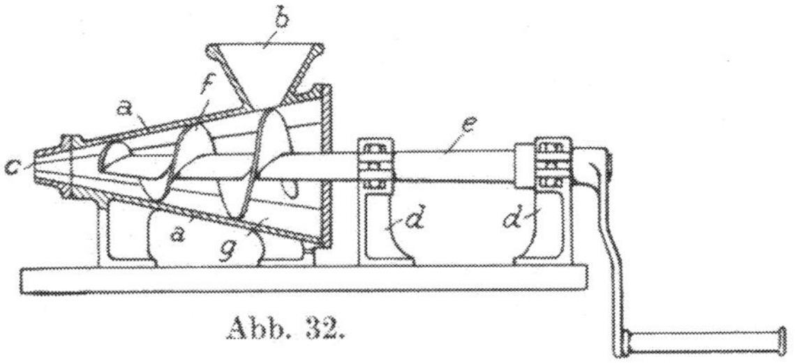

Abb. 32.

Im Inland sind ähnliche Maschinen, jedoch mit zylindrischem Gehäuse in Gebrauch (Abb. 33). Die Gehäuse sind meist nach dem Mundstück zu etwas konisch, was den Druck etwas erhöht und das Herausbringen der Masse fördert. Auf der anderen Seite ist der Druck in denselben geringer, als in trichterförmigen Gehäusen, was die Betriebssicherheit erhöht. Der Ansatz hat meist zwei, bisweilen mehr

Mundstücke bzw. Hülsen, so daß gleichzeitig mehrere Würste die Presse verlassen, was vor allem bei kleinen Patronendurchmessern zweckmäßig ist.

Vielfach sind auch sogenannte „einspännige“ Patroniermaschinen in Gebrauch, die von einem Manne bedient werden. Bei diesen befindet sich die Kurbel auf der Seite, an der die Sprengstoffwurst aus dem Mundloch des Gehäuses austritt, so daß der Patronierer durch Drehung der Kurbel zunächst die Wurst herauspreßt, sodann dieselbe abreißt und die Patrone schließt. Übertragen wird die Drehung hierbei durch eine Führungsstange von entsprechender Länge und 2 Zahnräder. Geliefert werden solche Maschinen z. B. von der Firma Chr. Brensing Nachf., Inhaber Paul Sichtermann, Elberfeld.

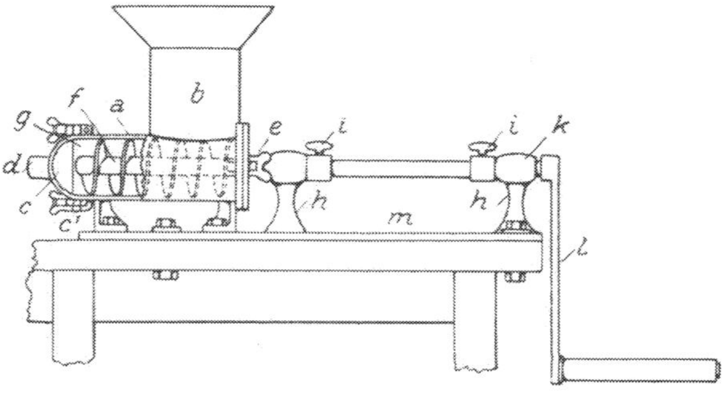

Abb. 33.

In den Ver. Staaten von Nordamerika pflegt man bei Massenfabrikation Patronenmaschinen für gelatinöse Sprengstoffe elektrisch anzutreiben. Die herausgedrückte Wurst läuft auf einem Transportband durch eine Luke in einen Nebenraum, wo sie automatisch in Stücke von entsprechender Länge zerschnitten wird, die in Patronenpapier eingewickelt werden.

Bei Sprenggelatine und Gelatinedynamiten, die heute wenigstens im Inlande nur noch in hartem Erz oder Gestein gebraucht werden, wo die Bohrarbeit sich mit der Weite des Bohrlochdurchmessers wesentlich zu verteuern pflegt, sind meist sehr geringe Patronendurchmesser üblich. Sie beginnen mit 18 und 20 mm. 23 mm findet man sehr häufig und auch Patronen von 25 mm Durchmesser sind sehr gebräuchlich.

Diese Schraubenpatroniermaschinen können zu Explosionen Anlaß geben, wenn im Sprengstoff harte Fremdkörper enthalten sind, die Reibung erzeugen. Norbert Ceipek hat, um diese Möglichkeit auszuschließen, Zentrifugalmaschinen vorgeschlagen (D.R.P. 117111), bei denen scharfe Reibung oder plötzlich erhöhter Druck nicht möglich ist. Dieselben bestehen aus einer Zentrifuge, deren Korb an seinem Umfang Röhren oder Mundstücke besitzt, mit welchen die zu füllenden Patronen lösbar verbunden werden, bzw. auf oder in welchen dieselben verschiebbar angeordnet sind, wobei im ersteren Fall die Dichte der Füllung durch die gewählte Umdrehungszahl der Zentrifuge allein, im letzteren Fall durch diese

Umdrehungszahl und einen der Verschiebung der Hüllen bei der Füllung entgegenwirkenden Widerstand bestimmt werden soll[1]). Es dürfte wohl eine recht rasch laufende Zentrifuge erforderlich sein, um z. B. zähe Gelatinen durch Mundstücke zn pressen. Ob durch Verwendung schnellaufender Zentrifugen in Verbindung mit hochexplosiven Stoffen die Betriebssicherheit tatsächlich erhöht wird, und nicht gerade bei eventuellen Funktionsstörungen oder Brüchen neue Gefahren hervorgerufen werden, mag dahingestellt bleiben. Auf den inländischen Fabriken sind diese Maschinen nicht in Gebrauch.

Mischungsverhältnis der Sprenggelatine. Kast[2]) gibt für verschiedene Länder folgende Zusammensetzungen als üblich an:

	Deutschland	Österreich	England	Italien
Nitroglycerin	91,5	93	93—95	92—93
Kollodiumwolle	8,0	7	7—5	8—7
Soda oder Kreide . . .	0,5	—	—	—

wogegen Guttmann[3]) für England eine Zusammensetzung von 90 bis 91% Nitroglycerin und 10—9% Kollodiumwolle nennt, was angesichts der strengen englischen Anforderungen bezüglich Ausschwitzbarkeit, besonders für die Ausfuhr nach den Kolonien als das Üblichere anzunehmen ist. Für deutsche Exportware werden allgemein 8% einer Kollodiumwolle von hoher Bindekraft angewendet.

In Frankreich ist die Zusammensetzung 92:8 unter der Bezeichnung: Gomme supérieure oder Gomme extraforte, in Belgien dieselbe Zusammensetzung als Dynamite-gomme A gebräuchlich. Eine Mischung 94:6 wurde in Frankreich, weil zur Ausschwitzung neigend, nicht zugelassen.

Sprenggelatine mit Campherzusatz. Obgleich die Sprenggelatine infolge ihrer elastischen Beschaffenheit gegen Schlag bedeutend weniger empfindlich ist, als das ursprünglich gebräuchliche Gurdynamit, sann man alsbald darauf, sie gegen mechanische Einflüsse noch widerstandsfähiger zu machen, um ein brauchbares gegen Beschuß möglichst unempfindliches Kriegssprengmittel zu erhalten.

Dies gelang durch Auflösung von Campher in Nitroglycerin, der die Detonationssensibilität desselben und der Gelatine herabsetzt[4]). Die Höhe des Zusatzes hängt vom Grade der gewünschten Verminderung der Explosibilität ab. Ausführlich berichtet darüber Heß[5]). In Österreich erzeugte man 1878—1892 eine sog. „Kriegssprenggelatine", bestehend aus 96 Teilen Sprenggelatine, 90/10 und 4 Teilen

[1]) Nähere Beschreibung und Abbildung s. Escales: Nitroglycerin und Dynamit. S. 235.

[2]) Kast: Spreng- und Zündstoffe. S. 296.

[3]) Industrie der Explosivstoffe. S. 499.

[4]) D.R.P. 5528 der Dynamit A.-G. vorm Alfr. Nobel & Co., vom 2. 7. 1878.

[5]) Mitt. Gegenst. d. Art.- u. Geniewesens. 1878. S. 217.

Campher, die alsdann von Ecrasit als militärischem Sprengmittel abgelöst wurde.

In Italien setzte man 5 Teile Campher 100 Teilen einer Sprenggelatine 92/8 zu.

In der Zusammensetzung:

Nitroglycerin	90 %
Campher	3 %
Kollodiumwolle	7 %

wurde derartige Sprenggelatine noch im Weltkrieg 1914—1918 in Rußland benutzt, z. B. zum Füllen von Abwurfbomben.

In Italien wurde sie noch 1914 als Munition für Pioniere vorgeschrieben[1]).

Die gecampherte, phlegmatisierte Sprenggelatine erfordert einen stärkeren Initialimpuls zur sicheren Detonation als gewöhnliche Gelatine. Man verwendete besondere Zündpatronen z. B. aus einem pulverigen Gemisch von 60 Teilen Nitroglycerin und 40 Teilen Nitrohydrocellulose, oder aus gepreßter reiner Schießbaumwolle.

Die phlegmatisierende Wirkung von wenigen Prozenten Campher darf indessen nicht überschätzt und es darf nicht übersehen werden, daß die Detonationsfähigkeit auch vom Kollodiumwollgehalt der Gelatine in hohem Maße abhängig ist, sowie von der Bindekraft der Kollodiumwolle.

Die Angabe von Escales[2]), daß eine Kriegssprenggelatine mit 4 % Campher mit Sprengkapsel Nr. 8 (2 g Knallquecksilber) bzw. Zündpatronen aus komprimierter Schießbaumwolle nicht zur Explosion zu bringen sei, ist irrtümlich. Es kommt dabei sehr auf den Kollodiumwollgehalt und das Alter der Gelatine an. (Vgl. weiter unten: Detonationsfähigkeit, Sprengkraft und Fallhammerempfindlichkeit.)

Eigenschaften der Sprenggelatine.

Die Sprenggelatine ist eine feste kolloidale Lösung von Nitrocellulose in Nitroglycerin und stellt eine gelbliche, durchscheinende, weiche, elastische Masse dar, die sich schneiden, biegen und drücken läßt, ohne ihre Form zu ändern. Ihr spez. Gewicht ist etwa 1,63. Selbst starker Druck preßt kein Nitroglycerin aus ihr heraus, und gegen Wasser ist sie völlig unempfindlich. Bei längerer Berührung mit Wasser nimmt die Oberfläche eine gewisse milchige Trübung an. Doch ändert sich Explosionsfähigkeit und Sprengwirkung auch bei langer Aufbewahrung unter Wasser nicht, entsprechend der Schwerlöslichkeit ihrer Bestandteile. Man verwendet sie daher vorteilhaft für Sprengungen unter Wasser, z. B. bei Felssprengungen in Flußläufen oder Häfen.

[1]) Z. f. d. ges. Schieß- u. Sprengstoffwesen. 1914. S. 414.

[2]) Nitroglycerin und Dynamit. S. 246.

Gegen Stoß, Schlag und Reibung ist Sprenggelatine weniger empfindlich als flüssiges Nitroglycerin und auch als Gurdynamit. Die elastische Masse nimmt bis zu einem gewissen Grade den Schlag in sich auf und bildet ein Polster zwischen Hammer und Amboß. Dies wird merkbar bei größeren Stückchen der Masse und mäßigen Fallhöhen, wo oft beim ersten Schlag keine Detonation eintritt. Ist das Material aber durch den ersten Schlag zu dünner Schicht breitgedrückt, so bewirkt der zweite Schlag leicht Detonation.

Nach Will tritt mit dem 2-kg-Fallhammer bei Gurdynamit bei 7 cm und bei Sprenggelatine bei 12 cm Fallhöhe Detonation ein.

Sprenggelatine gefriert weit schwerer als Gurdynamit. Setzt aber einmal der Krystallisationsprozeß ein, so gefriert sie zu einer harten weißen Masse, die jede Biegsamkeit und Elastizität verloren hat. Sie ist dann im Gegensatz zum Gurdynamit etwas empfindlicher gegen Schlag, als im weichen Zustande, was sich in der Hauptsache bei der Beschußprobe zeigt[1]).

Die Empfindlichkeit gegen Schlag ist in hohem Maße von der Zähigkeit der Masse und damit vom Kollodiumwollgehalt abhängig. Ein erhöhter Gehalt an letzterer wirkt in derselben Richtung wie der Zusatz eines Phlegmatisierungsmittels zum Nitroglycerin, z. B. Campher (vgl. weiter unten, Kriegssprenggelatine).

Verfasser stellte mit dem 2-kg-Fallhammer folgende Vergleichswerte fest zwischen Sprenggelatinen mit 7% und 9% Kollodiumwolle, und einer Camphergelatine der oben angegebenen italienischen Zusammensetzung (5 Teile Campher auf 100 Teile Gelatine 92:8). Die Zusammensetzung dieser Gelatine in Hundertteilen ist: 87,6% Nitroglycerin, 4,8% Campher, 7,6% Kollodiumwolle.

Hierbei fiel das Fallgewicht je 6mal auf eine frische Probe von 0,1 g Substanz, die sich zwischen Amboß und einem kleinen Stahlstempel befand:

— bedeutet keine Reaktion,
/ „ schwache Reaktion mit undeutlichem Knall,
+ „ Volldetonation.

Fallhöhe	Sprenggelatine 93 : 7	Sprenggelatine 91 : 9	Camphergelatine 4,8 % Campher
12 cm	— — — — / —	— — — — — —	— — — — — —
15 „	— — — — + —	— — — — — —	— — — — — —
20 „	/ — + + — —	— — — / — —	— / — — — —
25 „		— — — — + —	— — — — / —
30 „		— — — — — +	+ — — — + —

[1]) Näheres hierüber s. Escales: Nitroglycerin und Dynamit. S. 238—239.

Der Unterschied zwischen den beiden Gelatinen mit 7% und 9% Kollodiumwolle ist also größer, als der zwischen letzterer und der Camphergelatine.

Chemische Stabilität. Die chemische Stabilität der Sprenggelatine entspricht im allgemeinen der des Nitroglycerins. Bei gewöhnlicher Temperatur und gelinder Wärme ist sie unbegrenzt stabil.

Die deutsche Eisenbahnverkehrsordnung verlangt von Dynamiten und dynamitähnlichen Sprengstoffen, darunter Sprenggelatine, daß ganze Patronen ununterbrochen 48 Stunden bei 75° gelagert werden, ohne daß dabei rote Dämpfe auftreten. Bei noch längerer Erhitzung auf diese Temperatur tritt schließlich Blasenbildung und Zersetzung unter Entwicklung von Stickoxyden ein. Nur Sprenggelatine aus völlig einwandfreien Rohstoffen hält diese scharfe Probe aus.

Abel-Testprobe. Bei der Abel-Testprobe (s. d. bei Nitroglycerin), auf die besonders in England Gewicht gelegt wird und nach der daher auch nach England und englischen Kolonien exportierende Fabriken die Sprenggelatine und Gelatinedynamite prüfen, ist der Einfluß der Oberfläche zu beachten. Wird die vorgeschriebene Menge der gelatinösen zusammenhängenden Masse, in wenige größere Stücke zerschnitten, in das Proberöhrchen eingefüllt, so tritt die Reaktion wesentlich später ein, als wenn man die Substanz mit einem neutralen Medium zu einer Art Pulver verreibt und so ihre Oberfläche künstlich vergrößert.

Die englische Ausführungsvorschrift für diese Probe bei Sprenggelatine und gelatinösen Dynamiten ist folgende: 3,25 g Gelatine werden mit 6,5 g Talkum in einem hölzernen Mörser mit Holzpistill gründlich verrieben. (Das Talkum wird mit destilliertem Wasser ausgewaschen, in säurefreier Luft getrocknet und in einer verschlossenen Glasflasche aufbewahrt.) Die Gelatine-Talkummischung wird in kleinen Portionen in das Proberöhrchen eingefüllt, wobei man mit letzterem jeweils leicht auf den Tisch aufklopft, bis die Füllung $1^3/_4$ Zoll Höhe erreicht. Nun wird die Prüfung in der bekannten Weise bei 72° ausgeführt. Vor Ablauf von 10 Minuten darf der Teststreifen nicht auftreten.

Sprenggelatine aus hochstabiler Kollodiumwolle und bestgereinigtem Nitroglycerin hält diese Probe meist nicht länger als 10—15 Minuten aus, obwohl Kollodiumwolle und Nitroglycerin vor ihrer Vereinigung zur Gelatine jedes für sich vielleicht erst nach 30 oder 40 Minuten schwache Testreaktion gegeben haben. Da durch den rein physikalischen Vorgang der Auflösung die chemische Stabilität doch wohl nicht beeinflußt werden kann, zeigt dieser Vergleich deutlich, wie sehr der Ausfall der Abel-Testprobe vom physikalischen Zustand der Substanz bzw. der Ausführungsform abhängt, was den Wert dieser Prüfung offenbar in gewisser Hinsicht einschränkt.

Von Einfluß ist auch der Feuchtigkeitsgehalt der untersuchten Probe. Ist derselbe einigermaßen beträchtlich, so daß bei der Erhitzung oberhalb des Randes des Wasserbades anfangs ein stärkerer Beschlag im Röhrchen auftritt, so verzögert sich der Eintritt der Reaktion, da offenbar die niedergeschlagene Feuchtigkeit die ersten Spuren abgespaltener Stickoxyde mit niederschlägt. Scharf getrocknete Sprengstoffe geben also kürzere Testdauer. Für Vergleiche bzw. im Sinne einheitlicher Prüfungsart sollten daher korrekterweise alle Sprengstoffproben exsiccatortrocken sein.

Physikalische Haltbarkeit. Ausschwitzung. Bei starkem Temperaturwechsel, vor allem, wenn der Kollodiumwollgehalt zu niedrig oder Kollodiumwolle von ungenügender Gelatinierfähigkeit verwendet worden ist, schwitzt die Sprenggelatine bisweilen geringe Nitroglycerinmengen aus. Flüssiges Nitroglycerin erhöht die Gefahr, und Patronen, die Neigung zum Ausschwitzen zeigen, sind alsbald und mit besonderer Vorsicht zu verbrauchen.

In England und besonders den englischen Kolonien, in denen die Frage der Ausschwitzung infolge des heißen Klimas wohl wichtiger ist, als in gemäßigten Zonen, wird letztere mit besonderer Strenge seitens der behördlichen Organe (Inspector of Explosives) behandelt.

Verflüssigungsprobe[1]). Diese Probe ist vor allem in England maßgebend. Von der zu prüfenden Patrone Sprenggelatine wird ein Zylinder abgeschnitten, dessen Länge ungefähr gleich seinem Durchmesser ist, und dessen Enden scharf abgeschnitten sind. Der Zylinder wird ohne Umhüllung mit der Grundfläche auf eine flache Oberfläche (z. B. Pappscheibe) gelegt und mit einer durch seine Mitte vertikal hindurchgehenden Stecknadel festgehalten. So wird die Probe 6 Tage ununterbrochen bei 29—32° C gelagert. Während dieser Zeit soll der Zylinder seine Höhe um nicht mehr als ein Viertel verringern und die obere abgeschnittene Fläche soll ihre Geradheit und die Schärfe ihrer Ränder beibehalten.

Als allgemeines Charakteristikum dafür, daß keine Neigung zum Ausschwitzen vorhanden ist, bezeichnet Guttmann (a. a. O.) die Erfüllung folgender Forderung: Von der Masse der Sprenggelatine bzw. der Gelatinedynamite soll sich keine Substanz ausscheiden, die von geringerer Konsistenz ist, als das übrigbleibende Material, gleichgültig, welches die Bedingungen bei Transport, Lagerung oder Gebrauch seien, oder wenn das Material dreimal hintereinander abwechselndem Gefrieren und Auftauen unterworfen bzw. wenn es der eben beschriebenen Verflüssigungsprobe ausgesetzt wird.

---

[1]) Guttmann: Industrie d. Explosivstoffe. S. 655.

In Deutschland verlangt die Eisenbahnverkehrsordnung für Sprenggelatine und gelatinöse Nitroglycerinsprengstoffe, daß ganze Patronen bei 5tägiger Lagerung bei 30° sich äußerlich unverändert halten und kein Nitroglycerin ausschwitzen.

Einer Neigung zum Ausschwitzen kann im allgemeinen durch Erhöhung des Gehaltes an Kollodiumwolle begegnet werden bzw. durch Anwendung von Mitteln (Centralit), die eine mangelnde Bindekraft der verfügbaren Kollodiumwolle erhöhen (s. bei Kollodiumwolle S. 269, Verbesserung der Gelatinierfähigkeit). Doch stehen hier zwei Interessen im Widerstreit, da durch Erhöhung des Kollodiumwollgehaltes bzw. der Zähigkeit der Gelatine die Detonations- und Übertragungsfähigkeit der Sprenggelatine (s. d.) ungünstig beeinflußt wird.

Verhalten beim Erhitzen, Entzündung, Explosionspunkt. Sprenggelatine läßt sich im Gegensatz zu flüssigem Nitroglycerin sehr leicht durch Flamme oder den Zündstrahl der Zündschnur entzünden und brennt zischend sehr rasch und heftig ab. Die Verbrennung etwas größerer Mengen geht leicht in Detonation über. In gefrorenem Zustand sollen schon kleine Mengen bei der Entzündung leicht detonieren. Beim Erhitzen über eine gewisse Temperatur tritt unfehlbar Detonation ein. Bei der Bestimmung des Explosionspunktes spielt die Schnelligkeit des Erhitzens eine große Rolle. Erhitzt man eine kleine Probe (0,1—0,2 g) in der üblichen Weise in einem Reagensröhrchen im Metallbad, wobei man bei 100° einstezt und die Temperatur pro Minute um 20° steigert, so explodiert die Sprenggelatine mit gewehrschußähnlichem Knall bei 202°, nachdem sich von 170° ab gelbe Dämpfe entwickeln, die oberhalb von 180° lebhaft rotbraun werden. 0,2 g zerschlagen bereits das Reagensglas. Bei noch rascherem Erhitzen werden noch höhere Explosionstemperaturen gefunden, nach Guttmann 240°, doch ist zu beachten, daß solche Zahlen keinen praktischen Wert haben, da die Temperatur der Probe der des Thermometers nicht rasch genug folgen kann.

Erhitzt man sehr langsam z. B. 5° pro Minute, so zersetzen sich kleine Proben (0,1 g) größtenteils schon unterhalb des Explosionspunktes unter Entwicklung roter Dämpfe und der Rest verpufft schwach bei etwa 195°. Natürlich kann bei langsamem Erhitzen größerer Proben schon bei tieferer Temperatur Explosion eintreten (vgl. auch Explosionspunkt von Nitroglycerin S. 124).

Explosionspunkt von Campher-Sprenggelatine. Ein Irrtum, den Escales von Guttmann und dieser von Heß übernimmt, ist es, daß die sog. Kriegssprenggelatine mit Campherzusatz beim langsamen Erhitzen nicht explodiere, sondern nur unter Funkensprühen abbrenne[1]).

[1]) Guttmann: Industrie d. Explosivstoffe. S. 504; Escales: Nitroglycerin u. Dynamit. S. 246.

Wenigstens fand Verfasser bei Sprenggelatine mit 5% Campher, daß sie in gewöhnlicher Weise erhitzt bei 200—203°, also bei derselben Temperatur wie reine Sprenggelatine und ebenso heftig, wie diese, explodierte.

Detonation unter Initialimpuls. Explosionsübertragung. Sprenggelatine ist gegenüber Nitroglycerinsprengstoffen, die das Nitroglycerin in flüssigem Zustande aufgesaugt enthalten, z. B. Gurdynamit, relativ schwer detonierbar und überträgt die Detonation nur in geringem Maße auf Distanz. Wenn die Detonationswelle sich schon durch Flüssigkeiten, besonders zähflüssige, schwerer fortpflanzt, als z. B. durch pulverige Explosivstoffe oder explosive Gemenge, und erstere mithin durch Initialimpuls schwerer erregbar sind, so gilt solches in noch erhöhtem Maße für Kolloide, wie die Sprenggelatine. Dabei steht der Grad der Initiierbarkeit in direktem Verhältnis zum Grade der Zähigkeit und Steifigkeit der Gelatine, und damit im allgemeinen zu ihrem Gehalte an Kollodiumwolle. Je höher derselbe ist, desto schwerer ist die Gelatine zu initiieren, bis schließlich bei sehr hohem Gehalt an Nitrocellulose der brisante Sprengstoff in das nicht brisante Treibmittel, das rauchlose Pulver übergeht, eine relativ harte, hornartige wenig biegsame, gegenüber der Sprenggelatine nur noch wenig elastische Masse, die, obwohl aus zwei brisanten Bestandteilen, Nitroglycerin und Nitrocellulose, bestehend, in geformtem Zustand, wenigstens in gröberen Aggregaten, durch die Sprengkapsel nicht mehr zur Detonation gebracht wird, und diese Eigenschaft erst wieder erlangt, wenn man sie durch Vermahlung in ein gröberes oder feineres Pulver überführt. Die zwischen den Pulverpartikeln eingeschlossene Luft ist es alsdann, die die Fortpflanzung der Detonationswelle fördert.

Beispiele sind:

Cordit:	60% Nitroglycerin
	40% Nitrocellulose und
Ballistit:	40% Nitroglycerin
	60% Nitrocellulose.

Im Bereich der Sprenggelatine beeinflußt jedes Prozent Kollodiumwolle mehr oder weniger die Detonierbarkeit, Explosionsübertragung und Detonationsgeschwindigkeit in fühlbarer Weise. Im Verhältnis 93 Teile Sprengöl zu 7 Teilen Kollodiumwolle ist Sprenggelatine noch sehr leicht detonierbar und kommt wenigstens in frischem Zustande bereits mit der schwächsten Sprengkapsel Nr. 1 zur Detonation, überträgt auch in 25-mm-Patronen die Detonation noch auf geringe Abstände von etwa 10 mm. Bei 9% Kollodiumwolle ist bereits Kapsel 4 zur Detonation erforderlich und eine Übertragung auf benachbarte Patronen findet erst mit Kapsel 6 statt.

Eine allgemeingültige Tatsache, die bei der Sprenggelatine in besonders charakteristischer Weise hervortritt, aber bei allen gelatinösen

Sprengstoffen in mehr oder weniger hohem Grade beobachtet wird, ist es, daß die Detonationsfähigkeit im Laufe der Zeit offenbar infolge einer physikalischen Zustandsänderung abnimmt. Bei Sprenggelatine und gelatinösen Dynamiten werden nach langer Lagerung, besonders in heißem Klima, eine Verminderung der Sprengwirkung und sogar Versager beobachtet. Man spricht dann von einem sog. „Inertwerden" des Dynamites. Verfasser hat Sprenggelatine gesehen, die nach 2jähriger Lagerung aus Afrika zurückkam und selbst mit Kapsel 8 freiliegend nicht mehr voll detonierte und nicht mehr auf eine benachbarte Patrone übertrug. Auch Bleiblockausbauchung und Stauchung dieses Präparates zeigte ungewöhnlich niedrige Werte, trotz unveränderter chemischer Zusammensetzung

Dieses Verhalten bildet ein Problem besonders für exportierende Fabriken, die wegen der Gefahr des Ausschwitzens in heißen Ländern darauf angewiesen sind, der Sprenggelatine und dem Gelatinedynamit von vornherein nicht zu wenig Kollodiumwolle zuzusetzen. Das Inertwerden tritt nämlich, wie aus obigen Ausführungen gefolgert werden kann, um so mehr in Erscheinung, je höher der Kollodiumwollgehalt, also je zäher die Gelatine schon in frischem Zustande ist.

Für die inländischen Gelatinedynamite, wo die Frage der Ausschwitzung teils aus klimatischen Gründen, teils wegen der weniger strengen Beurteilung nicht die Bedeutung hat, wie z. B. in den englischen Kolonien, spielt das Problem des Inertwerdens keine nennenswerte Rolle. Die Gelatinen können von vornherein relativ dünn gemacht werden, da ja auch das Zumischpulver an der Aufsaugung und dem Festhalten von Öl und Gelatine beteiligt ist.

Eine Erklärung des Rückganges der Detonationsfähigkeit ist in verschiedener Weise versucht bzw. gegeben worden.

Hargreaves[1]) glaubt, daß in der Nitroglyceringelatine nicht eine Lösung von Nitrocellulose in Nitroglycerin, vielmehr eine kolloidale Lösung einer bestimmten Menge Nitroglycerin in Nitrocellulose vorliege, die mit freiem ungelatiniertem Nitroglycerin derart gemischt ist, daß dieses von der Gelatine capillar festgehalten wird. Er vertritt die Anschauung[2]), daß die Detonationsfähigkeit und die Geschwindigkeit der Detonationswelle von einem größeren oder geringeren Gehalte an freiem Nitroglycerin abhängig ist. Die Vorstellung, daß unverändertes flüssiges Nitroglycerin von dem Gel aus Nitrocellulose und Nitroglycerin gewissermaßen wie von einem Schwamm festgehalten werden solle, dürfte einigermaßen schwierig sein. Schon die einheitliche homogene physikalische Struktur der Gelatine spricht dagegen. Auch müßte

[1]) Journ. soc. chem. ind. 1914., S. 337. — S. a. Z. f. Schieß- u. Sprengstoffwesen 1914., S. 244.

[2]) Arms a. Explosive 1911, S. 150.

alsdann schon mäßiger Druck flüssiges Nitroglycerin austreten lassen, wofür keine Beweise vorhanden sind. Auch Erwärmen z. B. auf 75^0 erweicht wohl die Gelatine, die aber auch hierbei einheitlich bleibt. Eine weitere Folge dieser Anschauung wäre, daß bei einer Nitrocellulosemenge, die das Nitroglycerin vollkommen aufgesaugt hat, z. B. im extremen Fall des rauchlosen Pulvers, die Detonationsfähigkeit überhaupt aufhören müßte.

Wie bereits erwähnt, ist aber selbst bei dem unelastischen hornartigen Nitroglycerinpulver die Detonationserregung oder Sensibilität nur eine Frage der Korngröße. Würfelpulver aus 40$^0/_0$ Nitroglycerin und 60$^0/_0$ Nitrocellulose von z. B. 2 mm Kantenlänge detoniert glatt mit hoher Geschwindigkeit. Hier sind es offenbar die Lufträume zwischen den Pulveraggregaten, die die Fortpflanzung der Detonationswelle gewährleisten.

Der Luftgehalt der frischen Sprenggelatine ist auch im Gegensatz zur Anschauung Hargreaves offenbar mit mehr Berechtigung zur Erklärung der leichteren Detonierbarkeit und höheren Detonationsgeschwindigkeit der ersteren herangezogen worden[1]), wenn er auch nicht die einzige Erklärung der erörterten Erscheinungen bilden dürfte.

Frisch geknetete Sprenggelatine ist meist weißlich getrübt durch zahllose kleine Luftbläschen. Im Vakuum bläht sich solche Gelatine durch Ausdehnung dieser Bläschen auf und sinkt beim Abstellen des Vakuums in sich zusammen. Nach dem Vorgang läßt sich ohne weiteres eine Abnahme der Sensibilität und Bleiblockausbauchung solcher vakuumbehandelten Gelatine erkennen.

Dieser Luftgehalt, der offenbar die Sensibilität erhöht, schwindet auch bei längerer Lagerung allmählich, offenbar durch den Druck der Masse. Die Gelatine wird dadurch dichter, klarer und durchscheinender. Alte Sprenggelatine ist stets klar und durchscheinend.

Der Einfluß zwischen den Massenteilchen eines Explosivstoffs zwischengelagerter Luft läßt sich an zahllosen Beispielen erläutern. Derselbe Sprengstoff z. B. Trinitrotoluol detoniert als lockeres Krystallpulver, also mit Luftinhalt, leicht, als erstarrter Schmelzfluß, also ohne Luftinhalt, sehr schwer. Flüssiges Äthylnitrat detoniert ohne Einschluß nicht, gibt aber mit Gur vermischt eine um so größere Stauchwirkung, je mehr Gur vorhanden ist, d. h. je trockenpulveriger also luftreicher die Mischung ist, und je weniger plastisch zusammenhängend.

Lockert man Sprenggelatine durch Zusammenkneten mit grobem Korkpulver auf, oder löst man ihren Zusammenhang durch kurzes Durchkneten der warmen schon gelatinierten Masse mit 10$^0/_0$ Kieselgur

---

[1]) Aubert: Chem.-Zg. 1913, S. 212.

zu einzelnen Klümpchen, so erhöht sich Sensibilität, Übertragung und Detonationsgeschwindigkeit. Praktisch sind solche Maßnahmen unrationell, da sie die Dichte und Gesamtenergie beeinträchtigen, auf die es bei den besonderen Verwendungszwecken der Sprenggelatine gerade ankommt.

Abgesehen von dem entweichenden Luftgehalt, spielen aber offenbar auch noch andere Faktoren bei der Verminderung der Sensibilität der gelatinösen Sprengstoffe eine Rolle, da diese Erscheinung eine allgemeine ist und bei allen gelatinierten Nitroglycerinsprengstoffen beobachtet wird, auch wo die eingeschlossenen und allmählich entweichenden Luftbläschen nicht in dem Maße verantwortlich gemacht werden können, wie bei der zähen Sprenggelatine. Es scheint, daß der Vorgang der Kolloidbildung mit dem Prozeß des Auflösens der Kollodiumwolle, des Mischens und Knetens nicht beendet ist, daß vielmehr der Endzustand des Kolloides im Sinne einer Erhöhung der Zähigkeit und damit Verminderung der Sensibilität erst nach einiger Zeit erreicht wird. Man nennt diesen Vorgang mit einem etwas unwissenschaftlichen Ausdruck „Nachgelatinierung".

Inert gewordene Sprenggelatine kann durch Umkneten in der Wärme wieder sensibel gemacht werden. Doch soll solche umgearbeitete Sprenggelatine viel schneller unempfindlich werden, als frisch hergestellte, was erklärlich ist, wenn man in dem durch die Umarbeitung wieder zugeführten Luftgehalt nicht die einzige Ursache der höheren Sensibilität des frischen Zustandes sieht. Die andere Ursache, der Anfangszustand der Kolloidbildung, läßt sich anscheinendnicht wiederherstellen.

Für die Detonierung der Sprenggelatine verwendet man in der Praxis vielfach eine Gurdynamitpatrone als Initiale bzw. Zündpatrone.

Detonationsgeschwindigkeit der Sprenggelatine. Ähnlich wie das Nitroglycerin weist auch die Sprenggelatine Detonationsgeschwindigkeiten von weit auseinanderliegender Größenordnung auf. Während beim flüssigen Nitroglycerin Stärke des Initialimpulses, Einschluß und Durchmesser der Sprengstoffsäule dafür maßgebend sind, ob die maximale oder die charakteristische niedrige Geschwindigkeit entwickelt wird, kommt bei der Sprenggelatine zu diesen Faktoren noch der Einfluß des physikalischen Zustandes des Kolloides.

Die maximale Detonationsgeschwindigkeit der Sprenggelatine liegt bei 8—9000 m per Sek. Die von verschiedenen Experimentatoren gefundenen Werte schwanken, wie bei allen Messungen sehr hoher Geschwindigkeiten explosiver Vorgänge, recht erheblich. Bichel[1])

[1]) Glückauf 1905, S. 465.

findet für Sprenggelatine 92:8 den Wert von 7700 m, Kast[1]) 7800 m für dieselbe Zusammensetzung.

Diese maximale Detonationsgeschwindigkeit, die vor allem bei festem Einschluß in zähem Gestein zur Entwicklung kommt, erklärt neben dem hohen Energiegehalt (s. weiter unten) und der hohen Dichte die außerordentlich brisante zermalmende Wirkung der Sprenggelatine, die sie gerade zur Sprengung solchen Gesteins besonders befähigt.

Beim Experiment im Eisenrohr wird diese Geschwindigkeit meist erst von einem gewissen Durchmesser (z. B. 40 mm) an gefunden. Auch ist die interessante Beobachtung gemacht worden, daß die Geschwindigkeit erst in einer gewissen Entfernung von der Initiale ihren höchsten Betrag erreicht und dann gleich bleibt, so daß bei kurzen Meßstrecken, z. B. in kurzen Rohren nach der Methode von Dautriche, oft niedrige Geschwindigkeiten erhalten werden. Diese niedrigen Geschwindigkeiten, die etwa 2000—2500 m per Sek. betragen, sind die Regel bei geringem Rohrdurchmesser von etwa 20—25 mm. Ebenso wirkt ein erhöhter Gehalt an Kollodiumwolle, also größere Zähigkeit in dem Sinne, daß die hohe Geschwindigkeit schwieriger ausgelöst wird, wie überhaupt eine schwerer detonierbare Gelatine naturgemäß auch schwerer mit der hohen Geschwindigkeit detoniert.

Dasselbe trifft, wie nach dem vorhergehenden Abschnitt zu erwarten ist, für eine lange gelagerte Gelatine zu. $1^1/_2$ Jahre lang warm, d. h. bei 30^0 gelagerte Sprenggelatine gab in der Regel nur 1500 m Geschwindigkeit in einem Eisenrohr von 25 mm Durchmesser, mitunter auch noch niedrigere Werte, so daß alsdann von einer brisanten Detonation nicht mehr gesprochen werden kann und auch die Zerlegung des Rohres dieser trägen Explosion entspricht. Solche allzu lange aufbewahrte Sprenggelatine hat auch in der Praxis häufig ihren Zweck verfehlt und dem Fabrikanten Beanstandungen eingetragen.

Explosionsgase. Nitroglycerin enthält im Molekül etwas mehr Sauerstoff (3,5 Teile in 100 Teilen), und Kollodiumwolle z. B. Enneanitrocellulose $C_{24}H_{31}N_9O_{38}$, etwas weniger Sauerstoff (38,7 Teile für 100 Teile), als zur völligen Verbrennung zu Kohlensäure und Wasser nötig ist. Bei den gebräuchlichsten Verhältnissen zwischen Nitroglycerin und Kollodiumwolle ergänzen sich dieser Sauerstoffüberschuß und Sauerstoffmangel zu einer nahezu idealen Verbrennungsformel bzw. Umsetzungsgleichung, die zugleich einen Höchstgehalt an chemischer Energie bedingt. Für Sprenggelatine 93:7 und 92:8 errechnet sich noch ein kleiner Sauerstoffüberschuß von $0{,}5^0/_0$ bzw. $0{,}1^0/_0$. Bichel[2]) gibt für Sprenggelatine 93:7 folgende Zusammensetzung der Gase in Gewichtsprozenten an:

---

[1]) Spreng- und Zündstoffe. S. 71 und Z. angew. Chem. 1923, S. 75.
[2]) Glückauf 1904, S. 1043.

CO_2	61,2 %
H_2O	20,3 %
N_2	18,1 %
O_2	0,4 %
	100,0 %

Andererseits würde eine weitere Erhöhung des Kollodiumwollgehaltes bereits theoretisch zur Bildung einer gewissen Menge von Kohlenoxyd in den Schwaden führen, zumal in der Praxis durch die Verbrennung des Patronenpapiers an sich schon die theoretische Umsetzungsgleichung in dem Sinne eines Mehrverbrauchs an Sauerstoff und einer gewissen Kohlenoxydbildung abgeändert wird.

Man hat daher in Transvaal, wo Sprenggelatine in großen Mengen verbraucht wird und in den Bergwerken vielfach schlechte Bewetterungsverhältnisse vorherrschen, zur Erzielung völlig kohlenoxydfreier Schwaden, derselben kleine Mengen von Salpeter, Kaliumchlorat oder Kaliumperchlorat zugesetzt (z. B. 5 %). Das Produkt nannte man Antifume-Blasting-Gelatine. Die Kraftleistung wird bei kleinem Zusatz nur unwesentlich herabgesetzt, die Schwaden naturgemäß etwas verbessert, wie folgende Analysen zeigen:

Zur Verwendung kam eine Kollodiumwolle mit 12,2 % N, also ein Gemisch aus Ennea- und Dekanitrocellulose. Die Schwaden wurden durch Entzündung mit glühendem Platindraht in der evakuierten Stahlbombe ermittelt:

		Sprenggelatine 92 : 8	Dieselbe mit 5 % $KClO_3$	Dieselbe mit 5 % $KClO_4$
Ausbauchung		595 ccm	560 ccm	570 ccm
Schwadenanalyse	CO_2	66,4 %	66,5 %	66,3 %
In Volumprozenten	N_2	33,0 %	31,5 %	30,9 %
	O_2	0,6 %	2,0 %	2,8 %

Aus demselben Grunde wurde für schlechtbewetterte Bergwerke in Australien zeitweise Sprenggelatine mit einem erheblichen Zusatz an Kalisalpeter (20 %) geliefert. Doch setzt ein derartiger Zusatz die Brisanz bereits in fühlbarer Weise herab.

Nach Kast berechnen sich für 1 kg Sprenggelatine 710 l Explosionsgase (für 0° C und 760 mm).

Explosionswärme. Explosionstemperatur. Kraftleistung. Infolge der günstigeren Verbrennungsformel gibt Sprenggelatine eine noch etwas höhere Entwicklung an chemischer Energie als Nitroglycerin. 1 kg Sprenggelatine 92:8 entwickelt bei flüssigem Wasser 1680 Cal., bei gasförmigem Wasser 1560 Cal. Für letzteren Wert gibt Bichel 1550, Kast 1540 und Heise 1535 Cal. an. Bichel und Heise rechnen mit einer Zusammensetzung von 93:7, Kast mit 92:8. Sprenggelatine liefert hiernach den höchsten Energiebetrag aller bisher praktisch angewendeten Sprengmittel, abgesehen vielleicht von Gemischen von flüssigem Sauerstoff mit Kohlenstoff, die theoretisch bei idealer Zusammensetzung eine noch größere Calorienzahl entwickeln können, nämlich ca. 2200 Cal. per kg wenn die Zusammensetzung genau der Formel: $C + O_2 = CO_2$ entspricht. In der Praxis wird dies nur ausnahmsweise der Fall sein, da bei der raschen Verdampfung des flüssigen Sauerstoffs die Zusammensetzung des Sprengmittels im Augenblick des Schusses von äußeren Umständen abhängig ist. Die geringere Energiedichte der Flüssig-Luftgemische läßt es im übrigen nicht zu so brisanten Wirkungen kommen, wie bei Sprenggelatine, wenn auch dynamitähnliche Wirkungen unter sehr günstigen Umständen erreicht worden sind.

Die Explosionstemperatur wird von Heise und Bichel übereinstimmend zu 3200° angegeben. Kast[1]) errechnet die bedeutend höhere Zahl von 4300°.

Den geschilderten Eigenschaften entspricht die hohe Kraftleistung, die nach den üblichen Laboratoriumsmethoden für Sprenggelatine ermittelt wird.

Bleiblockprobe. Sprenggelatine 92:8 gibt nach den bekannten Normalien geschossen ungefähr dieselbe Bleiblockausbauchung wie Nitroglycerin, nämlich etwa 560 ccm netto. Bichel gibt (a. a. O.) 620 ccm ohne Abzug des ursprünglichen Hohlraumes an. Auch bei dieser Probe zeigt sich deutlich der Einfluß des physikalischen Zustandes bzw. des Gehaltes an Kollodiumwolle und des Alters der Gelatine. Frisch hergestellte Gelatine gibt die höchsten Werte. Verfasser fand bei zwei Proben mit verschiedenem Kollodiumwollgehalt folgende Netto-Ausbauchungen:

	7 % Kollodiumwolle	9 % Kollodiumwolle
frisch hergestellt	600 ccm	580 ccm
nach 2 Tagen	580 ccm	545 ccm

Die zähere Gelatine zeigt also einen stärkeren Brisanzabfall schon nach wenigen Tagen. Bei länger gelagerter Sprenggelatine geht die Bleiblockausbauchung bis auf 500 ccm und weniger herunter. Trotz des günstigen Verhältnisses der Menge des Initialsprengstoffs der Kapsel 8 zu der 10-g-Patrone vermag diese Kapsel alsdann nicht mehr die höchste Umsetzungsgeschwindigkeit auszulösen.

Camphersprenggelatine (87,6 % Nitroglycerin, 7,6 % Kollodiumwolle, 4,8 % Campher) gibt naturgemäß eine etwas niedrigere Ausbauchung. Verfasser fand in frischem Zustande 555 ccm.

Bleiblockstauchung: Auch diese Probe zeigt die charakteristischen Eigenschaften der Sprenggelatine in deutlicher Weise.

Sprenggelatine	93 : 7	ergab 2 Tage nach Herstellung		24,5 mm
„	91 : 9	„ 2 „ „	„	12

Bei der freiliegenden Detonation der 100-g-Patronen von 40 mm mit Kapsel 8 war im ersten Falle offenbar die typische hohe, im zweiten Falle bereits die typische niedrige Detonationsgeschwindigkeit aus-

[1]) Spreng- und Zündstoffe. S. 71.

gelöst worden, da diese etwas primitive Probe unter sonst gleichen Verhältnissen die größere oder geringere Detonationsgeschwindigkeit in einfacher und deutlicher Weise anschaulich macht.

Da ohne Einschluß geschossen wird, gibt sie zugleich ein Bild der Sensibilität. Wenig sensible Sprengstoffe geben dabei verhältnismäßig geringe Stauchungen, wobei für die Ausdeutung des Resultates immer Energieinhalt, Dichte und Bleiblockausbauchung im Zusammenhang mit der Stauchung zu betrachten sind.

Auch die oben erwähnte Camphergelatine ergab eine Stauchung von 24 mm, ein Zeichen, daß einige Prozent Campher die Gelatine nicht so insensibel machen, wie man nach manchen Äußerungen der Fachliteratur annehmen könnte[1]). Für die Stauchwirkung gegen Kupferzylinder, wobei unter Einschluß geschossen wird, gibt Kast folgende vergleichsweise Reihe[2]):

Sprenggelatine	4,8 mm
Nitroglycerin	4,6 „
Gelatinedynamit	3,9 „
Gurdynamit	3,1 „

III. Gelatinedynamite.

Die infolge ihrer hohen Energiedichte und Detonationsgeschwindigkeit vorwiegend örtlich zermalmende Wirkung der Sprenggelatine ist nicht überall von Nutzen und nur in sehr zähem Gestein vorteilhaft. Man sann daher frühzeitig auf eine dem jeweilig zu sprengenden Objekt angepaßte Wirkungsweise und stufte die brisanten Eigenschaften der Sprenggelatine durch Zusätze ab. Meist dienten als solche Gemische von Holzmehl mit Salpeterarten, in einem Verhältnis, daß der verfügbare Sauerstoff der Nitrate das erstere vollkommen verbrennen konnte, während die einhüllende Gelatine ihrerseits eine ungefähr vollkommene Verbrennungsgleichung aufweist.

Charakteristisch ist, daß eine weit „dünnere" bzw. weichere, d. h. kollodiumwollärmere Gelatine die Grundsubstanz dieser „Gelatine-Dynamite" genannten Mischungen bildet, die hochplastisch, knet- und formbar, aber nicht eigentlich elastisch und nicht in demselben Sinne gelatinös sind, wie die reine Sprenggelatine. Das Holzmehl des Zumischpulvers wirkt mit, das Nitroglycerin aufzusaugen und festzuhalten und eine etwaige Ausschwitzung zu verhüten.

Kollodiumwolle gleicher Gelatinierfähigkeit vorausgesetzt, wirkt eine Verminderung derselben, in gleichem Sinne, wie bei der Sprenggelatine, verbessernd auf Detonationsfähigkeit, Detonationsübertragung und Detonationsgeschwindigkeit und erhöht Plastizität und Ge-

---

[1]) Vgl. Escales: Nitroglycerin und Dynamit. S. 246.

[2]) Spreng- und Zündstoffe. S. 71.

schmeidigkeit, was für die Verarbeitung plastischer Dynamite von niedrigem Sprengölgehalt von besonderer Bedeutung ist.

Der Grundtyp, das lange Zeit am häufigsten gebrauchte Gelatinedynamit, vom deutschen Bergmann schlechthin „Dynamit“ genannt, besteht aus 65 Teilen gelatiniertem Sprengöl und 35 Teilen sog. „Zumischpulver“. Der Kollodiumwollgehalt der Gelatine schwankt zwischen etwa 2,0% und 5,4%, das Zumischpulver besteht aus etwa 3 Teilen Kali- oder Natronsalpeter und 1 Teil Holzmehl.

Vielfach setzt man etwas (0,2—0,35%) feine Schlemmkreide zu, um etwa entstehende Säurespuren zu neutralisieren. (Der früher wohl auch übliche und in vielen Büchern erwähnte Zusatz von etwas Soda zu diesem Zwecke dürfte als unpraktisch zu bezeichnen sein, da die stark alkalische Soda in Verbindung mit den stets vorhandenen kleinen Mengen Feuchtigkeit (aus dem frischen Nitroglycerin und dem meist lufttrocken verwendeten Holzmehl) eher geeignet ist, das Nitroglycerin anzugreifen (Verseifung), als es zu konservieren.)

Die Zusammensetzung des 65proz. Dynamites ist also folgende:

Gelatine	Nitroglycerin	63,25% bis	61,5%	65%
	Kollodiumwolle	1,75% „	3,5%	
Zumischpulver	Salpeter	27 % „	28 %	35%
	Holzmehl	8 % „	7 %	
		100,00%	100%	

Die Menge der verwendeten Kollodiumwolle richtet sich dabei nach ihrer Bindekraft für Nitroglycerin und den besonderen Anforderungen, z. B. klimatischer Natur, die an die Haltbarkeit der Ware etwa gestellt werden (vgl. Ausschwitzung bei Sprenggelatine). Bei Exportware für heiße Länder nimmt man im allgemeinen mehr Kollodiumwolle. Für sog. deutsches Gelatinedynamit ist 1,75—2,25% Kollodiumwolle die Regel.

Bezüglich der Art des Salpeters sind ebenfalls klimatische Gesichtspunkte maßgebend. Obwohl die Gelatinedynamite gegenüber Mischdynamiten mit wirksamen Aufsaugmitteln, von denen sie nur eine durch die Gelatinierung des Sprengöls gekennzeichnete Abart darstellen, und gegenüber Ammonsalpeter-Sprengstoffen relativ sehr wenig empfindlich gegen Feuchtigkeit sind, weil die Gelatine das Zumischpulver gewissermaßen einhüllt und die Salzkörnchen mit undurchlässigen Häutchen umgibt, kommt die Hygroskopizität des betreffenden Salpeters im feuchtwarmen Tropenklima dennoch schließlich zur Geltung. Der stark hygroskopische Chile- oder Natronsalpeter ist allgemein üblich für deutsche Ware, die meist nicht allzu lange und in nicht besonders feuchten Räumen lagert, für Exportware, die eine monatelange Reise und eine oft lange Aufbewahrung in tropischen oder subtropischen Ländern zu überstehen hat, ist ebenso allgemein der zwar teurere aber gänzlich unhygroskopische Kalisalpeter in Gebrauch.

Einige Zeit nach der Erfindung der gelatinierten Dynamite, als Ammonsalpeter als Sprengstoffkomponente mehr in Aufnahme kam, wurde dessen Verwendung auch in den gelatinierten Dynamiten üblich, denen er, selbst eine endotherme explosionsfähige Verbindung, eine besonders hohe Kraftleistung verlieh. Vermöge seiner großen Hygroskopizität eignet er sich für Exportware noch weniger als Natronsalpeter bzw. erfordert bei der Verpackung besonderen Feuchtigkeitsschutz. Gelatinedynamite mit Ammonsalpeter sind besonders in Frankreich gebräuchlich.

In Deutschland verwendet man ihn hauptsächlich nur in den schlagwettersicheren Gelatinedynamiten. Der gegenüber Natronsalpeter wesentlich höhere Preis fällt hierbei mit ins Gewicht.

An Stelle von Holzmehl hat man zeitweise besonders in Frankreich und Italien auch Roggenmehl verwendet. Doch ist dessen Aufsaugfähigkeit für die Gelatine geringer als die von Holzmehl, und es ist teurer.

In Deutschland kommen seit Beginn des Weltkrieges und nach demselben Getreidemehle, auch Abfallmehle, die als menschliche Nahrungsmittel oder als Viehfutter brauchbar sind, für die Herstellung der Dynamite wie überhaupt bei der Sprengstoff-Fabrikation aus naheliegenden Gründen nicht mehr zur Verwendung.

Zusammensetzungen verschiedener Gelatinedynamite.

Neben dem genannten Grundtyp, dem 65proz. Gelatinedynamit, der in England Gelignite und in einigen Varietäten mit geringen Abweichungen auch in Frankreich Gélignite genannt wird, sind im Laufe der Zeit eine große Anzahl gelatinierter Dynamite mit sehr verschiedenen Nitroglyceringehalten mehr oder weniger in Gebrauch gewesen.

In England verwendete man anfangs vielfach ein Gelatinedynamit aus 80% Nitroglyceringelatine und 20% Zumischpulver, später Abstufungen mit 70—75% Gelatine und schließlich fast allgemein ein Gelignite, das ungefähr dem eingangs genannten Grundtyp entspricht: 54—63% Nitroglycerin, 2—6% Kollodiumwolle, 24—34% Salpeter und 5—10% Holzmehl[1]).

In Frankreich, wo bekanntlich für Pulver und Sprengstoffe ein Staatsmonopol besteht und nur die Nitroglycerinsprengstoffe der Privatindustrie zur Fabrikation freigegeben sind, sind im Laufe der Zeit besonders zahlreiche Abstufungen behördlich zugelassen worden, deren Nitroglyceringehalt zwischen 43 und 86% schwankt. Escales

[1]) Daniel: Dictionnaire des matières explosives. S. 340.

stellt sie nach der Übersicht in Daniels Dictionnaire des matières explosives in folgender Tabelle nach dem Nitroglyceringehalt zusammen[1]):

Französische Gelatinedynamite.

	Gomme B	Gomme B 1	Gomme I	Gomme G	Gomme B 2	Gomme MB	Gélat. Dyn. Ma.	Gomme C	Gomme D	Gélatiné	Gélatiné 1 B
Nitroglycerin	86	85	84	83	82	74	74	70	69,5	67	64
Kollodiumwolle	5	5	5	5	6	6	4	4	5,5	3	3
Kalisalpeter	4	8	9	10	9	15,5	11	16	24,75	20	—
Natronsalpeter	—	—	—	—	—	—	—	—	—	—	24
Holzmehl	5	2	2	2	3	4,5	10,5	} 10	0,25	10	8
Getreidemehl	—	—	—	—	—	—	—	}	—	—	—
Magnesia	—	—	—	—	—	—	0,5	—	—	—	—

	Gélignite F	Gélignite F1	Dynamite Nr. 4	Gélignite S M	Dynamite gélatiné 1	Gélatiné	Dynamite gélatiné 2a	Gomme E	Dynamite Nr. 5	Dynamite gélatiné 2b	Dynamite gélatiné 2c
Nitroglycerin	60	60	59	57,9	57,5	57	50	49	48	45	43
Kollodiumwolle	3	6	1,5	2,1	2,5	3	1,5	2	1	3	2
Kalisalpeter	26,6	23,6	—	—	32	34	42	—	—	42	41
Natronsalpeter	—	—	25	28,7	—	—	—	36	36,3	—	—
Holzmehl	10	10,4	14 }	11,3	8 }	6	6,5	10	14	10	14
Getreidemehl	—	—	— }		— }		—	3	—	—	—
Magnesia oder Soda	0,4	—	0,35	—	—	—	—	—	0,45	—	—
Ocker	—	—	0,15	—	—	—	—	—	0,25	—	—

Als Typen für Ammon-Gelatinedynamite seien Dynamit Nr. 0 und Forcite extra genannt:

	Dynamite O	Forcite extra
Nitroglycerin	50,0 %	64,0 %
Kollodiumwolle	2,5 %	3,5 %
Ammonsalpeter	44,5 %	25,0 %
Holzmehl	— —	6,5 %
Getreidemehl	2,5 %	— —
Magnesia	— —	1,0 %
Ruß	0,5 %	— —
	100,0 %	100,0 %

Gegenwärtig sind in Frankreich in der Hauptsache noch folgende Gelatinedynamite in Gebrauch:

[1]) Escales: Nitroglycerin und Dynamit. S. 251.

	Dynamite gomme à la potasse	Gélatine A	Gélatine B (potasse)	Gélatine B (soude)	Gomme E	Gélignite
Nitroglycerin .	82—83	64	57,5	57	49	58
Kollodiumwolle	5—6	3	2,5	3	2	2
Kalisalpeter . .	9—10	—	32,0	—	36	28
Natronsalpeter	—	24	—	34	—	—
Cellulose . . .	2—3	8	8,0	6	13	12
Magnesia . . .	—	1	—	—	—	—

Von diesen Mischungen steht die erste naturgemäß der reinen Sprenggelatine bezüglich physikalischer Struktur und Verhalten noch sehr nahe, während die 2. bis 4. und 6. sich in Beschaffenheit und Wirkung vom gewöhnlichen deutschen Gelatinedynamit und englischen Gelignite nicht wesentlich unterscheiden.

In Belgien, wo im allgemeinen wegen der erschwerten Transportvorschriften, die den Versand der Dynamite sehr verteuern, dieselben wenig in Gebrauch sind, und überwiegend handhabungssichere Ammonsalpetersprengstoffe hergestellt und verwendet werden, nennt man die Gelatinedynamite „Forcite". Die Zusammensetzung der wichtigsten zeigt folgende Tabelle nach Escales[1]):

Belgische Gelatinedynamite:

	Forcite extra	Forcite supérieure	Super Forcite	Forcite Nr. 1	Forcite Nr. 1 P.	Forcite Nr. 2	Forcite Nr. 2 P.
Nitroglycerin	74	64	64	49	49	36	36
Kollodiumwolle	6	3	3	2	2	3	2
Natronsalpeter	—	24	—	36	—	35	—
Kalisalpeter	14	—	23	—	37	—	46
Holzmehl	5	8	9	13	11	11	—
Getreidemehl	—	—	—	—	—	14	15
Magnesia	1	1	1	—	1	1	1

In Österreich nennt man die Gelatinedynamite auch Neudynamite und fabriziert in der Hauptsache folgende beide Typen, von denen der erste ungefähr dem deutschen Dynamit entspricht[2]):

	I.	II.
Nitroglyceringelatine	66,00	45,00
Salpeter.	24,82	40,15
Holzmehl	8,84	— —
Getreidemehl	— —	14,30
Soda	0,34	0,55
	100,00	100,00

[1]) Escales: Nitroglycerin und Dynamit. S. 252.

[2]) Kast: Spreng- und Zündstoffe. S. 297.

In Amerika stellt man Gelatinedynamite mit 30—80% Nitroglycerin her, doch spielen dort neben diesen die nicht gelatinierten Mischdynamite „Straight dynamites" eine recht erhebliche Rolle. Die Zumischpulver enthalten neben anderen Zusätzen mitunter Schwefel, der in Amerika sehr billig ist, im Bergwerksbetriebe unter Tage allerdings lästige Nachschwaden verursachen dürfte. Zwei Analysen niedrigprozentiger amerikanischer Gelatinedynamite mit 29—31% Nitroglycerin, 48—54% Natronsalpeter, Stärke, Holzmehl und Schwefel geben Hall und Howell an[1]).

In Deutschland ist lange Jahre weit überwiegend das erwähnte 65proz. Gelatinedynamit mit Natronsalpeter fabriziert und verbraucht worden. Daneben in großen Mengen für den Export nach englischen Kolonien, vorzüglich Transvaal und Australien, Japan und vielen anderen überseeischen Ländern derselbe Sprengstoff mit Kalisalpeter an Stelle von Natronsalpeter.

Das Zumischpulver für Inlandsware besteht aus 76,9% $NaNO_3$, 22,6% Holzmehl und 0,5% Kreide, das Zumischpulver für Exportware aus 80% KNO_3, 19,5% Holzmehl und 0,5% Kreide und enthält etwas mehr Salpeter, da der Kalisalpeter infolge des höheren Atomgewichtes des Kaliums weniger disponiblen Sauerstoff enthält, als der Natronsalpeter, nämlich nur 39,6% gegen 47% im Natronsalpeter.

Für gewisse Zwecke wurde auch ein schwächeres sog. Gelignite II exportiert mit 47,5% Nitroglycerin, 2,5% Kollodiumwolle, 37,5% KNO_3, 3,5% Holzmehl und 9% Roggenmehl.

Andererseits wurden auch hochprozentige Gelatinedynamite von folgender Zusammensetzung für die Ausfuhr hergestellt:

	80proz	81proz.	75proz.
Nitroglycerin	75%	75,8%	70,4%
Kollodiumwolle	5%	5,2%	4,6%
Kalisalpeter	15%	15,2%	19,3%
Holzmehl mit etwas Kreide	5%	3,8%	5,7%
	100%	100%	100,0%

Im Inland war von schwächeren Typen früher in der Hauptsache nur ein 55proz. Gelatinedynamit mit 53,5% Nitroglycerin, 1,5% Kollodiumwolle und 45% Zumischpulver von der oben angegebenen Zusammensetzung mit Natronsalpeter in Gebrauch.

Eine grundlegende Änderung im Sinne einer weitgehenden Anwendung niedrigprozentiger Gelatinedynamite brachte hier erst der Weltkrieg mit seiner Glycerinknappheit, der auf allen Gebieten Sparsamkeit und Einschränkung lehrte. Seit dieser Zeit, die zunächst die Glycerinbeschlagnahme und nach dessen Freigabe die zunehmende

---

[1]) Bur. of mines. Bull. Bd. 59. 1913. — S. a. Z. f. Schieß- u. Sprengstoffwesen 1917. S. 250.

Teuerung brachte, ist der Verbrauch des 65proz. Dynamites sehr zurückgegangen und dasselbe wird nur noch da gebraucht, wo es unbedingt notwendig ist und ein Sprengen mit schwächeren Sprengmitteln sich als untunlich oder durchaus unwirtschaftlich erwies, während man an vielen Arbeitsstellen, wo man früher 65proz. Dynamit verwendete, nunmehr mit einem 40proz. Dynamit auszukommen gelernt hat. Man nennt dieses Produkt vielfach mit einer nicht ganz richtigen Bezeichnung: „Ersatzdynamit". Obgleich es naturgemäß einen geringeren Energieinhalt besitzt, als hochprozentiges Dynamit mit 65% gelatiniertem Nitroglycerin, hat es doch andererseits die charakteristischen Merkmale des Gelatinedynamits, wie hohe Dichte, hohe Detonationsgeschwindigkeit und Plastizität. Der Charakter des Nitroglycerins als Explosivstoff kommt in ihm noch zu voller Auswirkung, im Gegensatz z. B. zu selbst den kräftigsten Ammonsalpetersprengstoffen, die trotz höherer Gesamtenergie mit ihrer geringeren Detonationsgeschwindigkeit und geringen Dichte es in hartem Erz oder Gestein selbst mit niedrigprozentigen Gelatinedynamiten nicht aufnehmen können.

In solchen niedrigprozentigen Dynamiten konnte das gewöhnliche auf vollkommener Verbrennung mit einem kleinen Sauerstoffüberschuß aufgebaute Zumischpulver aus Salpeter und Holzmehl nicht beibehalten werden, da sonst der Holzmehlgehalt so hoch geworden wäre, daß kein hinreichend plastischer gut patronierbarer Sprengstoff mehr erhalten wird. Die Folge war ein relativ sehr hoher Gehalt an Salpeter und somit Überschuß an disponiblem unausgenutztem Sauerstoff. Da zur Verbrennung nicht ausgenutzter Salpeter die Wirkung des Sprengstoffes nicht erhöht, sondern nicht wesentlich anders wirkt als irgendein an der Umsetzung nicht teilnehmendes Salz, so hat man vielfach einen Teil des Salpeterüberschusses durch irgendein billiges Neutralsalz z. B. Chlornatrium ersetzt, das alsdann nur die Rolle eines Ballastes oder Füllmittels spielte.

Nun liegt der Gedanke sehr nahe, ein solches Verfahren müsse unrationell sein, der Bergmann müsse ebensogut oder vorteilhafter statt das billigere niedrigprozentige Dynamit mit Ballaststoffen zu benutzen, mit einer entsprechend kleineren Menge des teureren aber stärkeren höherprozentigen Dynamites arbeiten können. Das scheint aber nicht der Fall zu sein. Auch etwaige merkantile Gesichtspunkte der Fabrikanten, die vielleicht in dem Mehrabsatz des schwächeren billigeren Sprengstoffes einen Vorteil finden könnten, würden sich nicht lange haben durchsetzen können. Es scheint tatsächlich, daß das „gestreckte" Dynamit in vielen Fällen besonders vorteilhaft und wirtschaftlich arbeitet, sei es nun, daß bei manchen Gesteinsarten die Verteilung des gleichen Energiebetrages auf eine längere Wirkungsstrecke sich als günstiger für das Sprengresultat erweist, als die Anhäufung oder Konzentration der Energie in einem kleineren Raume, oder daß man vielerorts früher unnötigerweise zu viel Energie aufgewendet hat und unter dem Einfluß der Verhältnisse jetzt die Wirtschaftlichkeit in höherem Maße berücksichtigt als früher und nun einfach zu dem billigeren niedrigprozentigen Dynamit da greift, wo man mit ihm auskommen kann und schon früher mit ihm hätte auskommen können.

Übrigens hat man sich bestrebt, in den niedrigprozentigen Dynamiten das voluminöse Holzmehl teilweise durch andere schwerere Kohlenstoffträger, als Verbraucher des Sauerstoffs des Salpeters zu ersetzen, ohne dabei das Nitroglycerin zu phlegmatisieren, d. h. in seinem physikalischen Zustande im Sinne einer Herabsetzung der Detonationsgeschwindigkeit ungünstig zu beeinflussen. Als solche kommen hauptsächlich die als Sprengkomponenten der Ammonsalpeter- und Chloratsprengstoffe bekannten aromatischen Nitrokörper, wie Trinitrotoluol und Binitrotoluol in Betracht, die an sich schon explosiven Charakter haben und das Nitroglycerin wenig phlegmatisieren, obgleich sie sich teilweise in ihm auflösen.

Bei Ersatz des Salpeters durch Kaliumperchlorat, das allerdings wegen seines hohen Preises nur wenig verwendet wird, kann man mit einem niedrigprozentigen Dynamit Wirkungen erzielen, die einem höherprozentigen mit Salpeter entsprechen. Das Kaliumperchlorat liefert etwa ebensoviel Sauerstoff (46,2%) wie Natronsalpeter (47%), setzt sich aber leichter um und ist schwerer, so daß es die Dichte der Sprengstoffe erhöht. So haben 40proz. Dynamite mit Kaliumperchlorat, in denen das Holzmehl teilweise durch Kohlenwasserstoffe, z. B. Naphthalin ersetzt ist, eine besonders gute Wirkung.

Mit der Verminderung des Nitroglyceringehaltes ist man bis auf 18% heruntergegangen und hat im Kriege und nach demselben als sog. 18 proz. Ersatz-Gelatinedynamit, einen plastischen gelatinösen Sprengstoff von durch aus dynamitartiger Beschaffenheit und recht guter Wirkung geliefert, der nur 18—20% Nitroglycerin enthielt. Um eine so geringe Menge Nitroglyceringelatine zu einem plastischen in der gewöhnlichen Weise patronierbaren Sprengstoff zu verarbeiten, ist es notwendig, die Gelatine zu strecken oder zu „verlängern", wie sich der Sprengstoff-Fabrikant ausdrückt. Dies geschieht durch den schon oben erwähnten Zusatz von aromatischen Nitrokörpern, die sich teilweise im Nitroglycerin lösen.

Ein möglichst schwerer Sauerstoffträger wie z. B. Kaliumperchlorat ist für solche gestreckte Gelatinen bzw. Dynamite mit niedrigem Nitroglyceringehalt zur Erzielung einer hohen Plastizität und brisanten Wirkung besonders vorteilhaft.

In Preußen ist in neuester Zeit der Vertrieb von Sprengstoffen für den Bergbau einer Neuregelung im Sinne einer Vereinheitlichung durch eine Polizeiverordnung vom 25. Jan. 1923, die am 1. Jan. 1924 in Kraft tritt, unterworfen worden. Es ist anzunehmen, daß diese Vereinheitlichung in absehbarer Zeit sich über das ganze Reich erstrecken wird. Die Verordnung, die Bezeichnung und Zusammensetzung der ministeriell zugelassenen Sprengstoffe regelt und ihr Anwendungsgebiet festlegt, d. h. sie in Gesteins- und Wettersprengstoffe einteilt, gilt zunächst nur für die der polizeilichen Aufsicht der Bergbehörden unterstellten Betriebe, wird aber vermutlich im Laufe der Zeit ihren Wirkungsbereich auf jede ziviltechnische Anwendung der Sprengstoffe erstrecken.

Nach der ersten Liste der Bergbausprengstoffe vom 1. Febr. 1923[1]) dürfen in Zukunft folgende Dynamitsorten von den bei jeder Sorte besonders aufgeführten Fabrikanten an den preußischen Bergbau vertrieben werden:

Dynamit 1.

61—63,5 % Nitroglycerin
1,5—4 % Kollodiumwolle
25—29 % Natronsalpeter und/oder Kaliumperchlorat
6—9 % Holzmehl
0—2 % Soda und/oder Kreide und/oder unschädliche färbende Bestandteile z. B. Ocker, Caput mortuum.

Dynamit 2.

56—61 % Nitroglycerin
4,5—9 % Nitrocellulose
3—8 % Holzmehl
0—4 % Nitroabkömmlinge des Toluols und/oder Naphthalins und/od. Diphenylamins
25—30 % Alkalinitrate und/oder Kaliumperchlorat.

Dynamit 3.

34—39 % Nitroglycerin
1—6 % Nitrocellulose
1—6 % Pflanzenmehl
6—10 % Nitroabkömmlinge des Toluols und/oder Naphthalins und/oder Diphenylamins
44—54 % Alkalinitrate und/oder Ammonsalpeter u./od. Kaliumperchlorat.

Dynamit 4.

36—39,5 % Nitroglycerin
0,5—4 % Nitrocellulose
1—7 % Pflanzenmehl und/oder feste Kohlenwasserstoffe
40—50 % Alkalinitrate und/oder Ammonsalepter u./od. Kaliumperchlorat
7—12 % anorganische inerte Salze

Dynamit 5.

16—20 % Nitroglycerin
0,5— 2 % Kollodiumwolle
50—74 % Kaliumperchlorat u./od. Ammonsalpeter u./od. Alkalinitrate
2—12 % Nitroabkömmlinge des Toluols und/oder Naphthalins und/oder Diphenylamins
1—6 % Pflanzenmehl und/oder feste Kohlenwasserstoffe
0—12 % Alkalichloride.

Sprenggelatine.

92—94 % Nitroglycerin
8— 6 % Kollodiumwolle.

---

[1]) Deutscher Reichsanzeiger und Preußischer Staatsanzeiger Nr. 41 vom 17. Febr. 1923. Erste Beilage.

Unter der Gruppe der Dynamite ist in dieser Liste auch Ammongelatine 1 zugelassen, ein gelatinöser, handhabungssicherer, ungefrierbarer Sprengstoff auf Basis von hauptsächlich Dinitrochlorhydrin mit höchstens 5% Nitroglycerin, der im nächsten Kapitel (Ungefrierbare Nitroglycerinsprengstoffe) zu besprechen sein wird.

Von diesen 5 Dynamitsorten stellt Dynamit 1 das alte 65proz. Gelatinedynamit dar, mit der Möglichkeit, den Natronsalpeter ganz oder teilweise durch Kaliumperchlorat zu ersetzen. Dynamit 2 fällt unter denselben Typ und gibt die Möglichkeit, innerhalb von dessen Rahmen Pulverrohmasse, die zurzeit noch aus Heeresbeständen vorhanden ist, in das Dynamit hineinzuarbeiten, d. h. die Gelatinierung des Nitroglycerins statt mit Kollodiumwolle mit einer entsprechend größeren Menge Pulverrohmasse, die ja stets lösliche Nitrocellulose enthält, vorzunehmen. Pulverrohmasse mit 40% Nitroglycerin gestattet die Definition bis zu 15% zuzusetzen.

Dynamit 3 und 4 betreffen das oben erwähnte in letzter Zeit sehr in Aufnahme gekommene 40proz. Gelatinedynamit, gleichfalls mit der Möglichkeit, die Kollodiumwolle durch Pulverrohmasse zu ersetzen, wobei im Dynamit 3 als Kohlenstoffträger neben Pflanzenmehlen (als welche außer Holzmehl schwerere pflanzliche Mehle wie Curcumamehl und Olmedomehl, sowie Halbtreber, d. h. Rückstände der Holzstoffspritfabrikation verwendet werden) auch aromatische Nitrokörper zugelassen sind. Von diesen kommen in der Hauptsache Bi- und Trinitrotoluol in Betracht, daneben aus Heeresbeständen stammend Dinitronaphthalin, Trinitronaphthalin und Hexanitrodiphenylamin.

Dynamit 4 sieht statt Nitrokörpern neben oder an Stelle von Pflanzenmehlen feste Kohlenwasserstoffe vor, als welche Naphthalin und Anthracen in Frage kommen, sowie die oben erwähnten Ballast- oder Füllstoffe. Dynamit 5 endlich stellt das vorher besprochene sog. 18proz. Gelatinedynamit dar, das stets einen erheblichen Gehalt an Nitrokörpern zur Verlängerung der Nitroglyceringelatine enthalten muß.

Fabrikation der Gelatinedynamite.

a) Vorbereitung des Zumischpulvers. Da die Zumischpulver meist aus Sauerstoffträgern (Salpeterarten, Perchloraten) einerseits und verbrennlichen Substanzen (Holzmehl, Getreidemehlen, Kohlenpulver) andererseits bestehen, ist es im Sinne einer möglichst raschen und vollständigen Verbrennung bzw. Teilnahme an der momentanen Umsetzung geboten, die einzelnen Bestandteile in möglichst feinpulverigem Zustande zu verwenden und möglichst innig zu vermischen.

Andererseits sollen sie auch als Saugstoffe dienen oder doch wenigstens die Bindung des Nitroglycerins unterstützen. Es versteht sich, daß Körper von dichtem Gefüge, wie Salzkrystalle, Holzkohle und

Steinkohle in feinpulveriger Form mehr Bindefähigkeit haben, als in grober Form. Holzmehl darf nicht allzusehr zerkleinert werden, wenn es nicht an Saugfähigkeit verlieren soll. Es wird gewöhnlich in hinreichend feinem Zustande geliefert, und nur häufig durch Schüttelsiebe mit etwa 1—2 mm Maschenweite gegeben, um es von gröberen Partikelchen oder Fremdkörpern zu befreien. Sehr häufig wird es heute in lufttrocknem Zustande, also mit 8—10% natürlicher Feuchtigkeit verarbeitet, da die Erfahrung gelehrt hat, daß die kleine Menge Feuchtigkeit, die mit ihm in den Sprengstoff gelangt, die Eigenschaften und Wirksamkeit von Nitroglycerinsprengstoffen nicht beeinträchtigt. Wo es not tut, wird es auf Darren oder in dampfgeheizten Trockenschränken vorgetrocknet, mitunter auch ebenso wie Getreidemehl bei Temperaturen von 100—120° auf schmiedeeisernen flachen Tellern, die auf Schienen in die Trockenkästen eingeschoben werden, einer leichten Röstung unterzogen, die die Verbrennlichkeit erhöhen soll.

Etwa verwendete Steinkohle oder Holzkohle wird in eisernen Kugelmühlen mit Eisenkugeln durch hinreichend lange Mahlung zu feinstem Mehle vermahlen, wobei mäßige Beschickung der Kugelmühlen von Vorteil ist.

Nitrokörper z. B. Trinitrotoluol, das gewöhnlich in granulierter Form, in Blättchen oder Schüppchen geliefert wird, werden auf hölzernen Kollergängen feingepulvert. Unter Umständen z. B. bei weichen Nitrokörpergemischen von niedrigem Erstarrungspunkt kommt auch eine Vermischung derselben mit den übrigen Bestandteilen des Zumischpulvers, Holzmehl und Salpeterarten, auf geheizten Tellerapparaten in Frage, wo die Nitrokörper schmelzen und sich besonders innig mit den übrigen Komponenten mischen.

Kaliumperchlorat darf auf Tellerapparaten nicht zugegeben werden, da auf diesen durch die umlaufende Kupferwalze und den metallenen Schaber, die die Vermischung besorgen, stets Druck und Reibung erzeugt wird, Perchlorate aber in Mischung mit den organischen Bestandteilen des Zumischpulvers reibungsempfindliche brisante nichthandhabungssichere Sprengstoffe darstellen.

Niedrigschmelzende Nitrokörper, wie technisches Binitrotoluol, sog. Tropföl, sog. Metabinitrotoluol, ein Gemisch von isomeren Binitrotoluolen mit vorwiegend m-Binitrotoluol, Nitronaphthalin, können, statt mit den Bestandteilen des Zumischpulvers vermischt zu werden, auch in geschmolzenem Zustande im Nitroglycerin aufgelöst und mit diesem zusammen in den Gelatinierpfannen gelatiniert werden. Sie gelatinieren bekanntlich mit Kollodiumwolle ebenso wie Nitroglycerin.

Bezüglich der Anforderungen, die an die Nitrokörper zu stellen sind, ist noch zu erwähnen, daß dieselben völlig frei sein müssen von freien Mineralsäuren.

Sie werden gewöhnlich in der Weise geprüft, daß etwa 50 g in einem Kölbchen mit 100 ccm Wasser 10 Minuten gekocht werden. Nach dem Erkalten wird filtriert und das Filtrat mit n/10-Lauge titriert. Der gefundene Säuregehalt darf auf HNO_3 berechnet höchstens 0,1 % des Nitrokörpers betragen. Der geringe gefundene Säuregehalt gut gereinigter technischer Nitrokörper besteht in minimalen Mengen schwacher organischer Säuren, die unbedenklich sind.

Salpeter und Salze werden auf dampfgeheizten flachen kreisförmigen Darren, den schon erwähnten Tellerapparaten, oder in sonstigen Spezialapparaten vorgetrocknet und in Grusonmühlen bzw. Exzelsiormühlen feingemahlen.

Bei Salzen z. B. Alkalichloriden, die nur als Füllstoff oder Ballast dienen und nicht an der chemischen Umsetzung teilnehmen, ist eine feine Mahlung nicht notwendig, im Gegenteil bei erheblichen Zusätzen solcher Ballaststoffe sogar nachteilig, da sie naturgemäß den Durchgang der Detonationswelle um so mehr hemmen, je größer ihre Oberfläche ist. Es genügt, solche Salze zu sieben, um sie von zu groben Anteilen zu befreien.

Kaliumperchlorat wird gewöhnlich als feines Krystallmehl geliefert und braucht daher nicht besonders gemahlen zu werden. Da es nicht hygroskopisch ist und gewöhnlich nur 0,04—0,05 % Feuchtigkeit enthält, erübrigt sich auch eine besondere Trocknung. Falls es in gröberer Krystallform vorliegt, darf es in eisernen Trommeln oder Exzelsiormühlen nur dann gemahlen werden, wenn jede organische Verunreinigung des Produktes selbst oder der Mühlen völlig ausgeschlossen ist, da es in Mischung mit selbst ganz geringen Mengen organischer Substanz zum Sprengstoff wird und gegen Schlag oder Reibung alsdann leicht mit Entzündung oder Explosion reagiert. Kaliumperchlorat, das aus Heeressprengstoffen durch Entlaugung mit heißem Wasser wiedergewonnen wurde, enthält meist, wenn es nicht einer besonderen Reinigung mit organischen Lösungsmitteln unterzogen worden ist, einige Prozente aromatischer Nitrokörper als Verunreinigung und ist in diesem Zustande ein schlag- und reibungsempfindlicher Sprengstoff mit wenn auch geringer Wirkung. Solches Kaliumperchlorat darf nur in Holztrommeln mit Holzkugeln bzw. auf hölzernen Kollergängen gemahlen werden.

Die erwähnte preußische Polizeiverordnung vom 25. Jan. 1923 schreibt in § 12 vor: Kaliumperchlorat darf, soweit es noch aus Heeressprengstoffen stammt, bis zu 1,5 % Dinitrobenzol enthalten[1]).

Die so vorbereiteten Bestandteile des Zumischpulvers, mit Ausnahme des Perchlorates, das erst in der Knetmaschine zugesetzt wird,

---

[1]) Nach einer neueren Bestimmung des Ministers für Handel und Gewerbe vom 29. 6. 23 ist der zulässige Gehalt des Kaliumperchlorates auf 3 % Dinitrobenzol festgesetzt worden.

werden in Mischtrommeln mit Pockholzkugeln einer innigen Mischung unterzogen. Das fertig gemischte Zumischpulver wird in dichten Leinensäcken oder in mit Deckel verschließbaren verzinkten Eisenblechtrommeln aufbewahrt, soll aber womöglich stets frisch verwendet werden, da es, wofern hygroskopische Bestandteile, z. B. Natronsalpeter oder Ammonsalpeter enthaltend, sehr leicht wieder Feuchtigkeit anzieht. Obgleich die Zumischpulver keine Pulvermischungen im eigentlichen Sinne sind, sind sie doch leicht brennbar, und Brände in den Mischlokalen kommen mitunter vor. Es ist daher zweckmäßig, die betreffenden Gebäude möglichst feuersicher zu konstruieren, die einzelnen Abteilungen durch Steinmauern zu isolieren und die Dächer aus Eisen herzustellen bzw. feuersichere Decken vorzusehen.

b) Herstellung der Dynamite. Der Gang der Fabrikation, Vorgelatinierung bzw. Gelatinierung und Knetung entspricht genau der im vorigen Kapitel beschriebenen Herstellung der Sprenggelatine und findet in denselben Räumen und mit derselben Apparatur statt. Geschieht die Vorgelatinierung nur auf kaltem Wege in Kästen, so wird das Zumischpulver in der Knetmaschine zugesetzt. Bei dem englischen Gelignite ist es auch vielfach üblich, nicht erst das Zumischpulver für sich herzustellen, sondern Salpeter und Holzmehl einzeln in die Knetmaschine zu geben, wo besonders bei der langen Knetdauer in den geheizten englischen Knetmaschinen eine hinreichend innige Vermischung stattfindet. Wird dagegen in mit Warmwasser beheizten Kupferpfannen gelatiniert, so findet in diesen selbst eine sog. „Vormischung“ des Zumischpulvers mit der dünnen Gelatine nach etwa 20—30 Minuten langer Vorgelatinierung von Hand statt, worauf die roh gemischte halbfertige Masse in Holztröge gepackt und nach dem Knethaus gefahren wird, wo in den Werner-Pfleiderer-Maschinen durch eine Knetung von 15—20 Minuten Dauer das Gelatinedynamit fertiggestellt wird. Die fertige plastische Masse wird in denselben Holztrögen den Patronenbuden zugeführt, wo die Patronierung mit denselben Maschinen und in derselben Weise erfolgt, wie bei der Sprenggelatine.

Zu beachten ist noch, daß das Zumischpulver kurz vor der Zugabe möglichst in einem besonderen Raume durch ein Sieb mit hölzernem Rahmen und von 2—4 mm Maschenweite mittelst Holzspaten in einen Holzkasten gerieben wird, um es von etwa zufällig hineingeratenen Fremdkörpern, die bei der Knetung gefährlich werden würden, zu befreien. Das mitunter übliche Auflegen der Siebe über die Gelatinierpfannen und Hineinsieben in letztere empfiehlt sich nicht, da es Anlaß zu gefährlichen harten Stößen der schweren Siebe oder Reibung derselben auf den mit Kollodiumwollstaub und Gelatinepartikelchen behafteten Pfannenrändern geben könnte.

Als Patronenpapier dient Pergament — oder heute meist das billigere paraffinierte Papier. Die Verpackung ist die bei Gurdynamit und Sprenggelatine beschriebene. Um die Pakete auch bei längerer

Abb. 34.

Lagerung oder bei eventuellem Naßwerden der Kisten vor Feuchtigkeit zu schützen, werden sie in heißflüssiges Paraffin getaucht.

Eine besonders zweckmäßige Misch- und Knetmaschine für die Herstellung von Gelatinedynamit bauen seit einiger Zeit die Draiswerke G. m. b. H. in Mannheim-Waldhof. Diese neue sog. „Säulen-Knetmaschine“ hat mit der im Abschnitt über Sprenggelatine beschriebenen englischen Knetmaschine die vertikalen Knetachsen und den ausfahrbaren Trog gemeinsam, unterscheidet sich aber von letzterer durch die Form der Knetschaufeln, die denen der Werner-Pfleiderer-

Abb. 35.

Maschine ähneln und eine bedeutend schnellere Durchmischung der Masse ermöglichen, als die fingerförmigen Ansätze der Knetachsen der englischen Maschine. Der Hauptvorzug der Anlage der Draiswerke (s. Abb. 34 und 35) besteht darin, daß ein Vormischen der Gelatine mit dem Zumischpulver in den Gelatinierpfannen, ein Umfüllen und Transport der halbfertigen Masse nach dem Knethaus wegfällt, vielmehr

Gelatinierung, Vormischung und Knetung in demselben Gefäß und Raum stattfindet.

Die kreisrunden, doppelwandigen Knetkessel, die an die Warmwasserleitung angeschaltet werden können, wo der Hohlmantel mit Wasser von bestimmter Temperatur gefüllt wird, sind durch Lauf- und Lenkrollen mit Kugellagern bequem fahrbar eingerichtet. Für jeden Mischapparat sind eine Reihe solcher Kessel vorgesehen, die zugleich als Gelatinierkessel dienen.

Sie haben einen Totalinhalt von 290 l, so daß sie bequem 200 kg Gelatinedynamit fassen, und bestehen innen aus Messing und außen aus Schmiedeeisen. Die äußere Kesselwand ist mit einer Holz- oder Linoleumverkleidung versehen.

Sobald das Sprengöl genügend vorgelatiniert ist, wird das Zumischpulver zugeschüttet, der Kessel unter den Knetapparat geschoben und das Rührwerk heruntergelassen. Das Herausheben und Herunterlassen des letzteren erfolgt von Hand mittelst einer Kurbel, wird aber auf Wunsch auch automatisch durch Verwendung einer Friktion eingerichtet. Der Deckel, der sich über dem Knetkessel befindet und mit dem Rührwerk auf und ab geht, ist aus Eichenholz und Linoleum hergestellt. Die Anschlagstellen der Rührwerktraversen an den Säulen sind mit Vulkanfiber bekleidet. Sämtliche Ketten, die sich an der Maschine befinden, sind aus Stahl gefertigt, die Räder aus Grauguß. Alle Räder, wie auch die Spindeln, an welchen das Rührwerk auf und ab geht, sind gut eingekapselt. Die Grundplatte wird bei der Räderspur vertieft und ist so ausgeführt, daß die Messingrollen nicht an Eisen streifen. Die Rührwellen nebst den Rührflügeln sind aus einem Stück in Bronze gegossen.

Die Knetung bis zur völligen Homogenität der Masse dauert in diesen Apparaten nur 8—10 Minuten. Der Kraftverbrauch schwankt zwischen 6 und 12 PS.

Die Vereinigung von Vorgelatinierung, Vormischung und Knetung in einem Gefäß und einem Raum bringt eine Ersparnis an Arbeitslohn mit sich. Das ganze Verfahren zeichnet sich durch Einfachheit und Sauberkeit aus. Ein Vorzug ist es auch, daß sich die Lager der Knetarme nicht wie bei der Werner-Pfleiderer-Maschine im Bereich der Sprengstoffmasse befinden, so daß ein Durchdringen derselben, ein Festsetzen und etwaige Reibung in den Lagern nicht in Frage kommt.

Herstellung kleiner Proben von Gelatinedynamit im Laboratorium.

Z. B. 100—200 g: Zusammensetzung:

Nitroglycerin	62,5 %
Kollodiumwolle	2,5 %
Salpeter	27,0 %
Holzmehl	8,0 %

Zum Gelatinieren bedient man sich am besten einer Porzellankasserole mit Stiel, in die man z. B. 125 g kaltes Nitroglycerin einwägt, worauf man 5 g trockne, feingesiebte Kollodiumwolle mit dem kalten Sprengöl gut verrührt. Man setzt nun die Kasserole in ein Wasserbad von 60—65° ein, dessen Temperatur durch eine kleine Flamme aufrechterhalten wird. Nach etwa 20 Minuten ist die Gelatinierung eingetreten und die Gelatine hat die Konsistenz eines dicken Sirups. Inzwischen hat man 54 g Salpeter mit 16 g Holzmehl in einer Porzellanreibschale innig verrieben und trägt das Zumischpulver nunmehr portionsweise in die dünne Gelatine ein, indem man mit einem kräftigen Hornspatel tüchtig durchknetet. Nachdem alles eingetragen ist, knetet man die Masse wie einen Backteig mit den Fingern durcheinander. Da die meisten Menschen hierbei alsbald Kopfschmerzen bekommen, auch wenn man nach Beendigung des Versuches die Hände sofort mit Aceton wäscht, so empfiehlt es sich, das gründliche Durchkneten bis zur völligen Homogenität der Mischung in einer hölzernen Reibschale mit Holzpistill vorzunehmen. Die homogene Paste rollt man auf einer Holzunterlage zu Wurstform, teilt die Wurst mit dem Hornspatel in Stücke von passender Länge, die man in Patronenpapier einwickelt.

Kleine Reste des Dynamits löst man in Aceton, nimmt die Acetonlösung mit Holzmehl oder Zumischpulver auf und verbrennt die Mischung sofort auf einer Blechunterlage.

Eigenschaften und Kraftleistung der Gelatinedynamite.

1. Plastizität. Die Gelatinedynamite sind in ungefrorenem Zustande zusammenhängende, plastische, knet- und formbare Massen. Bei hohem Nitroglyceringehalt nähern sie sich bezüglich ihrer gelatinösen Beschaffenheit der reinen Sprenggelatine und sind alsdann weniger plastisch, als vielmehr elastisch. Der Grad der Plastizität ist außerdem vom Gehalt der Gelatine an Kollodiumwolle bzw. der Gelatinierfähigkeit der letzteren abhängig und schließlich auch von der Natur und Menge der übrigen Bestandteile, wie Holzmehl und Sauerstoffsalzen. Technisch brauchbare Gelatinedynamite sollen so weich, geschmeidig und plastisch sein, daß sie sich ohne besondere Mühe und Kraftanstrengung mittelst der bei Sprenggelatine beschriebenen Patronenmaschinen mit Schneckengewinde in Wurstform pressen lassen.

2. Dichte. Die Gelatinedynamite sind gegenüber den meisten pulverförmigen Sprengstoffen durch eine besonders hohe Dichte ausgezeichnet. Dieselbe schwankt je nach Menge der Gelatine und Gehalt und Natur der Salze sowie der Kohlenstoffträger etwa zwischen 1,5 und 1,8. Das gewöhnliche 65proz. Gelatinedynamit hat eine Dichte von 1,52—1,55, 40proz. Dynamite mit Trinitrotoluol und Natronsalpeter 1,63—1,65, 40 proz. Dynamite mit hohem Salpeter- und Salz-

gehalt ca. 1,7 und solche mit Kaliumperchlorat 1,8 und darüber, das sog. 18proz. Dynamit (Dynamit Nr. 5 der neuen preußischen Polizeiverordnung) mit Kaliumperchlorat ebenfalls etwa 1,8, dasselbe mit Ammonsalpeter dagegen nur etwa 1,6.

3. Haltbarkeit. Die Gelatinedynamite sollen auch bei längerer Lagerung und auch bei gelinder Wärme kein flüssiges Nitroglycerin austreten lassen. Bezüglich Ausschwitzung gilt hier Ähnliches wie bei Sprenggelatine, z. B. soll bei 40° in 24 Stunden das Patronenpapier nicht fettig werden und die Masse sich nach dieser Zeit glatt vom Papier ablösen lassen. Bei 30° darf nach 8 Tagen kein Nitroglycerin ausgeschwitzt sein. Bei Exportware sind diese Anforderungen besonders streng zu handhaben. Der Grad ihrer Erfüllung hängt von Menge und Gelatinierfähigkeit der Kollodiumwolle ab.

Gegen Feuchtigkeit sind die Gelatinedynamite relativ recht widerstandsfähig, und zwar im allgemeinen um so mehr, je höher ihr Gehalt an Nitroglyceringelatine ist. Immerhin spielt die Natur der im Zumischpulver enthaltenen Salze hierbei eine erhebliche Rolle, so daß für Ware, die für tropische Länder bestimmt ist, nicht-hygroskopische Salze, wie Kalisalpeter, Kaliumperchlorat fast ausschließlich verwendet werden.

Bei niedrigerprozentigen Dynamiten mit besonders hygroskopischen Salzen, z. B. Ammonsalpeter, wird deshalb vielfach eine besonders gegen Feuchtigkeit sichernde Verpackung angewendet (sog. Beutelpackung), d. h. die in paraffiniertes Papier eingehüllten Patronen kommen in kleinere Papierbeutel von $1-1^1/_4$ kg Inhalt, die für sich in Paraffin getaucht und dann zu je zwei in die größeren Pappschachteln mit 2—2,5 kg Gewicht verpackt werden, die ihrerseits in Papier eingeschlagen und wiederum getaucht werden.

Chemische Stabilität. Hier gilt dasselbe wie für Sprenggelatine. Der Abel-Test wird in derselben Weise durch Verreiben mit Talkum ausgeführt. Gelatinedynamit aus einwandfreien Rohstoffen gibt in der Regel vor Ablauf von 20 Minuten keine Reaktion. Die englischen Vorschriften fordern 10 Minuten. Die deutsche Eisenbahnverkehrsordnung fordert 48stündige Erhitzung ganzer Patronen auf 75°, ohne daß sichtbare Zersetzungsprodukte auftreten.

Empfindlichkeit gegen Schlag und Stoß. Die Schlagempfindlichkeit der Gelatinedynamite ist nicht wesentlich verschieden von der von Sprenggelatine und Gurdynamit. Nach Will detoniert 65proz. Gelatinedynamit mit dem 2-kg-Fallhammer von 17 cm Fallhöhe ab. Lenze erhielt mitunter schon bei 5 und 10 cm Detonation.

Auch hier ist die Zähigkeit der Gelatine nicht ohne Einfluß, insofern, als steifere Gelatinedynamite mit höherem Kollodiumwollgehalt unempfindlicher sind, als solche mit dünnerer Gelatine. Verfasser erhielt mit 65proz. Exportdynamit mit 3,5 % Kollodiumwolle und Kalisalpeter erst bei 25—30 cm Fallhöhe Detonation mit dem 2-kg-Gewicht. Kaliumperchlorat erhöht die Schlagempfindlichkeit gegenüber Salpeter. Ist das Nitroglycerin phlegmatisiert z. B. durch aromatische Nitrokörper, so vermindert sich die Schlagempfindlichkeit erheblich. Feuchtgewordenes Gelatinedynamit ist weniger schlagempfindlich als trocknes.

Gefrierbarkeit. Gelatinedynamit gefriert sehr leicht, gewöhnlich schneller als Sprenggelatine zu einer steifen harten Masse, die erst oberhalb 13° allmählich wieder auftaut. In gefrorenem Zustande ist es weniger empfindlich gegen Schlag und überhaupt schwerer zur Detonation zu bringen.

Entzündung, Explosion durch Erhitzen. Auch hier gilt Analoges für alle Nitroglycerinsprengstoffe. Die Gelatinedynamite werden durch Berührung mit einer Flamme leicht zur Entzündung gebracht und brennen lebhaft und zischend ab. Bei größeren Mengen kann die Verbrennung leicht in Detonation übergehen. Beim Erhitzen auf höhere Temperatur tritt stets Detonation ein. Der Explosionspunkt beim Erhitzen kleiner Proben im Reagensglas in der üblichen Weise (20° pro Minute) liegt wie bei Sprenggelatine bei 204—205°, nachdem ab 180° Zersetzung unter Entwicklung von roten Dämpfen zunehmender Stärke stattgefunden hat.

Detonationsfähigkeit durch Initialimpuls. Detonationsübertragung. Die im Kapitel über Sprenggelatine gemachten Ausführungen über die Sensibilität gelatinöser Sprengstoffe gegenüber Initialimpuls gelten sinngemäß auch für die Gelatinedynamite, die indessen im allgemeinen leichter initiierbar sind und die Detonation besser übertragen als reine Sprenggelatine, was in erster Linie auf ihren relativ geringeren Gehalt an Kollodiumwolle, ferner aber auch auf die Unterbrechung der rein kolloidalen Masse durch das zwischenlagernde Zumischpulver, vor allem das lockere Holzmehl zurückzuführen ist. Ausschlaggebend ist die Zähigkeit der Gelatine und damit vor allem die angewendete Menge an Kollodiumwolle.

Die Erscheinung der physikalischen Zustandsänderung in dem Sinne, daß bei längerer Lagerung besonders bei höherer Temperatur sich Detonationsfähigkeit, Detonationsübertragung und Detonationsgeschwindigkeit, diese 3 bei ein und demselben Sprengstofftyp eng zusammenhängenden Charakteristika, verringern, gilt für die Gelatinedynamite fast in gleichem Grade wie für Sprenggelatine, nur mit dem Unterschied, daß sie erst bei höherem Kollodiumwollgehalt, wie er z. B. für Exportware verwendet zu werden pflegt, stark fühlbar wird, z. B. bei 65proz. Gelatinedynamit mit 3—3,5% Kollodiumwolle. Die inländischen Gelatinedynamite, die gewöhnlich einem rascheren Konsum zugeführt werden können und bei denen die Beurteilung der Ausschwitzbarkeit nicht so übertrieben scharf gehandhabt wird, wie z. B. in den englischen Kolonien, erleiden mit ihrem geringen Kollodiumwollgehalt von etwa 1,7—2,5% bei 65% Gelatine, 1% bei 40% und 0,7—0,8% bei 20% Nitroglyceringelatine, durch solche Zustandsänderung keine nennenswerte Beeinträchtigung ihrer Eigenschaften. Sie detonieren durchweg regelmäßig mit der schwächsten gebräuchlichen Sprengkapsel (Nr. 1) und übertragen freiliegend die Detonation auf größere Distanzen, wobei die Entfernung natürlich vom Gewicht und Durchmesser der Patrone abhängig ist.

Die gebräuchlichsten Patronendurchmesser für Gelatinedynamite sind 23 mm und 25 mm. Jedoch werden auch noch dünnere Durchmesser von 22 mm, 20 mm und sogar 18 mm häufig gebraucht.

Eine 12 cm lange 25-mm-Patrone von 65proz. Gelatinedynamit mit ca. 2% Kollodiumwolle überträgt z. B. die Detonation auf eine gleiche in 10—12 cm Entfernung liegende Patrone. Aber auch die schwächeren 40- und 20proz. Dynamite haben in der Regel eine ausgezeichnete Detonations- und Übertragungsfähigkeit (mit Kapsel 1 auf 5—8 cm).

Das Vorhandensein dieser sog. freiliegenden Übertragung und ihre Höchstdistanz wird bei jeder Sprengstoffmischung laufend als Fabrikationskontrolle ermittelt und meist als wertvolles Kriterium einer genügenden Detonationssensibilität auch für den praktischen Gebrauch angesehen.

Für den Bergmann ist die Frage hoher Sensibilität zugleich eine Kostenfrage, da er bei einem hochsensiblen Dynamit mit den wesentlich wohlfeileren schwächeren Sprengkapseln auskommt. So pflegt er bei Gelatinedynamit Sprengkapsel Nr. 3 zu verwenden, während z. B. bei den handhabungssicheren Ammonsalpetersprengstoffen Sprengkapsel Nr. 8 gebräuchlich ist.

Gelatinedynamite mit höherem Kollodiumwollgehalt (Überseeware) erfordern besonders nach längerer Warmlagerung stärkere Sprengkapseln. Ein 65proz. Dynamit z. B. mit 3,5% Kollodiumwolle, das frisch hergestellt mit Kapsel Nr. 3 Detonationsübertragung zeigte, erfordert nach einer Warmlagerung von mehreren Monaten bei 30° Sprengkapsel Nr. 7—8. Außer der Zähigkeit der Gelatine ist auch der Charakter des verwendeten Sauerstoffträgers von erheblichem Einfluß auf die Detonationssensibilität der Gelatinedynamite. Die gegenüber den trägen Alkalinitraten ihren Sauerstoff leichter abgebenden Perchlorate, z. B. das wegen seines hohen Preises wenig angewendete Ammonperchlorat, ebenso aber das Kaliumperchlorat üben einen günstigen Einfluß auf die Detonierbarkeit der Gelatinedynamite aus, der bei hochprozentigen kollodiumwollreichen Dynamiten die Nachteile langer Lagerung ausgleichen kann, und bei niedrigprozentigen Dynamiten, bei denen das Nitroglycerin durch aromatische Nitrokörper gestreckt bzw. phlegmatisiert ist, die Wirkung der Phlegmatisierung aufhebt, und auch solchen Mischungen eine genügende Detonationsfähigkeit und Übertragung sichert. Diese Tatsache erklärt sich ohne weiteres durch die niedrigere Bildungswärme der Perchlorate, die unter sonst gleichen Verhältnissen gegenüber den Alkalinitraten eine höhere Explosionswärme, und damit höhere Explosionstemperatur und höheren Explosionsdruck erzeugt, der naturgemäß die Fortpflanzung der Detonation günstig beeinflussen muß.

Detonationsgeschwindigkeit der Gelatinedynamite[1]). Bezüglich der Detonationsgeschwindigkeit der Gelatinedynamite bestehen ganz analoge Verhältnisse wie bei der reinen Sprenggelatine (s. d.). Die gelatinöse Basis ist auch bei niedrigprozentigen Dynamiten maßgebend für die Größenordnung der entwickelten Geschwindigkeit, wenn auch die Natur der übrigen Komponenten, besonders der Sauerstoffträger, nicht ganz ohne Einfluß ist. Dieser Einfluß erstreckt sich aber mehr auf den Grad der Leichtigkeit, mit der die maximale Detonationsgeschwindigkeit ausgelöst wird, die bei allen Gelatinedynamiten von ungefähr gleicher Größenordnung (6500—7500 m pro Sek.) ist und ausschlaggebend nur durch den Charakter des Nitroglycerins bestimmt wird.

Auch beim Gelatinedynamit werden unter Umständen auffallend niedrige Geschwindigkeiten gemessen (2000—2500 m), und zwar spielen hier dieselben Faktoren wie bei der Sprenggelatine, nämlich Kollodiumwollgehalt bzw. Zähigkeit der Gelatine, Durchmesser der Sprengstoffsäule und Einschluß eine wesentliche Rolle.

Charakteristisch ist bei den Messungen im Eisenrohr nach der Methode von Dautriche das oft sprunghafte Ansteigen der Geschwindigkeit mit zunehmender Entfernung von der Initiale, das besonders bei kleinen Durchmessern (25 mm) und hohem Kollodiumwollgehalt (3—3,5 $^0/_0$ in 65proz. Dynamit) beobachtet wird. Zu kurze Rohre bzw. zu geringe Entfernung der Meßstrecke von der Initiale geben daher oft ein unzutreffendes Bild.

Man mißt in diesem Falle nur die Anfangsgeschwindigkeit, die mit dem Durchmesser und der Stärke des Einschlusses wächst, mit Zunahme des Kollodiumwollgehaltes dagegen abnimmt.

Die geringe Anfangsgeschwindigkeit der gelatinösen Sprengstoffe ist neben anderen Gründen ein Grund z. B. dafür, daß sie nicht als Initialsprengstoffe, z. B. für Sprengkapselfüllung geeignet sind. Kleine Mengen detonieren langsam, oder aber erfordern einen unverhältnismäßig starken Initialimpuls zur Auslösung ihrer maximalen Geschwin-

[1]) Vgl. Stettbacher: Schieß- u. Sprengstoffe. S. 48, 133 u. 139; sowie Kast: Spreng- u. Zündstoffe S. 71 und Escales: Nitroglycerin u. Dynamit S. 256.

digkeit, während ein als Sprengkapselfüllung geeigneter Sprengstoff, z. B. Trinitrotoluol oder Tetranitromethylanilin (Tetryl), dadurch gekennzeichnet sein muß, daß er durch eine möglichst geringe Aufsatzladung des direkt detonierenden Sprengstoffs (Knallquecksilber oder Bleiazid) mit hoher Geschwindigkeit detoniert.

Alle Faktoren, die die Sensibilität beeinflussen, beeinflussen auch die Anfangsgeschwindigkeit.

Beispiele: 1. Ein 65proz. Gelatinedynamit mit 3,5% Kollodiumwolle und 28% Kalisalpeter detonierte im Eisenrohr von 25 mm Durchmesser 10 cm hinter der Initiale mit 2350 m Geschwindigkeit per Sek. Derselbe Sprengstoff mit 28% Kaliumperchlorat an Stelle von Salpeter erreichte unter denselben Umständen 7000 m Geschwindigkeit. Nach Lagerung von 1/2 Jahr war in beiden Fällen die Anfangsgeschwindigkeit vermindert. Der erste Sprengstoff detonierte mit 2250 m, der zweite mit 2750 m. Nach gleichlanger Warmlagerung betrugen die Geschwindigkeiten 1500 m bzw. 1800 m.

Lagerung vermindert also die Sensibilität und zwar besonders bei höherer Temperatur, der günstige Einfluß des Perchlorates ist aber auch nach der Lagerung noch fühlbar.

2. 65proz. Gelatinedynamit mit 1,75% Kollodiumwolle erreichte im 25-mm-Rohr 10 cm hinter der Initiale 3000 m, in 30 cm Abstand von derselben eine Höchstgeschwindigkeit von ca. 7500 m, dasselbe mit 3,5% Kollodiumwolle 10 cm hinter der Initiale 2200 m, in 50 cm Abstand ca. 7000 m.

3. Im 40-mm-Rohr erreicht dasselbe Dynamit mit wenig Kollodiumwolle unmittelbar hinter der Initiale 6750 m, in 20—30 cm Abstand ca. 7500 m mit viel Kollodiumwolle unmittelbar hinter der Initiale 2400—2600 m, in 30—40 cm Abstand ca. 7500 m.

Auch niedrigerprozentige Dynamite zeigen ähnlich hohe Detonationsgeschwindigkeiten. 40proz. Gelatinedynamit mit 1% Kollodiumwolle ergab im 35-mm-Rohr etwa 6500 m, Dynamit Nr. 5 mit 18—20% Nitroglycerin und Kaliumperchlorat als Sauerstoffträger 6500—6800 m.

Explosionsprodukte der Gelatinedynamite. Man pflegt alle Gelatinedynamite, wie seit einigen Jahren überhaupt sämtliche für den Bergbaubetrieb bestimmten Sprengstoffe so zusammenzusetzen, daß der in ihnen enthaltene verfügbare Sauerstoff zur völligen Verbrennung zu Kohlensäure und Wasser ausreicht bzw. ein gewisser Sauerstoffüberschuß vorhanden ist, der auch noch das Patronenpapier verbrennen kann, so daß in den Explosionsprodukten (Nachschwaden) bei regelrechter Explosion keine brennbaren oder giftigen Gase (H_2, CH_4, CO) auftreten können.

Die neue preußische Polizeiverordnung über den Vertrieb von Sprengstoffen an den Bergbau vom 25. Jan. 1923 schreibt im § 8 und

§ 18 für brisante Gesteinssprengstoffe und für Wettersprengstoffe vor, daß diese Sprengstoffe, soweit sie im Grubenbetriebe unter Tage verwendet werden sollen, theoretisch auf Sauerstoffgleichgewicht oder Sauerstoffüberschuß aufgebaut sein müssen.

1 kg 65proz. Gelatinedynamit von der Zusammensetzung: 62,5% Nitroglycerin, 2,5% Kollodiumwolle, 27% Natronsalpeter und 8% Holzmehl liefert rechnerisch folgende Explosionsprodukte:

CO_2	449,03 g
N_2	163,10 g
O_2	44,47 g
H_2O	175,05 g
Na_2CO_3	168,35 g
	1000,00 g

Der Sprengstoff hat also 4,45% überschüssigen Sauerstoff. Die gasförmigen Explosionsprodukte oder Schwaden haben folgende Zusammensetzung

in Gewichtsprozenten:		bezw. nach Verflüssigung des Wasserdampfes:	
CO_2	54,00%	CO_2	68,4%
N_2	19,60%	N_2	24,8%
O_2	5,35%	O_2	6,8%
H_2O	21,05%		
	100,00%		100,0%

Die Explosionsgase von 1 kg dieses Gelatinedynamites nehmen bei 0° und 760 mm einen Raum von 605,7 l bzw. nach Verflüssigung des Wasserdampfes von 389,6 l ein. Ihre Zusammensetzung ist:

in Volumprozenten:		bzw. bei flüssigem Wasser:	
CO_2	37,7%	CO_2	58,6%
N_2	21,5%	N_2	33,4%
O_2	5,1%	O_2	8,0%
H_2O	35,7%		
	100,0%		100,0%

Die Explosionsprodukte der übrigen Gelatinedynamite haben einen ähnlichen Charakter. Bei Verwendung von Kaliumperchlorat besteht der Rauch aus Chlorkalium, bei den Ammondynamiten hinterbleibt kein fester Rückstand.

Bei der praktischen Schwadenanalyse in der Nickelstahlbombe wird bei geringem Sauerstoffüberschuß gewöhnlich kein freier Sauerstoff gefunden, wohl aber etwas Kohlenoxyd, da mit den Zuleitungsdrähten für die elektrische Zündung etwas Isoliermaterial mit in die Bombe eingeführt wird, das bei der Verbrennung Sauerstoff verbraucht. Außerdem unterliegen die Bombenwandungen und das Metallmaterial der Sprengkapsel und Zündpille einer gewissen Oxydation, so daß die Fehlerquellen derartiger Untersuchungen nicht unbeträchtlich und schwer zu bestimmen und zu eliminieren sind. Solche Untersuchungen haben daher nur einen bedingten Wert und erübrigen sich bei allen Sprengstoffen mit Sauerstoffüberschuß, deren Explosionsprodukte für den Fall regelrechter Detonation und bekannter Zusammensetzung des Sprengstoffes und seiner Einzelbestandteile der Rechnung ohne weiteres zugänglich sind. Bei Sauerstoffmangel wiederum gibt ebenfalls die Explosion in der Bombe kein ganz zutreffendes Bild der praktischen Verhältnisse, da der Sprengstoff gewöhnlich bei einer sehr geringen Ladedichte in der Bombe zur Explosion gebracht wird, während dieselbe im Bohrloch gleich 1 ist. Die Ladedichte ist aber bei unvollkommener Verbrennung von Einfluß auf die Zusammensetzung der Gase.

Explosionswärme, Explosionstemperatur, Kraftleistung. Das 65proz. Gelatinedynamit entwickelt eine Explosionswärme von 1230—1240 Cal. bei dampfförmigem und ca. 1390 Cal. bei flüssigem Wasser. Die Explosionstemperatur ist 2950°. Die Bleiblockausbauchung liegt mit 400 ccm netto zwischen Gurdynamit und Sprenggelatine. Diese Bleiblockausbauchung wird auch von den kräftigsten Ammonsalpetersprengstoffen, die 370—380 ccm aufweisen, annähernd erreicht. Der charakteristische Unterschied indessen in der Wirkungsweise beider Sprengstoffkategorien liegt hauptsächlich in der verschiedenen Dichte und Detonationsgeschwindigkeit begründet, die bei den Ammonsalpetersprengstoffen im allgemeinen nur 1—1,2 bzw. 4000—5000 m pro Sek. beträgt.

Folgende Tabelle gibt eine Übersicht über die sprengtechnischen Daten der wichtigsten Vertreter der Gelatinedynamite im Vergleich mit Sprenggelatine:

Tabelle.

	Spreng-gelatine	65proz. Gelatinedynamit		
		Dynamit 1		Ammon-dynamit (Forcite)
Nitroglycerin	92 %	62,5 %	62,5 %	63 %
Kollodiumwolle	8 %	2,5 %	2,5 %	2 %
Holzmehl	—	8,0 %	8,0 %	5 %
Natronsalpeter	—	27,0 %	—	—
Kaliumperchlorat	—	—	27,0 %	—
Ammonsalpeter	—	—	—	30 %
	100 %	100,0 %	100,0 %	100 %
Sauerstoffbilanz	+ 0,4 %	+ 4,4 %	+ 3,2 %	+ 1,5 %
Dichte	1,6	1,55	1,58	1,44
Bleiblockausbauchung	560 ccm	400 ccm	430 ccm	485 ccm
Bleiblockstauchung	24 mm	20 mm	21 mm	21 mm
Maximale Detonationsgeschwindigkeit ca.	8000 m	7500 m	7500 m	7500 m
Explosionswärme H_2O: Dampf	1560 Cal.	1235 Cal.	1290 Cal.	1300 Cal.
Explosionstemperatur	3200°	2950°	3050°	2770°

	40 proz. Gelatinedynamit			20 proz. Gelatinedynamit
	Dynamit 3	Dynamit 4		Dynamit 5
Nitroglycerin gel.	40 %	40 %	40 %	18—20 %
Pflanzenmehle	6 %	7 %	2 %	2—4 %
Trinitrotoluol	10 %	—	—	} 12 %
Binitrotoluol	—	—	—	
Kohlenwasserstoffe	—	—	5 %	—
Natronsalpeter	44 %	41 %	—	—
Kaliumperchlorat	—	—	41 %	54 %
Füllstoffe	—	12 %	12 %	12 %
	100 %	100 %	100 %	100 %
Sauerstoffbilanz ca.	+ 7 %	+ 12 %	+ 2,5 %	+ 11 %
Dichte ca.	1,6	1,7	1,8	1,8
Bleiblockausbauchung ca.	290 ccm	230 ccm	330 ccm	250 ccm
Bleiblockstauchung ca.	18 mm	19 mm	20 mm	18 mm
Maximale Detonationsgeschwindigkeit ca.	6500 m	6500 m	6500 m	6500 m
Explosionswärme H_2O: Dampf	1030 Cal.	850 Cal.	1150 Cal.	800 Cal.
Explosionstemperatur ca.	2800°	2500°	3000°	2650°

Anderweitige Herstellungsverfahren für Gelatinedynamite.

Von den verschiedenen im Laufe der Jahre gemachten Vorschlägen, das Nitroglycerin in anderer als der Nobel'schen Weise mit Kollodiumwolle zu gelatinieren bzw. in plastische Form überzuführen und so zur Basis plastischer Sprengstoffe zu machen, hat sich, abgesehen von den früher erwähnten Zusätzen von Centraliten[1]), keiner als praktisch verwertbar erwiesen bzw. industrielle Geltung erlangt. Es seien daher diese Verfahren hier nur kurz erwähnt[2]):

Nach dem D.R.P. 42452 der Deutschen Sprengstoff A.-G. vom Jahre 1887 kann Nitroglycerin durch Zusatz von Pikrinsäure (bis zu 10 %) ohne Erwärmen gelatiniert werden. Der Zusatz einer starken Säure wie Pikrinsäure dürfte die chemische Stabilität des Nitroglycerins beeinträchtigen und macht außerdem bei Gegenwart von Spuren von Feuchtigkeit, die immer vorhanden sind, aus den zugesetzten Nitraten Salpetersäure frei.

Nach dem D.R.P. 108402 von Callenberg (1898) soll die Kollodiumwolle zunächst in Terpentinöl gelöst werden, z. B. 1 Teil Kollodiumwolle in 4 Teilen Terpentinöl. Das Gemisch gelatiniert dann in der Wärme rasch und gleichmäßig mit Nitroglycerin. Ein derartiges Verfahren ist abgesehen von dem hohen Preise und der Flüchtigkeit des Terpentinöls schon deshalb zwecklos, weil sich Kollodiumwolle nicht in nennenswertem Maße in Terpentinöl auflöst, folglich die gleichmäßige Verteilung zwischen Sprengöl und Kollodiumwolle nicht wesentlich gefördert wird, und außerdem eine gleichmäßige Gelatinierung auch ohne besondere Zusätze keine Schwierigkeit bietet, während andererseits zur Erhöhung der Plastizität niedrigprozentiger, plastischer Nitroglycerinsprengstoffe geeignetere Mittel zur Verfügung stehen, z. B. aromatische Nitrokörper, die zudem weniger phlegmatisieren.

---

[1]) Vgl. Kap. II Sprenggelatine, Erhöhung der Gelatinierfähigkeit. S. 269.

[2]) S. auch Escales: Nitroglycerin u. Dynamit, abgeänderte Gelatinierungsverfahren. S. 256.

Nach dem D.R.P. 172651 von Schachtebeck (1905) wird das Trocknen der Kollodiumwolle dadurch vermieden, daß man die feuchte Kollodiumwolle mit einer entsprechenden Menge Leimpulver, Dextrin oder Stärke vermischt, die mit Wasser quellen und letzteres der Nitrocellulosefaser entziehen, wodurch die Gelatinierung erleichtert werden soll. Das Wasser hindert aber, wie bei der Sprenggelatine besprochen, gar nicht die Gelatinierung, sondern nur allenfalls die feine und gleichmäßige Verteilung der Kollodiumwolle im Sprengöl. Diese wird aber durch den Zusammenhang der letzteren mit dem gequollenen Leim oder Dextrin nicht begünstigt und außerdem bleibt nunmehr das Wasser, das sonst größtenteils verdampft, in der Gelatine und diese wird außerdem klebrig. Das Verfahren kommt daher weniger für hochprozentige Dynamite als zur Erhöhung der Plastizität niedrigprozentiger z. B. wettersicherer Nitroglycerinsprengstoffe in Frage.

Ebensowenig Erfolg haben Bestrebungen gehabt, die immerhin teure Kollodiumwolle ganz auszuschalten, und das Nitroglycerin mit anderen Mitteln in einen gallertartigen Zustand überzuführen. Es konnte sich hierbei meist nur um Emulsionen handeln, in denen das Nitroglycerin mehr oder weniger fest gebunden war, die aber kaum die physikalische Haltbarkeit aufweisen konnten, wie die echte Nitroglycerin-Kollodiumwoll-Gelatine und daneben z. T. auch mit chemischen Nachteilen behaftet waren. Z. T. konnten solche Mittel, wie z. B. Formaldehydkondensationsprodukte (D.R.P. 176072) die Kollodiumwolle schon deshalb nicht verdrängen, weil sie selbst nicht billig waren und zudem in weit höherer Menge angewendet werden mußten, wie Kollodiumwolle, um einen ähnlichen Effekt zu erzielen. (Vgl. auch D.R.P. 15073, 93351, 95390, 110621.)

Eine gewisse Beachtung fand das D.R.P. 180685 von Bichel (1902), wonach zum „Gelatinieren" von Nitroglycerin eine Lösung von kolloidalen Stoffen z. B. Leim in geeigneten Flüssigkeiten von höherem Siedepunkt als Wasser z. B. Glycerin verwendet wird. Leim wird unter Erhitzen und Umrühren in Glycerin gelöst evtl. unter vorheriger Lösung in Wasser, welches beim weiteren Erhitzen nach der Glycerinzugabe verdampft. Mit der noch warmen sirupösen Leim-Glycerin-Gelatine läßt sich mehr als die 5fache Menge Nitroglycerin innig zu einer steifen Emulsion verrühren, die sich zwar mit einer eigentlichen Gelatine kaum vergleichen läßt, sich aber vermöge der Klebekraft des Leimes nicht mehr entmischt und kein flüssiges Nitroglycerin austreten läßt Beispiel: 63 % Nitroglycerin, 11,5 % Leim-Glycerin (im Verhältnis 1 : 7), 19,3 % Natronsalpeter, 6,2 % Holzmehl. Das so hergestellte „Gelatinedynamit" ist plastisch und hält das Niroglycerin fest, ist aber im Gegensatz zu dem mit Kollodiumwolle hergestellten Gelatinedynamit schmierig und klebrig und löst sich nicht von den Gefäßwänden glatt ab. Die Kraftleistung (Bleiblockausbauchung 390 ccm) bleibt nicht weit hinter der von gewöhnlichem Gelatinedynamit zurück. Seine Unwirtschaftlichkeit erhellt aus dem großen Anteil des benötigten teuren Glycerins, welches als Sauerstoffverbraucher bei der Gelatinierung mit Kollodiumwolle durch wohlfeilere Komponenten ersetzt wird und vorteilhafter zur Herstellung von Nitroglycerin dient. Das Verfahren ist deshalb zur Herstellung hochprozentiger Dynamite, um die Kollodiumwolle zu sparen, keineswegs praktisch und geeignet, zumal es bei solchen zu kohlenoxydhaltigen Schwaden führt. Es hat daher auch zu diesem Zwecke keinen Eingang gefunden. Dagegen ist die Leimgelatine bei der Herstellung niedrigprozentiger Wetterdynamite unter dem Namen „Melan" in Verbindung mit Nitroglyceringelatine aus Nitroglycerin und Kollodiumwolle verwendet worden. Sie wurde mit dieser emulgiert und diente zur sog. Verlängerung der Gelatine, d. h. zur Erhöhung der Plastizität und Verbesserung der Patronierbarkeit niedrigprozentiger, gelatinöser Nitroglycerinsprengstoffe (vgl. schlagwettersichere Nitroglycerinsprengstoffe, III. Abschnitt, Kap. V).

Gelatinöse Sprengstoffe ohne Nitroglycerin. Die hervorragenden Eigenschaften der Gelatinedynamite, ihre hohe Dichte und ihre handliche plastisch-schmiegsame Form, vermöge deren sie sich bequem an die Bohrlochwandungen andrücken lassen und die Bohrlöcher gut ausfüllen, was die Wirkung erhöht, haben es nicht an Versuchen zu Nachahmungen fehlen lassen. Man bemühte sich, auch andern Sprengstoffkategorien eine gelatinös-plastische Form zu geben, wobei das Bestreben dahin ging, das immerhin gefährliche Nitroglycerin auszuschalten bzw. zu ersetzen.

Gemeint sind hier nicht die Bemühungen jüngeren und jüngsten Datums, an Stelle von Nitroglycerin andere Salpetersäureester von ähnlichen Eigenschaften und ähnlicher Wirkung in die Sprengtechnik einzuführen, wie das Dinitrochlorhydrin oder das Dinitroglykol. Mit diesen Estern lassen sich tatsächlich ähnliche oder sogar, wie mit Nitroglykol, gleiche Wirkungen hervorbringen. Da solche Sprengstoffe zugleich ungefrierbar sind, sollen sie im nächsten Kapitel ,,Ungefrierbare Nitroglycerinsprengstoffe" behandelt werden.

Der älteste derartige Versuch, gelatinöse Sprengstoffe ohne Nitroglyceringelatine herzustellen, führte zum Kinetit[1]), einer Mischung von Salpeter oder Chlorat mit durch Nitrocellulose gelatiniertem Nitrobenzol oder Nitrotoluol unter Zusatz von etwas Schwefelantimon, z. B. 21% Nitrobenzol, 1% Kollodiumwolle, 3% Schwefelantimon und 75% Kaliumchlorat. Mit Salpeter sind derartige gelatinöse Mischungen nicht detonationsfähig, aber selbst mit dem sensiblen Chlorat sind sie im Gegensatz zu den leicht explodierenden pulverförmigen Chloratsprengstoffen träge und übertragen die Detonation schwierig. Auf der anderen Seite war das Kinetit sehr empfindlich gegen Schlag und Reibung und hat sich nicht lange behaupten können.

Ein ähnlicher Sprengstoff wurde nach dem Verfahren des britischen Patentes 22240 (1912) erzeugt, indem man Chlornitrobenzol, Chlornitrotoluol und Chlornitronaphthalin mit Nitrocellulose gelatinierte und in diese Gelatine Kaliumchlorat einknetete. Nach den amerikanischen Patenten 1041745 und 1040793 (1912) von Silberrad werden gelatinöse Chloratsprengstoffe folgender Zusammensetzung erzeugt: 1. 65—70 T. $KClO_3$, 12—13 T. Nitrotoluol, 6—7 T. Dinitrotoluol, 6—7 T. Nitronaphthalin, 0,5—2,5 T. lösliche Nitrocellulose und 5—6 T. Holzmehl. 2. 63—70 T. NH_4ClO_4, 12—14 T. Nitrotoluol, 6—7 T. Dinitrotoluol, 6—7 T. Nitronaphthalin, 0,6—2,5 T. lösliche Nitrocellulose und 6 T. Holzmehl.

Etwas früher wurde in der Schweiz unter dem Namen ,,Gelatine-Cheddit" ein gelatinöser Sprengstoff bestehend aus 70% Natrium-

[1]) D.R.P. 31786 (1884), brit. Patent 10986 (1884), franz. Patent 163256 von Petri u. Fallenstein, Düren.

chlorat und 30 % mit Kollodiumwolle gelatiniertem sog. flüssigem Trinitrotoluol empfohlen, einem bei gewöhnlicher Temperatur oder gelinder Wärme flüssigen Gemisch von in der Hauptsache isomeren Trinitrotoluolen, das aus den Krystallisationsrückständen bei der Reindarstellung von 2-4-6-Trinitrotoluol für militärische Zwecke gewonnen wurde. Dieses Gelatine-Cheddit, das im Gegensatz zu den vorerwähnten gelatinösen Chloratsprengstoffen, die alle Sauerstoffmangel haben und darum schlechte Explosionsschwaden liefern, auf Sauerstoffüberschuß aufgebaut ist, stellt auf diesem Gebiete das relativ Vollkommenste dar, da das die gelatinöse Basis liefernde Nitroprodukt an sich schon Sprengstoffcharakter hat.

Alle diese gelatinösen Chloratsprengstoffe besitzen die typische Schlag- und Reibungsempfindlichkeit aller Chloratsprengstoffe, sind also hinsichtlich Handhabungssicherheit nicht ungefährlicher als die Gelatinedynamite.

Auf der anderen Seite ermangeln sie der zuverlässigen sicheren Detonierbarkeit der Dynamite und pflanzen die Detonation schwerer fort, als analoge Chloratsprengstoffe ohne Kollodiumwolle, die also nicht gelatiniert und mehr oder weniger pulverig sind, bzw. halb pulverige halb feuchtplastische aber nicht zusammenhängende gelatinöse Massen darstellen.

Der kolloidale Zustand, der ganz allgemein die Fortpflanzung der Detonationswelle erschwert und die Sensibilität vermindert, muß naturgemäß Gelatinen aus Nitrokörpern von an sich schwachem Sprengstoffcharakter besonders schwer detonierbar machen. Selbst die Anwendung der Chlorate, derjenigen Sauerstoffsalze, die vermöge ihres stark endothermen Charakters ihren disponiblen Sauerstoff am leichtesten abgeben und folglich als Sprengstoffkomponenten die Sensibilität erhöhen, vermag der Trägheit solcher Gelatinen nicht hinreichend entgegenzuwirken.

Die von Stettbacher in seinem Buch über „Schieß- und Sprengstoffe", 2. Abschnitt, Kap. 5 entwickelte Anschauung über einen Zusammenhang zwischen chemischer Konstitution und Sprengstoffwirkung dergestalt, daß Explosivstoffe mit aliphatischen Ketten, z. B. die Salpetersäureester, wie Nitroglycerin und Nitrocellulose, relativ schwer zerfallen, daß dagegen die Tendenz explosiven Zerfalls bei den Nitrokörpern mit Benzolgerüst beträchtlich größer sei, beruht auf einer Verkennung des ausschlaggebenden Einflusses des Aggregatzustandes (lufthaltiges Pulver bzw. Krystallpulver — Flüssigkeit — Gelatine — erstarrter Schmelzfluß) und hält einer näheren Prüfung unter vergleichbaren Bedingungen nicht stand[1]).

---

[1]) Näheres s. Aufsatz d. Verf. „Chemische Konstitution u. Sprengstoffwirkung", Z. f. d. ges. Schieß- u. Sprengstoffwesen 1920, S. 5.

Tatsache ist, daß alle Gelatinen mit relativ geringem eigenen Energieinhalt bzw. solche, die nicht an sich schon hochbrisante Explosivstoffe sind, zu träge detonierenden Sprengstoffen führen. Davon macht auch die Gelatine auf Basis der isomeren Trinitrotoluole keine Ausnahme, obwohl Trinitrotoluol als Krystallpulver eine sehr hohe Detonationsgeschwindigkeit und immerhin hohe Sensibilität besitzt.

Die gelatinösen Sprengstoffe auf Basis der relativ energiearmen aromatischen Nitrokörper konnten also mit den Gelatinedynamiten nicht in Wettbewerb treten.

Die Sensibilität derartiger aromatischer Nitrokörper-Gelatinen läßt sich indessen durch Zusatz von Nitroglycerin erhöhen, wobei leichtschmelzbare bzw. bei gewöhnlicher Temperatur flüssige eutektische Gemische von Nitrokörpern, die sich mit Nitroglycerin in allen Verhältnissen mischen, mit letzterem zusammen gelatiniert werden. Im Verhältnis $^{2}/_{3}$ Dinitrokörper oder Di- und Trinitrokörper und $^{1}/_{3}$ Nitroglycerin lassen sich mit Hilfe von Chloraten als Sauerstoffträgern alsdann gelatinöse Sprengstoffe von hinreichender Detonationssensibilität herstellen.

Da Gelatinen aus Nitroglycerin und aromatischen Nitrokörpern die Eigenschaft der Schwergefrierbarkeit haben, sollen die auf solcher Grundlage hergestellten Sprengstoffe im nächsten Kapitel über schwergefrierbare und ungefrierbare Nitroglycerinsprengstoffe besprochen werden.

IV. Schwergefrierbare und ungefrierbare Nitroglycerinsprengstoffe.

(Dinitrochlorhydrin- und Nitroglykolsprengstoffe.)

Der durch den verhältnismäßig hohen Erstarrungspunkt des Nitroglycerins bedingte Übelstand der Nitroglycerinsprengstoffe, bei kalter oder kühler Witterung mehr oder weniger schnell, aber regelmäßig zu harten steifen Massen von erschwerter Detonationsfähigkeit zu gefrieren, die nur langsam auftauen und deshalb in der Praxis hierzu besonderer Vorrichtungen bedürfen, hat schon von der ersten Zeit ihrer Verwendung an ein Problem für den Chemiker gebildet. Man bemühte sich, den Gefrierpunkt des Nitroglycerins soweit herabzusetzen, daß die Erstarrung der Sprengstoffe auch bei Winterkälte hintangehalten werden konnte.

Wie dieses Problem im Laufe der Zeit angefaßt und wie es schließlich in einer technisch nahezu vollendeten Weise vor etwa zwei Jahrzehnten gelöst wurde, ist bereits im geschichtlichen Überblick (S. 16 bis 20) geschildert worden, so daß es an dieser Stelle mehr auf die Darstellung der praktischen Einzelheiten der verschiedenen mehr oder weniger vollkommenen Formen dieser Lösung ankommen wird.

Die klassische Arbeit des schwedischen Ingenieurs Sigurd Nauckhoff[1]), der zuerst die molekulare Gefrierpunktserniedrigung des Nitroglycerins mittelst eines reichen Versuchsmaterials bestimmte und die Forderungen klar formulierte, denen zur Gefrierpunktserniedrigung geeignete Zusatzmittel entsprechen müssen, verbreitete Klarheit über den Gegenstand und deckte die Mängel der derzeit gebräuchlichen Methoden, schwergefrierbare Nitroglycerinsprengstoffe herzustellen, auf. Sie präzisierte das Problem und konnte in vieler Beziehung den Weg zu seiner Lösung ebnen. Die Lösung selbst wurde aber gleichwohl unabhängig von dieser Arbeit schon etwas früher durch die Anwendung des Dinitroglycerins und des Dinitrochlorhydrins, sowie weiterhin anderer gemischter Glycerinester und dem Nitroglycerin homologer Salpetersäureester gebracht.

Es hat sich nun gezeigt, daß die Größe des Molekulargewichtes des Stoffes, der im Nitroglycerin gelöst dessen Gefrierpunkt herabsetzen soll, zwar theoretisch bedeutungsvoll ist, für die wirklichen praktischen Fälle indessen keine erhebliche Rolle gespielt hat. Ist E die Gefrierpunktserniedrigung, m die Konzentration eines in Nitroglycerin gelösten Stoffes in Prozenten bzw. g in 100 g, M dessen Molekulargewicht, so ist

$$E = K \frac{m}{M}.$$

Die Konstante K hat Nauckhoff mit 70,5 ermittelt, so daß die Formel lautet

$$E = 70{,}5 \frac{m}{M}.$$

Hiernach würde schon 1% Wasser, vorausgesetzt daß es bei der betreffenden Temperatur in Nitroglycerin löslich wäre, dessen Gefrierpunkt um fast 4° herabsetzen, 1% Methylnitrat um 0,9° und 1% Dinitroglycerin nur um 0,4°.

Abgesehen aber davon, daß diese Konstante nur für verdünntere oder mäßig konzentrierte Lösungen gilt, bei konzentrierteren Lösungen dagegen abnimmt, gibt es keine geeigneten in Nitroglycerin löslichen Stoffe mit annähernd so niedrigem Molekulargewicht wie Wasser, die also schon bei relativ geringer Konzentration den Gefrierpunkt des Nitroglycerins in praktisch bedeutsamer Weise herabsetzen würden. Wasser ist bei tieferer Temperatur in Nitroglycerin so gut wie gar nicht löslich und außerdem flüchtig. Methylnitrat, das bei 20% Zusatz den Gefrierpunkt theoretisch schon um 18° senken müßte, käme wegen seines Charakters als hochbrisanter Explosivstoff sehr wohl in Frage und ist bereits von Alfred Nobel als Mittel, die Gefrierbarkeit herab-

[1]) „Beiträge zur Kenntnis der Gefrierverhältnisse des Nitroglycerines und der nitroglycerinhaltigen Sprengstoffe." Z. angew. Chem., 1905. S. 11 u. 53.

zusetzen, erwähnt worden. Die hohe Flüchtigkeit erschwert indessen seine praktische Verwendung für die gewöhnlichen patronierten Bergbausprengstoffe. Etwa in Betracht kommende Stoffe mit kleinem Molekulargewicht sind überhaupt in der Regel flüchtig. Man ist also auf Stoffe von höherem Molekulargewicht angewiesen, woraus sich wiederum im Hinblick auf den hohen Erstarrungspunkt des Nitroglycerins, den es praktisch um 20—30° herabzusetzen gilt, ergibt, daß es sich um sehr hohe Zusätze handeln wird, daß folglich nur chemische Verbindungen von sehr hoher Löslichkeit in Nitroglycerin in Frage kommen, und angesichts des notwendigen hohen Zusatzes nur solche Verbindungen die Aufgabe befriedigend lösen werden, die selbst schon einen möglichst ausgeprägten Sprengstoffcharakter besitzen.

Diese aus den Nauckhoffschen Untersuchungen und seinen Anforderungen an das geeignete Mittel sich ergebenden Überlegungen enthalten den Kernpunkt des ganzen Problems.

Hierzu kommt noch eins. Hat das in hohem Anteil zugesetzte Produkt, das selbst einen niedrigen Gefrierpunkt haben muß, auch seinerseits die Fähigkeit, bei tiefer Temperatur Nitroglycerin reichlich zu lösen, wobei das gelöste Nitroglycerin auch wiederum den Erstarrungspunkt des Zusatzes herabsetzt, so ist es ganz besonders befähigt, seinen Zweck zu erfüllen. Es leuchtet ein, daß die dem Nitroglycerin nahe verwandten Salpetersäureester, die sich mit ihm in allen Verhältnissen mischen und fast sämtlich bei tieferer Temperatur erstarren, als Nitroglycerin selbst, diese Voraussetzung in hohem Maße erfüllen.

Und diese Ester, selbst hochexplosive Verbindungen, sind es daher, die das Problem endgültig gelöst haben, nachdem ihre Fähigkeit erkannt worden war, mit dem Nitroglycerin sog. eutektische Gemische mit sehr tiefem Erstarrungspunkt und sehr geringer Krystallisationstendenz zu bilden.

Eine vorläufige teilweise Lösung hatten indessen die ebenfalls in Nitroglycerin leicht löslichen aromatischen Nitrokörper gebracht, von denen die höher nitrierten Bi- und Trinitrokörper selbst schon Sprengstoffcharakter haben, also das Nitroglycerin bzw. den Sprengstoff nicht allzu sehr phlegmatisieren.

In der Praxis unterscheiden wir daher zwei Reihen schwergefrierbarer Nitroglycerinsprengstoffe:

1. Nitroglycerinsprengstoffe mit Zusatz aromatischer Nitrokörper.
2. Nitroglycerinsprengstoffe mit Zusatz verwandter Salpetersäureester.

Hierzu kommen als ungefrierbare dynamitähnliche Sprengstoffe:

3. Sprengstoffe auf Basis von Dinitroglycerin, Dinitrochlorhydrin und Nitroglykol.

1. Nitroglycerinsprengstoffe mit aromatischen Nitrokörpern.

Die ältesten Versuche, das Gefrieren des Dynamites zu verhindern, bestanden in der Hauptsache im Zusatz von mehr oder weniger großen Mengen von Nitrobenzol und Nitrotoluol. Rudberg ließ sich 1866 den Zusatz von Nitrobenzol und Benzol patentieren. Nobel erwähnte in seinem Patent auf gelatiniertes Nitroglycerin 1876 u. a. den Zusatz von Nitrobenzol und Dinitrobenzol, und Wahlenberg und Sundström ließen sich 1877 den Zusatz von Ortho-Nitrotoluol schützen. Der Charakter der Mononitrokörper, die selbst keine Sprengstoffe sind, läßt leicht erkennen, warum mit ihnen das Ziel nicht erreicht werden konnte, hochprozentige Dynamite wirklich ungefrierbar zu machen bzw. dem Gelatinedynamit gleichwertige ungefrierbare Nitroglycerinsprengstoffe herzustellen, so daß die Behauptungen der betreffenden Erfinder unzutreffend sind. Bei geringer Beimischung verfehlen sie ihren Zweck. Der Gefrierpunkt wird nur unwesentlich bzw. in einer praktisch nicht ausreichenden Weise herabgesetzt. Bei hoher Beimischung, die praktisch wirksam sein würde, phlegmatisieren sie den Sprengstoff erheblich und vermindern seine Brisanz.

Die Tabelle von Nauckhoff[1]) macht diese Verhältnisse sehr anschaulich und zeigt, daß ein Gemisch von Nitroglycerin mit 10% Nitrobenzol schon bei + 5°, mit 20% Nitrobenzol bei + 2°, mit 10% Nitrotoluol bei + 6° und mit 22% O-Nitrotoluol bei + 1,5° gefriert. Bei anhaltender Winterkälte gefrieren also solche Mischungen, wenn auch langsamer als reines Nitroglycerin.

Ein Dynamit mit Nitrobenzol von dem Schema: 52% Nitroglycerin, 10% Nitrobenzol, 3% Kollodiumwolle, 35% Natronsalpeter wäre noch etwa auf Sauerstoffgleichgewicht aufgebaut, würde also unschädliche Explosionsgase liefern und einen brauchbaren Sprengstoff abgeben. Es kann etwa als schwergefrierbar, aber nicht als ungefrierbar bezeichnet werden.

Ein ähnliches unter der Bezeichnung: Dynamit I schwerfrierbar, früher in Österreich hergestelltes Dynamit von der Zusammensetzung: 55% Nitroglycerin, 10% Nitrotoluol, 2% Kollodiumwolle, 8% Holzmehl, 24% Natronsalpeter, 1% Zusätze, stellt einen wirksamen Sprengstoff dar, hat aber eine mit ca. 16% negative Sauerstoffbilanz und somit den Nachteil kohlenoxydreicher Explosionsgase.

Als Dynamit II schwergefrierbar, wurde daselbst folgende Mischung bezeichnet: gelatiniertes Nitroglycerin 40%, Nitrotoluol 8%, Ruß 0,5%, Holzmehl 4,2%, Roggenmehl 3,1%, Natronsalpeter 43,7%, Caput mortuum 0,5%. Dieser Sprengstoff, in dem das Nitroglycerin mit 20% Nitrotoluol versetzt ist, hat eine günstigere Sauerstoffbilanz und nur ca. 4% Sauerstoffmangel.

---

[1]) Z. angew. Chem. 1905, S. 57.

Bei niedrigerprozentigen Dynamitsorten läßt sich mit Nitrokörpern dieser Art ein höherer Grad der Ungefrierbarkeit erreichen, da bei höherem Gehalt an ihnen durch vermehrten Zusatz an Sauerstoffträgern eine ausreichende Verbrennung erzielt werden kann. So lieferte die Carbonitfabrik in Schlebusch bei Köln im Bedarfsfalle ein sog. ungefrierbares Gelatinedynamit von folgender Zusammensetzung: Nitroglycerin 28 %, Nitrotoluol 12 %, Kollodiumwolle 1,5 %, Holzmehl 1 %, Ammonsalpeter 57,5 %. Hier sind dem Nitroglycerin mehr als 40 % seines Gewichtes an Nitrotoluol beigemischt und das Gesamtsprengöl enthält 30 % des letzteren. Der Sprengstoff ist gelatinös und gut patronierbar, hat einen Sauerstoffmangel von 11,4 % und gibt 410 ccm Bleiblockausbauchung. Die Bleiblockstauchung beträgt nur 15 mm, gegenüber 20 mm bei hochprozentigem Gelatinedynamit. Seine Brisanz ist also geringer. Auch erfordert er zur Detonation naturgemäß eine stärkere Sprengkapsel als Dynamit aus reinem Nitroglycerin.

Einen gewissen Übelstand dieser Sprengstoffe bildet ihr penetranter Geruch nach Nitrotoluol bzw. Nitrobenzol, den die Bergleute als lästig empfinden.

Vorteilhaft ist die geringere Empfindlichkeit gegen Schlag und Reibung, die ihnen eine größere Handhabungssicherheit verleiht. Der zuletzt genannte Sprengstoff der Carbonitfabrik mit 30 % des Sprengölgemisches an Mononitrotoluol gefriert selbst bei längerem Abkühlen auf — 15° und Impfen mit Nitroglycerinkrystallen nicht völlig und taut bei geringerer Kälte sehr leicht wieder auf. Bei — 5° ist er völlig weich. Er ist somit für deutsches Winterklima als praktisch ungefrierbar zu bezeichnen.

Um das Nitroglycerin weniger zu phlegmatisieren bzw. die Brisanz des Dynamites durch die Zusätze weniger herabzusetzen, wurden statt der Mononitrokörper die Di- und Trinitroderivate besonders des Toluols zur Verhinderung des Gefrierens empfohlen[1]).

Theoretisch wird hierbei gegenüber den Mononitroderivaten infolge des höheren Molekulargewichtes der Gefrierpunkt des Nitroglycerins weniger herabgesetzt, nach Nauckhoff z. B. für 20 % Nitrobenzol um 11,4°, für 20 % Dinitrobenzol um 8,4°, was allerdings praktisch nicht sehr ins Gewicht fallen würde. Die praktische Schwierigkeit für einen vollständigen Effekt liegt aber hier in der bei tiefen Temperaturen relativ geringen Löslichkeit der höherschmelzenden Di- und Trinitroderivate im Nitroglycerin, während andererseits sehr hohe Zusätze erforderlich sind, um die betreffenden Gemische bei Wintertemperaturen ungefrierbar zu machen. Nauckhoff berechnet für eine gelatinierte Lösung von 100 T. Nitroglycerin + 20 T. Nitrobenzol einen

[1]) Franz. Patent 333502 (1903) u. engl. Patente 14827 (1903) u. 25797 (1904) der Société anonyme des poudres et dynamites. Paris.

Erstarrungspunkt von — 1,4° und ermittelt experimentell + 2,0°, für 20 T. Dinitrobenzol berechnet er + 1,2° und findet + 4,0°. Bei den den Nitrotoluolen liegen die Verhältnisse ähnlich.

Nun halten nach Versuchen des Verfassers 100 T. Nitroglycerin bei 20°, 35 T. 2-4-Binitrotoluol und 30 T. 2-4-6-Trinitrotoluol in Lösung, während bei ihrer Schmelztemperatur diese Nitrokörper sich in allen Verhältnissen mit Nitroglycerin mischen. Bei tiefen Temperaturen von 0° und darunter sinkt der Löslichkeitskoeffizient noch beträchtlich. Etwas günstiger liegen diese Verhältnisse bei den in der Technik häufig angewandten eutektischen Gemischen der verschiedenen Isomeren dieser Nitrokörper, die bei gewöhnlicher Temperatur zum Teil ölig und unter den Bezeichnungen: Bi-Tropföl, Metabinitrotoluol und flüssiges Trinitrotoluol (vgl. S. 319) bekannt sind. Der Zusatz derartiger flüssiger Isomerer der bekannten Nitroderivate des Toluols bildet den Gegenstand des britischen Patentes 25797 vom Jahre 1904.

Leroux[1]) empfahl den Zusatz von festem Di- und Trinitrotoluol. Die Behauptung, daß 10% hiervon den Gefrierpunkt des Nitroglycerins bis auf — 25° herabzudrücken vermögen, trifft natürlich nicht zu.

Das praktische Verhalten von Gemischen aus Nitroglycerin und aromatischen Nitrokörpern, bzw. aus solchen hergestellter Sprengstoffe, kann experimentell in der Weise ermittelt werden, daß man dieselben längere Zeit tiefen Temperaturen z. B. in Kältemischungen aussetzt und sie dabei mit Nitroglycerinkrystallen impft. Ein Flüssigbleiben bzw. Weichbleiben der Sprengstoffe bei einfachem Abkühlen ohne Impfung gibt wegen der oft hartnäckigen Überkaltungserscheinungen und der relativ geringen Krystallisationstendenz solcher Gemische keinen sicheren Aufschluß über das Verhalten bei längerem Transport oder längerer Lagerung bei Wintertemperatur. Lösungen von 10—30% Di- oder Trinitrotoluol in Nitroglycerin gefrieren hierbei im Kältegemisch bei — 15° vollkommen und bleiben auch bei 0° fest. Lösungen von 10% Mononitrobenzol oder -toluol gefrieren fast völlig, von 20% ebenfalls zum größten Teile und von 30% nur teilweise. Bei 0° ändern sich die 10 proz. Lösungen nicht, die 20 proz. tauen zu einem beträchtlichen Teile auf und geben einen dünnen Krystallbrei, und die 30 proz. tauen fast völlig auf, wie dies auch den Nauckhoffschen Feststellungen entspricht.

Auch Gelatinen mit 15—30% Di- oder Trinitrotoluol gefrieren bei — 15° völlig und bleiben bei 0° fest. Gelatinen mit 15% der Mononitroderivate gefrieren bei — 15° und werden bei 0° wieder weich, mit 30% werden die Gelatinen bei — 15° nach längerer Zeit steif, aber nicht ganz hart und sind bei — 5° wieder weich.

[1]) Intern. Kongreß Rom 1906. Ber. II, S. 576.

Diese Beobachtungen gestatten einen Rückschluß auf den Grad der Ungefrierbarkeit der Dynamite, der sich mit solchen Zusätzen erzielen läßt.

Herlin hat eine Formel zur Berechnung der eutektischen Gemische von Nitroglycerin mit beliebigen Nitrokohlenwasserstoffen aufgestellt[1]), doch dürfte das Experiment zumal bei den meist angewendeten Nitrokörpergemischen, die oft nicht einheitlich erstarren und keinen scharfen Erstarrungspunkt haben, im allgemeinen zuverlässigere Aufschlüsse geben.

Nach Herlins eutektischem Diagramm (a. a. O.) liegt für die Mischung Nitroglycerin-Nitrobenzol der tiefste Erstarrungspunkt bei -14^0 beim Verhältnis $45^0/_0$ Nitrobenzol $+ 55^0/_0$ Nitroglycerin, für Orthonitrotoluol bei -22^0 beim Verhältnis 50:50, und für sog. flüssiges Binitrotoluol bei -20^0 beim Verhältnis $40^0/_0$ Nitroglycerin $+ 60^0/_0$ Binitrotoluol, ein Gemisch von $60^0/_0$ Nitroglycerin $+ 40^0/_0$ Binitrotoluol gefriert nach diesem Diagramm bei -9^0.

Bedenkt man, daß Binitrotoluol an sich schon eines explosiven Zerfalles fähig ist und folglich das Nitroglycerin nicht allzusehr phlegmatisiert, so ergibt sich, daß mit einer derartigen Mischung ein für gemäßigte Winterverhältnisse ungefrierbares Dynamit herzustellen ist, und zwar etwa nach folgendem Schema:

Nitroglycerin	39 $^0/_0$
Flüssiges Binitrotoluol	24 $^0/_0$
Kollodiumwolle	2 $^0/_0$
Holzmehl	5 $^0/_0$
Natronsalpeter	30 $^0/_0$
	100 $^0/_0$

Gegenüber Gelatinedynamit aus reinem Nitroglycerin hat natürlich auch ein solcher Sprengstoff den Nachteil einer ungünstigen Sauerstoffbilanz (ca. $-19^0/_0$) und folglich kohlenoxydreicher Schwaden.

Natürlich ist dieses ungefrierbare Dynamit auch erheblich weniger brisant als 65proz. Gelatinedynamit. Die Verbrennungsformel läßt sich günstiger gestalten durch Verminderung des Gehaltes an Gelatine und Erhöhung des Salpetergehaltes. Auch auf diesem Wege läßt sich natürlich die Leistung der reinen aber gefrierbaren hochprozentigen Dynamite nicht erreichen. Ein Dynamit mit nur ca. $24^0/_0$ Binitrotoluolgehalt des Nitroglycerins von folgender Formel:

Nitroglycerin	48 $^0/_0$
Flüssiges Binitrotoluol	15 $^0/_0$
Kollodiumwolle	2 $^0/_0$
Holzmehl	5 $^0/_0$
Natronsalpeter	30 $^0/_0$
	100 $^0/_0$

[1]) Brit. Patent 26493 (1913); s. a. Z. f. Schieß- und Sprengstoffwesen: „Beitrag zur Herstellung schwergefrierbarer Dynamite", v. Axel Peugger. S. 345. 1919.

hat schon eine günstigere Verbrennungsformel (Sauerstoffmangel nur 8%). Es gibt 350 ccm Bleiblockausbauchung, 17,5 mm Stauchung, detoniert mit Kapsel 1 und überträgt in 25-mm-Patronen die Detonation freiliegend auf 6 cm. Das Nitroglycerin wird also durch 24% Binitrotoluol nur sehr wenig phlegmatisiert. Nach dem Herlinschen Diagramm würde dieser Sprengstoff bei etwa -1^0 erstarren, was auch nach Nauckhoff ungefähr zutrifft, kann also noch als schwergefrierbar gelten, wenngleich er längerem Frostwetter natürlich nicht standhalten würde.

In der Schweiz sind ähnliche Sprengstoffe, allerdings mit Ammonsalpeter und bei Anwendung einer Mischung etwa gleicher Teile von Nitroglycerin und Binitrotoluol nach Stettbacher[1]) unter den Bezeichnungen „Gelatine-Telsit" (Fabrik Isleten am Vierwaldstätter See) und „Gamsit" (Gamsen bei Brig) mit gutem Erfolg beim Bau der großen Alpentunnels verwendet worden. Nach dem Herlinschen Diagramm würden solche Mischungen erst bei etwa -14^0 gefrieren.

Ein Gelatine-Telsit nachstehender Zusammensetzung:

Nitroglycerin	22,0%
Binitrotoluol	21,0%
Kollodiumwolle	1,5%
Ammonsalpeter	55,5%
	100,0%

ergab folgende Prüfungsresultate:

Sauerstoffbilanz	−12,6%
Bleiblockausbauchung	380 ccm
Bleiblockstauchung	14,6 mm
Detonationsfähigkeit	Kapsel 6.
Detonationsgeschwindigkeit	6700 m per Sek.
Dichte	1,46

Die Phlegmatisation des Nitroglycerins erfordert also einen starken Initialimpuls, immerhin äußert ein solcher Sprengstoff in festem Einschluß eine bedeutende Brisanz. Auf der anderen Seite enthalten natürlich die Nachschwaden Kohlenoxyd in nicht unbeträchtlichem Maße.

Während des Krieges ist anstelle von Binitrotoluol das sog. flüssige Trinitrotoluol verwendet worden, wodurch die Detonationsfähigkeit und Brisanz noch verbessert wird.

Ähnliche Sprengstoffe unter Anwendung flüssiger Nitrokörpergemische von tiefem Erstarrungspunkt beschreibt Vergé[2]). Man

[1]) Stettbacher: Schieß- u. Sprengstoffe. S. 139; s. a. Schweizer Patent Nr. 48097 (1909).

[2]) Schweizer Patent 66131 (1913) u. 66511 sowie Zusatzpatente: 67356 bis 67359 u. 67709 (1913); s. a. Z. f. d. ges. Schieß- u. Sprengstoffwesen 1915, S. 104 u. 158.

erhält dieselben, indem man ein Gemisch isomerer Nitrotoluole, das reich an Metanitrotoluol ist, zur Bi-Stufe nitriert und in dem erhaltenen öligen Nitroprodukt gegebenenfalls noch 20—25% Trinitrotoluol auflöst. Man kann hierbei Gemische von Nitroderivaten des Toluols erhalten, die erst unterhalb 0° erstarren und sich zur Herstellung praktisch ungefrierbarer Dynamite besonders gut eignen.

Vergé gibt folgende Beispiele an:

1.	Nitroglycerin	40%	Gelatine 62%
	Flüssige Nitroverbindung	17%	
	Schießbaumwolle	5%	
	Ammoniumperchlorat	38%	
		100%	
	Sauerstoffbilanz	—5,4%	
2.	Nitroglycerin	37%	Gelatine 56,5%
	Flüssige Nitroverbindung	15%	
	Schießbaumwolle	4,5%	
	Ammoniumperchlorat	25,2%	
	Natriumnitrat	18,3%	
		100,0%	
	Sauerstoffbilanz	+1,1%	

Dem Nitroglycerin sind hierbei ca. 40% seines Gewichtes an Nitrokörpergemisch zugesetzt bzw. das Sprengölgemisch enthält ca. 30% aromatischer Nitrokörper. Diese praktisch schwergefrierbaren Mischungen dürften besonders mit Ammonperchlorat eine recht gute Sensibilität und Kraftleistung aufweisen. Ammonperchlorat wird in Frankreich und Schweden fabriziert und ist in Deutschland seines hohen Preises wegen bislang noch nicht verwendet worden. Für die Verwendung unter Tage ist neben Ammonperchlorat ein entsprechender Zusatz an Natronsalpeter erforderlich, der die bei der Explosion entstehende freie Salzsäure in Form von Chlornatrium bindet.

Zwei weitere Beispielsmischungen nach den Vergéschen Patenten ergeben folgende Sprengstoffdaten:

	I.	II.
Nitroglycerin	38%	41%
Flüssige Nitrokörper[1])	16%	18%
Kollodiumwolle	2%	3%
Natronsalpeter	18%	—
Ammonperchlorat	26%	—
Kaliumperchlorat	—	38%
	100%	100%

[1]) Lösung von 20 T. Trinitrotoluol in 80 T. flüssigem Metabinitrotoluol.

Sauerstoffbilanz	+ 1%	− 1,1%
Bleiblockausbauchung	450 ccm	405 ccm
Bleiblockstauchung	20,6 mm	18,2 mm
Detonationsfähigkeit	mit Kapsel 1	mit Kapsel 1
Detonationsübertragung (freiliegende 25-mm-Patr.) . . .	auf 4 cm	auf 4 cm
Detonationsgeschwindigkeit (Durchmesser 35 mm)	6600 m per Sek.	7300 m per Sek.
Dichte	1,52	1,57

Hieraus ist ersichtlich, daß unter Ersatz des Natronsalpeters durch sensiblere Sauerstoffträger sich nach diesen Patenten Gelatinedynamite herstellen lassen, die in sprengtechnischer Beziehung trotz niedrigeren Nitroglyceringehaltes kaum irgendwie hinter dem 65proz. Dynamit zurückstehen dürften. Bei mäßigen Wintertemperaturen sind sie mindestens schwergefrierbar.

Schwergefrierbare Sprenggelatine. Nach Stettbacher[1]) ist in der Schweiz in größerem Umfange, z. B. für den Bau des Jungfrautunnels, von der Dynamitfabrik Isleten eine sog. Spezial-Sprenggelatine geliefert worden, in der ein gewisser Teil des Nitroglycerins durch aromatische Nitrokörper ersetzt war. Sie stellt eine gelbrote gummiartige Masse dar vom spez. Gewicht 1,58 und einer gegenüber gewöhnlicher Sprenggelatine nur wenig niedrigeren Ausbauchung. Sie ist weniger empfindlich gegen Schlag als diese und detoniert erst bei der doppelten Fallhöhe. Sie soll langandauernde Abkühlung auf einige Grade unter Null vertragen, ohne zu gefrieren. Freilich hat sie andererseits den Nachteil kohlenoxydhaltiger Schwaden.

2. Nitroglycerinsprengstoffe mit Zusatz verwandter Salpetersäureester.

Eine schwere Explosion von gefrorenem Dynamit auf der Zeche Gneisenau im Jahre 1902 gab erneut Anlaß, sich mit der Herstellung ungefrierbarer Dynamite intensiver zu beschäftigen. Im Jahre 1903 wurden von Mikolajzak Patente zur Herstellung und Verwendung von Glycerindinitrat entnommen und von dieser Zeit an wendete sich die Sprengstoffindustrie eifrig dem Studium der niederen Glycerinnitrate und gemischter Salpetersäureester des Glycerins sowie anderer dem Nitroglycerin verwandter Salpetersäureester zu und untersuchte dieselben auf ihre Fähigkeit, mit Nitroglycerin ungefrierbare Sprengölgemische zu liefern, die sich zur Herstellung ungefrierbarer Dynamite eigneten (vgl. Geschichtliches über Dinitroglycerin, S. 142).

Von den bis dahin zum gleichen Zwecke verwendeten aromatischen Nitrokörpern unterscheiden sich diese Salpetersäureester durch ihre bedeutend höhere Sprengkraft, die bei den wichtigsten ihrer Vertreter,

[1]) Stettbacher: Schieß- u. Sprengstoffe. S. 135.

Dinitroglycerin, Dinitrochlorhydrin, Tetranitrodiglycerin und Nitroglykol entweder nur wenig hinter der des Nitroglycerins zurückbleibt oder ihr gleichkommt (Nitroglykol), ferner dadurch, daß sie auch bei tiefen Temperaturen flüssig sind und sich hierbei in allen Verhältnissen mit Nitroglycerin mischen, während die höher nitrierten Nitrokörper bei solchen Temperaturen in Nitroglycerin relativ wenig löslich sind, und endlich durch ihre relativ günstige Verbrennungsformel (Sauerstoffbilanz), die es ermöglicht, auch bei hohen Zusätzen solcher Ester, wie sie zur Erzielung vollständiger Ungefrierbarkeit sich als notwendig erwiesen, hochprozentige, d. h. sprengölreiche Dynamite von vollkommener Verbrennung herzustellen, die demnach kohlenoxydfreie Schwaden liefern.

a) **Dinitroglycerin.** Da Dinitroglycerin ungefähr 85% des Energieinhaltes von Nitroglycerin besitzt[1]), läßt sich leicht ableiten, daß Gemische beider sich bezüglich Sprengkraft nur wenig von reinem Nitroglycerin unterscheiden werden. Dazu kommt, daß Nitroglycerin einen kleinen Sauerstoffüberschuß besitzt (3,5%), der den Sauerstoffmangel des Dinitroglycerins (17,6%) bis zu einem gewissen Grade ausgleichen kann, so daß ein Gemisch von 83% Nitroglycerin und 17% Dinitroglycerin eine vollkommene Verbrennung und somit theoretisch die höchste Sprengleistung gibt.

Ein solches Gemisch gefriert allerdings noch bei Winterkälte. Dagegen gefrieren Sprengstoffe, deren Sprengöl zu 60—70% aus Nitroglycerin und 40—30% aus Dinitroglycerin besteht, nur sehr schwer und tauen bei gelinder Temperatur sehr leicht wieder auf, und Gemische gleicher Teile sind, soweit Beobachtungen im deutschen Winterklima reichen, praktisch ungefrierbar.

Ein Gurdynamit aus einer Mischung gleicher Teile Di- und Trinitrat ergibt 295 ccm Bleiblockausbauchung gegen 325 ccm bei Gurdynamit aus reinem Nitroglycerin, also etwa 90% der Kraftleistung des letzteren.

Beim entsprechenden 65proz. Gelatinedynamit betragen diese Werte: 350 ccm und 390 ccm, das Verhältnis ist also dasselbe. Ein solches Dynamit von der Zusammensetzung 31,5% Trinitrat, 31,5% Dinitrat, 2% Kollodiumwolle, 29% Natronsalpeter, 6% Holzmehl hat noch einen kleinen Sauerstoffüberschuß (1,3%), liefert also bei der Explosion kein Kohlenoxyd.

Mikolajzak gibt u. a. folgende Beispiele für ungefrierbare Dynamite an:

a) Gurdynamit:	45% Dinitrat	(60%)
	30% Trinitat	(40%)
	23% Gur	
	2% Kreide	

[1]) Vgl. S. 158.

b) Sprenggelatine: 78 % Trinitrat (ca. 85 %)
14 % Dinitrat (ca. 15 %)
8 % Kollodiumwolle

Sprenggelatine friert langsamer als Gurdynamit und Gelatinedynamit, doch dürfte obige Mischung bei Winterkälte gefrieren.

c) Gelatinedynamit: 38,4 % Dinitrat (60 %)
25,6 % Trinitrat (40 %)
1,7 % Kollodiumwolle
27,0 % Natronsalpeter
7,3 % Holzmehl

d) Ammongelatinedynamit: 40,0 % Dinitrat
1,2 % Kollodiumwolle
4,8 % Curcumamehl
54,0 % Ammonsalpeter

Dieser Sprengstoff hat nur einen kleinen Sauerstoffmangel von 2,4 % und eine ausgezeichnete Kraftleistung im Bleiblock von ca. 400 ccm netto. Derartige Sprengstoffe brachte eine Zeitlang die Castroper Sicherheitssprengstoff A.-G. (Fabrik Rummenohl bei Hagen i. W.) unter der Bezeichnung: „Tremonite" in den Handel.

Beispiele:	Gelatinetremonit I.	Gelatinetremonit II.
Trinitroglycerindinitroglyceringemisch gelatiniert	47,5 %	30 %
Dinitrotoluol	5,0 %	10 %
Holzmehl	5,0 %	2 %
Ammonsalpeter	22,5 %	40 %
Natronsalpeter	20,0 %	18 %
Bleiblockausbauchung	400 ccm	375 ccm

Diese Sprengstoffe waren ungefähr auf Sauerstoffgleichgewicht aufgebaut, ergaben also unschädliche Explosionsschwaden.

Dieselbe Gesellschaft stellte auf Basis von Dinitroglycerin auch ungefrierbare schlagwettersichere Sprengstoffe her, die im nächsten Kapitel zu besprechen sein werden.

Allmählich wurde das Dinitroglycerin durch das Dinitrochlorhydrin verdrängt, das neben größerer Bequemlichkeit der Herstellung, vor dem ersteren den Vorzug der Wasserunlöslichkeit und größerer Handhabungssicherheit voraus hatte, während sich das Dinitroglycerin bezüglich Sensibilität gegenüber mechanischen Einflüssen nicht allzusehr vom Nitroglycerin unterschied.

Auf der anderen Seite scheinen sich die von Will[1]) geäußerten Bedenken als unbegründet erwiesen zu haben. Will befürchtete, daß das Dinitroglycerin infolge seiner Fähigkeit, ein erst bei + 26° schmelzendes Hydrat zu bilden, und seiner Hygroskopizität in Form dieses

[1]) Ber. a. a. Ort, vgl. Dinitroglycerin, S. 155.

Hydrates in den Sprengstoffen gefrieren, sich also nicht zur Herstellung ungefrierbarer Dynamite eignen würde.

In der Praxis scheinen die betreffenden Sprengstoffe niemals gefroren zu sein, auch wenn wasserhaltiges Dinitroglycerin verwendet wurde. Es ist dabei zu beachten, daß nach dem von der Castroper Gesellschaft benutzten Herstellungsverfahren von Mikolajzak die beiden Isomeren des Dinitroglycerins etwa in dem Verhältnis von 60 Teilen des hydratbildenden krystallisierenden zu 40 Teilen des nicht krystallisierenden entstanden, und daß die Krystallisationstendenz des technischen Produktes anscheinend eine sehr geringe ist.

b) **Dinitrochlorhydrin.** Der Zusatz von Dinitrochlorhydrin zu Nitroglycerinsprengstoffen, um dieses ungefrierbar zu machen, wurde 1904 von der Dynamit A.-G. vorm. A. Nobel & Co. patentiert[1]), die bald darauf auf der Dynamitfabrik Schlebusch bei Köln eine umfangreiche Anlage zur Erzeugung von Monochlorhydrin aus Glycerin und Chlorschwefel (vgl. dieses II. Abschnitt, S. 168) errichtete, letzteres in der Nitroglycerinanlage zu Dinitrochlorhydrin nitrierte und ungefrierbare Dynamite mit einem entsprechenden Gehalt des Nitroglycerins an ersterem in den Handel brachte. Hierüber berichtet F. Roewer ausführlich in der Z. f. d. ges. Schieß- u. Sprengstoffwesen[2]).

Dinitrochlorhydrin ist in noch höherem Maße wie Dinitroglycerin befähigt, die Gefrierbarkeit des Nitroglycerins herabzusetzen. Kühlt man Mischungen von 20—30% des ersteren mit 80—70% Nitroglycerin auf Temperaturen von 15—18° unter 0° ab, unter Impfen mit Nitroglycerinkrystallen, so krystallisiert zwar nach mehreren Tagen das Nitroglycerin schließlich aus der Mischung heraus, während das Dinitrochlorhydrin flüssig bleibt und als Flüssigkeit die Masse durchsetzt. Dagegen tauen Sprengstoffpatronen mit 20% Dinitrochlorhydrin im Nitroglycerin, die in dieser Weise zum Gefrieren gebracht wurden, bereits bei 0° wieder auf. Beträgt der Zusatz 25%, so werden die Patronen schon bei — 3° wieder weich. Auch die Überkaltungserscheinungen bzw. die Krystallisationstendenz des Nitroglycerins wird durch solche Zusätze erheblich beeinflußt, so daß ohne Impfen mit gefrorenem Nitroglycerin auch bei anhaltender Exposition bei Frostwetter derartige Patronen im Gegensatz zu solchen mit reinem Nitroglycerin nicht gefroren. Beträgt der Anteil des Dinitrochlorhydrins 30% des Sprengöls, so gefrieren selbst geimpfte Patronen bei starkem Frost nur unvollständig und werden nicht ganz hart.

Eine Mischung von 60% Nitroglycerin mit 40% Dinitrochlorhydrin konnte eine Woche lang bei —15° aufbewahrt werden, ohne zu er-

---

[1]) D.R.P. 183400.

[2]) Über ungefrierbare Nitroglycerinsprengstoffe. I. S. 228. 1906.

starren, wobei nur der Impfkrystall sich etwas vergrößerte. Selbst bei mehrstündigem Eintauchen in mit fester Kohlensäure auf — 50 bis — 60° abgekühlten Äther schritt die Krystallisation nicht fort. Die Flüssigkeit wird nur zähe und das Gemisch ist bei —15° wieder flüssig. Erhöht man den Anteil an Dinitrochlorhydrin noch weiter, so wird bei —10° selbst der Impfkrystall aufgelöst. Hiernach vermögen 40 T. Dinitrochlorhydrin bei —15° 60 T. Nitroglycerin in Lösung zu halten.

Für die Praxis hat sich ergeben, daß Dynamite, in denen 20—25% des Nitroglycerins durch Dinitrochlorhydrin ersetzt wurden, als schwergefrierbar gelten dürfen, und daß sie bei 30% Zusatz für das europäische Winterklima als ungefrierbar zu bezeichnen sind.

Da Dinitrochlorhydrin selbst ein hochbrisanter Explosivstoff mit etwa 70% des Energieinhaltes des Nitroglycerins ist, so ergibt sich, daß solche Zusätze die Wirksamkeit der betreffenden Sprengstoffe nicht in praktisch fühlbarer Weise herabsetzen können. Roewer[1]) gibt für ungefrierbare Dynamite mit 20% Zusatz folgende Leistungsdaten an:

Bleiblockausbauchung:

	Gurdynamit	Sprenggelatine	Gelignite
a) aus reinem Nitroglycerin	300 ccm	555 ccm	395 ccm
b) mit Zusatz von 20% Dinitrochlorhydrin .	301 „	541 „	384 „

Er errechnet ferner folgende thermochemischen Daten nebst Gasentwicklung:

	Explosionswärme per 1 kg	Explosionstemperatur	Gasmenge per 1 kg
a) Gelatinedynamit: 63 % Nitroglycerin . . . . 2 % Kollodiumwolle . . . . . . 26 % Natronsalpeter . . . . . . 9 % Holzmehl	1244 Cal.	2939° C	716,8 l
b) schwer gefrierbares Gelatinedynamit 50,4 % Nitroglycerin . . . . . . 12,6 % Dinitrochlorhydrin . . . . 2,0 % Kollodiumwolle . . . . . 26,0 % Natronsalpeter . . . . . . 9,0 % Holzmehl	1278 Cal.	2835° C	687,2 l

Auch bei 30% Dinitrochlorhydrinzusatz wird die sprengtechnische Leistung noch nicht in erheblichem Maße geschmälert.

[1]) A. a. O. S. 167.

Verfasser fand mit ungefrierbarem Gelatinedynamit gegenüber reinem Dynamit folgende Werte:

	Bleiblock-ausbauchung	Stauchung
a) Gelatinedynamit 63% Nitroglycerin 2% Kollodiumwolle 28% Natronsalpeter 7% Holzmehl	415 ccm	21 mm
b) ungefrierbares Gelatinedynamit 44% Nitroglycerin 19% Dinitrochlorhydrin 2% Kollodiumwolle 28% Natronsalpeter 7% Holzmehl	398 ccm	19 mm

Die Ausbauchung des ungefrierbaren Sprengstoffs beträgt also 96%, die Stauchung 90,5% von der des gewöhnlichen Dynamits. Der Sauerstoffwert des ungefrierbaren Dynamits ist mit 1,8% positiv. Es entwickelt also bei der Detonation kein Kohlenoxyd.

Die beim explosiven Zerfall des Dinitrochlorhydrins gebildete freie Salzsäure, die beim Sprengen unter Tage den Bergmann belästigen könnte, wird durch das aus dem Salpeter gebildete Carbonat neutralisiert und in Chlorid verwandelt. Es ist also darauf zu achten, daß dinitrochlorhydrinhaltige Sprengstoffe, die für den Gebrauch unter Tage bestimmt sind, stets eine dem vorhandenen Chlor äquivalente Menge von Alkalinitraten enthalten, was bei den gewöhnlichen Dynamiten ohnehin der Fall ist.

Der praktische Gebrauch sowie Versuche in der Explosionsbombe haben bestätigt, daß Dinitrochlorhydrinsprengstoffe mit entsprechendem Gehalt an Alkalinitrat tatsächlich bei der explosiven Umsetzung salzsäurefreie Explosionsschwaden ergeben.

Besonderer Beliebtheit erfreuen sich seit einiger Zeit gelatinöse Sprengstoffe, die als Hauptbestandteil Dinitrochlorhydrin neben nur wenig Nitroglycerin enthalten. Dieselben sind sowohl ungefrierbar wie handhabungssicher und werden im 3. Abschnitt dieses Kapitels noch besonders behandelt.

Ferner ist das Dinitrochlorhydrin auch zur Herstellung ungefrierbarer, handhabungs- und schlagwettersicherer Sprengstoffe verwendet worden. (Darüber vgl. nächstes Kapitel V.)

c) Tetranitrodiglycerin bzw. nitrierte Polyglycerine. Nitrierte Polymerisationsprodukte des Glycerins sind schon weit früher als die soeben besprochenen Salpetersäureester zur Erzeugung schwergefrierbarer Dynamite vorgeschlagen worden und zwar von Wohl bereits im

Jahre 1890[1]). Doch hatte sein Verfahren, das darin bestand, Glycerin evtl. in Mischung mit Methyl-Äthyl- und anderen Alkoholen unter Zusatz von konz. Schwefelsäure auf 130—140° zu erhitzen, wobei neben Di- und Triglycerin gegebenenfalls auch Glycerinester oder deren Polymere gebildet wurden, erhebliche technische Mängel, die seiner praktischen Einführung im Wege standen. Eine Destillation des Rohproduktes hätte das Ausgangsmaterial für die Nitrierung sehr verteuert und das erstere selbst enthielt durch die Einwirkung der Schwefelsäure harzige Bestandteile, die die Abscheidung und Stabilisierung der erhaltenen Nitrierungsprodukte durch lästige Emulsionsbildung allzusehr erschwerten.

Es war übrigens schon früher bekannt, daß die verschiedenen Sorten von Handelsglycerinen Nitroglycerine lieferten, die sich bezüglich der Leichtigkeit des Erstarrens unterschiedlich verhielten. Die Bearbeitung der Frage der Herabsetzung der Gefrierbarkeit des Nitroglycerins durch Zusätze verwandter Salpetersäureester legte alsdann die Vermutung nahe, daß der mehr oder weniger große vorhandene Gehalt der Dynamitglycerine an Diglycerin, das bei der Nitrierung in das zähflüssige nicht krystallisierende Tetranitrodiglycerin übergeht, die Ursache jenes verschiedenen Verhaltens sein dürfte[2]). Will verfolgte diesen Weg und stellte für die Nitrierung geeignete Gemische von Glycerin und Diglycerin her, die ungefrierbare Sprengöle mit einem entsprechenden Gehalt an Tetranitrodiglycerin lieferten[3]). Dieselben unterscheiden sich vermöge der brisanten Natur des letzteren von reinem Nitroglycerin bezüglich Kraftleistung etwa ebensowenig, wie die entsprechenden Gemische mit Dinitroglycerin und Dinitrochlorhydrin (vgl. Abschnitt II, Diglycerin und Tetranitrodiglycerin, S. 185). Da Tetranitrodiglycerin eine etwa ebenso günstige Umsetzungsgleichung aufweist, wie Dinitroglycerin, gilt bezüglich der Explosionsprodukte der mit ihm hergestellten ungefrierbaren Sprengstoffe dasselbe wie für die dinitroglycerinhaltigen Dynamite. Sprengstoffe mit einem Gehalt des Nitroglycerins von 20—25% Tetranitrodiglycerin dürften für gewöhnliche Wintertemperaturen bereits ungefrierbar sein.

Im Inland ist das Verfahren praktisch bisher nicht ausgeübt worden, da die Herstellung des den gleichen Zweck erfüllenden Dinitrochlorhydrins technisch bequemer war.

Das amerikanische Patent 855595 der Du Pont de Nemours Powder Co. betrifft dasselbe Verfahren der teilweisen Kondensation des Glycerins

---

[1]) D.R.P. 58957.

[2]) Kast: Spreng- und Zündstoffe, S. 152 u. Z. f. Schieß- u. Sprengstoffwesen Bd. I, S. 231/232. 1906.

[3]) Will, ebenda.

und Nitrierung des erhaltenen Produktes. Das Patent 852142 gibt folgende Beispiele für ungefrierbare Mischdynamite an:

	I.	II.
Nitroglycerin	25%	15%
Tetranitrodiglycerin	15%	15%
Holzmehl	10%	10%
Schwefel	—	3%
Harz	—	2%
Natronsalpeter	50%	55%

d) **Gemischte Glycerinester.** Acetyldinitroglycerin (Dinitroacetin) und Formyldinitroglycerin (Dinitroformin). Diese Produkte sind von dem Italiener Vezio Vender zur Herstellung ungefrierbarer Sprengölgemische vorgeschlagen worden[1]). Nach ihm soll ein Zusatz von 10—30% zum Nitroglycerin genügen, um Dynamite zu erzeugen, die auch beim Impfen mit Nitroglycerinkrystallen erst bei — 20° erstarren. Nach Versuchen des Verfassers gefrieren Dynamitpatronen, in denen 20% des Nitroglycerins durch Acetyldinitroglycerin ersetzt sind, noch bei anhaltender Winterkälte. Gemische von 70% Nitroglycerin mit 30% des Acetylesters gefrieren selbst bei —20° und Impfen mit Nitroglycerinkrystallen nur teilweise und werden nicht ganz hart, tauen auch schon unterhalb 0° wieder auf. Das Acetyldinitroglycerin wirkt also an sich ebenso günstig wie Dinitrochlorhydrin. Da es aber weniger sprengkräftig ist und eine ungünstigere Umsetzungsgleichung aufweist, dürfte dem Dinitrochlorhydrin der Vorrang gebühren.

Das Dinitroformin ist bezüglich Gefrierverhinderung ebenso wirksam, scheint aber wegen der teuren Herstellung des Formins aus Glycerin und Oxalsäure keinen Eingang in die Technik gefunden zu haben. Hinsichtlich Brisanz ist es dem Dinitroacetin naturgemäß überlegen.

e) **Butylenglykoldinitrat.** Nach den amerikanischen Patenten 994841 und 994842 (1911) soll 1-3-Butylenglykoldinitrat in Mischung mit Nitroglycerin als Basis für ungefrierbare Sprengstoffe dienen. Die diesbezügliche Wirksamkeit ist an sich nicht zu bezweifeln. Doch dürfte die ziemlich umständliche Herstellung des Butylenglykoles aus Acetaldehyd über Acetaldol durch Reduktion des letzteren[2]) und die schwierige Nitrierung des Glykoles[3]) der technischen Anwendung hindernd im Wege stehen. Auch bezüglich Sprengkraft steht es hinter den übrigen zum gleichen Zwecke verwendeten Salpetersäureestern zurück.

---

[1]) Z f. d. ges. Schieß- u. Sprengstoffwesen Bd. II, S. 21 u. 195. 1907; vgl. auch Abschn. II, S. 179 u. S. 182.

[2]) Amerik. Patent 1008333 (1911).

[3]) Vgl. Abschn. II, Kap. 7 über Butylenglykoldinitrat, S. 218.

f) Nitroglykol und Methylglykoldinitrat (α-Propylenglykoldinitrat). Diese beiden Ester sind durch das D.R.P. 179789 vom Jahre 1904 als Zusatzmittel zur Verhinderung des Gefrierens von Nitroglycerinsprengstoffen vorgeschlagen worden. Während das Propylenglykoldinitrat wegen der bislang schweren Zugänglichkeit des Propylenglykoles und dessen etwas schwieriger Nitrierbarkeit (vgl. Abschnitt II, S. 217) technisch zurzeit nicht in Betracht kommt, vereinigt das Nitroglykol alle Eigenschaften, die für den betreffenden Zweck erforderlich sind (vgl. Abschnitt II, S. 205). An Brisanz ist es dem Nitroglycerin noch etwas überlegen, es zerfällt in Kohlensäure, Wasser und Stickstoff und hat eine vorzügliche Gelatinierfähigkeit, so daß sich Gelatinedynamite mit teilweisem Ersatz des Nitroglycerins durch Nitroglykol sprengtechnisch von den gewöhnlichen Gelatinedynamiten in keiner Hinsicht unterscheiden und dabei den großen Vorzug der Ungefrierbarkeit besitzen. Einen gewissen Mangel bildet nur die etwas höhere Flüchtigkeit des Nitroglykoles, die besonders bei der Fabrikation dieselben physiologischen Unzuträglichkeiten wie Nitroglycerin in noch erhöhtem Maße in Erscheinung treten läßt.

Zur Zeit der Einführung dieser Kategorie der ungefrierbaren Dynamite unter Verwendung von Salpetersäureestern war noch keine wirtschaftliche Synthese des Glykols bekannt. Als dann die Glycerinknappheit während des Weltkrieges Anlaß bot, der Glykolsynthese näherzutreten und dieselbe auszubauen, wurden vielfach Gelatinedynamite aus Gemischen von Nitroglycerin und Nitroglykol in den Verkehr gebracht, die den Vorzug der Ungefrierbarkeit besaßen.

3. Dinitrochlorhydrin- und Nitroglykolsprengstoffe.

Zu den ungefrierbaren dynamitähnlichen Sprengstoffen sind auch die zeitweise benutzten und teilweise noch im Verkehr befindlichen gelatinösen Mischungen auf Basis von reinem Nitroglykol und nur wenig Nitroglycerin enthaltendem Dinitrochlorhydrin zu rechnen. Es lassen sich mit diesen Salpetersäureestern Sprengstoffe herstellen, die sich von Dynamit durch eine sehr geringe Empfindlichkeit gegenüber mechanischer Beanspruchung und ein ungefährliches Verhalten beim Erhitzen und Verbrennen wesentlich unterscheiden und vermöge dieser höheren Handhabungssicherheit im verkehrstechnischen Sinne einer anderen Klasse angehören. Auf den deutschen Eisenbahnen sind daher solche Sprengstoffe zum unbeschränkten Stückgutverkehr zugelassen worden[1]).

a) Dinitrochlorhydrinsprengstoffe. Das zu diesen Sprengstoffen verwendete Dinitrochlorhydrin wird gewöhnlich aus dem durch Chlo-

[1]) S. Anlage C der Eisenbahnverkehrsordnung I. I. a. A. Sprengmittel. Gruppe c: Ammoniaksalpetersprengstoffe.

rierung von Glycerin direkt gewonnenen technischen Monochlorhydrin erzeugt, das noch unverändertes Glycerin enthält, und stellt daher eine Mischung von hauptsächlich Dinitrochlorhydrin mit wenig Nitroglycerin (in der Regel 15—20%) dar. In dieser Verdünnung ist das Nitroglycerin seiner charakteristischen Eigenschaften, wie hohe Schlagempfindlichkeit, entkleidet und tut der Handhabungssicherheit der betreffenden Sprengstoffe keinen Abbruch. Die Eisenbahnverkehrsordnung läßt einen Gesamtgehalt von 5% Nitroglycerin in denselben zu. Die wichtigsten Vertreter sind:

Gelatine-Astralit, Gelatine-Donarit, Gelatine-Westfalit, Gelatine-Prosperit und Gelatine-Tremonit. Die plastische Beschaffenheit dieser Mischungen wird erhöht durch einen gewissen Gehalt an aromatischen Nitrokörpern, wie Binitrotoluol und Trinitrotoluol. Als Sauerstoffträger dient vorzugsweise Ammonsalpeter neben soviel Alkalinitraten, als die aus dem Dinitrochlorhydrin bei der Explosion freiwerdende Salzsäure zu ihrer Bindung erfordert.

Nach den Definitionen der Eisenbahnverkehrsordnung darf z. B. das Gelatine-Astralit folgende Bestandteile haben:

höchstens 50% Dinitrochlorhydrin,
„ 5% Nitroglycerin,
„ 2% Kollodiumwolle,

aromatische Nitroverbindungen, davon höchstens 4% Trinitrotoluol, Pflanzenmehle, Ammonsalpeter, Kali- oder Natronsalpeter, oder ein Gemisch beider, auch Kohlenwasserstoffe.

Gelatine-Astralit I, II usw. darf folgende Bestandteile aufweisen:

höchstens 20% Dinitrochlorhydrin,
„ 5% Nitroglycerin,
„ 1% Kollodiumwolle,

Bi- oder Trinitrotoluol, oder andere organische Nitrokörper, die nicht gefährlicher sind, als Trinitrotoluol, von solchen Trinitroverbindungen höchstens 15%, Ammonsalpeter, Natronsalpeter, auch Pflanzenmehle.

Nach der mit dem Inkrafttreten der neuen preußischen Polizeiverordnung vom 25. Jan. 1923 Gültigkeit erlangenden ersten Liste der Bergbausprengstoffe, die alle für den Gebrauch im preußischen Bergbau zulässigen Sprengstoffe umfaßt, wird an Stelle der oben erwähnten Sprengstoffe in den betreffenden Betrieben die sog. Ammongelatine 1 treten, die folgende Bestandteile enthalten darf:

28—33% Dinitrochlorhydrin, wovon bis zu 5% der Gesamtmenge des Sprengstoffes durch Nitroglycerin ersetzt sein dürfen,
1— 3% Kollodiumwolle,
45—50% Ammonsalpeter,
10—15% Alkalinitrate,
6—12% Nitroabkömmlinge des Toluols und/oder Naphthalins und/oder Diphenylamins,
0— 2% Pflanzenmehl.

Nach dieser Definition lassen sich gelatinöse Sprengstoffe herstellen, die in ihrer Leistung dem gewöhnlichen 65proz. Gelatinedynamit recht nahekommen, vor ihm aber den großen Vorzug der völligen Ungefrierbarkeit und einer wesentlich größeren Handhabungssicherheit besitzen.

Das z. B. beim Schachtabteufen nach dem Gefrierverfahren aber auch sonst bei Gesteinsarbeiten, wo ungefrierbare Dynamite in der kälteren Jahreszeit erwünscht sind, z. B. beim Ausbau von Wasserkraftanlagen, viel benutzte Gelatine-Astralit der Dynamit-Aktien-Gesellschaft vorm. Alfred Nobel & Co. hat bei etwa nachstehender Zusammensetzung folgende Leistungsdaten aufzuweisen:

Zusammensetzung.

Gelatiniertes Dinitrochlorhydrin inkl. Nitroglycerin	30 %
Gemisch von Tri- und Binitrotoluol	10 %
Ammonsalpeter, Natronsalpeter und Holzmehl	60 %

Bleiblockausbauchung	ca. 400 ccm
Bleiblockstauchung	ca. 16 mm
Detonationsfähigkeit	mit Kapsel 3
Detonationsübertragung: 25-mm-Patronen	auf 20 mm
Detonationsgeschwindigkeit	ca. 7300 m per Sek.
Explosionswärme	1127,5 Cal.
Explosionstemperatur	2534°
Dichte	1,45.

Der Sprengstoff ist auf Sauerstoffgleichgewicht aufgebaut, entwickelt also keine gesundheitsschädlichen Explosionsprodukte.

Beim Vergleich mit 65proz. Gelatinedynamit ergibt sich das folgende interessante Bild:

	Gelatine-Dynamit	Gelatine-Astralit
Gasförmige Explosionsprodukte per 1 kg bei 0° und 760 mm	605,7 l	771,0 l
Explosionswärme	1234 Cal.	1127,5 Cal.
Explosionstemperatur	2950°	2534°
Hieraus berechneter spez. Druck[1])	7162 Atm.	7927 Atm.
Dichte	1,55	1,45
maximale Detonationsgeschwindigkeit	7500 m p. Sek.	7300 m p. Sek.
Brisanzwert = Produkt vom spez. Druck, Dichte und Detonationsgeschwindigkeit	832575	839013
Bleiblockausbauchung	400 ccm	400 ccm

Hieraus ergibt sich, daß die Brisanz beider Sprengstoffe rechnungsgemäß ungefähr gleich ist, was durch die Bleiblockausbauchung experimentell bestätigt wird.

---

[1]) Spez. Druck: $P = \frac{Vok\,(273 + t)}{273}$, wobei Vok = Volumen der von 1 kg Sprengstoff entwickelten gasförmigen Explosionsprodukte bei 0° und 760 mm t = Explosionstemperatur.

b) Nitroglykolsprengstoffe[1]. Während der Beschlagnahme des Glycerins für militärische Zwecke zur Zeit des Weltkrieges ist, wie bereits früher erwähnt, eine Zeitlang das Nitroglykol in gewissem Umfange an Stelle des Nitroglycerins getreten und es sind außer den unter 2 f) erwähnten Sprengstoffen aus Gemischen von Nitroglycerin und Nitroglykol auch Dynamite, besonders 40proz. und das sog. 18proz. Dynamit aus reinem Nitroglykol hergestellt worden. Dieselben unterscheiden sich hinsichtlich ihrer Sprengwirkung von den entsprechenden Nitroglycerinsprengstoffen infolge der außerordentlichen Ähnlichkeit der beiden Sprengöle so gut wie gar nicht. Die etwas geringere Dichte des Nitroglykoles (1,5) gegenüber Nitroglycerin (1,6) fällt praktisch wenig ins Gewicht. Der Übelstand der höheren Flüchtigkeit des Nitroglykoles, dessen Dämpfe bei empfindlichen Personen Kopfschmerzen erzeugen, wenn sie in engen Räumen in unvorsichtiger Weise eingeatmet werden, wurde bereits erwähnt. Andererseits ist die Flüchtigkeit nicht so stark, daß sie bei verpackten gelatinösen Sprengstoffen und normaler Lagerungstemperatur zu erheblichen Verdampfungsverlusten führt.

Nitroglykol schwitzt aus der Gelatine leichter aus als Nitroglycerin. Der Kollodiumwollgehalt der letzteren ist daher etwas höher zu bemessen, als bei Anwendung von Nitroglycerin. Die ausgezeichnete Detonationsfähigkeit des Nitroglykoles gestattet andererseits die Herstellung einer festeren Gelatine. Ob allerdings die höhere Verdampfbarkeit und leichtere Ausschwitzbarkeit des Nitroglykols aus der Gelatine einen Transport der betreffenden Sprengstoffe nach heißen Ländern, sowie Lagerung und Gebrauch dortselbst zulassen würden, ist eine bislang unerprobte Frage.

Die mehrfach erwähnte preußische Polizeiverordnung über den Vertrieb von Sprengstoffen an den Bergbau vom 25. Jan. 1923 läßt nach § 11 in brisanten Gesteinssprengstoffen, die Nitroglycerin enthalten, den völligen oder teilweisen Ersatz des letzteren durch andere nitrierte Abkömmlinge des Glycerins oder durch Dinitroglykol zu. Ausgenommen wird hiervon nur Sprenggelatine. Der Grund dafür ist, daß eine reine Sprenggelatine aus z. B. Nitroglykol und Kollodiumwolle Sauerstoffmangel haben, also bei der Explosion Kohlenoxyd entwickeln würde, was dem § 8 derselben Verordnung zuwiderlaufen würde, wonach alle im Grubenbetriebe unter Tage verwendeten Sprengstoffe theoretisch auf Sauerstoffgleichheit oder Sauerstoffüberschuß aufgebaut sein müssen. Während Nitroglykol selbst genaues Sauerstoffgleichgewicht besitzt und folglich in Kohlensäure, Wasserdampf und Stickstoff zerfällt, reicht bekanntlich der kleine Sauerstoffüberschuß des Nitroglycerins gerade aus, um mit der zur Gelatinierung nötigen

---

[1]) Vgl. dieses Kapitel 2f) S. 337.

Menge Kollodiumwolle eine Sprenggelatine von Sauerstoffgleichgewicht zu liefern. In Gelatinedynamiten mit Nitroglykol läßt sich das gewünschte Verhältnis naturgemäß ohne Schwierigkeit durch die Sauerstoffträger des Zumischpulvers herstellen.

Die Nitroglykol-Sprengstoffe haben neben ihrer Eigenschaft bei Wintertemperaturen nicht zu gefrieren den Vorzug einer geringeren Empfindlichkeit besonders gegen mechanische Beanspruchung und geringeren Neigung zur Detonation bei der Entzündung. Ein bestimmter Typ derselben ist daher und zwar gleichfalls unter der Bezeichnung „Gelatine-Astralit" auf der deutschen Eisenbahn zum unbeschränkten Stückgutverkehr zugelassen worden.

Dieses Gelatine-Astralit (auch Gelatine-Donarit, Gelatine-Rhenanit, Gelatine-Rivalit und Gelatine-Romperit) darf folgende Bestandteile enthalten:

höchstens 30% gelatiniertes Dinitroglykol,
„ 8% aromatische Binitroverbidnungen,
„ 4% aromatische Trinitroverbindungen,
Ammonsalpeter und Pflanzenmehle.

Der Sprengstoff ergibt folgende sprengtechnischen Daten:

Bleiblockausbauchung	415 ccm
Bleiblockstauchung	19 mm
Detonationsfähigkeit	mit Kapsel 1
Detonationsübertragung (25-mm-Patronen)	auf 50 mm
Detonationsgeschwindigkeit	ca. 6500 m p. Sek.
Dichte	1,45
Explosionswärme	1158 Cal.
Explosionstemperatur	2485°
Explosionsgase per 1 kg bei 0° und 760 mm:	864,4 l
spez. Druck	8733 Atm.

Auch dieser Sprengstoff erreicht also in der Wirkung ungefähr das 65proz. Gelatinedynamit, ist aber ungefrierbar und genießt, wie erwähnt, auf der Eisenbahn erleichterte Transportbedingungen.

Auch mit höherem Gehalt an Nitroglykol lassen sich dem 40proz. Dynamit sehr ähnliche gelatinöse Sprengstoffe von einer gegenüber letzterem bedeutend höheren Handhabungssicherheit herstellen.

Eine umfangreichere Einführung der Nitroglykolsprengstoffe, die übrigens auch in Frankreich zugelassen worden sind, hat nach dem Kriege anscheinend wegen der immerhin teuren Herstellungsweise des Glykols noch nicht stattgefunden.

V. Schlagwettersichere und kohlenstaubsichere Nitroglycerinsprengstoffe.

Vor etwa 40 Jahren noch waren Schwarzpulver und Dynamit die einzigen vorhandenen Sprengmittel, deren sich auch der Bergmann in den Kohlengruben zum Sprengen von Kohle und Nebengestein bedienen mußte. Durch diese beiden Sprengmittel werden Schlagwettergemische wie auch aufgewirbelter Kohlenstaub überaus leicht zur Entzündung gebracht. Zur Entzündung von ersteren genügen Bruchteile eines Grammes Schwarzpulver oder wenige Gramme Dynamit, wenn sie unbesetzt im Bohrloch oder gar frei im entzündlichen Gemisch zur Explosion gebracht werden. Auch Kohlenstaubaufwirbelungen ohne Schlagwetterbeimengung werden durch geringe Ladungen von Dynamit oder Schwarzpulver (weniger als 100 g) gezündet, wofern der Schuß aus unbesetztem Bohrloch abgegeben wird.

Wenn auch in der Praxis, wo stets mit Besatz geschossen wird, diese Zündungsgefahr geringer und die zur Zündung nötige Ladung größer ist, so hat doch die Sprengarbeit in den Kohlengruben zu zahlreichen Unglücksfällen geführt, die zu einem großen Teil auf die Entzündung von schlagenden Wettern oder Kohlenstaubaufwirbelungen unmittelbar durch die Wirkung der Sprengschüsse zurückgeführt werden mußten. Besonders gefährlich in diesem Sinne waren die nie ganz zu vermeidenden ausblasenden Schüsse (sog. Lochpfeifer), die entstehen, wenn die Wirkung des Sprengstoffs nicht hinreicht, die Vorgabe zu lösen, die Sprenggase also, ohne Arbeit geleistet und sich hierdurch entsprechend abgekühlt zu haben, mit hoher Temperatur aus dem Bohrloch ausblasen.

Diese Gefahren und die dadurch bedingten Unfälle erhöhten und vermehrten sich in dem Maße, in dem gleichen Schrittes mit der Entwicklung der Industrie der Kohlenbergbau an Umfang immer mehr zunahm und in immer größere Tiefen vordrang, in denen die Schlagwetter reichlicher vorkamen.

Die hieraus sich ergebende Forderung an die Sprengtechnik, Sprengmittel mit höherer Schlagwettersicherheit zu schaffen, führte im Laufe der 80er Jahre des vorigen Jahrhunderts zur Entwicklung der sog. Sicherheitssprengstoffe, die gleichzeitig auf theoretischer und praktischer Grundlage einsetzte[1]).

Die Versuche, Kohle und Gestein durch rein mechanische Mittel hereinzugewinnen, konnten bei dem zunehmenden Kohlenbedarf der Kulturstaaten von vornherein in keinen ernsthaften Wettbewerb mit der Sprengarbeit treten. Auch die der Entwicklung der Sicherheitssprengstoffe voraus- oder nebenhergehenden Versuche, die als gefähr-

[1]) Präziser ist der Ausdruck: Schlagwetter- und kohlenstaubsichere Sprengstoffe (Wettersprengstoffe), da die Bezeichnung: „Sicherheitssprengstoffe" Veranlassung zur Verwechslung mit den bisweilen ebenso genannten „handhabungssicheren Sprengstoffen" geben kann. In Frankreich sagt man: „Explosifs de sûreté", in Belgien „Explosifs antigrisouteux" oder Explosifs S. G. P. (sécurité-grisou-poussière), in England: „permitted explosives" im Gegensatz zu den überhaupt behördlich zugelassenen „authorised explosives," in den Ver. Staaten „permissibles explosives".

lich erkannten Sprengmittel durch chemisch wirkende Treibverfahren zu ersetzen, oder die Gefahr beim Schießen durch besondere Vorkehrungen zu beseitigen oder zu vermindern, führten zu keinem vollen Erfolge.

Die chemischen Treibverfahren, die nur ein gewisses historisches Interesse haben und sämtlich in der Ausführung kompliziert und umständlich und in der Wirkung unsicher und unzureichend waren, schildert Heise mit zutreffender Kritik[1]). Die sonstigen an derselben Stelle von ihm eingehend geschilderten Mittel, die Sprengarbeit als solche, ohne Rücksicht auf die Natur des Sprengmittels sicher zu machen, die neben der Erzeugung von Wasserschleiern hauptsächlich die Art des Besatzes (Wasserpatronen, Besatz aus krystallwasserhaltigen oder vergasbaren Salzen) betrafen, hatten zwar bei sachgemäßer Anwendung durch die Abkühlung der Explosionsgase zum Teil gute Wirkungen. Sie waren aber in hohem Maße von der Sorgfalt der Ausführung und damit von der Zuverlässigkeit des Bergmannes abhängig und konnten deshalb die Entwicklung der Sicherheitssprengstoffe, die ohne besondere Vorkehrungen durch ihre Natur eine erhöhte Wettersicherheit bieten, nicht aufhalten und solche Sprengstoffe nicht unentbehrlich machen.

Die Theorie der Sicherheitssprengstoffe, wie sie sich durch die Erkenntnisse und Erfahrungen der letzten 40 Jahre entwickelt hat, ist schon 1904 von Heise[2]) und neuerdings in ebenso meisterhafter Weise von Kast[3]) dargestellt worden, so daß es hier genügt, an die Faktoren zu erinnern, die für die Schlagwetter- und Kohlenstaubsicherheit der Sprengmittel von ausschlaggebender Bedeutung sind[4]).

Die Explosionsgrenzen von Grubengas-Luftgemischen liegen etwa zwischen 5 und 14$^0/_0$ Methangehalt der Luft. Die Explosion ist am kräftigsten und pflanzt sich am leichtesten fort bei einem Methangehalt von 9,5$^0/_0$, da alsdann der vorhandene Sauerstoff zur Verbrennung des Methans gerade ausreicht, also die höchste Explosionstemperatur erreicht wird. Da die Entzündungstemperatur der Gemische bei etwa 650—750^0 liegt, die Explosionstemperatur der Sprengstoffe aber durchweg wesentlich über 1000^0, so ließe sich eine Entzündung durch die Explosionsflamme des Sprengstoffs überhaupt nicht vermeiden, wenn nicht, wie Mallard und Le Chatelier festgestellt haben, eine gewisse Verzögerung der Zündung einträte bzw. eine gewisse Einwirkungsdauer der hohen Temperatur nötig wäre, um die Zündung herbeizuführen.

---

[1]) Heise: Sprengstoffe und Zündung der Sprengschüsse. S. 60ff. Berlin: Julius Springer 1904.

[2]) Sprengstoffe und Zündung der Sprengschüsse. S. 68.

[3]) Spreng- und Zündstoffe. S. 81ff. 1921.

[4]) Vgl. auch Escales: Nitroglycerin und Dynamit. S. 259ff.

Diese Dauer beträgt bei 650° bis zu 10 Sek. bei 1000° etwa 1 Sek. und bei ca. 2200° ist keine Verzögerung mehr nachweisbar. Die Explosionsflamme der brisanten Sprengstoffe ist aber von äußerst kurzer Dauer bzw. ihre hohe Temperatur bleibt nur einen winzigen Bruchteil einer Sekunde erhalten, da durch Ausdehnung und Arbeitsleistung der Gase sofort Abkühlung eintritt. Hier liegt der Grund, warum Schwarzpulver mit seiner langsamen Umsetzung und relativ langen Flammendauer Grubengasluftgemische stets zündet.

Mallard und Le Chatelier sahen nun obige Temperatur von 2200° als Grenztemperatur an in dem Sinne, daß jeder Sprengstoff, dessen Explosionstemperatur oberhalb dieser Grenze liegt, die Schlagwettergemische unter allen Umständen zünden müsse.

Die französische, zur Klärung dieser Frage berufene Studienkommission betrachtete die Flammentemperatur des Schusses als wesentliche Ursache der Schlagwetterzündung und es wurde daher in Frankreich als wesentliches Charakteristikum schlagwettersicherer Sprengstoffe bestimmt, daß ihre rechnungsgemäße Explosionstemperatur keinesfalls oberhalb 2200° liegen dürfe. Später wurde diese Höchsttemperatur auf 1500° für im Kohlenflöz und auf 1900° für im Nebengestein zulässige Sprengstoffe fixiert.

Wenn diese, übrigens mit auf Grund von praktischen Versuchen, festgelegten Grenztemperaturen auch im großen und ganzen das Richtige trafen, so war doch immerhin eine in solcher Weise ausgedrückte Begriffsbestimmung der schlagwettersicheren Sprengstoffe sehr einseitig. Die unstreitig wesentliche Bedeutung der Flammentemperatur beschränkt sich nicht auf die eigentliche Explosionstemperatur, die einen theoretischen Höchstfall darstellt. Auch die angewendete Sprengstoffmenge ist von erheblicher Bedeutung, da mit der Sprengstoffmenge die Flamme größer und die tatsächlich erreichte Temperatur höher wird, weil der relative Wärmeverlust nach außen mit zunehmender Sprengstoffmenge abnimmt. Die in den sog. Versuchsstrecken praktisch ermittelte Schlagwettersicherheit zeigte denn auch, daß kein Sprengstoff absolut sicher ist und daß jeder Schlagwetter zünden kann, wenn entsprechend große Ladungen zur Explosion kommen. Hieraus ergab sich der Begriff der Grenzladung (Charge limite), die notwendig ist, damit ein bestimmter Sprengstoff das Gasgemisch zündet.

Die Flammentemperatur kann nun niedrig gehalten werden

1. durch Benutzung von Sprengstoffen mit an sich niedriger Explosionstemperatur, z. B. Ammonsalpetersprengstoffen,

2. durch Zusatz solcher Stoffe zum Sprengmittel, die bei der Explosion, sei es durch Verdampfung, sei es durch Zersetzung, Wärme verbrauchen und hierdurch die Explosionstemperatur herabsetzen,

3. durch Begrenzung der Lademenge,

4. dadurch, daß man durch guten Besatz und die ganze Anlage des Schusses dafür sorgt, daß die Explosionswärme schon im Bohrloch möglichst vollständig in Arbeit umgewandelt wird, so daß die Explosionsgase in möglichst abgekühltem Zustande in die Atmosphäre austreten.

Die ursprüngliche französische Begriffsbestimmung berücksichtigte nur die beiden ersten Punkte. Die Wichtigkeit des dritten konnte erst beim praktischen Studium der Frage in den erwähnten Versuchsstrecken erkannt werden und der vierte betrifft nur die durch die Anwendung, nicht durch den Charakter des Sprengstoffes erzielbare Sicherheit.

Von erheblichem Einfluß auf die Entzündbarkeit der Grubengas-Luftgemische ist ferner die Flammenlänge und Flammendauer des explodierenden Sprengstoffs.

Photographiert man bei Dunkelheit das bei der Explosion einer Sprengstoffpatrone auftretende Flammenbild, so findet man, daß Sprengstoffe, die große Flammenbilder geben, wenig schlagwettersicher sind, und daß umgekehrt schlagwettersichere Sprengstoffe kleine Flammenbilder ergeben.

Wenn die Flammendauer zunächst in unmittelbarem Zusammenhang mit der Flammentemperatur steht, insofern als bei höherer Temperatur im allgemeinen längere Zeit erforderlich sein wird, um die glühenden Gasteilchen und etwaigen festen Explosionsprodukte unter Glühtemperatur abzukühlen, so ist doch andererseits auch die Zusammensetzung der Explosionsprodukte und die Umsetzungsgeschwindigkeit des Sprengstoffes selbst von Einfluß auf die Flammendauer.

Sekundäre Reaktionen der Explosionsprodukte unter sich oder mit der hinzutretenden Luft können einen plötzlichen Abfall der Temperatur nach der Explosion verhindern und so die Flammendauer verlängern. Dies ist dann der Fall, wenn der Sprengstoff auf unvollkommener Verbrennung aufgebaut ist, also neben Kohlensäure, Wasserdampf und Stickstoff brennbare Explosionsgase, wie Kohlenoxyd, Wasserstoff, Methan liefert. Aber auch die gegenüber dem explosiven Zerfall des Ammonsalpeters verhältnismäßig langsam erfolgende Sauerstoffabgabe der Alkali- und Erdalkalinitrate ist geeignet, die Flammendauer zu verlängern, woraus sich die ungünstige Wirkung größerer Zusätze dieser Nitrate vorzüglich auf die Kohlenstaubsicherheit gewisser Sprengstoffe erklärt. Solche Wirkungen können durch besonders günstige Gestaltung anderer Faktoren, wie niedrige Explosionstemperatur geringer Explosionsdruck eingeschränkt werden, wie dies z. B. bei den Carboniten und Kohlencarboniten die 25—35$^0/_0$ Kali- oder Natronsalpeter enthielten und lange Zeit als sehr sicher galten und viel gebraucht wurden, der Fall war.

An sich ist also eine möglichst rasche und vollständige Umsetzung des Sprengstoffes im Sinne kurzer Flammendauer von günstigem Einfluß auf die Schlagwettersicherheit. Dem ist jedoch dadurch eine Grenze gesetzt, daß die Erhöhung der Detonationsgeschwindigkeit zugleich drucksteigernd wirkt, und die Entzündbarkeit der explosiven Gasgemische mit ihrer Kompression zunimmt. Es dürfen also andererseits außer der Explosionstemperatur auch andere Faktoren, die den Explosionsdruck erhöhen, wie Dichte, Detonationsgeschwindigkeit, Gasmenge und damit die gesamte Wirkungsgröße des Sprengstoffes ein gewisses Maß nicht überschreiten, wenn eine hohe Schlagwettersicherheit erreicht werden soll.

Diese Komplikation der verschiedenen für die Sicherheit maßgebenden und sich nur teilweise gegenseitig ausgleichenden Faktoren läßt ohne weiteres die Schwierigkeit erkennen, auf dem Wege der theoretischen Überlegung und Berechnung Charakter und Maß der Sicherheit der einzelnen Vertreter dieser Sprengstoffklasse sowie verschiedener Kategorien oder Typen derselben vorauszubestimmen.

Man ging daher sehr bald in allen Kohlenbergbau treibenden Staaten dazu über, in teils staatlichen, teils durch private Vereinigungen unterhaltenen Versuchsstrecken die als schlagwetter- und kohlenstaubsicher empfohlenen Sprengstoffmischungen praktisch zu erproben, wobei man in künstlichen Versuchsstollen einen Teil der letzteren durch eine Papierscheidewand als sog. Explosionskammer abtrennte, in der man künstliche Gemische aus Grubengas und Luft oder Kohlenstaubaufwirbelungen oder beides zugleich erzeugte. In diese Gemische wird alsdann aus dem Bohrloch eines Stahlmörsers der zu erprobende Sprengstoff abgefeuert, wobei man durch Abstufung der Lademenge diejenige Ladung ermittelt, die gerade noch genügt, das entzündliche Gemisch zu entflammen, was durch Schaufenster aus starkem Glas beobachtet wird. Die nächstniedrige Ladung wird als Grenzladung bezeichnet, mit der der Sprengstoff eben noch sicher ist.

Man wählt hierbei bewußt die ungünstigsten Bedingungen, ungünstigere, als sie beim praktischen Gebrauch des Sprengstoffs in der Grube nachher in der Regel vorhanden sind, indem man ohne Besatz und ohne Abkühlung der Gase durch Arbeitsleistung den Sprengstoff auf die entzündlichen Gemische wirken läßt.

Man schaltet so noch einen besonderen Sicherheitsfaktor ein und kann auch bei Unregelmäßigkeiten der Schießarbeit z. B. bei ohne Arbeitsleistung ausblasenden Schüssen oder beim Austreten der ungekühlten Gase durch klüftiges Gestein noch Sicherheit erwarten. Auf der anderen Seite ist es vielfach üblich, infolge dieser besonders scharfen Prüfung beim praktischen Gebrauch einen gewissen Zuschlag auf die in der Versuchsstrecke gefundene Grenzladung zu gestatten.

Naturgemäß ist die Ausführungsweise einer solchen experimentellen Prüfung von ganz erheblichem Einfluß auf das erhaltene Resultat, das immer nur als ein relatives zu betrachten ist. Verschiedenheiten der Prüfungsweise haben dazu geführt, daß in verschiedenen Ländern, wenn auch gleiche Prinzipien beim Aufbau der betreffenden Sprengstoffe verfolgt wurden und ähnliche Kategorien entstanden, im einzelnen dennoch Sprengstoffe recht verschiedener Kraftleistung und Art als Sicherheitssprengstoffe zugelassen wurden. Besonders in Deutschland entwickelte sich das Bestreben, das Prüfungsverfahren immer mehr vom Schema freizumachen und dadurch wissenschaftlich zu vertiefen, daß man es jeweils der Eigenart des Sprengstoffes anpaßte, wobei man naturgemäß alle Faktoren berücksichtigte, die in ungünstiger Kombination die Zündung begünstigen, folglich die Gefahr erhöhen konnten.

So suchte man die größtmögliche Sicherheit des Bergbaues zu erreichen und hat es heute tatsächlich dahin gebracht, daß trotz riesenhaften Verbrauchs an schlagwettersicheren Sprengstoffen, der allein im deutschen Ruhrbergbau mehrere Millionen Kilo im Jahr beträgt, Schlagwetter- oder Kohlenstaubexplosionen, die als nachweisbare Ursachen den ordnungsmäßigen Gebrauch der zugelassenen Sicherheitssprengstoffe haben, überhaupt nicht mehr vorkommen, während andererseits die Arbeitsfähigkeit dieser Sprengstoffe sich als ausreichend erwiesen hat.

Dies ist erreicht worden, ohne daß eine eigentliche scharfe Umgrenzung des Begriffs „Sicherheitssprengstoff" gegeben werden konnte. Man kannte nur die Eigenschaften des Sprengstoffs, wie Explosionstemperatur, Flammendauer, Detonationsgeschwindigkeit, Gasdruck, die die Sicherheit beeinflussen, und war sich darüber einig, daß als Sicherheitssprengstoffe zu bezeichnende Sprengmittel jedenfalls gegenüber Schwarzpulver und Dynamit eine ganz wesentlich erhöhte Schlagwetter- und Kohlenstaubsicherheit besitzen müßten. Die Grenze selbst, mit welcher Lademenge etwa und unter welcher Versuchsanordnung geprüft ein Sprengstoff noch als Sicherheitssprengstoff zu gelten hat, ist zweifelhaft geblieben und ist tatsächlich zu verschiedenen Zeiten und in verschiedenen Ländern sehr verschieden gezogen worden.

Eine gewisse Grenzlinie in dieser Beziehung zieht der preußische Ministerialerlaß vom 21. Okt. 1910, der bestimmt, daß die Schußladungen in der Grube die auf den Versuchsstrecken gefundenen Sicherheitsgrenzen bis zu 50% überschreiten dürfen, wenn

1. der betreffende Sprengstoff mit mindestens 250 g Ladung sich in der Versuchsstrecke als sicher gegen Schlagwetter- und Kohlenstaubzündung erwiesen hat,

2. keine Zeitzündung vorgenommen wird,

3. die Länge des Besatzes gleich der Hälfte der Bohrlochtiefe ist,

4. die Bohrlöcher keinen größeren Durchmesser als 40 mm besitzen. Diese Festsetzung bedeutet praktisch, daß der Verbraucher einen

Sprengstoff mit niedrigerer Sicherheitsgrenze als 250 g nicht benutzen wird.

In der deutschen Praxis hat sich indessen als Regel eine wesentlich höhere Sicherheitsgrenze herausgebildet, wonach Sprengstoffe, die nicht mit mindestens 500 g die Prüfung bestanden haben, sich schwer als Sicherheitssprengstoffe einführen lassen.

Der eben erwähnte Erlaß ist überholt worden durch die mit der neuen Polizeiverordnung vom 25. Jan. 1923 veröffentlichte erste Bergbauliste der Sprengstoffe, die für jeden Sicherheitssprengstoff das Höchstmaß der im Grubenbetrieb zulässigen Lademenge festlegt, wobei es sich um Lademengen von 600—800 g handelt, während die betreffenden Sprengstoffe in der Versuchsstrecke Sicherheiten von 400—700 g ergeben haben.

Bezüglich des Verhältnisses der in den Versuchsstrecken erzielten Ergebnisse zur Praxis erkennt nun Heise[1]) an, daß die Sprengarbeit in der Grube an sich weit weniger gefährlich ist, als der entsprechende Schießversuch in der Versuchsstrecke, der ohne Besatz abgefeuert nur sehr geringe Arbeit verrichtet und die Explosionsgase folglich fast mit ihrer Anfangstemperatur auf die entzündlichen Gemische wirken läßt. Wird allerdings die Sprengarbeit nicht ordnungsgemäß ausgeführt, oder liegen außergewöhnliche Verhältnisse vor, so kann es unmöglich werden, die Verhältnisse abzuschätzen und mit den Bedingungen der Versuchsstrecke in Vergleich zu stellen.

„Der Sprengschuß in der Grube kann derart überladen und in solcher Richtung angesetzt sein, daß er als Ausbläser wirken muß. Wenn dann der Besatz unzureichend ist oder aus trockenem Kohlenstaub besteht oder die Sprengladung das Bohrloch nahezu bis zur Mündung erfüllt, so ist es leicht möglich, daß ein solcher Schuß an Gefährlichkeit einem ausblasenden Schusse in der Versuchsstrecke kaum nachsteht. In Rücksicht zu ziehen sind ferner außergewöhnlich ungünstige örtliche Verhältnisse, z. B. Ablösungen im Gestein, infolge deren dieses fast ohne Kraftabgabe der Explosionsgase nachgibt und den explodierenden Sprengstoff sozusagen bloßgelegt. Ähnlich liegen die Bedingungen, wenn von mehreren Schüssen der erste teilweise oder ganz die Vorgabe des zweiten wirft.

Man darf also nicht annehmen, daß die auf einer Versuchsstrecke bei gewissen Bedingungen ermittelten Sicherheitsgrenzen eines Sprengstoffes nun etwa auch für alle Fälle des praktischen Grubenbetriebes unmittelbare Bedeutung haben. Nur so viel läßt sich sagen, daß Sicherheitssprengstoffe, die in den Versuchsstrecken sich im Verhältnis zu anderen Sprengstoffen als besonders schlagwettersicher gezeigt haben, auch in der Praxis eine hochgradige Sicherheit besitzen.

Zur Beschränkung der Schlagwettergefahr bei der Sprengarbeit ist es jedenfalls richtig und zweckmäßig, eine Begrenzung des Höchstgewichtes der zulässigen Ladungsmengen und eine Mindestlänge des Besatzes vorzuschreiben."

Als mustergültig gilt und maßgebend für den preußischen Bergbau ist zurzeit die Versuchsstreckenanlage der Berggewerkschaftskasse

---

[1]) Heise-Herbst: Bergbaukunde. I. S. 217.

in Derne bei Dortmund, die von ihrem Leiter, Bergassessor Beyling, im Glückauf[1]) eingehend geschildert wurde. Die Sprengstoffindustrie ist bestrebt, ihre eigenen Versuchsanlagen dieser Anstalt anzupassen und ebenso deren Prüfungsmethoden anzunehmen.

Über diese Methoden berichtet Beyling eingehend im Glückauf[2]). Wesentlich ist der Querschnitt der Strecke, der elliptisch ist und durch eine Höhe von 183 cm und eine Breite von 132 cm bestimmt wird. Der von einer gewissen Sprengstoffladung in der Explosionskammer erzeugte Druck ist naturgemäß mit von deren Querschnitt abhängig, weshalb bei den von manchen Sprengstoffabriken zu Studienzwecken verwendeten kleineren Streckenmodellen entsprechend kleinere Sprengstoffmengen aus kleineren Stahlmörsern abgefeuert werden. Die so erhaltenen Sicherheitsgrenzen haben dann nur Vergleichswert und es ist für ihre Bewertung im Hinblick auf den praktischen Gebrauch des betreffenden Sprengstoffs die gleichzeitig ermittelte Sicherheitsgrenze eines bekannten Sicherheitssprengstoffes zum Vergleich heranzuziehen.

Ähnliches gilt, wenn aus Mangel an natürlichem Grubengas entzündliche Gemische aus Luft und anderen Gasen oder Dämpfen, wie Leuchtgas, Benzindampf, Petrolätherdampf zur Prüfung verwendet werden. Besonders Leuchtgas liefert infolge seines Gehaltes an dem leichtentzündlichen Wasserstoff bedeutend niedrigere Sicherheitsgrenzen. Ebenso können die durch Düsenzerstäubung von Benzin oder besser Petroläther erzeugten Luftdampfgemische immer nur als Notbehelfe angesehen werden, zumal ihre Zusammensetzung im Augenblick des Schusses schwer festzustellen und in hohem Grade von der Funktion der Düse und der Temperatur der Kammer und der eisernen Streckenwandungen abhängig ist.

Auch hier müssen die erhaltenen Werte stets mit denen bereits bekannter Sicherheitssprengstoffe verglichen werden.

Aus Aluminiumcarbid zeitweise künstlich erzeugtes Methan, das stets Wasserstoff enthält, ergibt aus genannten Gründen ebenfalls Resultate, die nur Vergleichswert haben, falls man nicht durch partielle Verbrennung den Wasserstoff vor dem Gebrauche restlos entfernt.

Verfügt man über natürliches Grubengas, so ist für die Zündempfindlichkeit der erzeugten Methanluftgemische immer noch der Methangehalt des ursprünglichen Gases von einer gewissen Bedeutung, insofern als bei niedrigprozentigen Grubengasen das Restgas häufig aus sauerstoffarmer Luft, überwiegend also aus inerten Gasen (Stickstoff) meist auch Kohlensäure besteht, das auf z. B. 9% CH_4 eingestellte Gemisch mit Luft also sauerstoffärmer ist, als ein gleich me-

[1]) Die Versuchsstreckenanlage in Derne v. Beyling u. Zix: Glückauf Heft 49, S. 433ff. 1913.

[2]) Glückauf 1903, S. 435; 1907, S. 1142; 1908, S. 1717.

thanreiches Gemisch unter Verwendung eines sehr hochprozentigen Grubengases.

Schließlich hängt das für den einzelnen Fall zündgefährlichste Gemisch auch mit von den Explosionsprodukten, also von der Zusammensetzung des Sprengstoffes ab. Liefert der Sprengstoff bei der Explosion überschüssigen freien Sauerstoff, so liegt die Grenze größter Zündempfindlichkeit des Gasgemisches bei einem höheren Methangehalt, als bei Sprengstoffen mit unvollkommener Verbrennung, deren Schwaden Kohlenoxyd liefern, das sich beim Schuß mit dem explosiven Gasgemisch mindestens teilweise mischt und so den für die Fortpflanzung einer Schlagwetterexplosion nötigen relativen Sauerstoffgehalt desselben im umgekehrten Sinne verschiebt. Bei brennbaren Schwaden kann also ein zu hoch bemessener Methangehalt des Versuchsgemisches eine höhere Sicherheit vortäuschen als sie unter ungünstigen Umständen tatsächlich vorhanden ist, während bei sauerstoffreichen Schwaden ein entsprechend erhöhter Methangehalt erst den ungünstigsten, d. h. zündgefährlichsten Fall darstellt.

Bei einer scharfen Prüfung sucht man also für jeden Sprengstoff das gefährlichste Methanluftgemisch, um den in der Praxis denkbaren ungünstigsten Fall zu konstruieren.

Die nicht genügende Beachtung dieser Verhältnisse hat in früherer Zeit dazu geführt, daß man auf den deutschen Versuchsstrecken ziemlich allgemein die Prüfungen der Sprengstoffe in der Weise vornahm, daß man gegen ein Grubengasluftgemisch von etwa 8–9% Methangehalt schoß, in dem zugleich Kohlenstaub aufgewirbelt war und so in primitiver Weise die Verhältnisse der Grube bei gleichzeitiger Anwesenheit von Schlagwettern und Kohlenstaub nachzuahmen suchte. Da nun außerdem zu jener Zeit die meisten in Deutschland geprüften Wettersprengstoffe auf unvollkommener Verbrennung aufgebaut waren, und brennbare Explosionsschwaden lieferten, kamen Explosionsflamme und Explosionsdruck in einem relativ sauerstoffarmen Gemisch zur Wirkung, das bei weitem nicht das zündgefährlichste darstellte.

Beyling, der Leiter der damals in Gelsenkirchen, jetzt in Derne bei Dortmund befindlichen berggewerkschaftlichen Versuchsstrecke, deckte diese Verhältnisse durch 1907–1908 vorgenommene grundlegende Prüfungen von größter Wichtigkeit auf[1]) und zeigte, daß den allermeisten der damals gebräuchlichen Wettersprengstoffe eine nur recht geringe Sicherheit gegen Schlagwetter unter der allgemein üblichen Versuchsanordnung zukam, wofern man sie gegen Grubengas-Luftgemisch allein ohne Kohlenstaub schoß, während sie andererseits gegen Kohlenstaub allein geschossen relativ sicher blieben. Diese ge-

---

[1]) Versuche mit Sicherheitssprengstoffen, „Glückauf“ 1908, S. 1717ff.

trennte Prüfungsweise ist darauf in Deutschland allgemein angenommen worden und wurde einige Zeit später auch in England eingeführt. wo man anfänglich sogar mit Besatz geprüft hatte, in neuerer Zeit aber die schärfere deutsche Methode adoptierte.

Diese Verschärfung der Prüfung brachte zunächst erhebliche Unruhe in die Verbraucher- und Erzeugerkreise, sehr bald aber lernte man Sprengstoffe aufbauen, die auch unter den geänderten Bedingungen hohe Sicherheitsgrenzen ergaben, wenn auch diese höhere Sicherheit ganz allgemein mit einer nicht unwesentlichen Verminderung der Kraftleistung der Sprengstoffe erkauft werden mußte.

Die getrennte Prüfung entspricht offenbar besser den beim praktischen Bergbaubetriebe möglichen Umständen, da Grubengasansammlungen sehr wohl auftreten können oder Grubengaseinschlüsse angeschossen werden können, wo kein Kohlenstaub vorhanden ist (Arbeit im Nebengestein) oder solcher doch infolge der Berieselung feucht ist und nicht ohne weiteres aufgewirbelt wird.

Andererseits kann Kohlenstaubgefahr vorhanden sein, oder beim Schießen in der Kohle Kohlenstaubaufwirbelung durch den Sprengschuß entstehen, wo keine schlagenden Wetter vorkommen. Dies ist in den meisten Kohlenzechen Oberschlesiens der Fall, wo selten Grubengas auftritt und von den Sprengstoffen im allgemeinen nur Kohlenstaubsicherheit verlangt wird.

Suchte man so bei der Prüfung den gefährlichsten Möglichkeiten der Praxis Rechnung zu tragen, so konnte man andererseits nicht in jeder Beziehung die Bedingungen der praktischen Schießarbeit in der Versuchsstrecke verwirklichen. Wenn man auch ganz im Anfang versuchte, die Sprengstoffe aus in Tonblöcke oder Kohlenblöcke gebohrten Löchern abzutun, so ließ sich dies doch bei umfangreicheren Prüfungen der Umständlichkeit und Kosten halber einfach nicht durchführen, und hätte auch nicht einmal vollkommen den Bedingungen der Wirklichkeit entsprochen. Man blieb also allgemein bei dem Stahlmörser. Die deutschen Prüfungsbedingungen haben sich nun so herausgebildet, daß die Bohrung dieses Mörsers eine Tiefe von 50—60 cm und einen Durchmesser von 55 mm besitzt, während der Sprengstoff in dem einheitlichen Patronendurchmesser von 35 mm zur Prüfung gelangt. Die Patronen werden hintereinander in das Bohrloch geladen, so daß die unterste die Bohrlochsohle berührt, während die oberste als Zündpatrone fungiert und auf der nach innen gekehrten Seite die Sprengkapsel enthält, die elektrisch gezündet wird.

Der Sprengstoff füllt also die Bohrung nicht aus und wird mit einer geringeren Ladedichte geschossen, als in der Praxis. Hierdurch wird der Explosionsdruck gegenüber den Umständen des wirklichen Gebrauchs vermindert, was einer geringeren Schärfe der Prüfungsbedingungen im Hinblick auf erstere gleichkäme. Dieser Mangel, der darin seinen Grund hat, daß man den Mörser nicht übermäßig beanspruchen darf, ohne seine Haltbarkeit zu gefährden, wird aber reichlich dadurch aufgewogen, daß man andererseits ohne Besatz schießt und die Explosionsgase, ohne Arbeit geleistet zu haben, direkt auf das entzündliche Gemisch einwirken können.

Der Einwand, daß bei geringer Ladedichte die Umsetzung des Sprengstoffes, mithin seine Calorienentwicklung und seine Explosionsprodukte andersartige seien, als bei höchster Ladedichte, der bei Sprengstoffen mit wesentlichem Sauerstoffmangel der Berechtigung nicht entbehrt, hat seine Bedeutung verloren, seitdem man auch aus anderen Gründen gelernt und sich gewöhnt hat, die Wettersprengstoffe auf vollkommener Verbrennung bzw. sogar mit Sauerstoffüberschuß aufzubauen.

In diesem Falle ist bei hinreichender Detonationssensibilität nur eine Art der Umsetzung möglich und Calorien und Schwaden sind von der Ladedichte unabhängig.

Auch die Detonationsgeschwindigkeit, ein wichtiger Faktor der Brisanz und damit auch der Wettersicherheit, die ebenfalls durch Ladedichte und Art des Einschlusses beeinflußt wird, unterliegt diesem Einfluß um so weniger, je höher die Sensibilität des Sprengstoffes gegen Detonationserregung ist. Auch in dieser Beziehung ist man mit Erfolg bestrebt gewesen, nur Sprengstoffe anzuwenden, die auf den Initialimpuls leicht und sicher reagieren und deren Umsetzung und Detonationsgeschwindigkeit von Ladedichte und Stärke des Einschlusses nicht allzusehr beeinflußt wird. Unter diesen Voraussetzungen also kann die Abweichung der Ladedichte bei der Prüfung von der des praktischen Gebrauches nicht als besonders schwerwiegender Mangel der Prüfungsmethode angesehen werden, wie es manche Verfechter der französischen Bewertungsweise tun, die auch heute noch das Hauptgewicht auf die errechnete Explosionstemperatur legen und die Resultate der Versuchsstreckenprüfung wegen der bisweilen vorkommenden und nicht immer aufgeklärten abnormen Erscheinungen mit Skepsis betrachten.

Ob sich ähnliche Gesichtspunkte auch noch für die lange Zeit in Österreich (Versuchsstrecken auf der Grube Segengottes und in Mährisch-Ostrau) gebräuchliche Art, die Sprengstoffladung ohne jeden Einschluß frei im entzündlichen Gemisch hängend zur Detonation zu bringen, vertreten lassen, erscheint füglich etwas zweifelhaft. Hier weichen die Bedingungen immerhin stark von denen der Praxis ab, und wenn auch auf der einen Seite die Prüfung als eine recht scharfe zu bezeichnen ist, da der Sprengstoff ohne jede Wärmeabgabe an irgendwelche Bohrlochwandungen direkt auf das entzündliche Gemisch wirkt, so explodieren doch nur wenige Sprengstoffe ganz ohne Einschluß mit derselben Geschwindigkeit wie im Bohrloch.

Von den Faktoren, die das Prüfungsresultat in den Versuchsstrecken beeinflussen, ist schließlich noch die Temperatur des Gasgemisches in der Explosionskammer zu erwähnen. Es ist ohne weiteres verständlich, daß hohe Temperatur die Zündung begünstigt. Man pflegt daher die Temperatur im Innern der Strecke durch Warm wasser- oder Dampfheizung zu regulieren und auf ca. 28—30° C zu halten, wie dies etwa den Verhältnissen tieferer Gruben entspricht.

Nach Zündungen steigt die Temperatur durch die Ausstrahlung der erhitzten Streckenwandungen im Innern beträchtlich an, und man ventiliert in diesem Falle längere Zeit mittelst Exhaustors, um nicht durch einseitige Abänderung der Versuchsbedingungen eine Verschiebung des Versuchsbildes gewärtigen zu müssen.

Selbstverständlich ist auch Art und Stärke der Initialzündung nicht ohne Bedeutung, da sie die Detonationsgeschwindigkeit und Brisanzentfaltung der meisten Sprengstoffe beeinflußt. Man wählt deshalb stets die stärkste gebräuchliche Sprengkapsel Nr. 8, um auch hierin die Prüfungsbedingungen einheitlich zu gestalten. Die in neuester Zeit sehr in Aufnahme gekommenen Bleiazidkapseln in Aluminiumhülsen geben gegenüber den gewöhnlichen Kupferkapseln einen etwas erhöhten Initialimpuls, der wohl im wesentlichen auf die hohe Verbrennungstemperatur der sich mit umsetzenden dünnen Aluminiumhülse zurückzuführen sein dürfte, die den Gasdruck erhöht. Bei der Bestimmung der Bleiblockausbauchungen von Sprengstoffen nach Trauzl fällt diese Wirkung erheblich ins Gewicht und zeigt sich in einer um ca. 15% erhöhten Ausbauchung, was beim Verhältnis der Sprengkapsel Nr. 8 zu der kleinen 10-g-Patrone begreiflich ist. Bei Prüfungen mit größeren Sprengstoffmengen, wie Stauchprobe (mit 100 g) und Bestimmung der Detonationsübertragung, ist der Einfluß der Aluminiumkapsel gering und macht sich bei der Prüfung auf Wettersicherheit nur wenig geltend. Bei empfindlichen Sprengstoffen mit Sicherheitsgrenzen unter 500 g ist bisweilen mit der Aluminiumkapsel eine Verschiebung der Sicherheitsgrenze um 50 g nach unten gegenüber der Kupferkapsel beobachtet worden. Die Versuchsstrecke in Derne prüft stets mit Aluminiumkapseln.

Oft ist versucht worden, gewisse Unregelmäßigkeiten der Prüfungsergebnisse in den Versuchsstrecken auf atmosphärische Verhältnisse und Witterungseinflüsse zurückzuführen und man hat sich bemüht, durch ständige Beobachtung von Lufttemperatur, Luftfeuchtigkeit und Barometerstand bei den Prüfungen Klarheit über solche etwaigen Einflüsse zu gewinnen.

Eine Regel hat sich bisher nicht auffinden lassen, wie auch eine wissenschaftliche Begründung dafür vorläufig fehlt.

Grubengasbeschaffung und Grubengasanalyse. Die meisten Prüfungsanstalten haben sich, um natürliches Grubengas zur Verfügung zu haben, in der Nähe schlagwetterführender Zechen angesiedelt, und leiten das Methan, das sog. Bläsern oft jahrelang in großer Ergiebigkeit entströmt, durch Rohrleitungen in ihre Gasometer, aus denen es eine Gasuhr passierend der Explosionskammer der Versuchsstrecke zugeführt wird. Aber auch Sprengstoffabrikanten haben, um bei ihren Studien die Versuchsbedingungen denen der maßgebenden Prüfungsstrecken anzupassen, sich in ähnlicher Weise zu helfen gewußt. So hat z. B. der Nobelkonzern jahrelang auf einer Kohlengrube eine Kompressoranlage besessen, mit der er das ihm vertragsgemäß überlassene Grubengas eines Bläsers in Stahlflaschen von 40 l Inhalt auf 150 Atm. Druck komprimierte und es in diesem verdichteten Zustande seinen Fabriken zuführte, die mit der Sprengstoff-Versuchsstrecke in Derne übereinstimmende Versuchsstrecken besitzen. Die 6 cbm Gas, die eine solche Flasche liefert, gestatten etwa 6 Probeschüsse. Die erhebliche Belastung des Experimentenkontos, die eine solche Anlage mit der Hin- und Hersendung der Stahlflaschen bedingt, gestattet einen Rückschluß auf die Sorgfalt, die der Sprengstoffabrikant der Ausarbeitung der Wettersprengstoffe widmet, und auf die hohe Wichtigkeit, die diesen Studien für die Sprengstoffindustrie und den Bergbau zukommt.

In jüngster Zeit ist eine neue ergiebige Quelle dauernder Versorgung mit reinem Methangas für die Strecke in Derne und die Strecken der Sprengstoffindustrie durch eine entsprechende Gestaltung der sog. Emscher Brunnen der Emscher-Genossenschaft bei Essen der Ausnutzung zugänglich gemacht worden. Diese Emscher-Brunnen bilden einen Bestandteil der Abwässerkläranlagen der Stadt Essen. Der in ihnen sich ablagernde Schlamm entwickelt ein Gemisch von reinem Grubengas und Kohlensäure, das völlig frei ist von Wasserstoff und sonstigen etwa störenden Gasen. Aus aufgesetzten helmartigen Verschlüssen wird das Gasgemisch abgesogen, worauf es unter hohem Druck mit Wasser gefüllte Stahlflaschen passiert, wobei die Kohlensäure fast völlig vom Wasser, Methan dagegen sehr wenig absorbiert wird. Hierauf wird das von der Kohlensäure befreite Methangas, wie oben beschrieben, in Stahlflaschen komprimiert und den Versuchsstrecken zugeführt. Die Wasserflaschen geben bei der Druckentlastung die Kohlensäure frei und dienen ohne Chemikalienverbrauch zur Befreiung neuer Gasmengen von Kohlensäure.

Vor jedem Schuß wird der Explosionskammer, in der durch einen Propeller 1—2 Minuten lang eine gründliche Durchmischung des zugeleiteten Gases mit der Luft stattgefunden hat, eine Gasprobe entnommen, deren Methangehalt bestimmt und nach dem Analysenergebnis die jeweils notwendige Gaszufuhr bestimmt. Die CH_4-Bestimmung geschieht entweder chemisch mittelst der Hempelschen Explosionspipette[1]) oder auf physikalischem Wege mittelst des Zeißschen Refraktometers oder Interferometers[2]). Beide Methoden sind relative und erfordern für jede neue Gaslieferung eine Einstellung des Apparates auf Grund einer chemischen Analyse, da ein Gehalt an fremden Gasen (Stickstoff, Kohlensäure) die durch das Methan bewirkten Refraktions- bzw. Interferenzerscheinungen beeinflußt.

Kohlenstaubprüfung. Für die Entzündlichkeit des Kohlenstaubes ist dessen Feinheitsgrad und Gasreichtum von großer Bedeutung. Zur Prüfung der Sprengstoffe auf den Versuchsstrecken dient in Kugelmühlen mit Eisenkugeln feinst gemahlener Fettkohlenstaub. Bei längerer Lagerung entgast der Kohlenstaub und wird weniger empfindlich. Kohlenstaub-Luftgemische werden durch das Hinzutreten geringer Schlagwettermengen, die mit der Luft an sich nichtentzündliche Gemische bilden, entzündlicher, während an sich hochentzündliche Grubengasluftgemische durch Beimengung von Kohlenstaub infolge Sauerstoffmangel weniger entzündlich werden, was, wie oben bereits ausgeführt, zu einer getrennten Prüfung der Sprengstoffe gegen Grubengas und Kohlenstaub geführt hat.

Gewöhnlich streut man einige Liter Kohlenstaub auf den Boden der Explosionskammer und füllt einige weitere, z. B. 2 l, von oben unter lebhafter Umdrehung des Propellers im Innern der Kammer allmählich ein, wobei er aufgewirbelt wird. Nach einem Zündungsschuß, bei dem eine Verkokung der nicht verbrannten Kohlenstaubteile eintritt, fegt man die Strecke aus und streut frischen Kohlenstaub, um stets gleichartige Versuchsbedingungen zu haben.

Unter den Faktoren, die die Sicherheit der Sprengstoffe gegen Schlagwetter- und Kohlenstaubzündung bedingen, spielt bezüglich letzterer die Brisanz bzw. der Explosionsdruck eine weit geringere Rolle als für die Schlagwettersicherheit. Dagegen ist die Explosionstemperatur und die Flammendauer der Sprengstoffe für deren Kohlenstaubsicherheit von ausschlaggebender Bedeutung.

Daher kommt es, daß z. B. Dynamit mit seiner hohen Explosionstemperatur gegen Kohlenstaub ebenso gefährlich ist, wie gegen Grubengas. Andererseits besitzen typische Ammonsalpeter-Sprengstoffe mit ihrer niedrigen Explosionstemperatur und geringen Flammenentwicklung meist eine recht gute Kohlenstaubsicherheit und zwar auch noch bei einer Brisanzentfaltung, die sie gegen Grubengas bereits wenig sicher macht. Ungünstig auf die Kohlenstaubsicherheit wirken unter Umständen die ihren Sauerstoff langsam abgebenden und somit die Flammendauer verlängernden Alkalinitrate.

---

[1]) Hempel: Gasanalytische Methoden. IV. Aufl. S. 107. 1913.
[2]) Glückauf 1913, S. 47.

Im allgemeinen liegt, wenn nicht besondere für die Kohlenstaubzündung günstige Verhältnisse vorliegen, die Sicherheitsgrenze gegenüber Kohlenstaubluftgemischen bei einer höheren Ladung, als gegenüber Grubengasluftgemischen.

Dies Verhältnis kann sich unter gewissen Umständen umkehren, worauf Beyling aufmerksam gemacht hat[1]). Sprengstoffe, die, wie die Carbonite, auf unvollkommener Verbrennung aufgebaut sind, also bei der Explosion reichlich Kohlenoxyd und Wasserstoff, mithin brennbare Schwaden entwickeln, haben aus engen Bohrlöchern, d. h. bei hoher Ladedichte abgeschossen, mit niedrigen Ladungen Kohlenstaub gezündet, während sie eine hohe Schlagwettersicherheit aufwiesen.

Vermutlich entzünden sich die brennbaren Schwaden, wenn sie mit hohem Druck und hoher Temperatur aus dem Bohrloch austreten, an der Luft, und die so zustande kommende sekundäre Flammenbildung zündet den Kohlenstaub, während andererseits beim Hinzutreten methanreicher Luft (Schlagwettergemisch von 8—9%) sich mit dem Kohlenoxyd und Wasserstoff der Nachschwaden sofort ein relativ sauerstoffarmes und mithin schwerer entzündliches Gemisch bildet. Kohlenstaubluftgemische und Grubengasluftgemische würden sich hiernach gegenüber den heißen Sprengstoffgasen grundsätzlich verschieden verhalten.

Die deutschen Versuchsstrecken befinden sich in Derne (berggewerkschaftliche Versuchsstrecke), Neunkirchen bei Saarbrücken (fiskalische Versuchsstrecke), Aachen, Zwickau und Beuthen. Österreich besitzt eine Strecke in Mährisch-Ostrau (jetzt tschechoslowakisch), Belgien in Frameries[2]). Die französische Versuchsstrecke in Liévin ist durch den Krieg zerstört und in Montluçon wieder errichtet worden. Die englische offizielle Prüfungsstation befand sich anfangs in Altofts und wurde 1911 nach Eskmeals überführt[3]). In den Ver. Staaten von Nordamerika arbeitet die Versuchsstrecke in Pittsburg in Verbindung mit einem Versuchsbergwerk in Bruceton.

Einteilung der Wettersprengstoffe. Jede Kategorie der brisanten Sprengmittel kann man unter entsprechender Abstufung der Brisanz durch Vermeidung oder Einschränkung gewisser und Hinzufügung anderer Bestandteile wettersicher gestalten[4]). Man kennt daher nach

[1]) Glückauf 1907. S. 1142.

[2]) Beschreibung s. Watteyne u. Stassart: Ann. Min. Belgique. Bd. X. Z. f. d. ges. Schieß- u. Sprengstoffwesen I. S. 135.

[3]) Jetzt in Rotherham.

[4]) Kast (Spreng- u. Zündstoffe) nennt bei der Einteilung der wettersicheren Sprengstoffe auf S. 303 auch wettersichere schwarzpulverähnliche Sprengstoffe und führt als einzigen Vertreter dieser Gruppe auf S. 117 das englische Bobbinite an (62—65% Kalisalpeter, 17—19% Holzkohle, 1,5—2,5% Schwefel, 13—17% Ammonsulfat und Kupfersulfat). Den deutschen Anforderungen auf Wettersicherheit würde indessen ein derartiger Pulversprengstoff nicht genügen.

ihren wesentlichen Bestandteilen bezeichnet wettersichere Nitroglycerin-Sprengstoffe, wie auch wettersichere Ammonsalpeter-Chlorat- und Perchloratsprengstoffe. Während wettersichere Chloratsprengstoffe nur in der Zeit des Weltkrieges aus Gründen des damals herrschenden Salpeter- und Glycerinmangels vorübergehend gebraucht wurden und sich geringer Beliebtheit erfreuten[1]), und auch Perchloratsprengstoffe geringe Verbreitung besitzen, sind die wettersicheren Ammonsalpetersprengstoffe von größter Bedeutung und spielen heute bei der Sprengarbeit in der Kohle selbst die hauptsächlichste Rolle.

Daneben haben aber die wettersicheren Nitroglycerinsprengstoffe von jeher einen wichtigen Platz eingenommen, den sie vermöge ihrer höheren Brisanz besonders beim Sprengen des Nebengesteins bis in die Gegenwart behauptet haben. Von ihnen soll im folgenden die Rede sein.

Man kann sie einteilen in Sprengstoffe auf Basis von flüssigem Nitroglycerin (Wetterdynamite und Carbonite) und solche auf Basis von gelatiniertem Nitroglycerin (wettersichere Gelatinedynamite).

In Deutschland sind heute nur noch die letzteren in Gebrauch, während die erste Gruppe der Vergangenheit angehört.

Unter Nitroglycerinsprengstoffen werden hierbei Sprengstoffe mit mindestens 20% Nitroglycerin verstanden, während solche mit geringem Nitroglycerinzusatz (in der Regel 4%) in einem besonderen Kapitel[2]) behandelt werden, das auch den sog. halbplastischen Typ der Wettersprengstoffe, mit 10—12% Nitroglycerin, der im übrigen den Ammonsalpetersprengstoffen zuzuzählen ist, mit umfaßt.

Zusammensetzung der wettersicheren Nitroglycerinsprengstoffe.

1. Wetterdynamite. Die ältesten schlagwettersicheren Sprengstoffe sind Nitroglycerinsprengstoffe gewesen, die sich vom Gurdynamit und den alten Holzmehlmischdynamiten ableiteten. Von dem Gedanken, krystallwasserhaltige Salze als Besatz anzuwenden[3]), deren Krystallwasser, durch die heißen Explosionsgase zur Verdampfung gebracht, letztere abkühlen sollte, war nur ein Schritt zur Vermischung dieser Salze mit den Sprengstoffen selbst.

Müller[4]) und Aufschläger setzten dem Gurdynamit Krystallsoda, Bittersalz oder Glaubersalz in erheblicher Menge zu und schufen so Sprengstoffe von hoher Schlagwettersicherheit.

---

[1]) Eine gewisse Rolle spielten allerdings kohlenstaubsichere Chloratsprengstoffe in den schlagwetterfreien Kohlengruben Oberschlesiens.

[2]) Vgl. Kapitel VI: Sprengstoffe mit geringem Nitroglycerinzusatz.

[3]) D.R.P. 22006 und 103731.

[4]) Brit. Patent 12424 (1887); belg. Patent 78865 (1887).

Dieses ursprüngliche Wetterdynamit bestand aus etwa

42—52% Nitroglycerin,
11—13% Kieselgur,
47—35% Krystallsoda, Magnesiumsulfat oder Natriumsulfat.

Ein Beispiel von der Zusammensetzung:

44% Nitroglycerin, 12% Kieselgur, 44% Natriumsulfat gibt eine Bleiblockausbauchung von ca. 170 ccm und eine Bleiblockstauchung von 10 mm. Die Wirkung ist also im Verhältnis zum Nitroglycerinaufwand im Vergleich zu den heute gebrauchten wettersicheren Gelatinedynamiten etwas gering. Durch etwaige Verwitterung der krystallwasserhaltigen Salze bei längerer Lagerung an trockner Luft ist mit einer Änderung der Zusammensetzung und Eigenschaften der Sprengstoffe, d. h. Erhöhung des Nitroglyceringehaltes und Verminderung des wirksamen Wassergehaltes und damit der Wettersicherheit zu rechnen. Auch bewirken die Sulfate bei der Zersetzung einen Gehalt der Explosionsgase an schwefliger Säure oder an Schwefelwasserstoff, wenn, wie bei den französischen und belgischen Grisoutiten und Grisoutinen, die Gur durch Holzmehl ersetzt wird und somit Sauerstoffmangel vorhanden ist. Gleichwohl sind derartige Wetterdynamite besonders auch in Belgien und Frankreich lange gebraucht worden. Auch in Österreich ist dieser Typ als Kohlenwetterdynamit von der Zusammensetzung: 52% Nitroglycerin, 14% Gur, 34% Krystallsoda noch bis vor wenigen Jahren verwendet worden.

Das belgische Grisoutite oder Grisoutine II hatte die Zusammensetzung:

44% Nitroglycerin,
44% Natriumsulfat oder Magnesiumsulfat,
12% Cellulose bzw. Holzmehl.

und ergab etwa 200 ccm Ausbauchung und 11 mm Stauchung.

Ganz ähnlich waren die entsprechenden französischen Wetterdynamite zusammengesetzt:

Dynamite-grisoutite.

	D.	E.
Nitroglycerin	42%	42%
Magnesiumsulfat	46%	46%
Holzmehl	12%	—
Kieselgur	—	12%

Auch in den Ver. Staaten gebrauchte man anfangs diese Wetterdynamite unter der Bezeichnung: Giant-coalmine-powder und Giant-low-flame-powder und hatte dafür den Gattungsnamen: „hydrated explosives“.

Außer krystallwasserhaltigen Salzen hat man auch Salze angewendet, die bei der Explosion des Sprengstoffes starke Gasentwicklung geben und dabei Wärme verbrauchen, wie Bicarbonat und Oxalate. Besonders in England ist das Ammonoxalat sehr beliebt und noch heute in wettersicheren Sprengstoffen viel in Gebrauch, während in Deutschland billigere Komponenten oder Salzmischungen, wie Alkalichloride in Verbindung mit Ammonsalpeter, bevorzugt werden. Ein englisches Wetterdynamit hatte die Zusammensetzung: 40% Gurdynamit, 45% Ammonoxalat, 15% Natronsalpeter.

2. Carbonite. Die Carbonite, die ebenfalls das Nitroglycerin in flüssigem Zustand enthalten und den Charakter schwacher Mischdynamite haben, sind von C. E. Bichel in die Sprengtechnik eingeführt und von der von ihm geleiteten Carbonitfabrik Schlebusch der Sprengstoff-A.-G. Carbonit, Hamburg[1]), lange Zeit in großem Umfange geliefert worden. Auch andere Firmen stellten Sprengstoffe fast gleicher Zusammensetzung her, so die Dynamit A.-G. vorm. Nobel & Co. auf der Dynamitfabrik Schlebusch unter der Bezeichnung: Nobels Wetterdynamit und die Sprengstoffwerke Dr. Nahnsen & Co. in Dömitz a. d. Elbe als Cosilit und Wittenberger Wetterdynamit. In Belgien wurden in der Zusammensetzung mit dem Kohlencarbonit der Carbonitfabrik übereinstimmende Mischungen als: Colinite antigrisouteuse, Forcite antigrisouteuse, Minite und Sécurophore III vertrieben. Auch in England war der Carbonittyp eine Zeitlang in Gebrauch.

Die Carbonitfabrik stellte ihn bis kurz vor dem Weltkriege her. Heute gehört auch diese Klasse von Wettersprengstoffen der Vergangenheit an.

Ihr Merkmal war eine hohe Schlagwettersicherheit, die durch eine sehr unvollkommene Verbrennung und damit geringe Explosionswärme und niedrige Explosionstemperatur bei mäßiger Kraftentfaltung erzielt wurde. Die Hauptbestandteile waren 25—30% Nitroglycerin, 25—35% Kali- oder Natronsalpeter und Lohmehl, geringwertiges Roggenmehl oder Holzmehl in einer Menge, zu deren Verbrennung der vorhandene Salpeter bei weitem nicht ausreichte.

Die Explosionsschwaden der Carbonite waren daher brennbar und giftig und enthielten neben Methan und Wasserstoff insbesondere große Mengen Kohlenoxyd. Heute wird im Kohlenbergbau ganz allgemein hoher Wert auf Sprengstoffe mit kohlenoxydfreien Schwaden gelegt. Die rechnungsgemäße Sauerstoffgleichheit bei der Umsetzung ist in Deutschland nunmehr bergpolizeilich vorgeschrieben worden. Durch geeignete Zusätze verdampfbarer Salze wie der Alkalichloride in Verbindung mit Ammonsalpeter hat man es inzwischen gelernt, auch

[1]) Jetzt Carbonit A.-G. Hamburg.

Sprengstoffe, die auf Sauerstoffgleichgewicht, also vollkommener Verbrennung aufgebaut sind, mit hinreichend niedriger Explosionstemperatur und genügend hoher Wettersicherheit zu erzeugen.

Die Verwendung großer Mengen von Getreidemehlen, wie sie in den Carboniten üblich war, hat außerdem in Deutschland der Weltkrieg mit seinen Folgen aus volkswirtschaftlichen Gründen unterbunden.

Bei der Herstellung wurden Mehl und Salpeter nach Trocknung und feinster Vermahlung innig vermischt und in der Knetmaschine das Nitroglycerin in dünnem Strahl allmählich zufließen gelassen.

Die wichtigsten Vertreter waren nach Angaben von Bichel[1]) folgende:

	Carbonit	Kohlen-carbonit	Carbonit I	Carbonit II
Nitroglycerin	25,0 %	25,0 %	25,0 %	30,0 %
Kalisalpeter	30,5 %	34,0 %	—	—
Natronsalpeter	—	—	30,5 %	24,5 %
Barytsalpeter	4,0 %	1,0 %	—	—
Lohmehl	40,0 %	1,0 %	—	—
Mehl	—	38,5 %	39,5 %	40,5 %
Kaliumbichromat	—	—	5,0 %	5,0 %
Soda	0,5 %	0,5 %	—	—
Explosionswärme in Cal. per 1 kg[2])	576 Cal.	506 Cal.	536 Cal.	602 Cal.
Explosionstemperatur[2])	1874°	1561°	1666°	1639°
Detonationsgeschwindigkeit in Meter per Sek.	2443 m	2700 m	3042 m	2472 m
Bleiblockausbauchung[2])	235 ccm	213 ccm	240 ccm	258 ccm

Die Angaben der Einzeldaten in der zitierten Arbeit von Bichel scheinen nicht recht genau zu sein und lassen für große Abweichungen bei sehr ähnlicher chemischer Zusammensetzung keine Gründe erkennen, z. B. für die relativ hohe Explosionstemperatur von Carbonit. Ferner müßte die Detonationsgeschwindigkeit von Carbonit II mit 30% Nitroglycerin höher sein, als die von Carbonit I, und nicht umgekehrt.

Die Bleiblockausbauchungen sind nach einer älteren Methode (mit Lehmbesatz und Einspannen des Blockes in einen Bügel) ermittelt worden. Nach den Normalien des V. Internationalen Kongresses für angewandte Chemie in Berlin mit Sandbesatz, deren Anwendung heute allgemein üblich ist, beträgt die Ausbauchung der Carbonite nur etwa 170—200 ccm.

Gegen Schlagwetter erwiesen sich die Carbonite gewöhnlich mit den höchsten in den Versuchsstrecken angewendeten Lademengen als sicher. Die Kohlenstaubsicherheit dagegen kann unter gewissen Umständen angesichts der Brennbarkeit der Schwaden als etwas problematisch gelten, und zwar besonders bei den Typen, die Kalisalpeter enthalten. Kalisalpeter hat sich auch in wettersicheren Ammonsalpetersprengstoffen als Komponente erwiesen, die die Kohlenstaubsicherheit ungünstig beeinflußt. Weitere Vertreter des Carbonittyps waren folgende:

[1]) Glückauf, 1904 S. 1043. [2]) Nach Angabe von Bichel a. a. O.

	Nobels Wetter-dynamit I.	Nobels Wetter-dynamit II.	Kohlen-fördit	Cosilit	Wittenberger Wetter-dynamit
Nitroglycerin	30 %	25 %	25 %	30,0 %	25,0 %
Kalisalpeter	—	—	—	—	34,0 %
Natronsalpeter	31 %	32 %	35 %	22,3 %	—
Barytsalpeter	—	—	—	—	1,0 %
Getreidemehl	30 %	34 %	40 %	40,5 %	38,5 %
Holzmehl	6 %	3 %	—	—	1,0 %
Kochsalz	—	—	—	7,2 %	—
Soda	—	—	—	—	0,5 %
Naphthalin	2 %	—	—	—	—
Alaun	1 %	5 %	—	—	—
Vegetabilisches Öl	—	1 %	—	—	—

Die Sprengstoffe mit 25 % Nitroglycerin ergeben etwa 170 ccm, diejenigen mit 30 % Nitroglycerin 190—200 ccm Bleiblockausbauchung. (Bezüglich der Zusammensetzung der englischen Vertreter dieses Typs, in denen hauptsächlich Holzmehl verwendet und ein Teil des Salpeters durch Ammonoxalat ersetzt wurde, vgl. Escales: Nitroglycerin und Dynamit, S. 270/271 und Kast: Spreng- und Zündstoffe, S. 307. Auch in England ist indessen diese Kategorie der wettersicheren Sprengstoffe inzwischen verlassen worden.)

3. Wettersichere Gelatinedynamite. Übergänge zu wettersicheren gelatinösen Sprengstoffen bildeten Carbonite, bei denen das Nitroglycerin durch ein wenig Kollodiumwolle gelatiniert wurde. Immerhin lagen hier keine der Form und Dichte nach mit Gelatinedynamit vergleichbaren Sprengstoffe, sondern nur krümelige etwas plastische Massen vor, die von Hand gestopft oder wie Gurdynamit patroniert wurden.

Das Gelatinecarbonit Ia der Carbonitfabrik enthielt 35 % Nitroglycerin, 1 % Kollodiumwolle, 17 % Natronsalpeter, 36 % Mehl, 5 % Kochsalz und 6 % Glycerin-Leimgelatine.

Die englischen Vertreter dieser Kategorie waren folgende[1]):

	Carbonit extra	Phönix Pulver	Haylit Nr. 1	Oaklit Nr. 1
Nitroglycerin	34—36	28—31	25—27	24—26
Nitrocellulose	0,1—0,5	1	0,5—1,5	0,5—1,5
Kalisalpeter	24—27	30—34	19—21	32,5—35,5
Barytsalpeter	3—5	—	19—21	—
Holzmehl	31—35	33—37	12—14	33,5—36,5
Kieselsäuregallerte	—	—	6—8	—
Ammonoxalat	—	—	10—12	—
Magnesiumcarbonat	—	—	—	0,5

[1]) Nach Escales: Nitroglycerin und Dynamit. S. 271.

Diese Sprengstoffe unterscheiden sich nicht wesentlich von den rein pulverigen Carboniten und haben dieselben Vorzüge und Mängel, ausgenommen das Haylit 1, das eine bessere Verbrennungsformel besitzt, dem aber nach deutschen Prüfungsbedingungen eine nur mäßige Schlagwetter- und insbesondere Kohlenstaubsicherheit zukommen dürfte [1]).

Grisoutinen. In Frankreich sind die Carbonite für das Schießen in der Kohle wegen ihrer brennbaren Schwaden nicht zugelassen. Dort gelangte man infolge der Anregungen der französischen Schlagwetterkommission, die den Hauptwert auf eine niedrige Explosionstemperatur legte, dazu, den Nitroglycerinsprengstoffen Ammonsalpeter zuzusetzen, um ihre Flammentemperatur herabzudrücken. Für Mischungen aus Gurdynamit und Ammonsalpeter wurden folgende Explosionstemperaturen errechnet[2]):

Gurdynamit	Ammonsalpeter	t
0%	100%	1130°
20%	80%	1468°
50%	50%	2090°
100%	0%	2940°

Nicht berücksichtigt wurde dabei, wie bereits im allgemeinen Teil dieses Kapitels erörtert, der Einfluß der Brisanz auf die Zündung der Schlagwettergemische, so daß nach deutschen Begriffen den meisten französischen Wettersprengstoffen wegen ihrer zu hohen Brisanz eine nur relativ geringe Wettersicherheit zukommt.

So würde eine Mischung gleicher Teile von Gurdynamit und Ammonsalpeter (Ausbauchung 320 ccm) trotz der relativ niedrigen Explosionstemperatur nach den Prüfungsbedingungen der deutschen Versuchsstrecken untersucht, nicht mehr den wettersicheren Sprengstoffen zugezählt werden können.

Hergestellt wurden in Frankreich folgende sog. Grisoutinen aus gelatiniertem Sprengöl und Ammonsalpeter, die alle reichlich Sauerstoff im Überschuß enthalten, und von denen nur die 30proz. zum Typ der wettersicheren Gelatinedynamite gehört. Infolge der geringen spezifischen Schwere des Ammonsalpeters genügen die 30% Gelatine nicht, das Salz so zu umhüllen, daß eine geschmeidige gut patronierbare Masse entsteht und die Patronierung dieses Sprengstoffs ist daher sehr mühsam.

Der französische Schematismus und die langwierigen Formalitäten bei Anträgen auf behördliche Genehmigung und Abänderungen gestatten nur schwer eine glatte Anpassung der Sprengstoffe an betriebstechnische Erfordernisse:

---

[1]) Weitere ähnliche englische Sprengstoffe s. Kast: Spreng- und Zündstoffe. S. 309.

[3]) Escales: Nitroglycerin und Dynamit. S. 267.

	12proz. Grisoutine I	12proz. Grisoutine II	20proz. Grisoutine	Gomme de sûreté	30proz. Grisoutine I	30proz. Grisoutine II
Nitroglycerin . .	12,0	12,0	19,6	25	29,4	29,4
Kollodiumwolle .	0,5	0,5	0,4	1	0,6	0,6
Ammonsalpeter .	87,5	82,5	80,0	64	70,0	65
Kalisalpeter . . .	—	5,0	—	10	—	5
Bleiblock-ausbauchung .	245 ccm	235 ccm	—	—	295 ccm	285 ccm
Stauchung . . .	8,5 mm	7,5 mm	—	—	18 mm	18 mm

Zurzeit sind in Frankreich von Nitroglycerinsprengstoffen für Arbeiten in den Kohlenflözen die 12proz. Grisoutinen unter der Bezeichnung: „Grisou Dynamite couche" und für Gesteinsarbeiten die 30proz. Grisoutinen unter der Bezeichnung: „Grisou Dynamite roche" zugelassen.

Nach deutschen Prüfungsbedingungen würde sich die 30proz. und die 25proz. Grisoutine nicht mehr den wettersicheren Sprengstoffen zuzählen lassen, die 20proz. würde niedrige Sicherheitsgrenzen ergeben, und nur die 12proz. Grisoutinen würden noch mit einiger Sicherheit in den Rahmen der hierzulande gebräuchlichen Wettersprengstoffe hineinpassen.

Auch sind diese Grisoutinen als unrationell im Aufbau zu betrachten und zwar wegen der Nichtausnutzung des Ammonsalpeters als Sauerstoffträger. Dieselbe Leistung läßt sich mit einem geringeren Aufwand an dem teuren Nitroglycerin erreichen, indem man letzteres teilweise durch billige Kohlenstoffträger ersetzt. Die durch Verbrennung der letzteren bewirkte Erhöhung der Explosionstemperatur läßt sich wiederum durch entsprechende Zusätze regeln.

In Deutschland führte der Weg von den gelatinierten Carboniten, die krümelig und wenig plastisch sind, zu den eigentlichen wettersicheren Gelatinedynamiten, in denen zunächst der Kali- und Natronsalpeter durch den wirksameren Ammonsalpeter ersetzt und hierdurch eine höhere Kraftentfaltung erzielt wurde. Zugleich wurden die voluminösen Kohlenstoffträger vermindert und zur Abschwächung der Brisanz und Herabsetzung der Explosionstemperatur wachsende Mengen von Chloriden und zwar Salmiak (Ammonchlorid) als auch besonders Chlorkalium und Chlornatrium zugesetzt[1]). Nicht nur das Ammonchlorid, auch die Alkalichloride gelangen bei den Temperaturen der explosiven Umsetzung zur Verdampfung, und zwar um so vollständiger, je geringer ihre Korngröße ist, d. h. je feiner gemahlen sie zur Verwendung gelangen. Ihre Verdampfung setzt naturgemäß die Explosionstemperatur herab, es ist aber auch zu beachten, daß hohe

[1]) Brit. Patent 13531 (1903).

Zusätze eines chemisch unwirksamen Mittels den Durchgang der Detonationswelle erschweren und folglich die Detonationsgeschwindigkeit und damit die Brisanz vermindern. In der Folge haben sich die Alkalichloride als das wirksamste und zugleich wirtschaftlich vorteilhafteste Mittel zur Erzielung einer hohen Wettersicherheit bei allen Kategorien der wettersicheren Sprengmittel, insbesondere aber bei den wettersicheren Gelatinedynamiten erwiesen.

Bichel[1]) empfahl als besonders wirksam den Zusatz äquivalenter Mengen von Chlorammonium und Alkalinitraten, wobei das Alkalichlorid in feinster Verteilung, also in wirksamster Form entstehen und zugleich die aus dem Chlorammonium entstehende Salzsäure an Metall gebunden werden sollte, so daß sie in den Nachschwaden nicht belästigen konnte.

Auch andere Chlorverbindungen wurden in Verbindung mit Alkalinitraten zu diesem Zwecke vorgeschlagen[2]). Doch erwies sich schließlich der einfache Zusatz der Alkalichloride als ebenso wirksam und in ökonomischer Hinsicht am vorteilhaftesten.

In England sind zur Erzielung derselben Wirkung die Oxalate besonders bevorzugt und zwar in erster Linie das Ammonoxalat, das noch heute in großem Umfang in den wettersicheren Nitroglycerinsprengstoffen verwendet wird. In Deutschland hat die Erfahrung keinen technischen Vorteil ergeben, der zur Verwendung dieser im Vergleich zu den Alkalichloriden bedeutend kostspieligeren Komponente in größerem Umfange Veranlassung geben könnte.

Ein weiterer wichtiger Schritt bei der Ausgestaltung der wettersicheren Nitroglycerinsprengstoffe war ihre Anpassung in Form, Dichte und Plastizität an die eigentlichen Gelatinedynamite. Die bisher besprochenen Sprengstoffe waren mehr oder weniger pulverförmig und entbehrten der Vorzüge der hohen spezifischen Dichte und Plastizität der sich gut an die Bohrlochwandungen anschmiegenden gelatinösen Dynamite. Da der Nitroglyceringehalt der Wettersprengstoffe naturgemäß in gewissen Grenzen zu halten war, damit ihre Brisanz das zur Erzielung hoher Sicherheitsgrenzen zulässige Maß nicht überschritt, mußte, weil die Nitroglyceringelatine ihrer Menge nach meist nicht genügte, um die festen Bestandteile in Gestalt einer zusammenhängenden plastischen und geschmeidigen Masse zusammenzufassen, durch gewisse Zusätze die Plastizität erhöht werden. Man nennt dies mit einem Terminus technicus: „die Verlängerung der Gelatine". Besondere technisch-fabrikatorische Wichtigkeit erhielten diese Zusätze auch durch die Frage der Patronierbarkeit. Eine genügend weiche plastische Masse läßt sich mit denselben Patroniermaschinen wie gewöhnliches Gelatinedynamit, leicht und mühelos patronieren, wogegen plastische Spreng-

[1]) D.R.P. 175391 (1902), brit. Patent 28245 (1902).

[2]) Brit. Patent 5791 (1903) Trichloracetate neben Alkalinitraten.

stoffe mit geringem Gehalt an Nitroglyceringelatine unter Umständen so steife Massen bilden können, daß ihre Patronierung besonders nach dem Erkalten und einiger Lagerung ein äußerst mühseliges Geschäft wird.

Abgesehen von solchen speziellen Zusätzen spielt hierbei der Gehalt der Gelatine an Kollodiumwolle eine recht erhebliche Rolle, wie dies schon bei der Besprechung der Gelatinedynamite dargelegt worden ist[1]). Weichere Gelatinen mit geringem Gehalt an Kollodiumwolle lassen sich besser patronieren, als steifere mit viel Kollodiumwolle.

Ferner spielt für die Frage der Plastizität und guten Patronierbarkeit auch der Gehalt an voluminösen auflockernden Bestandteilen, wie z. B. Holzmehl, eine ausschlaggebende Rolle. Derselbe muß je nach der sonstigen Beschaffenheit des Sprengstoffes in meist ziemlich engen Grenzen gehalten werden.

Verlängernd auf die Gelatine wirken zunächst natürlich alle solchen Komponenten, die sich im Nitroglycerin lösen und mit diesem folglich eine einheitliche Masse bilden, wie aromatische Nitrokörper und aromatische Kohlenwasserstoffe (z. B. Naphthalin). Bei Sprengstoffen mit annähernd vollkommener Verbrennung, also guten Nachschwaden, wirken allerdings solche Zusätze nicht gerade günstig auf die Wettersicherheit, da sie die Explosionstemperatur beträchtlich erhöhen.

Aber auch in Nitroglycerin unlösliche Flüssigkeiten und ihm heterogene gallertartige Zusätze waren bei feiner Verteilung im Sprengstoff oder Emulgierung mit der Nitroglyceringelatine imstande, die Plastizität der Sprengstoffe in der gewünschten Weise zu erhöhen. So verwendete die Carbonitfabrik vielfach eine „Melan“ genannte, durch Kochen von Glycerin mit wässeriger Leimlösung erhaltene Gallerte (Leimgelatine) zur Erhöhung der Plastizität. Die Dynamit A.-G. vormals Nobel & Co. setzte in Wasser ganz oder teilweise lösliche oder mit letzterem aufquellende Stoffe, wie Dextrin, Stärke, Gummiarten der Nitroglyceringelatine zu[2]). In derselben Weise wirkt auch Kartoffelmehl erhöhend auf die Plastizität.

Schließlich wurden auch reines Glycerin, sog. Schleimzucker, eine sirupöse nicht krystallisierende konzentrierte Zuckerlösung, geringe Mengen vegetabilischer Öle oder flüssiger Kohlenwasserstoffe wie Paraffinöl zu gleichem Zwecke zugesetzt. Derartige Öle können allerdings bei zu hoch bemessenem Zusatz die Detonationsfähigkeit und sichere Übertragung selbst von Nitroglycerinsprengstoffen beeinträchtigen. Auch eingedickte Sulfitcelluloseablauge[3]) (Zellpechsirup) hat sich als sehr geeignetes Mittel zur Verlängerung der Nitroglyceringelatine erwiesen.

Im Gegensatz zu all den genannten Zusätzen, die Kohlenstoffträger darstellen, folglich zur Verbrennung Sauerstoff benötigen und die

[1]) Vgl. S. 292. [2]) D.R.P. 182030 (1903), sog. „Nobelitpatent“.
[3]) D.R.P. 353200.

Explosionstemperatur erhöhen, verwendet die Dynamit A.-G. in neuester Zeit genau bemessene kleine Mengen gesättigter Salzlösungen, insbesondere eine etwas sirupöse gesättigte Calciumnitratlösung[1]), welch letztere einen Sauerstoffträger darstellt. Es wird hierdurch den betreffenden Sprengstoffen ein hoher Grad von Geschmeidigkeit verliehen, ohne daß durch den damit bedingten Wassergehalt der Sprengstoffe deren Detonationsfähigkeit beeinträchtigt wird. Es lassen sich so gut patronierbare gelatinöse Sprengstoffe von niedrigem Nitroglyceringehalt, Sauerstoffüberschuß und hohen Sicherheitsgrenzen herstellen, die neuerdings in großem Umfange verwendet werden (Wetter-Nobelite s. w. u.).

Von den älteren Vertretern solcher wettersicheren Gelatinedynamite seien folgende genannt[2]):

	Gelatine-carbonit	Nobelit	Fördit	Fördit I
Nitroglycerin	25,3 %	28,0 %	23,00 %	25,5 %
Kollodiumwolle	0,7 %	0,7 %	0,98 %	1,5 %
Nitrotoluol	—	—	3,50 %	5,0 %
Leimgelatine	6,9 %	—	—	—
Glycerin	—	—	8,70 %	3,0 %
Dextrin	—	2,5 %	0,72 %	4,0 %
Kartoffelmehl	—	10,0 %	—	—
Vegetabilisches Öl	—	0,5 %	—	—
Holzmehl	—	1,0 %	—	—
Ammonsalpeter	41,5 %	39,7 %	41,00 %	37,0 %
Chlornatrium	25,5 %	17,6 %	—	—
Chlorkalium	—	—	22,00 %	24,0 %
Ultramarin	0,1 %	—	—	—
Bolus	—	—	0,10 %	—
Ausbauchung	260 ccm	270 ccm	—	—

	Sicherheits-Gallerte-dynamit	Wettersicheres Gelatinedynamit Ia	Wettersicheres Gelatinedynamit I	Wettersicheres Gelatinedynamit III
Nitroglycerin	32,25 %	38,0 %	40,0 %	28,0 %
Kollodiumwolle	1,25 %	1,0 %	1,0 %	0,7 %
Leim-Dextrin-Glyceringallerte	9,60 %	—	—	—
Dinitrotoluol	—	—	—	11,0 %
Roggenmehl	18,00 %	14,0 %	10,0 %	4,0 %
Holzmehl	—	—	2,0 %	—
Flüssige Kohlenwasserstoffe	—	4,0 %	3,5 %	—
Ammonsalpeter	22,60 %	25,5 %	27,0 %	37,0 %
Natronsalpeter	10,80 %	—	—	—
Kalisalpeter	—	5,0 %	4,0 %	—
Kochsalz	—	—	—	19,3 %
Chlorkalium	5,50 %	—	—	—
Oxalsaures Salz	—	2,5 %	—	—
Fettsaures Salz	—	10,0 %	12,5 %	—

[1]) D. R. P. 349166 (1919) u. Zusatz 372506.

[2]) Glückauf. II. S. 1717ff. 1908.

Genannte Sprengstoffe stellten zusammenhängende an Plastizität den Gelatinedynamiten ähnliche Massen von hoher Dichte dar, die bei Gelatinecarbonit z. B. ca. 1,6 betrug. Die Verbrennungsformel ist zumeist günstiger als bei den Carboniten, wenn auch bei der Mehrzahl die Nachschwaden nicht frei von Kohlenoxyd waren. Nur das Gelatinecarbonit war etwa auf Sauerstoffgleichgewicht aufgebaut. Bemerkenswert war die gegenüber den Wetterdynamiten und Carboniten wesentlich höhere Kraftleistung. Es zeigte sich allerdings nach einiger Zeit durch Abänderung der Prüfungsbedingungen[1]), daß so kräftige Sprengstoffe eine nur sehr geringe Sicherheit gegen Grubengas-Luftgemische besitzen, wofern man sie nämlich nach der deutschen Methode gegen Grubengas allein ohne Beimengung von Kohlenstaub prüfte, während ihre Sicherheit gegenüber Kohlenstaub allein sich immerhin als beträchtlich erwies. Sie verschwanden daher nach den früher zitierten Untersuchungen von Beyling um das Jahr 1909 aus dem Verkehr und wurden durch weniger brisante Mischungen ersetzt, die den neuen Prüfungsbedingungen genügten.

Zu noch brisanteren gelatinösen sog. Sicherheitssprengstoffen führte in England die frühere Prüfungsmethode der Versuchsanstalt in Woolwich, Sprengstoffen, die sich zum Teil gar nicht wesentlich vom gewöhnlichen Gelatinedynamit unterschieden bzw. teilweise den deutschen niedrigprozentigen Ersatzdynamiten nahekommen[2]).

Der grundsätzliche Unterschied der älteren englischen Prüfungsmethode von der kontinentalen war der, daß man in England die Schüsse aus einem besetzten Mörser abgab, während man auf dem Kontinent nur das Ergebnis unbesetzter Schüsse in Betracht zog. Man nahm an, daß in der Praxis auch nur gutbesetzte Schüsse abgegeben würden, und daß daher das Resultat unbesetzter Schüsse nicht berücksichtigt zu werden brauchte. Mit Ausnahmefällen und besonders ungünstigen Umständen rechnete man damals nicht (vgl. hiermit die weiter oben zitierten Ausführungen von Heise, S. 348).

Nach englischer Vorschrift feuerte man die besetzten Schüsse aus einem Mörser in ein Gemsch von 15 % Leuchtgas und 85 % Luft bei einem Streckendurchmesser von 72 cm und verlangte, daß von 20 Schüssen mit einer Menge, die einen bestimmten Ausschlag des ballistischen Pendels[3]) ergab, bei einem Besatz von 12 bzw. 9 Zoll Länge kein Schuß zündete. Kohlenstaub wurde nicht berücksichtigt. Schärfer war bei dieser Methode der geringere Streckendurchmesser und die größere Zündempfindlichkeit des Leuchtgasluftgemisches, während andererseits der Besatz die Zündung ganz wesentlich erschwert. Auch waren die Lademengen nicht besonders hoch. Auf die Feststellung einer Grenzladung wurde überhaupt verzichtet.

Diese Methode führte dazu, daß eigentlich nur die extremsten Sprengstoffe, nämlich gänzlich unabgeschwächte reine hochbrisante Dynamite einerseits und

[1]) Vgl. Einleitung dieses Kapitels S. 350.

[2]) Bichel, Z. f. d. ges. Schieß- u. Sprengstoffwesen. Bd. II, S 170ff. 1907.

[3]) Vgl. Guttmann, Ind. d. Explosivstoffe, S. 623.

schwarzpulverartige Sprengstoffe andererseits Zündungen gaben. Bei höchster Brisanz und sehr hoher Temperatur trat trotz Besatz noch Zündung ein, während die Schußflamme des Schwarzpulvers von so langer Dauer ist, daß sie auch nach Wegschleudern des Besatzes das empfindliche Gemisch noch zündet.

Was zwischen solchen Extremen lag, zündete infolge des Besatzes nicht, und galt in England früher als schlagwettersicher. So galt auch Bobbinite [1]), ein Schwarzpulversprengstoff, dessen Flamme durch Zusatz von Ammonsulfat reduziert wurde, längere Zeit als wettersicher und geeignet für den Kohlenbergbau, obgleich er sich gar nicht wesentlich von Schwarzpulver unterschied und alles andere als wetter- oder kohlenstaubsicher war, vermutlich auch verschiedene Unfälle verursacht hat.

Nur wenige Beispiele von Sprengstoffen, die damals in England als Sicherheitssprengstoffe betrachtet wurden und als solche auf der seit 1900 geführten „Spezial List" der sog. „Permitted List" standen, seien hier angeführt:

	Rippit	Saxonite	Celtit	Russelit	Coronit
Nitroglycerin . .	59,5—62,5	42,5—62	56—59	40—42	38—40
Nitrocellulose . .	3,5—4,5	2,5—5	2—3,5	1,75—2,75	0,8—1,3
Kalisalpeter . .	18—20	16—27,5	17—21	24—26	3—5
Ammonsalpeter .	—	—	—	—	26—28
Holzmehl . . .	3,5—5,5	3,5—8	8—9	3—5	2—4
Getreidemehl . .	—	—	—	—	8—11
Kreide	—	0,5	—	0,5	—
Castoröl	0,5—1,5	—	—	—	—
Ammonoxalat .	9—11	9—27	11—13	22—24	—
Aluminiumstearat . . .	—	—	—	—	11—14
Flüssiger Kohlenwasserstoff . .	—	—	—	—	2—4

Auffallend sind die weiten zulässigen Limiten der einzelnen Komponenten bei der vorschriftsmäßigen Zusammensetzung, während auf dem Kontinent schon damals nur Sprengstoffe von genau definierter prozentiger Zusammensetzung, in Deutschland z. B. auf Grund von sog. „Schießlisten" der behördlich anerkannten Versuchsstrecken, zum Gebrauche in den Kohlengruben von den Bergbehörden zugelassen wurden. Die preußische Bergpolizeiverordnung gestattet z. B. für die einzelnen Bestandteile nur eine Abweichung von höchstens 0,5 % der auf der Schießliste angegebenen Menge.

Später sind die englischen Prüfungsvorschriften der kontinentalen Methode angepaßt worden und jene dynamitähnlichen Sprengstoffe sind von der Permitted List gestrichen worden. Beim Schießen in der Kohle werden heute in England vorwiegend pulverförmige Ammonsalpetersprengstoffe mit Kochsalzzusatz und einem mäßigen Nitroglyceringehalt von etwa 10—15 % verwendet, die auch nach deutschen Begriffen wettersicher sind und im nächsten Kapitel noch erwähnt werden[2]).

Wettersichere Gelatinedynamite von 1908—1914. Im folgenden seien nun einige Beispiele der wettersicheren Gelatinedynamite ge-

[1]) Vgl. S. 356, Fußnote 4.

[2]) Vgl. Abschn. III Kap. VI: Sprengstoffe mit niedrigem Nitroglyceringehalt.

nannt, wie sie in Deutschland nach Einführung der neuen getrennten Prüfungsweise gegen Grubengas und Kohlenstaub geprüft und gebraucht wurden:

	Neu-Nobelit I¹)	Neu-Nobelit XII¹)	Neu-Nobelit XIV¹)
Nitroglycerin gel.	26,0 %	30,0 %	30,0 %
Binitrotoluol	8,0 %	—	—
Schleimzucker	—	3,5 %	—
Kartoffel- u. Getreidemehl	9,0 %	—	6,4 %
Holzmehl	1,0 %	—	—
Ammonsalpeter	27,0 %	36,0 %	30,5 %
Kochsalz	29,0 %	30,5 %	33,1 %
Sauerstoffbilanz	— 14,9 %	+ 4,6 %	— 1,6 %
Bleiblockausbauchung	230 ccm	220 ccm	230 ccm

	Gel.-Carbonit I²	Gel.-Carbonit D²	Fördit IV³	Agesid 2³
Nitroglycerin gel.	23,6 %	30,0 %	22 %	30 %
Trinitrotoluol	3,0 %	—	—	—
Nitrotoluol	—	—	5 %	—
Glycerin	4,0 %	2,5 %	3 %	—
Pflanzengallerte	—	—	—	2 %
Holzmehl	—	—	—	1 %
Getreidemehl oder Kartoffelmehl	10,0 %	—	12 %	—
Natronsalpeter	4,4 %	—	—	—
Kalisalpeter	—	5,1 %	—	—
Ammonsalpeter	31,0 %	31,5 %	38 %	36 %
Chlornatrium	24,0 %	30,9 %	—	—
Chlorkalium	—	—	19 %	31 %
Ammonoxalat	—	—	1 %	—
Sauerstoffbilanz	— 13,1 %	+ 5,3 %	— 19,5 %	+ 5 %
Bleiblockausbauchung	220 ccm	225 ccm	220 ccm	225 ccm

Von ähnlicher Zusammensetzung waren Gelatine-Sonnit⁴), Neu-Romperit⁵), Saxonit⁵), Gesilit⁶), Gelatine-Siegenit⁶), Anzit⁶), Gelatine-Dahmenit⁷) und Gelatine-Leonit⁷). Zu dieser Gruppe gehörten ferner die wettersicheren Gelatinedynamite der Westfälisch-Anhaltischen Sprengstoff, A.-G., Berlin, z. B. Nr. 28 von folgender Zusammensetzung:

Nitroglycerin gel. 30 %, Naphthalin 1,5 %, Ammonsalpeter 33,5 %, Chlorkalium 35 %, Sauerstoffbilanz: + 2,2 %, Bleiblockausbauchung: 220 ccm.

¹) Dynamit A.-G. vorm. Alfred Nobel & Co.
²) Sprengstoff-A.-G. Carbonit. ³) A.-G. Siegener Dynamitfabrik.
⁴) Deutsche Sprengstoff-A.-G. Hamburg. ⁵) Dresdener Dynamitfabrik.
⁶) Sprengstoffwerke Dr. R. Nahnsen & Co.
⁷) Westdeutsche Sprengstoffwerke A.-G.

Während der Jahre des Weltkrieges wurden dem deutschen Kohlenbergbau nur sehr geringe Mengen dieser relativ nitroglycerinreichen plastischen Wettersprengstoffe geliefert. Die Beschlagnahme des Glycerins und seine fast ausschließliche Verwendung für Heereszwecke ließ dem Bergbau nur die allernotwendigsten Mengen an Nitroglycerin zukommen, so daß hochprozentige hochbrisante Nitroglycerinsprengstoffe nur an den Stellen gebraucht wurden, wo ihre Anwendung für eine einigermaßen rationelle Förderung unumgänglich war. Das traf z. B. für Eisenerzgruben und Schwefelkiesgruben zu, während der übrige Bergbau und die Steinbruchbetriebe, abgesehen von dem besonders in Kalibetrieben zu Hilfe genommenen Sprengluftverfahren, fast ausschließlich auf Chloratsprengstoffe angewiesen waren. So wurden auch wettersichere Chloratsprengstoffe hergestellt und eine kurze Zeit in der Kohle verwendet, begegneten aber wegen ihrer intensiven Flammenbildung allgemeinem Mißtrauen, so daß sie, ohne daß eigentlich nennenswerte Schießunfälle vorgekommen wären, nach einiger Zeit wieder aus dem Kohlenbergbau verschwanden und für letzteren die genügenden Mengen an Ammonsalpeter freigegeben wurden, um ihn mit Ammonsalpetersprengstoffen zu versorgen. So behalf sich dieser Zweig des Bergbaues jahrelang mit Ammonsalpetersprengstoffen von 4% Nitroglyceringehalt, die sich auch für den eigentlichen Abbau der Kohle als ausreichend erwiesen, aber für die Arbeiten im Nebengestein oft zu schwach waren.

Mit der Freigabe des Glycerins nach Kriegsende stellte sich alsbald ein starker Bedarf an kräftigeren und dichteren Sprengstoffen für den Kohlenbergbau ein, und wenn auch für die Arbeit in der Kohle die Ammonsprengstoffe in großem Umfange beibehalten wurden[1]), so setzte andererseits der Verbrauch der wettersicheren gelatinösen Sprengstoffe mit 25—30% Nitroglycerin für die Arbeiten im Nebengestein wieder ein und nahm von Jahr zu Jahr an Umfang zu.

Eine Reihe neuer Sprengstoffe wurden von den Versuchsstrecken, vor allem in Derne, geprüft und in die Praxis eingeführt. Sie glichen im Typ den in den letzten Jahren vor 1914 verwendeten. Jedoch war es inzwischen allgemein Regel geworden, Sprengstoffe für den Untertagebau stets nur auf vollkommener Verbrennung bzw. mit Sauerstoffüberschuß aufzubauen, so daß die Schwaden kohlenoxydfrei waren, eine Regel, die inzwischen gesetzlich verankert worden ist[2]). Die hier-

[1]) Im Ruhrkohlenbergbau werden noch heute im größten Umfange die Wetter-Detonite der Dynamit A.-G. vorm. A. Nobel & Co. und daneben die ähnlich zusammengesetzten Wetter-Westfalite der Westfälisch-Anhaltischen Sprengstoff-A.-G. gebraucht.

[2]) Preuß. Polizeiverordnung v. 25. I. 23, §§ 8 u. 18 s. Reichsanzeiger 1923, Nr. 41, erste Beilage.

durch bedingte relativ hohe Explosionstemperatur mußte durch entsprechende Höhe des Zusatzes der die Temperatur der Explosionsgase und die Gesamtkraftleistung abschwächenden Salze ausgeglichen werden und Sicherheit mit den höchsten Lademengen wurde stets nur mit Sprengstoffen mäßiger Brisanz erzielt (Ausbauchung 200—220 ccm).

Bei dem üblichen Nitroglyceringehalt von 25—30%, der aus ökonomischen Gründen und im Sinne einer möglichst hohen Wettersicherheit im allgemeinen nicht überschritten wurde, erwiesen sich auch jetzt noch Verlängerungsmittel der Gelatine als unentbehrlich, um die Sprengstoffe geschmeidig und leicht patronierbar zu machen. Als solche schieden aus begreiflichen Gründen auch nach dem Kriege noch diejenigen aus, die wie Getreidemehl, Kartoffelmehl, Zuckersirup menschlicher oder tierischer Nahrung dienten. Andere, wie Glycerin, die an sich sehr geeignet waren, wurden wegen ihres hohen Preises verlassen oder doch stark eingeschränkt. (Eine Anwendung von Glycerin ist für den Sprengstoffabrikanten jedenfalls wirtschaftlicher in Form von Nitroglycerin.)

An die Stelle solcher Mittel traten meist billige Pflanzenleime, der billige Zellpechsirup[1]) und die besonders von der Dynamit A.-G. bevorzugte gesättigte Calciumnitratlösung[2]), die zugleich einen Sauerstoffträger darstellt und die Herstellung von Sprengstoffen mit Sauerstoffüberschuß besonders erleichterte.

Aromatische Nitrokörper als Streckungsmittel der Gelatine erhöhen die Explosionswärme wesentlich und bedingen eine entsprechende Abschwächung der Brisanz durch vermehrten Salzzusatz, um hohe Sicherheit zu gewährleisten. Ein Beispiel für einen derartigen Sprengstoff stellt das Gelatine-Carbonit 30 dar von der Zusammensetzung: 30% gel. Nitroglycerin, 3% Nitronaphtalin, 24% Ammonsalpeter, 2% Kalisalpeter, 41% Chlorkalium mit einer Ausbauchung von 210 ccm und ungefährem Sauerstoffgleichgewicht.

Die Nobelite 18—23 der Dynamit A.-G. enthalten dagegen 2—5% gesättigter Calciumnitratlösung und teilweise noch etwas Binitrotoluol als Streckungsmittel der Gelatine. Sie weisen sämtlich 3—5% Sauerstoffüberschuß auf. In großem Umfange konsumierte der Ruhrbergbau in den letzten Jahren besonders das Nobelit 19, das sich wie folgt zusammensetzte:

gel. Nitroglycerin	26%
ges. Calciumnitratlösung	5%
Binitrotoluol	2%
Holzmehl	1%
Ammonaslpeter	34%
Kochsalz	32%

1) D.R.P. 353200 (Dynamit A.-G. u. Dr. Naoum).

2) D.R.P. 349166 u. Zusatz 372506 Dynamit A.-G. u. Dr. Naoum).

Bleiblockausbauchung	220 ccm
Bleiblockstauchung	14 mm
Detonationsgeschwindigkeit	3750 m per Sek.
Sauerstoffbilanz	+ 5 %
Dichte	1,75
Explosionswärme	575 Cal.
Explosionstemperatur	1750°

Die große Anzahl der geprüften und von den verschiedenen Firmen unter den verschiedensten Phantasienamen angebotenen und vertriebenen Wettersprengstoffe hat inzwischen durch eine ministerielle Neuregelung des gesamten Sprengstoffwesens wenigstens für den preußischen Bergbau vorläufig eine Einschränkung erfahren, insofern als nach der Polizeiverordnung vom 25. Jan. 1923 vom 1. Jan. 1924 ab nur noch diejenigen Sprengstoffe zum Vertrieb an den Bergbau zugelassen sind, die in der durch den preußischen Minister für Handel und Gewerbe herausgegebenen „Liste der Bergbausprengstoffe“ aufgeführt und von den in dieser Liste für die einzelnen Sprengstoffe eingetragenen Firmen hergestellt werden. Die Sprengstoffe müssen außerdem den Vorschriften der betreffenden Polizeiverordnung genügen und endlich von dem Oberbergamt, in dessen Bezirk sie vertrieben werden sollen, noch besonders zugelassen sein.

Die erste im Anschluß an die erwähnte Polizeiverordnung im Reichsanzeiger[1]) veröffentlichte Bergbauliste enthält folgende gelatinöse Wettersprengstoffe:

Name	Chemische Zusammensetzung	Firma u. Fabrik	Höchstlademenge für Schlagwettergruben g	Höchstlademenge für schlagwetterfreie Steinkohlengruben g
Wetter-Nobelit A	26,0 % gel. Nitroglycerin 2,5 % Calciumnitratlsg. 32,0 % Ammonsalpeter 2,0 % Binitrotoluol 1,0 % Holzmehl 36,5 % Kochsalz	Dynamit A.-G. vorm. A. Nobel & Co., Hamburg, Fabrik Schlebusch	800	800
Wetter-Nobelit B	30,0 % gel. Nitroglycerin 3,0 % 50proz. Calciumnitratlösung 26,5 % Ammonsalpeter 0,5 % Holzmehl 40,0 % Kochsalz	dsgl.	800	800

[1]) A. a. O.

Name	Chemische Zusammensetzung	Firma u. Fabrik	Höchstlademenge für Schlagwettergruben g	Höchstlademenge für schlagwetterfreie Steinkohlengruben g
Wetter-Nobelit C	24,7 % gel. Nitroglycerin 5,0 % Calciumnitratlösg. 29,3 % Ammonsalpeter 2,0 % Binitrotoluol 1,0 % Holzmehl 38,0 % Kochsalz	Dynamit A.-G. vorm. A. Nobel & Co., Hamburg, Fabrik Schlebusch	800	800
Wetter-Carbonit A	Identisch mit Wetter-Nobelit B	Carbonit A.-G. Hamburg: Fabrik Schlebusch	800	800
Wetter-Agesid A	30,0 % gel. Nitroglycerin 27,0 % Ammonsalpeter 3,4 % Natronsalpeter 1,6 % Kieselweiß (Magnesiumsilikate) 38,0 % Chlorkalium	A.-G. Siegener Dynamitfabrik, Köln: Fabrik Förde	800	800
Wetter-Markanit A	Identisch mit Wetter-Nobelit A	Westdeutsche Sprengstoffwerke A.-G. Dortmund: Fabrik Rummenohl	800	800
Wetter-Wasagit A	28,0 % gel. Nitroglycerin 1,0 % Gelose 20,0 % Ammonsalpeter 10,0 % Barytsalpeter 0,5 % Talkum 40,5 % Chlorkalium	Westfälisch-Anhaltische Sprengstoff-A.-G. Berlin: a) Fabrik Sythen, b) Fabrik Reinsdorf	800	800
Wetter-Wasagit B	26,00 % gel. Nitroglycerin 36,00 % Ammonsalpeter 1,35 % Trinitrotoluol 1,35 % Dinitrotoluol 0,30 % Holzmehl 35,00 % Chlorkalium	dsgl.	600	800
Wetter-Arit A	25,0 % Nitroglycerin 0,8 % Kollodiumwoflle 1,0 % Glycerin 29,5 % Ammonsalpeter 3,7 % Trinitrotoluol 40,0 % Natriumchlorid	1. Bayrische Sprengstoffwerke u. Chemische Fabriken A.-G. Nürnberg, Fabrik: Neumarkt 2. Deutsche Cahücitwerke A.-G. Gnaschwitz, Fabrik: Gnaschwitz	700 700	800 800
Wetter-Arit B	25,0 % Nitroglycerin 0,8 % Kollodiumwolle 1,0 % Glycerin 31,0 % Ammonsalpeter 4,2 % Trinitrotoluol 38,0 % Natriumchlorid	1. Bayrische Sprengstoffwerke u. Chemische Fabriken A.-G. Nürnberg, Fabrik: Neumarkt 2. Deutsche Cahücitwerke A.-G. Gnaschwitz Fabrik: Gnaschwitz	800 800	800 800

Die sprengtechnischen Daten der Wetter-Nobelite, von denen z. B. das Wetter-Nobelit A bereits seit einiger Zeit in großem Umfange verwendet wird, sind folgende:

	Wetter-Nobelit A	Wetter-Nobelit B	Wetter-Nobelit C
Sauerstoffbilanz	+4,1%	+6,1%	+4,2%
Bleiblockausbauchung	215 ccm	205 ccm	205 ccm
Bleiblockstauchung	14,6 mm	12 mm	12,1 mm
Det.-Fähigkeit	mit Kapsel 1	mit Kapsel 1	mit Kapsel 1
Dichte	1,8	1,7	1,7
Det.-Geschwindigkeit	4200 m per Sek.	4880 m per Sek.	3050 m per Sek.
Explosionswärme	589 Cal.	513 Cal.	545 Cal.
Explosionstemperatur	1820°	1688°	1727°
Sicherheit gegen Schlagwetter[1])	mit 600 g	mit 650 g	mit 700 g
Kohlenstaub[1])	mit 700 g[2])	mit 700 g	mit 700 g

Ungefrierbare schlagwettersichere Nitroglycerinsprengstoffe. Als schwergefrierbare wettersichere Nitroglycerinsprengstoffe sind einige der früher erwähnten Typen zu bezeichnen, die neben Nitroglycerin etwa 20% des letzteren an Nitrotoluol oder Binitrotoluol enthielten[3]), also etwa 5 bis 6% Nitrotoluol neben 25—30% Nitroglycerin. Ein schwergefrierbarer gelatinöser Nobelittyp mit Nitrotoluol gehörte der älteren Periode vor 1908 an[4]). Auch das österreichische Pannonit fällt in diese Gruppe (Kast: S. 313). Ferner sind auch sog. ungefrierbare Nobelite geliefert worden, in denen 20% des Nitroglycerins durch Dinitrochlorhydrin ersetzt waren und die ebenfalls dem Typ des älteren Nobelites entsprechen[5]).

Ungefrierbare gelatinöse Wettersprengstoffe auf Basis von Dinitrochlorhydrin mit einem geringen Gehalt an Nitroglycerin (sog. Nitrochlorin) sind unter den Bezeichnungen: Gelatine-Wetter-Astralit und Gelatine-Prosperit bekannt geworden. Die Gelatine-Prosperite hatten z. B. folgende Zusammensetzung:

	I	II
Dinitrochlorhydrin	20,0%	20,0%
Nitroglycerin	5,0%	5,0%
Kollodiumwolle	0,5%	0,5%
Binitrotoluol	5,0%	5,0%
Mehle	2,5%	2,0%
Ammonsalpeter	36,0%	30,0%
Natronsalpeter	4,0%	10,0%
Kochsalz	21,0%	27,5%
Kaliumoxalat	6,0%	—
Ausbauchung	225 ccm	210 ccm
Sauerstoffbilanz	+0,4%	—1,2%
Wettersicherheit	600 g	700 g

[1]) Nach Feststellung der Versuchsstrecke in Derne.

[2]) Höhere Ladungen als 700 g werden in Derne nicht angewendet.

[3]) Vgl. Kap. IV über ungefrierbare Nitroglycerinsprengstoffe. S. 323 ff.

[4]) Vgl. auch Kast: Spreng- u. Zündstoffe, S. 311, Über wettersichere Gelatinedynamite, Gesilite und Fördite mit Nitrotoluolen. Diese gehören z. T. der älteren Periode an und gelten heute nicht mehr als genügend sicher.

[5]) Kast: S. 312.

Der Anwendungsbereich solcher Sprengstoffe ist aus zwei Gründen ein beschränkter geblieben. Erstens war im Kohlenbergbau, der seine Sprengstoffe nur unter Tage, also frostfrei lagert, das Bedürfnis für ungefrierbare Wettersprengstoffe nicht besonders dringend. Auch auf dem Transport in der kalten Jahreszeit etwa gefrorene Sprengstoffe hatten Gelegenheit, bei der warmen Temperatur der meist in erheblicher Tiefe befindlichen Sprengstoffkammern allmählich wieder aufzutauen. Andererseits ist das Dinitrochlorhydrin teurer als Nitroglycerin, so daß solche Sprengstoffe angesichts ihres höheren Preises nur da verlangt werden, wo die Ungefrierbarkeit ein besonders wichtiges Erfordernis ist.

Die anfängliche Vermutung besonderer Eignung des Dinitrochlorhydrins zur Herstellung hochwettersicherer Sprengstoffe, die auf seiner dem Nitroglycerin gegenüber niedrigeren Explosionstemperatur und der Bildung von Kochsalz in statu nascendi bei Gegenwart von Salpeter beruhen sollte, hat sich nicht bestätigt. Diese Besonderheiten werden durch den sonstigen Aufbau des Sprengstoffes leicht verwischt und es lassen sich mit Nitroglycerin Sprengstoffe mit derselben Wettersicherheit herstellen.

Ganz Ähnliches gilt von den ungefrierbaren gelatinösen Wettersprengstoffen auf Basis von Dinitroglycerin, die eine Zeitlang von der Fabrik Rummenohl der Westdeutschen Sprengstoffwerke in Dortmund unter den Namen Tremonit, Gelatine-Dahmenit und Gelatine-Leonit geliefert wurden.

Die Tremonite, die der älteren Periode (vor 1908) entstammten, und heute nicht mehr als genügend sicher gelten, hatten folgende Zusammensetzung[1]):

	Tremonit		
	S	S I	S II
Dinitroglycerin gel.	36,0%	36,0%	34,0%
Trinitrotoluol	—	—	2,5%
Holzmehl	1,7%	1,7%	—
Erbsenmehl	—	—	12,0%
Ammonsalpeter	40,9%	40,9%	26,5%
Kochsalz	9,4%	8,0%	25,0%
Salmiak	—	6,0%	—
Nitriumoxalat	12,0%	7,4%	—

Die Gelatine-Dahmenite sind 1908 in Gelsenkirchen gegen Schlagwetter und Kohlenstaub getrennt geprüft worden und setzten sich wie folgt zusammen[2]):

---

1) Kast: Spreng- und Zündstoffe. S. 312. 2) Kast: ebenda.

	Gelatine-Dahmenit	
	A	B
Dinitroglycerin	27,4 %	27,4 %
Kollodiumwolle	0,6 %	0,6 %
Nitrotoluole	4,5 %	3,5 %
Naphthalin	0,5 %	—
Ammonsalpeter	32,0 %	32,0 %
Kalisalpeter	2,0 %	2,0 %
Natronsalpeter	5,5 %	4,5 %
Alkalichlorid	27,5 %	30,0 %
Ausbauchung	233 ccm	205 ccm
Schlagwettersicherheit .	350 g	700 g
Kohlenstaubsicherheit .	700 g	700 g

Das Gelatine-Leonit A enthielt als gelatinöse Basis ein Gemisch von Trinitroglycerin und Dinitroglycerin und war im übrigen von ähnlicher Zusammensetzung wie die Gelatine-Dahmenite. Beide Typen haben sich an und für sich gut bewährt. Sie waren aber teurer im Einstand als entsprechende Nitroglycerinsprengstoffe und boten diesen gegenüber abgesehen von der Ungefrierbarkeit keine besonderen Vorteile, weshalb ihre Fabrikation nach einigen Jahren wieder aufgegeben wurde.

Ein französischer sog. gelatinöser Wettersprengstoff auf Basis von Dinitroglycerin von der Zusammensetzung[1]):

Dinitroglycerin	35,0 %
Nitrocellulose	0,7 %
Ammonsalpeter	38,4 %
Trinitrotoluol	2,5 %
Cellulose	2,0 %
Natriumoxalat	12,0 %
Chlorammonium	9,4 %

ist, nach deutschen Prüfungsbedingungen untersucht, nicht wettersicher.

Schließlich sind als schwergefrierbare wettersichere Sprengstoffe noch die in Frankreich neuerdings zugelassenen „Grisoutines au dinitroglycol" zu erwähnen, von denen die Grisoutine G folgende Zusammensetzung hat[2]):

Nitroglycerin	23,3 %
Dinitroglykol	5,8 %
Nitrocellulose	0,9 %
Ammonsalpeter	70,0 %

Über eine tatsächliche praktische Einführung dieser beiden Sprengstoffe ist nichts bekannt geworden.

---

[1]) Kast S. 317 und Dautriche: Mém. poudre salp. Bd. 16, S. 186. 1911/12.
[2]) Kast S. 316 und Dautriche: Mém. poudre salp. Bd. 16, S. 72. 1911/12.

Explosionsflammen bekannter Sprengstoffe (nach Lichtbildern).

I. Gesteins-Sprengstoffe:

a) Dynamite:

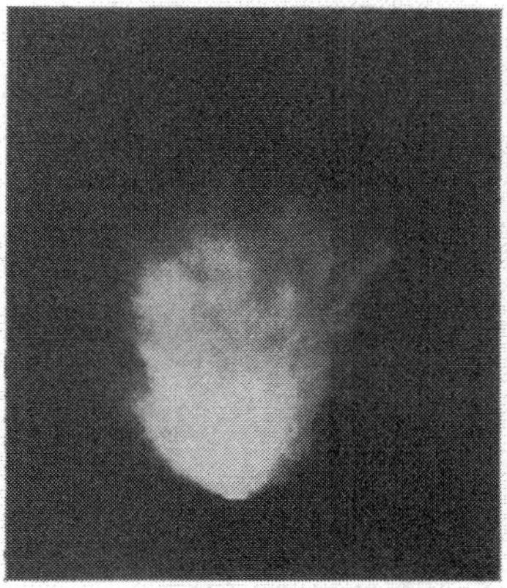

Dynamit 3
40 $^0/_0$ iges Gel.-Dynamit) mit Salpeter.

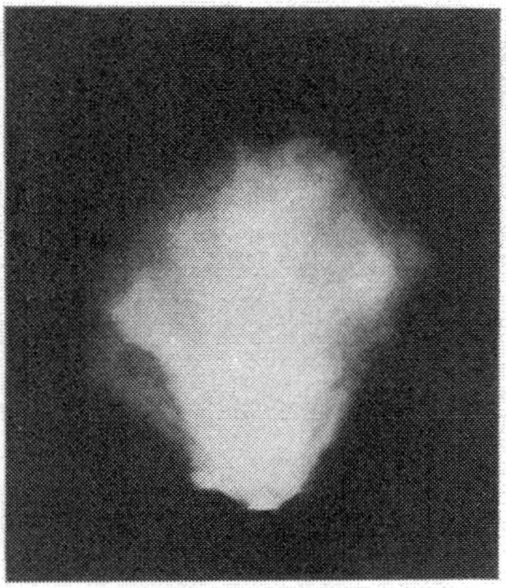

Dynamit 3
(40 $^0/_0$ iges Gel.-Dynamit) mit Perchlorat.

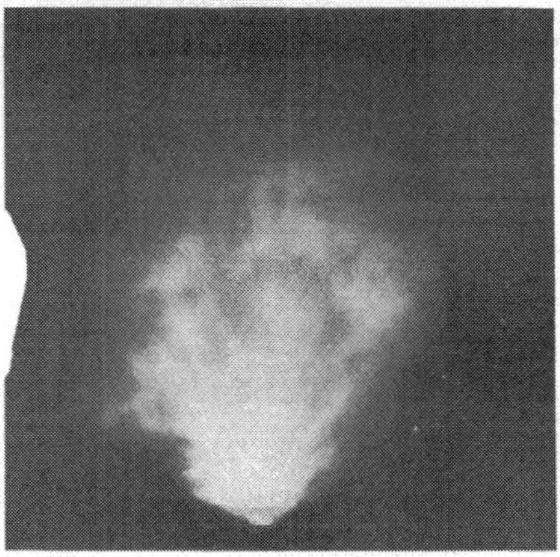

Dynamit 1 (65 $^0/_0$ iges Gelatine-Dynamit).

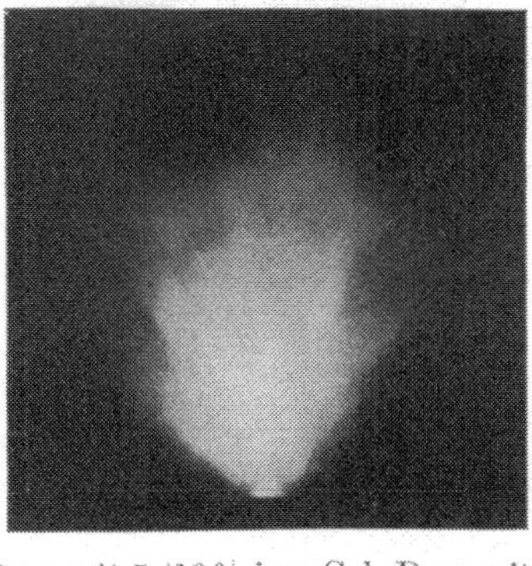

Dynamit 5 (18 $^0/_0$ iges Gel.-Dynamit).

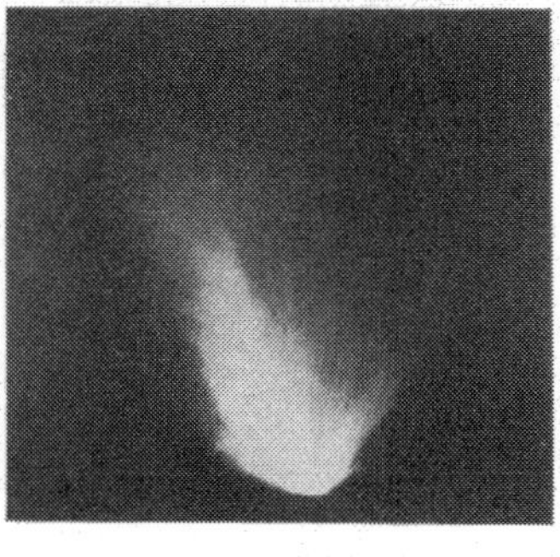

Ammon-Gelatine 1 (Gelatine-Astralit).

b) Ammonsalpetersprengstoffe:

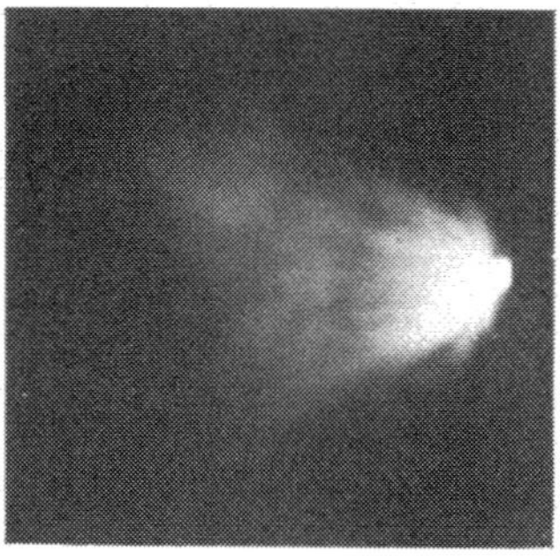

Ammonit 1 (Astralit).

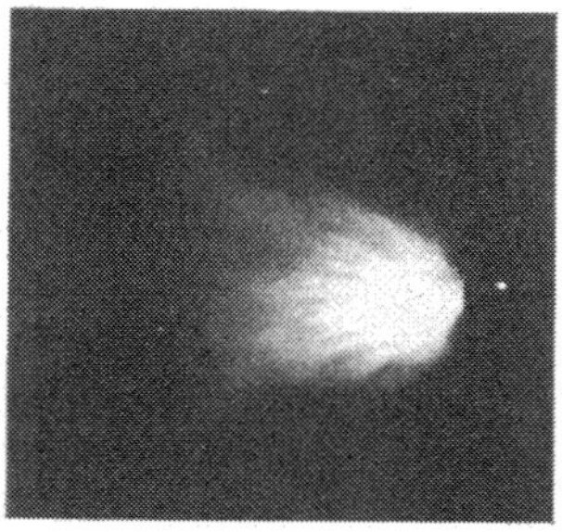

Ammonit 3 (Astralit V).

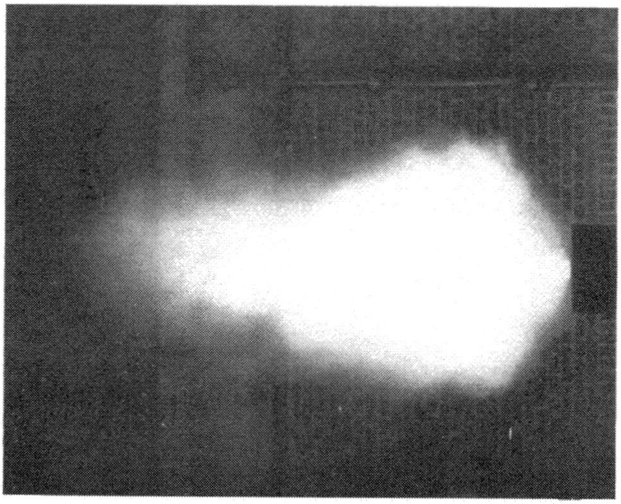

Ammonal (Ammonit 5).

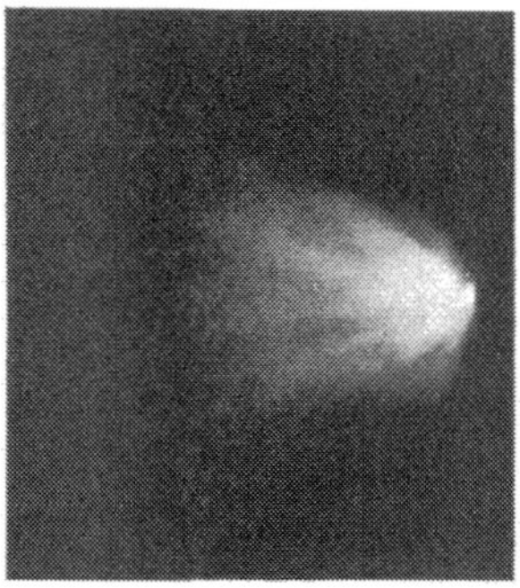

Ammonit 2 (Astralit o. N.)

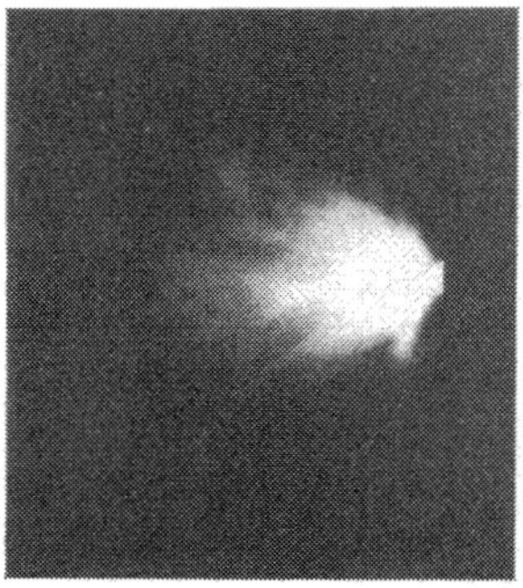

Ammonit 4 (Astralit V o. N.)

c) Chloratsprengstoffe:

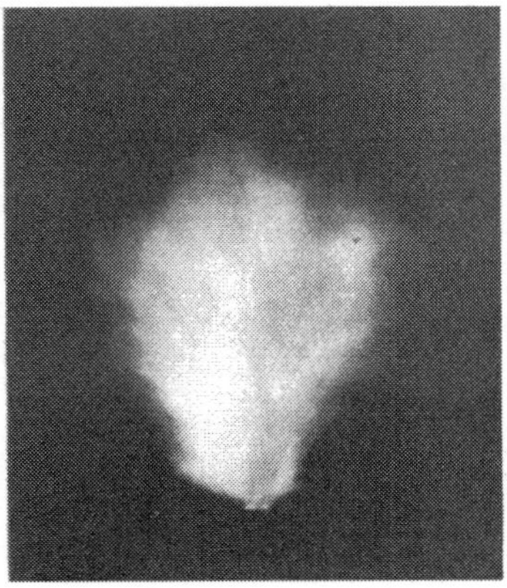

Chloratit 1 (Gesteins-Koronit).

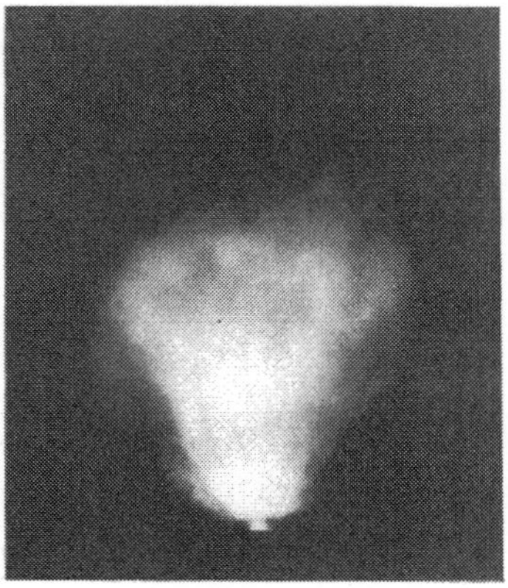

Chloratit 2 (Gesteins-Koronit o. N.).

d) Perchloratsprengstoffe:

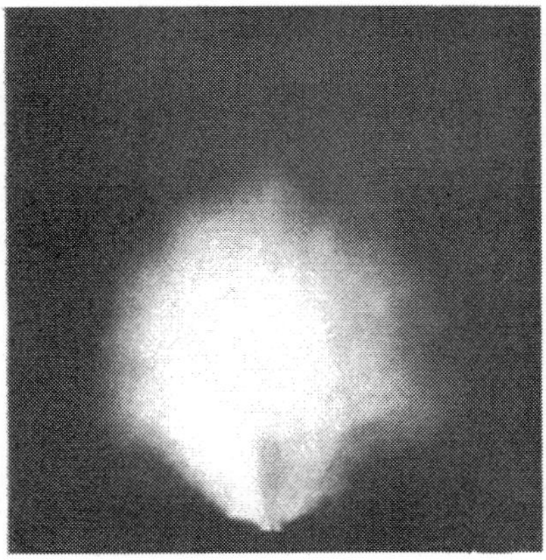

Perchloratit 1 (Perkoronit a).

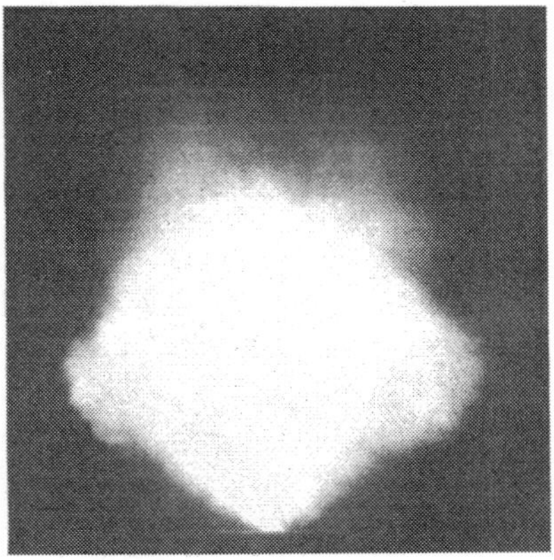

Perchloratit 2 (Perkoronit b).

II. Schlagwetter- und kohlenstaubsichere Sprengstoffe.

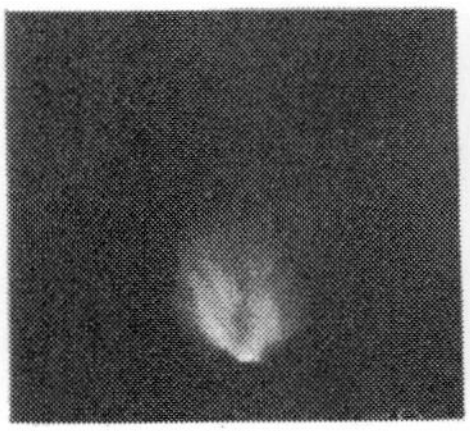

Wetter-Delonit A.

Wetter-Astralit A.

Wetter-Nobelit A.

Nobelit 20.

VI. Sprengstoffe mit niedrigem Nitroglyceringehalt.

Eine nicht geringe Bedeutung hat das Nitroglycerin in den letzten Jahrzehnten als niedrigbemessener Zusatz in pulverförmigen Sprengstoffen erlangt, die auf Basis von Sauerstoffsalzen aufgebaut sind.

Hierhin gehören neben gewissen Chlorat- und Perchloratsprengstoffen in erster Linie die handhabungssicheren Ammonsalpetersprengstoffe, die in Steinbruchsbetrieben sowie bei der Kali- und Steinsalzgewinnung neuerdings auch für landwirtschaftliche Zwecke (Stockrodung) eine erhebliche Rolle spielen. Ebenso groß ist die Bedeutung der zugleich handhabungs- und schlagwetter- und kohlenstaubsicheren Ammonsalpetersprengstoffe mit geringem Nitroglyceringehalt für den Kohlenbergbau.

Der Wert dieses geringen Zusatzes besteht einmal in einer Sicherstellung der Detonations- und Übertragungsfähigkeit der betreffenden Sprengstoffe, ein besonders bei den abgeschwächten Wettersprengstoffen sehr wichtiger Faktor. Ferner wird ihre Plastizität, Dichte, Detonationsgeschwindigkeit und damit Brisanz etwas verbessert, während auf der anderen Seite die Handhabungssicherheit nicht nachteilig beeinflußt wird, wofern der Nitroglycerinzusatz die Grenze von etwa 5% nicht überschreitet.

Häufig wird den Sprengstoffen zugleich etwas Kollodiumwolle (in der Regel 0,1%) zugesetzt, wohl in der Absicht das Nitroglycerin besser zu binden und am etwaigen Austreten als Flüssigkeit zu verhindern. Diese Maßnahme hat sich indessen in der Praxis als nicht notwendig erwiesen, da derartig geringe fein verteilte Nitroglycerinmengen selbst beim Feuchtwerden der betr. Sprengstoffe nicht austreten. Außerdem ist es nicht erwiesen, daß bei dem üblichen getrennten Zusatz von Kollodiumwolle und Nitroglycerin eine Gelatinierung des letzteren überhaupt eintritt. Ob die kleine Menge Kollodiumwolle im praktischen Sprengstoffbetriebe so fein verteilt werden kann, daß sie überall gleichmäßig mit Nitroglycerin in Berührung kommt, muß bezweifelt werden. Der Zusatz des Nitroglycerins erfolgt in solchen Sprengstoffen immer in flüssiger Form, und der Vergleichssprengstoff für die handhabungssicheren Ammonsalpetersprengstoffe der deutschen Eisenbahnverkehrsordnung, das bekannte Donarit der E.V.O., enthält keine Kollodiumwolle.

Das Nitroglycerin durchzieht in feinster Verteilung in flüssiger Form den pulverförmigen Sprengstoff, feuchtet ihn etwas an, und indem es in dieser Form seine Empfindlichkeit gegen Initialimpuls beibehält, überträgt es diese Eigenschaft auf die ganze Masse, wofern nicht andere phlegmatisierende Einflüsse, die den Durchgang der Detonationswelle erschweren, seine Wirkung aufheben. Dies kann geschehen durch zu hohe Zusätze phlegmatisierender Öle, z. B. Paraffinöl oder flüssiger und plastischer niedrignitrierter träger Nitrokörper, die die lockere pulverige Beschaffenheit der Mischung aufheben und dieselbe zu feucht und dicht machen, sich auch im Nitroglycerin auflösen und dessen physikalische Eigenschaften abändern, d. h. es phlegmatisieren.

Hochnitrierte aromatische Nitrokörper dagegen, wie Trinitrotoluol oder Binitrotoluol, phlegmatisieren, obwohl auch sie sich in gewissem Grade im Nitroglycerin auflösen[1]), dasselbe nur wenig.

Auf der anderen Seite ist das Nitroglycerin in diesen Sprengstoffen in derartiger Verdünnung vorhanden, daß es ihren Charakter nicht wesentlich abändert, und zwar weder ihre chemische Stabilität, noch ihr Verhalten beim Erhitzen, Entzünden und gegen mechanische Einflüsse (Schlag- und Reibungsempfindlichkeit).

Kast gibt zwar an[2]), daß geringe Zusätze von Nitroglycerin die Schlagempfindlichkeit von Ammonsalpetersprengstoffen erhöhen. Doch trifft dies nicht allgemein zu, sondern es spielen auch noch andere Eigenschaften dieser Sprengstoffe hierbei eine Rolle, wie z. B. ein mehr trockenpulveriger oder mehr weichplastischer Zustand. Auch Menge und Charakter der anwesenden Nitrokörper sind nicht ohne Einfluß.

Die von der deutschen Eisenbahnverwaltung zum unbeschränkten Stückgutverkehr zugelassenen handhabungssicheren Ammonsalpetersprengstoffe enthalten fast durchweg höchstens $4^0/_0$ und nur in wenigen Ausnahmefällen $5^0/_0$ Nitroglycerin.

Als Vergleichsmaßstab für die Handhabungssicherheit dient hierbei das Donarit von der Zusammensetzung: $80^0/_0$ Ammonsalpeter, $12^0/_0$ Trinitrotoluol, $4^0/_0$ Roggenmehl und $4^0/_0$ Nitroglycerin.

Ebenso dürfen eine Anzahl der zum beschränkten Stückgutverkehr (2. Gruppe der Sprengmittel) auf den deutschen Bahnen zugelassenen Chlorat- und Perchloratsprengstoffe, wie die vorzugsweise während der Jahre des Weltkrieges viel verwendeten Gesteinskoronite, Albite, Perchlorite und Perkoronite in der Regel bis zu $4^0/_0$ Nitroglycerin enthalten. Als Vergleichsmaßstab dient hierbei der nitroglycerinfreie Chloratsprengstoff Cheddit.

a) Gesteinssprengstoffe mit Sauerstoffsalzen als Grundstoff und geringem Nitroglycerinzusatz.

1. Ammonsalpetersprengstoffe. Die ältesten Ammonsalpetersprengstoffe, z. B. das Roburit und die in Belgien benutzten Favier-Sprengstoffe, sowie die französischen Ammonsprengstoffe: Grisou-Naphtalite-roche, Grisoutolite-roche und andere enthielten kein Nitroglycerin. Sie bestanden aus Ammonsalpeter, häufig neben etwas Kalisalpeter und Dinitronaphthalin, Trinitronaphthalin oder Trinitrotoluol. Ihr Nachteil bei Anwendung schwer explosiver Nitrokörper, wie der

---

[1]) Vgl. Löslichkeit von Nitrokörpern in Nitroglycerin, I. Abschnitt, S. 107.

[2]) Kast: Spreng- und Zündstoffe. 5. Ammonsalpetersprengstoffe. S. 321.

[3]) Vgl. Anlage C der Eisenbahnverkehrsordnung I. Ia. Sprengstoffe. A. Sprengmittel 1. Gruppe.

Naphthalinderivate, ist eine schwere Detonierbarkeit und mangelhafte Übertragung.

Als Ammonsprengstoffe mit Nitroglycerinzusatz wurden zuerst das Donarit und das Astralit von der Sprengstoff-A.-G. Carbonit und der Dynamit A.-G. vormals A. Nobel & Co. eingeführt, während ein ähnlich zusammengesetztes Gesteins-Westfalit von der Westfälisch-Anhaltischen Sprengstoff-A.-G. in den Handel gebracht wurde.

Die ältesten Vertreter hatten folgende Zusammensetzung:

	Donarit	Donarit I	Astralit	Astralit I a
Ammonsalpeter	80 %	67 %	80 %	68,3 %
Trinitrotoluol	12 %	25 %	12 %	25,0 %
Pflanzenmehle	4 %	4 %	3 %	2,7 %
Kohle	—	—	1 %	—
Nitroglycerin	4 %	4 %	4 %	4,0 %

Diese Sprengstoffe ergaben Bleiblockausbauchungen von 380 bis 400 ccm netto und Detonationsgeschwindigkeiten von über 4000 m per Sek. Die mit I und I a bezeichneten Typen wurden auch als verstärktes Donarit bzw. Astralit bezeichnet. Der höhere Gehalt an Trinitrotoluol verlieh ihnen eine höhere Dichte, Detonationsgeschwindigkeit und Brisanz. Das Gesteins-Westfalit I bestand aus 73,5 % Ammonsalpeter, 6 % Kalisalpeter, 7,5 % Trinitrotoluol, 5,0 % Dinitrotoluol, 5 % Mehl und 3 % Nitroglycerin.

Die Anlage C der deutschen Eisenbahnverkehrsordnung zählt eine Reihe weiterer ähnlich zusammengesetzter Sprengstoffe auf, wie Ammonfördit, Dominit, Lignosit, Prosperit, Rhenanit, Gesteins-Romperit, Gesteins-Siegenit u. a.

Nach Inkrafttreten der preußischen Polizeiverordnung über den Vertrieb von Sprengstoffen an den Bergbau vom 25. Jan. 1923 werden zunächst für den preußischen Bergbau alle diese Phantasienamen der verschiedenen Fabrikanten für dieselbe Kategorie von Sprengstoffen in Fortfall kommen und die Bezeichnungen werden für alle Gesteinssprengstoffe vereinheitlicht.

Nur Ammonsalpetersprengstoffe nach folgenden Definitionen, die eine Abstufung der Wirkung ermöglichen, werden alsdann (ab 1. Jan. 1924) unter der Bezeichnung „Ammonit“ als Gesteinsammonsalpetersprengstoffe an den preußischen Bergbau vertrieben werden. Es besteht die Vermutung, daß diese Bewegung nach einer Vereinheitlichung des Sprengstoffwesens hin weitere Kreise ziehen und schließlich sich auch auf die nicht den Oberbergämtern unterstehenden Betriebe, wie Steinbruchsbetriebe, erstrecken und endlich auch von den anderen deutschen Ländern angenommen werden wird.

Ammonit 1.

77—85 % Ammonsalpeter, wovon bis zu 10 % der Gesamtmenge des Sprengstoffs durch Kalisalpeter ersetzt werden dürfen.
1— 6 % Pflanzenmehl und/oder feste Kohlenwasserstoffe.
10—18 % Nitroabkömmlinge des Toluols und/oder Naphthalins und/oder Diphenylamins.
3— 4 % Nitroglycerin (auch gelatiniert).

Ammonit 2.

77—87 % Ammonsalpeter, wovon bis zu 10 % der Gesamtmenge des Sprengstoffs durch Kalisalpeter ersetzt werden dürfen.
1— 6 % Pflanzenmehl und/oder feste Kohlenwasserstoffe und/oder natürlicher auf chemischem oder biologischem Wege veränderter Zellstoff.
12—20 % Nitroabkömmlinge des Toluols und/oder Naphthalins und/oder Diphenylamins, wovon bis zu 4 % der Gesamtmenge des Sprengstoffs durch Nitrocellulose ersetzt werden dürfen.

Ammonit 3.

72—76 % Ammonsalpeter, wovon bis zu 10 % der Gesamtmenge des Sprengstoffs durch Kalisalpeter ersetzt werden dürfen.
3— 5 % Kaliumperchlorat.
1— 4 % Pflanzenmehl und/oder feste Kohlenwasserstoffe.
11—15 % Nitroabkömmlinge des Toluols und/oder Naphthalins und/oder Diphenylamins.
3— 4 % Nitroglycerin (auch gelatiniert).

Ammonit 4.

70—77 % Ammonsalpeter,
5—10 % Kaliumperchlorat.
1— 4 % Pflanzenmehl und/oder feste Kohlenwasserstoffe und/oder natürlicher auf chemischem oder biologischem Wege veränderter Zellstoff.
10—16 % Nitroabkömmlinge des Toluols und/oder Naphthalins und/oder Diphenylamins, wovon bis zu 4 % der Gesamtmenge des Sprengstoffs durch Nitrocellulose ersetzt werden dürfen.

Ammonit 5.

73—84 % Ammonsalpeter, wovon bis zu 5 % der Gesamtmenge des Sprengstoffs durch Kalisalpeter ersetzt werden dürfen.
2—12 % Aluminium.
5—15 % Nitroabkömmlinge des Toluols und/oder Naphthalins und/oder Diphenylamins.
0— 5 % Kaliumperchlorat.
0— 4 % Pflanzenmehl und/oder Cellulose oder natürlicher auf chemischem Wege veränderter Zellstoff.
0— 4 % feste oder flüssige Kohlenwasserstoffe.

Ammonit 6.

82—88 % Ammonsalpeter, wovon bis zu 10 % der Gesamtmenge des Sprengstoffs durch Kalisalpeter ersetzt werden dürfen.
1— 6 % Pflanzenmehl und/oder feste Kohlenwasserstoffe.
3— 8 % Nitroabkömmlinge des Toluols und/oder Naphthalins und/oder Diphenylamins.
3— 4 % Nitroglycerin (auch gelatiniert).

Ammonit 7.

83—88 % Ammonsalpeter, wovon bis zu 10 % der Gesamtmenge des Sprengstoffs durch Kalisalpeter ersetzt werden dürfen.

1— 6 % Pflanzenmehl und/oder feste Kohlenwasserstoffe und/oder Cellulose oder natürlicher auf chemischem oder biologischem Wege veränderter Zellstoff.

7—11 % Nitroabkömmlinge des Toluols und/oder Naphthalins und/oder Diphenylamins, wovon bis zu 4 % der Gesamtmenge des Sprengstoffs durch Nitrocellulose ersetzt werden dürfen.

Von diesen Ammoniten enthalten hiernach 1, 3 und 6 einen Zusatz von Nitroglycerin, während die übrigen nitroglycerinfrei sind. Die Ammonite 3—5, die auch Kaliumperchlorat und Aluminium enthalten dürfen, ermöglichen eine Mitverwendung der aus Heeresbeständen vom Weltkrieg her noch vorhandenen Mengen der Sprengstoffe Perdit und Ammonal, die Kaliumperchlorat bzw. Aluminium enthielten. Jedoch müssen die betreffenden Sprengstoffe nach § 13 der erwähnten Verordnung mindestens 50 % frischer Rohstoffe enthalten[1]).

Die sprengtechnischen Daten derartiger Sprengstoffe mit und ohne Nitroglycerin vergleichen sich am Beispiel des von der Dynamit Aktien-Gesellschaft zurzeit hergestellten Sprengstoffs Astralit wie folgt:

Der Wirkungsgrad solcher Sprengstoffe mit und ohne Nitroglycerinzusatz zeigt praktisch nur dann keine sehr erheblichen Unterschiede,

Zusammensetzung	Astralit (Ammonit 1)	Astralit o. N. (Ammonit 2)
Ammonsalpeter	79 %	80 %
Trinitrotoluol, Binitrotoluol, Pflanzenmehl	17 %	20 %
Nitroglycerin	4 %	—
Sauerstoffbilanz	+ 2,5 %	+ 0,3 %
Bleiblockausbauchung	390 ccm	375 ccm
Bleiblockstauchung	16,2 mm	16,0 mm
Detonationsfähigkeit	mit Kapsel 1	mit Kapsel 3
Übertragung in 30-mm-Patr.	auf 12 cm	auf 8 cm
Detonationsgeschwindigkeit	5400 m per Sek.	4900 m per Sek.
Dichte der Patronen	1,09	1,03
Explosionswärme	957 Cal.	1006 Cal.
Explosionstemperatur	2170°	2220°

[1]) Bisher wurden diese Sprengstoffe unter der Bezeichnung: Astralit V, Donarit V, Rivalit P, Rhenanit V usw. mit oder ohne Nitroglycerin, aber mit einem Gehalt an Kaliumperchlorat bei Verwendung von Perdit, und als Donarit A, Astralit A, Rivalit A, Rhenanit A, Romperit A usw. mit Aluminium, aber ohne Nitroglycerin und ohne Perchlorat bei Verwendung von Ammonal in den Handel gebracht. (Vgl. Anlage C der E.V.O. Sprengmittel 1. Gruppe.)

wenn große Mengen hochwertiger Nitrokörper, wie Trinitrotoluol angewendet werden. Doch verarbeitet sich der nitroglycerinhaltige Sprengstoff stets besser und neigt weniger zur Staubbildung. Die geringe Menge des Nitroglycerins wird stets in umwallten Gebäuden durch einen Verteiler oder in dünnem Strahl in der Knetmaschine dem fertigen Sprengstoff zugesetzt, worauf genügend lange (15—20 Min.) gemischt wird, um eine völlig homogene Verteilung zu erzielen[1]).

Zu erwähnen ist in diesem Zusammenhang als Ammonsalpetersprengstoff mit niedrigem Nitroglyceringehalt noch das „Monobel", ein Sprengstoff, der zuerst in England hergestellt und später auch in den Vereinigten Staaten von Nordamerika in beträchtlichem Umfange verbraucht wurde. Hauptsächlich folgende Varietäten sind bekannt geworden:

	Monobel		
	I	II	III
Nitroglycerin .	10 %	10 %	10 %
Ammonsalpeter	80 %	70 %	70 %
Kochsalz . . .	—	10 %	10 %
Roggenmehl . .	2 %	2 %	—
Holzschliff . . .	8 %	8 %	—
Feines Sägemehl	—	—	10 %

Monobel II und III gelten in Amerika als wettersicher. Monobel I ist in England als Gesteinssprengstoff zugelassen. Seine Eigenschaften und die Gründe, warum derartige Sprengstoffe in Deutschland nicht fabriziert werden, wurden bereits im 1. Kapitel des III. Abschnittes unter b) Dynamite mit chemisch wirksamer Basis besprochen (vgl. daselbst S. 260).

2. Chlorat- und Perchloratsprengstoffe. Während die älteren in Deutschland gebrauchten Chloratsprengstoffe wie die Cheddite und die Silesiasprengstoffe kein Nitroglycerin enthielten, ging man während des Weltkrieges, als die Fabrikation dieser Sprengstoffe infolge des Stickstoffmangels einen großen Aufschwung nahm, dazu über, auch hier Zusätze von bis zu 4 % Nitroglycerin zu machen, ohne daß hierdurch die typischen Eigenschaften dieser Mischungen und ihr beschränkter Grad von Handhabungssicherheit wesentliche Abänderung erfuhren.

Die 2. Gruppe der Sprengmittel der Anlage C der deutschen Eisenbahnverkehrsordnung zählt eine Anzahl solcher Sprengstoffe auf, die in beschränkten Mengen (200 kg) zum Stückgutverkehr zugelassen sind. Die bekanntesten sind die Gesteinskoronite und Albite, sowie die Kohlenkoronite und Wetter- und Kohlenalbite, welch letztere eine kurze Zeit im Kohlenbergbau als wettersichere Sprengstoffe verwendet, aber

[1]) Über die sonstige Fabrikation der Ammonsalpetersprengstoffe s. Escales: Die Ammonsalpetersprengstoffe, und Kast: Spreng- und Zündstoffe. S. 317ff.

wegen ihrer auffälligen bedenkenerregenden Flammenerscheinungen bei der Explosion bald wieder durch Ammonsprengstoffe ersetzt wurden.

Sie enthalten neben Kalium- oder Natriumchlorat, Pflanzenmehle, Nitrokörper wie Nitronaphthalin, Binitrotoluol und Trinitrotoluol und Kohlenwasserstoffe wie Naphthalin oder Paraffin.

Der Nitroglycerinzusatz diente auch hier zur Verbesserung der Übertragung und Erhöhung der Brisanz.

Das Gesteins-Koronit T der Dynamit A.-G. fand bis in die jüngste Zeit noch einen recht beträchtlichen Absatz sowohl in Kali- und Steinbruchs- als auch in Eisenerzbetrieben, ist aber in der Nachkriegszeit mehr und mehr teils durch niedrigprozentige Dynamite, teils durch Perchloratsprengstoffe (Perkoronite) verdrängt worden.

Die sprengtechnischen Eigenschaften solcher neuzeitlichen relativ hochbrisanten Chloratsprengstoffe mit und ohne Nitroglycerinzusatz vergleichen sich wie folgt:

	Gesteins-Koronit T 1	Gesteins-Koronit T 2
Natriumchlorat	72 %	75 %
Pflanzenmehl	1—2 %	1—2 %
Tri- und Binitrotoluol	20 %	20 %
Paraffin	3—4 %	3—4 %
Nitroglycerin	3—4 %	—
Sauerstoffbilanz	+ 3,0 %	+ 1,9 %
Bleiblockausbauchung	290 ccm	280 ccm
Bleiblockstauchung	20 mm	19,5 mm
Detonationsfähigkeit	mit Kapsel 3	mit Kapsel 1
Übertragung, 25-mm-Patr.	auf 8 cm	auf 8 cm
Detonationsgeschwindigkeit	5600 m per Sek.	4900 m per Sek.
Dichte der Patronen	1,57	1,46
Explosionswärme	1219 Cal.	1241 Cal.
Explosionstemperatur	3265°	3300°

Die Brisanz des nitroglycerinhaltigen Sprengstoffs ist etwas höher als die des nitroglycerinfreien. Auffallend ist, daß der letztere bereits mit der schwächsten Kapsel Nr. 1 zur Detonation gelangt, was seiner trocknen pulverigen Beschaffenheit zu verdanken ist, während der nitroglycerinhaltige plastischere und weichere Sprengstoff etwas insensibler ist und eine stärkere Kapsel erfordert.

Ebenso ist auch die geschmeidigere nitroglycerinhaltige Mischung trotz des Nitroglyceringehaltes etwas weniger empfindlich gegen Schlag und Reibung als die trocknere nitroglycerinfreie.

Die mehrfach erwähnte Polizeiverordnung sieht auf der Liste der Bergbausprengstoffe unter den Gesteinssprengstoffen für den preußischen Bergbau folgende Einheitstypen von Chloratsprengstoffen vor, von denen nur der erste Nitroglycerin enthält:

Chloratit 1.

70—80 % Kalium- und/oder Natriumchlorat, wovon bis zu 20 % der Gesamtmenge des Sprengstoffs durch Kaliumperchlorat und/oder Kalisalpeter ersetzt werden dürfen.
12—20 % Nitroabkömmlinge des Toluols und/oder Naphthalins und/oder Diphenylamins.
1— 5 % Pflanzenmehl.
3— 5 % feste Kohlenwasserstoffe und/oder Öle und/oder Fette.
2— 6 % Nitroglycerin (nicht gelatiniert).

Chloratit 2,

70—85 % Kalium- und/oder Natriumchlorat, wovon bis zu 20 % der Gesamtmenge des Sprengstoffs durch Kaliumperchlorat ersetzt werden dürfen.
10—20 % Nitroabkömmlinge des Toluols und/oder Naphthalins und/oder Diphenylamins.
1— 5 % Pflanzenmehl.
3— 5 % feste Kohlenwasserstoffe und/oder Öle und/oder Fette.

Chloratit 3.

88—91 % Kalium- und/oder Natriumchlorat.
12— 9 % flüssige Kohlenwasserstoffe mit einem Flammpunkt von nicht weniger als 30 ° C.

Von Perchloratsprengstoffen sind während des Krieges die Perchlorite und Wetterperchlorite, sowie Persalite, Gesteins-Persalite und Wetter-Persalite viel benutzt worden. Auch hier war vielfach ein Zusatz von 4 %, bisweilen auch 6 % Nitroglycerin üblich. Auch diese Sprengstoffe werden in der Eisenbahnverkehrsordnung in der 2. Gruppe der Sprengmittel neben den Chloratsprengstoffen aufgeführt. Die Perchlorite enthalten etwa 35 % Kaliumperchlorat, annähernd ebensoviel Ammonsalpeter, sowie aromatische Nitrokörper, Pflanzenmehle und meist 4 % Nitroglycerin, die Wetter-Perchlorite außerdem eine entsprechende Menge Alkalichloride.

Eine größere Verbreitung haben auch heute noch die Perkoronite vorwiegend in Erzgruben und Steinbrüchen. Diese Sprengstoffe bestehen vorwiegend aus Kaliumperchlorat, neben wenig Ammonsalpeter, einem hohen Gehalt an Nitrokörpern, etwas Holzmehl und werden mit und ohne Nitroglycerinzusatz vertrieben.

Die Gewinnung großer Mengen an Kaliumperchlorat aus den sog. Perchloratminen der Heeresbestände war ihrer Verbreitung förderlich[1]).

Ihre Wirkung ist gleichfalls hochbrisant und etwa der der besten Chloratsprengstoffe zu vergleichen. Das Kaliumperchlorat gibt seinen Sauerstoff schwerer ab als die Chlorate und ist infolgedessen als Sprengstoffbasis weniger sensibel gegen Detonationserregung als letztere. Gleichwohl sind trockenpulverige Perchloratmischungen fast ebenso empfindlich gegen Schlag und Reibung wie Chloratsprengstoffe. Auf der anderen Seite setzt eine gute Detonationsfähigkeit und Übertragung

[1]) Die betr. Minen enthielten als Füllung einen aus Kaliumperchlorat und Nitrokörpern bestehenden Sprengstoff, aus dem das Perchlorat durch Auslaugen mit heißem Wasser gewonnen wurde.

für Perchloratsprengstoffe die Verwendung hochwertiger Nitrokörper voraus und der Nitroglycerinzusatz spielt hier unter Umständen eine ebenso wichtige Rolle, wie bei den Ammonsalpetersprengstoffen.

Als typische Beispiele seien zwei von der Dynamit-Aktien-Gesellschaft in großem Umfang in den Verkehr gebrachte Vertreter dieser Sprengstoffkategorie mit ihren sprengtechnischen Eigenschaften erwähnt:

	Perkoronit a	Perkoronit b
Kaliumperchlorat	58 %	59 %
Ammonsalpeter	8 %	10 %
Tri- und Binitrotoluol, Pflanzenmehl	30 %	31 %
Nitroglycerin	4 %	—
Sauerstoffbilanz	+ 2,2 %	+ 1,8 %
Bleiblockausbauchung	340 ccm	330 ccm
Bleiblockstauchung	20 mm	18 mm
Detonationsfähigkeit	mit Kapsel 3	mit Kapsel 3
Detonationsübertragung, 25-mm-Patr.	auf 6 cm	auf 4 cm
Detonationsgeschwindigkeit	5350 m per Sek.	4950 m per Sek.
Dichte der Patronen	1,58	1,52
Explosionswärme	1170 Cal.	1160 Cal.
Explosionstemperatur	3145°	3115°

Die preußische Polizeiverordnung vom 25. Januar 1923 betr. die Vereinheitlichung des Sprengstoffwesens, zählt auf der Liste der Bergbausprengstoffe unter den Gesteinssprengstoffen folgende Typen der Perchloratsprengstoffe unter der Bezeichnung „Perchloratite" auf:

Perchloratit 1.

60—75 % Kaliumperchlorat, wovon bis zu 10 % der Gesamtmenge des Sprengstoffs durch Ammonsalpeter und/oder Kalisalpeter ersetzt werden dürfen.
1— 5 % Pflanzenmehl.
20—30 % Nitroabkömmlinge des Toluols und/oder Naphthalins und/oder Diphenylamins.
3— 6 % Nitroglycerin (nicht gelatiniert).

Perchloratit 2.

62—75 % Kaliumperchlorat, wovon bis zu 10 % der Gesamtmenge des Sprengstoffs durch Ammonsalpeter und/oder Kalisalpeter ersetzt werden dürfen.
1— 8 % Pflanzenmehl und/oder feste Kohlenwasserstoffe.
20—30 % Nitroabkömmlinge des Toluols und/oder Naphthalins und/oder Diphenylamins, wovon bis zu 4 % der Gesamtmenge des Sprengstoffs durch Nitrocellulose ersetzt werden dürfen.

Perchloratit 3.

30—40 % Kalium- und/oder Ammoniumperchlorat.
35—45 % Ammonsalpeter, wovon bei Anwesenheit von Ammoniumperchlorat eine diesem äquivalente Menge durch Kalisalpeter ersetzt sein muß.
15—20 % Nitroabkömmlinge des Toluols und/oder Naphthalins und/oder Diphenylamins, wovon bis zu 4 % der Gesamtmenge des Sprengstoffs durch Nitrocellulose ersetzt werden dürfen.
3— 8 % Pflanzenmehl und/oder feste Kohlenwasserstoffe.

b) Wettersichere Sprengstoffe mit geringem Nitroglyceringehalt.

1. Wettersichere Ammonsalpetersprengstoffe mit 4% Nitroglycerinzusatz. Wettersichere Chlorat- und Perchloratsprengstoffe mit geringem Nitroglyceringehalt sind schon unter a): „Gesteinssprengstoffe" kurz gestreift worden. Da sie nur vorübergehend während des Weltkrieges in Deutschland und auch nur zu geringer Bedeutung gelangten, erfordern sie keine eingehendere Behandlung.

Von größter Wichtigkeit dagegen und zwar ganz besonders für den deutschen Kohlenbergbau sind die wettersicheren Ammonsalpetersprengstoffe, mit denen in den Kriegsjahren, d. h. in den Jahren der Beschlagnahme des Nitroglycerins für Heereszwecke, der Kohlenbergbau fast ausschließlich versorgt wurde, und die auch heute noch für die eigentliche Gewinnung der Kohle in erster Linie benutzt werden, während man für die Arbeiten im Nebengestein sich der dynamitähnlichen gelatinösen Wettersprengstoffe bedient.

Die heutigen scharfen Prüfungsbedingungen für wettersichere Sprengstoffe haben auch bei den Ammonsprengstoffen zu einer starken Abschwächung der Brisanz gegenüber älteren Vertretern dieser Art geführt, die zugleich auch die Sicherstellung der Detonationsfähigkeit und Übertragung als besonders wichtig erscheinen läßt.

Diese wird im Inland durchweg durch einen Nitroglycerinzusatz bewirkt, der in Preußen durch § 16 der Polizeiverordnung vom 25. Jan. 1923 in Höhe von mindestens 4% obligatorisch gemacht wird, während in anderen Ländern, z. B. Frankreich, auf diesen Faktor anscheinend weniger Wert gelegt wird. Dortselbst sind z. B. für die Arbeit im Kohlenflöz neben dem nitroglycerinhaltigen Ammonsalpetersprengstoff: Grisou-Dynamite-couche von der Zusammensetzung:

Nitroglycerin	12,0%	12,0%
Kollodiumwolle	0,5%	0,5%
Ammonsalpeter	87,5%	82,5%
Kalisalpeter	—	5,0%

auch die nitroglycerinfreien Ammonsalpetersprengstoffe „Grisou-Naphtalite-couche" von folgender Zusammensetzung:

Trinitronaphthalin	5%	5%
Ammonsalpeter	95%	90%
Kalisalpeter	—	5%

und Grisoutolite-couche

Trinitrotoluol	6,5%
Kalisalpeter	5,0%
Ammonsalpeter	88,5%

zugelassen.

Da schon eine geringe Feuchtigkeitsaufnahme die Detonationsfähigkeit solcher Mischungen erheblich beeinträchtigen kann, würden sie angesichts der starken Hygroskopizität des Ammonsalpeters für deutsche Verhältnisse als nicht genügend zuverlässig betrachtet werden.

Dasselbe gilt z. B. auch für den im Nebengestein zugelassenen französischen Wettersprengstoff: „Grisou-Naphtalite-roche“:

Binitronaphthalin	8,5 %	8,5 %
Ammonsalpeter	91,5 %	86,5 %
Kalisalpeter		5,0 %

Die englische Permitted List enthält zwar eine Anzahl nitroglycerinfreier wettersicherer Ammonsalpetersprengstoffe[1]), doch werden in der Praxis dem Vernehmen nach fast ausschließlich nitroglycerinhaltige Wettersprengstoffe angewendet.

Die wettersicheren Ammonsalpetersprengstoffe kann man in zwei Grundtypen einteilen, und zwar solche, in denen bei einem mittleren Ammonsalpetergehalt von etwa 55—75 % der disponible Sauerstoff des letzteren zur Oxydation zugesetzter Kohlenstoffträger (Nitrokörper und Mehle) ganz oder weitgehend ausgenutzt, und andererseits Explosionswärme und Brisanz durch sichernde Zusätze (z. B. Chloride) herabgesetzt wird, und solche mit hohem Ammonsalpetergehalt (75 — 80 und mehr Prozent), deren geringe Explosionswärme und Brisanz auf einer sehr unvollkommenen Ausnutzung des Sauerstoffs des Ammonsalpeters bei einem sehr geringen Gehalt an Kohlenstoffträgern beruht.

Dieser letztere Typ erfreut sich heute der größten Beliebtheit und wird weit überwiegend fabriziert.

Zum ersteren gehören die älteren Wetter-Astralite, Ammon-Nobelite, Ammon-Carbonite, ferner auch Kohlen-Westfalite, Detonite, Prosperite und die neuen Wetter-Lignosite und Wetter-Ammoncahücite.

Folgende Beispiele seien genannt:

	Ammon-Nobelit A	Ammon-carbonit II	Detonit V	Prosperit V
Ammonsalpeter	61,0 %	56,4 %	66 %	60 %
Natronsalpeter	3,0 %	7,0 %	—	5 %
Mehle	7,5 %	4,0 %	2 %	4 %
Glycerin	3,0 %	5,0 %	—	—
Kohlenpulver	—	—	4 %	—
Nitrotoluole	1,0 %	—	—	6 %
Alkalichlorid	20,5 %	22,6 %	22 %	21 %
Nitroglycerin	4,0 %	5,0 %	4 %	4 %
Sauerstoffbilanz	± 0	+ 10 %	— 4,8 %	+ 2,7 %
Ausbauchung	215 ccm	210 ccm	220 ccm	235 ccm

[1]) Vgl. Kast: Spreng- und Zündstoffe. S. 339.

Von diesen Sprengstoffen ist besonders das Detonit V als Kriegssprengstoff, für den keine aromatischen Nitrokörper freigegeben zu werden brauchten, in großem Umfange bei der Gewinnung der Kohle benutzt worden.

Zu derselben Klasse gehören folgende beiden englischen Wettersprengstoffe[1]):

	Super-Excellite 2	Melling Powder
Ammonsalpeter	48—51 %	51—55 %
Kalisalpeter	19—21 %	—
Natronsalpeter	—	11—13 %
Ammonoxalat	14—16 %	18—20 %
Chlorammonium	4—6 %	—
Holzmehl	—	3—5 %
Trinitrotoluol	—	5—7 %
Nitroglycerin	4—6 %	4—6 %
Feuchtigkeit	1,5	2[2])

Von Ammonsalpetersprengstoffen mit hohem Gehalt an Ammonsalpeter und 4 % Nitroglycerinzusatz sind eine große Anzahl bekannt geworden. Zu ihren ältesten Vertretern dürfte das Ammoncarbonit gehören von der Zusammensetzung: 82 % Ammonsalpeter, 10 % Kalisalpeter, 4 % Mehl, 3,8 % Nitroglycerin, 0,2 % Kollodiumwolle. Dasselbe hat eine Bleiblockausbauchung von etwa 200 ccm, eine Detonationsgeschwindigkeit von 3100 m per Sek. Explosionswärme von 609 Cal. und Explosionstemperatur von 1648°.[3]) Etwa zu gleicher Zeit wurden das Ammon-Nobelit und die Kohlenwestfalite I und IV bekannt[4]).

	Ammon-Nobelit	Kohlen-Westfalit I	Kohlen-Westfalit IV
Ammonsalpeter	78 %	83 %	73,0 %
Kalisalpeter	5 %	7 %	2,8 %
Barytsalpeter	—	2 %	—
Alkalichlorid	8 %	—	15,0 %
Mehl	5 %	2 %	1,0 %
Trinitrotoluol	—	2 %	—
Binitrotoluol	—	—	5,0 %
Nitroglycerin	4 %	4 %	3,2 %
Sauerstoffbilanz	+ 11,8 %	+ 16,4 %	+ 8,8 %
Ausbauchung	200 ccm	230 ccm	200 ccm

---

1) Aus Kast: Spreng- und Zündstoffe. S. 338—339.

2) Die Feuchtigkeit ist das Krystallwasser des Ammonoxalates.

3) Nach Bichel: „Glückauf" 1904, S. 1043.

4) Kast: Spreng- und Zündstoffe. S. 332.

Während des Krieges und in der ersten Zeit nach dem Kriege wurden z. B. folgende Sprengstoffe in großem Umfange verbraucht:

	Detonit VI bzw. 14a	Detonit XIV	Kohlen-Westfalit V
Ammonsalpeter	82,0 %	82,0 %	83,0 %
Kalisalpeter	—	10,0 %	8,0 %
Barytsalpeter	—	—	2,0 %
Kochsalz	10,5 %	—	—
Holzmehl	2,0 %	1,5 %	Kart. m. 1,5 %
Kohlenpulver	0,5 %	—	—
Montanwachs	—	—	1,5 %
Nitronaphthalin	1,0 %	2,5 %	—
Nitroglycerin	4,0 %	4,0 %	4,0 %
Sauerstoffbilanz	+ 10,9 %	+ 13,6 %	+ 13,5 %
Ausbauchung	230 ccm	235 ccm	230 ccm

Man pflegt diese Art Sprengstoffe mit einer doppelten Patronenhülle zu umgeben und in Paraffin zu tauchen. Vor dem Gebrauch soll dann die äußere paraffinierte Hülle entfernt werden. Ebenso werden dieselben auf den Versuchsstrecken nach Entfernung der äußeren Hülle nur mit der innern, die aus gewöhnlichem Papier besteht, gegen Grubengasgemisch und Kohlenstaub geprüft. Dies hat darin seinen Grund, daß der hohe Sauerstoffüberschuß dieser Mischungen zur Verbrennung des Paraffins beitragen und bei einfacher paraffinierter Umhüllung die Explosionstemperatur erhöhen und die Wettersicherheit herabdrücken würde. In der Tat hat man diese Beobachtung gemacht.

In neuerer Zeit hat sich ferner gezeigt, daß Sprengstoffe vom Typ des Detonit XIV und Kohlen-Westfalit V wegen ihres beträchtlichen Gehaltes an Kalisalpeter keine genügend hohe Kohlenstaubsicherheit besitzen. Man hat daher den Gehalt an Kalisalpeter reduziert bzw. ihn durch andere Salze ersetzt.

Vom 1. Jan. 1924 an dürfen im preußischen Bergbau nur noch folgende wettersicheren Ammonsalpetersprengstoffe mit 4 % Nitroglycerin verwendet werden, die auf der ersten Liste der Bergbausprengstoffe[1]) aufgeführt werden. Hiervon gehören die ersten zehn dem zuletzt besprochenen Typ mit hohem Ammonsalpetergehalt und hohem Sauerstoffüberschuß, die letzten vier dem Typ mit mäßigem Ammonsalpetergehalt und hohem Zusatz an Alkalichlorid an:

[1]) Carl Heymanns Verlag, s. a. Deutscher Reichsanzeiger und Preußischer Staatsanzeiger 1923, Nr. 41, 2. Beilage.

Lfd. Nr. der Liste	Bezeichnung des Sprengstoffs	Chemische Zusammensetzung des Sprengstoffs	Firma und Fabrik	Höchstlademenge für Schlagwettergruben g	Höchstlademenge für schlagwetterfreie Steinkohlengruben g
1	Wetter-Detonit A	82,0 % Ammonsalpeter 1,0 % Nitronaphthalin 2,0 % Holzmehl 0,5 % Kohlenpulver 4,0 % gel. Nitroglycerin 10,5 % Chlorkalium 100,0 %	1. Dynamit A.-G. vorm. Alfred Nobel & Co., Hamburg: Fabrik Schlebusch.	800	800
			2. Westdeutsche Sprengstoff-A.-G. Dortmund: Fabrik Rummenohl	800	800
			3. Deutsche Sprengstoff-A.-G., Hamburg: Fabrik Wahn.	800	800
2	Wetter-Detonit B	81 % Ammonsalpeter 8 % Barytsalpeter 2 % Trinitrotoluol 1 % Holzmehl 4 % Nitroglycerin 4 % Chlorkalium 100 %	1. Dynamit A.-G. vorm. Alfred Nobel & Co., Hamburg: Fabrik Schlebusch.	800	800
			2. Carbonit A.-G., Hamburg: Fabrik Schlebusch.	800	800
3	Wetter-Donarit A	82,0 % Ammonsalpeter 1,0 % Nitronaphthalin 2,0 % Holzmehl 0,5 % Kohlenpulver 4,0 % gel. Nitroglycerin 10,5 % Chlorkalium 100,0 %	Carbonit A.-G., Hamburg: Fabrik Schlebusch.	800	800
4	Wetter-Donarit B	81 % Ammonsalpeter 8 % Barytsalpeter 2 % Trinitrotoluol 1 % Holzmehl 4 % Nitroglycerin 4 % Chlorkalium 100 %	dgl.	800	800
5	Wetter-Fördit A	75,00 % Ammonsalpeter 2,00 % Holzmehl 0,75 % Kohle 4,00 % Nitroglycerin 18,25 % Chlorkalium 100,00 %	Aktiengesellschaft Siegener Dynamit-Fabrik, Köln: Fabrik Förde.	800	800
6	Wetter-Dahmenit A	81 % Ammonsalpeter 8 % Barytsalpeter 2 % Trinitrotoluol 1 % Holzmehl 4 % Nitroglycerin 4 % Chlorkalium 100 %	Westdeutsche Sprengstoffwerke A.-G., Dortmund: Fabrik Rummenohl.	800	800

Lfd. Nr. der Liste	Bezeichnung des Sprengstoffs	Chemische Zusammensetzung des Sprengstoffs	Firma und Fabrik	Höchstlademenge für Schlagwettergruben g	Höchstlademenge für schlagwetterfreie Steinkohlengruben g
7	Wetter-Sonnit A	81 % Ammonsalpeter 8 % Barytsalpeter 2 % Trinitrotoluol 1 % Holzmehl 4 % Nitroglycerin 4 % Chlorkalium 100 %	Deutsche Sprengstoff-A.-G., Hamburg: Fabrik Wahn.	800	800
8	Wetter-Westfalit A	84,0 % Ammonsalpeter 2,4 % Barytsalpeter 1,6 % Naphthalin 4,0 % Nitroglycerin 8,0 % Chlorkalium 100,0 %	Westfälisch-Anhaltische Sprengstoff-A.-G., Berlin: a) Fabrik Sythen b) Fabrik Reinsdorf	800	800
9	Wetter-Westfalit B	82,0 % Ammonsalpeter 1,5 % Holzmehl 1,5 % Kohle 4,0 % Nitroglycerin 11,0 % Chlorkalium 100,0 %	dgl,	800	800
10	Wetter-Westfalit C	80 % Ammonsalpeter 4 % Kalisalpeter 2 % Barytsalpeter 2 % Holzmehl 3 % phlegm. Trinitrotol. 4 % Nitroglycerin 5 % Chlorkalium 100 %	dgl.	800	800
11	Wetter-Lignosit A	62,0 % Ammonsalpeter 5,0 % Kalisalpeter 6,3 % Trinitrotoluol 0,7 % Binitrotoluol 4,0 % Holzmehl 4,0 % Nitroglycerin 18,0 % Kochsalz 100,0 %	1. Aktien-Gesellschaft Lignose, Berlin: Fabrik Kruppamühle 2. Westlignose A.-G., Berlin: Fabrik Nüssau.	800	800
12	Wetter-Lignosit B	61,5 % Ammonsalpeter 3,0 % Barytsalpeter 5,0 % Binitrotoluol 4,0 % Holzmehl 4,0 % gel. Nitroglycerin 22,5 % Kochsalz 100,0 %	Westlignose A.-G. Berlin: Fabrik Nüssau.	800	800

Lfd. Nr. der Liste	Bezeichnung des Sprengstoffs	Chemische Zusammensetzung des Sprengstoffs	Firma und Fabrik	Höchstlademenge für Schlagwettergruben g	Höchstlademenge für schlagwetterfreie Steinkohlengruben g
13	Wetter-Ammoncahücit A	64,7 % Ammonsalpeter 8,0 % Trinitrotoluol 2,0 % Kohle 1,3 % Holzmehl 4,0 % gel. Nitroglycerin 20,0 % Natriumchlorid 100,0 %	Deutsche Cahücitwerke A.-G., Gnaschwitz: Fabrik Gnaschwitz.	800	800
14	Wetter-Ammoncahücit B	67,0 % Ammonsalpeter 6,0 % Binitrotoluol 1,5 % Holzmehl 1,5 % Kohle 4,0 % gel. Nitroglycerin 20,0 % Natriumchlorid 100,0 %	1. Deutsche Cahücitwerke A.-G., Gnaschwitz: Fabrik Gnaschwitz.	700	800
			2. Bayrische Sprengstoffwerke u. Chemische Fabriken A.-G., Nürnberg: Fabrik Neumarkt.	800	800

Die sprengtechnischen Daten für Wetter-Detonit A und B, sowie Wetter-Donarit A und B, Wetter-Dahmenit A und Wetter-Sonnit A sind folgende:

	Wetter-Detonit A Wetter-Donarit A	Wetter-Detonit B Wetter-Donarit B Wetter-Dahmenit A Wetter-Sonnit A
Sauerstoffbilanz	+ 10,9 %	+ 16,1 %
Bleiblockausbauchung	230 ccm	220 ccm
Bleiblockstauchung	8,5 mm	8,3 mm
Detonationsfähigkeit	mit Kapsel 3	mit Kapsel 3
Detonationsübertragung: 30-mm-Patr.	auf 4 cm	auf 4 cm
Detonationsgeschwindigkeit	3600 m per Sek.	3650 m per Sek.
Dichte der Patronen	1,04	1,06
Explosionswärme	548 Cal.	462 Cal.
Explosionstemperatur	1520°	1388°
Schlagwettersicherheit[1])	600 g	550 g
Kohlenstaubsicherheit[1])	600 g	500 g

Demselben Sprengstofftyp gehören schließlich noch die französischen zurzeit allerdings nicht gebrauchten Wetter-Sprengstoffe: Grisoutine A und B an, ferner die belgischen: Flammivore und Fractorite, und die englischen: Super-Excellite und Superite:

[1]) Nach den Prüfungsergebnissen der Versuchsstrecke in Derne.

	Grisoutine A	Grisoutine B
Ammonsalpeter	90,45 %	94,0 %
Nitroglycerin	4,85 %	5,9 %
Nitrocellulose	0,15 %	0,1 %
Harz	4,55 %	—

	Flammivore		Fractorite	Super-Excellite	Superite
	I	III			
Ammonsalpeter	82 %	72 %	75 %	73,5—77 %	80—84 %
Natronsalpeter	10 %	—	10 %	—	—
Kalisalpeter	—	—	—	6,5—8,0 %	9—11 %
Ammonoxalat	—	—	7 %	9—11 %	—
Chlorammonium	—	—	—	—	—
Ammonsulfat	—	9 %	—	—	—
Baryumsulfat.	—	7 %	—	—	—
Mehle	4 %	—	4 %	2—4 %	—
Dextrin-Stärke	—	6 %	—	—	2—5 %
Nitroglycerin	4 %	6 %	4 %	3,5—5,0 %	3,5—4,5 %

2. Die sog. halbplastischen wettersicheren Ammonsalpetersprengstoffe mit 10—12 % Nitroglycerin. Ein neuer Typ wettersicherer Ammonsalpetersprengstoffe mit niedrigem Nitroglyceringehalt die sog. halbplastischen oder halbgelatinösen Wettersprengstoffe, kam etwa um das Jahr 1910 mit gewissen Gelatine-Carboniten, Neu-Nobeliten, Kohlen-Saliten usw. auf.

Diese Sprengstoffe sind in gewissem Sinne Ammonsalpetersprengstoffe, können dagegen nicht mit gelatinösen Mischungen verglichen werden. Sie enthalten meist 10—12 % Nitroglycerin, das als Flüssigkeit dem etwas Kollodiumwolle enthaltenden Zumischpulver in der Knetmaschine zugesetzt wird. Die Fabrikation gleicht ganz der der Ammonsalpetersprengstoffe. Es handelt sich um relativ schwere feuchte Pulver, die mit denselben Maschinen patroniert werden, wie Gurdynamit (s. d.). Das Nitroglycerin liegt hier in flüssigem oder ganz schwach gelatiniertem Zustand vor, hat aber keine besondere Neigung auszutreten. Zur Patronierung verwendet man paraffiniertes Papier, ebenso wie bei Gelatinedynamit, da durch gewöhnliches Papier das Nitroglycerin durchfetten würde. Dagegen ist eine Einzelceresinierung der Patronen nicht nötig und üblich, wie man sie sonst bei Ammonsprengstoffen, auch bei denen mit 4 % Nitroglycerinzusatz, anwendet, da durch die relativ reichliche Tränkung mit Nitroglycerin der hygroskopische Ammonsalpeter vor Aufnahme von Feuchtigkeit besser geschützt ist, als in trocken-pulverigen Mischungen, und außerdem durch den höheren Nitroglycerinzusatz die Detonations- und Übertragungsfähigkeit weitgehend sichergestellt ist. Vielfach wird sog. Beutelpackung angewendet, d. h. zwei Beutel mit je $1^1/_4$ kg Inhalt, die ihrerseits in Paraffin getaucht werden, werden zu dem üblichen Paket von 2,5 kg Gewicht vereinigt und dieses wiederum getaucht.

Diese Sprengstoffe gelten nicht als handhabungssicher und genießen nicht die erleichterten Transportbedingungen der Ammonsprengstoffe mit nur 4% Nitroglycerinzusatz.

Sie sind im deutschen Kohlenbergbau in wechselnden Mengen verbraucht worden, besonders auch in der Zeit der Nitroglycerinknappheit während des Weltkrieges und in den darauffolgenden Jahren. Für die Arbeit im Nebengestein werden aber neuerdings angesichts des nicht bedeutenden Preisunterschiedes die kräftigeren gelatinösen Wettersprengstoffe mit 25—30% gel. Nitroglycerin bevorzugt.

In Frankreich ist dieser Typ für die Arbeit im Kohlenflöz zugelassen und auch in England wird er in großem Umfange beim Abbau der Kohle verwendet. Typische Zusammensetzungen aus der Zeit vor dem Kriege sind:

	Neu-Nobelit C	Gel.-Carbonit III	Kohlen-Salit
Nitroglycerin gel.	12%	10,1%	12,5%
Glycerin	4%	5,0%	—
Mehle	6%	4,0%	2,5%
Nitrokörper	—	—	7,0%
Ammonsalpeter	50%	46,4%	41,0%
Natronsalpeter	3%	7,0%	—
Alkalichloride	20%	27,5%	37,0%
Talkum	5%	—	—
Sauerstoffbilanz	—0,6%	+2,2%	—2,6%
Ausbauchung	220 ccm	200 ccm	190 ccm

Viel gebraucht wurden in der Kriegszeit und Nachkriegszeit folgende Mischungen:

	Neu-Nobelit XV	Neu-Nobelit XVI
Nitroglycerin gel.	12%	12%
Holzmehl und Kohle	4%	3%
Nitrokörper	2%	3%
Ammonsalpeter	54%	54%
Alkalichlorid	28%	28%
Sauerstoffbilanz	+0,6%	+2,9%
Ausbauchung	225 ccm	225 ccm

Durch die 1. preußische Bergbauliste sind ab 1. Janunr 1924 nur noch folgende 6 Vertreter dieses Typs im preußischen Bergbau zugelassen:

Lfd. Nr. der Liste	Bezeichnung des Sprengstoffs	Chemische Zusammensetzung des Sprengstoffs	Firma u. Fabrik	Höchstlademenge für Schlagwettergruben g	Höchstlademenge für schlagwetterfreie Steinkohlengruben g
15	Wetter-Astralit A	12 % gel. Nitroglycerin 57 % Ammonsalpeter 2 % Holzmehl 2 % Kohlepulver 27 % Kochsalz 100 %	Dynamit A.-G. vorm. A. Nobel & Co., Hamburg: Fabrik Schlebusch.	800	800
16	Wetter-Sigrit A	12 % gel. Nitroglycerin 57 % Ammonsalpeter 2 % Holzmehl 2 % Kohlepulver 27 % Chlorkalium 100 %	A.-G. Siegener Dynamitfabrik, Köln: Fabrik Förde.	800	800
17	Wetter-Salit A	12 % gel. Nitroglycerin 55 % Ammonsalpeter 3 % Kohle 2 % Holzmehl 28 % Chlorkalium 100 %	Westfälisch-Anhaltische Sprengstoff-A.-G., Berlin: a) Fabrik Sythen b) Fabrik Reinsdorf	700	800
18	Wetter-Baldurit A	12,0 % gel. Nitroglyzerin 50,0 % Ammonsalpeter 2,0 % Binitrotoluol 2,0 % Holzmehl 0,5 % Kohlepulver 33,5 % Kochsalz 100,0 %	Westlignose A.-G., Berlin: Fabrik Nüssau.	600	800
19	Wetter-Bavarit A	12,0 % gel. Nitroglycerin 55,0 % Ammonsalpeter 3,0 % Binitrotoluol 1,0 % Kohle 1,0 % Holzmehl 28,0 % Natriumchlorid 100,0 %	1. Bayrische Sprengstoffwerke und Chemische Fabriken A.-G., Nürnberg: Fabrik Neumarkt. 2. Deutsche Cahücitwerke A.-G., Gnaschwitz: Fabrik Gnaschwitz.	800	800
20	Wetter-Bavarit B	12,0 % gel. Nitroglycerin 56,0 % Ammonsalpeter 2,0 % Trinitrotoluol 2,0 % Binitrotoluol 28,0 % Natriumchlorid 100,0 %	1. Bayrische Sprengstoffwerke und Chemische Fabriken A.-G., Nürnberg: Fabrik Neumarkt. 2. Deutsche Cahücitwerke A.-G. Gnaschwitz: Fabrik Gnaschwitz.	800	800

Die sprengtechnischen Daten sind aus folgenden Beispielen zu ersehen:

	Neu-Nobelit XVI	Wetter-Astralit A
Sauerstoffbilanz	+2,8%	+4,1%
Bleiblockausbauchung	225 ccm	210 ccm
Bleiblockstauchung	13 mm	10 mm
Detonationsfähigkeit	mit Kapsel 1	mit Kapsel 1
Detonationsübertragung (30-mm-Patr.)	auf 25 cm	auf 25 cm
Detonationsgeschwindigkeit	4600 m per Sek.	3800 m per Sek.
Dichte der Patronen	1,20	1,21
Explosionswärme	643 Cal.	601 Cal.
Explosionstemperatur	1828°	1738°
Schlagwettersicherheit[1])	650 g	600 g
Kohlenstaubsicherheit[1])	700 g	700 g

In Frankreich sind folgende Sprengstoffe mit entsprechendem Nitroglyceringehalt für die Arbeit im Kohlenflöz unter der Bezeichnung: Grisou-Dynamite-couche zugelassen:

Nitroglycerin	12,0%	12,0%
Kollodiumwolle	0,5%	0,5%
Ammonsalpeter	87,5%	82,5%
Kalisalpeter	—	5,0%

Von den neueren englischen Vertretern dieses Typs seien folgende im Jahre 1920 zugelassenen Sprengstoffe der Permitted List angeführt:

	Super-Excellite 4	Monarkite 2	Rex-Powder	Stomonal 2
Nitroglycerin	8,5—10,5	9—11	11—13	9—11
Ammonsalpeter	62—65	51—54	58—61	59,5—62,5
Natronsalpeter	—	5—7	—	—
Kochsalz	18,5—20,5	21—23	18,5—20,5	16—18
Ammonoxalat	—	—	—	5—7
Holzmehl (b. 100° getr.)	4,5—6,5	—	7—8,6	5—7
Getreidemehl (b. 100° getr.)	—	6,5—8,5	—	—
Magnesiumcarbonat	0—1,5	0—1,5	—	—
Feuchtigkeit	0—2	0—2	0—2,5	0—2

VII. Nitroglycerin-Pulver und Pulverrohmasse als Sprengstoffe.

(Extraktion von Nitroglycerinpulver.)

Nach Kriegsende waren in Deutschland große Mengen, d. h. mehrere tausend Tonnen an rauchlosem Pulver vorhanden, für das eine alsbaldige wirtschaftliche Verwertung gefunden werden mußte, da anderenfalls der Friedensvertrag seine Vernichtung vorsah.

Während reines Nitrocellulosepulver sich den verschiedensten industriellen Verwendungszwecken zuführen ließ und z. B. zur Her-

[1]) Nach den Prüfungsergebnissen der Versuchsstrecke in Derne.

stellung von Lacken und Kunststoffen in beträchtlichem Umfange herangezogen wurde, kamen derartige Anwendungsweisen für Nitroglycerinpulver wegen der durch die physikalischen und physiologischen Eigenschaften des Nitroglycerins bedingten Gefahren und Übelstände nicht in Frage.

Eine technische Verwertung und damit eine Ausnutzung der in diesem Material steckenden bedeutenden wirtschaftlichen Werte erwies sich nur auf zwei Wegen als möglich, einmal durch Wiedergewinnung des wertvollen Nitroglycerins vermittelst eines Auslaugungsprozesses unter Preisgabe oder anderweitiger Verwendung des Nitrocelluloserückstandes und ferner durch Umwandlung des Nitroglycerinpulvers in ein brisantes Sprengmittel.

Auch die ungelatinierte nitroglycerinhaltige Pulverrohmasse wird zurzeit auf einen Sprengstoff umgearbeitet und so einer wirtschaftlichen Verwendung zugeführt.

Je nach der Form und Zusammensetzung der vorhandenen Pulverbestände wurde von der Sprengstoffindustrie, die diese Bestände erworben hatte, der eine oder der andere Weg beschritten.

1. Gewinnung von Nitroglycerin aus Nitroglycerinpulver.

Zur Extraktion eigneten sich in erster Linie solche Pulver, die einen hohen Nitroglyceringehalt und wenig in denselben Lösungsmitteln wie Nitroglycerin lösliche Zusätze (Stabilisatoren, Gelatinierungsmittel wie Vaseline, Centralite, substituierte Urethane) enthielten. Auch solche Pulver wurden extrahiert, die sich ihrer Form wegen (dünne Platten) weniger zur Umarbeitung auf brisanten Sprengstoff durch Zerkleinerung bzw. Mahlung eigneten.

Meist wurden nur Pulver mit einem Gehalt von etwa 40% Nitroglycerin der Extraktion unterworfen. Dies geschah in Kupferapparaten, die nach dem Soxhletprinzip konstruiert waren, mit niedrigsiedenden Lösungsmitteln, die Nitroglycerin sehr leicht, Nitrocellulose dagegen nicht lösten. Je nach der Dicke der Pulveraggregate dauerte die vollkommene Entlaugung längere oder kürzere Zeit, wobei die Nitrocellulose bis auf einen Gehalt von 0,5—1% von Nitroglycerin befreit wurde.

Die Destillierblase befand sich in einem Wasserbad, das mit Dampf auf die erforderliche Temperatur angewärmt wurde, während das im Rezipienten zurückbleibende entlaugte Pulver schließlich durch einen Dampfstrom vom Lösungsmittel befreit wurde, um letzteres möglichst restlos wiederzugewinnen.

Als Lösungsmittel verwendete die Dynamit A.-G. Dichloräthylen[1]) (CHCl = CHCl), das bei 55° siedet und den Vorzug der Nichtbrennbar-

[1]) Bezogen von der Dr. Alexander Wacker-Gesellschaft in München.

keit besitzt. Auf diese Weise wurde die bei Anwendung brennbarer Lösungsmittel wie Äther bestehende Feuersgefahr ausgeschaltet.

Das Wasserbad mußte eine Temperatur von etwa 70° haben, um das Lösungsmittel in lebhaftem Sieden zu halten. Das in der Blase angesammelte Nitroglycerin wurde schließlich bei einer Temperatur von 60—70° durch einen Luftstrom von den nicht mehr abtreibbaren Resten des Lösungsmittels befreit, in Gummi- oder Aluminiumkannen abgezogen und im Waschhause der Nitroglycerinfabrik einem Waschprozeß mit warmem Wasser unterworfen, worauf es ebenso wie frisch hergestelltes Nitroglycerin zu Sprengstoffen verarbeitet werden konnte.

So wurden Chargen von 300—400 kg Pulver extrahiert, die in einer Operation 120—160 kg Nitroglycerin lieferten.

Wirtschaftlich konnte der Prozeß angesichts der hohen Kosten des flüchtigen Lösungsmittels naturgemäß nur dadurch gemacht werden, daß durch besondere Vorkehrungen zur Wiedergewinnung des letzteren der unvermeidliche Verdampfungsverlust auf ein Minimum reduziert wurde.

Die Westfälisch-Anhaltische Sprengstoff-A.-G. verwendete zu demselben Zwecke den noch niedriger siedenden Äther (Siedepunkt 35°). In der Blase wurde eine Wasserschicht untergebracht, so daß der kondensierte aus dem Rezipienten ablaufende nitroglycerinhaltige Äther auf der Oberfläche des heißen Wassers wieder abdestillierte, worauf das schwere Nitroglycerin durch das Wasser zu Boden sank und kontinuierlich oder in Zwischenpausen abgezapft wurde[1]). Auf diese Weise sollte eine längerdauernde Ansammlung von heißem Nitroglycerin in der Blase vermieden werden.

Da aber bereits eine Lösung von Nitroglycerin in der gleichen Äthermenge schwerer ist als Wasser, dürfte das sich am Boden ansammelnde Nitroglycerin noch reichlich Äther enthalten haben, so daß ein weiterer Waschprozeß mit heißem Wasser und Preßluft unter entsprechender Absorption der entweichenden Ätherdämpfe notwendig war.

Nach dem Verfahren des D.R.P. 337382 der Westfälisch-Anhaltischen Sprengstoff-A.-G. vom 6. Dez. 1918 sollte das Nitroglycerinpulver durch heiße verdünnte Säurelösungen unter Gewinnung der unveränderten Nitrocellulose und einer Lösung von Glycerin und Säuren partiell verseift werden. Diese Verwertungsart dürfte indessen kaum in nennenswertem Maßstabe durchgeführt worden sein. Jedenfalls sind die weitaus größten Pulvermengen, wie im folgenden beschrieben, als Sprengstoff verschossen worden.

---

[1]) D.R.P. 337383 (1920) der Westfälisch-Anhaltischen Sprengstoff-A.-G.

2. Nitroglycerinpulver als Sprengstoff.

Die hornartigen Aggregate des Nitroglycerinpulvers haben eine um so geringere Sensibilität gegen Detonationserregung, je größer ihre Abmessungen bzw. je dicker sie sind. Dagegen gelangen feine Blättchenpulver von z. B. $^1/_2$—1 mm Blättchendurchmesser oder Würfelpulver von 1—2 mm Kantenlänge unter Einschluß im Bohrloch durch eine kräftige Sprengkapsel leicht zur Detonation und konnten in Patronen gefüllt, direkt als brisante Sprengmittel im Bergbau verwendet werden. Gröbere Aggregate mußten zunächst zerkleinert werden.

Nach dem D.R.P. 337461 (1919) der Zentralstelle für wissenschaftlich-technische Untersuchungen in Neubabelsberg sollte das Nitroglycerinpulver zunächst mit Furfurol in wässeriger Lösung oder Emulsion aufgequollen und danach in der Mischmaschine mit anderen Sprengstoffbestandteilen auf Sprengstoffe verarbeitet werden. Nach dem D.R.P. 337495 (1919) der Köln-Rottweil A.-G. Berlin sollte in derselben Weise unter Zusatz von Mononitrokörpern verfahren werden. Beide Verfahren haben sich als schwer durchführbar und in sprengtechnischem Sinne unzweckmäßig erwiesen und man ging bald dazu über, die verschiedenen Sorten Blättchenpulver und Röhrenpulver zu zerkleinern und auf eine Korngröße zu bringen, die ihre direkte Verwendung als Sprengmittel zuließ. Nach dem D.R.P. 332284 (1919) der Westfälisch-Anhaltischen Sprengstoff-A.-G. soll zu diesem Zwecke das Pulver zunächst in mit Wasser verdünnten flüchtigen Lösungsmitteln, z. B. einer 50proz. Acetonlösung aufgeweicht und hierauf in der Knetmaschine unter allmählichem Zusatz der 5—10fachen Wassermenge geknetet werden, wobei es zu einem körnigen Brei zerfällt. Indessen erwies es sich als wirtschaftlicher und einfacher, das Nitroglycerinpulver auf Walzen oder Kollergängen zu dünnen Blättern zu quetschen und in dieser spröderen Form weiter zu zerkleinern. Das erhaltene Produkt ergibt alsdann im Bleiblock eine Ausbauchung von 330—350 ccm und ist als Tri-Westfalit P.N. vorwiegend im Kalibergbau verschossen worden.

Die Fabriken des Nobel-Konzerns haben die verschiedenen Nitroglycerinpulversorten in Exzelsiormühlen zwischen Stahlmahlscheiben unter reichlicher Berieselung mit Wasser auf eine Korngröße von 0,5—2 mm gemahlen, getrocknet und in Patronen von 25—30 mm Durchmesser unter der Bezeichnung „Energit“ vertrieben.

Zwischen diesen beiden Pulversprengstoffen ist sprengtechnisch kein Unterschied vorhanden. Brisanz und Kraftleistung ist einerseits vom Feinheitsgrade andererseits vom Nitroglyceringehalt des Pulvers abhängig. Die Explosionsschwaden dieser Sprengstoffe enthalten naturgemäß erhebliche Anteile an Kohlenoxyd, so daß ihre Verwendung nur an gut bewetterten Betriebspunkten möglich ist. Die Kalibetriebe konsumieren noch heute die größten Mengen. Freiliegend übertragen Energit und Tri-Westfalit P.N. die Explosion nicht, erreichen dagegen in festem Einschluß eine Detonationsgeschwindigkeit von 3000—5000 m per Sek. Zur sicheren Zündung schreiben die Bergbehörden die Verwendung einer starken Sprengkapsel vor.

Auf der anderen Seite hat sich auch das sog. kombinierte Schießen mit den Pulversprengstoffen als vorteilhaft erwiesen, wobei das Energit durch eine oder zwei vorgelagerte Patronen von Sprengsalpeter zur Explosion gebracht wird, die ihrerseits mit Zündschnur gezündet werden.

In der ersten Bergbauliste vom 1. Febr. 1923[1]) für den preußischen Bergbau sind diese Pulversprengstoffe unter den Gesteinssprengstoffen als Nr. 33 „Nitroglycerinpulver" mit folgender Definition aufgeführt:

30—40 % Nitroglycerin,
60—70 % Nitrocellulose,
0—5 % Nitroabkömmlinge des Toluols und/oder Naphthalins,
0—10 % Paraffin und/oder Urethane und/oder Carbamide und/oder Dicyandiamid.

Nach einem neueren Beschluß des preußischen Grubensicherheitsamtes werden unter Streichung der Nr. 33 der Bergbauliste folgende Sorten an Stelle der eben genannten zugelassen und den Oberbergämtern zur Zulassung empfohlen[2]):

Nr. 35. Nitroglycerinpulver 1.

94—96 % Nitroglycerinpulver,
6—4 % 50proz. Calciumnitratlösung.

Nr. 36. Nitroglycerinpulver 2.

97—99 % Nitroglycerinpulver
3—1 % substituierte Urethane.

Nach Inkrafttreten der Neuregelung des Sprengstoffwesens in Preußen (ab 1. Jan. 1924) tritt dann Nr. 33 an Stelle von Energit und Nr. 34 an Stelle von Tri-Westfalit P.N.

Der Zusatz der Calciumnitratlösung bei Nitroglycerinpulver 1 dient der Phlegmatisierung. Die Schlag- und Reibungsempfindlichkeit des feinkörnigen Nitroglycerinpulvers, die bei rauher Handhabung immerhin zu vorzeitiger Entzündung führen könnte, wird durch die Anfeuchtung mit der schwer verdampfenden Lösung des hygroskopischen Calciumnitrates erheblich vermindert. Zugleich werden etwa vorhandene zu feine Bestandteile gebunden.

Um ein Verdampfen der Lösung zu vermeiden, werden die Patronen in Paraffin getaucht.

---

[1]) Reichsanzeiger 1923, Nr. 41, 2. Beilage.
[2]) Reichsanzeiger 1923, Nr. 289.

Der Transport dieser Sprengstoffe ist auf den deutschen Bahnen als Stückgut in unbeschränkten Mengen zulässig, und zwar als Schießmittel der 1. Gruppe, wofern die an die betreffenden Schießmittel gestellten Anforderungen erfüllt sind[1]).

3. Pulverrohmasse als Sprengstoff.

Schließlich werden in neuester Zeit auch die nicht unerheblichen noch vorhandenen Bestände an nitroglycerinhaltiger Pulverrohmasse der Verwendung als Sprengstoff zugeführt.

Aus Gründen der Handhabungssicherheit läßt man in der feuchten Rohmasse einen Teil des Wassergehaltes und fügt zur Erzielung einer vollkommenen Verbrennung und kohlenoxydfreier Schwaden ca. 25 Teile Natronsalpeter oder Kaliumperchlorat hinzu. Die feuchte flockige Masse wird von Hand in Patronen gestopft, die etwa die Dichte 1 erreichen und zur Vermeidung der Austrocknung in Paraffin getaucht werden.

Der Sprengstoff ergibt etwa 300 ccm Bleiblockausbauchung, 12 mm Bleiblockstauchung und besitzt, wofern der Wassergehalt eine gewisse Grenze nicht überschreitet, eine ausreichende Detonationsfähigkeit und Übertragung. Die Detonation ist nur durch eine starke Sprengkapsel zu erzielen. Ein kombiniertes Schießen mit Sprengsalpeter und Zündschnur ist im Gegensatz zu den Pulversprengstoffen nicht möglich.

Vermöge des Feuchtigkeitsgehaltes ist er sehr schwer entzündlich und brennbar und sehr unempfindlich gegen Schlag und Reibung, so daß die deutsche Eisenbahnverwaltung ihn unter der Bezeichnung „Pyrolit“ zum beschränkten Stückgutverkehr nach Gruppe 2 zugelassen hat. Die betreffende Definition lautet nach Reichsgesetzblatt Nr. 29 Teil II vom 13. Aug. 1923 wie folgt:

„Die Anlage C der Eisenbahnverkehrsordnung wird, wie folgt, geändert: Am Schluß der Gruppe 2 ist folgende neue Untergruppe e anzufügen: e) Pyrolit, auch mit angehängten Zahlen und/oder Buchstaben, Gemenge von Pulverrohmasse mit 5—12% ihres Gewichts an Gips und mit soviel Wassergehalt, daß der fertige Sprengstoff mindestens 18% davon enthält, auch mit höchstens 30% Natronsalpeter, der ganz oder teilweise durch Kaliumperchlorat ersetzt werden darf, auch mit höchstens 15% Trinitrotoluol“[2]) u. 3).

Der Gipsgehalt der Rohmasse rührt daher, daß den Beständen, um sie militärisch unbrauchbar zu machen, 10% Gips zugesetzt wurden. Der Gips bleibt, wofern der Sprengstoff auf vollkommener Verbrennung aufgebaut ist, bei der Explosion chemisch unverändert. Bei

[1]) S. deutsche Eisenbahnverkehrsordnung Anlage C, I, Ia. B. Schießmittel.

[2]) Die Pyrolite dürfen bis auf weiteres in unbeschränkten Mengen als Stückgut befördert werden.

[3]) Vgl. a. Reichsanzeiger 1923, Nr. 289. Erster Nachtrag zur Liste der Bergbausprengstoffe Nr. 34 (Pyrolit).

Sauerstoffmangel dagegen wird das Calciumsulfat zu Sulfid reduziert, das mit dem Wasserdampf reagiert, so daß die Explosionsschwaden Schwefelwasserstoff enthalten.

Zur Zeit dieser Niederschrift sind die Verhandlungen zwischen Industrie und Behörde betreffend Zulassung des Pyrolites als Bergbausprengstoff und endgültiger Regelung der Zusammensetzung, insbesondere des vorzuschreibenden Mindestgehaltes an Wasser noch nicht abgeschlossen. Zwecks Sicherung einer zuverlässigen Detonationsübertragung erscheint eine Herabsetzung des Gesamtwassergehaltes auf 15% als wünschenswert.

Anhang.

Chemische Analyse nitroglycerinhaltiger Sprengstoffe[1]).

A. Qualitative Untersuchung.

Am einfachsten ist Nachweis und Identifizierung des Nitroglycerins im Gurdynamit und solchen Sprengstoffen, die außer ihm keine wesentlichen Bestandteile solcher Stoffe enthalten, die sich in den gleichen Lösungsmitteln lösen.

Man digeriert etwas fein verteiltes Gurdynamit oder Mischdynamit mit wasserfreiem Äther, filtriert und läßt die Lösung auf einem Wasserbad oder an einem mäßig warmen Ort abdunsten. Das zurückbleibende Öl ist an der Schlagempfindlichkeit sehr leicht als Nitroglycerin zu erkennen, indem man einen Tropfen mit einem Stückchen Fließpapier aufnimmt, dasselbe auf einen Amboß legt und mit dem Hammer darauf schlägt bzw. es mit dem Fallhammer prüft. Bringt man einen Tropfen in eine mit verdünnter Schwefelsäure angesäuerte Lösung von Jodkaliumstärkekleister und gibt einige Zinkspäne hinzu, so erfolgt Blaufärbung.

Sind Paraffin, Schwefel oder Harze in nennenswerten Mengen anwesend, so scheiden sie sich nach Entfernung des Äthers aus. Man läßt das Nitroglycerin gut abtropfen, preßt mehrfach zwischen Filtrierpapier ab und identifiziert den Rückstand. Paraffin bleibt bei der Behandlung mit kaltem Alkohol zurück. Schwefel scheidet sich in Krystallform ab und ist daran, sowie an der Flamme und Geruch beim Entzünden zu erkennen. Harze lassen sich durch Kochen mit Sodalösung verseifen. Aus der Seife fällt Salzsäure die Harzsäuren aus.

Über Einheitlichkeit und Reinheit des Nitroglycerines entscheidet die Stickstoffbestimmung im Lunge'schen Nitrometer. Sind reichlich aromatische Nitrokörper vorhanden, die mit Nitroglycerin eine Lösung oder ein niedrigschmelzendes eutektisches Gemisch bilden, so kann unter Umständen der Schlagversuch versagen. Man prüft dann, wie oben angegeben, auf Salpetersäureester oder mißt das etwa abgespaltene Stickoxyd im Nitrometer[2]). Die Nitrokörper sucht man durch Krystallisation aus Alkohol und Bestimmung ihres Schmelzpunktes zu identifizieren. Besteht die Vermutung, daß statt oder außer Nitroglycerin etwa Dinitroglycerin, Dinitrochlorhydrin oder Nitroglykol vorhanden sind (ungefrierbare Dynamite), so ist auf Geruch, Flüchtigkeit und Wasserlöslichkeit des öligen Rückstandes zu achten. Bei Anwesenheit von Dinitroglycerin nimmt das Öl beim

---

[1]) Vgl. Guttmann: Ind. d. Explosivstoffe. S. 489 u. 506, sowie Escales: Nitroglycerin u. Dynamit. S. 203 u. 255.

[2]) Hierüber sowie über die Anwendung der Nitrometermethode auf Ätherextrakte s. weiter unten bei: Quantitative Analyse.

Behandeln mit Wasser ab. Dinitrochlorhydrin und Nitroglykol haben einen schwachen eigentümlichen Geruch und eine charakteristische Flüchtigkeit, die man durch längeres Erwärmen des Öles auf Temperaturen von 50—60° beobachtet. Bei Dinitroglycerin und Dinitrochlorhydrin kann außerdem die Stickstoff- und evtl. die Chlorbestimmung Aufschluß geben. Nitroglykol hat etwa denselben Stickstoffgehalt wie Nitroglycerin, unterscheidet sich aber durch das spez. Gewicht und läßt sich im Vakuum bei relativ niedriger Temperatur (aus einem Ölbad) glatt destillieren (vgl. in Abschnitt II die betr. Kapitel).

Handelt es sich um gelatinöse Sprengstoffe (Sprenggelatine, Gelatinedynamite), ist also Kollodiumwolle vorhanden, so kann man Nitroglycerin oder sonstige Salpetersäureester in zweierlei Weise isolieren. Zunächst schneidet man die Masse mit dem Hornspatel in kleine Würfel oder Scheibchen und digeriert nun entweder mit wasserfreiem Äther, worauf man wie oben verfährt. Die Kollodiumwolle bleibt beim Zumischpulver. Oder man digeriert mit wenig Äther-Alkohol (2:1), fällt die Kollodiumwolle mit einem Überschuß von Chloroform, preßt ab, trocknet und identifiziert sie durch Entzündung, Fallhammer, Salpetersäureaktion evtl. auch Stickstoffbestimmung nach Schulze-Tiemann. Die Äther-Alkohol-Chloroformlösung wird abgedunstet und der ölige Rückstand wie oben untersucht. Etwa vorhandener Campher bleibt im Nitroglycerin gelöst und macht sich durch seinen eigentümlichen Geruch bemerkbar. Er läßt sich durch Schwefelkohlenstoff extrahieren.

Die Extraktionsrückstände können Kieselgur, Pflanzenmehle, Holzkohle, andere Kohlenarten, Salpeterarten, Chlorate, Perchlorate, Chloride und sonstige Mineralsalze, evtl. Nitrocellulosen enthalten. Die Salze identifiziert man nach ihren bekannten chemischen Reaktionen. Die meist vorkommenden lösen sich in kaltem oder heißem Wasser, worauf man von Pflanzenmehlen, Kohle und evtl. Nitrocellulose abfiltriert. Kollodiumwolle wird mit Äther-Alkohol extrahiert, evtl. vorhandene Schießbaumwolle nach Entfernung der Kollodiumwolle durch Behandeln mit Essigester oder Aceton. Die mikroskopische Untersuchung des wasserunlöslichen Rückstandes läßt die einzelnen Bestandteile meist genügend erkennen. Nach Veraschung der organischen Komponenten (Mehle, Holzmehl, Kohle) hinterbleiben schließlich die vom Wasser nicht gelösten evtl. vorhandenen Mineralbestandteile: Kieselgur, Kreide, Schwerspat, Magnesia, Talkum, Caput mortuum und sonstigen etwaigen unlöslichen mineralischen Zusätze der Sprengstoffe.

B. Quantitative Analyse.

Der quantitativen Analyse geht zweckmäßig meist eine Bestimmung etwa vorhandener Feuchtigkeit voraus. Da bei höherer Temperatur eine gewisse Verflüchtigung von Nitroglycerin und evtl. auch anderer Bestandteile, wie aromatischer Nitrokörper, eintritt, erfolgt die Wasserbestimmung im Exsiccator. Man breitet den Sprengstoff, falls pulverförmig, in flacher Schicht, falls gelatinös, in kleine Stücke geschnitten, in einer Glasschale aus und läßt ihn bis zur Gewichtskonstanz in einem mit frischem Chlorcalcium beschickten Exsiccator stehen, was 24 Stunden, u. U. auch längere Zeit erfordert. Schwefelsäure-Exsiccatoren sind wegen der möglichen Gefahr beim Verschütten von Sprengstoff (z. B. bei chlorathaltigen Sprengstoffen) weniger zu empfehlen, oder wenigstens mit großer Vorsicht zu gebrauchen.

Sprengstoffe mit normalem, d. h. geringem Feuchtigkeitsgehalt kann man direkt der Extraktion zuführen und läßt die Wasserbestimmung im Exsiccator der Analyse nebenhergehen. Anderenfalls wägt man einen Teil der exsiccatortrocknen Substanz ab.

Ganz allgemein üblich in den Sprengstoff-Fabriken ist als erster Schritt der Analyse die Extraktion der ätherlöslichen Bestandteile durch wasserfreien Äther im Soxhletapparat. Man hält zu diesem Zweck eine Vorratsflasche, in der der Äther über Natriumdraht steht, und filtriert von etwa abblätterndem Natriumhydrat ab. Da manche Sprengstoffbestandteile, z. B. hochnitrierte aromatische Nitrokörper sich ziemlich langsam in Äther lösen, setzt man letzterem zweckmäßig 5—10 % chemisch reines bzw. im Laboratorium destilliertes Aceton zu, was die Lösefähigkeit des Äthers für solche Stoffe erhöht.

Dies ist indessen zu vermeiden bei den gelatinierten, also nitrocellulosehaltigen Nitroglycerinsprengstoffen, da der acetonhaltige Äther die Nitrocellulose mit auflöst, was bei Anwendung einer Extraktionshülse aus Papier zur Verstopfung der Poren jedenfalls aber zu einem gelatinierten Extrakt führen würde, der für die weitere Untersuchung unbequem ist. Die Nitrocellulose verbleibt zweckmäßig im ungelösten Rückstand.

Der Soxhletapparat besteht aus Destillierkolben, Aufsatzbecher mit Verdampfungsrohr und Heberrohr sowie gutwirkendem Kugelkühler, wobei alle Teile durch Glasschliffe verbunden sind, und ist aus der Abb. Nr. 36 ohne weiteres verständlich. Der Destillierkolben ruht auf einem mäßig erwärmten Wasserbad, so daß der Äther in ruhigem Sieden erhalten wird. In den Aufsatzbecher läßt man die Spezial-Extraktionshülse[1]) gleiten, die bis kurz unter die Krümmung des Heberrohrs reicht und je nach Größe der Apparatur 30—60 g Sprengstoff (auf 0,01 g genau abgewogen) faßt. Der Kolben wird bis zur Hälfte mit Äther gefüllt, der verdampft, aus dem Rückflußkühler in die Hülse tropft und den Sprengstoff auslaugt. Sobald das Destillat die Höhe der Krümmung des Heberrohrs erreicht hat, entleert sich der Inhalt des Aufsatzbechers auf einmal. Man läßt diesen Vorgang sich so oft wiederholen, bis man annehmen kann, daß der Sprengstoff völlig ausgelaugt ist, was in der Regel 4—6 Stunden, bei Sprenggelatine und Gelatinedynamiten länger dauert. Bei Anwesenheit den Äther färbender Bestandteile (z. B. technischer Nitrokörper) gibt die völlige Farblosigkeit des letzteren einen Anhaltspunkt für die Beendigung der Extraktion.

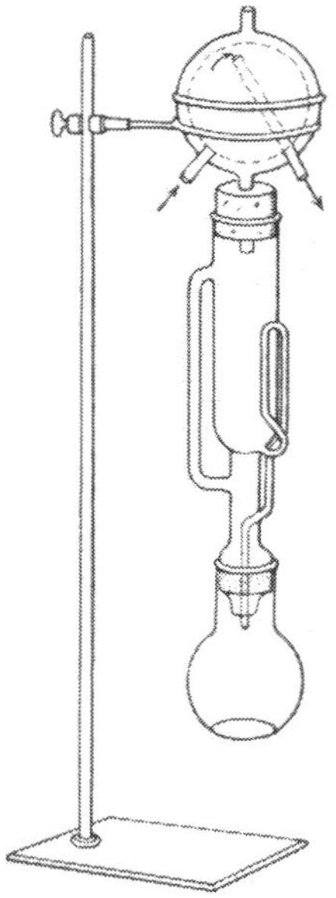

Abb. 36.

Man läßt nun den Äther nochmals in den Aufsatzbecher hineindestillieren, löst die Verbindung der Teile vorsichtig und entleert mittelst Neigen des Aufsatzes den zurückgewonnenen Äther durch das Heberrohr. Den flüssigen Extrakt mit wenig Äther entleert man aus dem Kolben in eine gewogene flache Schale und spült letzteren mit wenig Äther 2—3 mal nach.

Die Schale läßt man an einem warmen Ort bei ca. 40—45° stehen, bis der Geruch nach Äther und evtl. Aceton völlig verschwunden und Gewichtskonstanz eingetreten ist.

Falls es sich um Gurdynamit, Sprenggelatine oder gewöhnliches Gelatinedynamit handelt, enthält der Ätherextrakt meist ausschließlich Nitroglycerin. Die Verdampfungsverluste des letzteren sind entgegen den Angaben von Guttmann bei vorsichtiger Ausführung der Analyse sehr gering und das Resultat hinreichend genau.

Die Anwendung von Chloroform als Extraktionsmittel ist zwar möglich, aber wegen des höheren Siedepunktes (63°) und der schwierigeren Entfernung aus dem Extrakt nicht zu empfehlen. Dagegen ist als nicht brennbares Extraktionsmittel

[1]) Von Schleicher u. Schüll, Düren.

Dichloräthylen mit einem Siedepunkt von 55° allenfalls angängig. D. mischt sich mit Nitroglycerin in allen Verhältnissen und hat auch für aromatische Nitrokörper ein hohes Lösevermögen.

Besteht die Vermutung, daß Dinitrochlorhydrin oder Nitroglykol anwesend sind, so läßt man den Äther bei Zimmertemperatur verdampfen und erwärmt dann nur ganz kurze Zeit auf ganz gelinde Temperatur.

Stickstoffbestimmung: Die qualitative Prüfung des Extraktes wurde bereits unter A erwähnt. Über die etwaige Anwesenheit anderer Salpetersäureester als Nitroglycerin, wie Dinitroglycerin, Dinitrochlorhydrin, Nitroglykol kann das Verhalten gegen Wasser, das spez. Gewicht, eine evtl. Chlorbestimmung und die Stickstoffbestimmung im Nitrometer Aufschluß geben. Letztere versagt nur bei dem stöchiometrisch dem Nitroglycerin allzu nahe stehenden Nitroglykol (N : 18,42 %, Nitroglycerin : 18,50 %).

Bei Gemischen von Nitroglycerin und Dinitroglycerin oder Nitroglycerin und Dinitrochlorhydrin[1]) gibt Bestimmung des spez. Gewichts im Pyknometer und N-Bestimmung das Mischungsverhältnis an.

Bei der Stickstoffbestimmung aller mit Äther extrahierter Salpetersäureester im Nitrometer ist zuvor das Verhalten des Extraktes gegen konz. Schwefelsäure außerhalb des Nitrometers gesondert sorgfältig zu prüfen, um Unglücksfälle durch zu plötzliche Erwärmung und Reaktion in der Kugel des Nitrometers zu verhüten. Man bringt deshalb auf einem Uhrglas oder in einem Reagensgläschen wenige Tropfen des Extraktes mit etwas konz. Schwefelsäure zusammen und digeriert vorsichtig, durch Schütteln oder mit einem Glasstab. Tritt deutlich fühlbare Erwärmung ein, so ist es ratsam, zunächst aus einer Tropfpipette die Analysenmenge in ein kleines Wägeglas unter Eiskühlung in etwas mäßig konz. Schwefelsäure hineinzuwägen und unter beständiger Kühlung allmählich konz. Schwefelsäure zuzusetzen, bis Lösung eingetreten ist. Die Lösung kann man nun gefahrlos in das Nitrometer einfüllen und spült das Wägeglas quantitativ mit jeweils kleinen Schwefelsäuremengen nach.

Der Ätherextrakt kann neben Salpetersäureestern aromatische Nitrokörper, Paraffin, Harze und aromatische Kohlenwasserstoffe wie Naphthalin enthalten.

Paraffin scheidet sich fest ab, kann zwischen Filtrierpapier abgepreßt und durch seine äußere Beschaffenheit sowie Schmelzpnukt leicht erkannt werden. Schmilzt man den gesamten Extrakt, so kann man das Paraffin auch in einem erwärmten Tropftrichter abtrennen und ziemlich genau bestimmen. Ebenso lassen sich Harze meist abtrennen und abpressen. Aromatische Kohlenwasserstoffe und Nitrokörper bleiben oft ganz oder teilweise im Nitroglycerin gelöst. Ist wenig Nitroglycerin neben viel Nitrokörpern vorhanden, so sucht man die Nitrokörper durch Umkrystallisieren aus einem geeigneten Lösungsmittel z. B. Alkohol zu isolieren und durch ihren Schmelzpunkt zu identifizieren, evtl. durch eine Stickstoffbestimmung des Krystallisates.

Die Ermittelung der vorhandenen Nitroglycerinmenge in einem Gemisch von letzterem mit aromatischen Nitrokörpern durch Stickstoffbestimmung bzw. NO-Abspaltung im Nitrometer ist nur dann möglich, wenn es sich um hochnitrierte Derivate, z. B. Trinitrotoluol, Dinitrotoluol oder Dinitrobenzol handelt, die bei gewöhnlicher Temperatur durch die aus dem Nitroglycerin von der Schwefelsäure abgespaltene Salpetersäure nicht weiter nitriert werden.

Besteht z. B. der halbfeste bzw. teilweise krystallinisch erstarrende Extrakt nur aus Trinitrotoluol und Nitroglycerin (z. B. Donarit mit 12 % Trinitrotoluol + 4 % Nitroglycerin, also 3 : 1), so schmilzt man eine kleine Menge in einem halbkugelförmigen Schälchen mit Ausguß, nachdem man analytisch gewogen hat,

[1]) Ungefrierbare Dynamite.

wärmt den oberen Teil des Nitrometers mit einem feuchten heißen Tuch an, tropft die zur Analyse nötige Menge ein, spült mit etwas Schwefelsäure nach, wägt zurück und kann die Analyse mit vollkommener Genauigkeit durchführen. Das Stickoxyd ergibt die vorhandene Menge an Nitroglycerin. Die Differenz ist Trinitrotoluol, das von Quecksilber und konz. Schwefelsäure nicht angegriffen und aus einem anderen Teil des Extraktes durch Alkoholkrystallisation isoliert und durch seinen Schmelzpunkt (ca. 80°) identifiziert wird.

Sind dagegen Mononitrokörper, wie Nitronaphthalin, Nitrotoluol oder Kohlenwasserstoffe wie Naphthalin oder substituierte Carbamide (Centralite)[1]) neben Nitroglycerin anwesend, so ist die vorhandene Nitroglycerinmenge im Nitrometer nicht meßbar, da die von der Schwefelsäure in Freiheit gesetzte Salpetersäure sofort auf obige Verbindungen einwirkt und dieselben nitriert bzw. weiternitriert, so daß zu wenig Nitroglycerin gefunden wird.

In diesem Falle nimmt man eine Trennung durch Lösungsmittel vor. Man behandelt den Extrakt gleichzeitig mit 65proz. Essigsäure und Schwefelkohlenstoff. 65proz. Essigsäure löst Nitroglycerin einigermaßen leicht auf, nicht dagegen aromatische Nitrokörper, die ebenso wie Naphthalin leicht von Schwefelkohlenstoff aufgenommen werden,in dem Nitroglycerin schwer löslich ist. Die Essigsäurelösung schüttelt man mehrfach mit kleinen Mengen von Schwefelkohlenstoff, um mitgerissene Nitrokörper herauszulösen, während man die Schwefelkohlenstofflösung nochmals mit Essigsäure behandelt. Aus der Essigsäurelösung wird nun mit Wasser das Nitroglycerin herausgefällt, während durch Verdampfung des Schwefelkohlenstoffs die Nitorkörper gewonnen werden.

Die Methode gibt nur angenäherte Werte. Etwa im Nitroglycerin vorhandener Campher (bei Sprenggelatine) kann ebenfalls durch Schwefelkohlenstoff ausgeschüttelt werden, läßt sich aber wegen seiner Flüchtigkeit nicht genau bestimmen.

Der Ätherrückstand wird in der Hülse bei mäßiger Temperatur getrocknet, mit Pinsel sorgfältig entfernt und gewogen. Er kann enthalten Kieselgur (bei Gurdynamit) Nitrocellulosen, Holzmehl bzw. sonstige Mehle, Kohle sowie wasserlösliche und wasserunlösliche Mineralsalze.

Man behandelt ihn mit warmem destillierten Wasser (bei Anwesenheit von viel Kaliumperchlorat ist entsprechend reichlich heißes Wasser zu verwenden), und nutscht über einer gewogenen Filterscheibe von den unlöslichen Bestandteilen ab. Die wässerige Lösung wird auf 1 l aufgefüllt und in aliquoten Teilen werden die einzelnen Bestandteile entweder direkt oder nach Eindampfung nach den bekannten chemischen Methoden bestimmt.

Der gewogene und unlösliche Rückstand wird in einem graduierten Standzylinder mit Ätheralkohol zur Bestimmung der Kollodiumwolle geschüttelt und nach Absitzen in einem aliquoten Teil letztere durch Verdampfen des Lösungsmittels in einer gewogenen Schale ermittelt. Besteht die Vermutung, daß außer Kollodiumwolle auch Schießbaumwolle vorhanden ist, so wird nach völligem Dekantieren der unlösliche Rückstand noch mit Essigäther oder Aceton behandelt und die Schießbaumwolle wie die Kollodiumwolle bestimmt.

Nach mehrfachem Auswaschen mit dem Lösungsmittel und Dekantieren wird der Rückstand schließlich getrocknet und gewogen, worauf durch Veraschung die Menge der organischen Bestandteile (Pflanzenmehle, Kohle) aus der Differenz bestimmt und in der Asche nach bekannten chemischen Methoden die wasserunlöslichen Mineralstoffe wie Calciumcarbonat, Schwerspat, Eisenoxyd u. dgl. ermittelt werden.

---

[1]) Z. B. im rauchlosen Pulver.

Autoren- und Namenregister.

Abel 13, 69, 115, 129, 257.
Aigner 57.
Ardeer, Sprengstoffwerke 9, 39, 118.
Aufschläger, G. 14, 357.
Auzenat 133.
Avigliana, Sprengstoffwerke 113.

Beckerhinn 95, 104, 126.
Berthelot 46, 127, 129, 132, 134, 135, 187, 189, 227.
Beyling 15, 349, 350, 356, 367.
Bichel 14, 88, 92, 94, 129, 136, 253, 288—291, 317, 359, 360, 364.
Björkmann 230.
Blochmann 154, 159.
Boutmy 22, 25, 46.
Brensing 278.
Brunswig 126, 132, 133, 135.

Callenberg 316.
Carbonitfabrik Schlebusch 15, 359, 365.
Castroper Sprengstoffwerke 19, 144, 146, 331.
Ceipek 278.
Le Chatelier 343, 344.
Chemische Fabrik Griesheim Elektron 199.
Chemische Fabrik Kalk 202.
Claessen 153.
Cocking u. Kynoch Ltd. 230.
Comey 129.
Crawford 119.
Cronquist 126.

Daniel 295.
Dautriche 289, 312.
Derne, berggewerkschaftliche Versuchsstrecke 349, 356, 370.
Deutsche Sprengstoff A.-G. Hamburg 316.
Dewar 13.
Dittmar 257.
Dömitz a. Elbe, s. Nahnsen & Co.
Domonte 227.
Draiswerke 276, 305.
Dynamit-A.-G. vorm. A. Nobel & Co., Hamburg 5, 15, 19, 21, 28, 57, 59, 60, 74, 167, 332, 339, 359, 365, 366, 371, 382, 384, 386, 388, 400.
Dynamitfabrik Schlebusch 28, 332, 359.

Eastern Dynamite Co. 60.
Emscher Genossenschaft 354.
Engels 57.
Escales 12, 108, 119, 132, 241, 253, 258, 261, 268, 280, 294.
Evers 57, 79, 80.

Faucher 22, 25, 46.
Fletcher-Holmes 129.
Flink 104.
Förde, Dynamitfabrik 79.
Freund 210.
Fuller 104.

Gamsen, Dynamitfabrik 327.
Geesthacht a. Elbe, Dynamitfabrik 5.
Gelsenkirchen, Versuchsstrecke 15, 350.
Gody 133.
Goldschmidt 194, 196.
Guttmann 46, 55, 58, 67, 68, 87, 93, 108, 117, 243, 245, 246, 252, 258, 263, 270, 273—276, 283.

Haanen 155.
Hagen 251.
Hall 297.
Hampe 113.
Hanriot 159.
Hargreaves 286.
Harley 222.
Häussermann 109.
Hay 109.
Heise 113, 290, 343.
Heleneborg, Nitroglycerinfabrik 4,
Hempel 110, 111, 354.
Henry 167, 208.
Herlin 130, 326.
Hertzmann 4.
v. Hertz 223.
Heß 11, 110, 112, 119, 136, 139, 250, 257, 279.
Hibbert 99, 101, 102, 104.
His 255.
Hofwimmer 34, 73, 220.
Howell 297.
Huntley 57.

Isleten, Dynamitfabrik 327.

Jacoby 255.

Kast 95—100, 132, 133, 136, 171, 174, 226, 229, 253, 279, 289—292, 343, 356, 381.
Kekulé 202, 203.
Kessel 57.
Köln-Rottweil A.-G. 402.
Kopp 45.
Krümmel, Dynamitfabrik 5, 39, 60.
Kurtz 57.

Lehmann 61.
Lenze 309.
Leroux 325.
Lesser 56.
Liecke 143, 159.
Lunge 42, 110, 262, 267, 405.

Mälarsee 4.
Mallard 343, 344.
Marpmann 95.
Marschall 96.
Matter 127, 196, 197.
Ménard 227.
Merrimann 113.
Mettegang 129.
Meyer-Jacobsen 187.
Mikolajczak 18, 143, 146, 150, 329, 330, 332.
Modderfontein, Dynamitfabrik 39.
Mowbray 8, 21, 46, 126, 237.
Müller, E. 14, 357.

Nahnsen & Co. Sprengstoffwerke 359.
Naoum 371.
Nathan 39, 63, 64, 107.
Nauckhoff 17, 96, 97, 100, 104, 321, 323.
Neubabelsberg s. Zentralstelle.
Neunkirchen, fiskalische Versuchsstrecke 356.
Nobel, Alfred 3, 108, 124, 126, 237, 239, 257, 261, 321, 323.
Nobel, Emanuel 3.
Nobel, Oscar Emil 4.
Norrbin 12.
Novak 31.

Oehme, H. 202.
Ohlssen 12.
Opladen, Dynamitfabrik 60.

Peace 96.
Pembrey 47.
Peugger 326.
Phillips 113.
Plausons Forschungsinstitut 199.
du Pont 148.
du Pont de Nemours-Powder Co. 230, 335.
Pütz 146, 150.

Rave 222.
Rheinische Dynamitfabrik Köln 60.
Rheinisch-Westfälische Sprengstoff A.-G. 221, 223.
Rintoul 39, 63, 64, 107.
Roberts 273, 277.
Robertson 121.
Roewer 332, 333.
Rojahn 212.
Roth 11.
Rudberg 7, 17, 323.
Rummenohl Sprengstofffabrik 19, 144, 146, 331, 375.

Sakellarios 202.
Salpetersäure-Industrie-Ges. 80.
Sarrau 132, 227.
Schachtebeck 317.
Schellbach 119.
Schilling 57.
SchlebuschDynamitfabrik 9, 28, 332, 359.
Schönbein 123.
Schröder 57.
Schuchard 123.
Schultze 257.
Schulze-Tiemann 406.
Sichtermann 278.
Siersch 11.
Silberrad 113, 318.
Snelling 121, 124.
Sobrero 2, 38, 113, 226.
Sociéta Italiana di prodotti esplodenti 179.
Sokoloff 227.
Sprengstoff A.-G. Carbonit 359, 382.
Stassart 356.
Stettbacher 34, 130, 141, 191, 222, 225, 319, 327, 329.
Stöhrer 155, 183.
Storm 121, 124.
Strecker 227.
Sundström 323.
Suter 267.

Tamman 99.
Thomson 63, 64.
Tollens 222, 223.
Trauzl 137, 257, 353.

Vender 80, 179, 182, 336.
Vergé 327, 328.
Vieille 129, 132, 227.
Volney 167.
Vonges, frz. Staatspulverfabrik 46, 47.

Wahlenberg 323.
Waltham-Abbey, engl. Staatspulverfabrik 64, 65, 77.
Watteyne 356.
Weeren 119.
Weinberg 123.
Werner & Pfleiderer 273, 304.
WestdeutscheSprengstoffwerke 19, 144, 146, 375.
Westfälisch-Anhaltische Sprengstoff A.-G. 61, 74, 382, 401, 402.
Wieland 202.
Wigand 222.
Wigner 227.
Will 107, 126, 154, 155, 157, 159—163, 171, 172, 174, 183—185, 224, 281, 309, 331, 335.
Winterwicken, Dynamitfabrik 5.
Wöhler 127.
Wohl 17, 143, 183, 334.
Wolff 112.
Wuich 133.

Zentralstelle Neubabelsberg 20, 201, 402.
Zix 349.

Sachregister.

Abbrennen von Dynamit 254.
Abel-Test 115.
— abnorme Erscheinungen 118.
Abfallsäureextraktion 77.
Abfallsäureverwertung 80.
Abfallwasserstation 71.
Abrauchmethode 44.
Abspaltungsprobe für Nitrozellulose 265.
Acetaldehyd 218, 222.
Acetaldol 218.
Acetyldinitroglycerin 179—182, 336.
Äther als Extraktionsmittel 401.
Äthylen 194.
— direkte Nitrierung 202.
Äthylenchlorid 195.
Äthylenglykol s. Glykol.
Äthylenglykoldinitrat s. Nitroglykol.
Äthylenoxyd, Nitrierung von 204.
Äthylnitrat 189—191.
Albit 385.
Aluminiumcarbid 349.
Ameisensäure 222.
Ammoncarbonite 390, 391.
Ammondynamite 260, 315.
Ammon-Gelatine 338.
Ammonite 383.
Ammon-Nobelite 390, 391.
Ammonsalpetersprengstoffe 381ff.
Analysenmethoden 405—409.
Anwendung des Nitroglycerines 237 bis 239.
Astralit 382, 384.
Atlas-Powder 259.
Ausbeutebestimmung von Nitroglycerin 32.
Auskochen von Dynamit 254.
Ausschwitzung 283.

Ballistit 13, 238.
Betriebsergebnisse bei der Nitroglycerinfabrikation 81.
Butylenglykole 218.
Butylenglykoldinitrat 218, 336.

Calciumnitratlösung 366, 371, 403.
Campher-Sprenggelatine 279, 284.
Carbonit 259, 359, 360.
Charge limite 344.
Chemische Eigenschaften von Nitroglycerin 108—110.
Chemische Untersuchung von Nitroglycerin 110—113.
Chloratite 387.
Chloratsprengstoffe 385.
Collodiumwolle s. Kollodiumwolle.
Cordit 13, 238.
Cosilit 361.

Denitrierung 78.
Detonationsfähigkeit von Nitroglycerin 124—128.
Detonationsgeschwindigkeit 129.
— von Nitroglycerin 129.
Detonationsübertragung von Sprenggelatine 285—288.
— von Gelatinedynamiten 310.
Detonite 390, 392.
Dichloräthylen 400.
Dichlorhydrine 177.
Dichlorhydrinnitrat 177.
Diglycerin 184.
Dinitroacetin 179, 336.
Dinitrochlorhydrin 166ff.
— Bildungsweisen 167.
— Fabrikation 170.
— Eigenschaften 171.
— als Explosivstoff 173.
— in ungefrierbaren Sprengstoffen 332 bis 334.
Dinitrochlorhydrinsprengstoffe 337 bis 339.
Dinitroformin 182, 336.
Dinitroglycerin 142ff.
— Geschichtliches 142.
— Bildungsweisen 144.
— Herstellungsverfahren 145ff.
— Gefährlichkeit der Fabrikation 152.
— reines Dinitroglycerin 153.
— Eigenschaften 153.
— isomere Formen 155.
— chemisches Verhalten 156.
— als Explosivstoff 157—159.
— in ungefrierbaren Sprengstoffen 330 bis 332.
Diphenylamin 233.

Donarit 382.
Dualin 257.
Dynamit 238, 293, 300.
— Nr. 0 259.
— 1 315.
— 3—5 316.
Dynamitglycerin, Anforderungen 28ff.

Emscher Brunnen 354.
Energit 402.
Enneaheptit 223.
Entdeckung des Nitroglycerines 2.
Erythrit 217.
Erythrittetranitrat 217.
Eutektische Gemische 322.
Eutektisches Diagramm 326.
Explosionsflamme 377.
Explosionskammer 349, 354.
Explosionspipette 354.
Explosionsübertragung von Sprenggelatine 285—288.
— von Gelatinedynamiten 310.
Extraktion von Nitroglycerin aus Pulver 399.

Fabrikanlage für Nitroglycerin 87.
Fallhammer 125.
Fermentol 29.
Filterhaus 70.
Filtration von Sprengöl 69.
Flammenbilder 377.
Flammendauer 345.
Flammenlänge 345.
Flammentemperatur 344.
Flammivore 396.
Forcite 315.
Fördit 366.
Formaldehyd, Kondensation mit Nitromethan 220.
— Kondensation mit Acetaldehyd 222.
— Kondensation mit Aceton 223.
Formyldinitroglycerin 182, 336.
Fractorite 396.

Gamsit 327.
Gefrierbarkeit 16ff.
Gefrorenes Dynamit 255.
Gelatinecarbonite 366, 397.
Gelatine-Cheddit 318.
Gelatine-Dynamite 292ff.
— verschiedene Zusammensetzungen 295—297.
— niedrigprozentige 297—300.
— Fabrikation 301ff.
— Herstellung kleiner Proben 307.
— Eigenschaften 308—312.
— Detonationsübertragung 310.
— Detonationsgeschwindigkeit 312.
— Explosionsprodukte 313.
— Kraftleistung 315.
Gelatine-Astralit 338.
Gelatine-Donarit 338.
Gelatine-Westfalit 338.
Gelatine-Prosperit 338.
Gelatine-Tremonit 338.
Gelatine-Rhenanit 341.
Gelatine-Rivalit 341.
Gelatine-Romperit 341.
Gelatine-Telsit 327.
Gelatinierbarkeit 108.
Gelatinierfähigkeit von Kollodiumwolle 269.
Gelatinierhaus 271.
Geschichtliches 2ff.
Gesteins-Koronit 386.
Giftigkeit von Nitroglycerin 122.
Glucose-Glycerinlösung 236.
Glycerin s. Dynamitglycerin.
Glycerindinitrat s. Dinitroglycerin.
Glycerinmononitrat s. Mononitroglycerin.
Glycerinzuckerlösung 230.
Glycerinzufluß 50.
Glykol 194ff.
— Herstellung aus Aethylenchlorid 196.
— Reingewinnung 198.
— Eigenschaften 199.
— Untersuchung 199.
Glykoldinitrat s. Nitroglykol.
Glykolmononitrat 208.
Glykol-Zuckerlösung 235.
Glyxoylin 257.
Grenzladung 344.
Grisou-Dynamite couche 389.
Grisou-Naphthalite couche 389.
— roche 390.
Grisoutinen 358, 362, 396.
Grisoutite 358.
Grisoutolite couche 389.
Grubengas 349.
Grubengasanalyse 354.
Grubengasbeschaffung 354.
Gur-Dynamit 239ff.
— Herstellung 241.
— Patronierung 243.
— Verpackung 247.
— Eigenschaften 247.
— Gewinnung von Nitroglycerin aus Gur-Dynamit 249.
— als Sprengstoff 250ff.
— Stabilität 250.

Halbplastische wettersichere Ammonsalpetersprengstoffe 396.
Hercules Powder 259.

Initialzündung 127.
Interferometer 355.
Isopropylnitrat 192.

Jodkaliumstärkepapier 116.

Kaliumperchlorat als Zusatz zu Dynamit 302—303.
Kampher s. Campher.
Kieselgur 240.
Kinetit 318.
Klärung der Nitroglycerinabwässer 71.
Knethaus 272ff.
Knetmaschinen 272—276.
Kohlen-Albit 385.
Kohlencarbonit 360.
Kohlen-Koronit 385.
Kohlen-Salit 397.
Kohlen-Westfalite 391, 392.
Kohlenstaubprüfung 355.
Kohlenstaubsichere Sprengstoffe 341ff.
Kohlenstaubsicherheit 355.
Kollodiumwolle 262—271.
Kriegssprenggelatine 279.
Krystallformen von Nitroglycerin 100 bis 103.
Krystallisationsgeschwindigkeit von Nitroglycerin 99.
Kühlung, künstliche 85.

Lactose-Glycerinlösung 236.
Leim-Glycerin-Gelatine 317, 365.
Löslichkeitsverhältnisse von Nitroglycerin 104—108.
Lungesches Nitrometer 42.

Mannit 227.
Mannithexanitrat 226—229.
Maximalausschalter 276.
Meganit 258.
Melan 317, 365.
Methan 349.
Methylalkohol 237.
Methylglykoldinitrat 216, 337.
Methylnitrat 186—189.
Mischdynamite 257ff.
Mischsäure 38.
Monarkite 399.
Monobel 260, 385.
Monochlorhydrin 168—170.
Monochlorhydrindinitrat s. Dinitrochlorhydrin.
Monochlorhydrinmononitrat 176.
Mononitroglycerin 159—163.
Mononitroglykol s. Glykolmononitrat.
Mononitromonochlorhydrin 176.

Nachscheidung 74.
Neu-Nobelite 397.
Niedere Glycerinnitrate 142ff.
Nitrierapparat 48.
Nitrierbirne 31.
Nitrierbürette 34.
Nitrierdauer 53.
Nitriersäure 38.
— Herstellung 40.
— Analyse 42.
Nitriertemperatur 52, 86.
Nitriervorgang 49.
Nitroäthylalkohol 202.
Nitroäthylnitrat 202.
Nitrodichlorhydrin 177.
Nitroglycerin, Bildungsweisen 23.
— Herstellung im Laboratorium 25.
— fabrikmäßige Herstellung 27ff.
— Probenitrierung 30.
— Ausbeutebestimmung 32.
— Nitrierung 44.
— Scheidung 57.
— kombiniertes Nitrier- und Scheideverfahren 64.
— Reinigung bzw. Stabilisierung 65.
— Filtration 69.
— Klärung der Abwässer 71.
— Nachscheidung 74.
— Denitrierung 78.
— Betriebsergebnisse 81.
— Fabrikanlage 87.
— Eigenschaften 95ff.
— physikalische Eigenschaften 95 bis 104.
— Gefrier- und Schmelzpunkt 96—97.
— Flüchtigkeit 96.
— labile und stabile Form 100.
— Löslichkeitsverhältnisse 104—108.
— chemische Eigenschaften 108—110.
— chemische Untersuchung 110—113.
— Stabilität 113.
— Stabilitätsprüfungen 115—121.
— physiologische Eigenschaften 122 bis 123.
— als Explosivstoff 124ff.
— Detonationsgeschwindigkeit 129.
— Explosionsprodukte 130.
— Explosionswärme 132.
— Explosionstemperatur 133.
— Explosionsdruck 134.
— Arbeitsleistung 135.
— Sprengwirkung 137.
— Gewinnung aus Pulver 400.
Nitroglycerinpulver als Sprengstoff 399, 402.
Nitroglycid 163—166.
Nitroglykol 20ff., 192ff.
— Ähnlichkeit mit Nitroglycerin, Bedeutung 193.
— Fabrikation 200.
— direkte Gewinnung aus Äthylen 202.
— Eigenschaften 205.
— als Explosivstoff 206.
— in ungefrierbaren Sprengstoffen 337.
Nitroglykolsprengstoffe 340.

Nitroisobutylglycerin 220.
Nitroisobutylglycerintrinitrat 219—221.
Nitromannit 226—229.
Nitrometer nach Lunge 42, 405.
Nitromethan 220.
Nitropentaerythrit 221—226.
— Stabilität 224.
— als Explosivstoff 225.
Nitrozuckeröl 229—236.
Nobelit 366.
Notsignal 55.

Oleum 39.
Oxalate 364.
Oxalsäure 182, 336.

Patronenmaschinen 243, 277.
Pentaerythrit 222.
Pentaerythrittetranitrat s. Nitropentaerythrit.
Perchloratite 388.
Perchloratsprengstoffe 385.
Perkoronite 387.
Persalite 387.
Pflanzenleim 371.
Physikalische Eigenschaften von Nitroglycerin 95—104.
Physiologische Eigenschaften von Nitroglycerin 122—123.
Polyglycerine, nitrierte 183, 334.
Polymerisiertes Glycerin 183.
Probenitrierung 30.
Propylenglykol 216.
Propylenglykoldinitrat 216, 337.
Propylnitrat 191.
Prosperit 390.
Protolglycerin 29.
Pulverförmige Dynamite 239ff.
Pulverrohmasse als Sprengstofi 399, 404.
Pyroglycerin 2.
Pyrolit 404.

Quecksilbernachweis in Sprengstoffen 264.

Refraktometer 355.
Reinigung von Nitroglycerin 65.
Rex-Powder 399.
Rhexit 258.
Rührung 51.

Safety Nitro Powder 259.
Salpetersäure 37.
Säulenknetmaschine 305.
Scheidung von Nitroglycerin 57ff.
Scheidungsdauer und deren Abkürzung 59.
Schießwolldynamite 257.
Schlagwetterkommissionen 14.
Schlagwettersichere Sprengstoffe 341ff.
Schwefelsäure 37.
Schwergefrierbare Nitroglycerinsprengstoffe 320ff.
Schwergefrierbare Sprenggelatine 329.
Sensibilität von Nitroglycerin 127.
Sicherheitsbottich 54.
Sicherheitsgrenze der Wettersprengstoffe 347.
Sicherheitsmaßnahmen 55.
Sicherheitssprengstoffe s. Wettersprengstoffe.
Soxlethapparat 407.
Sprenggelatine 261ff.
— Fabrikation 262.
— Eigenschaften der Kollodiumwolle 262—271.
— Vorgelatinierung 271.
— Knetung 272—276.
— Patronierung 276—278.
— Mischungsverhältnisse 279.
— Eigenschaften 280—292.
— Explosionsübertragung 285.
— Detonationsgeschwindigkeit 288.
— schwergefrierbare 329.
Stabilisierung von Nitroglycerin 65.
Stabilitätsprüfungen 115—121.
— nach der Eisenbahnverkehrsordnung 119.
Stickstoffbestimmung 110—113, 408.
Stomonal 399.
Stonit 259.
Straight Dynamites 258.
Sulfitzelluloseablauge 365.
Super-Excellite 396, 399.
Superite 396.

Tetranitrodiglycerin 183—186.
— in ungefrierbaren Sprengstoffen 334 bis 336.
Topfnitrierung 45.
Toxische Eigenschaften von Nitroglycerin 122, 123.
Trichterheber 67.
Trimethylenglykol 210.
— Verhalten bei Nitrierung 212.
Trimethylenglykoldinitrat 212.
— Verhalten der Abfallsäure 213.
— Nitrierung von Gemischen aus Glycerin und Trimethylenglykol 214.
— Eigenschaften 215.
— chemische Stabilität 215.
— als Explosivstoff 216.
Tri-Westfalit P. N. 402.

Ungefrierbare Nitroglycerinsprengstoffe 320ff.
— — theor. Voraussetzungen 320—322.
— — mit arom. Nitrokörpern 323 bis 329.

Ungefrierbare Nitroglycerinsprengstoffe mit verwandten Salpetersäureestern 329—337.
— — mit Dinitroglycerin 330—332.
— — mit Dinitrochlorhydrin 332 bis 334.
— — mit Tetranitrodiglycerin 334 bis 336.
— — mit Dinitroacetin und Dinitroformin 336.
— — mit Butylenglykoldinitrat 336.
Unterirdische Bauweise 92.
Unterkühlung 99.

Verdrängungsverfahren 63.
Verflüssigungsprobe 283.
Verlängerung der Gelatine 364.
Versuchsstrecken 348ff.
— versch. Staaten 356.
Viscosität von Kollodiumwollösungen 267.
Vorgelatinierung 271.
Vulcan Powder 259.

Waschbottich 67.
Waschwasserverwertung 73.
Wetter-Dynamite 14, 357.
Wettersichere Gelatine-Dynamite 361ff.
Wetter-Sprengstoffe 341ff.
— Theorie der W. 343ff.
Wetter-Sprengstoffe, Prüfungsmethoden 349ff.
Wetter-Nobelite 366, 372, 374.
Wetter-Carbonit 373.
Wetter-Agesid 373.
Wetter-Markanit 373.
Wetter-Wasagite 373.
Wetter-Arite 373.
Wetter-Detonite 393.
Wetter-Donarite 393.
Wetter-Fördite 393.
Wetter-Dahmenit 393.
Wetter-Sonnit 394.
Wetter-Westfalit 394.
Wetter-Lignosit 394.
Wetter-Ammoncahücit 395.
Wetter-Astralit 398.
Wetter-Salit 398.
Wetter-Sigrit 398.
Wetter-Baldurit 398.
Wetter-Bavarit 398.
Wittenberger Wetterdynamit 361.

Zellpechsirup 365, 371.
Zersetzung bei höherer Temperatur 121.
Zersetzungen bei der Nitrierung 53.
Zucker-Glycerinlösung, Nitrierung von 229ff.
Zumischpulver 301—304.

Druck von Oscar Brandstetter in Leipzig.

13786909R00244

Printed in Poland
by Amazon Fulfillment
Poland Sp. z o.o., Wrocław